Lanfrank's Science Of Cirurgie

Robert Von Fleischhacker

BERLIN: ASHER & CO., 13, UNTER DEN LINDEN.

NEW YORK: C. SCRIBNER & CO.; LEYPOLDT & HOLT.

PHILADELPHIA: J. B. LIPPINCOTT & CO.

Printing Statement:

Due to the very old age and scarcity of this book,
many of the pages may be hard to read due to the
blurring of the original text, possible missing pages,
missing text, dark backgrounds and other issues
beyond our control.

Because this is such an important and rare work, we
believe it is best to reproduce this book regardless of
its original condition.

Thank you for your understanding.

CORRECTIONS.

Page 18, line 17, *for* vndir oon of þese iij entenciouns *read* vndir þese iij enten-
 ciouns (note : both MSS. insert *oon of*)

,, 19, ,, 18, *for* vp on *read* vpon

,, 25, ,, 1, *for* white oute *read* white (note : MS. inserts *oute*)

,, 25, ,, 12, put a semicolon after *lungis*

,, 27, ,, 13, cancel *to þe maris*

,, 29, ,, 7, cancel the comma between *brayn* and *& þe nucha,* and put a
 comma after *þe nucha* and after *þe lymes*

,, 30, note 3, *for* fila *read* villi

,, 31, line 7, *for* vunnus *read* vulnus

,, 34, ,, 8, put a full stop after *senewe,* and transfer note 2 to the pre-
 ceding *þat*

,, 38, ,, 10, *for* humourer *read* humoures

,, 39, ,, 14 and 33, cancel the semicolon after *lyme*

,, 43, ,, 10, put a comma after *drie*

,, 46, ,, 17, cancel the inverted commas

,, 49, ,, 6, put a comma after *myȝt*

,, 52, ,, 16, *for* eills *read* ellis

,, 55, ,. 18, cancel the inverted commas

,, 77, ,, 1, put an asterisk and ellipsis after *condicioun*

,, 77, ,, 19, put an asterisk after *askyth*

,, 83, ,, 1, cancel note 1

,, 89, ,, 6, p. 90, l. 16, p. 99, l. 6, *for* compouuned *read* compouуned

,, 108, ,, 19, cancel the comma after *clepid*

,, 110, sidenote line 1, *for* Tassillus *read* Passillus

CONTENTS.

The secunde tretis is of particuler wou*n*dis of alle lymes of office from þe heed to the foot¹, techinge þe anotomie of¹ alle lymes from þe heed to þe foot¹, þat happiþ to be wou*n*did ; & þou haddist 20 [² leaf 2] tofore þe anatomie ²of veynes & senewis, & oþer*e* smale lymes.

¹ After *festre* in a later hand is written *festula.*

¶. þe secu*n*de tretis is of *par*ticulers wou*n*des of alle lymes of [² fol. 31 b] office from þe hed to þe ³ffot, & techynge þe Anotamye of alle lymes 40 from þe hed to þe fote, þat happyde to be wou*n*dyde ; & þou haddist

---

¶ þe pridde tretis is of cures of oþere seknesse, þat beþ noȝt
woundes þat mowen falle to dyuers lymes from þe hed to þe fote,
þat comyn to be helyde off a surgien, & haþ þre techynges :
þe furste techynge of þe þridde tretys hath viij Chapyttles :   8

Ashmole MS. 1396.

SCIENCE OF CIRURGIE.

[1] Now þese chapitles of¹ þis book ben y-ordeyned, I wole fulfille [¹ lf. 2, bk.]
my purpos pursuynge ech chapitle bi ordre, & confermynge my
wordis aftir þe auctorite of¹ myn auctouris and wiþ experiment þat
4 I haue longe tyme vsed wiþ þe help of¹ god. // // //

A l þing¹ þat we wolde knowe, bi oon of¹ .iij. maners þat¹ we Cap^m. jm
moun knowe, eiþir bi his name, or by his worchinge, or bi
his verri beynge schewynge propirte of him-silf¹ / In þis
8 þre maner we moun knowe surgerie bi expownynge of his name;
for siurge comeþ of siros, þat is a word of gru, & in englisch siros Surgery is from Greek
is an hand, & gyros gru, þat is worchinge in englisch / For þe ende *cheir* a hand, and *ergon*
& þe profite of¹ syurgie is * [of hand-wyrchynge. Of þe Name of work.
12 a thynge Galyen seyth : he þat wyl knowe] soþfastnes of a þing¹,
bisie him nou3t to knowe þe name of a þing¹, but¹ þe worchinge & þe
effete of¹ þe same þing¹ / Therfore he þat wole knowe what siurgie is,
he moot¹ vndirstonde, þat¹ it is a medicinal science, which techiþ us It is a medi-cinal science:
16 to worche wiþ handis in mannes bodi, wiþ kuttynge or openynge þe

---

Addit. MS. Brit. Mus. 12,056.

N OW the Chapitelles of þis bok buþ y-ordeynde, y wyl fulfylle
20 my purpos, pursuynge every chapytell by ordere, & conferm-
ynge my wordys after þe Autorite of myn Autores, & wiþ experyment
þat y haue longe tyme y-vsyde with help of god.

A L thynge þat we wolde knowe, by on of þre maneres we mowe
24 knowe, oþere by hys name ore by hys worchynge, oþere by hys
verrey beynge schewynge propirte of hym selff. In þis þre manere
we mowe knowe surgerie by expownynge of hys name ; ffor syrugie
cometh of syros, þat ys a word of grew3, & in englyssche syros ys
28 an hand, & gyros grew3, þat ys worchynge an Englyssche ; for þe ende
& þe prophyte of surgerye ys* of hand wyrchynge. Of þe Name
of a thynge Galyen seyth : he þat wyl knowe* soþfastnesse of a
thynge, besye hym no3t to knowe þe name [2]of a thynge, bute þe [² fol. 33 b]
32 worchynge & þe Effecte of þe same thynge ; where fore he þat wyl
knowe surgerie ys, he mote vndirstonde, þat yt is a medycineal
sciense, whyche techiþ vs to worche with handes in Mannes body, in

cutting, heal-
ing, and
removing
excrescences.
[1 leaf 3]

parties þat ben hole & in helynge þo þat' ben broken, or kutt, as þei
were toforn, [1] or ellis as ny3 as a man may, & also in doynge awey þat
is to myche skyn : as wertis or wennys, or þe fleisch to hi3e //

¶ þe secunde chapitle of þe firste tretis is of þe 4
qualitees, maners, and kunnynge of a surgian //

¶ Cap.m ijm

A surgeon
must be a
temperate
and well
made man.
An ugly man
can't have
good man-
ners.

He must
know Phil-
osophy,
Logic, Gram-
mar, and
Rhetoric.

He must not
be a glutton
or a niggard,
but pleasant
with his
patients.

sign. iij.
[4 lf. 3, bk.]

NEdeful it' is þat a surgian be of' a complexcioun weel propor-
cioun**d**, and þat' his complexcioun be temperat / Races seiþ,
who-so is nou3t' semelich, is ympossible to haue good maners *[& Aui- 8
cenne: euyle maners] but' folowen þe lijknes of an yuele complexcioun/
A surgian muste haue handis weel schape, longe smale fyngris, and
his body not quakynge, & al must ben of sutil witt', for al þing' þat'
longiþ to siurgie may not' wiþ lettris ben writen. He muste studie 12
in alle þe parties of philofie & in logik, þat he mowe vndirstonde
scripturis ; in gramer, þat' he speke congruliche ; in [2] arte, þat techiþ
him to proue his proporciouns wiþ good resoun ; in retorik þat' techiþ
him to speke semelich. Be he no glotoun, ne noon enuyous, ne a 16
negard ; be he trewe, vnbeliche, [3] & plesyngliche bere he him-silf
to hise pacientis ; speke he noon ribawdrie in þe sike mannis [4] hous /

[2] Lat.: quod docet dialectica
[3] *humbilly* in margin, in smaller hand.

Add. MS.
12,056.

kuttynge ore opnynge þo partyes þat ben hol, & in helynge þo that
ben tobroken oþere kutte, as þey were to fore, oþere ellys as ny3 as 20
a Man may, and al so in doynge aweye þat ys to myche above þe
schyn : as wertys, oþere wennys, oþer flesch to hy3h̄.

¶ The secunde Chapiteħ of þe ffurste Tretys is of þe
qualites, maners and cunnynge of a surgien.   24

Nedfful ys þat a surgien be of a Complexioun wel proporcyonede,
& þat is complexioun be temperat. **Rasys** seiþ, whose face ys
nou3t semlye, ys inpossible to hauen gode maners ; *& **Auicenne** :
euyle maners* beþ folwynge þe lyknesse of an yuele complexioun. 28
A surgien moste han handys wel schape, longe smale ffyngres, and
hys body nought quakynge, & alle hys lymes able to fulfyllen gode
werkynges of hys soule. He most ben of sotyl wytt, ffor alle þy nge
þat longyth to surgerye may nought wiþ lettres ben wryten. He 32
moste stodyen in alle þe partyes of natureħ ffylosophye & in logyk,
þat he mowe vndirstonde scriptures ; in gramere, þat he speke con-
grulyche ; in art, þat techyth hym to preven ys proposiciones with
gode resoun ; in retoryk, þat techith hym to speke semlyche ; be he 36
non glotoun, non spowsbrekere, ne Envyous, ne no nygarde ; be he

[5 fol. 34, a]
trewe, vmbelyche [5] & plesynglyche bere he hym-self to hys pacientis ;
speke he non Rybaudye in þe seke mannys house, ne in þe seke

ʒeue he no counseil, but⸵ if⸵ he be axid ; ne speke he wiþ no womman
in folie in þe sik mannes hous ; ne chide not wiþ þe sike man ne
wiþ noon of⸵ hise meyne, but curteisli speke to þe sijk man, and in and must in desperate
4 almaner sijknes bihote him heele, þouʒ þou be of⸵ him dispeirid ; cases even promise
but neuer þe lattere seie to hise freendis þe caas as it stant / Loue recovery, but tell the
he noon harde curis, & entermete he nouʒt of⸵ þo þat ben in dispeir. truth to the patient's
Pore men helpe he bi his myʒt, and of⸵ þe riche men axe he good friends.
8 reward / Preise he nouʒt⸵ him-silf wiþ his owne mouþ, ne blame he He should make the rich pay for the
nouʒt scharpliche oþere lechis ; loue he alle lechis & clerkis, & bi poor.
his myʒt[1] make he no leche his enemye. So cloþe he him wiþ He shall not praise himself
vertues, þat⸵ of⸵ him mai arise good fame & name ; & þis techiþ etik. or blame other
12 So lerne he fisik, þat he mowe wiþ good rulis his surgerie defende physicians.
& þat⸵ techiþ fisik / Neþeles it is nessessarie a surgian to knowe alle He must know
þe parties and ech sengle partie of⸵ a medicyn. For if⸵ a surgian ne Physics,
knewe nouʒt þe science of elementis, whiche þat ben firstmoost force Medicine,
16 of natural þingis & of dyuers lymes, he mai not [2]knowe science of⸵ [² leaf 3ª] and the
coniouncions, þat⸵ is to seie, medlyngis & complexiouns þat⸵ ben science of mixtures.
nessessarie to his craft⸵ / A surgian muste knowe þat⸵ alle bodies þat⸵
ben medlid vndir þe sercle of⸵ þe moone, ben engendrid of⸵ foure

[1] *myʒt* in margin.

---

20 Mannes house gif non counseyle bote he be y-askyde, ne speke he with Add. MS.
non womman in no[3] folye in þe seke Mannes howse, ne chyde nought 12,056.
with þe seke Man ne with none of hys meyne ; but curteslye speke
to þe syke man, & in alle manere syknesse behote hym hele, þowʒ
24 þou be of hym dyspeyred ; but neuere þe lattere seye to hys frendys,
þe cas as yt stant. Loue he non harde curys, & entyremete he
nought of þo þat beþ in dyspeyre. Pore men helpe he be hys myght,
& of ryche men aske he gode rewarde. Preyse he nought hymselff
28 with hys owne mouth, ne blame he nought scharplye oþere lechys ;
loue he alle lechys & Clerkys, & by hys myght make he non leche
hys enmye. So cloþe he hym with vertues, þat of hym mowe
a-rysen gode fame & name, & þis techyth Etyk. So lerne he ffysik,
32 þat he mowe with gode rulys hys Surgerye deffende, & þat techith
ffysik. Naþeles yt ys necessarye a surgien to knowe alle þe partyes
in eche sengle partye of a medycine, ffor ʒif a surgien knowe noʒt
þe sciens of Elementis, whiche þat buþ furst Meverys of naturel
36 þynges & of dyuerse lymes, he may noʒt knowe sciense of con-
iunctiounes, þat ys to seye, medlynges & complexiouns þat beþ
necessarye to hys crafte. A surgien most knowe þat alle bodyes
þat ben medlyde, þat ben vndire þe cercle of þe Mone, ben engen-

[3] *no* above the line.

symple bodies, her lijknes ech in oþere medlynge; þat[1] is to seie:
fier & watir, erþe & eir: þese [1] elementis for þe vttirmeste eende, &
þe vttermeste contrariouste of[1] here qualitees were fer drawen from
bodilich lijf[1]; but[1] whanne her qualitees, þat[1] is to seie, maner of[1] 4
beynge, comen into medlynge, so þat[1] þe leeste partie of[1] þat[1] oon
entre into þe leeste partie of[1] þat[1] oþer partie, medlynge brekiþ her
contrariouste; & þerof comen a newe foorme, & a newe complex-
cioun of[1] þe medlynge of[1] her substaunce / Also þe medlynge of[1] 8
qualitees & þe quantitees is fer drawen from þe contrariouste of[1] þe
same elementis, & so complexioun is nyȝ brouȝt[1] to a mele; & so
þat[1] þat is medlid is more able to resceiue þe noble foorme of lijf,
þe which nobilite aboue alle bodies I-medlid is founden in mannes 12
spirit[1].   But for þat[1] þe qualitees þat wiþ þo bodies of[1] elementis
[2] comen into medlynge, & it[1] is vnpossible to departe þo qualitees
from bodies þat[1] ben foure: hoot, coold, moist & drie, & complex-
iouns ben bi hem, it is nessessarie to fynde in bodies þat ben 16
medlid foure complexiouns / Complexioun is no þing[1] ellis but[1]
a maner qualite medlid in worchinge & suffrynge of[1] contrarious
qualitees þat[1] ben founden in elementis, so þat[1] þe leeste partie of[1]
ech element entre into þe leeste partie of þe oþere. & for þat ilke 20

[1] *ben* above line.

---

dryd of foure symple bodyes, here lyknesse eche in oþere medlyng;
þat ys to sugge, fyr & eyre, erþe & water. þese elementys, ffor þe
outemast ende & outemast *contraryousite* of here qualites, weren fer
drawen from bodily lyffe; but whanne here [3]qualytes, þat is to 24
sugge maner of beyinge, comyn in to medlynge, so þat þe leste
partye of þat on entre in to þe leste partye of þat oþere partye,
medlynge brekyth here *contrariosite*, & þere of comme a newe forme
& a newe *complexioun* of þe medlynge of here *substaunce*. Al so 28
þe medlynge of þe qualitees & þe quantites ys fer drawyn from þe
contraryousite of þe same elementes, & so *complexioun* is nyȝh
brought to a mene, & so þat þat ys medlyde ys more able to resseyuen
þe noble forme of lyff, þe whiche noblete aboffe alle bodyes y-medlyde 32
ys y-founden in Mannys spyryt. But for þat þe qualites, þat *with* þo
bodyes of Elementes comyth in to Medlynge—& yt ys vnpossible to
departe þo qualites from bodyes—ben foure: hot, colde, moyst, &
drye, & *complexiouns* ben by ham, yt ys necessarie to fynden in 36
bodyes þat ben medlyde, foure *complexiouns*; Complexioun ys
noþynge ellys but a manere qualite medlyde in worchynge, &
suffrynge of *contrariose* qualites þat buþ founden in Elementis, so
þat þe leste partye of eche elemente entre in to þe leste partye of þe 40
oþere partye.   And for þat þilke foure *complexiouns*: hot, colde,

.iiij. complexiouns, hoot, moist, coold & drie, sumtyme ben y-com- *[hot, moist, cold, and dry.]*
poned, þat¹ is to seie, medlid, þer comen in hem .viij. as: hoot¹ & *[By mixing]*
drie, hoot¹ & moist, & coold & drie, and coold & moist¹ / Foure of *[them we get 8;]*
4 þese ben symple, and foure componed; & for þilke .viij. sumtyme *[and as these]*
ben wiþ mater, & sumtyme wiþoute mater / þer ben .xvj.; & for þilke *[may be either with or without matter,]*
xvj. aftir sum consideracioun moun be naturel to summan, & summan *[16;]*
vnnaturel / þer moun be .xxxij. Neuereþelatter among¹ alle þe com- *[and as they are either natural or]*
8 plexiouns þat man mai fynde, þat is componed of¹ dyuers qualitees, þere *[unnatural in some men, 32.]*
ne is noon so temperat, as is mannes complexioun; & hauynge reward *[Compared]*
to mannes complexioun, alle oþere þingis *[ys] I-clepid, hoot¹, coold, *[with men's complexion,]*
moist, ¹eiþer drie. / Whanne² þat a mete or a medicyn haþ suffrid *[[¹ leaf 4]]*
12 kyndely heete þat¹ is in man, þat heetiþ him nouȝt, ne drieþ him *[other things are hot, cold,]*
nouȝt, ne moistiþ hym nouȝt, so þat mannes complexioun may not *[moist, or dry.]*
conseyue wheþer it¹ coldiþ him, heetiþ or drieþ or moistiþ him : it¹ is *[A medicine which does not affect a]*
clepid temperat¹ / & þilke þing þat we seie is hoot¹ in þe firste *[man's complexion is called temperate.]*
16 degree, þat¹ is I-heet¹ of kyndely heete þat¹ is in oure bodies, & heetiþ *[A hot meat or medicine]*
oure bodies wiþouten greuauncis / & þilke we seien to be hoot in þe *[may be hot,]*
secunde degree, which þat¹ is het¹ of oure kyndely heete, so heetiþ *[in 1 gradu,]*
oure bodi þat¹ he ne myȝte heete us no more wiþoute greuaunce / *[in 2 gradu,]*

² A mistranslation from the Latin : Illam namque rem ... dicimus esse
temperatam, quæ cum *passa fuerit* a calore naturali, qui est in nobis, non
calefit, etc.

---

20 moiste & drye, sumtyme ben y-componyd, þat ys to sugge medlyde, *[Add. MS. 12,056.]*
þere comen of hem VIII, as hote & drye, hote & moist, colde &
drye, colde & moiste; ffoure of þese ben symple, & foure ben com-
ponyd. And for þilke VIII sumtyme ben with mater, sumtyme
24 withoute mater, þere ben XVI; & for þilke XVI, after sum con- *[[³ fol. 35 a]]*
sideracioun mowe ben naturell to sum Man, ³& to sum man vn
naturell, þere mowe ben XXXII. Nevere þe lattere amonge alle
þe complexiouns þat man may fynden, þat is componyd of dyuerse
28 qualites, þere nys non so temperat as ys mannes complexioun;
havynge rewarde to mannes complexioun, alle oþere þynge ys*
clepyde colde, hote, moyste, oþere drye. Whanne þat a mete, oþere
a medycine, hath y-suffryde kendlye hete þat ys in Man, & hetyth
32 hym noȝt & colyth hym nauȝt, ne dryeþ hym noȝt, ne moysted hym
noȝt, so þat mannes complexioun may noȝt conseyven wheþer yt
colde hym, ore hete, dryȝe, oþere moyste, yt is clepyde temperat; &
þilke thynge we sigge is **hot in þe firste degre**, þat ys y-hatte of
36 kendlye hete, þat ys in oure bodyes & hetyth oure bodyes withouten
grevaunce, & þilke we siggen be **hote in þe secunde degre**, whiche
þat ys y-hette of oure kendlye hete, so hetyth oure body, þat he ne
myȝte hete vs namore withouten greuaunce; **hot in þe þridde degre :**

in 3̊ gradu,

in 4̊ gradu.

.Nota.

[⁴ lf. 4, bk.]

People of different complexions must be treated differently. 1. For a patient of a hot and moist complexion, use blood-letting, cupping and purging.

þilke we seie to be hoot i*n* þe þridde degree, which þat is het' of
¹kyndely heete bryngiþ to oure bodi sensible greuau*n*ce. & þilke
is i*n* þe fourþe degree, þat' is hot' of ²v*n*kyndely heete, distroieþ þe
bodi openliche / & in þis same maner ȝe mou*n* knowe degrees þat 4
ben colde / I mai *preue* in þis maner, þat' it' is nessessarie a surgian
to knowe complexiou*n*s of' bodies, lymes, & of' medicyns. Take .ij.
me*n* þat' ben of' oon age, & lete hem ben I-wou*n*did wiþ a swerd or
a knyf³ þwert' ou*er* þe arm i*n* oon hour & in oon place; oon of' 8
þe men is of' an ⁴hoot complexiou*n* & a moist, þat' oþer of' a cold
complexiou*n* & a drie. þe comou*n* seiynge of' lewid men is þat' þei
schulden boþe be*n* helid on o maner; but' resonable surgerie I-*preued*
techiþ us, þat' þei ne schulde no*t* boþe be helid aftir oon maner / For 12
he þat haþ an hoot complexiou*n*, & a moist, may liȝtly haue an hoot
enpostym—þat' is an hoot swellynge—& þat may be cause of an
hoot feuere. What' schalt þou þa*n*ne do? þou must loke, wheþ*er* he
haþ bled myche blood at his wou*n*de, and þa*n*ne it' is weel; ellis 16
lete hi*m* blood of þe co*n*trarious arme, or ellis*—of' þe oon same side,
if strenkþe & age acorde; or ventose⁵ hi*m* on þe two buttokkis, if
þat he be feble. & if' he may not schite⁶ oones a day, helpe hi*m*

---

¹ *vn* above line.   ² *rn* in different hand.   ³ *ouer* above line.
⁵ Lat. ventosare.   Kersey, *Dict.*   Ventose, a Cupping Glass.
⁶ Lat. ascellare.   Add. MS. translates accurately: *go to sege.* See below.

Add. MS. 12,056.

[⁷ fol. 35 *b*]

þilke we sigge to be hot in þe þridde degre, whiche þat ys y-hatte of 20
kendlye hete, bryngeþ to oure bodye sencyble greuau*n*ce; **hot in þe
fourþ degre**: and þilke in þe fourþ gre þat is y-hat of kendly hete,
dystroyeþ þe body opynlyche; & i*n* þis same mane*re* ȝe may knowe
degrees þat ben colde, & y may *preve* in þis mane*re* þat yt is 24
necessarye a surgyne to knowe *com*plexiou*n*s of bodyes, lymes, & of
medycynes. ¶ Take two me*n* þat ben off one age, & lete hem ben
y-woundyde w*i*th a swerd oþ*ere* a knyffe twarte offe*re* þe arme, i*n*
one oure & in ⁷one place. One of þo me*n* ys of an hote *com*plexiou*n* 28
& a moyste, þe oþ*ere* of a colde & a drye; þe comyne siggynge of
lewyde me*n* ys, þat þey scholde boþe by helyde afte*re* o mane*re*.
But resonable surgye wel y-proved, techitħ vs þat þey ne schulle
noȝt boþe ben y-helyde afte*re* on mane*re*; for he þat haþ an hot 32
*com*plexiou*n* & a moyst, may lyȝtliche haue an hote enposteme, þat
ys an hote swellynge, & þat may be cause of an⁸ hote ffevyre. What
schaltou þa*n*ne do? þou moste loke wheþ*er* he haue y-bled myche
blod at hys wou*n*de, & þenne it ys wel, ellys lete hy*m* blod of þe 36
*con*traryose arme, oþ*ere* ellys* on þe fot on þe same syde; ȝif strengþe
& age acorde, oþ*ere* ventuse hym on þe tweye buttokkys; gif þat he
be feble, ȝif he may noȝt go to sege onys a day, helpe hy*m* þereto

⁸ *an* above the line.

þerto, or with clisterie, or wiþ suppositorie. & brynge þou þe parties
of þe wounde togidere þoruȝ sowynge, or wiþ plumaciols—þat ben
smale pelewis—or wiþ byndynge, if' þat' sewynge be nouȝt nesses-

4 sarie, & þanne worche aboute þe wounde, as it is told aftir in þe
book.   But aboute þe wounde leie a medicyn defensif', of bole ar-
monyac[1], oile of rosis, & a litil vynegre ; so þat [2]þe medicyn touche
þe brynkis of þe wounde, þat' humouris moun not' haue her cours

8 to renne to þe wounde ; & we forbeden him wiyn, mylk & eiren &
fisch þat engendriþ myche blood / But he schal ete for his mete
growel maad of' otemele, eiþir of barli mele wiþ almaundis ; &
generaliche he schal vse a streit' dietynge, til þat he be sikir þat he

12 schal haue noon hote enpostym.   & if þat we kunne fende him fro
a feuere & apostym, þe science of his complexioun techiþ us, þat he
may of his sijknes soone be hool / þe oþere of' þe cold complexioun
schal not be leten blood ne ventusid, for blood schulde be kept' in

16 him, as for tresour / Forbede hem neiþir wiyn ne fleisch, for þe
stomak þat' is so feble ne myȝte nouȝt engendre nessessarie mater of
blood þat longiþ to þe wounde / Ne we drede nouȝt in him þe feuere,
for his complexioun is nouȝt able to resceyue þe feuere / We moun

Compare: *a Sege of a Privay* ; gumfus.   *Cathol. Angl.*, p. 328.   Compare
the French : aller à la selle.
[1] *Bole Armoniack.* See N. E. Dict.

Close his
wound with
compresses
or with
bandages,

and apply an
vnguentum
defensivum.
[2 leaf 5]

He must keep
a strict diet.
dieta.

2. Keep the
blood in a
patient of
cold com-
plexion ;
give him wine
and meat.

---

20 oþere wit clysterye, oþere with suppositorye ; & brynge þou þe
partyes of þe wounde to-gedire, oþere with sowynge, oþere wiþ plu-
maciolus—þat beþ smale pelewys—oþere with byndynge, ȝif þat
sowynge be noȝt necessarie.   And þenne worche aboute þe wounde,

24 as it ys tolde aftere in þe boke ; but aboue þe wounde leye a
Medycine defensiue, of bol Armonyac, oyle of rosys, & a litel
vynegre, so þat þe medycine touche þe sydes of þe woundes, þat
humours mowe noȝt hauen here cours to renne to þe wounde.   And

28 we forbyde hym wyn, Milke, & eyren, & fysch, þat engendrith
myche blod ; but he schal ete for his Mete grueH y-made of ote
Mele, oþere barly mele with Almaundes, & generaliche he schal vsen a
streyt [3]doynge, tyl þou be sykere þat he schal haue non enposteme.   [3 fol. 36 a]

32 And ȝif þat we cunne dyffenden hym from a ffevyre & aposteme, þe
science of hys complexioun techyth vs þat he may of hys seknesse
sone be hol.   ¶ þe oþere of þe colde complexioun ne schal noȝt be
leten blod ne ventusyde, ffor blod scholde be kepte in hem as for

36 tresoure ; forbyde hym neiþere wyn ne flesch ; for þe stomak þat ys
so feble, ne myȝte nouȝt engendre necessarie mater of blod þat
longyth to þe wounde ; ne we dredyth noȝt in hym þe ffevyre, for
his complexioun ys noȝt able to resceyuen þe ffevyre.   We mowe

vitriol
has a differ-
ent effect on
different com-
plexions.

[² lf. 5, bk.]

fynde a medicyn maad in oon maner þat worchiþ dyuers effectis, &
he be I-leid to dyuers complexiouns / Grene vitriol, & he be do to
a man of¹ a drie complexioun engendrith fleisch¹; & if þou leie
²him on moist¹ compleccioun, he greueþ nouȝt oonliche, but¹ corrodith 4
it¹; and neþeles vitriol haþ but¹ oon maner worchinge, þouȝ þat he
worche dyuersliche in dyuers complexiouns / Riȝt as þe worchinge
of¹ þe sunne is dyuers, nouȝt for þe sunne, but for þe worchinge of
dyuers bodies into whom he worchiþ / Vitriol drieþ wondirfulliche 8
myche: in drie bodies he defendiþ³ þe smale lymes myȝt⁴ to aȝen-
stonde his miȝt, wherfore he may nouȝt but drie þe superfluytees
þat he fyndiþ in þe wounde; & whanne þo ben y-dried, kynde en-
gendriþ fleisch. In moiste bodies, for þat þe smale lymes ben feble 12
& moun not wiþstonde þe strenkþe of¹ þe vitriol, þe fleisch meltiþ
vndir it, & so bi vitriol þe fleisch rotiþ. & þat is seid of¹ dyuers

Galien

Limbs of
different
complexions
must be
treated
differently.

complexiouns, is y-seid of dyuers lymes / Galioun seiþ: If þat
tweye woundis ben euene I-quytturid, & þe oon be a drie lyme, & 16
þe oþer a moist lyme, þat þat is þe drie lyme nediþ þe moister
medicyn / And if¹ þat .ij. lymes leeue⁵ ben I-woundid þat ben lich

---

¹ *fleisch* in margin.   ³ *defendiþ*, mistake for *fyndiþ*; see below.
⁴ *myȝt* for *myȝty*; see below.   ⁵ *leeue* for *leche?*

Add. MS.
12,056.

fynden a Medycine made in o manere þat wirchith dyuerse effectis,
& he be y-leyde to dyuerse complexiouns. Grene vytreole, & he be 20
done to a Man of dryȝe complexioun, engendrith flesscħ; & ȝif þou
leggen hym on a moyste complexioun, he greuyth noȝt onlyche, but
coroduþ yt. And naþeles vitreole haþ but one manere wyrchinge,
þouȝ he wirche dyuerslyche in dyuerse complexiouns, ryȝte as þe 24
wirchynge of þe sonne ys dyuerse—noȝt for þe sonne, but for þe
wyrchynge of dyuerse bodyes in whom he wyrchyth. Vitreole
dryeþ wonderlyche muche, & in dryȝe bodyes he fyndeþ þe smale
lymes myghty to ageyne stonden hys strengþe. Wherefore he may 28
nought but drye þe superffluites þat he fynte in þe⁶ wounde; &
whenne þo ben y-dreyede, kynde engendryth fïlesch. In moyste
bodyes, ffor þat þe smale lymes beþ feble, & mowe noȝt withstande
þe strengthe off þe vytreole, þe flesch meltyth vndire yt, & so be þe 32
vitreole þe flesch rotyth; & þat þat ys seyde of dyuerse com-
plexiouns, ys y-seyde of dyuerse lymes. **Galyen**: ȝif þat tweye

[⁷ fol. 36 *b*]

woundes ⁷ben evyne i quyter, & þe on be in a dryȝe lyme, & þe
oþere in a moyste lyme, þat þat is in þe dryore lyme nediþ þe dryore 36
medycine. And ȝif þat two lymes ben y-wounded þat ben lyche in

---

⁶ *wound*, cancelled because blotted after *in þe* and re-written.

in complexiou*n*, & þe oon haþ myche quytture & þe toþer litil, he
þat haþ þe myche quytture, nediþ to han þe drier medicyn /

[1] Iohannes damascen*us* seiþ, Medicyns & enplastris schulden ben
4   acordynge to þe lymes þat þei be*n* leid on / Galien*us* : a kyndly
þing᾽ schal be kept wiþ a þing᾽ þat is kyndly þerto / And þat is aȝen
kynde schal be doon awei with þing᾽ þat is contrarie þerto / If þat
a surgian knew not complexiou*n*s of lymes & of bodies, he schal
8 nouȝt co*n*ne to schewynge hise medicyns aftir þat᾽ kynde askiþ. A
surgian must knowe gen*er*acioun of᾽ humouris, if he wolde knowe
þe science & þe helynge of apostymes, as it schal be declarid i*n* þe
tretis of apostymes. He muste knowe þe dyu*er*sitees & þe profitis
12 & þe officis of᾽ lymes, þat he mowe knowe, what lymes han a greet
worchinge i*n* ma*n*nes body, & whiche ben of greet᾽ felynge, & whiche
moun bere a strong᾽ medicyn / & þe v*er*tues of᾽ lymes þou must
knowe, þat he se, whanne þe worchinge of᾽ ony vartu failiþ in ony
16 lyme, þat he mowe helpe þe vertu & þe same lyme failynge. & if
he haue þe science of᾽ knowynge of v*er*tues, þe science of spiritis
schal nouȝt be hid fro hi*m*. Alle þese þingis bifore seid ben but᾽
natureles, & þei [2] ben but᾽ techi*n*ge of medicyns speculatijf /
20   Also he muste haue knoulechinge of᾽ þingis þat be*n* not natureles,
þat he ku*n*ne chese good eir to hi*m* þat is wou*n*did or ellis haþ

---

complexiou*n*, & þat on haþ myche quyt*er* and þe oþ*er*e lyte, he þat
haþ myche quyt*er* nedyth to have*n* þe dryere medycine. **Iohannes**
24 **damacen*us*** : Medycines & enplastr*es* scholde ben acordynge to þe
lymes þat þey ben y-leyde on. **Galien*us*** : a kendlye thynge schal
be kepte w*ith* þynge þat ys kendlye þere to ; and þat þat is aȝeyne
kynde schal be done away w*ith* þynge þat is contrarye þere to. Ȝif
28 þat a surgien knowith noȝt *complexioun*s of lymes & of bodyes, he
schal noȝt ku*n*ne to chau*n*gen hys medycines aftere þat kynde
askeþ. A surgien moste knowe gen*er*acioun of humours, ȝif he
wolde knowe*n* þe sciense & þe helynge of Apostemys, as yt schal ben
32 declared i*n* þe tretys of apostemes ; he moste knowyn þe dyu*er*site,
& þe p*ro*fytes, & þe offices of lymes, þat he mowe knowen what
lymes han grete wyrchynge in ma*n*nys body, & whiche ben of grete
felynge, & whiche mowe bere a stronge Medycine ; & þe vertues of
36 lymes he moste knowe, þat he se whanne þat þe worchynge of enye
vertue fayleþ in enye lyme, þat he mowe helpe þe vertue in þe same
lyme faylinge. And ȝif he haue þe scienc*e* of knowynge of v*er*tues,
þe sciense of spirit*us* ne schuℏ noȝt ben y-hud from hy*m*. Alle þese
40 þynges before seyde beþ nat*ur*eles, & þey beþ techynge of medycine
speculatyff. Also he moste han knowynge of thynges þat beþ noȝt
nat*ur*eles, þat he ku*n*ne chesen gode eyre to hy*m* þat is y-wou*n*dyde,

natural, as the effect of the air on a wound.

a boch[1] / Woundis moun not be[2] dried in a moist eir & a vapouris, but þei þat ben woundid musten ben chaungid fro þat moist eir to a swete cleer eyr & a drie / In wyntir he muste kepe him fro cold;

nota

for no þing[1] greueþ so myche boones & senewis as cold[3] þat ben 4 I-woundid / & in somer he muste haue temperable eir. It is nessessarie þat he kunne dietyn his pacient, as I schal telle in þe

He must know how to prescribe moving or rest.

same chapitle of dietinge / also he muste ordeyne meuynge & reste,[4] as it nediþ to þe same sijk man / for if þat he be woundid in þe 8 heed eiþer haue ony puncture of ony senewe, it[1] is nessessarie þat he reste & dwelle in stillenes & haue an esy bed & a soft; lest he suffre ony traueile of his lymes / But if[1] þat olde woundis wiþout akynge weren in his armes, it[1] were good to him, þat is sijk, to walke on his 12 feet, & lete his arme be bounde to his necke; & if þat þe wounde

[5 lf. 7]
Nota
He must regulate the patient's sleep,

be in hise schynes & in hise feet, it were good þat[1] he lay & traueilide wiþ hise hondis / Also a [5]surgian, in al þat he myȝte, he muste tempere a sijk mannes slepinge; for to myche slepinge 16 engenderiþ superfluyte & febliþ his vertewes, & coldiþ & lesiþ al his bodi / To myche wakinge dissolueþ & confoormeþ[6] hise spiritis &

[1] *boch*, Latin apostema; M. E. botch. See N. E. Dict.
[2] *heelid* cancelled.
[3] *as cold* misplaced; see below.   [4] *to* cancelled after *reste*.
[6] *confoormeþ*, erroneously for *consumeþ*, as below. Lat. Orig.: dissolvunt et consumunt.

Add. MS. 12,056.
[7 fol. 37 a]

oþere ellys haþ a bocche. Woundes mowe noȝt ben y-dryȝed in a [7]moyste eyre & a vaporose, but þey þat ben y-woundyde most bene 20 y-chaungyde from þat moyste eyre to a swote cler eyre & a dryȝe. In wyntere he moste kepe hym from colde, ffor noþinge grevyth so myche bonys & synwes þat buþ y-woundyde as colde. And in somere he moste han a temperable eyre; hit ys necessarye þat he 24 kunne dyoten hys pacient, as y schal tellen in þe same Chapyteł of dyotynge. Also he moste ordeyne moffynge & reste, as yt nedeþ to þe same syke man; ffor ȝif þat he be woundyde in þe hed, oþere haue eny puncture off enye synwe, it ys necessarye þat he reste: 28 dwelle he in styllenesse, & haue an euene bed & a softe, leste he suffren enye trauaylle of hys lemys; but ȝif þat olde woundes, wiþouten akynge, weren in hys Armes, hit were gode to hym þat ys seke to walken on hys fete, & bere hys arme y-bounden to hys 32 nekke; & ȝif þat þe wounde be in hys schynys & in hys ffete, hit were gode þat he leyȝe & trauellyde with hys handes. Also a surgien, in alle þat he myghte, he moste atempre a syke Mannes slepynge, ffor to myche slepynge engendreþ superffluyte, & feblyth 36 his vertues, & coldyth & losyth alle hys bodye; to myche wakynge dyssolfiþ & consumeþ hys spirites, & makyth scharpe hys humores,

makiþ scharpe hise humouris ; it bryngiþ vnkindly drowþe to woun-
dis, & is cause of¹ akynge / Also he muste kunne evacuener him *free the*
þat is ful of yuel humouris & fulfille him þat¹ is waastid, þat he *patient from*
  evil humours
4 brynge sike men to good temperaunce ; ellis a wounde mai not be
heelid / Entempre he þe herte of¹ him þat is sijk, for to greet¹ wraþþe. *and take care*
makiþ þe spiritis renne to myche to þe wounde & þat is caus of¹ *that the*
  heart is
swellynge ; to greet¹ drede, ouþir vttereste¹ of¹ heelþe of¹ his wounde, *temperate.*
8 holdiþ þe spiritis wiþinne his bodi, þat mater mai not come to heele
his wounde / þese .vj. þingis ben clepid vnnaturel,² which techiþ a
man speculatijf of¹ leche craft.

He muste knowe þe sijknes : as olde wounde, festre, cankre & *He must*
  know the
12 alle oþere soris, þat he traueile not¹ in veyn & brynge þe sike man *different*
  kinds of
to his deeþ / For ech dyuers soor nediþ dyuers helpingis. He *wounds,*
  Nota
muste knowe þe cause of þe wounde / ffor a wounde, þat is ³maad [³ lf. 7, bk.]
wiþ a swerd eiþer a knyf, must oþerwise be heelid, þan he þat is
16 maad wiþ stoon eiþer fallinge / And a wounde þat is biten wiþ an
hound schal oþerwise be heelid, þan he þat is biten with a wood
hound ; as þou schalt fynde soone told in þe book herafter / & he
muste knowe þe accidentis þat ben aboute a wounde / for þe wounde *and the*
  accidentes
20 schal neuere heele, til þe accidentis be remeued awey / accidentis is *which befall*
  a wound.

¹ *uttereste*, only known as an adj. : extremus, erroneously for *untryste*.
See below.
² Lat. quæ sunt secundum membrum theoricæ medicinæ.

& hit bryngeþ vnkyndly drowþe to woundes, & ys cause of akynge ; Add. MS.
also he moste kunne evacuen hym þat ys ful of euele humores, & 12,056.
fulfylle hym þat ys wastyde, þat he brynge seke men to gode
24 temperaunce ; ellys a wounde may noȝt ben helyd ; entempre he þe
hert of hym þat ys seke, ffor to gret wratthe makyþ þe spirites renne
to myche to þe wounde, & þat ys cause of swellynge ; ⁴to grete drede, [⁴ fol. 87 b]
oþere vntryst of helpe of hys wounde holdiþ spyrites withynne hys
28 body, þat mater may nouȝt come to hele þe wounde. þese sixe
thynges ben y-clepyde vnnatureH, whiche techith a Man speculatyff
of leche craft. He mot knowen þe seknesse, as olde wounde, festre,
cancre, & alle oþere sores, þat he traveylle noȝt in deveyne, & brynge
32 þe seke man to hys deþ : ffor eche dyverse sore nediþ dyverse
helpynges. He mote knowe þe cause of þe wounde ; ffor a wounde
þat is mad with a swerd oþere a knyff¹ mote oþere weys ben helyde
þen he þat is y-makyde with ston, oþere with fallynge, & a wounde
36 þat is byten with an hounde schal oþere weys ben helyde þen he þat
ys y-byten with a wod hound, as þou schalt fynde tolde in þe boke
hereaftere. And he mot knowe þe Accidentes þat buþ aboute a
wounde, ffor the wounde schal nevere hele tyl þe Accidentes ben
40 remevyde awey. Accidentis ys a þynge þat falliþ to þe wounde out

a þing¹ þat falliþ to a wounde out¹ of¹ kynde as hoot, cold, drie, eiþer
to myche moistnes, crampe & oþere þinges aȝens kynde / A surgian
muste ordeyne dietynge in dyuers maner, as it is told in þe chapitle
of¹ dietynge ; & whanne it is nedeful, he muste ȝeue dyuers drinkis / 4
Galien : Laxatiues & vometis ben nedeful to hem, þat¹ han olde
rotid woundis & stynkynge / For whanne þe bodi is purgid fro
wickide humouris, þe wickidnes of þe mater renneþ fro þe wounde
& so þe wounde is sunner helid / He þat biholdiþ alle þe parties of 8
a medicyn, he may weel se þat¹ it is nessessarie a surgian to knowe
phisik, & oþer dyuers science, as I haue told tofore in þe book.

¶ þe .iij c̊. of þe firste techinge is of intencioun of a
surgian /   12

¹ Al þe entencioun of a surgian, how diuers þat it be, it is on*
   [of] þre maners / þe first is vndoynge of¹ þat¹, þat is hool / þe
secunde to hele þat, þat is broke / þe .iij. is remeuynge of þat, þat
is to myche ; so þat it be don with hand craft / ffor al entencioun of 16
a surgian is vndir oon of¹ þese .iij. entenciouns, or ellis vnder oon of¹

hem. A surgian vndoiþ þat þat is hool, whanne he letiþ blood,
eiþer garsiþ,² eiþer brenneþ, eiþer settiþ on watirlechis, for þis is a

² garsiþ] Lat. scarificat ; Fr. gerçer ; med. Lat. gersa, garsa. See *Cathol.
Angl.*, p. 150.

---

of kynde, as hete, colde, drowþe oþere to gret moistnesse, crampe, & 20
oþere þynges aȝeyne kynde. A surgien mot ordeyne dyetynge in
dyverse manere, as it is tolde in þe Chapiteł of dyetynge. Whenne
þat it is nedful, he mote ȝyve dyverse drynkes. **Galien** : laxativis
& vomytes buþ necessarie to hem þat han olde, rotyde, stynkynde 24
woundes ; ffor whanne þat þe body is purgyde from evyle humours,
þe wykkednesse of þe matere renneþ from þe wounde, & so þe
wounde is sonnere y-helyde. He þat byholdeþ alle þe partyes of a
medycine, he may wel se ³that it is necessarie a surgyne to knowen 28
ffysyk and oþere dyverse science, as hit is tolde tofore in þis boke.

¶ The þridde Chapitele of þe furste techynge is of
Intencioun off a Surgyne.

Alle þe entencioun of surgerye, how dyverse þat it be, yt is on 32
*of þre maneres : þe ffurste ys undoynge þat þat is hol ; secunde ys
helpynge of þat þat is tobroke ; þe þridde ys remevynge of þat þat
is to myche, so þat it be do with hande crafte ; ffor alle þe enten-
cioun of a surgien ys vndire one of þis þre entensiouns, oþere ellys 36
vndire one of hem. A surgyne vndoþ þat þat ys hol, whanne he
letyth blod ore garsyth oþere brenneþ, oþere setteþ on waterlechys,

surgiens craft; þouȝ we for oure *pride* haue left it to *barbouris* & *Nota.* G. R.
to *wymmen* / for Galion & Rasis diden it *with* her hondis, as her
bookis telle*n*. And we vndoon þat, þat is hool, whan*n*e þat we as when he bleeds, scarifies or cauterizes;
4 kutten þe veynes, þat ben in þe templis & þe forheed & maken
cauterizacio*uns* for þe sijknes of þe yȝen / And whan*n*e þat we
maken cauteries in þe heed & in dyuers placis of þe bodi, as I schal
telle *in* þe chapitle of cauterisynge / þe secu*n*de entencioun is to or 2. he heals wounds, &c.,
8 hele þat, þat is broken as woundis, olde woundis, festris, cankris &
in bringyng to her placis ioyntis þat ben oute & *in* helynge boones
þat ben to broke*n* / þe .iij. intencio*u*n is to remeue þat, þat is to or 3. he removes excrescences, sign. 2j
myche, as ¹scrofulus of þe heed & þe necke & o*þ*ere parties of þe
12 bodie / cataractis²—is a watir þat comeþ bitwene þe white of þe [1 lf. 8, bk.] as cataracts,
iȝen & þe appil; sebel—þat ben veynes þat ben *in* þe whiȝt of þe
iȝen & beþ ful of blood / vngula—is a þing, þat bigyn*n*eþ bi þe nose
& goiþ ouer þe iȝe til he keue*r*e al þe iȝe—& knottis, þat be*n* in þe
16 iȝe & o*þer* siknes of þe iȝe; & *in* doynge awey polippis, þat is fleisch polypuses,
þat growiþ wiþin*n*e þe nose; wertis & wen*n*ys; ficus, þat is super- and wens.
fluyte þat growen vp on þe skyn of þe pintils hede wiþoute,
emerawdis³ & a skyn þat enclosiþ a *wo*mmans *priuy* membre, þe

² cataract, sebel and ungula. See Notes.
³ The Latin text has: superfluitatem hermaphroditis.

---

20 ffor þis ys a surgyns craft, þawȝ we for oure pride have y-lefte yt to Add. MS. 12,056.
laborers & to *wo*mmen, for Galien & Rasys dyden it wiþ here
handes as here bokys tellyþ. And we vndoþ þat þat is hol, whe*n*ne
þat we kutteþ þe veynes þat ben in þe templys & þe forhed, &
24 makyth cauterisacio*nes* from þe seknesse of þe eyȝen, & whe*nn*e þat
we maken Cauteries in þe hed & in dyv*er*se places of þe body as y
schal telle in þe chapiteh of Cauterysynge. þe secu*n*de entencio*u*n
ys to hele þat þat is tobroke as: wou*n*des, olde wou*n*des, ffestres,
28 Cancres, and in bringynge to here place Ioyntes þat bene oute, &
in helynge bonys þat ben tobroke*n*. þe þridde entencio*u*n is to
remevyn þat þat ys to myche as scurffyls of þe hed & þe nekke, &
o*þ*ere partyes of þe body, & Cataractis þat ys a wat*er* þat comyth
32 bytwene þe whyte of þe eyȝe & þe Appul. Sebel þat beþ veynes [4 fol. 38 b]
þat buþ in þe whyte of þe eyȝe, & beþ ful of blod. Vngula, ⁴þat ys
a thynge þat bygyn*n*eþ by þe nese & goth ove*r*e þe eyȝe, tyl he
keffere alle þe eyȝe & knottes þat ben in þe eyȝe, & o*þ*ere seknesse
36 of þe eyȝe, & in doynge awey polippes þat is flesch þat growiþ *with*
yn*n*e þe nese, wertys & wen*n*ys, fficus þat is a sup*er*ffluyte þat growiþ
vp on þe skyn off þe pyntellys hed wi*th*oute*n*, emeraudes & a schyn

sixte fingre of þe hond & manye superfluytees þat beþ nouȝt semelich
to a mannys body

¶ þe firste chapitle of þe secunde tretis is an vniuersal
    word of smale lymes & her helpingis, & of gener- 4
    acioun of embrioun, þat is þe child, in þe modir
    wombe //   /   /[1]

de anotho-
[m]ia.
A Surgeon
must know
Anatomy.

Auicen.
[2 lf. 9]

G Alienus seiþ, þat it is nessessarie a surgian to knowe anotamie ;
  ne leeue we nouȝt þat ech brood ligament is a skyn, & ech 8
round ligament to be a senewe, so bi his opinyoun he myȝte falle
into errour / þerfore I þenke to ordeyne a chapitle of þe kynde &
of the [2]foorme & helpinge of alle smale lymes / Auicen seiþ /
knoulechinge of a þing, þat haþ cause, mai nouȝt be knowen, but 12
bi his cause. þerfore we moten knowe þe cause, *membriorum
consimilium*, þat is to seie, smale lymes. & I wole telle þe genera-

†The Embryo
.G1
is engendered
of the seed of
man and
woman.†

cioun of embrioun : þat is to seie, how a child is I-gete in þe modir
wombe / Galion & auicen tellen, þat of boþe þe spermes of man & 16
of womman, worchinge & suffrynge togideris, so þat ech of hem
worche in oþir & suffre in oþir, embrioun is bigete / But the
worchinge of mannes kynde is more myȝtiere, & wommans kynde

¹ See *Vicary*, ed. Furnivall, p. 78.

Add. MS.
12,056.

þat enclosyth a wommans prive membre, þe sixte fynger of þe hand, 20
and manye superfluytes þat beth nought semlye to mannys body.

¶ The ffurste Chapiteh of þe secunde tretys ys an
    universel word off smale lymes, & here helpynges
    of generacioun of enbrion þat is child in þe moder 24
    wombe.

G Alien seith þat it ys necessarie a Surgien to knowe Anotomye,
  ne leffe henoȝt þat iche brode ligament þat ys a schyn, & iche
rounde ligament to ben a synwe, & so be hys opynioun he myȝte 28
fallen in erroure. þerfore i þynke to ordeyne a Chapiteh of þe
kynde & of þe fforme & þe helpynge of alle smale lymes. Avycene
seith, knowlechynge of a þynge þat haþ cause may noȝt be knowe
but by hys cause, þerfore we mote knowe þe cause membrorum 32
consimilium : þat ys to sigge smale lymes. Y wyl telle þe generacioun
of embrion, þat ys to sigge, how a childe ys bygete in þe modire
wombe. Galien and Avycene tellen þat of boþe þe spermes of Man
& womman—wirchynge & sofferynge togedires, so þat iche of hem 36
wirche in oþere & suffren in oþere—embrion ys bygete. But þe

[3 fol. 39 a]

worchynge of Mannes kynde is more myȝtyere, & wommans [3]kynde

more febler / For riȝt as þe roundeles[1] of chese haþ bi him-silf wei
of worchinge & þe mylk bi wey of suffrynge, so to þe generacioun
of embrion mannes sperme haþ him[2] bi wei of worchinge & wommans

4 sperme bi wey of suffrynge / & riȝt as þe rundelis[1] & þe mylk
maken a chese, so boþe þe spermes of man & womman maken
generacioun of embrioun. þouȝ þat alle þe smale lymes of a child
ben I-geten of boþe two spermes, neþeles, to cloþe hem with fleisch

8 & wiþ fatnes, comeþ to hem menstrue [3]blood / þe maris[4] of womman
haþ an able complexcioun to conseiuen ; & of hir kynde he castiþ
þe spermes to þe deppest place of hir ; & of hir nature he closiþ hir
mouþ, þat þer myȝte not entre the poynt of a nedle / & þanne þe

12 foormal vertu which almyȝty god haþ ȝeue to þe maris ordeyneþ &
diuidid euery partie of þese spermes in her kynde, til þat þe child
be born / Vndirstonde þat þe fleisch & þe fatnes is mad of menstrue
blood, þe boones & gristlis, ligamentis & senewis, cordis, arteries,

16 veynes, panniclis—þat ben smale cloþis—& þe skyn beþ engendrid
of boþe þe spermes, as auicen & oþere auctouris tellen / If þat ony of
þe lymes þat ben engendrid of þe spermes ben doon awey *[he] moun
neuere veriliche be restorid, for þe mater of hem is þe sperme of þe

Right margin notes:
†And as ren-
net curdles
milk and the
two make
cheese,
so does the
seed of man
and woman
make the
Embryo.†
[3 lf. 9, bk.]
The flesh
and the fat
are formed
from the
menstrual
blood.
The Matrix
closes itself
after having
conceived.
The whole
body is
developed in
the Matrix
(except the
flesh and fat)
from the seed
of the man
and woman.
Auicen

---

[1] *roundeles, rundelis.* Add. MS. *rendelys,* coagulum. See *Prompt.*
Parv., p. 429, *renlys, or rendlys.* Comp. O. Du. rinsel, runsel.
[2] *mannes sperme haþ him,* Lat. ita sperma viri se habet. [4] *maris,* matrix.

---

20 ys more ffeblere. Ffor ryȝt as þe rendelys of chese haþ hym by Add. MS.
weye of worchynge, & þe Mylk be weye off suffrynge, so to þe   12,056.
generacioun of embrion, Mannes sperme[6] hath hym be weye of
worchynge, & wommans sperme[6] be weye of suffrynge, & ryȝt as þe

24 rendles & þe mylk makyth a[5] chese, so boþe þe spermes[6] of man &
womman makyþ þe generacioun of embrion. þowȝ þat alle þe smale
lymes of a childe be y-geten of boþe two spermes,[6] naþeles to cloþe
hem with fflesch & with fatnesse comeþ to hem menstrewe blod. þe

28 marys of a womman haþ an able complexioun to conseyven, & of
here kynde sche castyth þe spermes to þe deppeste place off here,
and of here nature sche closyth hire mouth þat þere myȝte nouȝt
entre þe poynt of an nedle. And þenne þe formal virtue whiche

32 þat almyghty god haþ ȝeuen to the marys, ordeyneþ & deff[e]ndeþ
every party of þese spermes in here kynde, tyl þat þe childe ben
ybore. Understande þat þe flesch & þe fatnesse ys y-mad of men-
strewe blod, the bonys & þe grustlys, ligamentes, synwes, cordes,

36 Arteries, veynes, pannycles, þat buþ smale cloþes & þe schyn buþ
engendred of boþe þe spermes, as Avicene & oþere Autores tellyn.
ȝif þat enye of þe lymes þat buþ engendrede off the spermes be don
away, *he may nevere verrelyche ben restoride, ffor þe matere of

[5] Above line.   [6] MS. *spernes.*

fadir & of þe modir; but þe fleisch the which mater is blood, þat is
aldai engendrid in us, may weel & verriliche be restorid / þese smale
lymes han dyuers foormes, complexciouns & helpingis aftir þe
dyuersitees of þe proporciouns of þe mater, which þat þei ben maad   4
of¹ / for þouȝ þat alle þe lymes ben maad of oon mater I-medlid,

[¹ lf. 10]

neþeles in ech of þe smale ly¹mes þer is a dyuers proporcioun of
mater, for þe which mater þei taken dyuers foormes & dyuers
helpingis. Almyȝti god ȝeueþ to ech þing¹ of his foorme after þat   8
his mater is * proporciound disserueþ /

consimile membris. **
1st Member
The Bone.
Its functions:
to move limbs,
protect them,
support the body,
and fill the hollows of joints.

þe boon is þe first of¹ þe consimile membris—þat is oon of¹ þe
smale lymes; þe which ben² cold & drie & he haþ dyuers foormes
in mannes bodi: for he helpiþ dyuerslich / þe cause whi þer ben   12
manye dyuers boones in mannes bodi is, for sumtyme it¹ is nede to
meeue oon lyme withouten anoþir & þat were impossible, if¹ þat al
þe bodi were but oon boon / Anoþer cause whi þer ben manye
boones: for summe defenden þe principal lymes from harm, as þe   16
brayn scolle from³ þe brayn of þe heed / summe ben foundementis,
as þe boones of¹ þe rigge & of þe schenes & of¹ þe armes / summe
ben as additamentis þat ben in þe side of þe rigge boon, & summe
to fulfille the holownes of summe ioyntis, as þe handis & þe feet;   20

² *ben* for *is*, see below.   ³ *from*, erroneously inserted.

Add. MS.
12,056.

hym ys þe sperme of þe fadire & þe modere. But þe flesch whose
matere ys blod þat is al day engendred in vs may wel & verreliche
be restoryde. þese smale lymes han dyverse formes, complexioun,
& helpynges after the dyversite of þe proportiouns of þe mater   24

[⁴ fol. 39 b]

whiche þat þey ben ⁴mad of; ffor þowȝ þat alle the lymes be mad of
on matere y-medlyde, naþeles in eche of þe smale lymes þere is a
dyverse proposicioun⁵ of matere, for the whiche matere þey taken
dyverse forme & dyverse helpe. Almyghty god gevyth to effrye   28
þynge of¹ hys forme after þat hys matere * proporcioned deservyt.

þe bon is furst of consimile membris þat is on off smale
lymes, þe whiche ys colde & drye, & he haþ dyverse formes in
mannes bodye, for he helpiþ dyversliche; þe cause why þere ben   32
many dyverse bonys in mannys body is,⁶ ffor sum tyme it ys nede
to meffyn o lyme without an oþere, & þat were inpossible, ȝif in alle
þe body were but on hol bon. An oþere cause is why þere ys many
bonys; for sum diffenden þe principal lymes from harme, as þe   36
brayn scolle þe brayn of¹ þe hed; somme ben ffundamentys, as þe
bonys of þe rugge, & of þe schynes, & of þe Armes. Some ben as
armure, as additamentys, þat ben in þe syde of þe rugge bon, &
somme fulfylle þe holwenesse of somme Iunttes, as þe handys & þe   40

⁵ read "proporcioun."   ⁶ *is* above line.

& summe þer ben þat þe roundnes of þe boon myȝte entre into þe
holownes of þat oþer boon / & non les schulde not¹ lacke his
meuynge as þe schuldre boones & þe hipe boones. þou maist fynde   sign. ²iíj
4 how manye boones þer ben in þe .ij. tretis, ¹where schal be told [¹ lf. 10, bk.]
pleynlier þe anotamie of consimile membris of al þe bodi from þe
heed to þe foot.

    A gristil is cold & drie, & is neischere þan a boon, & hardere þan 2nd Member,
                                                    The Gristle ;
8 þe fleisch, and in þe fleisch he haþ sixe helpingis / þe firste, þat þat the six uses
schulde be a meene bitwene þe vttir ende of þe hard boon & þe of Gristle.
neische fleisch / þe .ij. þat þe harde schulde not hirte þe neische,   .1.
nameli in þe tyme of¹ compressioun, & in þe tyme of smytinge / þe   .2.
12 .iij. þat þe eende of þe boones whiche þat ben in þe ioyntis schulden   .3.
haue a softere confutacioun² in her ioyntis / þe fourþe, þat he schulde   .4.
fulfille þe office of þe boon to susteyne a brawne, meuynge a membre
þat haþ noon boon, as þe ouer lid of þe iȝe / þe fifþe : for it is   .5.
16 nessessarie a gristil to ben in place, þat is nouȝt ful hard as þe þrote
bolle ; for þe eende of þe þrote bolle is gristeli / þe .vj. : for it is   .6.
nessessarie summe lymes to han a sustentacioun, and applicacioun,³
þat is foldynge, to be streyned & drawen abrod as þe noseþrillis &
20 þe gristile of þe eere.

     ² *confutacioun*, erroneously for *confricacioun.* See below.
           ³ *applicacioun.* Read *a plicacioun.*

---

fete, & somme þere ben þat þe roundnesse of on bon myȝte entre in Add. MS.
to þe holwenesse of þe oþere bon & naþeles scholde noȝt lakken hys 12,056.
meffynge, as þe schulder bonys, & the hepe bonys. þou maiste fynde
24 hou many bonys þere ben in þe secunde tretys where schal be tolde
plenerliche—þe Anotamye of consimile membrys of alle ⁴þe body, [⁴ fol. 40 a]
from þe hed to þe fot. A grustyll ys cold & drye, & is nesschere
þenne a bon, & hardere þanne þe flesch, & in þe flesch hath vi
28 helpynges. ¶ Helpynge þe grustel. The ffurste þat þere scholde be
a Mene, bytwene þe vtter ende of þe hard bon, & þe nessch flesch.
¶ þe secunde, þat þe harde scholde noȝt hurt þe nessche, namlyche,
in þe tyme of comprission, & in þe tyme of smytynge. ¶ The
32 þridde, þat þe ende of þe bonys, whiche þat ben in þe Iunttes
scholde han a softere confricatioun in here Iunttes. ¶ þe iiij, þat
he scholde fulfille þe office of þe bon, to susteyne a brawne meff-
ynge, a membre þat haþ non bon, as þe overe lyd of þe eyȝe. ¶ þe
36 v. for his necessarie a grustyll to be⁵ in a place þat ys noȝt ful
hard, as þe þrote bolle ; ffor þe ende of þe þrote bolle ys grustlye.
¶ þe vi. for it is necessarie some lymes to han a sustentacioun &
a plicacioun, þat is a foldynge, to be streynde & drawen abrod, as þe
40 nese þrylles & þe grustle of þe ere.

            ⁵ *noȝt* above line.

3rd Member, ligamentis.
[¹ lf. 11]
The four uses of Ligament.
.1.
It binds the bones together,

Lygament is cold & drie, and goþ out of þe boones & haþ þe foorme of a senewe. & he may be bowid, but he feliþ nouȝt; & he ¹haþ foure helpingis / þe firste is, þat he knyttiþ oon boon wiþ anoþer / it is nessessarie, þat oon boon be knytt wiþ anoþer, þat 4 many boonys myȝten make oon bodi as oon boon, & neuereþelatter ech membre myȝte meue bi him-silf, & þerfore þe ligament is as bowable & incensible / for if þat itᵗ hadde be censible, þei myȝten nouȝtᵗ han I-susteyned þe traueile & þe meuynge ofᵗ þe ioyntis / & 8 ifᵗ þat he hadde be inflexible as a boon, ofᵗ whom he comeþ of, oon lyme myȝte not han meued wiþouten anoþer / þe secunde help is,

.2.
It joins with Sinews to make *Cordes*, i.e. Tendons and Muscles,
.3.
it is a resting-place for Sinews,
.4.
it sustains the parts within the body.
4th Member, Sinews (Nerves). They start from the brain or Spinal Cord. sign. ²iiǰ [⁴ lf. 11, bk.]

þat he is ioyned wiþ senewis to make cordis & brawnes / þe þridde help is þat he schulde be a restynge place to summe senewis / þe 12 fourþe þat bi him þe membris, þat ben wiþinne þe bodies, schulden ben y-teied, þe whiche þat neden hangynge.

A corde² is cold & drie, & he comeþ from þe brayne, eiþer from þe mucha³; þat is þe marie of þe rigge boones // From þe brayn 16 comen .vij. peire cordes. & þei ben clepid sensible senewis / ffrom þe nucha þer comen xxx peire cordis & oon bi him silf & þei ben mouable / And alle þe cordis þat comen of þe ⁴brayn & nucha, haþ

² There is a constant confusion in all the mediæval medical books between nerves and sinews. See further Notes.

³ *mucha,* an error for *nucha;* med. Lat. *nucha.* Dufr.: postera pars colli. Fr. nuque. Littré gives references from the 14th cent. for the signification, marrow. See Notes.

Add. MS. 12,056.

[⁵ fol. 40 b]

Ligamente is colde & drye, & goþ out of þe bonys, & haþ þe 20 forme of a ȝenewe, & he may be bowyde, but he feliþ noȝt, & he haþ iiij helpynges. þe fyrste ys þat he knytte on bon with an oþere. It is necessarie þat o bon be knytte with an oþere, þat manye bonys myȝte make on body as on bon, & nevere þe later eche 24 membre myȝte meffyn by hym-selfe, & þere fore þe ligamente was bowable & insensible; for ȝif þat yt had y-be sensible, þey myȝte nouȝt have susteynde the travaylle & þe meffynge of þe Iunttys; and ȝif þat he hadde be inflexible as a bon, of whom þat he comyþ 28 of, ⁵on lyme myȝte noȝt han meffyde withouten an oþere. þe secunde help ys, þat he ys joynede with ȝenewys to make cordys & brawne. þe þridde helpynge ys, þat he scholde ben a restynge place to summe senewys. þe fourþe, þat be hym þe membris þat ben withynne þe 32 body scholde ben tyede, whiche þat nedyþ hongynge.

A corde ys colde & drye, & he comyth from þe brayn oþere fro þe nuca, þat ys þe marye of þe rugge bonys. ¶ From þe brayn comeþ vij peire cordys, & þey buþ y-clepyde sensible ȝenewys, from þe nuca 36 þere comyth xxx peire cordys, and on by hym selﬀen & þey buþ mevable; & alle þe cordys þat comyth of þe brayn, & þe nuca

boþe felynge & meuy*n*ge. & þe cordis ben white oute, bowable, Nerves of Feeling
strong¹ & tow3. & of¹ her kynde þei bryngen meuynge & felynge to spring from the Brain:
lymes. & for þat it¹ is long¹ & dyuydiþ¹ alle þe parties of¹ þe senewis those of Motion from the Spinal Cord.
4 *[in þe secu*n*de tretys y schal ordeyne Anotamye of 3euewes & here
place] as þei ligge; i*n* þe whiche placis þou must be war whanne
þou schalt kutte eiþer brenne / whanne þat we schulen ordeyne
anotamie of official membris & of her woundis / Official membris Official membris.
8 is to seie: a fyngir, a ioynt¹, an hand, eiþer a foot *[ore] oþere
lymes of¹ office /
     Arteries ben hoote nou3t of her owne kynde, but for þe hoot 5th Member, Arteries
blood & lijf¹ þat goiþ i*n* hem from þe herte. Of¹ her kynde þei ben spring from the heart,
12 colde & drie & þei han two cloþis, outcept oon þat goiþ to þe lungis and have two coats,
þe y*n*nere corde is stronger & grettere, þat he mowe wiþholde a
meuable mater & an hoot. & her bigy*n*nynge is i*n* þe lift¹ side of¹ þe
herte. & þere bigy*n*nen two arteries; oo*n* goiþ to þe lu*n*ge & haþ
16 but¹ oon coote and sprat¹ i*n* þe same lu*n*ge, & þere endiþ & bringiþ
blood to þe lu*n*ge, bi whom he is norischid, & spirit of¹ lijf, and þat
he my3te brynge from þe lu*n*ge eir to þe herte for to entempre þe
fumosite of hete of¹ þe herte. & þis arterie² is ³y-clepid venales. & it [³ lf. 12]

¹ & dyuydiþ] a mistake for *to dyryde*. Latin: De divisione vero membrorum multum longa est doctrina.
² *Arteria venalis*, Pulmonary vein. It was taken to be an artery, as it carries arterial blood. See *Vicary's Anatomie*, ed. Furnivall, p. 58, note 1.

---

20 habbeþ boþe felynge & meffynge. & þe cordys ben whyte, bowable, Add. MS. 12,056.
stronge, & tow3; & of here kynde þey brynge meffynge & felynge
to lymes. & for þat hit is longe to devydeþ alle þe partyes of
3enewes; *in þe secu*n*de tretys y schal ordeyne Anotamye of
24 3enewes & here place,* as þey ligge; i*n* þe whiche place þou moste
be ware, whenne þou schalt kutte oþere brenne, whenne þat we
schulle ordeyne Anotamye of official membris & of here woundes.
Official membre ys to sigge: a ffynger, a Ioynt, an hand, oþere a
28 fote *ore oþire lymes of ofyce.
     Arteries beþ hote, no3t for here owne kynde, but for þe. hote
blod & lyf þat goþ in ham from þe herte. Of here kynde þey ben
colde & drye, & þey han tweye cloþes, outsepte on þat gotħ to þe
32 longes. þe innore cote ⁴is grettere & strengere, þat he mowe wi*th* [⁴ fol. 41 a]
holde a Mevable matere & an hote. & here bigy*n*nynge is of þe
lyfte syde of þe herte. & þere bygy*n*neþ tweye Arteries, on goþ to
þe longe & haþ bot on cote & sprat in þe same longe, & þere endyth
36 & bryngeþ blod to þe longe, by whom he ys y-norysschyde, & spirit
of lyf, & þat he my3te brynge from þe longe eire⁵ to þe herte, for to
entempren þe fumose hete of þe same herte. & þis Arterie ys clepyde

                    ⁵ MS. *eiþere*.

save *Arteria
venalis*, and
that has but
one.
is a maner veyne, for as myche as he ne haþ butᵗ oon coote, and
þerfore he is þe more obedient to be drawe abrood þoruӡ outᵗ alle þe
luᵑgis ; & also þat þe blood þat norischiþ þe luᵑgis myӡte liӡtly
swete outᵗ ofᵗ þis arterie / þe toþer arterie þat comeþ out of þe lift- 4
side ofᵗ þe herte haþ two cootis, bi cause þat oon myӡt not aӡenstonde
þe strenkþe ofᵗ þe spiritis ; & also þat, þat is wiþinne þe arterie, is

The uses of
Arteries:
  .1.
to bring cold
air to the
heart ;
  .2.
to cast out
the fumosity;
  .3.
to carry life
to the whole
body.
ful derworþe & nediþ greet kepinge / þer ben þre helpingis ofᵗ þe
arteries : oon is þat cold eir myӡte bi hem be drawe & I-brouӡt to 8
þe herte whanne þe arterie is drawe abrod. þe secunde is, þat þe
fumosite myӡte be cast out whanne he is constreyned / þe þridde is,
þat þe spirit ofᵗ lijf myӡte be brouӡt bi hem to al þe bodi / þese
arteries ben deuydid many weies ; whos dyuysiouns man mai nouӡtᵗ 12
conseyue bi his witt, ne þei ben nouӡt dredful to¹ surgiens craftᵗ,
but whanne þou schalt drede þe arteries I schal telle þee in her
placis /

6th Member,
vaynes.
[² lf. 12, bk.]
Veynes bi cause ofᵗ her bodies ben deemed cold & drie ; for þe 16
blood þat is withynne hem þei ben deemed hootᵗ ; & alle þe veynes han
Veins spring
from the
liver.
her bi²gynnynge at þe lyuere, in þe which lyuere .ij. veynes han prynci-
pal bigynnynge / oon veyne bigynneþ ofᵗ þe holowӡ side ofᵗ þe lyuere.
& is clepid porta³——þat is a ӡate / & her office is to drawe *[Chilum] 20

¹ *a* erased.   ³ *Vena Porta.* See *Vicary,* p. 22, note 1.

Add. MS.
12,056.
venalis, & yt is a manere veyne, ffor as myche as he may haue
but o cote, & þerefore he is þe more obedient to be drawen abrod
þorwe out alle þe longes & also þat þe blod þat norysschiþ þe
longe myӡte liӡtlokere swete out of þis arterie. þe oþere Artery, þat 24
comyth out of þe lefte syde of þe herte, haþ two cotys, because þat
on myӡt noӡt ageyne stonde þe strengþe of þe spirites, and also þat
þat is wiþynne þe Arterye is ful derwarde & nediþ gret kepynge.
þere ben þre helpynges of þe Arteries : on is þat colde eyre by hem 28
myӡte be drawe & y-brouӡt to þe herte, whenne þe arterye is drawe
abrod ; þe secunde ys þat þe fumosite myӡt be caste out, whenne
sche is constreynyde ; þe þridde ys þat þe spirite of lyf myӡte be
broӡt by hem to alle þe body. þese Arteries beþ devydyde many 32
weyes, whose divisiones Man may noӡt conseyve by hys wyt, ne þey
ne beþ noӡt dredful to surgiens crafte ; but whenne þou schalt drede
þe arterye i schal tellen þe in here places.

[⁴ fol. 41 b]
Veynes by cause of here bodyes beþ y-demyde colde & drye ; but 36
for þe blod þat is withynne hem þey beþ y-demyde hote, & alle þe
veynes han here ⁴bygynnynge of þe lyffere, in þe whiche lyffere two
veynes han pryncipal begynnynge. On veyne bygynneþ of þe holwe
syde of þe lyvere, & ys y-clepyde **Porta**, þat ys a ӡatte, & here ofyce 40
is to drawe **chilum** from þe stomake & þe guttes by mene of þe

fro þe stomak & þe guttis bi mene of þe veynes miseraices[1] ; & þilke The Mesaraic veins bring
chilum sprediþ þoruȝ al þe lyuere bi mene of veynes capillares /
Chilum[2] is þe licour of þe mete, whanne it goiþ out of þe stomak & Chilum to the Portal Vein.
4 þe guttes / Veynis miserak[1] ben smale veynes þat comen out of þe
veyne þat is clepid porta & cleueþ on þe stomak & þe guttis / Venes
capillares, þat ben veynes as it were heers of a mannes heed /

After hem comeþ panniclis—þat is to seie smal clooþ, þat is maad 7th Member, panikelles.
8 of sutil þredis of senewis, veynes & arteries / wherfore þei ben colde the fleshy membrane.
& drie & censible / & þei han þre helpingis / þe firste is : þat þei The uses of the Pannicle.
moun bynde manye þingis in oon foorme, as þe panicle of þe heed .1.
byndiþ seuene boones / þe secunde Iuuament is : þat þei hangen & .2.
12 bynden summe membris wiþ oþere as þe reynes to þe rigge & þe
maris to þe maris[3] to þe rigge / þe þridde helpinge is : þat þe mem- .3.
[4]bris þat ben incensible bi her kynde, bi þe panniclis þat wrieþ hem [4 lf. 13]
velen bi accident : as þe lungis, þe lyuere, & þe splene, & þe reynes.
16 þes lymes bi her kynde han no felynge, but what þei felen it is bi
accidens of þe pannicle þat wrieþ hem.

þe[5] fleisch is not hoot, but it is moist & haþ þre maner lijknes : 8th Member Flesh.
oon is a symple fleisch, & his helpinge is to fulfille þe voide placis 3 Maner of fleisch.**

---

[1] *Veynis miserak.* See *Vicary*, p. 66, note 7.
[2] *Chilum.* See *Vicary*, p. 68, note 2.
[3] MS. þe maris to þe maris to þe rigge. The second *maris* is cancelled.
[5] Latin : Caro vero calida est et humida.

---

20 **veynes miscraykus** ; þilke chylum spredeþ þorwe al þe lyffere by Add. MS. 12,056.
mene of **veynes Capillares**. Chilum ys þe licoure of mete & of þe
drynke, whenne yt goþ out of þe stomake & þe guttes. Veynes
miscrayke beþ smale veynes, þat comyth out of þe veyne þat is
24 y-clepyde **porta**, & clevyth on þe stomake & þe gottys. Veynes
capillarys þat beþ veynes, as yt were herys of a Mannes hed.

¶ After hem comyth pannyceles, þat ys to sigge, a smal cloth,
þat ys mad of sotyll þredys of synwis veynes & arteries, where
28 fore þey ben colde & dryȝe & sensible, & þey han þre helpynges.
þe firste is þat they mowe bynden manye þynges in on forme, as þe
pannicle of þe hed bynde vii bonys ; þe secunde Iuvament is þat
þey hongen & bynden somme membrys with oþere, as þe reyns to þe
32 rugge & þe marys to þe rugge bon ; þe þrydde helpynge ys þat some
membrys þat beþ insensible by here kynde, by þe pannycles þat
wreyeþ hem ffeliþ by accydent, as þe longes, þe lyffere, & þe splene,
& þe reynes ; þese lymes by here kynde haþ non felynge, but what
36 þat þey felyn it ys by Accident of þe pannycle þat wreyeþ hem.

þe flesch is noȝt hot, but yt is moist, & haþ þre manere lyknesse ;
on ys symple flesch, & hys helpynge ys to fulfylle þe voyde placys

.1.
Simple flesh
fills up hol-
lows.
.2.
Glandulous
flesh turns

blood into
milk,
and makes
sperm into
spittle.
.3.
Brawny or
muscular
flesh.
[⁴ lf. 13, bk.]

9th Member,
Skin.
It is temper-
ate.

of⁺ smale lymes to brynge hem to a good schap, & þat ech hard lyme schulde nouȝt hirte oþer wiþ confucacioun¹ togidere / Anoþer maner fleisch þer is þat is glandelose, þat⁺ is as it⁺ were accornis,² & his Iuuament is þat he turne³ humedites, þat⁺ is to seie moistnes to her 4 heete ; as þe glandelose fleisch of wommans brestis þe which þat⁺ turneþ þe blood þat⁺ is drawen from þe maris into mylk ; & þe glandelose fleisch of þe ballockis, þat turneþ þe blood into spermè / & þe glandelose fleisch of⁺ þe chekis þat engendriþ spotil / þe þridde 8 maner fleisch is a fleisch þat is in brawnys, þat is clepid a brawn fleisch, for he is medlid wiþ sutil þredis of cordis, as I schal telle after þe whiche helpingis schal be told in þe ⁴anotamie of⁺ þe brawn.

At⁺ þe laste is þe skyn þat is temperat in al her qualitees ; & it⁺ 12 is maad of⁺ smale þredis of⁺ veynes, senewis, & arteries, þat makiþ him censible, & ȝeueþ him liȝf & worchinge, þat ben gouernouris of⁺ al þe bodi. *& þe skyn is maad temperat, for he schulde knowe hoot, coold, moist, & drie, soft⁺, hard, scharp, & smoþe / & if⁺ þat þe skyn 16 were as sencible as a senewe, þanne a man myȝte not dwelle in erþe ne in hoot eir ; ne þe skyn of⁺ þe fyngris endis þe whiche þat is more temperat þan ony oþir skyn of⁺ þe bodi ne schulde nouȝt be a

---

¹ *confucacioun.* Addit. *confricacioun.* See page 23, note 2.
² *accornis,* glandes.
³ Latin : eius juvamentum est, ut convertat humiditates ad eius colorem. The English translator read : calorem.

Add. MS.
12,056.
[⁵ fol. 42 a]

of smale lymes, to bryngen hem to a gode schappe, & þat iche harde 20 lyme ⁵ne scholde nouȝt hurten oþere *with* confricacioun togedire. An oþere manere flesch ys þat is glandelose, þat ys as hyt were achcharnes, & hys Iuuamente is þat he turnyth vmydites to here hete : as þe glandelose flesch of wommans brestys, whyche þat 24 turnyth þe blod þat ys drawe from þe marys into þe mylk, þe glan-delose flesch of þe ballokes, þat turnyth þe blod into sperme, & þe glandelose flesch off⁺ the chekys þat engendreþ spotel. þe þridde manere of flesch ys a flesch þat is in brawnys, þat ys y-clepede a 28 brawny flesch, ffor he ys medlyde wiþ sotyl þredys of cordys, as y schal tellyn aftere, whose helpynge schal be tolde in þe Anotamye of þe brawne.

At þe laste is þe schyn, þat is temperat in al here qualite, & is 32 y-mad of smale þredys of veynes, synwes, & Arteries, þat makeþ hym sensible, and geveþ hym lyf and norisschynge, þat he be governoure of alle þe body. *& þe skyn ys y-mad temperat, for he scholde knowe hot, colde, moyste & drye, softe & hard, scharpe & smeþe ; & ȝif þe 36 skyn were as sensible as a ȝenewe, a man myȝte noȝt dwellen in colde eyre, ne in hote eyre ; ne þe skyn of þe fyngres endys, whiche þat ys more temperat þenne eny oþere skyn of þe body, ne scholde

good demere in knowynge hoot, cold, hard, scharp, soft, eiþer
neische.

    Brawnes þouȝ þat þei be maad ofᵗ mater medlid, neþeles þei ben 9th Member,
Muscles are
4 rekened amongᵗ membris consimiles, for þei comen to þe makingᵗ ofᵗ instruments
of moving.
membris officials / Brawn is maad ofᵗ fleisch, senewe, & ligamentis, Cords are
made from
& þei ben instrument voluntarie meuynge. þe senewe þat comeþ Sinews and
Ligaments,
fro þe brayn, & þe nucha & goiþ forþ to meue þe lymes is medlid
8 wiþ a ligament / & whanne þe senewe & þe ligamentᵗ ben medlid
togidere, itᵗ is clepid a corda / & þe corde is maad for þre skilis. [³ lf. 14]
þe firste¹ for a symple sinewe is to cen²sible ; þe senewe bi him-silf the Sinew
alone being
myȝt not suffre gretᵗ traueile & meuynge, butᵗ þe felowschipe of þe too sensible,
12 ligament þat is incensible lettiþ þe felynge ofᵗ þe senewe, & bringiþ
him to a profitable temperaunce / þe senewe haþ .ij. oþere defautis :
neischenesse and liȝtnesse. But þo .ij. defautis þe medlynge ofᵗ þe
ligamentᵗ fulfilliþ³ ; for þe neischenes is temperid & strenkþid, & þe too soft,
16 litilnes is maad more. þe neischnes comeþ ofᵗ þe brayn for it is
myche, & þe litilnes comeþ of þe nucha, for it is litil. þat þat is and too
small.
maad of þis nerf & þis ligament is clepid a corde ; þe which þat cordis.
meueþ þe lymes to þe wille ofᵗ þe soule, whanne þatᵗ it is schortid

---

    ¹ *þe firste* in margin.
    ³ *fulfilliþ,* supplet. See *Cath. Angl.,* p. 145, *to Fulfylle,* supplere vicem
Alterius.

---

20 noȝt ben a gode demere in knowynge hot, cold, hard oþere scharpe, Add. MS.
softe oþere nessche. 12,056.
    ¶ Brawnys þowȝ þey ben mad of matere·y-medlyde, nevere þe
latere þey beþ y-reknyde amonge membrys consimiles, for þey comen
24 to þe makynge offᵗ Membrys-officiales. Brawne ys y-mad of fflesch,
⁴ȝenewe, & ligamente, & þey ben Instrument off voluntarie mevynge. [⁴ fol. 42 b]
þe ȝenewe þat comyth from þe brayn & þe nuca, & goþ forþ to meve
the lymes, ys y-medlyde with a ligamente, & whenne þe ȝenewe & þe
28 ligamente beþ medlyde togedyre, yt ys clepyde a corde, & the corde
ys y-made for þre skylles : þe ffurste for a symple senewe ys to
sensible, & þe ȝenewe by hym-selfᵗ ne myȝte noȝt suffren to grete
travaylle & mevynge, but þe felawschipe of þe ligamente, þat ys
32 insensible, lutliþ þe felynge of þe synwe, and bryngeþ hym to a
profitable temperaunce. þe ȝenewe hadde tweyne oþere defautes :
nesschenesse & litylnesse, but þo tweyne defautes, þe medlynge of
þe ligament ffulfilleþ ; for the neschenesse ys entempred & y-strength-
36 yde, and þe lytelnesse ys y-made more. The nesschenesse comyth of
þe brayn, ffor it ys nessche ; and þe lytelnesse comeþ of þe Nuca,
for it ys lytel. þat þat is mad of þis nerffᵗ & þis ligamente ys
clepyde a corde, whiche þat meviþ þe lymes to wyl of þe soule,

Muscles are made from cords and flesh.
.1.

.2.

.3.

[² lf. 14, bk.]

When the Cords enter the Muscles, they are divided into many threads.

ouþer drawen after þat þe lyme bouwiþ. To þis[1] corde, þer is asocied a symple *[fflesch] for to make a brawn for þre profitis / þe firste profiȝt' þat is in drawynge & wiþdrawynge of' þe corde, þe fleisch schulde be as a pelewe vpon þe which he myȝt reste / þe secunde, 4 þat þe fleisch þat is neische & moist schulde kepe þe corde, þat' he drie nouȝt in her meuynge / þe þridde, þat þe makynge of lymes were þe more schaploker./   þe brawn is maad bowynge as a bowe þat is bent ; & for þe kynde wolde kepe þis complexioun, he cloþide 8 [2]þe brawn wiþ a pannicle / þe corde whanne he entriþ into þe brawn is departid into many smale þredis, & þei ben clepid villes[3]—þat is to seie wrappingis.   & þese villes ben of' .iij. maner : in lenkþe bi þe which vertu, þat' drawiþ haþ myȝt, in brede, bi þe which vertu 12 þat castide out haþ myȝt / in þwert ouer bi þe which vertu *[þat] with halt haþ myȝt / & at' þe eendis of þe brawn þilke þredis ben gaderid togidere to make a corde, aftir þat it is nessessarie / many cordis eiþer brawnes to ben engendrid. & official membris ben maad of' 16 þese consimile membris, þe whiche þat ben instrumentes to resonable soule. And in þe ij. tretis I wole telle þe anotamie of' lymes of office.

[1] Lat. : Huic autem chordæ—associatur caro simplex.   Comp. Add. MS.
         [3] *rilles.*   Lat. fila.

Add. MS.
12,056.

[⁴ fol. 43 *a*]

whenne þat it is schortid oþere y-drawe, aftere þat þe lyme bowyth 20 to þis corde. ffor þere ys Asosyed a symple *fflesch forto maken a brawne for þre proffytes : þe furste profyt, þat boþe in drawynge & wiþdrawynge of þe corde, the flesch scholde be as a pylwe, vp on whom he myȝte reste ; þe secunde cause, þat þe flesch þat is nessche 24 & moyst schulde kepen þe corde, þat [4]sche dreyȝede noȝt in here mevynge ; þe þridde, þat þe makynge of lymes were þe more schaplokore. þe brawne is made bowynge, as a bowe þat ys y-bent ; & for þat kynde wolde kepe þys compositioun, he clothyde þe brawne 28 wyþ a pannycle. þe corde whenne he entrith in to þat brawne, ys departyde in to many smale þredys, & þey ben clepyde vylles, þat ys to sugge, wrabbynges. & þese villes bene of þre maners, in lengþe—by whom vertue þat draweþ haþ myȝt, in brede—by whom 32 vertu þat castyth out haþ myȝt, in twart ofere—by whom vertu *þat wiþhalt haþ myȝt ; & at þe ende of þe brawne þilke þredys beþ gadride to gedre to maken a corde, after þat it is necessarie, many cordys oþere brawnys to ben engendride. & official membrys ben 36 y-mad of þese consimile membrys, whiche þat beþ instrument to resonable sowle. And in þe secunde tretys y wyl tellen þe anotamye of lymes of ofice.

The firste chapitle //

¶ þe .iij. techinge is of· difference of wou*n*dis & of general de vulneri*bus*
curis / We schulen undrestonde þat wounde, & old wounde, festre
4 & ca*n*kre woundid, & boon out· of· ioynte, & a boon to-broken, &
apostyme, alle þese ben clepid vndoynge of· þat þat is hool. *ꝫ* alle
þese sijknessis, & many oon oþir as weel, mou*n* falle to *consimile*
membris as to official me*m*bris / vunn*us* is a newe wounde / vlc*us* is
8 an old rotid wounde.   ¹I schal tell*en* in her placis þe difference of· [¹ leaf 15]
festre & ca*n*kre & apostyme ; plage comou*n*ly is taken for an oold
wounde, & ofte tymes we fynde þat an old wounde is clepid vuln*us*,
as ypocras seiþ / vulnera anua necesse *est* in eis os taliefieri² & cica- ypocras
12 trices concauas fieri : þat is to seie, it is nedful³ þat þe boon in an
oold wounde to be rotid & þe cicatrices to be holowꝫ / Cicatrice is þe
place of· þe schynboon⁴ þe wounde, wha*n*ne þat it is hool / Summe
woundis be*n* symple, & su*m*me compou*n*d / in two maner he is Wounds are
either
16 clepid a symple wounde / oon maner, for he haþ not· lost· of· fleisch / woundis
sempell
anoþer maner for he haþ noon oþir sijknesse wiþ hi*m*, ne is nouꝫt
distemperid / A wounde compou*n*d is clepid contrarie to hi*m* þat is or compound,
symple / but boþe symple & *com*pou*n*dis sumtyme is in þe fleisch or

² Read *tabefieri.*   ³ *it is nedful* in margin.
⁴ *schynboon*, read *schyn above.*   See below.

Add. MS.
12,056.

20 The ffurste Chapitle of þe þridde techynge is of differ-
ence of wou*n*des & olde wou*n*des & off generall
cures.

¶ We schulle vndirstonde þat wou*n*de, olde wou*n*de, ffest*re*, cancre
24 y-wondyde, a bon out of loynt, a bon tobroken, Ap*o*steme, alle þese
ben y-clepyde vndoynge of þat þat ys hol, & alle þose seknesse &
manye oþer*e* as wel mowe fallen to *consimile* me*m*brys. as to oficial
me*m*bris. Vulnus is a newe wou*n*de. Vlc*us* ys an olde rotyde
28 wounde.   I schaꝉꝉ ⁵tell*en* in here place þe dyfference of festre & [⁵ fol. 43 b]
cancre & apostemys. Plage comy*n*liche ys y-take*n* of an olde wonde ;
and ofte tyme we fynden, þat an olde wounde ys y-clepyde Vuln*us*,
as Ipocres seiþ : *Vulnera Annua necesse est in eis os tabefieri ꝫ*
32 *cicatrices concavas fieri.* ¶ That is to sugge, it ys ned, þat þe bon
in an olde wou*n*de to be rotyd, & þe Cicatrices to be holwe. Cica-
trice ys þe place of þe skyn above the wou*n*de, whe*n*ne þat yt is
hol. Some wou*n*de buþ symple & some ben *com*ponyde. In tweye
36 maner*e* he ys clepyde a symple wou*n*de. On ma*n*er*e*, for he haþ
noꝫt leste of flesch ; an oþer*e* ma*n*er, for he haþ non oþer*e* seknesse
wi*th* hy*m*, ne is noꝫt distempride. A wou*n*de *com*poned ys y-clepyde
contrarye to hy*m* þat is symple. But boþe symple & also *com*-

in þe senewe, or *in* þe boon, or in þe veynes, or in þe arterie / also þese

and have different causes, both internal

woundis han dyuers cause. Summe comen fro wiþinne of¹ þe malice, eiþer of¹ to greet multitude of humouris. *[forto gret multitude of humores] oþirwhile tobrekiþ þe membre & wiþholdiþ & woundiþ 4 *him* / Cold matere streyneþ, drie mater kuttiþ, moisture wiþoute

[¹ lf. 15, bk.]

mater makiþ no wounde, but selden w*ith* ¹mater, but he drawe þe

and external.

lyme to brode. & also þe cause wiþoute² mai be dyuers oþirwhile wiþ a swerd eiþir wiþ a þing¹ þat¹ kuttiþ along¹, oþ*er*while wiþ a knyf 8 or wiþ a spere or an arowe þat *prick*iþ, & summe ben maad wiþ a staf or wiþ a stoon eiþir wiþ fallynge, & summe ben maad wiþ bitynge of¹ an hound ouþir a wood hound; & alle þese ben diuers aftir þe dyuersite

The object of healing is to close a wound, and to restore what has been lost. *Nota*

of¹ her causis; & also þe maner of helynge is dyuers / Al þe intencioun 12 of¹ helynge of¹ woundis is for to sowden or to helen & to restoren þat, þat is dep*ar*tid, þe which þat mai not oueral be doon / for if¹ þat membris of office ben kutt of, þei moun neuere be restorid, ne noon of¹ þe consimile membris mai be restorid, if he be doon awey : 16

Bones, ligaments, and similar parts cannot be restored;

as boonis, pelliculis, gristlis, ligamentis & skyn / For þe cause of¹ her generacioun is þe sperme of¹ þe fadir & of¹ þe modir, as I tolde tofore / but *in* place of þing¹ þat is I-lore, kynde restoriþ þat, þat is moost¹ conuenient¹ to þe place; but fleisch mai be restorid bi cause 20

² *The cause wiþoute,* causa exterior.

Add. MS. 12,056.

ponyd some tyme is in þe flesch oþ*ere* in þe synwe oþ*er* in bon, oþ*ere* in veyne, oþ*ere* in arterie. Also þese wondes han dyv*er*se causes. Some com*en* from wiþynne of þe malice, oþ*ere* of to gret multytude of humores; *forto gret multitude of humores oþere while 24 tobrekyth þe me*m*bre, þat wiþholdiþ & woundiþ hy*m* cold matere streyneþ, drye matere kutteþ, moistnesse w*ithouten* matere makeþ no wounde, but selden w*ith* matere, but he drawiþ þe lyme to brode. And also þe cause wiþout may be dyv*er*se, oþ*er*whyle w*ith* a swerd, 28 ore w*ith* a þynge þat kutteþ alonge, oþ*er*while w*ith* a knyff, oþ*ere* a

[³ fol. 44 a]

spere, oþ*ere* an arwe þat ³prykeþ, & so*m*me ben made wiþ a stafe, oþ*ere* w*ith* a ston, oþ*ere* w*ith* fallynge, & so*m*me ben mad w*ith* bytinge of an hou*n*d, oþ*ere* of a wod hou*n*de; & alle þese ben dyv*er*se, 32 after þe dyv*er*ste of here cause; & also þe manere of helynge ys dyv*er*se. Alle þe entensiou*n* of helynge of wou*n*des, ys forto sowdyn & to helyn, & to restoren þat þat is departyde, whiche þat may no3t overe al be don. Ffor 3if þat me*m*bres of offyce ben kutte of, þey 36 mowe nevere ben restoryd; ne no*n* of þe *con*simile me*m*bres may be restoryde, & he be don awey: as bonys, pellicules, grustles, ligamentis & schyn. Ffor þe cause of here gen*er*aciou*n* is þe sperme of þe ffadire & þe modere, as y tolde tofore; but in place of thynge 40 þat is lore, kynde restoryth þat þat is most *con*venient to þat place; but the flesch may be restoryd, by cause þat þe blod ys engendred

þat' þe blood is engendrid al day in us, & þe blood is þe mater of' þe flesh, veins, and arteries
fleisch / & summe seien þat veynes, arteries, & senewis myȝt not' be can be.
restorid as þei weren tofore; but þei moun [1] be restorid as boonys [1 leaf 16]
4 ben / But Galion and Auicen & I þat' am expert' here seiynge,[2] **G. A.**
we[3] seie þat' þei moun be restorid wiþ veri consolidacioun, whanne
þat' her kuttynge is litil, & whanne þat' þe senewis þat' ben newe
kutt' &[4] soude aȝen ; but' þei moun not' be consoudid, whanne þat'
8 her kuttynge is myche & greet' ; & resoun grauntiþ it' / Senewis bi
kynde ben neische & viscouse ; & þerfore þei moun[5] ben consoudid,
& þe veynes & þe arteries moun be consoudid bi resoun of' þe blood vaynes & arteres may
þat' is in hem.   I þenke to ordeyne ech chapitle bi him-silf' after be consouded but not
12 þe dyuersite of' lymes & of' placis, þe whiche þat' þei ben maad senewis.
ynne / & I wole bigynne at' a symple wounde maad in fleisch /

þe secunde chapitle of þe þridde techinge /   ijo. co.

NOw we wolen trete of' a wounde maad in fleisch. We wolen Of wounde maad in
16 bigynne at' a symple wounde maad wiþ knyf' or wiþ fleisch.
swerd, or spere or arowe, or wiþ ony oþir þing' semblablele to hem.

[2] *I þat am expert here seiynge.* Lat.: ego qui sum expertus eorum
dicta.
[3] *we*, added above line.   [4] *ſ*, mistake for *ben*.
[5] *not*, erroneously added above line.

---

al day in vs, & þe blod ys þe matere of flescħ ; & somme suggen þat **Add. MS.**
veynes, synwes, & arteries myȝte nouȝt be *restoryde* as þey were **12,056.**
20 tofore; but þey mowe be restoryd as bonys buþ. But Galien &
Avycene, & I þat am expert here suggynge, suggen þat þey mowe be
restoryde *with* verrey *consolidacioun*, whanne þat here kuttynge ys
lyteħ, & whenne þat þe synwys þat buþ newe kutte beþ so wyde
24 aȝeyne; but þey mowe noȝt be *consouded*, whanne þat here kutt-
ynge ys gret & myche; & resoun grauntytħ yt. Synwys by kynde
buþ nessche and viscose; & þerefore þey mowe ben *consouded*. þe
veynes & þe arteries mowe be *consouded* by resoun of þe blod þat ys
28 in hem.   I þynke to ordeynen eche Chapiteħ [6]be hym selven, aftere [6 fol. 41 b]
þe dy*versite* of lymes & of placys, whyche þat þey buþ y-made yn ;
& y wyl begynne at a symple wounde y-mad in flescħ.

¶ þe secunde Chapiteħ off þe thridde techynge off the
32 ffurst tretis is of cure of a wounde y-mad in
fflesch.

Now we willen treten of a wounde y-makyd in fflescħ. We
wylle begynne at a symple wounde, y-mad wiþ knyff' oþere wiþ
36 swerd ore spere, oþere *with* arwe, oþere *with* enye oþere thynge

Bynde togideris þilke wounde w*ith* a boond þat' closiþ þe wou*n*de
togideris, & kepe þilke wou*n*de from swellynge wiþ þe whiȝt' of' an ey
leid aboue þe wou*n*de, & lete þe wounde be i*n* reste ; & þer nediþ noon
oþer cure, namely, ¹wha*n*ne þe wou*n*de is wiþoute akynge ; but, & þer 4
be in þe wounde greet akynge, þa*n*ne it is a tokene, þat þer is a senewe
prickid vndir þe wounde, eiþer a pa*n*nicle þat is bitwene þe fleisch and
þe boon ; & þa*n*ne þer is anoþer cure, as I schal telle i*n* þe chapitle
of pu*n*cture of' a senewe þat I haue heelid a man þat² was *[sefenty 8
ȝere olde þat was] smyte wiþ a spere þoruȝ þe fleisch of þe buttoke,
bi þe lenkþe of a fote, *[& more] but þilke wounde touchide no
senewe, & þat I wiste sikirliche, for he hadde noon akynge / I heeld
þe wounde open aldai wiþ a litil smal tent & a schort, þat I myȝte 12
wite, if' þat he schulde aken on þe morowe, & I comau*n*dide hi*m* to
reste / & o*n* þe morowe I foond noon inflaciou*n* ne akynge ; & þa*n*ne
I took awey þe tent & lete þe wou*n*de closen, & so comau*n*dide I
hi*m* to reste þe secunde dai / I*n* þe þridde day he was hool. & if a 16
wou*n*de were maad wiþ a swerd or wiþ ony þing' þat bitiþ i*n* lenkþe,
anoo*n* þou must loke if' þe wou*n*de be so litil þat he nede no sow-
ynge, & þa*n*ne brynge þe parties of þe wounde togideris, þat it may
be weel ioyned, & leie aboue þe wou*n*de a poundir maad oon partie 20

² *þat*, scribal insertion.

---

semblable to he*m*. Bynde togedyre þilke wou*n*de w*ith* a band þat
close þe wou*n*de to gedire, & kepe þe wou*n*de from swellynge, w*ith* þe
whyte of an eyȝe y-leyde aboue þe wou*n*de, & lete þat wou*n*de ben
in reste, & þere nedyth none oþere cure, namlye, wha*n*ne þe wou*n*de 24
ys w*ith*oute*n* akynge ; but and þere be in wou*n*de gret akynge, þa*n*ne
þere is a tokne þat þere ys a synwe pr*i*kyde vndire þe wou*n*de, oþere
a pa*n*nicle þat ys betwene þe flesch & þe bon, & þa*n*ne þere ys al an
oþere cure, as y schal telle in þe chapiteł of the pu*n*cture of a synwe. 28
And y haue helyd a ma*n* þat was *sefenty ȝere olde, þat was y-smyte*n*
wiþ a spere þorwe þe flesch of þe buttoke by þe lengþe of a fote *&
more, but þilke wonde touchyde no*n* synwe ; & þat y wiste syker-
liche, for he had no*n* akynge ; y helde the wou*n*de opyn al a day, 32
w*ith* a lyte smal tente & a schert þat y myȝte wyte, ȝif þat he scholde
ake on þe morwe & I comau*n*dyde hy*m* to reste, and on þe morwe y
fonde no*n* inflacio*n* ne akynge, & þenne y caste aweye þe tente &
lete þe wou*n*de closen, & so y comau*n*dide hy*m* to reste, & wiþy*n*ne 36
þe þridde day he was al hol. And ȝif þat a wou*n*de were mad wiþ
a swerd, oþere wiþ eny þynge þat ³kutteþ in lengþe, a ma*n* most loke
ȝif þe wou*n*de be so litel þat he nede no*n* sowynge, & þenne brynge
þe parties of þe wounde togedyre, þat it may wel ben y-joynede, & 40
leye aboue þe wou*n*de a poudere y-mad of on partye of ffranke-En-

of frankencense, & of two parties[1] of� sandragoun,[2] & of⸱ þre parties   [1 leaf 17]
of⸱ quyk lym, & lete nouȝt þe poudre entre bitwene in þe wounde
but⸱ aboue, for þer schal no þing⸱ entre in þe wounde, & kepe þe   Way of dress-
4 parties of þe wounde þat ben brouȝt togidere wiþ a plumaciol[3] .iij.   ing a wound with com-
cornered maad of herdis or of towe in þis maner :   ◁ oon bi þe   presses.
sidis of þe wounde, so þat boþe þilke plumaciols holde þe wounde þus
iclosed[4] : ◁ ⊦ ▷ & ioyned togidere as it⸱ was ioyned arst, or
8 it were kutt / & bynde þe wounde togidere aboue þe plumaciols wiþ
a rolle þat goiþ ouerþwert aftir þis lettre .X. & take a lynnen clooþ
& wete him in two parties of þe white of an ey, in oon partie of⸱
oile of⸱ rosis, þei ben togidere medlid, undir þe plumaciols, leid aboue
12 þe wounde þat is brouȝt togidere, for to kepe þe[5] poudre ; & do
nouȝt⸱ awey þi medicyn til .iiij. daies ben goon, but⸱ if þat þe   Nota
wounde ake or be to-swollen. & þanne bynde þe wounde as it was
biforn wiþ þe white of⸱ an ey ; oile, poudre, & plumaciols. But⸱ if⸱
16 þe wounde were so myche, þat byndynge wolde nouȝt suffice, or were   Large wounds and those
kutt ouerþwert⸱ ouer þe lyme, so þat þe parties of þe lyme myȝt nouȝt⸱   which run athwart the
wel be[6] brouȝt togideris, þanne sowe þe wounde on þis maner / Ioyne   limb are to be stitched
þe lippis of⸱ þe wounde, & be war þat noon oile *[ne dust] ne no   [6 lf. 17, bk.]
20 þing⸱ ellis, þat lettiþ consolidacioun, falle bitwene þe lippis of⸱ þe

[2] *Sandragoun.* Sanguis draconis: the gum of the Dragon-tree. Kersey. 1706.
See Notes.   [3] *Plumaceoli :* Bolsters used by Surgeons. Kersey. 1706.
    [4] *iclosed,* inserted in margin.   [5] MS. *wounde,* cancelled.

---

sence, & of two partyes of sancdragoun & of þre parties of quyke-   Add. MS.
lyme, & lete noȝt þe poudre entre wiþynne þe wounde but above,   12,056.
for þere schal noþynge entre withynne þe wounde, & kepe þe parties
24 of þe wounde þat buþ brouȝt togedire with a plumacyole þre corneled
y-made of hurdes oþere towȝ in þis manere ▷ on be þe sydes of
þe wounde, so þat boþe þilke plumacioles holde þe wounde þus
y-closyde ◁ | ▷ & joynde togedire, as yt was joyned ere þenne
28 yt was ykutte ; & bynde þe wcunde togedire abouen þe plumacioles,
with a rolle þat goth twartoffere after þis lettere XX, & take a lynnen
cloth & wete hym in two parties of whyte of an eyȝe, & in on
partie of oyle of roses i-bete togedire, vndire þe plumacioles abofe þe
32 wounde, þat ys y-brouȝt togedyre, forto kepe þe poudre, & do noȝt
awey þe medycine tyl foure dayes ben ago, but ȝif þat þe wounde
ake, oþere ellys be to-swollyn ; & þenne bynde þe wonde as yt was
toforne, with þe whyte of þe eyȝe, oyle, poudre, & plumacioles. But
36 ȝif þe wounde were so myche, þat þe byndynge wolde noȝt suffice,
oþere were kutte twart offere þe lyme, so þat þe partyes of þe lyme
myȝt noȝt wel be browȝt togedire, þanne sowe þe wounde on þis
manere : joyne þe lippes of þe wounde togedire, & ware þat non oyle
40 *ne dust, ne noþynge ellys þat lattyd consolidacioun, falle bytwene

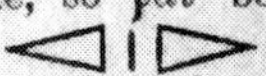

wounde, & haue a nedle þre cornerid, whos iȝe schal be holid on
boþe sidis, so þat þe þred þat is in þe nedle may lie in þe holowȝ

place, & þilke þred schal be twyned, & wiþoute knotte, & I-wexid,
& þe lippis of þe wounde schal be sowid togideris; & þe þred schal 4
be knytt wiþ two knottis in þe firste place, & in þe secunde place
wiþ oon knotte; & so make as manye poyntis, as it is nessessarie,
& ech poynt schal be from oþir bi þe brede of a litil fyngir, &
streyne þe wounde with knottynge & þe sewynge of þe lippis of þe 8

wounde togidere þat he ake sumwhat, but nouȝt to myche. & if þat
þer nede mo poyntis to be þere þan two, euermore þer schal be odde
poyntis. as .iij. v. or .vij. & þe oon poynt schal be first from þe oon
eende of þe wounde, bi þe space of a litil fyngir, & þe toþir poynt 12
schal be at þe oþir ende of þe wounde, & þe þridde poynt schal be
in þe myddil of þe wounde / & if it be nede to haue mo poyntis,

þanne schalt þou [1]bigynne at þe myddil poynt, & make as manye
poyntis on boþe sidis as it is nede, til þou come to boþe eendis / For 16
bi þis maner of sowynge neiþir partie schal be crokid, & so þe place
mai faire be restorid, & euermore take kepe þat *[ȝif] þe wounde be

not depe, þi sowynge schal be nouȝt deep / & if þi wounde be deep,
þi sowynge schal be deep, þat alle þe parties of þe wounde moun 20

þe lippes of þe wounde, & haue an nedle [2]þre kornerde, whose eyȝe
scholde be holyde on boþe sydes, so þat þe [3]þrede þat is in þe nedle
may ligge in þe holwe place, & þilke schal be twynede, & without
knotte & ywaxide, & þe lippes of þe wounde schulle ben sowyde 24
togedyre, & þe þrede schal be knette with two knottes in þe firste
place; in þe secunde place with on knotte, & so make as manye
punctis as yt is necessarie, & eche puncte schal be from oþere by þe
brede of a lytel ffyngere, & streyne þe wounde wiþ knettynge, & þe 28
sowynge of þe lippes of þe wounde togedire þat he ake sumwhat,
but noȝt to myche, & ȝif þat þere nede mo punctis to be þere þen
two, efire more þere schal be odde punctys, as þre, fyfe, oþere seuene;
& þe on puncte schal be fyrst from þe on ende of þe wonde by þe 32
[4]brede of a litel fyngire, & þe oþere puncte schal be at þe oþere ende
of þe wounde, & þe þridde puncte schal be in þe myddul of þe
wounde; & ȝif it be nede to haue mo punctis, þou schalt begynnen
at þe myddel puncte, & make as manye punctes on boþe þe sydes, as 36
yt ys nede, tyl þou come to boþe endys; ffor by þis manere of
sowynge neiþere partye schal be crokyde, & so þe place may fairere
ben restoryde. And eueremore take hede, *ȝif þe wounde be noȝt
depe, þy sowynge schal be nouȝt depe. And ȝif þy wounde be depe 40
þy sowynge schal be depe, þat alle þe parties of þe wounde mowe

be ioyned / For if þe wou*n*de were deep, & þi sowynge not' deep, _{to leave no}

nede þer muste be i*n* þe depþe of' þe wou*n*de a greet' holownes, to _{the wound.}

þe which holownes blood & quyttere schulde be cast'; & þilke

4 quyttere & blood schulde lette þe helynge of' þe wou*n*de. & þe

poudre þat' is seid in þe same chapitle, schal be leid aboue on þe

same wou*n*de ; & þou schalt' kepe þe sewy*n*ge & þe *parties* of' þe

wou*n*de þat' I brou3te togidere wiþ plumaciols þre cornerid, & wiþ

8 alle þe oþere þingis þat' ben i*n* þis chapitle tofore seid / And if' þat _{To wounds}

a wou*n*de haþ be to longe i*n* þe eir open, which þat is þe cause of' _{the air apply}

quyttere þat' lettiþ consolidaciou*n*, þa*n*ne we muste*n* clense þe wou*n*de _{ointment.}

wiþ þis mundificatif' þat' is maad of' flour of' wheete & hony & water _{a mundi-}

12 & mel roset', [1]I-colat, þat is to seie, clensid from þe rosis, and of _[1 lf. 18, bk.]

barly mele / Of' þese mundificatyues þou schalt' haue a ful techi*n*ge

i*n* þe laste tretis /

But if þe wou*n*de be compou*n*d, a leche muste haue as ma*n*ye

16 intenciou*n*s as þer ben accidentis to þe wou*n*de / I sette an ensau*m*ple. _{Nota}

I suppose þat a wou*n*de be compou*n*d wiþ holownes & lesy*n*ge of'

fleisch & of' skyn, & þere be *m*yche quytt*er*, & also þat þer be _{If pus and}

apostyme, & þer be a greet aky*n*ge ; al þis is clepid a wou*n*de com- _{pain come on,}

20 pou*n*d / þa*n*ne schule*n* we nou3t onliche take hede to consolidaciou*n*

of' þat' wou*n*de : þat is to seie, helynge ; but first' we schulen aswage

---

be ioyned togedire. Ffor 3if þe wou*n*de were depe, & þy sowynge _{Add. MS.}

were no3t depe, nedys þere moste be*n* in þe depþe of þe wou*n*de a _{12,056.}

24 gret holwene*s*se, to þe whiche holwenesse blod & quyt*er* scholde be

cast ; & þilke quyt*er* & blod scholde lette þe [2]helynge of þe wou*n*de. _[2 fol. 46 a]

And þe poudre þat ys seyde in þe same chapytell schal be leyde

aboue þe same sowy*n*ge, & þou schalt kepe*n* þe sowy*n*ge & þe parties

28 of þe wou*n*de, þat buþ brou3t togedyre, *with* plumacioles þre cornelyd

& *with* alle oþere þynges þat beþ in þis chapytel forseyde. And 3if

þat a wou*n*de haue be to longe in þe eyre opyne, whiche þat ys

cause of quyter þa*t* latteþ consolidaciou*n*, þenne we moste clense þe

32 wou*n*de wi*th*[3] þis mu*n*dificatyff, þat is mad of floure, of whete & hony

& watyre oþere mel rosate, & colat þat ys y-clansed fro*m* þe roses, &

of barly mele. Of þese mu*n*dyficatyfes þou schalt han a ful tech-

y*n*ge in þe laste tretys. But 3if þe wou*n*de be y-*com*poned, a leche

36 moste han as ma*n*ye intensiones as þere ben accidentys to þe wonde.

Y sette ensau*m*ple : y suppose þat a wou*n*de be *com*poned *with* hol-

wenesse & lesynge of ffleisch & of skyn, & þere be *m*yche quyter &

al so þere be a posteme & þere be grete aky*n*ge, al this ys clepyde a

40 wou*n*de *com*ponyde. þa*n*ne we schulle no3t only take hede to *con*-

solidaciou*n* of þilke wou*n*de, þat is to sigge helynge, but firste we

_{[3] MS. þat.}

deal with the
symptoms
separately,
akþe & apostymes, as itᵗ schal be teld in þe chapitle of an enpostyme
& ofᵗ akynge / Aftirward we schulen clense þe quytture, & aftir þat
regenere fleisch, & at þe laste brynge ouer cicatrice. In alle þe worch-
and *first*
relieve pain.
notᵃ.
ingis of medicyns, where þat akþe is, first we schulen aswage akþe,   4
for aboue al oþir þingᵗ strongᵗ akynge ouercomeþ myȝt of vertu &
strenkþe / & also resoun telliþ ; membris¹ þat han akþe, þilke akþe is
cause of drawynge from þe oþere placis to þe membre þat akiþ þe
Auicen
[² leaf 19]
worste ²þingᵗ ofᵗ þe humouris / Auicen seiþ : humouris ben drawen   8
to lymes þat aken for .ij. causis : o cause, for kynde *[& Spiritus
and humourer rennyth þedyre ; þe secunde cause, for akþe feblyth þe
lyme, & humours] & spiritis rennen to þe feble lyme / þe swellynge
G. & .A.
schal eer be heelid þan þe wounde / Galion & Auicen tellen : þat al 12
þingᵗ þatᵗ consowdiþ þe wounde greueþ þe wounde, ifᵗ þat þer be
A purulent
wound must
be cleansed,
before closing
it or putting
on a "rege-
neratif."
apostyme wiþ þe wounde / & þe quytture schal be clensid or þou leie
ony regeneratijf to holowȝ woundis.   Auicen telliþ þe cause, whi
þat yuel fleisch growiþ in a wounde / If þat a leche wolde bisie him 16
wiþ a medicyn regeneratijf to regendre fleisch in a wounde, & er þan
þe quytture were clensid / & whanne þat þe wounde is clensid, þanne
we schulen fulfille þilke holownes wiþ fleisch or þat þe wounde be

¹ Lat., Membra quoque dolorem habentia, dolor ipse est causa attra-
hendi aliunde humorum pessimitatem.

Add. MS.
12,056.
schul aswagen akþe & aposteme, as yt schal be tolde in þe chapitle 20
of aposteme & of akynge ; aftirwarde we schullen clanse þe quyter,
& aftere þat regenere ffleschꝰ, & at þe laste brynge ouere a Cicatrice.
In alle þe werkynges of medicine, where þat akþe ys, ffirste we
schulle aswagen akynge ; ffor abouen alle oþere þynge stronge 24
akynge, ouere comeþ myȝte of vertu & strengþe, & also resoun
tellyth ; membrys þat han akþe, þilke akþe ys cause of drawynge
from oþere places to þe membre þat akeþ ³ þe worste þynge of þe
[⁴ fol. 46 *b*]
humoures.   Avicene seythꝰ humours beþ drawen to ⁴lymes þat aken 28
for two causes : On cause, for kynde *& Spiritus and humoures
rennythꝰ þedyre ; þe secunde cause, for akþe feblythꝰ þe lyme, &
humours *& spiritis renne to þe feble lymme. þe swellynge schal
ere ben y-helyde þen þe wounde. Galien & Avycene tellen þat alle 32
þynge þat consoudeþ þe wounde, grefyþ þe wounde, ȝif þat þere be
aposteme wiþ þe wounde, & þe quyter schal ben y-clansyde, ere þenne
þou legge enye generatyff to holwe woundys. Avicenne tellyth a
cause, why þat yuele flesch growithꝰ in a wounde, ȝif þat a leche 36
wolde besy hym wiþ a medycin regeneratyffᵗ to engendre flesch in
a wounde, ere þanne þe quytire were clansede. And whenne þat þe
wounde ys clensyde, þenne we schulle fulfyllen þilke holwnesse wiþ

³ MS. *akþe.*

heelid, lest *perauenture*[1] þat' þer dwelle an holownesse vndir þe
wounde, whañne þat he is helid, in whom þat quytture schulde be
engendrid, þerwith[2] ech dai schulde augmente þilke holownesse, &
4 so we moten be constreyned to opene anoþir tyme þat, þat was
heelid tofore / þou maist' fynde in þe chapitle of woundis of senewis,
how þou schalt aswage akþe, & in þe .vj. chapitle of' þis techinge [3 lf. 19, bk.]
þou schalt' fynde þe cure [3]of' a wounde þat' haþ a swellynge, & is in þe o⁰. of
                                                                      olde woundis
8 out of kynde distemperid ; & þou schalt' haue in þe chapitle of' olde in þe ante-
                                                                      dotarie.
woundis, how þou schalt' clense quytture & regendre fleisch /

The þridde techinge of' þe firste tretis is of' heelynge of a wounde maad in senewe /
 ¶ 3⁰. c⁰
 De vulnere
 incarne.

12   Almyȝti god hath ȝeue to senewe greet' felyng', & if þat he be
hirt', he suffriþ greet' akynge / Galion seiþ : a senewe þat is more Galion
felynge þan anoþer *[lyme] ; it' is nessessarie þat he haue grettere
akþe / Vndirstonde þat a wounde þat is maad in a senewe, mai not be
16 wiþoute akynge. Ne[4] woundis þat ben maad in senewis, ouþer þat
ben in lenkþe or in brede / þe woundis þat ben maad in lenkþe of A wound cut-
                                                                    ting the nerve
þe[2] senewe, ben lesse perilous þan[5] þo þat ben maad in brede of' þe lengthwise,
                                                                    a fissura, is
                                                                    less danger-
                                                                    ous than one
                                                                    crossing it,
                                                                    a sissura.

         [1] *perauenture.* See N. E. Dict., adventure, 1. b.
                 [2] þerwiþ, scribal error for þe *which.*
         [4] *no,* scribal error for þe.   [5] þan erroneously inserted.

---

flesch, ere þanne þat wounde ben y-helyde ; leste þat þere dwellen an Add. MS.
20 holwnesse vndire þe wounde whenne þat he ys helyde, in whom þat 12,056.
quyter scholde be engendryde, þe whiche eche day scholde augmente
þilke holwnesse, & so we moste ben constreynede to opyne an opere
tyme þat, þat was helyde tofore. þou mayste fynden aftere in þe
24 chapytell of woundys of synwes how þou schalt aswagen akþe, and
in the sixte Chapitell of þis techynge þou schalt fynde þe cure of a
wounde, þat hath a swellynge, and ys out of kynde dystempryde,
and þou schalt have in þe chapitle of olde woundys ; how thou schalt
28 clense, quytyre, and regendre flessch //

[6]Cap. iii. of the þridde techynge of the ffurst tretis is of helynge of a wounde y-makyde in synwe.
 [6 fol. 47 a]

     Almiȝtie god hath ȝife to synwe gret felynge, & ȝif þat he be
32 hurt he suffrede grete akynge. Galien : a synwe that is more
. felynge þen anoþere *lyme ; yt is nessessarie þat he have gretter
akynge. Vndirstonde þat a wounde þat is y-makyde in a synwe,
may nouȝt ben wiþouten akynge. The woundes þat beþ y-makyde
36 in synwe, oþer þey ben in lengthe oþere þey beþ in brede. þo
woundes þat beþ y-mad in lengthe of þe synwe beþ lasse perylous,

If the nerve is cut through, the limb becomes insensible; senewe ben moost perilous / Oþerwhile a senewe is kuttᵗ al atwo / &
þanne þilke lyme, to whom þat senewe serueþ, lesiþ his meuynge &
þe felynge, þat þilke senewe brouȝte to him from þe brain.   & þilke

if the nerve is pricked by a punctura, then there is danger of cramp. Spasmos. [1 leaf 20] senewe oþirwhile is notᵗ kuttᵗ al atwo, but he is I-preickid, & þanne 4
itᵗ is perilous lest þe crampe come for to greetᵗ akþe / For akþe entriþ
into þe part ofᵗ þe senewe þat is kuttᵗ or prickid; & bi þe [1]partie
ofᵗ þe senewe þat is hool, akþe is brouȝt to þe brayn. & so þe
crampe mai come to þe wounde bi oon of þre weies: þat is to greetᵗ 8

Loss of feeling and cramp happen when a sinew or muscle is cut or pricked. akþe, cold, or rotynge.   Ofᵗ þese þre or ofᵗ oon bi him-silfᵗ mai come
a drawinge togidere ofᵗ a senewe þat is cause of a crampe / & þat
þat is seid of a wounde of a symple senewe may fallen ofte-tymes
in a wounde ofᵗ a corde & a brawn, & nameliche of a corde þat is in 12
bigynnynge ofᵗ a brawn.   þo woundis þat ben in þese þre consimile

Senewe, corde & Brawne. membris, þat is *[to] seie senewe, corde, & brawn han o. drede in
cours ofᵗ þe crampe, & also o. drede ofᵗ felynge, lesynge & meuynge /
&[2] þerfore be-war in þe cure ofᵗ a wounde maad in senewe, wheþer 16
þatᵗ itᵗ be a prickynge or þat it be kutt ouerþwertᵗ, or ellis be kuttᵗ

When the nerve is pricked, but the skin whole, oonly bi his lenkþe. Ifᵗ oonly he be prickid þe wounde ofᵗ þe skyn
is hool, & þanne it is clepid a blynde puncture; eiþer þe wounde is
open, & itᵗ is clepid an open puncture / In a blinde puncture itᵗ is 20

[2] *ſ,* above line.

Add. MS. 12,056. & þo þat beþ in brede of þe synwe beþ more perilous.   Oþere whyle
a synwe ys y-kut al atwo, & þenne þilke lyme to whom þilke
synwe serfede, lesiþ þe menynge & þe felynge þat þilke synwe
brouȝt to hym from þe brayn.   Oþere while þulke synwe is nouȝt y- 24
kut a two, but he is y prikyde, and þenne it is perel lest þe crampe
come for to gret akþe.   For akþe entriþ in to þe part of þe synwe
þat is y-kut oþer priked, & by þe party of þe synwe þat is hol
akþe is brouȝt to þe brayn, & so crampe may comen to þe wounde 28
by on of þre weyes, þat is to gret akþe colde oþer rotynge.   Of þese
þre oþere ellys of on by hym self, may come a drawynge togedre
of a synwe þat is a cause of a crampe; & þat þat is seyde of
wounde of a symple synwe, oft-tymes may fallyn in a wounde of a 32
corde & a brawn, & namlyche of a corde þat is in þe bygynninge
of a brawn.   þe woundes þat ben in þese þre consimel membris, þat
is *to sigge, synwe, corde, & brawn, habben on drede in course of þe
crampe, & also on drede of lesynge, felynge, & menynge, & þerfor 36
be war in þe cure of a wounde i-makyde in synwe, wheþer þat þere
be a prikynge, oþere þat þe synwe be y-kut twartofere, oþer ellys
be y-kut only by his lengthe.   Ȝif only he be y-prikyde þe wonde
of þe skyn is hol, & þenne it is clepyde a blynde puncture, oþer þe 40
wounde is opene & it is clepide an opene prikynge.   In a blynde

nessessarie to opene þe skyn, & aftirward heelde into þe hoole as open the skin and apply
hoot as he mai suffre, hoot' oile of rosis swete smellynge, þat is hot oil.
maad of' oile de oliue þat is nouȝt ripe, til al þe wounde be ful. & and dress the wound. R

4 aboue þe wounde leie whiȝt' tere¹bentine² I-drawe abrood bitwene [¹ lf. 26, bk.]
two clowtis, & anoynte alle þe membris aboute þe wounde wiþ hoot N
oile of rosis maad þicke wiþ bool armoniak. & aftir þat leie a
lynnen clooþ I-het' aboue, & aftir þat a good quantite of' tow I-tosid,

8 & bynde þe lyme softliche wiþoute streynynge ; & if þe akþe wiþ If the pain endures re-
þis medicyn wole not ceessen, remeue & chaunge þis medicyn ofte new the dressing
tymes in þe dai & in þe nyȝt' / & if' þe prickynge be in þe foot, frequently.
anoynte þe grynde³ wiþ hoot' comoun oile ; & vndir þe arme holis N

12 & in þe necke pitt', if' þat þe prickynge be in þe hand, for þis
enoynture rarefieþ & eueneþ þe placis bi whom akþe goiþ to þe
brain, & it' lettiþ drawynge togidere of' þe senewe / & þouȝ þat þou
seest' nouȝt' þe akþe ceesse in summen as hastiliche as þou woldist,

16 neuer-þe-lattere chaunge not' þi medicyn, for þer may be no bettere
medicyn. But if' þat akþe dure ouer longe, it is not yuel to putte a and add opium to the
litil opium to þe oile of þe rosis & þe bole armoniak, þat þou leidist' ointment.
aboute þe wounde. þe sike man muste reste & bi no wey he N R

---

² *terebentine*, from Pistacia Terebinthus, L.   The *Alah* of the Old Testa-
ment, and the τέρμινος of Theophrast. : now almost obsolete.
³ *þe grynde*, inguina. *W. Wr.*, p. 589. 39, 15th cent.: inguen, the grynde.

---

20 prikyne hit is necessarie to opyn þe skyn, & afterwarde held in to Add. MS.
þe hole, as ⁴hot as he may suffren, oyle of roses swote smyllynge, 12,056.
þat is y-made of oyle de olyffe, þat is nouȝt rype tyl þe wounde be [⁴ fol. 47 b]
al ful. & aboue þe wounde leye whyte terbentyne y-drawe abrod

24 betwene tweye cloutes, & anoynt al þe membris about þe wounde
wiþ hote oyle of rosys, y-made þikke wiþ bol Armonyak, & after þat
leye a lynne cloth y-hat aboue, & after þat a gode quantyte of towȝ
y-tosyd, & bynde þe lyme⁵ softlyche wiþout streyninge ; & ȝif þe

28 akþe wiþ þis medycyne wolde nouȝt cese, remeffe & chaunge þis
same medycine oft tymes in þe day & in þe nyȝt, & ȝif þe prickynge
be in þe fot, anoynte þe grynde wiþ hote comyn oyle, & vndire þe
Arme holys & in þe nekputte, ȝif þat þe prikynge be in þe hande.

32 For þys vncture ratefieþ & efenyþ þo placys by whom akþe goth to
þe brayn, & it lattiþ drawynge togedre of þe synwe, & þowȝ þat
þou sest nouȝt akþe, sese in some men, as hastly as þou woldyst,
neuere þe later chaunge nouȝt þy medycine, for þere may be no

36 bettere medycine. But ȝif þat akþe dure ouere longe yt is nouȝt
efel to putte a lutyl opin to þe oyle of rosys and þe bol armoniak,
þat þou leydest aboute þe wounde. þe seke man most reste, & by

---

⁵ MS. lynne.

schulde nouȝt be wroþ; his bed muste be maad soft, euene, &
smoþe, & þat he ¹myȝte haue reste / Whanne þat þe akþe aswagiþ
& þe wounde ȝeueþ sum quytture, þanne þe sike man is saaf from al
maner perel, but if he do ony newe errour / Of þis wounde Ypocras 4
spekiþ: *in vulneribus malis & fortibus sanie non apparante*—þat
is to seie: in yuel woundis and strong woundis, if no quytture
appere it is yuel / Strong woundis ben clepid woundis þat sore
aken / Yuel woundis ben þo, to whom scharpe humouris rennen 8
& ben nouȝt obedient to kyndeli heete, to be turned into quit-
ture / And þerfore Ypocras seide: þat whanne akynge & quytture
appereþ it is a tokene of heele / þe þridde signe a man muste
knowe in þis place, þat lewide men, seyinge akynge & swellynge 12
in a lyme þat is woundid, leie þerto a potage in maner maad of
eerbis & swynes greece & water & wheete flour, corruptyn þe
lyme, & þilke corrupcioun is cause of þe crampe / For Galion seiþ:
þat a senewe is maad of moist mater & a cold, & þerfore he 16
rotiþ of heete and moistnes / Also summen, for to aswage akþe as²
a senewe þat is prickid, puttiþ þe lyme in hoot watir *[oþer ellys
caste it on þe lyme] þe which mater³ is þe moost greuaunce ⁴to
þe senewe / Galion seiþ / Hoot watir, þouȝ it aswage akþe to þe 20

² *as*, error for *of*; see below.   ³ *mater*, error for watir.

---

no weye he scholde nouȝt be wroþ, hys bed most be made softe
euene & smeþe þat he myȝte haue rest.   Whanne þat þe akþe
aswagyth & þe wounde gyueth sum qyter, þan þe syke man ys saf
from al manere peryle, but ȝif he do enye newe error.   Of þis 24
wounde ypocras spekiþ: In vulneribus malis & fortibus sanie non
aparente malum, þat is to seye: in evyle woundys & stronge
woundes, ȝif no quyter apere, hit is yuele.   Stronge woundes ben
y-clepyde woundys þat sore aken.   Iuel woundes beþ þo, to whom 28
scharpe humores rennyth & beþ nouȝt obedyent to kyndlie hete to
ben turnyde into quyter & þerefore ypocras seyde, þat whanne þat
akynge sesyth & quyter aperith, yt is a tokne of hele.   þe þridde
signe a man moste ⁵knowe in þis place, þat lewyde men seyne 32
akynge & swellynge in a lyme y-woundyde, leggen þereto a maner
potage y-mad of erbys & swynes grese, water, & floure of whete,
corupyn þe lyme, & þilke corupcioun is cause of þe crampe; for
Galyen seiþ þat a synwe is mad of a moiste matere & a cold, & he 36
rotyth of hete & moistnesse.   Also sum men forto aswage þe akþe
of a synwe þat is y-prikyde, putteþ þe lyme in to hote water,* oþer
ellys caste it on þe lyme hot water,⁶ þe whiche water is most grefes
to þe synwe.   Galyen: hote water þowȝ it aswage akþe, to the 40

⁶ hot water, insertion.

prickynge of a senewe is most greuau*n*ce / Cold also greue*þ* sore *þe*
senewe as wel i*n* some*r* as in wyntir / And Ypocras sci*þ* i*n* *þe* .v.
part of* his auforism*us* : cold is bitynge & greuous to senewis &
4 woundis, & also i*n* *þe* chapitle next* folowynge, but* it* be i*n* a
crampe wi*þ*oute wounde / Galion sei*þ* i*n* *þe* eende of* his coment :
coold is moost* greuous to a senewy lyme *þat* is woundid & is sore
swollen ; namely, & he haue *þe* crampe.   It* schewi*þ*[1] *þann*e *þat* an
8 hoot medicyne & a drie is moost acordynge to senewis *þat* ben
woundid* ; but* nou3t* to hoot a medicyn, lest* perau*n*tre *þat* he make
þe lyme to swelle ; & if it be drie nou3t* wi*þ* stipticte, an au*n*tre if*
þat he closi*þ* *þe* poris of* *þe* skyn / Galion sei*þ* : *þat* it* is yuele to
12 close *þe* poris of a lyme *þat* is pri*c*ked.   *þe* medicyn *þann*e muste
be hoot* & drie wi*th* subtiliate as tere*b*entine to moiste bodies ; & to
drie bodies he muste be medlid wi*þ* a litil enforbium, azafetida[2] is
best medicyn if* *þ*ou make of* him enplastre, serapinu*m*,[3] & *þe* fecis[4]
16 of* a litil wex, & *þe* fil*þ*e of *þe* vessels of* been, alle *þ*ei ben gode to
a senewe *þat* is pri*c*kid, *þ*ou3 *þat* *þ*ou putt ⁵ech of* hem bi him-silf*
or ellis compou*n*d / & *þ*ow schalt* fynde a ful techinge of* *þ*ese
medicyns i*n* *þe* antidotarie of* *þ*is book / *þ*ou schalt nou3t* close a

¹ *schewiþ* for *sewiþ* ; see below.
² *Asa fœtida*, a sort of gum pressed out of a certain plant, which grows
in Persia.
³ *Serapinum* = Sagapenum . . . A gum resin obtained from the Ferula
Persica.   See *Notes.*   ⁴ *fecis*, Lat. fæces, dregs.

---

20 prikynge of a synwe ys most greuest ; colde also gefyth sore *þe*
synwes as wel in some*r*e as in wyntere.   Ypocras in *þe* ferthe
*p*artye of his Amphorismes : colde is bytinge and grefes to wou*n*dys ;
and also in *þe* chapitell nexte folwynge, bot it be in a crampe wi*þ*
24 out wou*n*de.   Galyen sei*þ* in *þe* ende of his comente : colde is most
grefest, to a synwe lyme *þat* is y-wou*n*dyde & ys toswolle, namly,
& he haue *þe* crampe.   Hit sewi*þ* *þ*e*n*ne *þat* an hote medycine & a
drye is most accordynge to synwes *þat* be*þ* y-wou*n*dyde ; bot nou3t
28 to hot a medycine, leste *þat* he make *þe* lyme toswellyn ; & drye
nou3t wi*þ* stipticite, lest he close *þe* pores of *þe* schyn.   Galyen sei*þ* :
it is yuel to close *þe* pores of a lyme *þat* is y-prikyde.   *þe* medicyne
*þ*e*n*ne most ben hote & drye, wi*þ* subtilite as terbentyne to moiste
32 bodyes ; & to drye bodyes, he most be medlyde wi*þ* a lytel euffor-
biu*m*.   Asa fetida is best medycine, 3if *þ*ou make of hy*m* emplast*er*,
serapinu*m*, & *þe* feces of wax, & *þe* fylthes of vesselis of been, alle
*þ*ey ben gode to a synwe, *þat* is prikyde, whe*þer* *þ*ou put iche be
36 hy*m*self o*þer* opyn hem ; & *þ*ou schalt fynden a ful techynge of *þ*ese
medycines in *þe* Antitodarie of *þ*is boke.   *þ*ou schalt nou3t closen

The nerve
must be
cleansed and
healed before
the wound is
closed.
wounde where þat þe prickynge of¹ a senewe is, til þat þe senewe
be perfiȝtly clensid & heelid, & til þat þou be sikir þat þe place
schal not swelle / Galion telliþ of a man þat was prickid wiþ a
poyntel in þe pawme of¹ þe hand, to whom came oon of¹ tisilies¹ 4

relates, how a
physician, by
not so doing,
caused the
death of his
patient.
clerkis þe which took hede to heele alle woundis generaliche ; & he
leide to þilke prickynge a consowdynge oynement¹ þat was more
acordynge to a wounde maad in fleisch ; & he leide þerto a plastre
maturatijf¹, wherfore al þe hand rotide & he fel into a crampe, & 8
so he diede, or þat þe .vij. daies weren passid / & if¹ þat¹ ilke leche
hadde maad þat wounde broddere, & þanne þat he hadde helt¹ into
þe wounde hoot oile of¹ rosis, & þanne þat he hadde do² comen out
quytture wiþ hoote medicyns sotil & driynge, & nouȝt wiþ moist¹ 12
medicyns, þat man schulde not¹ haue be deed /

   If þat¹ a senewe hadde ben I-kutt ouerþwert ouer al atwo þanne,

þouȝ þat¹ Tedericus³ & summe opere scien þe contrarie, it¹ is good þat

þow ⁴sowe togidere þe eendis of¹ þe senewis þat¹ ben kutt wiþ þe 16

The ends of
the nerve
ought to be
sewn at the
same time as
the skin,
and a medi-
cine applied,
sowinge of þe skyn. & aboue þilke maner of¹ sowinge, þe firste
dai leie oile of¹ rosis, in þe which oile, maddockis⁵—þat ben wormes

---

¹ Lat., unus de secta Thessali. Thessalus lived in Rome at the time of
Nero, and enjoys the reputation of being the first great quack.

² Lat., Si . . saniem . . subtiliter desiccantibus expectasset. Add. MS.
translates literally, abyde. The use of *do* (= faire) is further illustrated by
Mätzner. See *don* .6.

³ Theodoricus, an Italian (?) monk of the 13th century, was the author
of a *Surgery.*

⁵ *maddock*, O.E. maðek, Dan. maddik. See Skeat, *Etym. Dict.*, under
maggot and mawkish.

---

a wounde, where þat þe prikynge of a synwe is, ere þan þe synwe
be perfitlye clansyde & helyd, & ere þou be sykere þat þe place 20
schal nouȝt swelle. Galyen tellyth of a man wiþ a poyntel in þe

pawme of þe hand, to whom come one of ⁶Tesilies clerkys, þe
whiche toke hede to helyn alle woundis generalyche, & he leyde to
þilke prikynge a consoudynge oygnement þat was more acordynge 24
to a wounde y-makede in fflesch, & he leyde þereto a maturatyff¹
plastre, where fore al þe hand rotyd, & he fel into a crampe, & so
he dyede ere þe vii dayes were passyde ; & ȝif þat þilke leche hadde
y-made þilke wounde braddere, & þenne & hadde y-helde in þe 28
wounde hote oyle of rosys, and þenne hadde abyde quyter wiþ hote
medycines sotyl & dreying, & noȝt wiþ moiste medycines, þilke man
ne scholde nouȝt haue ben ded. Ȝif þat a synwe hadde ben kut
twart ouer al atwo þenne, þawȝ þat tedericus & summe opere sigge 32
þe contrarye, hit is good þat þou sewe togedre þe hedys of þe
synwys þat beþ y-kutte, wiþ þe sowynge of þe skyn & abouen þilke
maner of sewynge, þe first day leye oyle of roses, in þe whiche oyle

of᷒ þe erþe—han be boilid, & caste aboute þe wounde þe poudre þat
kepiþ þe sowynge .o. day or two aftirward, & kepe þe sowynge wiþ
plumaciols .iij. cornerid, & wiþ byndynge, & kepe þe lyme from
4 swellynge, for bi sich a maner sowynge of᷒ a senewe þou maist᷒ con-
sowde þe senewe aȝen ; for þe lyme schulde han be lost᷒ in partie or
in al, þe meuynge þat was brouȝt vnto him fro þe braun, for bi þat _{then the limb may regain}
senewe þe lyme mai rekeuere his felynge, & so þe restoringe of᷒ þe _{its motor powers.}
8 braun may be fastere & schapliker.　þou schalt nouȝt᷒ drede of᷒ þe
akynge þatt᷒ schulde be maad of᷒ prickynge[1] of᷒ þe senewe, for þe
akþe schal be doon awei wiþ oo leiynge to eiþer tweyne of᷒ þilke
oile / Ne sich maner akþe may nouȝt᷒ make þe crampe, for þe senewe
12 is al kutt᷒ atwo ne no man *[make an] obieccioun wiþ Galion .*Galion.*
wordis, þat we schulden be war in ioynynge parties of᷒ a wounde _{Nothing should enter}
togidere *[þat non here ne oyle ne scholde noȝt entre wiþynne þe _{into the wound.}
lippes of a wounde, þat beþ y-brought togedre] To þilke abiec-
16 cioun we answeren : þat þe stipticite [2]of᷒ þe rosis & þe oile þat was　[² lf. 28]
nouȝt ripe, & þe glutinosite of᷒ þe wormes of᷒ þe erþe remeuen þe akþe
of᷒ þe senewis & al þe harm þat᷒ schulde come of᷒ þe ilke sowynge.

　　If᷒ þat a senewe were woundid in lenkþe, he mai wel & liȝtliche

[1] *prickynge of þe senewe.* The Latin, *acus punctura*, is correctly trans-
lated in Add. MS. See below.

---

20 Maddokkys, þat beþ wormys of þe erthe, haue ben boyllede ; and _{Add. MS.}
caste aboute þe wounde þe poudre þat kepytħ þe sowynge a day _{12,056.}
oþer two afterward, & kepe þe sowynge wiþ plumacioles þre kernel-
lyde & wiþ[3] byndynge, & kepe þe lyme from swellynge, ffor by
24 swyche a manere sowynge of þe synwe þou maiste consoude þe
synwe ageyn, for þe lym scholde haue lost in party oþer in al the
meuynge, þat was y-browȝt to hym from þe brayn, for by þilke
synwe þat lyme may rekeueren hys felynge, & so þe restorynge of
28 þe brayn may be more schaplokere & fastere.　Ne þou ne schalt
noȝt drede of þe akynge þat scholde be made of þe prekynge of þe
nelde, for þe akþe schal be don awey by one leggynge to oþere
tweyne of þilke oyle ; ne swyche manere akþe may noȝt make þe
32 crampe, for þe synwe ys al kutte atwo.　Ne no man *make an
obiectioun wiþ galyens wordys, þat we scholde be ware in ioyninge
þe partyes of a wounde togedre, *þat non here ne oyle ne scholde
noȝt entre wiþynne þe lippes [4]of a wounde, þat beþ y-brouȝt to- _[⁴ fol. 49 a]
36 gedre.*　To þilke obiectioun we answeren, þat þe stipticite of þe
roses & þe oyle þat was nouȝt ripe, & þe glutinosyte of þe wormys
of þe erthe remywen þe akþe of þe synwes, & al þe harme þat
scholde comen of þilke sewynge.　Ȝif þat a synwe were woundede
40 in lengþe he may be wel & lyȝtlyche y-soudyde togedire, wiþ

[3] *wiþ* above line.

The wounded
lliub must be
kept from
swelling.

Nota.

If there is
swelling, and
if the wound
is purulent,
apply a mun-
dificative,
and keep the
wound
tented.

[4 lf. 23, bk.]

a mundifica-
tif medioyne

be sowdid togidere wiþ ioynynge of lippis, & wiþ þe sowynge & wiþ
þe kepinge of⸀ þe lyme þat⸀ he swelle nouȝt⸀ / Vndirstonde here in
þis place : þat þer is no þing⸀ more worschipful to a leche ne more
profitable to a sijk man þan to kepe a lyme woundid fro swellynge, 4
& neþeles it⸀ is hard to kepe senewis þat⸀ ben woundid from swell-
ynge / Neþeles a leche here schal take heed aftir þe techinge þat⸀
schal be ȝeue him in þe chapitle of⸀ þe cure of⸀ a wounde, whanne
þat þer is wiþ him a swellynge. If⸀ þat⸀ a wounde were chaungid 8
of⸀ þe eyr and made quytture, þat þe sowynge were to-broke and þe
puncture were vndir,[1] þanne make a medicyne mundificatif⸀ & leie
him abrood on a lynnen clooþ & leie it⸀ aboue þe wounde, & putte a
litil smal tent in þe eende of⸀ þe wounde þat is moost⸀ lynynge,[2] & 12
þilke tent⸀ schal touche no senewe ne make noon akþe vndir[3] þat,
þat ilke wounde be [4]weel dried. A mundificatijf medicyn of⸀
senewis woundid is maad in þis maner : Take mel roset⸀ colat⸀ ʒ .iiij.
smal flour of⸀ barly & medle hem togidere & boile hem slili þat⸀ þei 16
brenne nouȝt⸀, & remeue hem fro þe fier & bete hem " longe " togi-
dere wiþ a spature ;[5] & þanne putte þerto ʒ j. of⸀ whit⸀ terebentyne ;
& if⸀ þou mowe finde noon whiȝt terebentyne, þanne waische oþere

---

[1] *undir*, mistake for *undo*. See below.   [2] *lynynge*, for *declynynge*.
[3] *undir þat*, donec.   [5] *spatur*, spatula.

Add. MS.
12,056.

ioynynge of þe lippys & wiþ sowynge & wiþ kepynge of þe lym, þat 20
he scholde[6] noȝt. Understande here in þis place, þat þere is no
þynge more worschipful to a leche ne more profytable to a seke
man, þenne to kepe a lyme y-woundyde from swellynge, & naþeles
it is hard to kepe synwys þat beþ woundyde from swellynge. 24
Naþeles a leche here schal take hede aftere þe techynge þat schal
be geuen to hym in hys chapytell of þe cure of a wounde, whanne
þat þere ys wiþ hym a swellynge. Ȝif a wounde were chaungyd of
þe eyre and mad quyter, þat þe sowynge were tobroke, & þe 28
punctis weren vndo, þenne make a medycine mundyficatyff⸀, &
leye hym abrod on a lynne cloth, & leye it aboue þe wounde, &
put a lytel smal tent in þe one ende of þe wounde þat is most
declynynge ; & þilke tent schal touche non synwe, ne make non 32
akþe, vndire þat þat þilke wounde be wel dryede. A mundifi-
catyff⸀ medycine of synwes y-woundyde ys y-made in þis manere :
R. mel rosat colat ʒ iii smal floure of barly ʒ, & medle hem togedre
& boyle hem slyȝly þat þey brenne noȝt, & remywe hem from þe 36
fyre & bete hem togedre longe wiþ a spator, & þenne put þere to ʒ.
of whyte terbentyne, & ȝif þou maiste fynde no whyte terbentyne

---

[6] *scholde*, error for *swelle*, or it belongs to : *scalle, scalde, scalled, scab.*
See W. Wright, and *Cathol. Angl.*

terebentyne w*ith* cold watir til it' be whi3t', & whane þat be þis
medicyn þis wounde is almoost' drie, þanne putte *in* þe same medi-
cyn̄ a litil poudre of' fra*n*kencense mastik & sau*n*dragou*n*, medle
4 he*m* togide*re* & leie aboue þe wounde til it' be hool / & wha*n*ne þat
it is hool manye daies aftir, leie flex *in* good strong' wiyn het' hoot'
til it be p*er*fi3tli al hool, & if þat þer leue ony hardnes i*n* meuynge, Any remain-
ing stiffness
after þat' it' is hool, þa*n*ne þou schalt' vse þe techinge þat' schal be of the limb
may be re-
8 3oue*n* to þee *in* þe laste tretis þat' schal be antidotarie *in* þe chapitle moved by a
mollificative
of' medicyns mollificatyues ; þere þou schalt fynde þe ma*ner* how þou medicine.
schalt helpe best lymes þat be*n* heelid and mou*n* not' ri3t weel meue*n* /

þe firste[1] techi*n*ge of' þe firste tretis is of' heelynge of Om. 4m.
Off woundes
12 a wou*n*de m*a*ad i*n* boon / made yn the
bonis

Wha*n*ne þat woundis be*n* so depe þat' [2]oonly fleisch is not [2 lf. 24]
wou*n*did but' þe boon þat' is vndir þe fleisch & þe senewe / þa*n*ne a
man muste biholde, wher þat þe boon be kutt al atwo, as ofte-tyme
16 it' may happe i*n* þe boon of' þe thie & schene boonys & þe boonys
of' þe armes.   And þa*n*ne þilke wounde is ful p*er*ilous ; & nameli if' It is danger-
ous if the
þe boonys of' þe thie ouþir þe boon of' þe arme from þe schuldre to thigh boue or
the bone of
þe elbowe be kutt' al atwo, so þat þe marie go out'.   But' ofte-tymes the upper arm
has been cut
in two.

  [1] *firste*, mistake for *furþe.*

20 wassche it wyth colde watyre, tyl it be whyt ; & whenne þat by þis Add. MS.
medycine þe wou*n*de is almost drye, þenne put in þe same medycine 12,056.
a lite smal poud*r*e of franke ensence, mastike, & sank dragou*n*, &
medle he*m* to gedre, & leye aboue þe wou*n*de tyl it be al hol ; &
24 wha*n*ne þat it is hol manye dayes aftere, leye flax in gode stronge
hot wyn, tyl yt be al hol p*er*fitlyche.   & 3if þat þere leue enye
hardnesse [3]in mevynge, aftere þat it is hol, þenne þou schalt vse [3 fol. 49 b]
the techynge þat schal be geue*n* to þe in þe laste tretys, þat schal
28 be antitodarye in þe chapitle of medycine, molyficatyffes ; þere þou
schalt fynde þe ma*nere* how þou schalt helpyn beste lymes, þat beþ
y-helyde & mowe no3t ry3t wel meffen.

The furþe techynge of þe firste tretys is of helynge of
32   a wou*n*de y-makyde in bon.

Whe*n*ne þat wou*n*des beþ so depe þat only þe flesch is nou3t
y-wou*n*dyde, but þe bon þat is vndire þe flesch & þe synwe, þenne a
ma*n* most byholde wheþere þat þe bon be kut al atwo, as ofte tymes
36 yt may happen in þe bon of þe thy3 & þe schynebonys, & þe bonys
of þe Arme, & þenne þylke wou*n*de is ful perylouse ; and namlye,
3if þe bon of þe thy3 ore þe bon of þe arme, from þe schuldre to þe
elbowe, be y-kutte al atwo, so þat þe marye gon out.   But ofte tymes

oon boon of¹ þe schene or o. boon of¹ þe armes is kutt¹ al atwo
ouertwert¹ ouer & neþeles afterward may be restorid ; ouþer a boon
is not kutt¹ al atwo but¹ sum of¹ his substaunce is don awey, & þilke
substaunce, ouþer he is doon awey or ellis he hangiþ togidere / A 4
general rule is in cure of¹ woundis in whom boonys ben woundid :

þat neuere bi a leche fleisch schal ben I-sowdid aboue þe boon, but¹
first¹ pleynerliche bi repeire¹ ; for þe boon may neuere be² wiþ verri
consolidacion be consowdid, for his mater was þe sperme of¹ þe fadir 8
& of¹ þe modir ; but¹ in summe children, for þe age³ is toward ofte
tyme þat þei were sperme / but þer schal be maad a maner of¹
restorynge in place of¹ þe boon þat was broken eiþer lost, þat men
clepen ⁴poris sarcoides or ellis caro poroydes, & a⁵ maner þing¹ þat is 12
restorid is hardere þan þe fleisch & neischere þan þe boon / & if¹ þat¹
ilk mater þat¹ is restorid be nyȝ as hard as is þe boon, it¹ is clepid
porus sarcoides / & if¹ þat ilke mater be not hard but sumwhat
neische, it is clepid caro poroydes / & if¹ þat a neische fleisch were 16
& a moist nouȝt¹ regenered vpon boonys þat ben sett togidere, a man
schulde not¹ haue his purpos to heele & consowde þe wounde. Loke
þanne wheþer þe boon be kutt¹ atwo altogidere ouerþwert¹ ouer, þat

¹ *repeire,* erroneously for *repeired.*
² *be* has to be cancelled.
³ *for þe age is toward ofte tyme,* for, *for þe nyȝte of tyme.* See below.
⁵ *a,* above line.

---

on bon of þe schyne, oþere in bon of þe Arme, ys ykutt al atwo 20
twartofere, & naþeles afterward may be restoryde ; oþer a bon ys
nouȝt ykut al atwo, but sum of his substaunce ys done aweye, and
þilke substaunce oþere he ys don al aweye, oþere he hongyth to
gedre. A general rule ys in cure of woundes in whom bonys ben 24
woundyde, þat neuere by a leche flesch shal be y-sowdyd aboue þe
bon, but first þe bon plenerlyche be repeyrede ; ffor þe bon may
neuere wiþ verrey consolidacyoun ben consouded, for his matere
was þe sperne of þe fadire & þe modire, but in somme children for 28
þe nyȝte of tyme þat þey were sperme (*sic*) ; but þere schal be mad
a manere restorynge in plas of þe bon þat was broken oþere lost.
þat men clepen porrus sarcoydes oþere ellys caro poroydes, & þat
manere thynge þat is restoryd is hardere þe flesch & nesschere þen 32
þe bon ; & ȝif þat þilke mater þat is restoryde by neye⁶ as hard as
yt were a bon, yt is clept porus sarcoydes ; & ȝif þat þilke mater be
nouȝt harde, but sum⁷what nessche, yt is clepyde caro poroydes ;
ȝif þat a nesch fflesch & a moist were noȝt regenered vpon bonys 36
þat ben set togedre, a man scholde noȝt han his purpos to helyn &
to consoude þe wounde. Loke þenne wheþere þe bon be kutte a-

⁶ MS. *neþe.*

þou bryngist togidere & bindist þe parties of⁹ þe wounde, as it⁹
schal be told in þe .viij. chapitle folowynge, where þou schalt⁹ haue
how a wounde schal be heelid þat is out⁹ of⁹ ioynte I-kutt⁹ atwo &
4 to-broken / & if⁹ a wounde[1] be not⁹ kutt⁹ atwo al togidere ouerþwert
ouer, loke if⁹ ony pece of⁹ þe boon dwelle sadliche *with* þe o*p*ere   A portion of
*p*artie of⁹ þe hool boon / & þa*n*ne if⁹ þou my3t⁹ brynge þilke pece to   the bone can either be re-
þe place þat he was yn tofore wiþ þristynge doun þilke pece wiþ   fastened,
8 su*m* instrument⁹ acordynge þert*o*, & sowde þilke pece wiþ þe hool
boon wiþ þe poudre þat I shal telle aftirward ; for so the [2]schap of⁹   [² ¶. 25]
þe lyme mai dwelle[3] faire & strengere / & if⁹ þat ilke pece haue no   or it must be removed.
fastnes to þe hool boon, do þat pece awey & regen*e*re i*n* þe place of⁹
12 þe boon þat⁹ þ*a*t[4] was lost⁹ a repeirement⁹ / For þou3 þat⁹ ypocras &   ypocras & Galion.
Galion tellen þat⁹ it⁹ is nessessarie aft*er* quantite of⁹ þe boon þat is
lost⁹, an holow3 cicatrise to be alwey, neþeles wiþ þis poudre þe
gen*er*aciou*n* of⁹ þese poris may be mendid, not⁹ a litil, but⁹ ri3t⁹
16 myche / þis is þe poudre : take frank-encense, mastik, mirre, d*ra*-   poud*ur* incarnatyff⁵
gagantu*m*, gu*m*me arabik, an*a*. ℥ ij. flour of⁹ fenegrek, .℥. s' caste
þis poudre vpon þe defaute of⁹ þe boon þat is lost⁹, til þat⁹ þou holde
a pleynere repeirement *[& a restauraciou*n*. þenne & no3t ere
20 brynge ou*e*re ffllesch ou*e*re þe repeyrment wiþ] regeneratiuis, mu*n*-

---

[1] *wounde*, erroneously for *boon*.   [3] *hool*, cancelled after *dwelle*.
[4] The second *þat* has to be cancelled.   [5] *incarnatyff* in a later hand.

---

two al togedre twartofere, þat þou brynge togedre, & bynde the   Add. MS.
*p*artyes of þe wou*n*de as yt schal be tolde in þe ey3te chapyteḹ   12,056.
folwynge, where þou schalt han hou a wonde schal ben helyde þat
24 is out of joynt, y-kutte atwo & tobroke. & 3if þat a bon be no3t
kutte atwo al togedre twartof*er*e, loke 3if enye pece of þe bon
dwelle sadlyche to þe on *p*artye of þe hole bon, & þe*n*ne 3if þou
my3te brynge þilke pece to þe place þat he was yn tofore *with*
28 þrustynge don þilke pece *with* su*m* Instrume*n*tis acordynge þereto,
& sowde þilke pece wiþ þe hole bon *with* þe poudre, þat y schal
tellyn afterwarde ; for so þe schap of⁹ the lyme may dwelle fairere
& strengere. & 3if þat þilke pece haue no fastnesse to þe hole bon,
32 do þat pece awey, & þe*n*ne regen*er*e in þe place of þe bon þat was
lost a repairment. Ffor þow3 þat ypocras & Galyen tellyn þat it
ys necessarie aftere þe qu*a*ntite of a bon þat is lost, an holwe cica-
trice to be alwey, naþeles wiþ þis poudre þe gen*er*aciou*n* of þese
36 pores may be mendyde no3t a lytel, but ry3t myche. þis is þe
poudre : Take ffrank ensence, Mastyk*e*, Mirre, dragagantu*m* gu. ara-
byk*e* ana. ℥. ij. flour of ffenngreke, ℥, ß, cast þis poudre a gode
quantite vpon þe defaute of the bon þat was lost, tyl þat þou hau*e*
40 a plenere repeyrment *& a restauraciou*n*. þenn*e* & no3t ere
brynge ou*e*re fflesch ou*e*re þe repeyrment w*ith* *generatyffes, mu*n*-

dificatiuis & consolidatiuis aftir þe techinge þat þou haddist¹ biforn /
Undirstonde þat al þing¹ þat is seid of¹ boonys in þis chapitle is of¹
alle þe boonis of¹ þe bodi saf¹ þe heed / I schal make a chapitle by
hym-silf¹ //

4

THe fifþe chapitle of þe þridde techinge of þe firste
tretis of woundis þat ben maad wiþ smytynge of
staf or stoon, or fallynge or smytynge of an hors,
or wiþ ony oþir þing semblable.

8

To hem happen greet difference ¹fro woundis þat¹ ben maad wiþ
kuttynge, as wiþ swerd, knyf, eiþir arowe prickynge; & in oþere
maner þei schulen ben I-heelid / For þou3 þat verry consolidacioun
be þe firste & principal entencioun of¹ heelynge of¹ a wounde, to þis
chapitle it¹ acordiþ nou3t¹, for in smytynge, þe fleisch & þe veynes,
& senewis, & arteries ben brusid, for in þe ynnere part¹ of¹ þe lyme
þe boon a3enstondiþ, & on þe ouer part¹ ²of¹ þe þing¹ þat¹ is smyten
knyttiþ nou3t / Wherfore it¹ is nessessarie, if¹ þer schulde be a
wounde, þat alle þe smale lymes þat¹ ben bitwene þe boon & þe þing¹

12

16

² The passage is corrupt; the correct version is given by Add. MS. : *þe
þynge þat smyteþ & kutteþ no3t.*

---

dificatyfes, & consolidatyfes, aftere þe techynge that þou haddyst
toforn. Undirstonde þat alle þynge þat ys seyde of bonys in þis
chapitle, ys of alle þe bonys of þe body saff¹ þe hed; & of þe
bonys off¹ the hed y schal make a chapytle by hym-selff¹.

20

þe ffye Chapitle of þe þridde techynge of þe furst
tretis is of woundis ³that beth y-mad with
smytinge.

24

The woundys þat beþ mad wiþ brosynge, as wiþ smytynge of a
staf, oþere ston, oþer fallynge, oþere wiþ smytynge of an hors, oþer
wiþ enye thynge semblable to hem, habbith gret differens from
woundis þat beþ y-made wiþ kuttynge : as wiþ swerde, knyf¹, ore
arwe prikynge, & in oþere manere þey schulle ben helyde. For
þow3 þat verreye consolidacioun be þe first & þe princypal Intencioun
of helynge of a wounde, to þis chapitle it acordyth no3t, ffor in
smytinge, þe flesch & þe veynes, synwes & arteries ben y-brusyde;
for in þe ynnere part of þe lyme þe bon a3eyne stonde, & on þe vtter
part þe þynge þat smyteth & kutteþ no3t, wherfore it is necessarie,
3if þat þere scholde ben a wounde, þat alle þe smale lymes þat beþ
bytwene þe bon & þe þynge þat smyteth, scholde be brusyde ; &

28

32

36

þat¹ smytiþ, schulde be brusid, & oþerwhile þe fleisch & þe oþere
consimile membris ben brusid wiþoute wounde / Wherfore þe curis of¹
boþe I wole ordeyne in þis chapitle. If¹ þat¹ a leche wolde enforse　Such wounds,
　　　　　　　　　　　　　　　　　　　　　　　　　　　　　when joined
4 him to ioyne togidere wiþ consolidatiuis þe wounde þat¹ is maad wiþ　too soon,
　　　　　　　　　　　　　　　　　　　　　　　　　　　　　will slough.
smytynge, nedis quytture & corrupcioun bi þilke consolidatif¹ muste
be vnder þe wounde; þe which quytture schulde corrupte þilke lyme
& brynge him to putrifaccioun, but¹ if¹ þat kynde were so myȝty,
8 þat¹ he myȝte eftsoone opene þilke wounde, þat was consowdid bi a
sori leche¹; or wiþ² a good leche come & knowe þilke dispo³sicioun　[³ lf. 26]
& knowe helpe, wiþ propre eir⁴ to rectifien þe corrupcioun of¹ þilke
lyme / What¹ schalt¹ þou þanne do? þou muste loke wheþer þat¹ þe
12 bodi be ful of¹ wickide humouris, eiþer be clene; if¹ þat¹ he be ful　If the patient
　　　　　　　　　　　　　　　　　　　　　　　　　　　　　is plethoric
late him blood, if¹ alle particuler þingis acorden, as vertu, age, con-　use blood-
　　　　　　　　　　　　　　　　　　　　　　　　　　　　　letting;
plexioun & consuetude; & þese þingis moten alwey⁵ taken in
mynde, þouȝ alwey þei be not¹ I-nempned & namely vertu; & he be　if he is feeble,
　　　　　　　　　　　　　　　　　　　　　　　　　　　　　cupping and
16 not¹ strong¹ & alle oþere þingis acorden, þou schalt¹ not¹ lete blood, but¹　purging.
þou maist ventosen, if¹ þat it¹ be nessessarie, or ellis [lose] * þe wombe　Nota
if¹ þat¹ he be costif⁶; & if¹ þat he be feble, & þe brosure were in þe
ouer parti of¹ þe bodi, voide þe fecis of¹ his wombe bi clisterie. &　Clisterie

¹ *bi a sori leche,* a malo medico. See Halliwell, *Dict.,* sorry Laten.
² *wiþ,* mistake for *þat.*
⁴ *eir,* read *cur.*　⁵ *be* wanted after *alwey.*
⁶ *costif,* costive, subject to be bound in body.—Kersey.

---

20 oþerwhyle þe flesch & þe oþere consimele membris beþ brusyde　Add. MS.
witout wounde, wherefore þe cures of boþe y wyl ordeyne in this　12,056.
chapytle. Ȝif þat a leche wolde enforce hym to Iune to gedire
with consolidatyfes þe wounde þat is mad wiþ smytinge, nedys⁷
24 quyter & corupcioun by þilke consolidatyff¹, most be vndire þe
wounde; þe whiche quyter scholde corumpe þylke lyme & brynge
hym to putrefactioun, but ȝif þe kynde were so myȝtye, þat he myȝte
eftesonys opyne þylke wounde, þat was consouded by a sorye leche,
28 oþere þat a gode leche come & knewe þilke dispocisioun, & couþe
helpe wiþ propre cure to rettefien þe corupcioun off¹ þilke lyme.
What schaltou þanne do? þou most loke wheþere that þe body be
ful of yuell humores, oþer be clene; ȝif þat he be ful, lete hym
32 blod, ȝif alle partikelere þynges acorden: as vertu, Age, complexioun
& consuetude; & þese þynges þou most alweye taken in þy mynde,
þowȝ alweye þey ben nouȝt y-nempnyde, & namlye vertue; & he
be nouȝt stronge & alle oþere þynges acorden, þou schalt nouȝt leten
36 blod, bot þou ⁸maiste ventosen, ȝif þat it be necessarie, oþer ellys　[⁸ fol. 1 a]
lose * þe wombe ȝif þat he be costyff¹; & ȝif þat he be feble, & the
brosure were in þe ouere party of þe body, voyde þe feces of hys
⁷ MS. nedyth.

if⟨ þou wolt⟨ lete blood, þou schalt⟨ lete blood on þe contrarie partie
of þe veyne, bryngyng⟨ norischinge to þe lyme þat⟨ was hirt⟨; & þilke
veyne þou schalt⟨ knowe, if⟨ þat þou knowist pleynerliche anotamie,
þat I haue tauȝt⟨ þee in þis same book / & whanne þat þe bodi is 4

clensid, if⟨ þat⟨ þe brosour be wiþoute þe wounde, anoynte þe membre
þat is brosid, which bigynneþ to haue an enpostym, with hoot oile
of rosis, & caste aboue a poudre maad of þe seed of⟨ mirtilles, &
bynde it⟨ softly; ¹for ofte-tymes it nediþ noon oþer eir² / For þis 8
medicyn fastneþ þe place, & defendiþ him fro putrefaccioun. &
þouȝ þat⟨ þis medicyn mowe not⟨ letten al þe mater from rotynge,
neþeles it⟨ defendiþ myche of⟨ þe same mater fro rotynge / & if⟨ al þe
mater mai not⟨ be defendid from putrifaccioun, but⟨ sum partie þerof 12
putrifieþ, opene þe place & exclude þe quytture, & clense al þe place.
& his cure schal be seid in þe chapitle of⟨ apostymes³ & of exitours /

But⟨ if⟨⁴ þat⟨ a brusour were wiþ a wounde, anoynte aboute þe
wounde or eills þe place þat is brusid wiþ þe forseid oile of⟨ rosis, & 16
caste aboue þe forseid poudre of⟨ mirtilles, for it⟨ fastneþ þe place,
ne it⟨ lettiþ nouȝt⟨ þe corrupcioun to spreden eiþer to be drawen
abrood; & it⟨ castiþ to þe wounde þe corrupt mater þat is in þe

² *eir*, read *cur.*
³ Latin, *de apostematibus exituris*, apostems which discharge pus.
⁴ *if*, above line.

---

wombe by clisterye. & ȝif þou wilt lete blod, þou shalt lete blod 20
on þe contrarye party of þe veyne, bryngynge norysschynge to þe
lyme þat was hurt; & þilke veyne þou schalt y-knowe, ȝif þat þou
knowist plenerlyche Anotamye, þat y haue tauȝte þe in þis same
boke. & whenne þat þe body ys y-clansyde, ȝif þat þe brosure be 24
wiþout þe wounde, anoynt þe membre þat is y-brusyde, whiche þat
begynneþ to han a postum, wiþ hote oyle of roses, & cast aboue a
poudre y-mad of þe sed of mirtylles & bynde it softlye, for ofte
tymes it nedyth non oþer cure. For þis medycyne fastnyth þe 28
place, & defendyth hym from putrefacioun, & þowȝ þis medicine
mowe noȝt letten alle þe mater from rotynge, naþeles yt deffendyth
myche of þe same matere fro rotynge; & ȝif þat al þe matere may
nouȝt be defendyde fro putrefattioun, but sum partye þereof 32
putrefieþ, opene þe place & exclude þe quyter, & clanse al þe place.
& his cure schal be seyde in þe tretys of apostomes & of exitures.
But ȝif þat þe brosure were wiþ a wounde, anoynte about þe wonde
oþere ellys þe place þat is y-brusyde, wiþ þe forseyd oyle of roses, 36
& caste aboue þe forseyde poudre of mirtillyes, for þis medicine
fastnyth þe place, ne yt ne letteþ noȝt corupcioun to spredyn, oþere
to be drawe abrod, & it castith to þe wounde þe corupt mater, þat

place þat is brusid / Wiþinne þe wounde leie þe ȝelke of an ey, wiþ
oile of⸱ rosis, with stupis, or ellis wiþ lint⸱.[1]   Leid[2] aboue þe
wonnde a potage maad of⸱ .iiij parties of⸱ watir & oon partie of⸱   **N**
4 oile de olyue, & flour of wheete þat sufficiþ to þe medicyn, & leie   **R**
þis medicyn to þe wounde, til þat þe akþe be aswagid, & til þat⸱ þe
quytture be engendrid; aftirward clense [3]þe wounde, aftir þe   [3 lf. 27]
clensynge regenerer, & at⸱ þe laste cicatrice.   & þou schalt⸱ haue a
8 ful techinge in þe antidotarie of⸱ mundificatiuis & cicatriȝatiuis /
But⸱ if⸱ þe membre þat⸱ was brusid be ful of⸱ senewis, as þe hand   Treatment of
ouþer þe foot⸱, þou schalt⸱ not⸱ chaunge þi cure if⸱ þat⸱ þer be no   a contusion,
     if the injured
wounde; but⸱ þouȝ þer be a brusour in senewy membre I-woundid,   limb is full of
     nerves, *e. g.*
12 leie not⸱ þere þe potage tofore seid, but⸱ oonly hoot oile of⸱ rosis, &   hand or foot.
     olium
aboue þe oile poudre of⸱ mirtillis, & aboue þe wounde leie terebentine   *Rosarum*
I-waischen & drawen abrood bitwene two lynnen clooþis.   & make
a plastre of⸱ pich & hony & bene flour, & leie aboute þe lyme þat⸱   **N** plast*er*
16 is ful of⸱ senewis, as þe hand, þe foot⸱, & speciali whanne þe flux of
humouris ceessen not⸱ /   & þouȝ þat⸱ þi cure be drawe along⸱, ne go
not⸱ awei from þis cure / & whanne þat⸱ al þe akþe is ceessid and þe
swellynge is aswagid, for to clense þe wounde, vse þe medicyn of⸱
20 mel roset⸱ colath wit*h* barly mele, seid in þe wounde of⸱ senewis /   **R**

[1] *lint.   Prompt. Parv.*, schauynge of lynnen clothe.
[2] *leid*, mistake for *leie*.

---

is in þe place þat is brusyde.   Wiþynne þe wounde leye þe ȝolke of   Add. MS.
an eye wiþ oyle of roses, wiþ stupes oþere ellys wiþ lynte; & leye   12,056.
aboue þe wounde a potage y-made off⸱ foure partyes of water & o
24 partye of oyle d'Olyve & floure off⸱ Whete þat suffyseþ to þe
medycine, & leye þis medycine to þe wounde, tyl þat þe akþe be
aswagyde & tyl þat þe quyt*er* be engendryde; afterwarde clanse þe
wounde, aftere þe clensynge regenere, & at þe laste cicatryce, & þou
28 schalt haue a ful techynge in þe Antiodarie of mundificatyfes,   [4 fol. 51 b]
maturatyfes, & ȝicatrisatifes. [4]But ȝif þat þe membre þat was
y-brusyde ys ful of synwes, as þe honde oþer þe fot, þou schalt noȝt
chaunge þy cure ȝif þat þere be no wounde; but þawȝ þat þere be a
32 brusure in a synwy membre y-woundyde, ne leye noȝt þere þe
potage forseyd, but only hote oyle of roses, & aboue þe oyle poudre
of mirtilles, & aboue þe wounde leye terbentyne iwassche & drawe
abrod betwene tweye cloþes lynnen.   & make enplast*re* of pych,
36 hony & bene flour, & leye aboute a lym ful of synwes: as þe fot
oþere þe hand, & specialyche whenne þat þe flux of humours seseþ.
& þawȝ þat þi cure be drawe along, ne go noȝt awey fro þis cure;
& whenne þat al þe akþe ys y-sesyd, & alle þe swellynge ys aswagyde,
40 forto clanse þe wounde, vse þe medycine of mel rosat colat wit*h*

Galion þis cure is apreued bi galion, & I haue preued þis medicyn ofte tymes /

¶ Þe sixte chapitle of þe þridde techinge is of woundis þat han enpostymes & be distempered //   4

[¹ lf. 27, bk.]

¶ **Cap^m vj^m** If the wound is tumorous or distempered, the tumour and the "dyscrasia" must be removed first.

Off woundes Impostemede.

¹ A Wounde þat haþ enpostym or an yuel discrasiam—þat is to seie out of kynde distemperid, eiþer to cold eiþer to hoot— he mai not be heelid, ne he schal not ben heelid, but first he² be   8 aswagid in þe yuel discurciour be amendid / & as I haue seid in anoþer place, it is profitable to þe sijk man, & worschipe to þe leche, if þat he mowe defende þe lymes þat ben woundid from enpostyme & from an yuel discrasie. For þanne a leche schal kepe þe canoun   12

Galion. o³ galion, þat is oon of þe .iiij. canouns; oon is to kepe lymes in her owne kyndely complexcioun. For woundis moun not ellis be heelid, but if þei be brouȝt first into her owne kynde / & a wounde mai be kept from apostyme & an yuel discrasie if þat þe leche be   16 kunnynge & do his deuer, & þe sike man be obedient to þe leche / þe leche muste loke if þat þer go blood y-nowȝ out at þe wounde ;

If necessary & if þat þe wounde haue not bled blood y-nowȝ, þe pacient muste

² The correct version is given by Add. MS.
³ *o*, mistake for *of*.

Add. MS. 12,056. barly mele, y-sayd in the wounde of synwes. þis cure ys aprefyde   20 by galyen, & y haue preffyde þis medycine ofte tymes.

¶ The sixte Chapitle of þe þridde techynge is of Woundes þat han enpostemes, & beþ dystempryde.

A wounde þat hatħ aposteme oþer an yuel discrasie—þat is to   24 sigge, out of kynde distempride, oþere to hote oþere to cold, he may noȝt ben helyd, ne schal nouȝt ben heled, but first þe posteme be aswagyde, & þe yuele discrasie be amendide. & as y haue seyde, in an oþere place, yt is profitable to þe syke man, & worschipful to þe   28 leche, ȝif þat he mowe dyffende þe lymes þat beþ woundyde fro eny postemys, & fro an euyħ discrasie. For þenne a leche schal kepe þe canon of galyen, þat is on of foure canones ; on is to kepyn lymes in here owne kendlye complexioun. For woundys mowe   32 noȝt ellys ben y-helyd, but ȝif þey ben brouȝt first to here owne kynde, & þe wounde may be kepte from aposteme & an yueħ discrasie, ȝif þat þe leche be kunnynge & do hys deffere, & þe syke [⁴ fol. 52 a] man be obedyent to þe leche. þe leche mot loke ⁴ȝif þat þere haue   36 go blod ynowȝ out of þe wounde ; & ȝif þat the wounde haue noȝt bled blod ynowȝ, þe pacyent most ben lete blod, oþere ellys ben

be lete blood or ellis ventusid, takynge reward to alle particuler
þingis tofore seid / & ordeyne hi*m* a couenable dietyng*e*, as schal be
told i*n* þe chapitle of dietynge ; & leie a defensif aboute þe wounde,
4 ʒ j. of bole armoniak distemperid wiþ oile of [1]rosis, & a litil vinegre :
as þicke as hony tempere it / & if þat þe tyme of þe ʒeer were
hoot, putte to þis medicyn þe ius of sum cold erbe : as morel,[2]
penywort,[3] virge pastoris. Late not þe lyme hange ; but if it be
8 the arm, hange it aboute þe necke / & if it be þe foot eiþer þe
schene, lete hi*m* ligge / & if þat þe lyme ake, aswage þe akþe wiþ
an oynement of hoot oile of rosis / For as Galion seiþ : þer is no
þing more noious to a wou*n*de þan is akþe & declinaciou*n* of a
12 lyme, for þese .ij. maken soone an hoot swellynge, þe which is to þe
feuere as a welle, & to þe bodi as an ouene / þe wou*n*did ma*n*
muste absteyne hi*m* after þe chapitle of dietynge techiþ, & boþe þe
sike man & þe leche, & alle þat ben aboute þe sike, moten absteyne
16 he*m* fro fleischly knowynge of a wo*m*man, [ne a wo*m*man] *in tyme
of menstrue,[4] ne loke not on þe sike man / & oonys i*n* þe dai þe sike
ma*n* schal go to pri*u*y ;[5] & if he mai not schite " oonys " kyndeli in

use blood-
letting or
cupping,
prescribe a
proper diet
and a
deffensi*u*um.
[1 lf. 28]

Put the
injured limb
in a proper
position.

Galion.

The patient
and the
physician
must live
chastely.
Regulate
the patient's
stool.

[2] *morel*, Lat. Solathrum. See Notes.
[3] *penywort*, Lat. umbilicus Veneris.
[4] See Notes.
[5] *privy*. *Prompt. Parv.*, p. 414, Pryvy or gonge (or Kocay), Latrina,
cloaca, ypodromium ; p. 202, Goo to pryvy, or to shytyn, Acello. *Pryvy*
still used in Yorkshire.

---

ventusyde, takynge rewarde to alle partikelere þynges tofore seyde,
20 & ordeyne hy*m* a couenable dyotynge, as schal be tolde in þe
Chapiteɫ of dyotynge ; & leye a defens aboute þe wou*n*de : ʒ j of
bol Armonyake, distemperid wiþ oyle of rosys & a lytel vynegre, to
þe þiknesse of hony ; & ʒif þat þe tyme of þe ʒere were hot, put to
24 þis medycine þe jus of su*m* colde erbe : as morel, nyʒtschode, peny-
wort, virge pastoris, oþere sum oþer colde erbe ; & bynde noʒt þe
lyme to harde, ne lete noʒt þe lyme hongyn ; but ʒif it be þe arme,
honge hi*m* aboute þe nekke ; & ʒif it be þe fot oþer þe schyne, lete
28 hy*m* ligge ; & ʒif þat þe lyme akþe, aswage þe akþe wiþ anoyntynge
of hote oyle of roses. Ffor as Galyen seytħ : þere is noþynge more
grefes, þa*n* ys akynge & declynaciou*n* of a lyme, for þese two makiþ
sone an hote swellynge, the whiche is to þe ffeuyre as a welle, & to
32 þe body as an Ovyn. þe wou*n*dyde ma*n* most absteyne*n* hy*m*,
aftere þat þe chapiteɫ of dyetynge techitħ ; & boþe þe syke ma*n* &
þe leche, & alle þat ben aboute þe syke, mote absteyne*n* he*m* from
fleschlye knowlachynge of a wo*m*man, ne a wo*m*man *in tyme of
36 menstrewe, ne loke noʒt on þe syke ma*n* ; & onys in þe day þe syke
ma*n* schal schyte, & ʒif he may noʒt schyte kendly onys in þe day,

Add. MS.
12,056.

a clisterie   þe dai after þe quantite of mete þat⟨ he takiþ, make him a clisterie

If a tumour   ouþer a suppositorie oonys ech day. & if⟨ þou myȝt⟨ not⟨ wiþ alle
develops,
         þese þingis defende þe lyme from apostyme, it⟨ is an yuel signe, for

[1 lf. 28, bk.]   þe lyme is [1]feble, & þe humouris arn wickide ; þanne bigynnen[2] to 4
use a
maturatif,   materen þe swellynge wiþ potage maad of⟨ flour, oile & watir, or

R   ellis wiþ þis maturatif⟨ / Take malowe leues & leues of⟨ violet⟨, & þe
         rote of⟨ holihocke ; seþe hem weel in water, & staumpe hem, & take
         a pound of⟨ water, þat⟨ þei ben soden ynne, & comoun oile ; ℥ .iij.; of⟨ 8
         wheete flour ℥ .iij. ; of⟨ flour of⟨ lynseed ℥ j. ; of⟨ flour of⟨ fenegrek
         dj.[3] ℥.; of⟨ erbis I-staumpid half a pound. & boile alle þese togidere
         in a panne ouer þe fier, & stire it⟨ weel wiþ a spature; & þis
         maturatif⟨ leie on a lynnen clooþ, & leie it⟨ on þe postyme til þat⟨ it⟨ 12

and remove   be maturid / & whanne þat þe postyme is maturid, make þe quytture,
the pus.
         if⟨ þou maist⟨, be cast⟨ to þe wounde ; & if⟨ it⟨ mai not be cast⟨ to þe
         wounde, opene þe place þat⟨ is moost⟨ lowist þere, as þe quytture mai
         best⟨ goon out⟨; & þanne hele þe wounde, as I schal telle in þe 16
         þridde chapitle of⟨ apostymes / Take hede alwey to þis techinge ;

If the tumour   & if⟨ þe postyme were for þe prickynge of⟨ a senewe, ne leie not⟨
is caused by
the pricking   þerto þis potage maturatijf⟨, but⟨ wiþ þe oynement of⟨ oile of⟨ rosis, &
of a nerve
use an oint-   of⟨ oþere þingis, as it⟨ is seid in þe woundis of senewis /   20
ment.

        [2] *bigynnen*, mistake for *bigynne.*   [3] *dimidium.*

Add. MS.   after þe quantyte of mete þat he haþ takyn, make hym a clistry, oþer
12,056.
         a suppositorye onys iche day. & ȝif þou maiste noȝt with alle þese
         þynges defendyn þe lyme from aposteme, yt is an yuele signe, for þe
         lyme ys feble, & þe humores ben wykkede ; þen begynne to maturen 24
         þe swellynge, with potage y-made off⟨ flour, oyle & water, oþer ellys

maturatyff   with þis maturatyff⟨ : R malwe leuys, leffys of vyolett⟨, & þe rote
[4 fol. 52 b]   of holy hokke ; seþe hem [4]wel in water, & þanne stampe hem, &
         take a pounde off⟨ þe water þat þey be sodyn yn, & of comyn oyle 28
         ℥ iij, of whete flour ℥ iij, of flour of lynsed .℥. j, of flore vynegreke
         ℥ ß, of erbys i-stamped lb.[5] ß ; & boylle alle þese togedire, in a pan
         ouere þe fyre, & stire yt wel wiþ a spator; & þis maturatyff⟨ leye
         on a lynne cloþ, & leye on þe posteme, tyl þat yt be maturyd; & 32
         whanne þat þe posteme is matured, make þe quyter, ȝif þou maist,
         ben y-cast to þe wounde ; & ȝif it may noȝt ben y-cast to þe wounde,
         opyne þe place þat ys most lowest þere, as þe quyter may best gone
         out ; & þan helyn þe wounde, as y schal tellyn, in þe þridde 36
         chapytell of Apostemys. Take hede alweye to þis techynge, þat
         ȝif a posteme were for þe prikynge of a synwe, ne leye noȝt þereto
         þis potage maturatyff⟨, but wyt þe vncture of oyle of roses & of
         oþer þynge, as yt is seyde in þe woundys of synwys. þou schalt 40

        [5] MS. lj

þou schalt' knowe þe yuel discrasie of' a wounde, [1]if' þat' þou [¹ lf. 29]
seest' þe skyn þat is aboue þe wounde to reed & to 'hoot' in felynge,
þanne þe wounde is discrasie in hete; namely, if þat þer come out 1. A hot
4 of þe wounde[2] a sotil quytture, reed; þilke discrasie þou schalt'   dyscrasia,
helpe wiþ coldynge þe lyme aboute þe wounde with oile of rosis &   Nota
vnguentum album, Rasis of ceruse, which þou schalt' fynde in þe
antidotarie, & with þe ius of' þe opere eerbis colde.

8   & þou schalt' knowe a cold discrasie bi þe whiȝtnes eiþer þe 2. a cold
wannesse of' þe place / & whanne þe place is cold in towchinge, &   dyscrasia,
whanne þat' þe quytture is þicke; þe which discrasie þou schalt'   discrasies
remeue bi þe enoynture of' hote oiles, as oile of' coste,[3] oile of'
12 laurine, oile of' enforbium, & so opere hoote oilis /

A moist' discracie þou schalt knowe bi þe neischenes of' þe 3. a moist
place, & bi aboundaunce of' whiȝt liquide rotenes, þe which þou   dyscrasia,
schalt' helpe wiþ desiccatiuis: as wiþ waischinge of wiyn & hony   R
16 togidere, in þe whiche ben soden balaustie,[4] gallis & þe ryndis of
some garnadis, or alle or summe bi hem-silf /

þe drie discrasie þou schalt' knowe bi þe smalnes of' þe lyme, & 4. a dry
þe smalnes of' þe lippis of þe wounde, & litil quytture, if' þat' þe   dyscrasia.
20 quytture be þinne; þe which discrasie þou schalt' [5]helpe: with [⁵ lf. 29, bk.]

---

   [2] MS. erroneously inserts *quytture* after *wounde*.
   [3] *oile of coste*, Lat. cum oleo de castoreo.
   [4] *balaustie*. Balaustium, the floure of the wylde Pomgranate. Halle.
Table, p. 16.—1565. Turner, *Herbal*, II., fol. 49 b., calls it Balaustrum.

---

y-knowe þe euyll dyscrasie of a wounde, ȝif þat þou sest the schyn Add. MS.
þat is aboute þe wounde to reed, & to hot in felynge, þenne þe   12,056.
wounde is discrasyede in hete, namly ȝif þat þere come out of þe
24 wounde a sotyll qyter & a red; & þilke discrasye þou schalt helpen
with coldynge þe lyme aboute þe wounde, with oyle of roses, & with
vnguentum album—rasis of ceruse—whyche þou schalt fynde in þe
Antodarie, & wiþ ius of opere colde erbys. & þou schalt knowe a
28 colde discrasye by þe whitnesse oþer þe wannesse of þe place, &
whanne þe place ys colde in touchynge, & whanne þat þe quyter is
thykke; the whiche discrasye þou schalt remeffen, by þe vncture of
hote oyles, as oyle of cost, oyle lauryne, oyle of enforbium, & so
32 oþer hote oyles. A moiste discrasie þou schalt knowe by þe
nesschenesse of þe place, & by þe Abundaunce of whit lyquyde
rotnesse, þe whiche þou schalt helpyn with defficatyffes: as with
wasschynge of wyn & honye togedres, in [6]þe whiche buþ y-sode [⁶ fol. 53 a]
36 balaustye, gallys, & þe ryndes off' poume garnettys, oþer alle oþer
some by hem-selffen. þe drye dyscrasye þou schalt knowe by þe
smalnesse of þe lyme, & þe smalnesse of þe lippes of þe woundes &
litel quyter, ȝif þat the quyter be þenne; þe whiche discrasye þou

castynge on of[1] hoot[1] water til þat[1] þe lyme wexe reed, & wiþ an
oynement[1] þou muste[1] grece, as hennes, goos, & dokis, þe marie boon
of[1] a calf[1], & wiþ plenteuousnes of[1] good mete þat[1] norischiþ : as þe
broþis of[1] fleisch, & temperate wiyn, & rere eyren, & smale fischis, 4
& wiþ reste, & softnes of al þe bodi, & of þe lyme þat is hirt[1]; &

As soon as
the dyscrasia
is removed,

alwey to þis techinge take hede þat as soone as a membre is brouȝt[1]
to his kyndeli disposicioun, anoon aȝenstondiþ[2] wiþ contrarious

try to heal
the wound
itself.

medicyns, & turne aȝen to þe principal cure of[1] þe wounde. But[1] 8
þenke nouȝt[1] to heele þe wounde as longe as it[1] is enpostemed, or
ellis haue an yuel discrasie ; but[1] first[1] remeue þilke discrasie, or þat[1]
þou heele þe wounde / For whanne two þingis þat schulden ben
heelid ben togidere, & þe oon of[1] hem mowe not[1] be helid wiþoute 12
helynge of þat[1] oþere, first[1] we schulen heelen him, þat[1] mai nouȝt[1]
be heelid wiþoute þat[1] oþer helyng[1], as þe apostyme eiþer þe dis-

Auicen

crasie / þus Auicenne techiþ in þe laste chapitle of þe firste book.
Neuer-þe-lattere forȝete nouȝt[1] þe principal cure, þat[1] whanne þe 16
accidentis ben asesid turne aȝen to þe principal cure //

[1] *þou muste*, mistake for *of moiste.*
[2] *aȝenstondiþ*, mistake for *aȝenstonde.*

Add. MS.
12,056.

schalt helpen wiþ castynge on of hote water, tyl þat þe lyme wexe
rede, & with an oyntynge of moiste grecys, as hennys, gosys &
dokys, & þe marye bon of a Calff[1], & with plentefoste of gode mete, 20
þat norysschyth, as þe brothys of flesch, & temperat wyn, & rere
eyren, & smale fyssches, & oþere gode þynges, & with reste and with
softnesse of alle þe body & of þe lyme þat is y-hurte ; & alwey to
þis techynge take hede, þat as sone as a membre ys y-broȝt to his
kendlye dysposicioun, anon aȝeyne stonde with contraryouse medy- 24
cine, & turne aȝeyne to þe pryncipal cure of þe wounde. But þynke
noȝt to helyn þe wounde, as longe as þe wounde ys apostomyde,
oþere ellys haþ an yuele discrasye, but first remywe þilke discrasye
ere þan þou hele þe wounde. For whenne þat tweye þynges þat 28
scholde ben y-helyde, buþ togedres, & þe on of hem mowe noȝt ben
y-helyde withouten helynge of þe oþer, ffirst we schulle helyn hym,
þat may noȝt be helyde withouten helynge of þe oþere, as þe
posteme oþer þe dyscrasye ; & þus Avycene techith in þe last 32
chapiteh of þe first bokys. Ne nevere þe latere ne forȝete noȝt þy
pryncipal cure, þat whanne the accidentes ben asesyde, turne aȝeyne
to þe princypale cure.

¶ Þe .vij. chapitle of þe .iij. techinge is a wounde maad
with a wood hound, eiþer of ony oþer venemous
beest /

[¹ lf. 30]²
¶ Cap͞m vij͞m
Bite of a dog.
Ascertain
whether the
dog was
rabid.

4 ¹**B**Vt whanne an hound haþ biten a man, loke first if þat þe
hound be wood; & if þat þe hound be not wood, heele þe
wounde as þou doist oþere comoun woundis; & if þat þe hound
were wood, þou schalt knowe it bi certeyn cause & disposiciouns /
8 For a wood hound fleeþ mete & water; & he renneþ hidirward &
þidirward as a drunken man, wiþ open mouþ & his tail bitwene hise
leggis; his tunge hangiþ out, but he wolde biten alle men; ne he
knowiþ not þo men þat ben in houshold.   He berkiþ not / & if
12 þat he oþirwhile berke, his vois is ful hors, & oþere houndis fleen
fro him & berken vpon him.   Also þou schalt knowe bi disposicioun
of þe same wounde.   For if þat þou wetist a crumme of breed in
þe blood of þe wounde, & ʒeuest it to anoþer hound to ete, he
16 wole not ete it; & if þat he ete it, he wole die / Or ellis take an
ote, & staumpe it, & leie it on þe wounde al nyʒt, & on þe morowe
ʒeue it to an hen; & þe hen wole not ete it / & if þe hen ete it, þe
hen schal die /

² Heading to leaf 30, in a later hand, *Off woundes betten with doges.*

Food satu-
rated with
blood of the
wound
kills other
animals.

20 ¶ The vij Chapitelle of þe þridde techynge is off a
wounde y-made of a wod hounde, oþere of eny
oþere venymouse bestys.

Add. MS.
12,056.

[³ fol. 53 b.]

Whenne þat an hounde hath byten a man, ffirste loke ʒif þat þe
24 hounde be wod; & ʒif þat þe hounde be noʒt wood, hele þe wounde
as þou dost oþere comyn woundys; & ʒif þat þe hounde were wood,
þou schalt y-knowe yt by certeyne causes, & by dispoʒsiciouns. Ffor
a wod hounde fleyth mete, & ffleyth watere, & oþerwhyle he dyeth
28 whenne þat he seþ water; & he rennyth hydirwarde & þedirwarde,
as a dronken man, wiþ opyn mouþ & hys taylle bytwene his leggys,
hys tunge hongyth out, he wolde byte alle men, ne he ne knowyth
nouʒt þo men þat ben his housholde, he berkyth noʒt; & ʒif þat
32 he oþerewhyle berke, hys voys ys ful hors, & oþere houndys flen
from hym & berkyn vpon hym.   Also þou schalt y-knowe by
dysposicioun of þe same wounde, for ʒif þat þou wetyst a crumme
bred in þe blod of þe wounde & geuyste yt to an oþer hounde to
36 etyn, he wyl noʒt etyn yt, & ʒif þe hounde etyþ yt he wyH deyen;
oþere ellys take a note & stampe yt, & leye on þe wounde al nyʒt,
& on þe morwe ʒif yt to an henne, sche wyl noʒt etyn hyt; & ʒif
sche etyth yt sche wyl deyen.   & anone as þou wost þe hounde ys

If the dog
was rabid,
withdraw the
blood from
the wound by
cupping,
cauterization,
[¹ lf. 30, bk.]
and attrahent
remedies.

Simple
remedies.

Haue it [?]

Compound
remedies.

Another
treatment:

And anoon as þou woost' þat þe hound was wood, sette a greet
ventuse aboue vpon þe wounde, & drawe out' þe myche blood out'
of' þe wounde, & aftirward drawe abrood þe wounde; & aboue al
oþere þing', brennynge of' hoot' yren to þe ground ¹of' þe wounde is 4
moost' profitable.　& leie aboue þe wounde actractiuis, to drawe out'
þe venym /　Summe of þese actractiuis ben symple, & summe com-
pound /　Symple beþ: þe lyuere of þe same wood hound þat' boot'
þe man, garlik stampid, salt' fisch, aischis of' wiyn lies, appoponak 8
þat' is wondirful, þe leeues of' a gourde,² & þe rote of' fenegrek, þe
gile³ of' fisch, & amptyn I-stampid /　þese medicyns ben compound:
vreyne of' a ʒong' man wiþ nitre; ouþer mintis stampid⁴ wiþ salt, &
distemperid wiþ vynegre, & maad an enplaster.　Anoþer medicyn 12
compound: take floris eris & salt', of' ech .x. parties, & þe fatte of'
a calf', & of' a wolf' þat' sufficiþ, & make a plastre /　Anoþer: take
schepis talow & buttere, & make a plaster /　þis wounde schal be
holden open at þe leeste fourty daies, & þis schal be do aboute þe 16
place.　In anoþer maner regimen /　Vndirstonde þat' þe man þat' is
biten, schal not' be lete blood in þe bigynnynge, lest' þe venym be
drawe abrood bi oþere lymes; ne þou schalt' ʒeue him no laxatif',
lest' it' drawe þe venym to þe entrailis wiþinne; but' þou schalt' sette 20

---

² *gourde,* cucumber.　See *Prompt. Parv.,* 203, *Goord,* Cucumber, cucurbita,
colloquintida.
　³ *gile,* ne. gill.　See Mätzner, *Dict.,* p. 268.　The Latin has, *gluten,* glue.
　⁴ *stampid,* in margin.

Add. MS.
12,056.
wod, sette a gret ventuse aboue þe wounde & drawe out myche blod
out of þe wounde, & afterwarde drawe abrod þe wounde; & abouen
alle oþere thynge brennynge of hote eyren to þe depþe of þe wounde
ys most proffytable, & aftere leye aboue þe wounde attractyfes, to 24
drawe out þe venym.　Some of þese attractifes beþ symple, & some
beþ componyd.　Symple ben: þe lyffere of þe same wod hounde
þat bote þe man, garlyke y-stampyde, salt fysscħ, asschys of vyne,
Opopanac ys wondirful, þe leuys of a Gourde, & þe rote of ffyne- 28
greke, þe gele of fyssches, & amptes y-stampyde.　þese medycynes
ben componyde: vryne of a ʒonge man, with nytre oþer myntes,
i-stampyde with salt & distempred with vynegre, & y-mad in em-
plastre.　An oþere medicyne componyd: R floris eris & salt ana 32
ten parties, & þe fat of a calff' twelf' partyes, & make a plastre.
An oþere: take schepys talwʒ & buttre, & make emplastre.　þis
wounde schal ben y-holde opyne at þe leste fourty dayes; al þis
[⁵ fol. 54 a] schal be do about þe place.　⁵In an oþere manere regimen vndir- 36
stande, þat þe man þat is y-bete ne schal nouʒt be lete blod in þe
bygynnynge, lest þe venym be drawe abrod by oþere lymes.　Ne
þou ne schalt ʒif hym non laxatyff', lest yt drawe þe venym to þe
entraylles withynne; but þou schalt setten on þe place a stronge 40

vpon þe place a strong⸓ ventuse, as it⸓ is seid tofore, [1]þat⸓ it⸓ mowe use first cupping,
drawe miche of þe blood.   And whanne þat⸓ .iij. daies ben passid, it⸓ [1 lf. 31]
is not⸓ yuele to lete blood & to purge with a litil purgacioun, þat⸓ then blood-letting and a
4 purgiþ þe malencolie, as with decoccioun epithimum,[2] wiþ gotis purgative.
whey ; & norischiþ him with dieting⸓, þat⸓ fattiþ & makiþ him glad Keep the
& bliþe ; & waische his heed with decoccioun of⸓ water, þat⸓ þe feet⸓ patient in good spirits.
& þe heed of a weþer were soden ynne.   Ne late him not⸓ þirsten
8 ne hungren, suffren, ne traueilen ; & so if⸓ þat⸓ god wole, þou maist⸓
him kepe from perile /   & ech dai to a monþis eende he schal take During a
oþere symple medicyns or compounned / *— — Take þe ayschis of⸓ month he must take
crabbis I-brent in an ouene .iiij. parties, of⸓ frankencense vij. every day a simple or
12 parties, & make hem into a poudre / þe pacient⸓ schal take ech dai a compound medicine.
of⸓ þis poudre .ij .ꝫ. / Anoþer medicyn : take þe pouder of⸓ crabbis
brent⸓ vj. parties, gencian .iij parties, terre sigillate oon partie,
make poudre / If⸓ þat⸓ þou were not⸓ at⸓ þe bigynnynge, & it⸓ bigynne
16 to haue yuel accidentis : as yuel þouȝtis, soruful metynge in his If the patient seems melan-
sleep, & þat he be wroþ & grucche, & woot⸓ not⸓ whi ; & if⸓ men choly,
aske him ony þing⸓, & ȝeueþ no good answere þerto, & fley lith,[3] &
he haþ alle oþere signes of⸓ malencolie, [4]þanne ȝeue to him a [4 lf. 31, bk.]

[2] *Epithemum.* See Notes.
[3] *fley lith*, altered to *fleyntlith* with different ink. Read : *fleyth liȝt.*

---

20 ventuse, as yt is seyde tofore, þat he mowe drawe myche of þe blode. Add. MS.
& whenne þat þre dayes ben passyde, yt is nouȝt yuele to leten 12,056.
blod, & to purge with a lyȝt purgacioun, þat purgith þe malyncolye,
as with decoccioun of Epytemum, with gotys wheyȝ ; & norissche
24 hym with dyetynge, þat fattyth hym & make glad & bliþe ; &
wassche hys hed with decoccioun of water, þat þe fet & þe hed of
a weþire ben y-sodyn yn. Ne lete hym nouȝt þrustyn, ne suffren
hungyre ne traueꝉ, & so ȝif þat god wyl, þou maiste kepen hym
28 from peryle. & euery day to a moneþ ende, he schal taken oþere
symple medycynes, oþer componed. *Symple buþ : Asa ffetida.
Asa dulsis, potm,[5] terra sigillata, Wermot, Kockuꝉ,[6] mirre &
gencyane.   Medycynes componed gode : *Ɽ þe assches of crabbys
32 y-brent in an Offyn .iiij partyes, of ffrankensens vij partyes, make a
poudre ; þe pacient schal take iche day of þis poudre ꝫ .ij wiþ wyn.
An oþer : Ɽ þe poudre of crabbys y-brende vj partyes, of gencyane
iij. parties, terre sigillate one partie, make poudre. Ȝif þat þou
36 were noȝt at þe bygynnynge, & he bygynneth to haue yuele Acci-
dentes, as yuele þouȝtes, schrewyde metynge in his slepe, & þat he
be wroth & grucche & wot noȝt why, & ȝif men aske hym enye
þynge he ȝeuyth no gode answere þere to, & ffleyþ lyȝt, & he hath
40 alle oþere signes of malencolye, þanne ȝif to hym a medycine y-made

[5] *polium*, Paley.   [6] *Kockuꝉ*, Nigella. See *Prompt. Parv.*, p. 86.

give him
troches com-
posed of
cantharides
and spices,

R
N

until he
micturates
blood.

Treat bites
from venom-
ous beasts
similarly.

medicyn maad of⁴ cantarides / Take old grete cantarides, & do awei þe heed & þe wyngis, .ij dragmis ; lentis[1] I-clensid, .℥ j. ; safron, spikenard, clowis, canel, .ana .℥ s'. ; bete hem weel, & make of⁴ hem smale ballis, þat⁴ ech bal weiȝe a dragme. & ȝeue o. bal at 4 þre tymes, at⁴ ech tyme þe weiȝte of⁴ þre cornys of⁴ wheete, til þat⁴ he pisse blood ; þanne he schal be saaf⁴ / For whanne þou art⁴ sikir, heele þe woundis after þat⁴ fourti daies ben passid, in þe same maner. If⁴ þat⁴ þe wounde were maad of⁴ bitinge of⁴ an eddre or of⁴ 8 ony oþer venemous beest⁴, þe leche schal take heede to drawe abrod þe wounde, & sette aboue a uentuse, & drawe out⁴ miche blood ; & it is miche worþ to enuyrounne þe place aboute þat⁴ is biten wiþ brome I-stampid / For if⁴ þat⁴ þe prickynge be in þe foot⁴ or in þe 12 hand, if⁴ þou enuyrounne þe arme with brome, it⁴ lettiþ þe venym to go vpward ; & ȝeue him þe medicyns writen aboue, & also lete þe wounde be open, til þe venym be excludid /

THe .viij chapitle of þe þridde techinge of þe firste 16 tretis of a wounde maad in a ioynt, & is dislocate /

Whanne þat⁴ a wounde is in a lyme, & þe boon of þe same lyme

is to-broke ²atwo & dislocate—þat is to seie out⁴ of⁴ ioynte, þanne

---

¹ *docxnet* above *lentis ;* meaning ?

³ Heading to leaf 32 in a later hand : *Off woundes in Jintes.*

---

of cantarydes. Take olde grete kantarydes & do aweye þe hed & 20 þe wynges ℥. ij., lentys I-clansed ℥. j., saferen, spikenard, clowys, canell ana ℥. ß.—in oþere bokys—ipone hem wel & make of hem smale ballys þat weyȝen j. penye wyȝt ; & ȝif a ball at þre tymes, at iche tyme þe wyȝt of vij cornys of whete, tyl þat he pysse blod, 24 for þenne he schal be safft. Ffor whenne þou art sykere, hele þe ⁴wounde after þat fourty dayes ben passyde, in þe same maner. ȝif þat a wounde were mad of þe bytinge of an eddre, oþere of eny oþere venymous beste, þe leche schal take hede to drawe abrode þe 28 wounde & setten abouen a ventuse & drawe out myche blod, & yt is myche worþ to enviroun þe place abouten þat is y-betyn wiþ brome y-stampyde. Ffor ȝif þat þe prikynge be in þe fot oþere in þe hande, ȝif þou enviroun þe arme oþere þe legge with brome, yt 32 latteþ þe venym to gone vpwarde ; & ȝif hym þe medycines y-wryten aboue, & also tryacle, & lete þe wounde be opyne, tyl al þe venym be escludyde.

The viij. Chapytelle of þe þridde techynge of the ffirste 36 tretys is of a wounde y-made in a joynt & is dislocat.

Whenne þat⁴ a wounde is in a lyme & þe bon of þe same lyme ys tobroken atwo & is dislocat—þat is to sigge, out of joynt,

it' is good þat' þou putte in þe wounde whanne þe blood is staunchid, If the wound is accom-
& also aboue þe wounde þe ȝolke of' an ey wiþ oile of rosis, & panied by fracture or
anointe al þe lyme aboute þe wounde with two parties of' oile of' dislocation of a bone,
4 rosis, & half' oon partie of' vynegre maad þicke wiþ bole armoniak, R
til þe quytture be engendrid, & þat' þou be sikir þat' no postyme dress the wound,
schal come.   Ne take noon hede to brynge togidere þe parties of' þe and do not join the bone
boon þat' is to-broken or dislocate, til viij. daies ben goon in þe before some time elapsed.
8 wyntir, & v. in þe somer; for þanne it schal make quytture, and be
sikir from swellynge; & þanne brynge togidere þe brynkis ciþer þe
disiuncture after þe techynge þat' schal be seid in þe chapitle of'
algebra.   & if' þat' þe prickynge eiþer þe dislocacioun nediþ splentis,
12 make þat þe splentis & byndynge faile aboue þe wounde.   þat' þou Cut a hole in the splints or
may do if' þat' þou kutte þe splentis & þe bindynge aboue þe bandages,
wounde with a knyf' or a rasour, & in drawynge abrood þe hoole of'
þe wounde[1] aboue þe wounde wiþ a nedle, so þat' þou maist' bi þat' through which the
16 hole ech day chaunge þi medicyn of þe wounde wiþoute choudynge[2] wound can be dressed.
of' þe boond þat' þou madist' first' aboute þe booȝnys þat' weren [² lf. 32, bk.]
broken ouþer dislocate; þe which boond þou schalt' nouȝt' remeuen
til tyme schal be teld in his place, but þou schalt' bynde aboue þilke

<hr>

¹ *wounde*, error for *bonde*.   ² *choudynge*, error for *chongynge*.

<hr>

20 þanne it is gode þat þou putte in þe wounde, whanne þe blod is y- Add. MS.
staunchyde, & also aboue þe wounde, þe ȝolke of an eyȝe, with oyle 12,056.
of roses, & anoynt alle þe lyme aboute þe wounde, wiþ two partyes
of oyle of' rosys, & wiþ half on party of vynegre, y-made þikke with
24 bol Armonyake, tyl þat þe quyture be engendered,[4] & þou be sykere
þat none Aposteme schall come.   Ne take none hede to brynge to-
gedere þe parties of þe bon þat is tobroken oþere dislocat, tyl viij
daies ben go in þe wyntire, & fyff' in the somere; for þenne yt
28 schal make quytere, & be sykere from swellynge; & þenne brynge
togedire þe brekynge oþere þe dysynncture aftere þe techynge þat
schal be seyde in þe Chapytell of **Algebra**.   & ȝif þat þe brekynge
oþere þe dyslocacioun nedyþ splyntes, make þat þe splyntes & þe
32 byndynge faylen aboue þe wounde; & þat þou maiste do, ȝif þat
þou kyttest þe splyntes & þe byndinge aboue þe wounde with a knyf
oþere a rasoure, & in drawynge abrod þe hole of þe bonde aboue þe
wounde [5]wiþ a nedle, so þat þou maiste by þilke hole euery day [⁵ fol. 55 a]
36 chaungen þe medycine of þe wounde withouten chaungynge of þe
bonde, þat þou madest firste aboute þe bonys þat were broke oþere
dislocat.   þe whiche bonde þou schalt nouȝt remeffen, tyl þe tyme
þat schal be tolde in hys place; bote you schalt bynde aboue þilke

⁴ MS. engenderes.

boon a newe boond, which þou schalt remeue as ofte as þou
chaungist þi wounde. & whanne þat þou art sikir fro þe en-
postemynge, & whanne þat þou hast sett togidere þe boonys þat
were sett togidere & dissolate, þanne leie vpon þe wounde bi þe hole 4

R   þat þou madist in þe boond, a mundificatif of mel roset colat, & of
barli mele til þe wounde be clensid ; & leie on þat a[1] mundificatif,
þredis of oolde whiȝt lynnen clooþ, til þat þe wounde be ful
clensid ; aftirward regendre fleisch, & aftirward consowde with 8
regeneratiuis & consolidatiuis, whiche þat schulen be seid in þe
ende of þe book /

¶ Capm ixm   THe nynþe chapitle of þe .iij. techinge of þe firste
              tretis is of fluxblood of a wounde /   12

Hæmorrhage   þer ben ij. maner of causis þat makiþ blood to blede out of
arises from
an injury,   a mannys body ; þe oon cause is clepid—cause coniuncte ; & þe
corrosion, or
weakness of   toþer—cause antecedent / þe enchesoun of cause coniuncte is com-
the veins and
arteries—   pounned of þe mouþis of þe veynes and arteries, or ellis whanne 16
            þat þe veynes ben kut atwo, or ellis corrosion of þe bodies of þe
[2 lf. 33]³   [2] same veynes & arteries, or ellis to greet febilnes or to greet lose-
            nes / And þer ben manie enchesouns of cause antecedentis : as to

                      [1] *a*, erroneously inserted.
            [3] Heading to leaf 33, *Off fflux off blode in woundes.*

Add. MS.   bonde a newe bonde, þe whyche þou schalt remeffe, as often as þou 20
12,056.   chaungiste thy wounde. & whanne þou art sykere from empostom-
           ynge & þou haue sette togedire þe bonys þat were sette togedire &
           dislocat, þenne leye vpon þe wonde by þe hole þat þou madyst in
           þe band a mundifycatyff of mel rosat colat, & of barlye mele, tyl 24
           þe wonde be clansyde ; & leye on þilke mundyficatyff þredys of
           olde clene whyte lynne cloþ, tyl þat þe wounde be ful clansyde ;
           afterward regenere fflesch, & aftereward consoude wiþ regeneratyfes
           & consolidatyfes, whiche þat schullen ben seyde in þe ende of 28
           þe boke.

The ix Chapitle of þe þridde techynge is of fflux blod
off a wounde.

      þere beþ two manere causes þat makyth blod to bleden out of 32
mannes body ; þat on cause is clepyde cause coniuncte, & þat oþer
cause antecedent. þe encheson of cause coniuncte ys openynge of
þe mouþes of þe veynes & þe Arteries, oþer ellys whanne þat the
veynes beþ kut atwo, oþer ellys corosion of þe bodyes of þe same 36
veynes & arteries, oþer ellys to gret feblenesse, oþere to gret losnesse.
& þere beþ manye enchesouns & causes antecedente : as to myche

myche frelenes [1] of' blood, or ellis to myche acute of' blood, & also from fullness of blood—
manye oþere causis þer ben þat' ben clepid cause of' [2] primitif': as causæ antecedentes;
smytynge þat' woundith, to greet' lepinge, criyng'; wraþe, chidynge, from an accident—causæ
4 & so manye oþere ; & ech of' þese causis tofore seid haþ his maner primitiva.
heelynge by him-silf' in fisik medicinal. But' it' is not' þe enten-
cioun of' þis book to treten [3] of' blood þat' blediþ of' wounde, þat' is
maad with wounde, þe which may be restreyned with craft' of'
8 ciurgie. In flux of' blood þat' comeþ of' a wounde, þe leche muste
loke þe disposicioun, þe abitude, age, vertu, & complexioun of' him
þat' is woundid ; if' þat' þese acorden, & he be myȝty in vertu, he If the patient is strong, let
schal blede myche blood at' þe wounde, þouȝ þat' þe leche be clepid him bleed freely ;
12 at' þe bigynnynge, but' if' it' be so þat' he be [4] feble ouer greetliche. if he is weak use a mild
& if' þat' nede constreyne þe leche to staunche blood, he muste loke styptic when the blood is
if' þat' þe blood go out' at' þe veynes capillares, þat' ben smale veynes lost from the capillaries ;
as heeris of' a mannys heed / & þanne oonly þe whiȝt' [5] of' an ey leid [5 lf. 33, bk.]
16 aboue with towȝe of' flex suffisiþ / whanne þat' þe parties of þe
wounde ben brouȝt' togidere ; & if' þou caste aboue poudre of' lym
aforeseid in þe chapitle of' sowynge of' woundes, it' schal be þe
bettere ; for þat' poudre wiþstreyneþ þe blood & consoudiþ þerparties

---

[1] *frelenes*, mistake for *fulnesse*.   [2] *of*, erroneous insertion.   See below.
[3] *but*, omitted.   Latin : Non est huius libri intentio tractare nisi de
fluxu sanguinis. . .   [4] *be*, added in margin in same hand.

---

20 fulnesse of blod, oþer ellys to myche Acuyte of blod & also manye Add. MS.
oþere causes ; and þere beþ oþere causes þat beþ clepyd causes 12,056.
prymytiff' ; as smytinge þat wondiþ, to gret lepynge, cryinge,
wraþþe, chydinge, & so many [6] oþer & iche of þese causes tofore
24 seyde haþ hys manere helynge by hym-selfen in fesyke medecynal.
Bot it ys noȝt þe entencyoun of þis boke, to tretyn but of blod, þat
blediþ of wounde, þat is y-mad wiþ wounde, the [7] whiche may be [7 fol. 55 b]
restreynde by crafte of surgerye. In flux of blod, that comyth of
28 a wounde, þe leche most loke þe disposicioun, þe Abytude, Age,
vertu & complexioun of hym þat is y-woundyde ; & ȝif þat þese
acorden, & he be myȝtye in vertue, he schal blede myche blod at
hys wounde, þowȝ þat þe leche be clepyde at þe bygynninge, bot ȝif
32 it so be þat he feble ouere gretlyche. & ȝif nede constreyne þe leche
to staunche þe blode, he most loke ȝif þat þe blod go out of þe
Veynes capyllares, þat beþ smale veynes as herys of mannys hed ;
& þanne only þe whyte of an eyȝe, y-leyde aboue wiþ towȝ of flex
36 suffiseþ, whenne þat þe parties of þe wounde beþ brouȝt togidire ;
& ȝif þou cast aboue þe poudre of lyme, tofore seyde in the chapy-
tell of sowynge of woundes, yt schal be þe betyre ; for þe poudre
wiþstreyneþ þe blod & consoudeþ þe partyes of þe wounde, togedire.

[6] MS. may.

when it is lost from a larger vein use a stronger styptic;

of᾽ þe wou*n*de togidere. & if þe blood come fro grete veynes he mai nou3t᾽ so su*m*tyme be constreyned, but᾽ it᾽ nediþ a stronger medicyn & also a more cautele / & if᾽ þat᾽ þe blood go out᾽ of᾽

when it is lost from an artery press the artery until a clot is formed,

arterie, þou schalt᾽ knowe it᾽ bi construcc*i*on & dilatac*i*on of᾽ þe 4 same arterie—þat᾽ is to seie, þat᾽ þe blood go out wiþ lepi*n*ge & oþerwhile wiþ wiþdrawinge[1]; & þa*n*ne sette þi fyngir vpon þe mouþ of᾽ þe grete veyne or ellis on þe arterie, & holde þi fy*n*gir þeron bi a greet᾽ hour; for þa*n*ne by grace su*m* greet᾽ drope of᾽ blood may be 8

and apply a styptic

co*n*gelid togidere & þere-bi v*er*tu may be myche co*m*fortid; aftir-ward leie plente*u*ousliche of᾽ þis medicyn vpon þe veyne eiþer þe

℞

arterie þat᾽ is kutt᾽ atwo / Take frankencense, whi3t᾽ gummis, & fatt᾽ .ij. ℥., aloes .3. j., make poudre & distemp*er*e w*ith* þe white of᾽ 12 an ey as þicke as hony / after take heeris of᾽ an hare smal kutt᾽,

[² lf. 34]

[2]medle alle þese togidere, & þer is no medicyn so good as þis medi-cyn is i*n* streyny*n*ge of᾽ blood & co*n*sowdy*n*ge of᾽ þe veyne / But᾽

Renew the remedy care-fully.

wha*n*ne þat᾽ þou comest᾽ to chau*n*ge þat᾽ medicyn of᾽ þe wou*n*de, do 16 nou3t᾽ þe medicyn awey wiþ strenkþe, but᾽ leie aboue of᾽ þe same medicyn[3] moist᾽, to neische þe firste medicyn, þat᾽ it᾽ my3te falle awey bi him-silf᾽ / Neþeles it᾽ is possible þat᾽ a medicyn caustik, þat᾽ is to seie, a medicyn þat᾽ bren*n*eþ, su*n*ner staunchiþ 20

[1] Lat. : quod sanguis exit cum saltu secundum constrictionem et dila-tationem ipsius arteriæ.

[3] MS. *medicyn*, repeated.

Add. MS. 12,056.

& 3if þe blod come fro*m* gret Veynes, he may no3t so su*m*tyme be co*n*streynde, but it nediþ a streng*ere* medycyne & also a more cautele ; & 3if þat þe blod go out of an arterye, þou schalt y-knowe yt be *con*structiou*n* & dilataciou*n*, of þe same arterye—þat is to sigge, 24 þat þe blod goþ out w*ith* lepy*n*ge, & oþer whyle w*ith* wiþdrawy*n*ge, & þe*n*ne sette þy fyng*ere* vpon þe mouþ of þe gret veyne, oþ*ere* ellys þe Artarye, & holde þy fyng*ere* þere on by a grete our*e*; for þe*n*ne by hap su*m* grete drope of blod may be co*n*gely*de* togedre, & þereby 28 vertu may be myche y-comfort*yde*. Afterewarde leye plentyfullyche of þis medycine vpon þe [4]Veyne oþer*e* þe arterye þat is kut atwo. ℞ ffrancencens, why3t go*m*mous & fat 3. ii., Aloes 3. i., make poudre & distempre w*ith* þe why3t of an ey3e as þykke as hony ; 32 after take herys of an hare smale & kutte, medle al þis þynge to-gedire, & þere ys no medycine so gode as þis medycine is, in streyny*n*-inge of blod & *con*soudy*n*ge þe Veyne. Bot wha*n*ne þat þou comyst to chau*n*ge þe medycine of þy wonde, do no3t awey þe medycine 36

[⁵ fol. 56 a]

wiþ strengþe, but [5]leye aboue of þe same medycine moist, to nessche þe firste medycine, þat yt my3te fallyne awey by yt-selff᾽. Naþeles yt is possible, þat a medycine caustyke, þat ys to sigge a medycine

[4] *wounde*, cancelled before *veyne*.

blood þan þis medicyn of᛫ frank encense ; & þou schalt᛫ haue greet᛫ The styptic is a surer remedy than a caustic.
plente of᛫ medicyne caustik *in* þe antidotarie, but᛫ we be*n* nou3t
sikir þat᛫ þe blood of᛫ þe veyne eiþer arterie anoþir tyme wole goon
4 out᛫, wha*n*ne þat᛫ þe schorf᛫ of᛫ þilke caustik Medicine [1] is remeued
away / but᛫ þis medicy*n* of᛫ encense w*ith* þe heeris of᛫ an hare not᛫
oonliche stau*n*chiþ þe blood, but᛫ also sowdiþ[2] þe veyne & þe
arterie, as I haue preued it᛫ ofte tymes / And for to 3eue a*n*torite I   *Nota bene*
8 sette a saumple þat᛫ come su*m*tyme to my*n* hondis : A child of᛫ þre 1st *Example.* A child having cut its throat with a knife,
3eer old hadde a litil knyf *in* his hond, & he fel on þat᛫ knyf᛫ *in* þe
former *partie* of᛫ þe þrote *per*sched þe veyne organise ; þer cowde no
man it᛫ stau*n*che, & þa*n*ne I was clepid, & I cam to þe child in
12 [3]greet᛫ haaste, & he hadde almost᛫ lost᛫ his si3t ; for hise i3e*n* *in* his [3 lf. 34, bk.] the loss of blood caused collapse.
heed were*n* *turn*ed vp so dou*n* ;[4] & þe blood come out᛫ at᛫ þe wounde
whi3t᛫ as whey, v*n*neþe he hadde no pouste[5] / & þa*n*ne I leide my
fyngir on þe heed of᛫ þe veyne, & I heeld it᛫ faste þat᛫ þer my3te no The vein was pressed,
16 þing᛫ go out᛫ ; & so I heeld þe veyne a greet᛫ hour, & þa*n*ne *vertu* of᛫
his bodi þat᛫ was almost᛫ lost᛫ quykenede a3en, & þe pouse bigan to
appere febiliche as it were a smal þred / þa*n*ne I sente to þe spiceris

---

1 *medicine,* added in margin.   2 MS. *sowdynge.*
4 *up so doun.* See Mätzner, *Dict.,* s. v. " doun." Latin : oculos habebat
in capite revolutos.
5 *unneþe he hadde no pouste.* This passage is corrupt ; for the correct
version see below.

þat brennyth, se*n*nore stau*n*chyth blod, þe*n*ne þis medicine of encense ; Add. MS. 12,056.
20 & þou schalt haue gret plente of medycine caustyke in þe anti*to*-
darye, but we beþ nou3t sykere þat þe blod of þe Veyne, oþere þe
arterye an oþer tyme wyl gon out, whanne þat þe serche of þylke
caustyke medycine ys remywed awey. But þy medycine of ensence,
24 w*ith* þe herys of an hare, no3t only stau*n*chiþ þe blod, but also *con*-
soudeþ þe Veyne, & þe Arterye, as y haue preuyde yt ofte tymes.
And forto 3if Autorite, I sette an saumple, þat come su*m* tyme to
my*n* handys : A childe of þre 3ere olde, hadde a lyte knyf᛫ in hys
28 hande, & he fel on þat knyf᛫, & þe poynt of þe knyf᛫, in þe fore
partye of þe þrote, persyde þe Veyne organys ; ne þere ne couþe no
man yt stau*n*che, & þa*n*ne y was y-clepyde & y come to þe child i*n*
gret haste, & he hadde almoste loste hys syght᛫ ; for hys ey3en in
32 hys hed were *turn*yde vp so dou*n*, & þe blode come out of þe
wounde, whyte as whey3e, ne he ne hadde no pous, & þe*n*ne y
leyde my fyngere on þe hed of þe veyne, & y helde faste þat
noþynge my3te go out, & so y helde þe veyne by a grete houre, &
36 þe *vert*ue of hys body þat was almost lost᛫ quyknede a3eyne, & þe
pous bygan to apere ffeblyche as yt were a smal þreed. þa*n*ne y

schoppe þatᵗ was a greetᵗ weye fro me / ne I remeuede notᵗ awey my
fyngir fro þe place, til þatᵗ þe messanger cam aȝen, and þe child
bigan þanne to opene hise iȝen ; & þanne I ordeynede þis medicyn

a styptic applied, the
to be maad, & plenteuousliche I leide it aboue þe wounde, & I 4
boond þe wounde wiþ plumaciols & with stupis¹ I-leid in whitᵗ ofᵗ

wound bandaged
an ey, & with a boond I boonde itᵗ streitly, and comaundide hem to
ȝeue him crummys ofᵗ breed leid in water ; & on þe morowe I come
aȝen, & þanne I foond þe child comfortid / & neuere þe lattere I 8
nolde nouȝtᵗ vndo þe medicyn / þe fader preiede me wiþ greetᵗ in-

[² lf. 35]
and left undisturbed for four days.
staunce to vndo þe medicyn, ²but I wolde notᵗ; & so I lete itᵗ lie
stille, til iiij. daies weren passid withouten remeuynge / & neþeles
I visitide him ech day ; & þe .iiij. day I vndide þe wounde, & þe 12
medicyn was drie aboue þe wounde, so þatᵗ I myȝte notᵗ han re-
meued itᵗ wiþoute greetᵗ violence. & þanne I leide aboue þe whiȝtᵗ
ofᵗ an ey wiþ a litil oile of rosis, & so I lefte it lie oon day til on þe
morowe I turnede aȝen ; & þanne I remeuede awey þe medicyn 16

The child recovered on the fifth day.
wiþouten violence, & I foond þanne þe wounde & þe veyne al hool.
& ofᵗ þis heelyngᵗ his fadir & alle hise neiȝeboris hadden greetᵗ

If necessary
wondir / And ifᵗ þatᵗ wiþ þis medicyn þou maistᵗ notᵗ sowde þe
arterie ne þe veyne, ne þow maistᵗ not constreyne þe blood for sum 20

¹ "*Stupes* (in Surgery), Pledgets of Tow, Cotton, etc., dipt in scalding
hot Liquors and apply'd to the diseased Part."—Phillips.

Add. MS.
12,056.
sente to þe spysers schoppe, þat was a grete weye from me, ne y ne
remywede noȝt awey my fyngere from þe place tyl þat þe messagere
come aȝeyne, & þe childe þenne bygan to opene hys eyȝen ; and
þanne y ordeynde þilke medycine to be mad, & plentyffuliche y 24
leyde it abouen þe wounde, and y bonde þe wounde with plumaceoles
& with stupes y-leyde in whyȝt of an eyȝe, & with a bande y bonde
yt streytlye, & y comaundede hem to gyuen hym crommys of brede,
y-leyde in water; and on þe morwene y come aȝeyne, & þenne y 28
fonde þe childe y-cunfforteȝe & neuere þe latere y wolde nouȝt vndo

[³ fol. 56 b]
þe medycine; þe ffadire ³preyȝe me wiþ grete instaunce to se þe
wounde, but y wolde nouȝt ; & so y lete yt be, tyl foure dayes were
passyd, withouten remeffynge & naþeles y vysitede hym every day ; 32
in þe fourþe day y vndyde þe bande, & þe medycine was drye aboue
þe wounde, so þat y myȝte noȝt haue remywede hyt withouten grete
Vyolence. & þenne y leyde aboue þe whyte of an eyȝe, with a lytel
oyle of roses, & so y lafte yt by on day. On þe morwen y turnyde 36
aȝeyne, & þenne y remeffyde awey þe medycine withouten Vyolence,
& þenne y fonde þe wounde & þe Veyne al hol. And of þis helynge
þe fadire & alle his neyȝhboures hadden gret wondire. And ȝif þat
with þis medicyne þou maiste noȝt soude þe Arterye, ne þe Veyne, ne 40
þou ne maiste noȝt constreyne þe blod for sum oþere Impedement,

oþer inpediment': þanne þou must' ouþer bynde þe veyne, or drawe _{use a ligature}
hir out' of' hir place, & bynde þe heed of' þe veyne or arterie, ouþer _{or torsion or cauterization}
þou must' brenne hir wiþ hoot' iren, & make on hir heed a greet' _{of the bleeding artery or vein.}
4 cruste & a depe. ¶ Anoþer ensaumple : þer was a child of' .xv. _{Nota}
ʒeer oold þat' smoot' him-silf with a smal knyf, & þilke knyf' per- _{2nd Example Case of a}
side o. senewe of' þe arm & prickide a ueyne þat' lay vnder þilke _{child which had pricked}
senewe. & for þe prickynge of' þat' senewe [1]he hadde greet' _{a nerve and a vein in its}
8 akynge, & blood drewe doun to þe wounde & nouʒt' aʒenstood [2] for _{arm.}
alle þe staunchis of medicyns þat me myʒte do þerto, it' wolde not' _[1 lf. 35, bk.]
staunche, þe blood ran out' at' þe wounde. & colde medicyns ben _{Lanfranc suggested ty-}
greuous to senewis þat' is prickid, for þei stoppen þat' lyme, & þat' _{ing the vein and applying oil of roses to}
12 is contrarious aʒens senewis ; & þanne I demede nessessarie to _{the nerve.}
drawe out' al þe veyne out' of' her place & to bynde hir & to helpe
þilke senewis wiþ oile of' rosis / But þe modir of' þat' child sente for
a lewde leche which þat' reprenede foule my doom, & he bihiʒte to _{A lay phy-sician at-}
16 heele safly þe child. He dwellide on þe cure, & I wente my wey / _{tempted an-other treat-}
þe which leche took hede to him .x. daies, þat' neiþir þe akynge _{ment,}
ceesside ne þe blood was not staunchid, & so þe sijk man was nyʒ _{but for ten days the child}
deed / & at' þe laste I was clepid, & I wolde not come to þe pacient' / _{suffered acute agony and}
20 þanne a fisician þat' was frend to þe freendis of' þe pacient' blamede _{bleeding ;}
þe modir & hir freendis þat' þei hadden left' counseil for þilke idiotis
[2] aʒenstood, for aʒenstondyng.

þan þou moste oþere bynde þe Veyne, oþere drawyne here out of _{Add. MS.}
here place, & wynde þe hed of þe Veyne oþer Arterye, oþer þou most _{12,056.}
24 brenne here wiþ hote yren, & maken on here hed a grete croste & a
depe. An oþere exaumple : þere was a childe of xv ʒere olde, þat
smot hym-self with a smal knyff', & þilke knyff' persyde on Veyn of
þe Arme, & prikyde a Veyne þat lay vndire þilke synwe. & for þe
28 prikynge of þilke synwe he hadde grete akynge, & blod ran to þe
wounde & noʒt aʒeynestondynge medycines þe blod ran out at þe
wounde. Kolde medycines weren profitable to bledynge of wounde,
and colde medycines beþ greffes to prikynge of synwes ; for þey
32 stoppyn þat lyme & þat ys contraryus aʒeyns þe synwys ; and
þenne y demyde necessarye to drawe out alle þe Veyne out of here
place & to bynde here & to helpen þilke synwe with oyle of roses.
But þe modire of þilke childe sende for a lewyde leche, whyche þat
36 reprevyde fouliche my doom, & he behyʒte to helyn safflyche þe
childe. He dwellyde on þe cure, & y went my weye. þe whyche
leche toke hede to hym be ten dayes, þat neiþere þe akynge sesyde
ne þe blod was noʒt y-staunchyde, & so þe syke man was [3]nyʒh ded. _[3 fol. 57 a]
40 And at þe laste y was clepyde & y wolde noʒt come to þe pacient.
But þenne a ffysisyen þat was frende to þe man of þe pacyent,
blamyde þe modire & here frendys, þat þey hadden lefte my consaylle

biheeste; & þilke fisician purposide, after þat⁴ he hadde herd my
counseil, þat⁴ þer was noon oþer wey þat⁴ myȝte saue þe sike man
from deeþ, & he axide of⁴ þe sirurgian wheþer he coude do as I

[¹ lf. 36]
hadde seid bifore. &¹ he seide, þat⁴ he coude so doon, & so he 4

finally a sur-
geon tied the
vein and
saved the
child.
dide / He kutte þe skyn aboue þe veyne & twynede þe veyne in
hise handis, & boond þe eende of⁴ þe veyne with a þred; & after
he helde on þe senewe hoot⁴ oile of⁴ rosis, & so bi þis counseil he
was restorid aȝen to heelþe / But who so wolde aske how þat⁴ he 8
myȝte so manye daies be kept from þe crampe for þat⁴ he suffride so

Nota
The bleeding
of the wound
prevented
cramp.
greet⁴ akþe / I answere & seie : þat⁴ þe cause was, for þat⁴ he bledde
at⁴ þe wounde ech day, so þat⁴ þe senewe² miȝt⁴ not⁴ be to myche
replete eiþer ful of⁴ blood / Alle þese þingis I haue told, þat⁴ he þat⁴ 12

When styp-
tics fail, use
cauterization;
rediþ hem mai þe visiloker in semblable causis worchen. & if⁴ bi þis
medicyn he myȝte nouȝt⁴ sikirliche be restorid or restreyned þat⁴
falliþ riȝt⁴ seelde whane³ / þanne we moten brenne þe heed of⁴ þe
veyne eiþer of⁴ senewe⁴ wiþ hoot⁴ iren, & þilke hoot⁴ iren myȝte 16
make an hard cruste. ⅋ be war þat⁴ þou touche not⁴ þe lippis of⁴
þe wounde ne þe senewe, ne noon oþer þing⁴ but⁴ oonly þe veyne wiþ

Nota
hoot⁴ iren. & if⁴ al þis craft⁴ wole not⁴ helpen, we musten drawe

---

² *senewe*, error for *wounde*. Add MS. has the same mistake.

³ *riȝt seelde whane*. *Polychron*, i. 133, wel silde whanne. Stratm.,
seldhwonne.

⁴ *senewe*, error for *arterie*. The same mistake in Add. MS.

Add. MS.
12,056.
for þe byhestys of þylke ydyote; & þilke ffysisyens proposyde, 20
aftere þat he had herde my counseylle, þat þere was non oþere wey,
þat myȝte saue þe syke man from þe deþ, & þenne he askyde a
surgyne, wheþere he couþe don as y hadde seyde byfore; & he
seyde þat he couþe so don, & so he dyde. He kutte þe skyn aboue 24
þe Veyne, & twynede þe veyne in his handys, & bonde þe ende of
þe Veyne wiþ a prede, & afterwarde he hylde on þe synwe hote oyle
of rosys, & so by þis counseyle he was restoryde aȝeyne to hele.
But ho so þat wolde aske how þat he myȝte so manye dayes be 28
kepyde from þe crampe, for þat he suffryde so grete akþe, I answere
& sigge : þat þe cause was, for he bledde at þe wounde eche day, so
þat þe synwe ne myȝte noȝt be to myche replet oþere fulfyllede of
blode. Alle þese thynges y haue tolde, þat he þat redyth hem may 32
þe wyslocor in semblable causes wyrchen. And ȝif be þis medycyne
he myȝte noȝt sykerliche be restreynede, þat fallyth ryȝte selden,
þenne me moste brenne þe hed of þe Veyne oþere of þe synwe wiþ
hote yren, þat þilke hote yren myȝte maken an harde croste. And 36
be war þat þou touche noȝt þe lippes of⁴ þe wounde, ne þe synwe,
ne non oþere thynge, bot only þe veyn with hote yren. And ȝif al
þis crafte wolde noȝt helpyn me, men most drawen out þe Veyne, &

outᵗ þe veyne & fle þe fleisch aboue here, & wynde þe veyne sadliche and if this
& bynde hir heed wiþ þin han¹dis.—Bi² my wittᵗ I³ trowe amene fails, torsion
þatᵗ a bodi schulde make þeron a knotte I-knyttᵗ ofᵗ him-silfᵗ or ellis [¹ lf. 36, bk.]
4 knyttᵗ wiþ a þred. I wootᵗ neuere wheþer he meneþ; for he seiþ in
anoþer place tofore þatᵗ I schulde knytte itᵗ wiþ a þred, & þerfore I
suppose bi my wittᵗ þatᵗ I schulde make a knotte þeron ofᵗ his owne
silfᵗ bi my wittᵗ.—⁊ sumtyme itᵗ happiþ þatᵗ an arterie is broken In the case of
8 ouþer kuttᵗ & þe fleisch þatᵗ is aboue is hool & nouȝtᵗ to-broke neiþir artery an
I-kuttᵗ, or ellis þe fleisch þatᵗ is aboue þe arterie is helid tofore & notᵗ formed.
þe arterie; & vndir þe fleisch þer is a swellynge ofᵗ blood þatᵗ is
clepid aperisma⁴ ouþer mater sanguinis, & þerofᵗ þe pacientᵗ haþ
12 greetᵗ drede, lestᵗ þatᵗ þe skyn to-breke & þe blood go outᵗ, þe which
blood is hard to restreyne / for ofᵗ þis maner sijknes spekiþ galion *.Galion.*
& seiþ þatᵗ a seruauntᵗ ofᵗ sich a disposicioun was helid ofᵗ a lewde
man þatᵗ tauȝte him þatᵗ he schulde leie snow on his siknes. Wher-
16 fore a man may vndirstonde þatᵗ to siche enpostymes colde medicyns
& drie ben nessessarie. //   //   //   //   //   //   //

² An insertion of the scribe.
³ *I trowe a mene,* "I believe to mean."
⁴ *aperisma,* Lat. ophorisma seu mater sanguinis. Dufr. Gloss. med. Lat.:
Aporisma—collectio sanguinis in aliquo membro extra venas non putrefacti
maxime sanguinis arterialis.

---

flene þe flesch aboue here & wynde þe Veyne sadlyche & bynde here Add. MS.
hed *with* þyn handys. And sum tyme yt happyth, þat an Arterye 12,056.
20 is y-broke oþere y-kutte, & þe flesch þat is abouen ys hol & noȝt to-
broke ne y-kutte, oþere ellys þe flessch þat is aboue þe Arterye ys
y-helyde & noȝt þe Arterye, & vndire þilke flessch þere is a swellynge
of blode ⁵that is y-clepyde **Aporisma** oþere matere **Sanguis** & [⁵ fol. 57 b]
24 þere of þe pacient hath grete drede, lest þat þe skyn tobreke & þe
blod gone out, þe whiche blod is hard to restreyne. Of þis manere
seknesse spekyth **Galyen**, & seiþ þat a seruaunt of swyche a dys-
posisioun was y-helyde of a lewyde man, þat tauȝte hym þat he
28 scholde legge snowȝ vpon þat seknesse, wherfore a man may vndir-
stande, þat to swyche empostemys colde medicynes & drye beth
necessarye.

¶ Cap^m x^m

[² lf. 37]

The .x. chapitle of þe þridde techinge of þe firste
tretis ¹is of gouernaunce & diete¹ of men þat
ben woun²did /

off dietynge
for woundes.

Some phy-
sicians give
nourishing
food and
wine,

pretending
that water is
harmful;

others allow
only bread
and water
and sodden
apples.

Both are
dogmatic.

þer ben manye men þat¹ discorden of¹ dietynge of¹ men þat¹ ben 4
woundid, for sum men ȝeuen to alle men þat¹ ben woundid, wheþir
þat¹ it¹ be in þe heed or in ony oþere place, good wiyn & strong¹
fleisch of¹ capouns & of¹ hennes ; & þei affermen þat¹ bi sich a
maner wey sike woundid men ben sunnere heelid / for þei seien þat¹ 8
water putrifieth lymes þat¹ ben woundid & engendriþ enpostymes &
corrumpiþ & febliþ complexciouns & makiþ manye harmys / &
summe oþere men gouernen alle maner of¹ sike men þat¹ ben woun-
did wiþ breed & watir & applis soden til ten daies ben goon / And 12
if¹ god wole eende þis book, it¹ schal be remenynge errouris & de-
clarynge & openynge doutis / I seie þat¹ þese boþe sectis erren in
her opynyouns, for þei taken hede oonly to her experimentis not¹
considerynge resoun of¹ complexioun of¹ him þat¹ is woundid / þe firste 16
secte of¹ þese two *[seyth] þat¹ summen oonly eten breed & watir in
so myche þei ben feblid þat¹ blood & mater in her bodies may nouȝt
be restorid ; þe³ which were sufficient¹ to hele with her woundis,

¹—¹ added in margin.   ³ þe cancelled in MS.

Add. MS.
12,056.

¶ The x Chapitle of þe þridde techynge of þe firste 20
tretys is of men that beth y-woundyde.

Many men discorden of dietynge of men þat ben woundyde, for
sum men ȝeuen to alle men þat ben woundyde, wheþer þat it be in
þe hed oþer in enye oþere place, gode wyn & stronge flesch of 24
capouns & of hennys ; and þey affermen þat by swyche a manere
weye seke woundyde men sonnere ben y-helyde, ffor þey siggen þat
watyre putrefyeþ lymes, þat beþ woundyde, & engendriþ Apostemys
& corumpyth & feblyth complexiouns, & makyth many harmys. 28
Sum oþere men gouernen alle manere of syke men þat beþ woundyde
with brede & water & Applys y-sodyn, tyl x dayes ben passyde, &
ȝif þat god wyl ende þis bok, yt schal be remeffynge awey Errores,
& declarynge & opnynge Dowtous. Y sigge, þat boþe þese sectes 32
erryn in here opynyouns, ffor þey taken hede onlyche to here expe-
rymentys, noȝt considerynge resoun of þe complexioun of hym þat
is y-woundyde. The firste secte of þese *seyth þat some men, onlye
etynge bred & watere, in so myche ben y-feblyde, þat blode & 36
matere in here bodyes may noȝt be restoryde ; þe whiche were suffi-

but᷑ þei ben so feble þat᷑ þei ¹dien, or ellis þei languren ² longe [¹ lf. 37, bk.]
tyme ; ne þe lymes may not᷑ receyue resonable vertu as þei schulde ;
& þese maner men ben of᷑ cold complexcioun & drie & her bodies
4 weren feble or þei weren woundid, & her stomak & her entrailis
wiþinne weren feble / þe secunde secte seiþ : þat᷑ summe þat᷑
drinken wiyn & eten fleisch hadde in þe membre þat᷑ was woundid
a greet᷑ enpostyme & a febre—& þo ben ȝonge men þat᷑ ben of᷑ an
8 hoot᷑ complexioun & a moist᷑—wherfore þei comaundide to alle
maner oþere of᷑ complexioun þat᷑ þei schulden drynke no wiyn ne The patient
ought, ac-
cording to
ete no fleisch / ȝe schulen vndirstonde þat᷑ boþe þese sectis ben
nouȝt᷑ ; & þerfore I folowynge þe doctryne of᷑ rasis, auicen, & galion Rasis. & A.
Galion.
12 & of᷑ oþere doctouris, & also experimentis þat᷑ I haue longe preued, to abstain
from wine at
I seie þat᷑ it᷑ is nedeful þat᷑ a woundid man in þe bigynnynge ab- the begin-
ning.
steyne him fro wiyn, & namely if᷑ þat᷑ þe wounde be in þe heed
eiþir in ony partie of᷑ a senewe. for þer is no þing᷑ þat᷑ so soone Nota
16 smytiþ greuaunce in þe heed or þe senewis as wiyn ; for he is soone If he is
wounded in
conuertid of᷑ kyndely heete & for he is so sotil, he persiþ swiþe into his head or
in a nerve,
þe senewis, & he assendiþ soone into þe heed, bryngynge wiþ him
humouris & spiritis. It᷑ ³ troubliþ a mannys witt᷑, & wiyn greueþ [³ lf. 38]
20 alle men þat᷑ han a feble heed / & þerfore in alle maner woundis of᷑

---

² *languren*, languent. See *Prompt. Parv.*, p. 286, *Languryn yn seke-*
nesse langueo. And *ibid.* note 5.

---

saunt to hele with here woundys, bot þey ben so feble þat þey dyȝen, Add. MS.
oþere ellys þey langoren longe tyme ; ne þe lyme may noȝt resseyuen 12,056.
resonable vertue, as he scholde ; & þese manere of men ben of a
24 colde complexioun & a drye, & here bodyes weryn feble.—*The [⁴ fol. 58 a]
secunde secte seyth þat some þat dronken ⁴ wyn & etyn flesch hadde
in þe membre þat was y-woundyde a gret enposteme & a ffeuyre—
and þo beþ ȝonge men þat beþ of an hot complexioun & a moyst—
28 wherefore þey comaundyde to alle oþere manere complexiouns, þat
þey scholde noȝt drynken no wyn, ne eten non flesch. þe vnder-
standynge of boþe þese sectes nys noȝt comendable and þerefore y
folwynge þe doctryne of rasys, Avence, galien, & of oþer doctoris,
32 & also experymentis, þat y haue longe y-preuyde, sigge þat it is
nedefull in þe bygynnynge þat a woundyde man Absteyne hym
from wyn & namlye ȝif þat þe wounde be in þe hed, oþere in eny
partye of a synwe. For þere nys noþynge þat so sone smyteþ with
36 greuaunce þe hed oþere þe synwe as wyn ; for he ys sone conuertyde
of᷑ kendlye hete, and for he ys so sotyH, he persyth swiþe into þe
synwes & he assendyth sone into þe hed, bryngynge with hym
humores and spirites. Yt trublyth a mannys wyt, & wyn greuyff᷑
40 alle men that haþ a feble hed ; & þere fore in alle manere woundys

If his complexion is hot and moist;

if he has a cold complexion he may have a little wine, but in general a specially prepared beverage.

þe heed & of⁺ senewis he schal be forbode i*n* þe bigy*n*nynge namely to þo þingis¹ þat⁺ han hoot⁺ complexiou*n*s & moist⁺ i*n*to þe tyme þat⁺ þe cure be ful endid / & to þo þat⁺ ben of⁺ a cold complexiou*n*, wha*n*ne .iij. daies ben passid, þou maist⁺ ȝeue to drynke smal tem- 4 *perat*⁺ wiyn, & aft*er*ward a litil strengere, aftir þat⁺ þou art⁺ sikir þat⁺ þer schal nouȝt⁺ come to þe membre noon enpostyme. But þis² drinke schal be watir of⁺ barlich, eiþer wat*er* of⁺ cru*m*mes of⁺ breed bene soden in whit⁺³ wy*n*,⁴ or ellis lete þe breed lie in cold watir 8 raþere þa*n* þou faile þat⁺ he schal drynke / but⁺ he may tende weel to heete it⁺, & nameliche i*n* somer / & to þat⁺ ben woundid⁵ to drynke watir, or ellis with þe x. p*art*ie of⁺ wiyn of⁺ pome garnates or ellis *with* þe sixte p*art*ie of⁺ wiyn agrestis þat⁺ is smal brusk⁶ 12 wiyn, or ellis þis is a p*er*fiȝt⁺ drynke to woundis of⁺ þe heed & to

℞ senewis : / Take a potel of⁺ wat*er* & of⁺ barly clensid .iiij. ʒ., juiube,⁷ sebesten⁸ ana. ʒ. ſſ., of⁺ drie prunis of⁺ damascenes ʒ j, sugre of⁺ rosis .ʒ ij., seþe he*m*⁹ to .iij. p*art*ies ben *con*sumed, & þa*n*ne lete hi*m* 16

[¹¹ lf. 38, bk.] drynke. To asaye it⁺ softly ¹⁰ / ¹¹þis drynke is alteratijf⁺ : þat⁺ is to seie, chau*n*ginge, ne it⁺ swelliþ not⁺, & it⁺ lettiþ fumosite to arise

---

¹ *þingis*, inserted.   ² *þis*, error for *his*.   ³ *whit*, error for *with*.
⁴ *wyn*, inserted.   ⁵ *woundid*, error for *wonid*.   Lat. homini assueto.
⁶ *brusk*, Roman brusco (Lat. rusticus ?), harsh.   See later reference in *N. E. Dict.*
⁷ *Jujube*, a kind of prune growing in Italy.   Kersey—1721.
⁸ *Sebesten*, Arab. sebesten.   Name for Cordia mysa vel sebastena.
⁹ Corrupt passage.   Lat. : donec consumetur tertia pars.
¹⁰ *softly*, error for *soþly*.

Add. MS. 12,056.
of þe hed & off⁺ synwes, he schal be forebode in þe bygy*n*nynge, & namlye to þo þat han hot *complexiou*ns & moiste, into þe tyme þat 20 þe cure be ful endyde ; & to þo þat beþ of colde *complexiou*n, whe*n*ne þre dayes ben passyde, þou maiste ȝeue*n* to drynke a smal temperat wyn, & afterewarde a lyte strengore ; aftere þat þou art sykere, þat þere schal noȝt come*n* to þe membre no*n* Aposteme. But 24 his drynke schal be watyre of barlyche oþere watire þat cro*m*mes of brede ben sodyn yn, wiþ oþere colde watyr & namlye in so*m*mere, & to þo þat beþ woundyde drynke watyre, oþere ellys wiþ tenþe partye of wyn of pome garnettys, oþere ellys wyth sixte partye of 28 wyn agreste þat is smal broske wyn, oþere ellys þis is a p*er*fyte drynke to wondys of þe hed & of synwys : Take a poteħ of watyr & of barlyche y-meynde ʒ. iij, juiube, sebesten, ana .ʒ ſſ, of drye prunes of damacynes ʒ .j., sucre of rosis ʒ ij, sethe he*m* to þre 32 partyes ben *con*sumed, & þe*n*ne lete hy*m* drynke*n* yt. Sothlye þis drynke ys alteratyff⁺ : þat ys to sigge chau*n*gynge, ne hyt ne swel-
[¹² fol. 58 b] lyth noȝt. & yt latteþ fumosites to arise*n* to þe brayn.   ¹² Of mete

to þe brayn. Ofᵗ mete I seie : to him þatᵗ is ofᵗ a moistᵗ com- A patient of
a hot and
moist com-
plexion
plexicioun & hootᵗ / bi no maner wey schulde notᵗ be ȝouen fleisch, should eat
vegetables
only ;
fisch, mylk, eiren, ne no comfortable mete, butᵗ ifᵗ þei weren ouer-
4 comen wiþ to greetᵗ febilnes ; butᵗ he muste holde him contentᵗ wiþ
ius ofᵗ barli or ellis ofᵗ ootis wiþ almaunde mylk ; outake [1] wounde
of þe heed, were [2] I ne apreue nouȝtᵗ almaundis ne noon oþer   *Nota*
vaperous fruyt : as notis eiþir walnotis eiþer avellanes ; for þei han
8 a maner fumose properte greuynge þe heed / he may eten amidoun,
betis, letuse, & breed I-waische wiþ sugre ifᵗ þatᵗ he were feble. &
ifᵗ þatᵗ he myȝte notᵗ absteyne him fro fleisch, ȝeue him fleisch ofᵗ if he cannot
abstain from
meat,
smale chikenes & ofᵗ smale briddis & kidis & lambis & calues chickens or
veal may be
given him.
12 I-sauered with agresta eiþer wiþ wiyn ofᵗ pome garnatis ; & þilke
dietynge he schal vse til he be sikir fro swellynge & þatᵗ þou schaltᵗ
knowe whanne þatᵗ akynge swellynge & extencioun ofᵗ þe lyme ben
ceessid & þe wounde almoostᵗ consowdid. Ifᵗ þatᵗ itᵗ was a wounde
16 [3] þatᵗ was sowid eiþer brouȝtᵗ togidere with byndinge, in whom   [³ lf. 39]
quytture was nouȝtᵗ engendrid, & ifᵗ þatᵗ itᵗ was a wounde maad
wiþ smytynge or ellis chaungid wiþ þe eyr, in whom it is nedeful
engendrynge ofᵗ quytture, þanne it is siker þatᵗ itᵗ schal notᵗ enpos-

[1] *outake*, except. See *Catholicon Angl.*, p. 264, Oute take, note.
[2] *were*, error for *where*.

---

20 y sigge : þat to hym þat is of an hot & moiste complexioun, be Add. MS.
12,056.
non manere weye ne scholde noȝt be ȝeffen flesch, ffysch, Mylke,
eyren, ne no manere conuertyble mete, bot ȝif þey weryn ouere come
with to gret febylnesse ; but he mos·e holde hym content with Iuse
24 of barlyche, oþere ellys of otys wiþ almaunde mylke ; out take
wounde of þe hed, where y ne Apreue noȝt Almaundys, ne non oþere
vaporose frutys, as notys oþer walnottys oþer Avelanes, for þey
hauen a manere fumose proprete greuynge þe hed ; he may etyn
28 Amidun, betes, letuse & bred y-wassche wiþ succre, ȝif þat he were
feble. And ȝif þat myȝte noȝt Abstynen hym from flesch, ȝif hym
flesch of smale chyknes, & of smale briddys : as larkys & oþere
sengle briddys, & kyddes & lambres, & kalffes I-saveryde with
32 agresta, oþer with wyn of pom garnett ; & þis dyetynge he schall
vse, tyl he be sykere from swellynge, & þat þou schalt y-knowe,
whenne þat Akynge, swellynge & extencioun of þe lyme ben secyde
& þe wounde is almost consouded. Ȝif þat it was a wounde þat
36 was sowyde oþere brouȝt togedyre with byndynge, in whom quyter
was noȝt engendryde, and ȝif þat it was a wounde y-mad wyth
smytinge—oþere ellys y-chaungyde with þe eyre, in whom yt is ned-
full engendrynge of quyter, þenne yt is sykere þat yt schal nouȝt

tyme, whanne þat¹ he makiþ quytture plenteuousliche ; & whanne

Improve this diet when he gets better. þat¹ þe lyme is weel disposid & not¹ to swolle ne drawe abrood & is wiþoute akynge ; þınne chaunge a litil & a litil his dietynge til þat¹

If he has a cold and dry complexion, þou come to his dietynge þat¹ he was wont¹ to vse tofore / & if¹ þat¹ 4 þe pacient¹ were of¹ a cold complexioun & a drie & þat¹ he hadde bi

he should take meat from the beginning. nature eiþer bi custum a feble stomak, þanne it¹ were nessessarie to ȝeue him at¹ þe bigynnynge fleisch a litil sauerid with swete spicerie : as canel, gynger & oþere semblable to hem, & to ȝeue him in þe 8 bigynnynge Julep¹—þat is a sirup maad oonly of¹ water & of sugre —& aftir iij. daies ben passid, wiyn, & boþe in þe oon complexioun & in þe oþere complexioun. If¹ þat¹ a boon were broke wiþ a wounde or wiþoute a wounde aboute þe eende of¹ þe cure, þat¹ is to 12 seye, whanne þou art¹ siker from apostyme & swellinge, it¹ is good to

[² lf. 39, bk.] ȝeue norischaunt¹ metis þat¹ it¹ ² myȝte make a good & a strong re-

Nota peirement¹ of¹ þe boon þat¹ was to-broke : as furmente soden in,³

If a bone has been broken, prescribe food which will repair the bones and ligaments. potage of¹ flour weel soden & wiþ þe extremytees of¹ beestis feet¹ & 16 swyne groynes & oxen wombe weel soden & bi siche oþere þingis bi whom a good ligament¹ & a strong¹ may weel be engendrid / Wherfore it¹ is nessessarie to a surgian to knowe his dietynge, vertues of¹ coplexiouns, agis, regiouns, consuetudes & þe tymes of þe ȝeer þat¹ 20

---

¹ *Julep*, med. Lat. julapium, Fr. julep, Pers. goulāb. See Skeat, *Et. Dict.*
³ *in*, erroneously inserted.

Add. MS.
12,056.

enposteme, whenne þat he makyþ quyter plentyouuslyche ; & whenne þat þe lyme ys wel dysposyde & noȝt toswolle, ne y-drawen abrode. & ys wiþouten akynge, & þanne chaunge a lytel & a lytel hys dyetynge, tyl þat þou come to hys dyetynge, þat he was wont 24 to vse tofore. And ȝif þat þe pacient were of a colde complexioun & a drye & þat he hadde by nature oþere by costeme a feble stomak,

[⁴ fol. 59 a] ⁴ þanne yt were necessarye to ȝeuen hym at þe bygynnynge flesch a lytel y-saueryde with swote spysorye : as kanell gyngeffre & oþere 28 semblable to hem & to ȝeuen hym in þe bygynninge Julep—þat is a syripe y-mad only of watyre & of sucre—& aftere þre dayes ben passyde, wyn, and boþe in þe on complexioun & in þe oþere complexioun. Ȝif þat a bon were y-broke, wiþ a wonde ore wiþouten 32 a wounde, aboute þe ende of þe cure, þat is to sigge, whenne þou art sykere from a posteme & swellynge, yt is gode to ȝif norysschande mete, þat it myȝte make a gode & a stronge repayrment of þe bone þat was tobroke : as with ffurmente y-sode, & potage of floure wel 36 y-sode, & with þe extremetes of bestys, as fette & swynes groynes & oxe wombys wel y-soden, & with swiche oþere þynges by whom a gode ligamente & a stronge may wel be engendrede. Where fore yt is necessarie to a surgyne to knowe in hys dyetynge, vertues of 40 complexiouns, Ages, regeouns consuetudes & þe tymes of þe ȝere, þat

he mowe chaunge his dietynge aftir þat' dyuerse condicioun. Ne
he schal not' aftir o maner of' counseil procede in his dietynge.

THe .xj. chapitle of þe þridde techinge of þe firste ¶ Capm. xjm.
4   tretis.

is of' olde woundis þat' ben maad of' kuttynge or of' open- off olde vere-
ynge of' a postyme, or ellis of' a wounde þat' is not' heelid in   lent woundes
his tyme, or ellis of sum maner fleinge, or of' brennynge, or Various
8 of' to greet' heete, or of' to greet' drouthe, or of' to greet' cold causes of
constreynynge, or of' to greet' aboundaunce of' mater corrumpinge / ulcers.
For euery olde wounde hauynge rotnes or wire[1] þat' is þinne
venymous quyttir or ony oþir þing' þan good quytture is not' clepid
12 a wounde, but' it' is clepid vlcus / Rowlond & Rogerine & þe Rowlond &
moste [2]partie of' men þat' ben now, clepen it' a festre[3] or a cankre, Rogeryn
but' it' is neiþir festre ne cankre, but' festre & cankre han differense [2 lf. 40]
fro þis / þis vlcus as a propre þing' haþ difference from a þing' þat' Ulcer is a
16 is comoun / for ech festre & ech cankre þat' is woundid, is clepid more general
vlcus, but' it' ne schewiþ not' þat' ech vlcus is clepid cankre or festre term than
                                                                      fistula or
                                                                      cancer.

    [1] *wire*, Lat. virus.
    [3] *festre, fester* in Mätzner *Dict.;* O.Fr. flestre, festre; Lat. fistula.
Comp. N. E. fester vb.

---

he mowe chaungen his dyetynge, aftere þat dyverse condycioun Add. MS.
askyth. Ne he ne schal noȝt aftere on manere of counseylle proceden 12,056.
20 in hys dyetynge.

¶ The xi. Chapitle of þe þridde techynge of þe firste
tretys is of olde woundes.

¶ Olde woundes ben mad of kuttynge oþer of openynge of a
24 posteme, oþere ellys of a wounde þat is noȝt helyde in his tyme, oþer
ellys of sum manere fleynge oþer of brennynge, oþer of to grete hete,
oþer of to grete drovþe, oþer to gret colde constreynynge, oþere of to
grete Abundaunce of moist mater corumpynge. For euery olde
28 wounde, hauynge rotenesse oþere **virus** þat is þenne venemy quyter,
oþer eny oþer þynge þenne gode quyter nys noȝt y-clepyde wounde,
but is y-clepyde **vlcus** þat is an olde wounde. And of þis Vlcus,
Rouland & Rogerine, & þe most partye of men þat ben now, clepyde
32 it festre, oþer cancre. But it is neiþere festre ne cancre, but festre &
cankre habbe dyfference from þis. [4]Vlcus, as a propre þynge hath [4 fol. 59 b]
dyfference, from a þynge, þat is comyn; for euerye festre & euerye
cankere, þat is y-woundyde, ys y-clepyde Vlcus, but yt ne syweth
36 noȝt þat euerye Vlcus, ys clepyde cankre oþere festre, as y schal

as I schal telle openliche in ech chapitle bi him-silf⁴ / Auicen seiþ, þat⁴ þer ben .vj. maner of þis vlcus : summe þat⁴ ben venemous, summe hore, summe depe, summe cauernose eiþer hid, summe corosif⁴, summe rotin, summe ambulatif⁴ þat is spredynge abrood, & 4 summe harde to consowde / Of þese maners tofore seid, summe¹ han acordynge with festris in tokenes & in foormes as venemous & holowȝ & summe han acordynge with cankris as spredynge abrood & fretynge him-silf & neþeles þei han difference, as it⁴ is conteyned 8 in þe chapitle of⁴ cankris I-woundid & of⁴ festre. & alle þese tofore seid han difference fro wounde / for in a wounde þer is whiȝt⁴ quytture & euene in alle hise parties & hole and nouȝt⁴ departid & wiþoute stenche. þis maner of⁴ quytture is engendrid of goodnes 12

[²If. 40, bk.] & kyndely heete, & is perfiȝtly defied / But venym rotynes ²& a cruste, & al oþere superfluyte of⁴ olde woundis ben engendrid of⁴ a strong⁴ vnkyndly heete.

vlcus viru-
lentum
    A uenym vlcus is in whom aboundiþ venym sutil & liquid. If⁴ 16 þat⁴ it⁴ be reed or ȝelu, or oon partie redisch and scharp bitynge þe lyme, it⁴ signifieþ lordschipe of⁴ a strong⁴ heete.

vlcus
sordidum
    An hori elde wounde þat⁴ haþ summe greete crustis, or ellis a wroting⁴, sum gret⁴ proud fleisch to hiȝe.³   20

¹ MS. *summen.*

³ *proud fleisch to hiȝe.* Lat.: carnem superfluam grossam. Proud flesh, Fungosity. Dunglison.

---

tellen opynlyche in euerye chapyteﬀ be hym-self⁴. Auesene seyth þat þere ben sixe manere of þese Vlcus, for sum ben Venemy, sum hory, some depe, some cauernouse oþere y-hud, sum corosyff⁴, sum rotyne, some Ambulatyff⁴—þat is spredynge abrode, & some hard 24 to consouden. Of þese manerys tofore seyde, some hath acordynge with festres in toknes & in fourmes : as Venemy & holwy, & sum han acordynge with cancre : as spredynge abrode & fretynge hym self⁴. And naþeles þey habbe difference as yt is conteynede in þe 28 chapytelles of cancre y-woundyde & of festre. & alle þese tofore seyde habbith difference from a wounde, for in a wounde þere ys whyte quyter & euene in al his partyes & hol & noȝt departyde, —& withouten stynke. þis manere of quyter is engendrede, of 32 godnesse of kendlye hete & is perfitlye deffyede. But vemyn, rottenesse, & croste, & alle oþere superfluyte of olde woundes ben engendred of a straunge vnkendlye hete. A venemy Vlcus is, in whom habundeþ venym sotyl & liquydy. Ȝif þat yt be red oþere 36 ȝolwe, oþere a partye redyssche, & scharpe bytynge þe lyme, hit synifieþ lordschipe of straunge hete. An hory olde wounde ys y-clepyd, þat haþ sum grete crostes, oþere ellys sum grete awrotynge

A deep vlcus is þat·, þat· haþ a greet· depnes & an holowȝ & vlcus pro-
fundum
perauenture crokinge.

A wroting· vlcus is þat· of· his malice fretiþ bi cause þat· þe vlcus
corosiuum
4 blood is sent to him so scharpe / Galion seiþ : þat· scharp blood not· Galion.
oonli corrodiþ [noȝt]*—fleisch in woundis, but also hool fleisch /

A rotid vlcus is stynkynge, hauynge a strong· heete in his vlcus
putridum
ground, & out· of· him passiþ a stynkynge smel, eiþer smoke, as
8 doiþ out· of· fleisch þat· is rotid / þilke[1] word 'stynk' I vndirstonde
it· bi my maner witt· : sich breeþ þat· comeþ out· of· a bodies ende,
whanne a bodi breþiþ wiþ þe mouþ in frosty wedir, þat· men taken
a saumple, bifor to sle her lac dre / panne whanne þou myȝt· se þe
12 breeþ of· þin owne ende comynge out· at· þi mouþ in þe eir.

A walkynge / vlcus is þat· walkiþ hidirward & þidirward, & vlcus ambu-
lativum
nepeles he profoundiþ nouȝt· depe [2]into þe ground.
[2 lf. 41]

An vlcus þat· is hard to helin is he þat· for his yuel propirte þat· ulcus diffi-
cilis.
16 is sent· to him fro þe bodi lettiþ him to heele.

& for to heelen ech maner of· þese vlcus, þer ben manye dyuers Cura vlceris
rulis / þe firste rule is þat· þei moun not· be heelid, but· þe super- .1.
fluytees þat· ben in hem ben I-dried / þe secunde rule / but· if· þat· .2.
20 bodi ouþer þe membre be oute of· his naturel complexioun, or þan
þou þenke to heele þilke vlcus þou muste brynge aȝen to his diete

---

[1] This curious explanation of the word *stynk* is an insertion of the scribe.
Read: *ste her laddre.* One letter half erased in *lacdre. Ste,* see Stratm.
Dict., O.E. stigan.

---

proud flesch to hyȝe. A depe Vlcus is þat þat haþ a gret depnesse Add. MS.
& an holwe, & peraunter crokynge. A wrotynge vlcus is þat of 12,056.
24 hys malyce wroteþ, bycause þat þe blod þat is sent to hym, is to
scharpe. **Galien**: scharpe blod noȝt onlyche cordyth noȝt *flesch in
woundes, but also hol flesch. A rotyde vlcus is stynkynge, hab-
bynge a straunge hete in his grounde, & out of hym passith out a
28 stynkynge smel oþere smoke, as þere doþ [3]out of flesch þat is [3 fol. 60 a]
y-rotyde. A walkynge Vlcus is þat walkeþ hyderwarde & þedir-
warde & naþeles he profundeþ noȝt depe into þe grounde. An
Vlcus þat is hard to helyn, is he þat for his yuele proprete, þat is
32 sende to hym fro al þe body, latteþ hym to hele. & forto helyn
euery manere of þese hulkes, þere ben manye dyverse rulys. þe
firste rule ys þat þey mowe noȝt ben helyde, but þe superfluytes
þat ben in hem ben dryed. þe secunde rule ys þat ȝif þat þe body
36 oþere membre be out of hys natureH complexioun, ·ere þan þou
þynke to hele þilke Vlcus, þou moste bryngen aȝeyne to hys due

.3. complexiou*n* distemprid þilke bodi ouþir membre. þe þridde rule
is : þat' if' þe lyuere eiþir þe splene ben I-greued, as it' happiþ ofte

.4. tymes i*n* olde wou*n*dis, þou muste rectifien hem / þe .iiij rule is :
þat' þe qualitees & þe quantitees of' humouris schulde*n* be temperid 4
wiþ blood-letynge & purgaciou*n*s & w*ith* good go*u*ernaile / & if' þat'
þe eir be yuel, þe sike ma*n* schal be chau*n*gid into good eyr / &
wha*n*ne þat' þe leche haþ tofore see*n* alle þese þi*n*gis, þa*n*ne he may
go to his cure /   8

If the ulcer is
virulent,
wash the
wound with a
waschinge,
   & if' þe vlc*us* be virulent, þat' is to seie venemi, loke if' þat' þe
venym þat' goiþ out' be redisch or ȝelowisch, & if' þat' þe lyme haue
ony ma*n*er heete ; þa*n*ne waische it' wiþ water of' rosis & barlich.

Nota[1]
[3 lf. 41, bk.]
   alim[2] & balaustia & lentiles w*ith* hony [3]symple eiþ*er* compou*u*ned 12
be*n* soden yn, & lete þis watir peersen to þe depþe of' þe wou*n*de ; &
if þe virus be wiþoute heete & þe membre haue noo*n* heete, waische
it' wiþ watir or w*ith* wiyn þat' mirre wormode,[4] horhone,[5] sauge,[6]
pimp*er*nelle[7] hony symple or compou*n*ned ben soden yn / Clense þe 16

and apply an
vnguentum
   wou*n*de perfiȝtliche & engendre fleisch & afterward consowde it'
wiþ þis pr*o*pre oynement' þat' þi[8] olde foule venym woundis, eiþ*er*

---

[1] MS. *Nona.*   [2] *alim*, Latin : aluminis.
[4] *wormode*, absinthium.   O.E. wormôd, M.E. wormwood.
[5] *horhone*, Marrubium vulgare.   See Britten, *Dict.*   [6] *sauge*, salvia.
[7] *pimpernella*, Pimpinella.   [8] *þi*, error for *in.*

Add. MS.
12,056.
complexiou*n* distempride[9] þilke body oþ*er* membre. þe þridde rule
ys, þat ȝif þat þe lyfere oþ*er*e splene ben y-greuyde, as yt happyth 20
ofte tymes in olde wou*n*des, þou most retylien hem. The fourth
rule ys : þat þe q*u*alites & quantytes of humours scholde be tem-
pride w*ith* blodletynge, & p*ur*gatiou*n*s & w*ith* gode governaylle ; and
ȝif þat þe eyre be yuel, þe syke ma*n* schal be chaungyde into gode 24
eire. And wha*n*ne þat þe leche haþ tofore seye alle þese þynges,
þe*n*ne he may go to hys cure. & ȝif þat þe Vlcus be Virulente, þat
is to sigge Venemy, loke ȝif þat þe Venym þat goþ out be redyssch
oþ*er*e ȝolwe, & ȝif þat þe lyme haue enye ma*n*ere hete ; & þe*n*ne 28
wassche it wiþ water þat rosys & barlyche Alum & balaustia &
lentilis w*ith* honye symple oþ*er*e compo*n*ed ben sodyn In. And lete
þis watere p*er*cen to þe depthe of þe wou*n*de. And ȝif þe Virus be
w*ith*outen hete & þe membre haue no*n* hete, wassche it w*ith* water 32
oþ*er*e wyþ wyn, þat Mirre, wermot, horhowne, sauge, pympiruel,
honye symple oþ*er* compo*n*ed ben sodyn In. Clanse þe wou*n*de
perfitlye & engendre flesch & afterwarde co*n*soud it w*ith* þis propre
oygnement, þat in olde foule venemy wou*n*dys oþ*er* Vlcus engend- 36

[9] At the margin.

vlcus, engendriþ fleisch, clensiþ & heeliþ as anicen & rasis witnessen /
recipe litargium[1] as myche as þou wolt' & stampe it' in a morter[2] &
putte wiþ him good oile of' rosis & vynegre now on & now þe opere,
4 alwey stiryng', til it' be perfiȝtly an oynement' & come into þe foorme
of' an oynement.   & þis oynement' is clepid litargirum nutritum,
þat' is to sai litarge nurschid, þat' is profitable in manye causis /
afterward take of' þilke litarge norischid .vij. parties & of' alim,
8 & of' balaustie or ellis in þe stide of' balaustie wormes of' þe erþe
brent', bras brent', leed, gallis, sandragoun chathinie[3] argenti .ana.
as myche as is xij parties of' al þe oynement'; medle alle togidere
and [4]make an oynement / þis oynement' schal be leid wiþinne þe
12 wounde & al aboue þe wounde; for it' drieþ þe wounde & engendriþ
good fleisch & consowdiþ / Take hede to þis rule, þat' in heelynge
of' alle olde woundis after þat' þei ben clensyd, aboue þe oynement'
it' is good to leie a lynnen clooþ, to distende abrood on of' þe
16 mundificatiuis of' ony which þat' schal be told in þe antidotarie, &
leie aboue aboute þilke vlcus specialy from þe ouer partie fro whens
humouris fleen, a defensif' of' bole armonyak & terra sigillata ; þat'

---

¹ "*Lithangyros*, Litharge or Silver-glet, the frothy Dross, or Scum that arises in the purifying of Silver with Lead."—Phillips.

² MS. *& putte it in a morter*, scribal insertion.

³ "*Cathima* est minera de qua elicitur aurum vel argentum."—Sinonoma Barth. p. 14.   *Cathimia:* argenti spuma, Cartelli *Dict.*   ⁵ a sign like *Nota.*

---

reth flesch, clansyth & helyth as **Auecene** & **Rases** wytnessith,
20 **litargium nutritum**.   R litarge as myche as þou wylt & stampe it
& put it in a mortere & ⁶putte wiþ hym gode oyle of roses &
vynegre, now þe on now þe opere, alweye steryinge, tyl it be perfit-
lyche augmentyd & come to þe fourme of an oygnement.   & þis
24 oygnement—litargirum nutritum—þat is to sigge litarge y-noryssched,
þat is profitable in many casis.   Afterwarde take of þilke litarge
viij partyes, & of alym, & of balaustie opere ellys, in þe stede of
balaustye, wormys of þe erþe y-brend, brend bras, brent led, gallys,
28 sanke dragoun, cathimie, Argenti ana as mychel as ys .xij partyes
of alle þe oygnement, and medle al togedre, & make an Oygne-
ment.   þis oygnement schal be leyde withynne þe woundes & aboue
þe wounde, for yt dryeth þe wounde, & engendrith gode flesch &
32 consoud.   Take hede to þis rule, þat in helynge of alle olde
woundes, aftere þat þey ben clansyde, aboue þe oygnement yt is
gode of one a lynnen cloþ, forto dystende abrode on of þe mundyfi-
catyfes of hony whiche þat schulle be tolde in þe antidotarye.   And
36 leye aboue aboute þilke vlcus, & specialiche from þe ouere partye,
fro whom humores flotyn, a⁷ defensif' of bol Armonyake & terra

⁷ MS. *&.*

T
R

Nota.

is maad on þis maner / take bole armoniak .ʒ j. terra sigillata. ʒ ſſ
oile of' rosis & vynegre þat' suffisiþ, I-nowʒ do in þe oon now in þe
oþer til þe oynement' be ful maad & liquide I-nouʒ / so þat' of' þe
oile of rosis be double as myche as of vynegre / þis defensiþ a 4
membre fro corrupcioun & also vlcus þat' he sprede nouʒt abrood /

In a (2) sordid ulcer remove the scurf. An hory wounde shal be heelid, in remeuynge awey þe crust'
eiþere filþe þat' is in him wiþ poudre of' affodill, þat' schal be said in
þe eende of' þis book, ouþer wiþ sum oþer mundificatiuis; aftir 8
[¹ lf. 42, bk.] consowde it' wiþ consolidaciouns /

In a (3) deep ulcer cleanse the wound, A deep wounde is heelid ¹wiþ castynge into þe depþe of' þe
wounde *with* an instrument' maad to þe lijknesse of' a clisterie, ony
of' þe waischingis þat' ben seid in þe venemy wounde aboue, aftir 12
þat' þe disposicioun of' þe membre askiþ of' heete or of' cold. &
aftir þat', he is clensid in castynge in watre ouþir wiyn þat' mastik
or frank encense is soden ynne & in leggyng' wiþouten oon of' þe
mundificatiuis of' hony þat' schal be seid aftir. & also it' is good to 16
and make the pus discharge itself freely. ordeyne þe lyme so þat' þe mouþ of' þe wounde hange dounward, &
streyne þi ligature at þe ground of' þi wounde, & bynde it' losely at'
þe mouþ of' þe wounde; also it' were good, if' þat' it' myʒte be, þat'
þer were maad a newe wounde in þe place þat' is moost' hangynge, 20
þat' þe rotynes & þe quytture myʒte þe bettere goon out'; for so
þilke vlcus myʒte þe sunnere be heelid /

Add. MS.
12,056.

sigillata þat is mad on þys manere: R̶ bol armoneake ʒ j *terre*
sigillate ʒ ſſ., oyle of rosis & vynegre, þat suffyseþ, now do in þe on, 24
now þe oþer, tyl þe oygnement be ful mad & lyquyde ynowʒ; so
þat of þe oyle of roses be duble as myche as of þe vynegre. þis
diffensiff' defendiþ a membre fro corupcioun, & also Vlcus þat he
sprede noʒt abrode. An hory wonde ys y-helyde, in remeffynge 28
awey þe croste oþere þe fylthe þat is in hym *with* poudre of affodylles
schal be sayde in þe ende, oþere *with* sum oþere mundificatyfes;
afterwarde *consoude* yt *with* *consolydatyfes*. A depe wounde ys
[² fol. 61 a] y-helyde in castynge in to þe ²depþe of þe wounde *with* an instrument 32
y-mad to þe lyknesse of a clisteyre, any of þe wasschynges þat beþ
seyde in þe Venemy wounde aboue, after þat þe disposisioun of þe
membre askeþ of hete oþer of cold. And aftere þat he is y-clansyde,
in castynge in water oþere in wyn þat mastyke oþere frankensence 36
ys y-soden yn, & in leggynge *without*, on of þe mundificatyfes of
hony, þat schal be sayde aftere. & also it is gode to ordeyne þe
lyme, so þat þe mouþ of þe wounde honge dunwarde, & streyne þi
ligature at þe grounde of þy wounde & bynde it looslye at þe mouþ 40
of þe wounde. And also yt were gode, ʒif þat it myʒte be, þat þere
were made a newe wounde in þe place þat is most hongynge þat þe

A wroting[1] vlcus is heelid in leggynge specialiche aboute him colde þingis whiche þat' ben[2] obtunden or casten bach þe scharpnes of' þe same vlcus ; & also with amendynge, as with metis & drynkis,

4 þe scharpnes of' þe same blood, & in purgynge þe reed colere ; & wiþ anoyntynge wiþ colde oynementis & consolidatiuis. & þerto[3] is miche worþ vnguentum album rasis þat' schal be told in þe antidotarie /

(margin: (4) In a corroding ulcer, use an obtundeus, an appropriate diet, & purging, and the vnguentum album rasis [3 lf. 43])

8   A stynkynge wounde is heelid in remeuynge awey þe stinche & þe rotenes ; & þerto is myche worþ a waischinge of' ydromel : þat is hony & watir soden togidere wiþ mirre, & a mundificatif' maad wiþ ius of' wormod & barly mele & hony & mirre, þat' is maad on þis

12 maner / take ius of' wormod. ℥ iij. of' hony. ℥ iij. barli mele ℥ ij. of mirre ana. ℥ j. & compounne hem togidere & fille þe wounde wiþinneforþ with lynnet' of' lynnen clooþ. & if' þat' wormes ben engendrid in þe wounde, sle hem wiþ þe ius of' calamynte ouþer wiþ

16 þe ius of' þe leeues of' pechis, or ellis persicarie,[3] eiþer wiþ decoccioun of' elebre. & whanne þat' a perfiȝt' mundificatif is maad, engendre fleisch & consowde as it' is seid tofore /

A walkynge vlcus is heelid wiþ fleobotomie & formacie[4] þat' is

(margin: (5) In a stinking ulcer use a lotion of ydromel, and a mundificatif.)

(margin: ℞)

(margin: Nota bene)

(margin: (6) In a walking ulcer use phlebotomy and purging,)

---

[1] *wrotyng*, error for *fretyng*.
[2] *ben*, erroneously inserted.   [3] *persicarie* glossed *colorag*.   See Notes.
[4] O.Fr. farmacie = purgation. See Littré, *Dict.*

---

20 rotnesse & þe quytere myȝte þe betyre gone out, for so þilke Vlcus myȝte sunnere be helyde. A ffretynge vlcus ys y-helyde, in leggynge specialiche aboute hym colde þynges, whiche þat obtunden oþer castyn bach þe scharpnesse of þe same Vlcus, & also in amendynge

24 with metys & with drynkes the scharpnesse of þe same blod, & in purgynge þe rede colore & with anoyntynge wiþ colde oygnementes & consolidatifes, & þereto is myche worþ vnguentum album Rasis, þat schal be told in þe antitodarye. A stynkynge wounde ys

28 y-helyde in remevynge awey þe stenche & þe rottenesse, & þerto ys myche worth a wasschynge of **ydromel** þat is hony & water y-sode togidre wiþ mirre, & a mundyficatiff' y-mad with Ius of wermot & barly mele & hony & mirre, þat is made on þis manere : take jus of

32 wermot .℥. iiij, of hony ℥ iij, of' barly mele .℥. ij, off' mirre ℥ .j., compone hem togedire, & fulle þe wounde, wiþynne forth wiþ lynete of lynnen clooþ. & ȝif þat wormys ben engendride in þe wounde, sle hem wiþ jus of calamynte, opere with þe juse of þe leuys

36 of pechys, opere ellys persicarie, oþer with decoccion [5] of ellebre. And whanne þat a perfyte mundyficacioun is mad engendre flesch & consoude, as yt is seyde tofore. A walkynge Vlcus ys y-helyde with flebotomye & **ffarmasye** þat is laxatyfes purgynge þe colere &

(margin: Add. MS. 12,056.)

(margin: [5 fol. 61 b])

G 2

laxatiuis purgynge þe colcre & brent' humouris, & in leggynge aboute
a defensif' of' bole & terra sigillata þat' is seid tofore in þis chapitle;

& with oon of' þe cold mundificatiuis, & sumtyme þou muste cauterise
þe vlcus aboue with an instrument' of' gold. For þilke maner of' 4
brennynge rectifieþ weel þe membre /

     þe cause whi þat' summe vlcus ¹is hard to consowde is, for an
yuel disposicioun þat' is hid in þe bodi, & þerfore it' nediþ to rectifien
þe membre & þe bodi as I haue seid tofore. & if' þe cause be vpon,² 8
oon oþer manye, do awei þilke cause or ellis þo manye causis, or þat'
þou go to þis principal cure / þese ben þe causis þat' letten con-
sowdynge of' olde woundis : an yuel disposicioun of' al þe bodi as
ydropisie ; or ellis an yuel disposicioun of' þe lyuere as if' þat' he be 12
to feble, as to hoot' or to cold, to moist' or to drie, wiþ mater or
wiþoute mater, as wiþ to greet' hardenes ; or ellis þe splene is to
feble to purge þe malancolient' blood ; or ellis to myche blood or
ellis to litil blood ; or ellis þe veynes ben to fulle of' blood þat' goon 16
doun to þe vlcus ; or elles þat' glandeles þat' ben kirnelis þat' ben in
þe ground ³ þat' senden doun mater to the vlcus þat' is in þe þies &
in þe leggis ; or ellis þe lippis of' þe vlcus ben to grete ; or ellis
myche fleisch ; or ellis mys-ordynaunce of' dietynge or ellis an 20

     ² *vpon*, error for *open*.   ³ *ground*. See *grynd*, page 41, note 3.

---

brende humoures, & in leggynge aboute a defensif' of bol & terra
sigillata þat is seide tofore in þe same Chapytle, & with on of þe
colde mundyficatyfes & sum tyme men most cauterise þe Vlcus
aboue with an instrument of gold. for þilke manere of brennynge 24
rectefieþ wel þe membre. þe cause why þat sum Vlcus is hard to
consoude is, for an yuel disposicion ys y-hydde in þe bodye, & þere-
fore it nedyth to retyfien þe membre & þe body as y haue seide to-
fore. And ȝif þe cause be opene, on oþere manye, do aweye þilke 28
causes oþer ellys þo manye causes, ere þanne þou go to þe pryncipal
cure. þese ben þe causes þat lettyn consoudynge of olde woundes,
an yuele disposisioun of alle þe body : as dropsye, oþer ellys an iuele
disposisioun of þe lyuere : as ȝif þat he be to feble, as to hot oþere 32
to colde, to moiste oþere to drye, with mater ore withouten matere,
as wiþ to grete hardnesse ; oþere ellys þe spleen is to feble to purge
þe malancolyent blod ; oþere ellys to myche blod, oþere ellys to
acute blod ; oþere ellys þe veynes beþ to ful of blod, þat goþ doun 36
to þe Vlcus ; oþer ellys curnellys þat glandeles, þat beþ kurnellys
þat beþ in þe grynde, þat sendiþ doun matere to þe Vlcus þat is in
þe thyȝes & þe legges, oþer ellys þe lippes of þe Vlcus beþ to grete
& hard, oþere ellys to myche flesch, oþer ellys mysordeyninge of 40

inconuenient¹ medicyn to þat¹ membre or ellis þe lyme þat¹ is hirt¹
haþ an yuel discrasie ; or ellis þilke vlcus is in an yuel place as in
þe cende of¹ þe ¹elbowȝe ; or ellis þe vlcus is al round ; or ellis þe   [¹ lf. 44]
4 boon þat¹ is vndir þe vlcus is corrupt / Alle þase tofore seid letten   or if the con-
dition of the
vlcus to be heelid / wherfore it¹ nediþ þe, to take kepe to alle þese   wound is bad.
þingis tofore seid, to amende al þe bodi & namely þo lymes þat¹ han   Remedial
measures—
principalte in mannes body, & kepen alle þe lymes þat¹ ben in her
8 naturel disposicioun with þingis þat¹ ben acordinge to her naturel
disposicioun, þo / & if¹ þei ben discrasid, remeue þilke discrasie wiþ remove the
dyscrasia,
þat¹, þat¹ is contrarie to þe discrasie / also tempre þe qualite & þe   regulate the
patient's
quantite of¹ þe blood & streyne þe veyne if¹ þat¹ þou brynge þidir   blood,
12 blood, or ellis if¹ þat¹ it¹ be possible latt¹ þe blood awey ; vndo þe
glaudeles þat¹ ben kirnels þat¹ sendin þider mater, & remeue deed
fleesch, smale þe lippis of¹ woundis þat¹ ben greete & kutte hem
awey if¹ þat¹ þou myȝt¹ do noon oþirwise ; amende his dietynge ; &
16 brynge aȝen þe rondnes of þilke vlcus into a long forme aftir þe   give an ob-
long shape to
lenkþe of¹ þe membre with a knyf¹ hoot¹ brennynge / but¹ if¹ a veyne   a round ulcer,
or a senewe lette. & þou schalt¹ remoue þe boon þat¹ is corrupt¹ on   remove any
rotten bone
þis maner : in kuttynge awey al þe fleisch & þe boon þat¹ is corrupt¹ by means of
a hot iron—
20 with an hoot¹ ²iren, or wiþ a medicyn þat¹ schal be seid in þe laste [² lf. 44, bk.]
eende of¹ þis book, or ellis it¹ is bettere to don it¹ awey wiþ hoot¹

dyetynge, oþer ellys an vncouenable medycine to þilke membre,   Add. MS.
oþer ellis þe lyme þat ys y-hurt haþ an yuele discrasie, oþere ellys   12,056.
24 þilke Vlcus is an yuele place—as in þe ende of þe elbowe, oþere ellys [³ fol. 62 a]
þe Vlcus ys al rounde, oþere ellys þe bon þat is vndire ³þe vlcus is
corupte. Alle þese tofore seide letteþ Vlcus to by helyde, where-
fore yt nediþ þe, to take kepe to alle þese thynges tofore seyde, &
28 to amendyn alle þe body, & namlye þe lymes þat habbiþ principalte
in mannes body, & kepe alle þe lymes þat beþ in here naturell
disposisioun wiþ þynges þat beþ acordynge to here naturel disposi-
sioun, & ȝif þey ben discrasyede, remywe þilke discrasye with þat,
32 þat is contrarye to þilke discrasye. Also tempre þe qualyte & þe
quantyte of þe blod, & streyne þe veynes ȝif þat þey brynge þedire
blod. Oþer ellys ȝif it is possible, lete þe blod aweye. Vndo
glaudeles, þat beþ kurnell þat sendeþ þedire mater, & remywe ded
36 flesch, smale lippes of þe woundes þat beþ grete, & kytte hem awey,
ȝif þou maiste do non oþere weys ; amende his dyetynge, & brynge
aȝeyne þe roundnesse of þilke Vlcus in to a longe fourme, aftere þe
lengþe of þe membre, wiþ a knyf¹ hot brennynge, but ȝif þat a
40 synwe oþere a Veyne latte. And þou schalt remywe þe bon, þat is
corupe on þis manere : unwrey al þe bon, in kuttynge awey al þe
flesch,*—þe bon þat is corupte with an yren, oþer wiþ a medicyne
þat schal be seyde in þe laste ende of þis boke. Oþer ellys it is

Nota. iren. & whanne þatᵗ þe boon þatᵗ is corruptᶦ¹ is vnkeuerid, schaue itᵗ
scraping and
scratching
generally give
rise to fistulæ. notᵗ as manye men doon, butᵗ touche harde þatᵗ boon with hoot
iren ; & aftirward heelde on þilke boon hootᵗ oile ofᶦ rosis, & leie on
oon of þe mundificatiuis þatᵗ ben in þe antidotarie whiche þatᵗ wolen 4
remoue þe rotid boon wiþoute violence / For vndirstonde weel þouȝ
þatᵗ þou clense þe rotid boon wiþ schauynge or wiþ filynge with
violence, neuere þe lattere kynde wole afterward don awey a schelle
ofᶦ þilke same boon, nouȝtᶦ aȝenstondynge þi schauynge & þi rasynge / 8
wherfore in remeuynge þilke boon þou multipliestᵗ þi traueile &
makistᵗ newe² mundificacion to þe fulle³ & þerofᶦ may come ofte
tymes an yuel festre.   An inconuenientᵗ medicyn is amendid in
considerynge þe complexioun ofᶦ al þe body & þe complexioun ofᶦ þe 12
lyme & þe gre ofᶦ þe medicyn ; for ifᶦ þatᵗ þe membre be drie as þe
ceris & al bony & gristly lymes, & þei han greetᵗ putride & rotschipe,
If the medi-
cine was not
[⁴ lf. 45] þanne þou nedistᵗ a ful drie medicyn / & ifᶦ þatᵗ þe bodi or þe lymes
⁴ben mene bitwene fatnes & lenenes þatᵗ is neiþer to fattᵗ ne to 16
leene, þanne þou nedistᵗ a medicyn þatᵗ is in kynde mesurabiliche
driynge / & ifᶦ þatᵗ þe bodi or þe membre be natureliche moistᵗ, & ifᶦ
þatᵗ he haue a litil putrede or rotschipe, þanne þou nedistᵗ a medicyn

¹ MS. *corrrupt.*   ² *newe,* error for *no.*
³ *to þe fulle.* Lat.: ad plenum.   See *Polychr.,* iii. 443, he forgaf him the
trespas *at the fulle.*

Add. MS.
12,056. bettere to don it awey with hot yren & whanne þat þe bon þat is 20
corupte is vnkeueryde, schaue yt noȝt as many men don, but touche
harde þilke bon with hot yren & afterewarde helde on þilke bon
hot oyle of rosys, & leye on one of þe mundyficatyfes þat beþ in þe
antitodarye, whiche þat wylle remywe þe rotyde bon withoute vio- 24
lence. Ffor vndirstond wel, þawȝ þat þou clanse þe rotyde bon with
schavynge oþere wiþ vylinge with vyolence, neuere þe latere kynde
wyl afterwarde don aweye a schelle of þilke same bon, noȝt aȝen-
stondynge þy schauynge & þy raspynge ; wherefore in remefynge 28
þilke bon, þou multiplyest þy traueⱨ, & þou makyste no mundifi-
catioun to þe folle ; & þerof may come ofte tymes, an yuele festre.
And inconuenient medycine ys amendyde, in consyderynge þe
[⁵ fol. 62 b] complexioun ⁴of alle þe bodye, & þe complexioun of þe lyme, & þe 32
gree of þe medycine ; for ȝif þat þe membre be drye as þe erys, nose-
þrylles & alle bony & grestly lemes, & þey han grete putrede &
roteschippe, þenne þou nedyste a ful drye medycyne ; & ȝif þat þe
body oþere þe membre be naturellyche moist, ȝif þat he haue a lyte 36
putrede oþere roteschippe, þanne thou nedyste a medycine þat ys
lyte dryinge.   And ȝif þat the body oþere þe lymes ben mene
betwene fatnesse and lenesse—þat nys neiþere to fatte ne to lene,
þenne þou nedyst a medycine þat is in kynde, mesurablyche dryinge. 40

þat' is litil driynge / & if' þat' .ij. membris ben in complexiou*n* appropriate, change it according to the patient's complexion.
I-liche euene, & þe toon haue myche quytture, & þe toþer litil
quytture, he þat' haþ þe more quitture nediþ þe driere medicyn / &
4 *he þat' haþ but' litil quytture, him nediþ his medicyn I-maad nouȝt'
fulliche so drie / þerfore it' nediþ bi mesure þat' þou kepe naturel
þing' wiþ þing' þat' is acordinge to þe same naturel þing / & also
remeue w*ith* mesurable contr*ar*iouste þing' þat' is aȝens kynde / But'
8 þe quantite of' medicy*n*s þat' schulden be leid˙to þe soor as galion *Galion.*
witnessiþ mai not wiþ lettris be write*n* / neþeles it' sufficiþ þat' a
man diuise þe medicyn after¹ þe complexiou*n* mai bere / For kynde
þat' is wondirful, fulfilliþ þing' þat' is absent', & þat'. þat' is to myche,
12 castiþ awey, but' if' þat' it' be to myche aȝe*n* kynde ; & þa*n*ne kynde
muste nede faile in his kyndely worchinge / A medicyn mundificatif'
²& exciccatif' þat' is nessessarie i*n* ech old holowe wou*n*de,——³ [² lf. 45, bk.]
& þat' may be knowe bi þis maner / if' þat' þe medicyn make A thin pus, a discoloured skin, a burning sensation show that the medicine was too dry.
16 þi*n*ne quytture & blodi & make þe wou*n*de holower, þa*n*ne he
schulde be, þa*n*ne is medicyn to scharpe / & if' þe quytture be þicke
& towȝ, þa*n*ne is þe medicyn to liþe / & also anoþer signe þat' þe

¹ N. E. Dict. s. v., "after C. 2. c" gives later references for the use of
after conj. = according as, without relative particle.
³ Both MSS. omit the end of the passage. Lat. "Medicina vero mundi-
ficatiua & exiccatiua — — aut est fortior, quam conuenit, aut debilior com-
petenti." Then, as a heading to the next passage : "Significatio si medicina
est magis sicca quam oportet." The *þat* in *& þat may be knowe*, refers to this
omitted heading.

And ȝif þat two me*m*brys ben in *complexiou*n i-lyche euene, & þe Add. MS. 12,046.
20 on haue myche quyt*er* & þe oþere lyte quyt*er*, he þat haþ þe more
quyt*er* nedyth þe dreyere medycine,*——afterwarde it nediþ by
mesure þat þou kepe naturel þynge, w*ith* þynge þat is acordynge to
þe same nature, and also to remeffe w*ith* mesurable contr*ar*youste
24 þynge þat is aȝeyns kynde. But þe quantite of medicynes þat
scholde⁴ be leyde to þe sore, as Galien witnesseþ, ne may noȝt w*ith*
lettres ben wryten. Neu*er* þe latere it suffisith, þat a man defye þe
medycine, aftere þe *complexiou*n may bere ; ffor kynde þat is
28 wondirfull fulfylleþ þynge þat is absent & þat þat is to myche
castyth aweye, but ȝif þat it be to myche aȝeyne kynde ; & þa*n*ne
kynde most nedys faylen in his kendlye wirchynge. A medycine
mu*n*dyficatyff' & exsiccatif' þat is necessarie in eche olde holwe,
32 vlcere,*——may be knowe by þis manere : ȝif þat þe medycine make
þe*n*ne quyt*er* & blody & make þe wou*n*de holwere þan he scholde
be, þe*n*ne ys þe medycine to acute ; & ȝif þe quyt*er* be þikke &
towȝ, þe*n*ne ys þe medycine to lythye ; and also an oþere⁵ signe þat

⁴ MS. þat *scholde*, twice.   ⁵ *medycine*, cancelled before *signe*.

medicy*n* is to scharp, þat⸲ þe place aboute þe wou*n*de is to grene, blak, reed, eiþer ȝelow; & þa*n*ne þe sike man schal fele to greet⸲ heete & bre*n*nynge, also þe venym of⸲ þe wou*n*de multiplieþ / and wha*n*ne þe vnku*n*nynge leche seeþ þese accidentis tofore seid, he 4 ordeyneþ a drie medicy*n*; & so ech day þe wou*n*de apeiriþ.[1]

& þe signe þat⸲ þe medicyn is of⸲ feble driynge is, þat⸲ þe quitture & þe rotynes þat⸲ goiþ out⸲ þerof⸲ is greet⸲ i*n* substau*n*ce, ponder*ous* & vneuene, wan ouþir pale & þe membre is cold & is whiȝt ouþir 8 wan, ouþir cleer i*n* colour ou*þer* soft⸲; & þe sike man feliþ cold i*n* his membre / *&* wha*n*ne þat⸲ þou knowist⸲ þese þingis i*n* þe firste cause make not⸲ þi medicy*n* so drie, & i*n* þe secu*n*de cause make þi medicyn more drie, & also chau*n*ge þi worchinge as condiciou*n* of⸲ 12

ky*n*de askith ²boþe of⸲ bodi & membre as weel symple as compou*n*d

medicyns / He þat⸲ knowiþ not⸲ þes canones. wel yuele schal he heele wou*n*dis / wherfore manye lechis bryngen liȝtliche wou*n*di; *with* her yuel worchinge into þe worste olde wou*n*dis þe whiche mou*n* not⸲ 16 aftir ben I-heelid bi a good leche / þese be*n* liȝt⸲ medicyns whiche

þat⸲ drien olde wou*n*dis þat⸲ neden a litil driynge : mastik, frank encense, barli mele. & þese medicyns be*n* su*m*what⸲ more driere : yrios,³ aristologie rotunda, orabum⁴ þat⸲ is wiilde tare, lupines, 20

---

¹ *apeiriþ* intr.   See Prompt. Parv. *Appeyryn*, or make wors.   Pejoro, deterioro.   ³ *yrios.*   Lat. Iris.   See Prior, *Dict.*, p. 123.
⁴ "*Orobus*, gall. uesche, anglice thare uel mousespese."—Alphita, p. 131.

þy medycine is to scharpe, þat þe place about þe wou*n*de ys to grene, blak*e*, red oþere to ȝelwe & þe syke man felyþ to grete hete ⁵& bre*n*nynge, & also þe Venym of þe wou*n*de multiplyetħ, and wha*n*ne þe vnku*n*nynge leche seþ þese Accidentes tofore seyde, he ordeyneþ 24 a dryere medycine ; & so eche day þe wou*n*de apeiritħ. And þe signe þat þe medycine is of feble dreyinge is þat þe quyter & þe rotnesse, þat goþ out þere of, ys gret in substau*n*ce, ponderose & vneuene, wan o*þer* pale ; þe me*m*bre is colde whyte o*þer* wan, o*þer* 28 clere in coloure, o*þer* softe, & þe syke man felytħ colde in his membre, & whe*n*ne þat þou knowist þese þynges in þe firste cas, make noȝt þy medycine so drye. In þe secu*n*de cas make þy medy- cine more drye, & so chau*n*ge þy wirkynge, as co*n*dyciou*n*s of kynde 32 askytħ, boþe of body & of membre, as wel symple as *c*omponede medycines. He þat knowiþ noȝt þese kanones wel*—schal hele*n* olde wou*n*des ; wherfore manye lechys brynge lyȝte wou*n*des wiþ here iuele wirchynge, into þe worste olde wou*n*des, þe whiche mowe 36 noȝt after*e* be helyde by a gode leche. þese ben lyȝte medycines, whiche þat drye olde wondys þat neden a lytel dryȝinge ; mastyke, ffrankensence, barlymele. þese medycynes beþ su*m*what dreyere : yreos. Aristologia. Orobu*m* þat is wilde Tare, lupines, þe rotenesse 40

þe rotynes eiþ*er* þe drie poudre of' trees ; & þese medicyns ben strongere : balaustie, psidie,[1] rose, notts of' cipris *et cetera* / & þese ben li3t mundificatiuis : sugre, hony, wat*er* of' barlich, gotis whay, A mild mundificatif.
4 watir of' þe see, watir of' brimstoon þat' clensiþ & heteþ, wat*er* of' alym þat' clensiþ & coldiþ. & þou schalt haue greet' plente of' enplastris, mundificatiuis, oyntmentis compou*u*ned *in* þe antidotarie of' þis book /

T**he .xij. chapitle of þe iij. techi*n*ge of þe firste tretis ¶Ca**p**m.xijm.
8 is of festre /

Festre is a deep old wou*n*de, & þe mouþ of' hi*m* is streyt', & þe A fistula
ground is brood, & he haþ [2]wiþi*n*ne hi*m* a calose[3] hardnesse al [2 lf. 46, bk.]
aboute as it' were a goos penne or ellis a kane / & a festre haþ is distinguishable
12 difference from a deep vlcus & a cauernose / for a deep vlcus & from a deep
ulcer by its
hardness,
cauernose of' whom it' is toold *in* þe chapitle tofore seid, þou3 þat' þei acorden togid*ere in* depnes & *in* streitnesse of' þe mouþ, þe vlcus haþ not' wiþi*n*ne hi*m* a calose hardnes / Wherfore a festre mai not
16 be clensid wiþ waischinge w*ith* which a cauernose vlcus mai be clensid / but' it' is nessessarie aftir þat' þou hast' waischen it' to which must
be removed
by cauterization.

---

[1] " *Psidia* cortex est mali granati."—*Synonoma Barthol.*, p. 35.
[3] O. Fr. calus, (Godefroy).   See later references in *N. E. Dict.*

---

oþ*er* þe dry3e poudre of trees.   þese medycines ben strengere : Add. MS.
balaustie, p*ro*sidye, rose, notys off' Cipresse et. cet.   And þese[4] ben 12,056.
20 ly3te mundificatyfes in cure,[5] hony, watire of barlye, gotyswhey3, water of þe see, water of brymston þat clansiþ & hetyþ, wat*er* of Alym þat clansyth & coldyth.   þou schalt haue grete plente of enplastres, mundificatyfes, and oygnementys compon*e*de *in* þe
24 antitodarye of þis ilke booke.

¶ Cap. xii of þe þridde techynge of þe firste tretis is
of a[6] festr*e*.

ffestre[7] is a depe olde wou*n*de and[8] þe mouth is streyt of hy*m* &
28 þe grou*n*de is brod, & he haþ wiþ y*n*ne hy*m* a callose hardnesse alle aboute, as yt were a gose pe*n*ne oþ*er* ellys a kane, & a ffestre haþ
[9]diffence fro*m* a depe Vlcus & a cauernose ; for a depe Vlcus & a [9 fol. 63 *b*]
Cauernose, of whom yt ys tolde *in* þe chapitle toforeseyde, þow3
32 þat þey acorden togedire iu depnesse & *in* streytnesse of þe mouþ, þe Vlcus haþ no3t wiþyn hy*m* a callose hardnesse, wherefore a festre may no3t be clensyde w*ith* wasschynges, w*ith* þe whiche a[10] cauernose Vlcus may be clansyde, but it is necessarye, aftere þat

---

[4] MS. þese, twice.   [5] *in cure*, a scribal mistake from *sugre*.
[6] *of a*, above line.   [7] MS. *ffirste*.
[8] *in*, cancelled ; *and*, above line.   [10] *a*, above line.

remeue þilke calose hardnesse wiþ a *cauterie* eiþer *with* a medicyn
cauterizinge þatᵗ is breñuyñge, þe which cauterie ouþir breñnynge
schulde make þe deppe ofᵗ þe vlcus holowere þan he was / Wherfore
itᵗ is nessessarie to a surgian to knowe þe difference ofᵗ þis science, 4
þatᵗ he mowe knowe to heele boþe þe vlcus & þe festre wiþ medicyns
differentᵗ þatᵗ longen to heₘ boþe /

Nota.   & ifᵗ þatᵗ aᵗ festre be iₙ þe fleisch or ellis bitwene senewe &

If the fistula
is in fleshy
parts, use
cleansing
mediches.   senewe, so þatᵗ þe substauₙce ofᵗ þe senewe be notᵗ corruptᵗ ne þe 8
boon, itᵗ is no nede to take noon oþere medicyn butᵗ egrimoyne &
staumpe itᵗ *with* saltᵗ as þou woldistᵗ make sause, & drawe outᵗ þe

[¹ lf. 47]   ius ofᵗ þilke egrymoyne, & do it into þe ¹hole ofᵗ þe festre wiþ a
penne & leie þe substauₙce ofᵗ þe same eerbe þere-vpon til he haue 12
slayn þilke festre & clensid itᵗ; & þou schaltᵗ knowe bi reednes &
sadnesse ofᵗ fleisch þatᵗ is wiþiₙne þe festre al aboute; & aftirward
haue þis sirup ofᵗ hony wiþ þe whiche þou schaltᵗ waische þe festre
þatᵗ is now vlcus I-comₚouₙned iₙ þis maner / Take a pouₙd waterᵗ, 16

R   vynegre half a pouₙd, ofᵗ hony dispumed ℥ .iiij., ofᵗ leeues ofᵗ olyue-
tre bouₙden togidere wiþ a þred / ℥ j., ofᵗ galingale² ℥ j, boile alle
þese to þe perfiȝtnesse ofᵗ a sirup, & lete itᵗ colden, & do awey þe

---

² *galingale*, ne. galangale, for *sagitelle*.

Add. MS.
12,056. þou hast y-wasschyde yt, to remeffyn þilke callose hardnesse *with* a 20
cauterye, oþere wiþ a medycine cauterysynge þat ys breₙnynge, þe
whiche cauterye oþer breₙnyₙge scholde make þe deppe of þe Vlcₙs
holwere þanne he was. Wherefore it is necessarie to a surgiene to
knowe þe difference of þis scyence, þat he mowe conne hele boþe þe 24
Vlcₙs & þe festre *with* medycines different þat longyth to heₘ boþe.
And ȝif þat a festre be in þe flesch, oþer ellys bytwene synwe &
synwe, so þat þe Substauₙce of þe synwe be noȝt corupte ne þe bon,
yt nys noₙ nede to take noₙ oþere medycine but egremoyne, & 28
stampe hyₘ wiþ salt, as þou woldest maken sause, & drawe out þe
jus of þilke egremoyne, & do yt into þe hole of þe festre *with* a
penne, & leye þe substauₙce of þe same erbe þere-vpon, tyl he haue
slaw³ alle þilke festre & y-clansyde yt; & þat þou schalt knowen 32
by þe rednesse & sadnesse of flesch þat is *with*ynne þe festre al
aboute, & aftirwarde haue þis surype offᵗ honye, *with* þe whiche
þou schalt wassche þe festre, þat ys now Vlcus comₚoned, in þis
manere: ⁴ R water ℔i .j., of vynegre ℔i. ſi, of hony despumed ℥ iiij, 36
offᵗ leuys of olyue-tre, y-bounde togedre *with* a þrede, ℥ .j., of

[⁵ fol. 64 a]   ⁵sagytelle ℥ .j., boylle al þis to þe perfytnesse of a sirupe, & let yt

---

³ At the end of the line. One letter wanting.
⁴ *Confection of syrup mellyne*, in margin.

leeues of⋅ þe olyue, & kepe al þe remenaunt⋅ of⋅ þe sirup *with* þe
leeues of⋅ sagittel & waische þe vlcus þat⋅ was festred tofore wiþ þis
licour twies on þe day þat⋅ þe licour may go to þe ground, & aftir-
4 ward drie it⋅ weel & fille it⋅ ful of⋅ drie leeues of⋅ sagittelle & leie a
sagittel-leef⋅ aboue; & þis medicyn þou schalt⋅ contynuen til it⋅ be
hool / Euery festre þat⋅ is i*n* fleisch is heelid wiþ þis medicyn
I-preued, but⋅ if⋅ þat⋅ substau*n*ce of⋅ þe senewe & of⋅ þe boon be　If parts of a
8 apeirid i*n* þe ground, & specialiche if⋅ þat⋅ þe festre be not old, & if⋅　bone or sinew
þat⋅ þe calosite be nou3t⋅ to hard. In þese two causis þe medicyn　are rotten,
of⋅ egrimoyne [1]ne suffisiþ nou3t⋅, but⋅ it⋅ is nessessarie to haue　[1 lf. 47, bk.]
a cauterie of⋅ fier eiþer a medicyn caustik / & of⋅ þese medicyns þou　use cauteriza-
12 schalt⋅ haue a ful techinge folowynge i*n* þe book / & if⋅ þat⋅ þe boone　tion, or a caustic medi-
were corrupt⋅ i*n* þe depþe of⋅ þe festre, do it⋅ awei aftir þe techinge　cine, and remove
tau3t⋅ in þe chapitle tofore / & herof⋅ take hede, if⋅ þat⋅ a festre　the morbid bone.
perse bi þe weyes of⋅ þe vryne so þat⋅ þe vryne go out⋅ bi þilke weie,
16 as we han seen ofte tymes, or ellis þat⋅ it⋅ go bi crokid placis & hid
placis of⋅ þe face[2] persinge into depþe, it⋅ is[3] an vn*per*fi3t⋅ cure, but⋅
þou maist⋅ pale[4] it⋅, & do it⋅ awey þe stinche *with* hony waischinge,
enplastre, & hony mu*n*dificatiuis, & *with* defensiuis aboute þe place

---

[2] Lat. per tortuosas aut occultas partes faciei.　　[3] *it is*, above line.
[4] *pale*, Lat. palliare.　Dufr., *Gloss.*: 1. tegere; 2. simulare.

---

20 coldyn & do aweye þe leffys of þe olyfe, & kepe alle þe remnau*n*t of　Add. MS.
þe surype *with* þe leffys of sagytelle, & wassche þe Vlcus þat was　12,056.
festre tofore *with* þis licoure twyes a day, þat þe lycoure may go to
þe grou*n*de, & af*ter*warde dreye it wel & fyl yt ful of drye leffys of
24 sagytelle, & leye a sagitelle leff⋅ aboue, and þis medycine þou schalt
conteynen tyl þat it be hol. Every festre þat is in flesch ys helyde
with þis medycine y-prefed, but 3if þe substau*n*ce of þe synwe & of
þe bon be apeyred in þe grou*n*de, & specialyche 3if þe festre be
28 nou3t old & 3if þat þe callosite be no3t to hard. In þese tweye
cases þe medycyne of egremoyne ne suffiseþ no3t, but it ys neces-
sarye a kauterye of fyre oþer a medicine caustyke; & of þese medy-
cins þou schalt han a ful techynge, folwynge in þe boke. And 3if
32 þat þe bon were corupte in þe depþe of þe festre, do yt aweye after
þe techynge, þat y haue tau3te þe in þe chapiteĦ tofore. And
hereof take hede: 3if þat a festere *per*se be þe wey3es of þe vryne,
so þat þe Vryne go out by þilke weye, as we haue seyne ofte tymes,
36 oþer ellys þat he go by crokyde placys and hudel[4] places of þe face,
*per*synge into þe depnesse of þe hed whose grou*n*de þ*ou* maiste no3t
*per*seyue, hit ys bettyre no3t for to cure *with* a perfyte cure, but þ*ou*
maiste pale it & don awey þe stynke, *with* hony & wasschynges of
40 emplastre in mu*n*dificatyfes & *with* defensifes aboute þe place, þat

[5] *hudel*, adj.　See Mätzner, *Dict.*, hudels, sb.　O.E. *hy̆dels*, hiding-place.

cauteriza-
cioun of þe
senew þat
is hirt.

þatᵗ his malice mowe[1] þen lasse greue. For a festre þatᵗ is in ioynturis
as þe feet eiþer þe knee, eiþer þe hand, eiþir þe elbowe, is hard for
to heele, & sumtyme impossible / & ifᵗ þatᵗ he be in anoþer place,
& he haue corrodid eiþer rotid sumwhatᵗ ofᵗ þe senewe, þow þatᵗ itᵗ 4
be greuous for to cure itᵗ, þer is noon oþer wey, butᵗ a liȝtᵗ cauteriza-
cioun ofᵗ þe senewe þatᵗ is hurtᵗ / For cauterizacioun wiþ hootᵗ iren
eiþer wiþ gold, þatᵗ is bettere, itᵗ clensiþ & drieþ þe senewe þatᵗ is

[² lf. 48] corruptᵗ & rectifieþ þe complexioun ofᵗ al þe membre & ²a medecyn 8
caustik worchiþ þe contrarie / Brennynge medicyns, buþe þe symple
& þe compound þou schaltᵗ haue to þe fulle³ in⁴ antidotarie ofᵗ þis
book, & þou schaltᵗ fynde þe maner ofᵗ cauterisynge to þe fulle in þe
þridde tretis folowynge. & whanne þou hastᵗ maad a perfiȝtᵗ mundi- 12
ficacioun ofᵗ þilke colose fleisch, regendre fleisch & consowde with
medicyns regeneratius & consolidatiuis þe whiche þou schaltᵗ fynde
in þe antidotarie //

¶ Capᵐ
xiijᵐ·

canser
vlcirat

The xiij chapitle of þe þridde techinge of þe firste 16 tretis is of a cankre /

Cankre I-woundid comeþ ofᵗ openynge, eiþer ofᵗ kuttinge, eiþer
ofᵗ brekynge ofᵗ a cankre notᵗ I-woundid, whos techinge þou schaltᵗ

---

[1] MS. *moore*.   [3] See page 86, note 3.
[4] *þe þridde tretis folowynge* | *& whanne þou hast maad a perfiȝt mundi-*
ficacioun struck through in red. after *to þe fulle in.*

Add. MS.
12,056.

his malyce mowe þe lasse greffᵗ. A festre þat is in juncturys as 20
þe fote oþer þe kne, oþer þe hand, oþere þe elbowe, is hard forto
hele & sumtyme vnpossible. And ȝif þat he be in an oþere place
& he haue coroded oþer rotyd sumwhat of þe synwe, þowȝ þat it be
greffes forto cure it, þere nys none oþere weye bote a lyȝt cauterys- 24
acioun of þe synwe, þat is y-hurt : ffor cauterysacioun wiþ hote

[⁵ fol. 64 b] yren, oþer wiþ gold þat is betyre clansyth & dryeþ ⁵þe synwe þat
ys corupte, & rectefyeth þe complexioun of al þe membre, and a
medycine caustyke worcheþ þe contrarye. Brennynge medycines, 28
boþe symple & componed, þou schalt han to þe fulle in þe antito-
darye of þis boke, & þou schalt fynde þe manere of cauterysinge to
þe fulle in þe þridde tretys folwynge ; & whanne þou hast made a
perfyte mundyficacioun of þilke callose flesch, regénere flesch & con- 32
soude with medicines regeneratyfes & consolidatyfes, þe whyche þou
schalte fynde in þe antitodarye.

¶ Cap. xiii off þe þridde techynge off þe ffirste tretys is Off a Canker. 36

¶ Cankyre y-woundyde comyth ofᵗ opnynge, oþere of kuttynge,
oþere of brekynge of a cancre noȝt y-woundyde, whose techynge þou

haue i*n* þe chapitle of¹ þe apostymes in þe þridde techi*n*ge / & he ^{arises from a}
comeþ of¹ a wou*n*de yuel heelid, to whom comeþ a malancolient¹ ^{or purulent}
mater rotid ; or for þe mater þat¹ comeþ to þe wou*n*de is þere cor-
4 rumpid & chaungiþ þe vlcus into a cankre /

    & þese ben þe tokenes of þe cankre / þe vlcus is foul & stynk- ^{Its signs are:}
ynge, þe lippis be*n* grete, wan, or blak, hard, & wiþi*n*ne kirnely, ^{condition of}
& ouer al aboute arerid and ¹holowe / & þis is þe difference bitwene ^[¹ lf. 48, bk.]
8 a cankre & a foul vlcus & an hori of¹ whom I haue m*aa*d menciou*n*
aboue, þat¹ if¹ þat¹ þou waische he*m* boþe wiþ liʒe, þe cankre schal ^{Nota}
be palere & foulere þan he was bifore, & þere schal falle out¹ of¹ hi*m* ^{the effect of a}
pecis gobet·mele.² & þe vlcus is clensid wiþ þilke liʒe, & þe fleisch
12 is m*aa*d fairer þa*n* it¹ was tofore, ne þe vlcus stynkiþ not¹ bi þe same
stinche as þe cankre doiþ ; for þe cankre haþ a p*ro*pre sauour, þe ^{and the smell}
which mai not¹ be write wiþ lettre ; but¹ þilke sauour is best¹ knowe
of¹ me*n* whiche þat¹ best¹ han seiʒe cankreis.³
16   A general rule in þe cure of¹ a cankre is, þat¹ a cankre mai not¹ ^{A cancer}
be heelid, but¹ if¹ þat¹ he be do awey wiþ alle hise rotis / þe secu*n*de ^{be left un-}
rule is, þat¹ he schal not¹ be touchid wiþ hoot¹ iren ne w*ith* hoot¹ ^{entirely re-}
medicyn caustik, þat¹ is to seie bre*n*ny*n*ge, but¹ he be i*n* place

   ² *gobetmele*, piecemeal. *Polychron.*, iv. 103 : membratim. See further,
Mätzner, *Dict.*   ³ MS. *cankre is.*

Add. MS.
12,056.

20 schalt habbyn in þe Chapitle of enpostem*es* in þe þridde techynge
& he comytħ of a wou*n*de yuele y-helyde, to whom comytħ a maly-
colient rotyde matere, oþer for þat þe matere comeþ to þe wou*n*de is
þere coruppyd, & chau*n*gytħ þe Ulcus into a Cankere. And þese beþ
24 þe toknys of þe cankere : þe Ulcus ys foule & stynkynge, þe lippes
beþ grete, wa*n*ne, oþ*er*e blake, harde, and wiþi*n*ne kernelly, & ouere
alle aboute areryde & holwy, & þis is þe dyfference bytwene cancre
& a foule Ulcus & an hory, of whom y haue made mensiou*n* aboue,
28 þat ʒif þat þou wassche hem boþe⁴ wiþ leyʒe, þe cancre schal be*n*
pale & foulere þe*n*ne he was tofore, & þere schal fallen out of hy*m*
pecys, gobetmele. And þe Ulcus ys y-clansede w*ith* þilke leyʒe, &
þe flesch ys made fayrere þe*n*ne yt was tofore, ne þe Ulcus stynkeþ
32 noʒt by þe same stenche as þe cancre doþ ; for þe cankre hatħ a
p*ro*pre saffoure, þe which may noʒt be wryte*n* wiþ lettres, but þilke
safoure ys best¹ knowyn to of me*n*, whiche þat beste han seye
cankrys. A ⁵generatł rule in þe cure of cankre ys, þat a cankyre ^[⁵ fol. 65 a]
36 may noʒt be*n* helyde bot ʒif þat he be done awey wiþ alle hys
rotys. The secu*n*de rule ys, þat he schal noʒt be*n* touchyde w*ith*
hot yren ne wiþ hot medycyne caustyk—þat is to sigge, bre*n*nynge

    ⁴ MS. oþere.

Nota where he may al be doon awey / for þe more þat⁗ þou touchist⁗ him
wiþ a violent⁗ þing⁗ eiþer medicyn, þe more his malice is encreessid /

If possible, cut away and Take þanne good heede if he be in a fleischi place, where þat⁗ he
may be don al wey, & þanne kutte him al awey wiþ alle hise rotis / 4

[1 lf. 49] & þanne þriste out⁗ al þe malancolient⁗ ¹blood þat⁗ is wiþinne þe

burn the cancer, and apply a cleansing poultice. veynes þat⁗ ben aboute þe cankre. & aftirward brenne al aboute in
þe place þere as þe cankre was with hoot⁗ iren / aftirward leie on þis
confeccioun maad of⁗ flour of⁗ wheete & hony & ius of⁗ smalache,² til 8
þat⁗ he be perfiȝtliche clensid. After regendre fleisch & cicatrice.

Nota To þis rule / take hede as ofte as þou wilt⁗ wiþ sirurgie heelen a
the consel off ypocras: cancre: first⁗ euacue þe malancolient⁗ mater, for þat⁗ is ypocras
if the cancer cannot be removed, try no cure at all. techinge; & if⁗ þat⁗ he be growen in sich a place þere as he may not⁗ 12
be doon al awey, as in þe necke or in þe tetis, or in þe face, or in þe
arshole, or in þe mareis; & also for schortere conclusioun, & he be
entrid in ony place þere as ony senewis, arteries, veynes, ben—as

ypocras. ypocras seiþ—it⁗ is bettere nouȝt⁗ to cure þe cankre þan to cure. For 16
& he be curid, þat⁗ is to seie kutt⁗ or I-brent⁗, þei perischen þe
sunnere; & if⁗ þei ben not⁗ curid, þei lyuen þe lengere tyme—libro
vjᵒ. afforismorum: Cancri absconditi multum tempus perfuciunt⁗

---

² *smallage*, Halle Table, p. 12. "Smalache, Marche, or Marshe Persley."
See Prior, *Dict.*, p. 217.

Add. MS. 12,056. —but he be in place, þere he may al be don away; ffor þe more 20
þat þou touchiste hym with a vyolent thynge oþer medycine, þe
more hys malys is encressyde. Take þenne gode hede ȝif he be in
a fleschlye place, where þat he may be don al aweye, & þenne kutte
hym al aweye wiþ alle hys rotys, & þruste out þe malencolyent blod 24
þat ys withynne þe Veynes, þat beþ aboute þe cancre, & afterwarde
brenne alle aboute in þe place, þere as þe cankre was, wiþ hote
yren. Afterward leye on þis confectioun y-mad of floure of whete
hony, jus of smallache, tyl þat he be perfitly y-clansyde. After 28
regenere flesch & cycatrice. To þis rule take hede as ofte as þou
wylt wiþ surgerye helyn a cancre: furst evacue þe malencolyent
matere, ffor þat is ypocras techynge, & ȝif he be growen in swyche
a place, þere as he may noȝt be done alle aweye, as in þe nekke ore 32
in þe tetys, oþere in þe face, ore in þe ers hole, oþer in þe marys,
and also for the schortere conclusioun, & he be entrede in enye
place, þere as enye Veynes, synwes, & arteryes buþ, as ypocras
seith, yt ys betyre noȝt to cure þe cancre, þen to cure; ffor he be 36
curyde, þat is to sigge, y-kutte oþere y-brent, þey perysschen
sonnere; & ȝif þey be noȝt curyde þey lyuen longe tyme—libro
sexto afforismorum Cancri absconditi multum tempus per ficiunt

Regula, in margin.

curati vero *cicius* pereunt⸵ / But⸵ defende þe lyme þat⸵ is hool aboute
with defensif⸵ of⸵ bole þat⸵ I haue ofte tymes seid & waische þe Use a lotion
wou*n*de of⸵ þe cankre wiþ gotis whey, & drie it⸵ softly, [1]& anoynte ℞
4 þe wounde wiþinne & wiþoute with þis oynement⸵ of rasis &[2] tutie[3] / [[1] lf. 49, bk.]
take ceruse,[4] tutie I-waische & medle hem wiþ oile of⸵ rosis & wiþ and vnguentum
ius of⸵ purcelane[5] or of⸵ sum o*p*ere cold eerbe, putte y*n*ne sum of⸵ þe tute
toon, & now sum of⸵ þat⸵ o*p*er, til þe oynement⸵ be weel I-m*a*ad /
8 þis oynement⸵ is myche worþ for to defende þat⸵ þe malice of⸵ þe
cancre schal not⸵ wexen, & also þat⸵ þe pacient⸵ vse a good gouern-
aile : as dri*n*ke good wiyn & cleer & lithe, & he muste leeue reed the diet for þe canker :
wiyn & troublid & þicke wiyn, & he m*a*y ete good fleisch, as the patient shall only
12 motou*n*[6] of⸵ a we*p*er, kide fleisch sowkynge, capou*n*s, he*n*nes, take white wine and
chikenes, partrichis,[7] fesau*n*tis, & smale briddis, & he muste leeue : digestible food.
beeues fleisch[8] & gotis fleisch, hertis fleisch & haris fleisch, goos,
dokis, & alle greete briddis þat⸵ lyuen in wat*r*i placis, & al salt⸵
16 þing⸵ & acute þing⸵ : as garleek, oynonys & vynegre *et cetera* [þat]*

---

[2] *&*, erroneously for *of*.

[3] *tutie*, Matth. Sylvat. "Tuchia . . Lat. Cadimia & pomfolix." Arab.
tūtīā. Fr. tutie. See Wr. Wü., p. 559, 13. "Tucia, i. tutie" (xiiith cent.).
It is : Oxidum Zinci impurum.

[4] *ceruse*, white lead. See *N. E. Dict.* s. v. Ceruse.

[5] *purcelane*, Lat. portulaca. Halle Table, p. 90. "Another herbe there
is also called Portulaca marina, only of the likenes that the leaves therof
haue with porcelaine." See "Purslane," Prior, *Popular Names*, p. 193.

[6] *moton*, carnes ovine, Wr. Wü., 741, 39. xvth cent.

[7] *partrichis*, *Cathol. Ang.*, p. 270, a Partryke, perdrix. See further
Skeat, *Et. Dict.* [8] *bef*, added above line, in different hand.

---

curati vero cicius pereunt. ¶ But diffende þe lyme þat is hol Add. MS.
aboute with defensiff⸵ of bol, þat y haue ofte tymes seyde, & wassche 12,056.
þe wou*n*de of þe cancre with gotys whey3, & drye yt softlyche &
20 anoynt þe wou*n*de withinne & without, with þis oygnement of rasys
of tutye, ℞ ceruse, tuthye, y-wasschyn and medle hem wiþ oyle of
roses & wiþ jus of poslane, [9]o*p*ere of sum o*p*ere colde erbe, now [[9] fol. 65 b]
puttynge in sum of þe on & now sum of þe o*p*ere, tyl þe oygnement
24 be ful mad. þis oygnement ys myche worth forto diffende ; þat þe
malys of þe cancre þat is y-wou*n*dyde schal no3t waxen,. and also
þat þe pacient vse a gode gouernaylle : as drynkinge gode wyn &
clere & ly3t, & he mote leuen red wyn and troblyde & þykke wyn ;
28 & he may eten gode flesch, as motou*n* of a we*p*ire, kyde fflesch
sokkynge, Capou*n*s, hen*n*ys, Chykenys, partryches, ffesauntes, &
smale briddes, & he moste leuyn beffys flesch, gotys fflesch, hertys
flesch, harys fflesch, goses, dokys, & alle grete briddys. þat lyue*n*
32 in watrye places, & alle salt þynge & acute þynge : as garlyke,
Oynou*n*s, vynegre, &c., þat* þe syke me*n* mowe lyue*n* þe lengere vpo*n*

þe sike man may lyue þe lengere vpon erþe / Neþeles if' vlcus be ri3t'
foul & haue nou3t' so greet' malice as a cankre, of' þe which vlcus I
haue told tofore may be curid wiþ poudre of' affadillis, and aftirward

weel be clensid ; & for þat' þis vlcus ¹þat' was so foul may be heelid / 4

Rogeryn and Rowlond & manye oþere settide in her bokis þe cure
of' a cankre, þou3 þat' he be in a senewey place, & þei seien þat' þei
han heelid him / But' vndirstonde weel for certeyn, þat' an olde
cankre mai not' be heelid bi noon oþer wey, but' bi þe same wey þat' 8
I haue seid in þe bigynnynge of' þis chapitle / & if' þat' þou dredist'
wheþer þat' it' be a symple vlcus or a cankre & a foul, for þe signes

& þe tokenes tofore seid beþ doutis, bigynne to mortifie it' wiþ sum
maner of' poudre : as wiþ poudre of' affadillis, & bi my witt' poudre 12
of' erbe robert'² / & loke aftirward þe prosis of' þi worchinge seiþ

þis boke³ / For if' þat' he be a uerry cankre, þou schalt' se þe more
þou woldist' clense him, þe more his malice schal wexen / & if' he
be not' a cankre, he schal be clensid ri3t' as an vlcus / Whanne þat' 16
þou seest' þe wexynge of' a cankre & his malice agmenten, ceesse
from þe verry cure & turne a3en to þe forseid cure of' þe oynement'
of' tutie, þe which þat' paliþ þe cankre. For & þou bisie þee to

---

² *erbe robert*, insertion of the scribe. Geranium Robertianum. See
Prior, p. 113. Cronenburg. De Compositione Medicamentorum, a. 1555,
fol. 106, A. Ruprechtskraut : Roberti herba (Geranii species).
³ *seiþ þis book*, erroneously inserted.

---

erthe. Naþeles 3if vlcus be ry3t foul & hath nou3t so gret malys as 20
a cancre, off' þe whyche Vlcus y haue tolde tofore, may ben y-curyde
wiþ poudre of affedylle, and afterwarde wel be clansyde, & for þat
þis Vlcus þat was so foul may be helyde. Rogeryne & Rouland
& manye oþere settyde in here bokys þe cure of þe cancre, þow3 24
þat he be in a synwy place, & þey siggen þat þey haue helyde hym.
But vndirstande wel for certeyne, þat an olde cancre may no3t ben
helyde by none oþere wey, bote by þe same wey, whiche þat y haue
seyde in þe bygynnynge of þys chapyteħ. & 3if þat þou dredyst, 28
wheþere þat yt be a cancre oþere a symple Vlcus & a foul, for þe
signes & þe toknys tofore seyde beþ doutes, begynne to mortefye
yt wiþ sum maner poudre as wiþ poudre of affodylles, & loke after-
warde þe processe of þy worchynge ; ffor 3if þat he be a verrey 32
cancre þou schalt se, þe more þou woldyste clansen hym þe more
hys malys schal waxen, and 3if he be no3t a cancre, he schal be

clansyde ry3t as an Vlcus. Whanne þat þou seste þe waxyng ⁴of
þe cancre & hys malys augmenten, sese fro þe verreye cure & turne 36
ageyne to þe forseyde cure of þe oygnement of tuetye, whiche þat
palyth þe cancre. ffor & þou bysy þe to cure þe cancre, & þou pro-

cure þe cankre, & þou procede in þi cure, þou schortisþ þe pacientis
lijfᵗ / & ifᵗ þou palist, þou lenkþistᵗ his lijfᵗ /

The .xiiij chapitle of þe þridde techinge of þe firste   [lf. 50, bk.]
4   tretis is for to remeue causis þatᵗ letten þe cure   ¶ Capm
   of olde wou*n*dis /   xiiijm.

   I tolde þee aboue in þe general chapitle ofᵗ olde wou*n*dis cause
whiche þatᵗ letten olde wou*n*dis to be heelid / & also I tolde þe
8 techinge plenerliche þatᵗ be*n* nessessarie to remeue ech sengle cause
þatᵗ is nessessarie, how þatᵗ alle maner causis þatᵗ letten mai be don
awey bi a good surgien & a wijs ; so þatᵗ þou ioynestᵗ þis chapitle
wiþ þe oþere chapitle tofore seid, þou schaltᵗ han a pleyner techinge.
12 Ifᵗ þatᵗ þe bodi be ful ofᵗ olde humouris eiþer in þe idropisie, loke   If a patient is
þatᵗ he may be heelid ofᵗ þilke disposiciou*n*, & þanne heele him ifᵗ þatᵗ   hydroptic or cachectic,
þou canstᵗ / &[1] ifᵗ þatᵗ he be notᵗ ful ofᵗ olde humouris whiche þatᵗ   his condition must first be
neden no curynge ofᵗ olde disposiciou*n*.   Ne traueile notᵗ in deueyn[2]   improved,
16 þe sike man neiþir wiþ medicyns corosiuis, ne wiþ kuttynge, ne *with*
puttynge into þe wou*n*dis greete tentis ; butᵗ do aboue þe vlcus liȝtᵗ

---

    [1] The translator, perhaps intentionally, altered his original : si non (scis),
pete physicum qui curationem illius dispositionis faciat.
    [2] *in deueyn* = in veyn.

---

cede in thy cure, þou schortest þe pacientes lyffᵗ.   And ȝif þou   Add. MS.
palest þou lengthiste hys lyffᵗ.   12,056.

20 ¶ Cap. xiiij of þe þridde techynge of þe furste tretys,
   is forto remefe causes þat latten þe cure of olde
   woundys.

   ¶ I tolde þe aboue in þe general Chapytle of olde Wou*n*des, causes
24 whiche þat latteþ olde wou*n*dys to by helyde.   And also y telde þe
techynges plenerlyche þat beþ necessarye to remywe eche sengle
cause, þat is necessarye to be done awey.   And now y schal in þis
specyal chapytle teche, how þat alle mane*re* cause þat lettyth may
28 be done awey by a gode surgyne & a wyse, so þat ȝif þou joynest
þis chapitele *with* þe oþere chapyteℓℓ to fore seyde, þou schalt han a
plenere techynge.   Ȝif þat þe body be ful of elde humores, oþere in
þe dropsye ; loke ȝif þat he may be helyde of þilke disposiciou*n*, &
32 þenne hele hy*m* ȝif þat þou canst, and ȝif þat he be noȝt ful of elde
humorys ; whiche þat nedyth to curynge of olde disposiciou*n*.   Ne
traueyle noȝt in deveyne þe syke man, nowþe*re with* medycines
corosifes, ne *with* kuttynges, ne *with* puttynges into þe wou*n*de grete
36 tentys ; but do aboffe þe Vlc*us* lyȝte mu*n*dyficatyfes & swote

and in the mean time only mild mundificatifs applied.

[¹ lf. 51 a]

The same must be done if the liver or the spleen is bad.

If the patient has too much blood,

use phlebotomy.

mundificatiuis & swete smellynge, þat' kepiþ þe membre liȝtliche clene þat' it' stynke not' / & whanne þat' he is keuerid from an yuel disposicioun, thanne turne aȝen to þe principal cure / & þis same þing' ¹I saye of' yuel disposicioun of' þe lyuere of' what' maner cause 4 þat' he be enfeblid; þe same I saye of þe splene / But' if' þese tweyne ben in her kyndely disposicioun, olde woundis moun not' be heelid. If'² þat' greet' multitude of' blood lettiþ, þat' may be knowen bi ful replecioun of' þe veines of' al þe bodi, bi reednesse & exten- 8 cioun of' þe face, bi swetnes of' þe mouþ, bi flating'³ / Whanne þat' a man is fastynge, bi heuynes of' þe browis, & bi ȝong' age, & his complexioun is hoot' & moist', & þat' he haþ vsid in his dietynge wiyn and fleisch; & make him þanne be lete blood of' þe veyne þe 12 which þat' bryngiþ norischinge to þe lyme, & aftirward of' þe veyne þat' mai best' voiden þe membre þat' is hurt' / & if' þat' þe blood trespace oonly in qualite, amende him as if' þat' he be to hoot', voide him a litil & diete him with colde metis & stiptik. & aftirward 16 procede forþ in alle maner oþir causis as it' is told in þe general chapitle, takynge hede þat' þer ben summe maner medicyns whiche þat' ben driynge & clensynge, & han a priuy⁴ propirte to consowde

---

² *if* above line.
³ *flating*, Add. MS. *wlattynge.* See Wright Wü. O.E. *wlatung.*
⁴ *privy.* See *Cathol. Angl.*, pryvay, occultus.
ᵃ Heading to this page: *Causes þat lettes þe cure off old woundes.*

Add. MS. 12,056.

[⁵ fol. 66 b]

smellynge þat kepyth the membre lyȝtlyche clene, þat he stynke 20 noȝt. And whanne þat he is curyde from an yuele disposicioun, turne aȝeyne to þe princypal cure; & þis same þynge y sugge of yuele disposicioun of þe lyfere, of what manere cause þat þe enfeblyde; þe same y sigge of the spleen, ffor but ȝif þese tweyne 24 ben in here kendlye dysposicioun, olde woundes mowe noȝt ben helyde. Ȝif þat grete multitude off' blode lette þe, þat may be knowe by ful replecioun of þe veynes of alle þe body, by rednesse & extension of þe face, be swetnesse of þe mouth, be wlattynge, 28 whenne þat a man ys fastynge, by ⁵heuynesse of þe browys, & by ȝonge age, & þat hys complexoun ys hot & moyst, and þat he hath y-vsyde in hys dyotynge wyn & fflesch, and þenue make hym be lete blode on þe veyne, whiche þat bryngeth norysschynge to þe 32 lyme, & afterwarde of the Veyne þat may beste voyden þe membre þat ys y-hurt. And ȝif þat þe blode trepasse onlye in qualyte, amende hym as ȝif þat he be to hot, voyde hym a lytel & dyote hym wiþ colde metys & styptyke. And afterwarde procede forth in 36 alle opere manere cases as it ys tolde in þe generall chapytell, takynge hede þat þere ben sum manere medycines, whiche þat beþ dryȝinge & clansynge, & haue a prefe proprete to consoude olde woundys,

olde wou*n*dis whiche þat' ben difficult' to be consówdid; of' þe
whiche medicyns su*m*me be*n* symple & su*m*me [1]be*n* compou*u*ned / [1 ll. 51, bk.]
Symple ben: limature of' iren, flour of' bras brent', vitriol leed ^{Simple con-solidatifs.}
4 brent', & alle scharpe corosiuis if' þat' þei ben brent'; for þat' þei
ha*n* v*er*tu more to consowden, & also her corrisou*n* is lessid / þis is
a medicyn compou*u*ned : take floris[2] eris, limature of' bras an*a*. ℥ j. ^{a compound consoledatiff}
litarge of' gold, litarge of' siluir, ℨ .viij. gu*m*me of' cipresse, ℨ .iiij.
8 sal gemme,[3] ℨ .ij. aristologia I-brent' smal to poudre of' franken-
cense, an*a*. ℨ .v. wex & oile of' mirtill þat' suffisiþ //   //

T he .xv. chapitle of þe þridde techi*n*ge of þe firste ^{¶ Cap^{m.} xv^m.}
   tretis is of a crampe þat comeþ to a wounde /

12   Nessessarie þing' is to a surgian to knowe þe causis of' a crampe,
þe which þat' comeþ to a wou*n*de þat' schulde be heelid, & also þat'
he knowe þe disposiciou*n* of' him þat' haþ þe crampe, & also what'
þing' þat' þe crampe is, þat' he mowe resonabliche hele þe crampe /
16 þe crampe is a sijknes cordo*us* eiþer neruous, i*n* þe which sijknes ^{Cramp is a contraction}
cordis & þe senewis weren drawen to her bigy*n*nynge ; of' þe whiche ^{of the tendons or nerves}
drawynge þat' be*n* .ij. causis coniu*n*ct' : þe toon is replecciou*n* of' þe ^{arising from}

   [2] Lat. flor. æris.
   [3] *sal gemme.* A Salt so named, from its Transparent and Crystalline
Brightness.—Kersey.

---

whiche þat beþ deffykel to be *con*soudyde, of þe whyche medycines ^{Add. MS.}
20 some betħ symple & some beþ *com*poned. Symple beþ : lymature ^{12,056.}
of bras, lymatur*e* of Iren, ffloure of bras brent ; vytreol rede y-brent,
and alle scharpe corosifes, ȝif þat þey be*n* y-brent. ffor þat þey han
þe more vertue to *con*souden, and al so here corosion ys y-lassyde.
24 þis ys a medycine *com*ponyde : R. ffloris eris, lymature of bras añ*a*
.ℨ. j., litarge of gold, litarge of syluere an*a*. ℥ viij., gu*m*me of cypresse
.ℨ. iiij, sal gem*m*e .ℨ. ij, Aristologie I-brende, sinal poudre of ffrank
Ensence an*a*. ℨ. v., wax & oyle of myrtyne þat suffyseþ.

28 ¶ Cap. XV. off the þridde techynge of þe ffirste tretys
   is off a Crawmpe, that comyth to a Wounde.

   Necessarye thynge ys a surgyne, to knowe þe causys of þe
crampe whiche þat comyth to a wou*n*de þat scholde ben y-helyde,
32 and also þat he knowe þe dysposiciou*n* of hy*m* þat haþ þe crampe.
And also what þynge þe crampe ys, þ*a*t he mowe resonablyche hele
þe crampe. The crampe ys a seknesse cordouse, oþ*er*e ellys nervose,
in the whiche syknesse þe cordes & þe synwes were drawyne to
36 here bygy*n*nynge ; of þe whiche drawynge þere beþ tweye causes

repletion or
inanition.

[² lf. 52]

senewe, þe oþere ofᵗ þe corde, þe oþer is inanisioun.[1] He þatᵗ is
ofᵗ in-anisioun, [2]ofte tymes he haþ a cause goynge tofore as to myche
euacuacioun ofᵗ blood eiþer ofᵗ sum oþer þingᵗ, as to longe affliccioun
for longᵗ akþe, or ellis for þe appetite ofᵗ þe sike man haþ ben longe 4
tyme enfeblid ; & þis comeþ litil & litil, & þe crampe þatᵗ comeþ ofᵗ

Repletion oc-
curs after
.1.
great pain,
.2.
cold,
.3.
putrefaction.

boþe þese causis may notᵗ be heelid. & he þatᵗ comeþ ofᵗ replecioun
haþ oon ofᵗ þe .iij. causis goynge tofore / þe firste cause is to greetᵗ
akþe / þe .ij. cause is cold / & þe .iij. cause is putrifaccioun eiþer 8
rotynge / & þouȝ þatᵗ oon sengle cause sumtyme suffice to make a
crampe, ofte tymes alle þese causis happen to come togiders / And
þis crampe may be heelid or þatᵗ he be confermed, & aftir þatᵗ he is
confermed seelden or neuere / A surgian muste þanne be bisy in al 12

Cramp must
be prevented
in three
ways :
.1.

.2.

.3.

þatᵗ he myȝte, þatᵗ a crampe ne wexe notᵗ in þe wounde þatᵗ schulde
be heelid, wiþ obuiacioun[3] defendinge þe lyme, þatᵗ noon ofᵗ þe .iij.
causis tofore seid ne come nouȝtᵗ into þe wounde : þe oon is in
defendynge þe lyme from putrifaccioun / þe toþere is for kepinge þe 16
lyme fro rotynge / þe þridde is to gouerne him from a greetᵗ akynge /

[⁴ lf. 52, bk.]

as it is diffi-
cult to heal.

for itᵗ is more sikir to defende þatᵗ a crampe [4]ne come notᵗ, þanne
aftir þatᵗ he is come with medicyns þatᵗ is douteful or dredeful to

---

[1] *inanisioun*, Lat. inanitio. Vigo. Interpretation. "*Inanition*, emptyng."
[3] *obuiacioun*, Lat. cum obuiatione defensiuorum.

Add. MS.
12,056.

[⁶ fol. 67 a]

conjuncte : þe on ys repletion of þe synwe, oþere of þe corde, þe oþere 20
is Inanysion. He þat ys in[5] avision ofte tymes haþ a cause goynge
to fore, [6]as to myche evacuacioun of blod, oþere of sum othire
thynge ; as to longe afflictioun for longe akþe, oþere ellys, for þe
Apetite of the syke man hath be longe tyme enffeblyde ; & þis 24
comyth lytel & lyteH, and þe crampe þat comyth of boþe þese
causys may noȝt ben helyde. And he þat comyth of repletion hath
on of þre causys goynge tofore : þe firste cause ys to grete akþe, þe
secunde cause ys colde, þe þridde ys putrefaccioun oþer rotynge ; 28
and þowȝ þat one sengle cause sumtyme suffiseth to maken a crampe,
ofte tymes alle þese causes happe to come togedres. And þis crampe
may ben y-helyde ere þat he be comfermyde, & after þat he ys con-
fermyde selden oþere neffere. A surgyne moste þenne be busye ; 32
in alle þat he myȝte, þat a crampe no wexe noȝt in þe wounde þat
scholde be helyde, wiþ obuiacion dyffendynge þat none of þe þre
causes tofore seyde ne come noȝte to þe wounde ; þe one ys in def-
fendynge þe lyme from putrefaccioun, þe oþere is in kepynge þe lyme 36
from rotenesse, þe þridde is to gouerne hym from gret akynge ; ffor
it is more sykere to dyffende, þat a crampe ne come noȝt, þenne
aftere þat he ys come with medycine þat is doutes oþere dredful to

[5] Scribal mistake.

do awey / For if⸍ a feuere come to an heed or to a senewe þat⸍
is woundid, & if⸍ þe crampe folowe, euermore it⸍ is deedliche.

    Take hede þanne to aswage þe akþe wiþ anoyntynge of⸍ oile of⸍ ^{Treatment of cramp.}
4 rosis, *in* doynge as I haue seid afore *in* þe chapitle of⸍ senewis þat⸍ ^{Allay the suffering with}
ben woundid ; for ofte tymes þe crampe comeþ fro woundis þat⸍ ^{an ointment,}
ben m*aad in* þe heed or ellis in þe senewe / & if⸍ þat⸍ akþe were so
greet⸍, þat⸍ makiþ þe crampe for þe pr*i*ckynge of⸍ a senewe or ellis of⸍
8 a corde / & if⸍ þat⸍ þou my3tist⸍ nou3t⸍ defende þe crampe neiþir wiþ
blood letynge, neiþer wiþ ventusynge, ne wiþ clisterie, ne wiþ sup-
positorie, ne wiþ defensif⸍ *in* anoyntynge þe necke, ne þe grynde,
ne þe arm hoolis, þanne it⸍ is nessessarie þat⸍ þou kutte al atwo þilke ^{If necessary, cut the injured nerve or tendon.}
12 senewe or þilke corde þat⸍ is pr*i*ckid, þou3 þat⸍ þe felynge or þe
meuynge of⸍ þe lyme to whom þilke senewe or þilke corde serueþ *in*
parti or *in* al be lost⸍ / For it⸍ is bettere þat⸍ a man lese þe felynge &
þe meuy*n*ge of⸍ a lyme, þan for to deie. But⸍ it⸍ is bettere, if⸍ þat⸍
16 þou cowdist⸍, to kepe a man þer-fro w*ith* oþere ¹medicyns þan þat⸍ þe ^[¹ lf. 53]
senewe or þe corde be kutt⸍ al atwo. & if ² þat⸍ þou were not⸍ at⸍
þe bigy*n*nynge, & þou fyndist⸍ a man hauynge þe crampe for a
wounde, do þou as I dide at⸍ melain. þer was a scoler of⸍ myn þat⸍
20 was a surgia*n* þat⸍ was clepid Olyuer, which þat⸍ curide a scheþere ^{Nota.}

                 ² *if*, above line.

---

don aweye, Ffor 3if þat a ffeuyre come to an hed oþere to a synwe ^{Add. MS.}
þat ys y-wou*n*dyde, & þe crampe folwe euyre more, yt ys dedlyche. ^{12,056.}
Take hede þenne to aswage þe akþe w*ith* anoy*n*gtynge of oyle of
24 rosys, and in doynge as y haue seyde tofore in þe chapitle of synwes
þat beþ y-wou*n*dyde ; ffor ofte tymes þe crampe comyth for woundys,
þat beþ made in þe hed oþere ellis ³ in þe synwe : And 3if þat akþe
were so grete, þat makyth a crampe for þe pr*i*ckynge off⸍ a synwe oþer
28 ellys of a corde, and 3if þou my3test no3t deffende þe crampe, newhere
wiþ blode letynge, ne w*iþ* ventosynge, ne wiþ clysterye, ne wiþ sup-
positorye, ne w*ith* defensif⸍ in anoyntynge þe nekke, ne þe grynde, ne þe
arme holys, þenne yt is necessarie þat þou kytte alle atwo þilke synwe
32 oþere corde þat is y-pr*i*kyde, þow3 þat þe ffelynge oþere þe meffynge
of þe lyme, to whom þilke synwe oþere corde servyde, in party oþer
in al be loste. Ffor yt is bettyre ⁴þat a man lese þe felynge & þe ^[⁴ fol. 67 b]
meffynge of a lyme þenne þaw3 þat he dey3e. But yt is bettyre 3if
36 þat þou couþest kepen a ma*n* with oþere manere medycines, þenne
þat þe synwe oþere corde be y-kutte al atwo. And 3if þat þou were
no3t at þe bygy*n*ninge, and þou fyndest a man hauynge a crampe
for a wou*n*de, do þou as y dyde at Melan. þere was a Scolere of
40 myne þat was a Surgyne þat was y-clepyde Olyfere, whyche þat

                 ³ *ellis*, above line.

Case of a shepherd who had hurt his head.

of¹ a wounde þat¹ he hadde in þe heed; & bi þilke wounde þe pannicle ouþir þe skyn þat¹ keueriþ þe brayn panne þat¹ is vnder þe fleisch was hurt¹, & neuer-þe-lattere þe brayn panne was not¹ hurt¹. &

The wound was closed too soon, and cramp ensued.

þilke leche, or þanne he hadde perfiȝtlich purified þilke pannicle, 4 sowdide þe wounde wiþoutforþ¹; & whanne þilke wounde was sowdid, þe pannicle þat¹ was not¹ weel heelid hadde a dedein² & was cause of¹ gendrynge of¹ a crampe in þilke wounde. & at¹ þe

Lanfranc found the patient dying.

laste I was clepid to þe sike man, & I foond him hauynge þe 8 crampe, & wiþ þe crampe he hadde manye smale enpostymes aboute his face—& þat¹ is an yuele tokene in þe woundis of¹ þe heed—& þanne I demede him for deed / Neþeles at¹ þe instaunce of¹ hise

[* lf. 53, bk.]

freendis I wolde asaie þe worchinge of¹ kynde vpon resoun; I made 12

He reopened the wound,

his heed to be schaue,³ & I kutte aȝen þe wounde þat¹ was ⁴con-sowdid wiþ a rasour to þe deppe of⁴ þe same wounde, & aftirward I

anointed

fulfillide þe wounde with hoot¹ oile of¹ rosis, & I anoyntide al þe heed with þe same oile of¹ rosis & a litil vynegre medlid togidere, & 16 I anoyntide þe nolle & þe necke oonly wiþ oile of¹ rosis, & I dide on þe wounde þe ȝelke of¹ an ey wiþ oile of¹ rosis, and I boond al

---

¹ *wiþoutforþ*, extrinsecus, from without.

² *dedein*, Lat. panniculus *indignatus* causa fuit spasmi. The translator misunderstood *indignatus*, and gives us an "indignant pannicle." *indignatus*, Med. Lat. damaged, hurt. See Tommas. s. v. indegnare 3.—Compare þe *ludych lorde—hade dedayn of þat dede.*—Allit. Poems, B. 74.

³ *I made his hed to be schaue*, abradi caput feci.

Add. MS. 12,056.

curyde a schepere of a wounde þat he hadde in the hed; & by þilke wounde þe pannycle oþere þe skyn þat keuerytħ þe breyne panne, 20 þat is vndire þe fflesch, was y-hurt, & nere þe latere þe breyn panne was noȝt y-hurt. & þilke leche, ere þanne he hadde perfytlyche y-puryfiede þylke pannycle, soudyde þe wounde withouten forth; & whanne þat þilke wounde was y-sowdyde, þe pannycle þat was noȝt 24 wel helyde hadde a dedeyne, & was cause of engendrynge of a crampe in þilke wounde. And at þe laste y was clepyde to þilke syke man, & y fonde hym habbynge þe crampe, & with þe crampe he hadde manye smale enpostemes aboute hys face, & þat ys an 28 yuele tokne in þe woundys of þe hed, and þenne y demyde hym for ded. Naþeles at þe instaunce of hys frendys y þat wolde assaye þe worchynge of kynde vpon resoun, I made hys hed ben y-schaue, and y kutte aȝeyne þe wounde, þat was consoudid, with a rasoure to þe 32 deppe of þe same wounde, & afterewarde y fulfylde þilke wounde with hote oyle of rosys, & y anoyntede alle þe hed with þe same oyle of roses & a lyteħ vynegre y-medlyde togedre, & y anoyntede þe nolle & þe nekke onlye wiþ oyle of rosys, and y dyde on þe wounde 36 þe ȝolke of an eye with oyle of rosys, and y bonde alle þe hed wiþ a

þe heed wiþ a boond leiynge þer vndir herdis[1] or towȝ smal I tosid, *and bandaged the head,*

and I openede his mouþ & putte into his mouþ þe broþ maad of' a

chiken, wiþ comyn & also wiþ cleer wiyn medlid wiþ myche water; on *gave strengthening nourishment,*

4 þe morowe I turnede aȝen & I foond þe sike of' bettere disposicioun,

& I openede bettere his mouþ, & he spak bettere; neþeles I foond

þe wounde drie, & þanne I dide ofte tymes þe same medicyn & þe

same oynture. In þe þridde dai þe skyn of' þe heed was maad

8 moist', þe which was bifore as drie as þe skyn hadde be rostid at þe

fier, & in so miche[2] þe skyn was maad þinne, þat' þer was no þing'

bitwene þe skyn & þe brayn panne. & at' þe laste þe wounde quyt-   *[³ lf. 54]ǁ*

turide wiþ contynuaunce of' þe same cure toforo seid, & in þis [3] maner

12 þe ȝonge man was heelid boþe of' þe crampe & also of' þe wounde /   *and so cured the patient.*

But' þilke crampe was wiþoute feuere; for I may not' þenke þat' I

haue seen a feuere in þe woundes of' þe heed, or ellis of' þe senewis   *If fever occurs death ensues.*

prickid a crampe, þat' nouȝt' aȝenstondynge remedie eiþer medicyns

16 þe pacient' þat' hadde þe crampe diede / My beste counseil is to lete   *Bleed the patient,*

him blood in þe bigynnynge þat' haþ þe crampe, namely, & he be

strong' & replete, & if' þat' he haue not' bled ynouȝ at' his woundis;

& anoynte his nolle & his necke wiþ hoote oynementis as wiþ oile   *use ointments,*

---

¹ *herdis.* See Wright Wü. 614. 2. "Stupa, herdes."   ² *þat,* inserted.

---

20 bonde leggynge þere undyre hurdys oþere towȝ smal tosyde, and   *Add. MS. 12,056.*

y opnyde hys mouth & put into hys mouth þe broth of a chyken

y-made with comyn, and also clere wyn y-medlyde with myche

watyre. On þe morwe y turnyde aȝeyne & y fonde þe syke of

24 bettyre dysposicioun, & he opnyde bettyre hys mouth, & he spak

bettyre; & naþeles ⁴y fonde þe wounde drye, & þenne y dede efte   *[⁴ fol. 68 a]*

sonys þe same medycine & þe same vncture. In þe þridde day þe

skyn of þe hed was y-mad moyst, whyche þat was to forne as drye

28 as a skyn hadde be rostyde to þe fyre, and in so myche þe skyn was

y-made þunne, þat þere was noþynge betwene þe skyn & þe breyne

panne. & at þe laste þe wounde quyteryde wiþ contynewaunce of þe

same cure tofore seyde, & in þis manere þe ȝonge man was helyde

32 boþe of þe crampe & eke of þe wounde. But þilke crampe was with-

outen ffeuyre; ffor y ne may noȝt þynke þat y haue seyn[5] a ffevyre

in þe woundes of synwes, oþere ellys of þe hed precede a crampe, þat

noȝt aȝeyne stondynge remedye / oþere medycynes þe pacient þat

36 hadde þe crampe ne deyede. My beste conseyle is to letyn hym blod

in the bygynninge þat haþ þe crampe, namly, & he be stronge &

replete, and ȝif þat he haue nouȝt bled ynowȝ at hys wounde; and

anoynte hys nolle & hys nekke wiþ hote oynementys, as with oyle of

---

⁵ *a wounde* struck through after *seyn.*

Nota. of⸱ nardine, euforbine, oile of⸱ rue,[1] lilijs *et cetera* / & also to make

small cauteries, smale cauteries pu*n*ctale, þat⸱ is to seie as smal as þe eende of⸱ a
pricke, bitwene ech whirlebo*n* of⸱ þe necke, so neuere-þe-lattere þat⸱

bandages. þe cauterie go not⸱ ouer depe / Aftirward bynde lo*n*g⸱ wolle to his 4
heed bihynde & to his necke & to hise schuldris, & do þero*n* hoot⸱
oile, & leie hi*m* in a soft⸱ bed & lete hi*m* be in reste & in pees /
But⸱ þer be*n* su*m*me þat⸱ setten in her bookis medicyns þat⸱ pro-

ypocras. uoke*n* þe feueris; for þat⸱ ypocras techiþ in .iiij*to* afforismoris : **a** 8
[³ lf. 54, bk.] **spasmo**[2] **vel te³tano habito febre**[4] **supe*r*ueniente soluit⸱ egritudi-**
says that fever takes away the cramp or tetanus: **ne**m / þat⸱ is to seie : if⸱ þat⸱ a man haue a crampe or ellis a tetane
þat⸱ is a sijknes þat⸱ halt⸱ þe membre lich streit⸱ on boþe sidis as a
crampe halt⸱ þe oon side of⸱ þe membre & þe feuere come on þilke 12
crampe eiþir þilke tetane, he distrieþ þe crampe eiþir þe sijknes ; &
also þei anoynte wiþ to hoot⸱ an oynement⸱ to p*r*ouoke þe feueres, þe

he is wrong, if the cramp comes from a wound. which þing⸱ I ne ap*r*eue not i*n* þe crampe of⸱ a wounde þou3 þat⸱
þilke oynement⸱ my3te be p*r*ofitable in a crampe wiþoute wou*n*de, & 16
where þat⸱ humouris abou*n*de, namely, if⸱ it⸱ be fleume.

Signs (symptoms) of cramp. General signs. Su*m*me be*n* general tokenes & su*m*me be*n* special of⸱ schewynge
of⸱ þe crampe / General tokenes be*n* þese : to greet⸱ akþe, crokidnes[5]

---

[1] *rue*, ruta. Turner, *Herbal*, ii. 122 b. Ruta is named in Greke Pega-
mon, in English Rue or herbe grace, in French rue de gardin, in Dutch
Weinraut.   [2] Cramp and Tetanus. See *Notes.*
[4] *febre superveniente*, error for *febris superveniens.*
[5] *crokidness*, Lat. obliquitas.

Add. MS. nardyne, enforbine, Oyle rewe, lylyes &c., and also to make smale 20
12,056. cauteryes pu*n*ctales, þat is to sigge as smale as þe ende of a prykke,
bytwene eu*er*y whirlebone of þe nekke, so neuer⸱ þe latere þat þe
cauterye go nou3t ouer⸱ depe.   Afterwarde bynde longe wolle to
hys hed be hynde, & to his nekke, & to his schuldres, & do þer⸱e 24
on hote oyle, & leye hy*m* in a softe bed, & lete hy*m* ben in reste &
in pees.   But þer⸱e be su*m*me þat setten in here bokys medycines,
þat provoce*n* þe ffeuerys ; ffor þat ypocras techyth in quarto afforis-
morum : **a spasmo vel detano habito febre supe*r*veniente soluit** 28
egritudinem þat ys to sigge ; 3if þat a man haff þe crampe, oþere
ellys a tetane, þat is a syknesse þat halt the me*m*bre y-lyche streyt
on boþe þe sydes, as a crampe halte þe on syde of þe me*m*bre, & þe
ffeu*er*e come on þilke crampe oþere þilke tetane, he distroyeth þe 32
crampe oþere þe seknesse, and also þey anoynte wit*h* to hote oyne-
ment to provoke þe ffeuerys, þe whyche þynge y ne apreff⸱ nou3t in
þe crampe of a wou*n*de, þow3 þat þilke oynement my3te be p*r*ofitable
[⁶ fol. 68 b] in a crampe wit*h*outen ⁶wounde, & where þat humores habou*n*de, 36
namlye, 3if yt be ffewme.   Somme ben gen*er*al toknys, & some be
speciaⱡ of schewynge of a crampe.   General toknys ben þese : to

of¹ iȝen, & crokidnes of¹ schewynge, & crokidnes of¹ eeris, of¹ þe nose þrillis, & of¹ þe lippis, & whanne þat¹ a man may not¹ speke, & þe cheke be constreyned & difficulte of¹ menynge, and namely, of¹

4 þe necke, & ofte constreynynge togidere, & a sodeyn schakynge togidere. Special signes maken oon of¹ þre maner of¹ crampis : þe toon is clepid amprostonos¹, þe toþer empistenos², þe .iij. tetanus / In þis maner of¹ crampe þat is clepid ampros³tonos, þe senewis tofore

8 ben drawe togidere / þe fore partie of¹ þe heed is crokid, þe sike man may not¹ heuen it¹ vp, he beriþ his chyn as it¹ lijþ on his brest¹, & his mouþ is streit¹ & he may not¹ opene it¹, & þe fyngris of¹ his hand ben folden into his fist¹ / & in empistonies þe necke is crokid,

12 his mouþ is open, hise chekis ben open, & þe fyngris of¹ his hand ben streyned bacward / & þe tetane halt¹ þe boþe parties of¹ þe body, so þat¹ he may not¹ turne his necke to no partie but¹ al þe bodi is stif¹ & streyned, as a staf¹ were putt¹ yn at¹ his necke & out¹

16 at¹ his ers / Alle þese tokenes or ellis summe of¹ hem schewiþ þe disposicioun of¹ him þat¹ haþ þe crampe / And whanne þat¹ þese tokenes fallen in þe wounde of¹ þe heed, or ellis of¹ a senewe þei techen bettere þe leche to fle from þe sike man þan on him to abide

20 & cure /

Special signs.
.1.
.2.
.3.
[³ if. 55]
amprostonos

Empistonos.

Tetanus.

---

¹ Latin, *Emprosthotonos.*　　²　Latin, *Opisthotonos.*

---

gret akþe, crokydnesse of eyȝen, & crokydnesse of erys of nose þreñ & of lyppes, & whenne þat a man may noȝt speke, & þe chekys ben constreynde, & dyficulte of swolwynge, & diffyculte of mevynge,

24 namlye of þe nekke, & ofte constreynynge togedre, & sodeyne schakynge togedire. Special signes maken one of þre manere of crampes : þe on ys y-clepyde **Emprostonos**, þe oþere **Empistonos**, þe þridde **tetanus**. In þese manere of crampe þat is clepyde Empros-

28 tonos þe synwes tofore be drawen togedire, þe fore party of þe hed ys crokyde, ne þe syke man ne may noȝt heffyn it vp, he berith hys chyn as yt leye on hys brest¹ ; hys mouþ is streyte, ne he ne may noȝt opyne yt, and þe ffyngres of hys hande ben foldyde into hys

32 fust¹. And in Empistonos þe nekke ys crokyde, his mouþ is opyne, his chekes beþ opyne, & þe fyngres of hys handys ben streynde bakwarde, and þe tetane halt boþe þe partye of þe body, so þat he may nouȝt turne hys nekke to non partie, but alle þe body is styffe

36 & streynde, as a staf¹ were put in at hys hed & out at his ers. Alle þese toknys oþere ellys sum of hem schewith þe disposicioun of hym þat haþ þe crampe. And whanne þat þese toknys fallyn in þe wounde of an hed oþere ellys of⁴ a synwe, þey teche bettire þe leche

40 to fle from þe syke man, þenne on hym to abyde & cure. The firste

Add. MS.
12,056.

⁴ *of,* above line.

¶ The firste tretis is eendid wiþ þe help of almyȝty god. Now with þe help of þe same, go to þe secunde /

¶ Capᵐ jᵐ **N**Ow bigynneþ þe secunde tretis of particuler 4 woundis of membris of office from þe heed to þe foot / and first bigynne at anotamie of þe heed /

[¹ lf. 55, bk.]² 　Al þing¹ brefly ordeyned aftir my symple will diuisynge, which þat¹ longiþ to þe firste tretis of¹ þis book which þat¹ holdiþ certeyn 8 rulis & techinge of¹ surgerie vndir general chapitlis as we han bihiȝt¹ / now we wolen bigynne to treten of¹ curis aftir þat¹ þe lymes ben in mannes bodi. & first¹ I wole bigynne at¹ þe heed & at¹ his anotamie, & so procede forþ to ech membre dyuysynge þe anotamie of¹ ech 12 membre, & in ordeynynge þe curis of¹ woundis þat¹ ben maad in ech **The head consists of three parts.** sengle membre. I seie þat¹ þe heed is maad of¹ þre parties : of¹ a fleischi partie, of¹ a bony partie, & a brawni partie. þe fleischi partie is aboue þe brayn panne, þe which þat¹ is maad of¹ an hery 16 skyn ; & þilke skyn is fulfillid wiþ braynes in euery partie /

² Heading to this page: *Anotemy off þe hed & woundes off the same.* / Compare Vicary's *Anatomie*, ch. iii. p. 24.

Add. MS. 12,056. tretys ys y-endyde wiþ helpe of almyȝtie god, now with þe helpe of³ þe same y go to þe secunde.

¶ Now begynneþ þe secunde tretys off particuler 20 woundes of membris of office from þe hede to þe ffot, and ffirste y begynne at the Anotamye off the hed.

　Al thynge breffliche y-ordeynde, aftere þe devysinge of my 24 [⁴ fol. 69 a] Symple wytt¹, whiche þat longith to þe firste tretys of this ⁴ boke whiche þat holdyth certeyne rulys & techynges off¹ surgerye vndire general chapitelis, as we han byheyȝt. Now we wylle begynne to tretyn of certeyne cures, aftere þat þe lymes ben in mannys body. 28 & firste y wyl begynne at þe hed & at hys anotamye, & so þe processe forþ to eueryche membre devysinge þe Anotamye of euery membre, & in ordeynynge þe cures of woundys þat beþ made in eche sengle membre, I sigge þat þe hed ys made of þre partyes : of a 32 ffleschy party, a bony partye, and a braynie partye. þe fflesch partye is aboue þe brayn panne, whiche þat is made of an herye skyn ; & þilke skyn ys fulfylde with brawnys in euery place. þe

³ MS. *of* twice.

þe heeris of þe heed weren for greet profite ordeyned þat neiþer The hair protects the brain,
cold ne hoot, ne schulde not sodeynli entre þe poris of the skyn,
& neuer-þe-lattere þat þe fumosite of þe heed myȝte go out bi þe and adorns the head.
4 poris þere as þe heer growiþ ; & þe heed myȝte be þe more semeloker,
& þat þe colouris of þe heeris of dyuers men myȝte schewen þe com-
plecciouns of þe heedis // [¹ lf. 56]

þe skyn þat is ¹aboue þe brayn panne is lacertose, & ful of þicke skyn.
8 fleisch, þat he myȝte wrie þe brayn panne, þat he schulde not fele is muscular,
sodeynliche to greet heete ne to greet cold. þe which skyn is maad is made of fibrous cords
of sutil þredis of senewis þat comen fro þe brayn, & of veynes & and veins,
of arteries sotilliche I-maad ; & so þe skyn of þe heed is sotilliche
12 ioyned wiþ þe skyn of al þe bodi / & also þe skyn of þe heed is more is thick and porous.
þickere þan þe brain sculle, þat it schulde ben more rare² & more
porose, þat is to seie, more ful of hoolis / þe lacertis of þe skyn pro-
ceden aftir þat þe goynge procediþ of þe heeris /

16 þe brayn panne is maad of manye boonys / þe firste summe,³ þe The skull consists of
whiche þat holdiþ þe prouitis þat longen to þe brayn panne, haþ .ij. many bones for different
helpingis ; oon helpinge is : þouȝ þat an hurtynge come to oon boon, reasons, as
neuere-þe-lattere he schulde not falle to alle þe boonys / þe secunde touching the skull itself.
20 help is, oon boon þat is to hard in oon partie ne schulde not be so

---

² *rare.* Lat. rarus.   ³ Lat. Prima nanque summa . . ´

---

herys off þe hed were for grete proffyte y-ordeynde, þat neiþere Add. MS.
colde ne hete ne scholde noȝt sodeynliche entre þe pores of þe skyn, 12,056.
& neuere þe lattere þat þe fumosyte of þe hed myȝte go out be þe
24 pores þere as þe here growyth, and þat þe hed myȝte be þe more
semlykere, and þat þe coloure of þe herys myȝte schewe þe com-
plexioun of þe hed. þe skyn þat is abouen þe breyne panne ys
lacertos & ful of þykke flesch, þat he myȝte wreyen þe breyn panne,
28 þat he scholde noȝt fele to sodeynlyche neiþere to grete hete ne to
cold. þe whiche skyn ys made of sotyll þredys of synwes þat
comeþ from þe brayn & of veynis & of arteryes sotylliche y-mad ;
and so þe skyn of þe hed ys sotylliche y-Ioyned with þe skyn off
32 alle þe bodye, and also þe skyn of þe hed ys more þykkere þenne þe
brayne scolle, þat it scholde be more rare & more porose þat is to
sigge more ful of holys. þe lacertes of þe skyn proceden after þat
þe goynge procedyth of þe herys, þe brayn panne ys mad of manye
36 bonys. þe fyrste summe, whiche þat wiþholdyth þe profites þat
longyth to þe brayn panne, haþ tweye helpynges ; on helpynge ys,
þowȝ þat an hurtynge come to on bon, neuere þe latere he scholde
noȝt fallen to alle þe bonys ; þe secunde helpe is þat on bon þat is
40 to harde in on partye, ne scholde noȝt be so ⁴hard in an oþere [⁴ fol. 69 b]

.2.
the organs
under the
skull.
[¹ lf. 56, bk.]
The sutures
of the skull
a.
form the
ways for the
veins,
.b.
let the nerves
go out
.c.
and the
fumosity,
.d.
support the
dura mater
and pia
mater.
The brain
pan is formed
of two tables,

hard in anoþir partie. / þe secunde summe, þe which þat' wiþhalt' þe
helpingis þat' ben vndir þe brayn panne, haþ wiþinne him. iiij.
helpingis ; þe whiche helpingis ben ful maad by þe ¹semis þat' ben
of' þe brayn panne ; ne þe helpingis myȝte not' be maad, but' if' þat' 4
þer were manye boonys / þe first' help is, þat' þe veynes myȝten go
doun bi þe semis of' þe brayn panne berynge² norischinge to þe
same brayn³ / þe secunde help is, þat' þe senewis þat' comen out' of'
þe brayn myȝte haue wey in goynge out' / þe þridde help is, þat' þe 8
fumes of' þe brayn myȝten haue wey of' smokyng' out' / þe fourþe is,
þat' neiþer dura mater, ne pia mater, þat' as þei ben hangid, ne myȝte
not' greue þe brayn.

So þat' þe brayn panne is maad of' ij. smeþe liȝt' tablis, þat' oon 12
is aboue, þe toþir is byneþe / & þei ben sumwhat' spongious in þe
myddis, & rare þat' þe smoke of' þe heete myȝte bettere passe out' &
þei ben smeþe þat' þei myȝten not' greue þe brayn / Dyuers men þat'
maken dyuers anotamie dyuyden þe brayn panne diuerslych / sum- 16
men noumbren mo boonys þan summe oþir speken of' / but' soþenes

has seven
bones.
I, Coronal.

is, þat' þer ben .vj. & oon which þat' susteyneþ þe sixte.   þe firste
boon is clepid, þe boon of' þe forheed or ellis coronale, & he bigynneþ
from þe browis & lastiþ to þe seem þat' departiþ þe heed quarter. 20

² MS. inserts *&*.   ³ *panne* after *brayn* cancelled.

Add. MS.
12,056.

partye. Secunde summe, whiche þat witⁿhalt helpynges, þat beþ
vnder þe brayn panne, haþ with hym iiij helpynges ; þe whiche
helpynges beþ ful mad be þe semys þat beþ of þe breyn panne. Ne
þo helpynges ne myȝte noȝt be mad, but ȝif þat þere were manye 24
bonys. þe firste helpe ys, þat þe veynes myȝte go doun by the
semys of⁴ þe brayn panne, berynge norosschynge to þe same brayn.

Secunde helpe ys þat þe synwes, þat comyth out of þe brayn,
myȝte habbe wey in goynge out. þe þridde helpe ys, þat þe fumes 28
of þe brayn myȝte habbe wey of' smokynge out. þe ffourþe ys, þat
neiþere dura mater ne pia mater, þere as þey ben y-hongyde, ne
myȝte noȝt greue þe brayn. Sytthe þat þe breyne panne ys made
of two smeþe lyȝte tablys, þat one ys aboue & þe oþere byneþe, & 32
þey be sumwhat spongyouse in þe myddel & rare, þat þe smokys of
þe hed myȝte þe bettyre passen out, & þey be smeþe þat þey myȝte
noȝt greue þe brayn. Dyuerse men þat makyth dyuerse Anotamye
devydeþ þe breyn panne dyuerslyche. Somme nowmbryth mo 36
bonys, þenne summe oþere spekyn of ; but soþenesse ys that þere
ben sixe ; & one whyche þat susteyneþ þo sixe. þe ffyrste bon ys
clepyde þe bon of þe⁵ fforhed oþere ellys coronale, & he bygynneþ
from þe browys, & lastyth vnto þe seme þat departyth þe hed 40

⁴ *of* above line.   ⁵ *þe* above line.

[¹ lf. 57]

¹& þilke is clepid coronale / þis boon haþ *in* sum maner of⁴ men a
smal seem in foldynge of⁴ þe forheed, & þerfore su*m* me*n* seyn
þat⁴ þer ben .ij. boonis. ij oþir boonys ben ioyned w*ith* þilke boon
coronable *in* þe myddis of⁴ þe heed ouerþwert⁴ ouer ; þat⁴² þei be*n*
4 bou*n*de togidere bi oon ioynture, þe which þat⁴ strecchiþ from bifore
to bihy*n*de to þe lenkþe of⁴ þe heed, þe which is clepid sagittales,
by as myche as he is schape lijk an arowe / & þese .ij. boonys ben
clepid nerualia bi-cause þat⁴ þe figure of⁴ þe seem þat⁴ is w*ith* þe
8 coronable is þe figure of⁴ a senewe eiþer of⁴ a corde / þese boonys ben
in þe hiȝeste coppe of⁴ þe heed & byhynde in þe nolle þer is a boon
þe which is clepid alauda.³ & it⁴ is maad *in* þe symilitude of þis : Λ :
which þat⁴ is ioyned wiþ þe boones nerualib*us* tofore seid bi þe mene
12 of⁴ oon þa*n* I-made to þe lijknes of⁴ þe boon tofore seid. & þese þre
semes whiche þat⁴ ioynen togidere þe .iiij. boonys tofore seid, ben
ma*a*d as it⁴ were two sawis, þe whiche teeþ ben ioyned, ech of⁴ he*m*
in oþir in þis man*er* ΛΛΛΛ / & þis ioyny*n*ge togidere of⁴ oon
16 boon wiþ anoþir was maad bi-cause of⁴ i*n*vamentis þat⁴ I haue told
to⁵forn ; þer is no boon ioyned w*ith* anoþer as þese boonys be*n*.

The sagittal suture unites the nerval bones (side bones), II, III.

IV. Occipital bone with the lambdoidal suture.

figure in augrim⁴

[⁵ lf. 57, bk.]

² þat insertion.
³ Latin : "Quartum os est ex parte posteriori in puppi ; et conjungitur
cum prædictis nervalibus mediante una commissura ad modum literæ laudæ
grecæ." The word *lauda* is a corruption of *lambda*.
⁴ *augrim.* See *N. E. Dict.*, s.v. algorism.

---

twarte offer*e*. And þylke bon is y-clepyde **coronale:** þis bon hatħ
in some man*ere* of me*n* a smal seme in þe ffoldynge of þe fforhed,
20 & þere fore su*m* me*n* siggeþ þat þere beþ tweye bonys. Tweye
oþ*ere* bonys beþ y-Ioyned wiþ þylke bon **coronale** in þe myden of
þe hed twarte offer*e*, & þey ben y-bou*n*de togedyre by one Iucture,
þe whiche þat strecchiþ from tofore to byhynde, by the lengthe
24 of þe hed, þe whiche ys y-clepyde **sagyttalis** by as myche as he
ys schapyde lyke an arwe. And þese tweye bonys beþ y-clepyde
Nerualia, by cause of þe ffigure of the seme þat ys wiþ þe coronale,
⁶ys þe ffigure of a synwe oþ*ere* of a corde. And þese bonys ben in
28 þe heyest coppe of þe hed, and behynde in þe nolle þere ys a bon
whyche þat is y-clepyde **Alauda,** & ys y-made to þe Symilitude of
þis cyffre of Augrym Λ, whiche þat ys Ioynede w*ith* þe bonys
nerualib*us* tofore seyde, by þe mene of on ȝem y-mad to þe lyknesse
32 of þe bon tofore seyde. & þese þre ȝemes whiche þat Ioyneþ to-
gedyre þe foure bonys to fore seyde, ben y-made as yt were tweye⁷
ȝawes, whos tetħ joyned eche of hem in oþ*ere* in thys man*ere* /
ΛΛϽΟΛ & þis ioyninge togedire of on bon w*ith* an oþer was y-made
36 by-cause Iuvamentes þat y haue tolde beforn ; þere nys no bon
y-ioynede witħ a*n* oþere as þese bonys ben. Undir*e* þe bon þat ys

Add. MS.
12,056.

[⁶ fol. 70 *a*]

⁷ MS. *tweye* twice.

V. Tassillus (Basilar bone) supports all the other bones.

Vndir þe boon þatᵗ is clepid alauda, þer is a ful hard boon & holid *in* þe myddil, þe which boon susteyneþ alle þe boonys ofᵗ þe heed. þe which boon is clepid passillus, & he is ioyned byneþe wiþ þe firste boon ofᵗ þe nake. þe schap ofᵗ þe coniu*n*ccioun ofᵗ þe .v. boonis ofᵗ þe heed is in þis maner ᕮᖇᙏ. Boþe on þe riȝtside & on þe lift side ofᵗ þe forseid boonys, whiche þatᵗ ben clepid nerualia *[whiche þat beþ in lengthe in þe heyest place of þe hed, þere ben twey bonys on eiþere

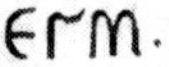

VI, VII. Temporal bones (mendosa); one portion is called os petrosum.

syde.] & þo boonys þatᵗ vndir setten ben clepid ossa mendosa. & þese boonys *in* oon partie be*n* ful hard þere as þe hole ofᵗ þe eere passiþ þoruȝ, & þei ben clepid petrosa ; & su*m*men seien þatᵗ þer ben .iiij. boonys ij. on eiþir side / & wha*n*ne þatᵗ alle þe boonys ofᵗ þe heed ben ioyned

The skull has seven bones,

togidere, þou schaltᵗ fynde in soþfastnes þatᵗ þer ben butᵗ vj. boonys, wha*n*ne þatᵗ þou rekenest os[1] coronale for oon boon, & .ij. boonys þatᵗ ben clepid mendose, ij. & oon þatᵗ ben iij, & o boon þatᵗ i* clepid alauda. & ij. boonys þatᵗ ben clepid nerualia þatᵗ ben .vj.; & þe .vij. boon is clepid passillare, þe which is notᵗ ofᵗ þe boones ofᵗ þe

three true sutures,

heed, butᵗ he susteyneþ alle þe oþere boonys ofᵗ þe heed.[2] & iij. maner

[3 lf. 58]

ofᵗ semes [3] makiþ coniu*n*ccioun ofᵗ alle þe boonys *in* þis maner ȝꞵ

Line numbers in right margin: 4, 8, 12, 16

[1] MS. *as.*

[2] Add. MS. 10,440, fol. 2 : " *& he is vnterberynge in þe hynder partie al þe bones of þe heued, & þerfore he is clepid þe berere vp, or paxillus.*"

Add. MS. 12,056.

y-clepyde Alauda, þere ys a ful harde bon & y-holyde in þe myddle, þe whyche bone susteyneth alle þe bonys of þe hed. þe whiche bon ys y-clepyde **Passilus**, & he ys ioynede byneþe wiþ þe fyrste bon of þe nekke. þe schappe of þe *coniu*ccioun of þe fife bonys of þe hed ys in þis manere ᕮ⟨ᗯᕮᐱ. Bothe on þe ryȝte syde & on þe lefte syde of þe forseyde bonys whiche þat beþ y-clepyde **nerualia**,* whiche þat beþ in lengthe in þe heyest place of þe hed, þere ben twey bonys on eiþere syde* ; þe whiche þat beþ vndiresetterys to þo bonys þat beþ y-clepyde **nerualia** ; & þo bonys þat vndire setten, ben y-clept ossa mendosa. And þese bonys in one partye ben ful harde, þere as þe hole of þe ere passyth þorwȝ, & þey ben y-clepede [4] petrosa & su*m* men siggen þat þere ben foure bonys, two on eythere syde. & whanne þat alle bonys of þe hed be Ioynede togedire þou schaltᵗ fynde in sotfastnesse, þat þere ben but sixe bonys wha*n*ne þat þou reknyste **os**[5] **coronale** ffor on bon, & tweye bonys þat beþ y-clepyde mendose tweyne þat beþ þre, and o bon þat ys y-clepyde Alanda, & tweye bonys þat is y-clepyde nerualia—þat beþ sixe, and þe vij bon ys y-clepyde passillare, þe whiche ys nought of þe bonys of þe hed, but he susteyneth alle þe oþere bonys of þe hed. And þre maner of semys makyth *coniu*ccioun of alle þe bonys on þis

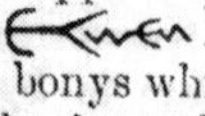

Line numbers in right margin: 20, 24, 28, 32, 36

[4] MS. petotra.   [5] MS. as.

& wiþ .ij. semes mendose in þis maner 22Ʊ. & whaɳne þatᵗ þe crouɳne **two false**
of⁴ þe heed is perfiȝt⁴, þe heed is maad in þis maner � / þis **sutures (mendosæ).**
is þe foorme of⁴ an heed weel propossiouɳd, round ⟨figure⟩ þatᵗ he **A well-proportioned**
4 myȝte more wiþholde, & þatᵗ he myȝte lasse be hurt⁴, & þatᵗ he be **head is oblong with**
longe warpid[1], hauyɳge tofore & bihynde eminence: þat is to seie **openings for the nerves,**
apeirynge, þatᵗ þe senewis þatᵗ comen out⁴ of⁴ þe brayn myȝten haue
a porose place of⁴ goynge out⁴. & neþeles as ypocras & galion, whiche **ypocras. & Galion**
8 þatᵗ expowneþ ypocras, telliþ[2], it⁴ is possible to fynde oþir in maneɼ **enumerate peculiar forms:**
of⁴ makyng⁴ of⁴ heedis. Oon maner is, if⁴ eminence be not⁴ in partie **.1.**
of⁴ þe heed tofore, for if⁴ þatᵗ he be pleyn in partie tofore, bi þatᵗ **front part flat,**
pleynes þe seem is lost⁴, þatᵗ is clepid coronalis / þe secunde is, if⁴ **.2. back part flat,**
12 þatᵗ þe heed haue noon eminence bihynde, but⁴ þatᵗ þe hyndere partie
be pleyn, & bi þatᵗ pleynes þe seeme is lost⁴ þatᵗ is clepid alauda /
þe þridde is, if þatᵗ þer be noon eminence bifore ne bihinde in þe **.3. without any**
heed, but⁴ al þe heed is round as a sercle, & þaɳne þer is but⁴ oon **prominence.**
16 seem in þe myddil of þe brayn panne: for it⁴ is vnpossible þe heed **.Note.**
to haue ony oþer ³schap wiþoute lesynge of⁴ sum partie of⁴ þe brayn, **[³ lf. 58, bk.]**
& were contrarious aȝens þe lijf⁴ / Bi þe myddil seem which þatᵗ is **A vein and artery come**
in þe heed, þere discendiþ a ueyne comynge fro þe lyuere bi þe **through the basilar bone,**

---

1 *longe warpid*, Lat. oblongus.   Comp. Langwyrpe bôc, *Indices Monast.*
12, ed. Kluge.   2 *telliþ*, error for *tellen.*

---

20 manere ⟨figure⟩ , & with tweye semys mendose in þis manere ⟨figure⟩. **Add. MS.**
And whaɳne þat þe corone of þe hed ys perfyt, þe hed ⁴ys mad in **12,056.**
þis manere ⟨figure⟩. þis ys þe forme of an hed wel proporcionede, **[⁴ fol. 70 b]**
þat he be ronde because þat he myghte þe more wiᵗʰholde, & þat he
24 myȝte þe lasse be y-hurt, and þat he be longewarped havyɳge tofore
& behynde eminence þat is to sigge aperynge, þat þe synwes þat
comyᵗʰ out of þe brayn, myghte haue a porose place of goynge out.
And naþelese as ypocras & galyen, whiche þat exponeþ ypocras,
28 tellyn : it is possible to fynden þre oþere manere makynge of hedys.
On manere is, ȝif eminence be noȝt in þe partye of þe hed tofore ;
for ȝif þat he be pleyn in þe partye tofore, by þat pleyɳnesse þe
seme is y-lost þat is y-clepyde **coronalis**. Secunde ys ȝif þe hed
32 haff⁴ noɳ eminence behynde, but þat þe hyndore party be playn,
and by þat playɳnesse þe seme ys y-lost þat ys y-clepyde Alauda.[5]
þe þridde ys ȝif þere be non eminence tofore ne behynde in þe
hed, but alle þe hed ys rouɳde as a cercle. And þeɳne þere nys
36 but on sem in þe myddel of þe breyn paɳne, ffor it is vnpossible þe
hed to habben enye oþere schappe wiþouten lesyng of some party
of þe brayn ; & þat were contrariouse aȝeyne lyf. By þe myddele
seme, whiche þat is in þe hed, þere dissendyᵗʰ a veyne comynge

⁵ MS. *Abauda.*

brayn panne of⟨ a boon which þat⟨ is holid þat⟨ is clepid passillarus.
& bi þe same weye þer risiþ an arterie comynge from þe herte, &
þei ben ioyned togidere, & of⟨ þe weuinʒge of⟨ þe tweyne þer is
maad an hard pannicle þat⟨ is to seie a clooþ þat⟨ is vndir þe brayn 4
panne ; & he is hangid *with* summe smale ligamentis to þe brayn
panne *in* summe of⟨ þe semes. þe whieh pannicle byndiþ þe boonys

and make the
dura mater. togidere, & it⟨ is clepid dura mater. & it⟨ is riʒtful þat⟨ an arterie

The blood
flows up-
wards in the
artery, schulde arise vpward from byneþe, for þe blood þat⟨ is in hi*m* is 8
sutil, & his meuynge is pulsatif ; & he hadde discendid from aboue
dou*n*ward, he schulde haue discendid wiþ to greet⟨ an hastynes, but⟨

downwards
in the vein. þilke ascendynge temp*eri*þ þilke flux. & it⟨ is couenable þat⟨ þe veyne
discende bicause þat⟨ þe blood þat⟨ is in þe veynes is more þickere, 12

The veins
from the
pia mater & þe blood þat⟨ is *in* þe veynes goiþ dou*n* sotilli. & boþe þese veynes
þat⟨ ben pulsatif⟨ & not⟨ pulsatif⟨ ben ioyned wiþ dura mater / Also

[¹ lf. 59]
bring the
vital spirit to
the brain,
and turn it
into under-
standing. þe ¹veyne strecchiþ more lower, & of⟨ hem is engendrid pia mater /
Aftir þei discenden dou*n* to þe brayn, & þei bryngen lijf⟨ & dewe 16
norischinge & cordialle² spiritis, þe which is i*n* þe brayn & þere
is defied, & þere resseyueþ naturel foorme of⟨ vndirstondynge. Pia

iij. cellis of
þe brayn mater enuyrou*n*neþ al þe brayn, & departiþ him into iij. celoles þat⟨

² MS. inserts þe.

Add. MS.
12,056. from þe lyffere, by þe breyn po*n*ne, of a bon whiche þat is y-holyde. 20
þat is y-clepyde pasillaris. And by þe same weye þer*e* arysiþ an
Arterye comynge fro þe herte, and þey ben Ioynde togedire, & of
þe weffynge of þo tweyne þer*e* is y-mad an hard pannycle þat is to
sigge a cloth þat is vndir þe brayn pa*n*ne, and he is hongyde wiþ 24
su*m* smale ligame*n*tys to þe brayn pa*n*ne in some of þe semys, þe
whych pannycle byndeþ þe bonys togedire, & it is clepyde **dura
mater.**   And yt is ryʒtful þat an Arterye scholde arysen vpwarde
from byneþyne, for þe blod þat ys in hy*m* þat is sotyh, & hys 28
meffynge þat ys pulsatyff⟨³ ; and he hadde discendyde fro*m* aboue

[⁴ fol. 71 a] dunwarde, he scholde han discendyde wiþ to gret ⁴an hastynesse,
but þe ascendynge tempriþ þulk*e* fflux. And yt is couenable þat
þe veyne discende, bycause þat þe blod þat ys in þe veynes ys more 32
þykkore, & þe blod þat is in þe veyne geþ dou*n* softliche. & boþe
þese veynes þat buþ⁵ pulsatyf⟨ & nouʒt pulsatyf⟨ beþ y-Ioynede wiþ
dura matre.   And also howʒ þe veyne streche more lowere, & of
hem ys engendryde pia mater.   Afterward þey descenden dou*n* to 36
þe brayn. & þey bryngen lyf⟨ & dywe norysschynge & cordyal
spirites, þe whiche is in þe brayn and þere is diffyede, & þere
resseyueþ naturel forme of vnd*er*stondynge. Pia mater environeþ
al þe brayn, & departyth hy*m* into þe þre celoles⁶ þat beþ chau*m*bres : 40

³ MS. *prilsatyff.*   ⁵ *buþ*, above line.   ⁶ MS. *cololes.*

ben chaumbris : þe firste, þe myddile, & þe laste. & þouʒ þatᵗ alle
þese ben dyuydid syngulerly bi hem-siluen, it semeþ þatᵗ þe celole¹
þatᵗ is tofore in þe brayn is departid *in* two *parties* ; & bi þatᵗ cause
4 summen seien þatᵗ þer ben .iiij. ventriclis ofᵗ þe brayn. þe forþere *partie* The foremost
cell or Ven-
ofᵗ þe brayn is greetᵗ & brood, bicause þatᵗ he schulde resceyue manye tricle is the
largest one,
spiritis þatᵗ ben sentᵗ to hi*m* ; for þatᵗ place is *propre* instrumentᵗ ofᵗ and contains
Imagination,
ymagynaciou*n* þe which resceyueþ þingis þatᵗ comprehendiþ ofᵗ
8 fantasie ;² & þo þingis ku*n*nen vndirstonde resceyueþ³ bi *propre*
instrumentis þatᵗ longiþ. & þouʒ þatᵗ al þe brayn, in co*m*parisou*n* ofᵗ
þe herte & ofᵗ alle oþere membris ofᵗ þe body, be deemed cold &
moistᵗ, þis celule hauynge co*m*parisou*n* to oþere celules is deemed Nota
12 hoot & drie. & þe myddil part of þe brayn is lasse ⁴þan ony oþere [⁴ lf. 59, bk.]
The middle
ofᵗ þe oþere two *parties*, & her foorme is punatᵗ⁵ brood twoward þe Ventricle
has a pineal
forþere side ofᵗ þe heed, & scharpere twoward þe hyndere syde, þatᵗ form,
he myʒte be þe more able to resceyue ymagynatifᵗ þingis, & þo
16 þingis to ʒeue to þe ynnere *partie*, & þo þingis þatᵗ ben ʒeue to wiþ-
holde / þis ventricle is settᵗ bitwene two addiamentis ofᵗ þe brayn ; lies between
two addita-
þe whiche addiame*n*tis ben lijk to tweie buttokkis ofᵗ a man þatᵗ be*n* ments of the
brain (optical
ioyned togidere, & þei ben [to]* þis ventricle as it were a sittynge lobes),

¹ MS. *celose.*   ² Lat. : res a phantasia comprehensas.
³ Read, *þo þingis comyn undirstondynge resceyueþ.* Lat. : quas(res) com-
munis sensus recipit.   ⁵ *punat,* Lat. : pineatus.

---

20 þe firste, þe myddle, & þe laste. And þowʒ þat alle þese ben Add. MS.
diffyede senglerlyche by he*m* selffyn, yt semeþ þat þe celele þat is 12,056.
tofore in þe brayn ys de*par*tyde in two *par*tyes, & by þat cause
su*m* me*n* siggen, þat þere ben foure ventricles of þe brayn. þe
24 furþere part of þe brayn ys gret & brod, by cause þat he scholde
resseyue manye spirites þat ben y-sende to hy*m* for þat place is
propre instreme*n*t of y-maginacion, þe whiche resceyueþ þynges þat
buþ comprehendide of fantasie ; and þo þynges come*n* vndirstond-
28 ynge resceyueþ by *propre* Instreme*n*tys þat longyth to hy*m*, and
þawʒ þat al þe brayn, in co*m*parson of þe herte & of alle oþere
membres of þe body, be y-demyde colde & moist, þis celule hauynge
co*m*parson to oþere celules ys y-demyde hot & dryʒe. þe myddel
32 part of þe brayn ys lasse þen eny of þe oþere two *partyes*, & here
forme ys pyneat, brod towarde þe furþere syde of þe hed and
scharper*e* towarde þe hyndor syde, þat he myʒte be þe more able to
resceyue y-maginatyfᵗ þynges & þo þynges to ʒefe to þe ynnere
36 *partye* & þo þynges þat beþ y-ʒefe to wi*t*h holde. þis ventricle ys
y-sette bytwene tweyne additame*n*tes of þe brayn, þe whiche addita-
mentes ben y-liche þe two buttokke*s* of a man þ*a*t beþ y-Ioynede
togedre, and þey beþ to * þis ventricle as yt were a syttynge place

place eiþir a couche vpon þe which he is drawen abrood, whanne

stretches and contracts during perception,

þat' he resseyueþ ymagynatif' þingis ; aftirward he is drawe togidere as a worm, whanne þat' he resseyueþ ymagynatijf' þingis ; & whanne þat' þe sentence of' þilke ymagynacioun is brouȝt' forþ, þanne þilke 4

is smaller than the other Ventricles.

ventricle is drawe along', & also þe smallere eende of' þe ventricle entriþ into þe ventricle þat' is bihynde in þe heed. & þis ventricle is myche lasse þan þe oþere tweyne, bicause þat' no senewis proceden[1] not' out' of' him, & þat' manye þingis myȝte be comprehendid [in 8 litel]* place þat' vertu of' witt' myȝte þe sunnere be gaderid togidere

[2 lf. 60]

to take his [2]counseil ; & þis ventricle to comparisoun of' oþere ven-

The third Ventricle is the largest,

triclis is deemed hoot' & drie. & aftir þat' þe hyndere ventricle, þe which is grettere & hardere þan þis ; þe which [in]* comparisoun to 12

from it starts the Spinal Marrow.

þe oþere tweyne is demed cold & drie, þe which is brood twoward þe fore partie of' þe heed & scharp bakward, þe which resceyueþ sentence þat' ben schewid & kepiþ hem priuyliche as a cheste kepiþ tresour. & out' of' him goiþ out' nucha þoruȝ þe hole of' þe boon, 16 þat' is clepid passillaris, & þilke nucha is cloþid wiþ two pannicles þat' goon out' of' þe brayn.

The brain is cold and moist,

& al þe brayn is deemed cold & moist', bicause þat' he schulde

[1] MS. *procende.*

Add. MS. 12,056.

[3 fol. 71 b]

oþere a couche, vpon þe whyche he ys drawyne abrode, whenne 20 þat he resseyueþ [3]y-maginatyff' þynges. And afterwarde he ys y-drawe togedire as a worme, whenne þat he resceyueth y-magina-tyff' þynges ; and whenne þat þe sentence of þilke y-magynacioun ys y-brought forth, þenne þilke ventricle ys y-drawe alonge. And 24 also þe smallere ende of þis ventricle entrith into þe ventricle þat ys behynde in þe hed, and þis ventricle ys myche lasse þenne þe oþere tweyne bycause þat non synwes procedent not out of hym, and þat manye þynges myghte be endyde in litel* place, þat vertue 28 of wytt' myghte þe sonnere be y-gedryde togedre to taken hys counseyH. And thys ventrycle to comparson of oþere ventricles ys y-demyde hot & drye. After þat ys þe hyndere ventricle, whiche ys grattere & hardere þenne thys ; þe whiche in *comparson of þe 32 oþere tweyne ys y-demyde colde & drye, þe whiche is brod towarde þe fore partye of þe hed & scharpe bachwarde, þe whyche ressey-uyth sentense þat beþ schewyde & kepyth hem priuyliche as a chest kepyth tresore. And out of hym goth out[4] nucha[5] þrowe þe 36 hole of þe bon þat ys y-clepyde passilarys. And þilke nucha y-clothyde[6] wiþ tweye pannycles þat goth out of þe brayn. And alle þe brayn ys y-demyde colde & moyst'. bycause þat he scholde

[4] *in þe a,* struck through after *goth out.*
[5] *nucha* on margin.   [6] MS. *ys y-clothyde* twice.

atempren spiritual fumosite þat⸱ comen of⸱ þe herte, & þat⸱ he schulde
not⸱ ben dried for to myche meuynge þat⸱ he haþ *in* worchinge of⸱
vertues ; & þe brayn is whijt, bicause þat⸱ he schulde þe bettere white like a painter's table,
4 resseyue resou*n* & vn*der*stondynge / For if⸱ peyntouris whanne þey
schulen peynte a table, first⸱ þei maken it⸱ whiʒt, for þer wole no
colour lasten but⸱ þoruʒ hi*m* ; & it⸱ is neische þat⸱ þe meuynge of⸱ soft and tough.
vertues myʒte þe bettere han place ; & þe brayn is towʒ þat⸱ þe
8 senewis þat⸱ goon out⸱ of⸱ hym ¹myʒte be þe more towʒ, & þe more [¹ lf. 60, bk.]
þei ben enlongid from her bigy*n*nynge & þe more harde*re* þei schulen
be, & also þat⸱ þei schulden be bowable ynowʒ & nouʒt⸱ aʒenstond-
ynge her hardnesse. & it⸱ is nessessarie þat⸱ þe brayn be cloþid wiþ The brain is protected by two Pannicles (Membranes);
12 .ij. panniclis : þat⸱ is to seie .ij. cloþis, þat⸱ *in* his meuynge, [as]* I
haue seid tofore, þat⸱ it⸱ schulde not⸱ be hurt⸱ of⸱ þe brayn panne. Al þe
brayn is de*p*artid into .iij. colules² *with* addiamentis of⸱ þe panniclis which divide it into three cells,
of⸱ pie matris, þat⸱ þe spiritis myʒten þe lengere dwelle in þe ventricle
16 to resseyuen bi ordure of⸱ digestiou*n*, foorme & p*er*fecciou*n* more þan where thought is formed.
þei hadden first⸱ of⸱ þe herte ; & þat⸱ euery vertu myʒte fulfille his
accidens³ in his ventricle, or þan þe vois⁴ þat⸱ is comprehendid

² *cellis*, written above line.   ³ *accidens* for *accioun*.
⁴ *vois*, Lat.: " antequam res comprehensa posset ad sequentem ventri-
culum pertransire."

---

atempren spirituel ffumosites þat comyth of þe herte, and þat he Add. MS.
20 scholde noʒte ben y-dreyʒede fforto myche meffynge þat he haþ in 12,056.
worchynge of vertues.   And þe brayn is whit bycause þat scholde
resceyue þe bettere resou*n* & vn*der*stondynge.   Ffor þese peyntores,
whe*n*ne þey schulle peynte*n* a table, firste þey maken yt whyte, for
24 þe*re* nylle none colou*re* lasten but yt be leyde vpon whyt ; & it is
þenne op*er*e rare, because þat vndirstondynge myʒte þe so*n*nere
passe þorwe hym ; & yt is nessche þat þe meffynges off⸱ vertues
myghte þe betyre habbe place ; & þe brayn ys towʒ, þat þe synwes
28 þat goth out of hym, myʒte be þe ⁵more towʒe*re*, and þe more þat [⁵ fol. 72 a]
þey ben enlongyde fro*m* here bygy*n*ninge, þe more harde*re* þey
scholde be ; and also that þey scholde be bowable y-nowʒ nought
aʒeynestondynge here hardnesse.   And yt is necessarye þat þe
32 brayn scholde be cloþed *with* tweye clothys, þat in hys meffynge
as *y haue seyde tofore he scholde nought ben y-hurt of þe brayn
pa*n*ne.
  Also þe brayn ys departyde into þre celules *with* þe addita-
36 mentes of þe pa*n*nycles of pie⁶ matris, þat þe spirites myʒt þe
lengo*re* dwelle*n* in þe ventricles, to reseyfen by ordre, digestiou*n*,
forme & p*er*feccion, more þa*n*ne þey hadden fyrst of þe hert, and
þat eu*er*y vertue myghte fulfylle hys acciou*n* in hys ventrycle, ere

⁶ MS. *pie*, twice.

Part of the brain is most essential to life,

my3te passe to þe ventricle þat¹ is ſewingge.¹ Not¹ a3enſtondynge þeſe *propirtees* þe brayn haþ ſum ſubſtaunce of¹ marie þe which fulfilliþ þe voidenes of¹ þe forſeid *panniclis.* & þilke mary enuyroun- neþ þe forſeid *panniclis,* of¹ þe which mary þer may ſu*m* ‘partie *in* 4 hurtynge of¹ þe heed be loſt¹ ; & not¹ a3enſtondynge þe goynge out¹² of¹ ſu*m* *partie* of¹ þilke mary, a man ſchal nou3t¹ die. For þis mary

Nota

[³ lf. 61]
especially the substance of the Ventricles.

³is not¹ of¹ þe ſubſtau*n*ce of¹ þe ventriclis of¹ þe brayn of¹ þe which mynde is maad ; for þei ben of¹ ſo greet¹ nobilite, þou3 þat¹ þer be 8 neuere ſo litil infecciou*n*, or ellis þat¹ þer falle neuere ſo litil a leſyng¹ of hem⁴ þei ben depri*u*ed of¹ her heelþe, in ſo myche þat¹ oon colule⁵ may not¹ be loſt¹ & a man be ſaued, as manye idiotis ſuppoſen con- trarie / ⁶Anotamie of¹ y3en, eeris, noſe, chekelappis, mouþ, tunge & 12 teeþ, we deferre*n* to ordeyne i*n* þe þridde tretis, i*n* þe whiche if¹ god wole we þenken to treten, & of¹ oþere ſiknesſis, & of¹ oþere lymes out¹-cept¹ wou*n*dis.

Different kinds of wounds on the head.

& þo hurtyngis þat¹ ben m*aa*d in þe heed eiþir þat ben m*aa*d 16 wiþoute wou*n*de or wiþ wou*n*de. & wheþer þat¹ þei ben wiþoute wou*n*de or wiþ wou*n*de, eiþir þei ben wiþ brekynge of¹ þe brayn

¹ MS. *ſwingge.*
² MS. inserts *&.*
⁴ *of hem* written on margin.
⁵ *cellul* written above.
⁶ The MS. has a marginal note : *Anotemy off eyen, eres, nose, chekes, mouthe, tounge, teth.*

Add. MS.
12,056.

þanne þe foys þat ys comp*re*hendyde myghte paſſe to þe ventricle þat ys ſywynge. Now3t a3eyneſtondynge þeſe *propretes,* þe bray*n* 20 haþ ſu*m* ſubſtau*n*ce of marie whiche fulfilleþ þe voydeneſſes of þe forſeyde *pannycleres.* And þilke marye envyrownyth þe foreſeyde *pannycles,* of þe whyche marye þere may ſu*m* partye in þe hurtynge of þe hed ben y-loſt¹ ; and no3t ageyneſtondynge þe goynge out of 24 ſu*m* *partye* of þilke marye, a man ſchal no3t deye. Ffor þis marye is nought of þe ſubſtau*n*ce of þe ventricles of þe brayn, of whiche mynde ys y-mad ; ffor þey ben of ſo grete noblete, 3if þere be neu*er*e ſo litel infecciou*n* oþ*er*e ellys þat þ*er*e falle neu*er*e ſo lytel a leſynge 28 of hem, þey ben depreffyde of alle here helthe, in ſo myche þat on celele may no3t ben y-loſt, and a ma*n* ben ſaffyde, as manye ydyotes ſuppoſen. Anothomye of eynen, neoſe, erne, chekelappes, mouþ, tonge & teþ, we deferre*n* to ordeyne*n* in þe þridde tretys, in 32 þe diſtynciou*n* whiche 3if god wol, we þynkeþ forto treten of oþ*er*e ſykneſſe of þe lymes, outſepte wou*n*des. And þo hurtynges þat beþ y-mad in þe hed, oþ*er*e þey ben mad wi*th*outen wou*n*de, oþ*er*e wi*th* wou*n*de. & wheþ*er*e þat it be wyth wou*n*de oþ*er*e wiþouten 36 wou*n*de, oþ*er*e þey ben wi*th* brekynge of þe brayn pa*n*ne, oþ*er*e

panne or wiþoute brekynge ofᵗ þe brayn panne / Or wheþer þatᵗ itᵗ
be maad wiþ breche ofᵗ þe brayn panne, or wiþoute breche ofᵗ þe
brayn panne, summe ben wiþ hurtynge ofᵗ þe brayn, & summe ben
4 wiþoute hurtynge ofᵗ þe brayn / & riȝt as þilke hurtis haue differ-
ence in tokenes, so þei han difference in perels & pronosticaciouns
& maners with þe whiche þei musten ben holpen /

[¹ lf. 61, bk.]
¹& ifᵗ þat ony hurtᵗ be in þe heed wiþoute ony wounde as wiþ
8 fallynge or wiþ smytynge ofᵗ a stoon or ofᵗ a staf or wiþ sum oþir
þingᵗ þatᵗ brusiþ, & ifᵗ þatᵗ itᵗ be wiþoute breche ofᵗ þe brayn panne
& wiþ hirtynge ofᵗ þe brayn panne, itᵗ nediþ notᵗ butᵗ schauynge ofᵗ
þe heed & anoyntynge with hote oilis ofᵗ rosis & [abofen þe vncture]*
12 to strawen on þe poudre ofᵗ mirtillis seed, & streyne þe place wiþ a
boond til al þe place be fastned & þe swellynge be vanyschid awey /
In þis maner þou fastne al þe place þatᵗ no þingᵗ schal be corrumpid,
or ellis þer schal dwelle a litil corrupcioun, & ifᵗ þatᵗ ony þingᵗ ofᵗ
16 corrumpcioun abide, þe place schal be opened wiþ an instrumentᵗ, &
so schal þe quyttur be excludid, & he schal be curid riȝtᵗ as oþere
empostymes þatᵗ ben woundid.

& ifᵗ þatᵗ þe brayn panne were broke wiþoute wounde ofᵗ þe
20 heed þe which may be knowe bi disposicioun ofᵗ þe cause & also ofᵗ
þe sike man, in biholdynge, ifᵗ þat þatᵗ smytiþ were strongᵗ, or ellis

Right margin notes:
hurt of þe
heed
without any
wound or
fracture.
Nota
Have the
head shaved
and an oint-
ment applied.

Fracture of
the skull,
without any
open wound.

---

without brekynge of þe breyn panne. And wheþer ²þat yt be mad
wiþ þe breche of þe brayn panne oþere withouten breche of þe breyn
24 panne, some ben with hurtynge of þe brayn, some without hurtynge
of þe brayn. And ryȝte as þilke hurtynges habben dyfference in
toknes, so þey hauen differens in pereles & pronosticaciouns &
maners, with þe whiche þey mostᵗ ben y-holpen. And ȝif an hurt be
28 in þe hed withouten wounde, as with fallynge, oþere with smytinge
of a ston, oþere a staffᵗ, oþere with sum oþere thynge þat brusyth,
and ȝif þat yt be withouten breche of þe brayn panne, & with outen
hurtynge of þe brayn panne, it nedyth nouȝt but schaffynge of þe
32 hed, & anoyntynge wiþ hote oyle of roses, and abofen þe vncture*
to strawyn on þe poudre of þe seed of myrtylles, & streyne þe place
with a band tyl al þe place be y-fastnyde & þe swellynge be y-
vanschyd aweye. In þis manere þou schalt fastne al þe place, þat
36 noþyng schal be corumped, oþere ellys þere schall dwelle a lytel
corupcioun. And ȝif enye þynge of corumpcion abyde, þe place
schal ben y-opnyde with an Instrument, & so alle þe quyter schal be
excludyd, & he schal ben y-curyd ryȝt as oþere empostemys þat beþ
40 y-woundyde. And ȝif þat þe brayn panne were y-broke wiþoute
enye wounde of þe hed, þe which may ben y-knowe by dysposicioun
of þe cause & eke of þe syke man, in byholdynge ȝif þat þat smyt

Right margin notes:
Add. MS.
12,056.
[² fol. 72 b]

Symptoms of the fracture:

[1 lf. 62]

as giddiness,

vomiting, headache.

Test by harping on a thread, which the patient holds with his teeth.

[2 lf. 62, bk.]

þat˙ þe sike haue falle from his place, or ellis þat˙ he was smyte w*ith*
strong˙ smyting˙, & also if˙ þat˙ he fel & my3te not hastili arise. 1& if˙
þat˙ he hadde scotomie,[2] þat˙ is to seie a maner sijknes, whanne þat˙
þer semeþ as flie*n* or oþere smale gnattis fleen tofore his y3en / or 4
ellis he spewiþ his mete, or he feliþ to gret˙ akþe in þe heed, & if˙
þat˙ he may not˙ breke a knotte of˙ a straw wiþ hise˙ teeþ, & if˙ þe
heed be smyte wiþ a li3t drie staf˙ as of˙ salow or ellis of pinee—
& þanne leie þin eere to his heed, & if˙ þat˙ .þe boon be hool þou 8
schalt˙ here an hool soun aftir þe comparisoun of˙ þe soun of˙ an
hool belle, also if˙ þou makist˙ þe sike man to holde bitwene his teeþ
a þred twyned & I-wexid, & þanne bigynne to harpe w*ith* þi nailis
vpon þe þred faste bi þe sike mannes mouþ, & so harpe wiþ þi naylis 12
vpon þe þred alwey streyned & makynge sou*n* to þe eende of˙ þe
þred, & þilke þred schal ben on lenkþe fro þe mouþ of˙ a cubite, &
so þou schalt harpe ofte tymes, & if˙ þat˙ þe pacient˙ mowe susteyne
þe sou*n*, he haþ not˙ his brayn pa*n*ne broke, for if˙ his brayn 16
panne were broke, þe sike man my3te not˙ susteyne þe soun of˙
þe þred. Alle þese signys, or ellis manye of˙ he*m* bitokenen þat˙
þe brayn panne is broken / & tweyne 3of˙ þe laste signys ben

2 *scotomie.* Vigo Interpret. "*Scotomia.* They shoulde saye, Scotoma,
and it is a disease, when darckenes ryseth, when al thinges seme to go rounde
about."

Add. MS.
12 056.

[4 fol. 73 a]

were stronge, oþere ellys þat þe syke haue y-fallen from hye place, 20
oþere ellys þat he was y-smyte w*ith* stronge smytynge ; and also 3if
þat he fel & myght nought hastlye aryse, and 3if þat he hadde
scotomye : þat ys to sugge a manere seknesse, whenne þat þere
semyth as flye3es, oþere smale blake gnattys vley3e*n* tofore hys 24
ey3en, oþere ellys he spyweþ hys mete, oþere he felyth to grete akþe
in hys hed, and 3if þat he may nought breke*n* a knotte of a straw3
w*ith* hys teth, and 3if þe hed be smyte*n* w*ith* a ly3t drey3e staff˙, as
of salwe oþere ellys pyne, and þenne leye þy*n* 4ere to hys hed ; & 28
3if þat þe bon be hol, þou schalt here*n* an hol sou*n* after þe comparsou*n* of þe sou*n* of an hol belle & a bloke belle ; also 3if þat þou
makyste þe syke ma*n* to holde bytwene hys teþ a þrede y-twyned
& y-waxed, & þenne begy*n*ne to harpe*n* w*ith* þy naylles vpon þe 32
þrede faste be þe seke ma*n*nes mouth, & so harpe w*ith* þyne naylles
vpon þe þred alle wey streyned, in makynge sou*n* to þe ende of þe
þred, & þilke þred schal ben of lengþe from þe mouth be þe space
of a Kubyte ; and þou schalt harpe so ofte tymes, & 3if þat þe 36
pacient mowe susteyne þe sou*n*, he haþ no3t hys brayn pa*n*ne
y-broke ; ffor 3if hys breyn pa*n*ne were broke, þe seke ma*n* myghte
nought susteyne þe sou*n* of þe þred. Alle þese signes oþere ellis
manye of he*m* betokne þat þe breyn pa*n*ne is broken. And to þe 40

more certeyn þan ony of᷒ þe oþere. & vndirstonde þat᷒ þe brayn
panne mai ofte tymes be to-broken, & neþeles þe brayn feliþ noon
harm in þe bigynnynge.   But᷒ aftirward ofte tymes of᷒ hirtynge
4 of᷒ þe brayn panne, þe brayn is hirt᷒ / Galion witnessynge, þe
brekynge of᷒ boonys in þe heed is dyuers in perels fro brekynge
of᷒ oþere boonys in þe bodi, for þe accidens þe which þat᷒ falliþ ofte
tymes to þe breche of᷒ þe brayn panne. Neiþir is no man ne neuere
8 was þat᷒ myȝte euermore helpe to alle accidentis, whanne þat þe
brayn was meued in þe bigynnynge þat᷒ not᷒ aȝenstondynge his
help,[1] be he neuere so good a leche, þat᷒ þe sike ne muste die /
   Euel accidentis þe whiche þat᷒ [comyth to þe accidentes of þe
12 brayn & of hys]* pannicle ben[2] alwey dwellynge as constipacioun
of᷒ þe wombe, or ellis þe flix of᷒ þe wombe, or ellis crokidnes, or ellis
lokynge asquynt of᷒ þe iȝen, or ellis wepinge of᷒ þe oon yȝe, or ellis
an hard scotomie, or ellis febilnes of᷒ alle þe vertues & chaungynge.
16 Not᷒ oonly animal vertues, þat᷒ ben vertues of᷒ þe brayn, ben[3] I-
chaungid, also naturel vertues & liui[4] vertues—sensibles & [5]motifes ;

Galion

Fracture of
the skull is
very danger-
ous,

the following
accidents
(symptoms)
are frequently
mortal.

Evil symp-
toms:

yvel acci-
dentes

If the animal,
natural, and
vital func-
tions,

[* lf. 63]

---

[1] *help* in margin.
[2] One word "*spewinge*" omitted, and *as* erroneously inserted in both
MSS. Lat.: "Mala autem accidentia . . sunt vomitus perseverans consti-
patio ventris," etc.
[3] MS. inserts *nouȝt*.
[4] *liui*, Lat. vitales.

---

laste signes beþ more serteyne þenne enye of þe oþere.   And vnder-
stonde þat þe breyn panne may ofte tymes ben to-broke, & naþeles
20 þe brayn felyth nought in þe bygynninge none hurtynge.   But
afterwardys ofte tyme of hurtynge of þe brayn panne þe brayn ys
y-hurt, Galien wytnessynge ; the brekynge of þe bonys of þe hed ys
dyuers in perelys from brekyng of oþer bonys of þe body, for þe
24 accidentes whiche þat fallyth ofte tymes to þe breche of þe brayn
panne.   Ne þere nys no man, ne neuere ne was, þat myȝte euyre
more helpen to alle accidentes whenne þat þe brayn was meffyde in
þe bygynninge, þat nouȝt ageynestondynge his helpe, be he neuere
28 so gode a leche, þat þe syke ne moste deye.   Euyle accidentes
whiche þat *comyth to þe accidentes of þe brayn & of hys pannycle,
ben alwey dwellynge : as constipacioun of þe wombe, oþere ellys
flux of þe wombe, oþere ellys crokydnesse, oþere ellys lokynge a-
32 squynte of þe eyȝen, oþere ellys wepynge of þat on eyȝe, oþere ellys
an hard scotomye, oþere ellys ffebylnesse of alle þe vertues &
chaungynge.   And noȝt only anymal vertues, þat beþ vertewys of
þe brayn, beþ noȝt y-chaungyde, but also natureH vertewys, & lyfy
36 vertewys sensyble & motifes ; sensible, for þat þey seen noȝt

sencible, for þei ben[1] notᵗ riȝtfulliche ; for boþe her heerynge & oþere

the imagin-ation, reason, comoun wittis ben troublid ; also *priuy vertues* þatᵗ ben troublid as ymaginatifᵗ, for þei bileuen þei seen, [þat þey seen nouȝt] ;* also resonable vertues, for þei speken in deuyn[2] & answeren whaɴne þei 4

memory, and motor power are affected. ben nouȝt I-askide / also[3] memorial þatᵗ þei þenke nouȝtᵗ on her owne name / also meuable *vertues* is so myche greued þatᵗ vnneþe þei moun nouȝtᵗ meue hem nameliche aboute þe necke. þei syke greuousleche,

A strong fever pre-ceded by a cold shiver-ing, & a scharp feuere falliþ, þe which arrigor, þatᵗ is to seie a cold schurg- 8 ynge[4] goiþ tofore / Arrigor is no þingᵗ ellis, butᵗ as itᵗ were a *prick*-ynge ofᵗ nedelis, or ellis ofᵗ netlis *in* þe fleisch, & ifᵗ þis rigor come wiþ a feuere, or ellis *without*ᵗ feuere, itᵗ is þe worste signe tokene ofᵗ deeþ, & ifᵗ þe crampe folowe itᵗ is deedly / Also þese ben yuel accidentis : 12

blackness of the tongue, blains, etc., are bad symptoms, blaknes ofᵗ þe tunge, bleynis aboute þe skyn or þe chekis, or in ony *partie* ofᵗ þe heed þanne [in]* þe wounde, is an yuel signe.[5] & sum-tyme blood comeþ outᵗ atᵗ þe eeris & noseþrillis. & ifᵗ þe more *partie* ofᵗ þese tokenese or ellis alle come*n*, þe sike man muste nedis die, 16

[7 lf. 63, bk.] namely, & þe accidentis conteynen[6] ; [7]& specialy ifᵗ þe sike man haue be her-to-fore manye daies in good disposicio*un*, & after þilke

---

[1] *ben*, error for *seen*. Lat. : quia non recte vident.
[2] See page 102, note 2.   [3] MS. *alle*.   [4] *schurgynge*, schurien, to shower.
[5] Lat. : vel in alia parte capitis quam in vulnere : quod est malum signum.
[6] *conteynen* for *contynuen*.

Add. MS. al[8]so *priuye* vertues ben y-trublyde as ymagenatyffᵗ, ffor þey
12,056. beleffe þat þey seen, *þat þey seen nouȝt ; also resonable vertue, for 20
[8 fol. 73 b] þey speken in deveyn, & þey answeren wha*n*ne þey beþ nouȝt
y-askyde ; also memoryal, þat þey þynke nouȝt on here owne name ;
also meffable vertue ys so myche y-greuyde, þat vnneþe þey mowe
nouȝt mefen he*m* namlyche aboute þe nekke. þey syken greuouslye, 24
and a scharpe ffeuere fallyth, þe whiche a rigoor goth tofore. A
rigoor nys nothynge ellys but as yt were a *prikynge* of nedlys oþere
Sygnu*m* of nettlys in þe flesch, and ȝif þis rigoor come *with* a ffeuyre oþere
Mortal. ellys *with* outen ffeuyre, yt is worst signe, and ȝif the crampe fol- 28
wen, yt ys dedlye. Also þese beþ yuele accidentes : blaknesse of þe
tonge, bleynesse[9] aboute þe chyn oþere þe chekenesse, oþere in enye
oþere *partye* of þe hed þenne in* þe wounde, ys an yuele signe, and
su*m* tyme blod comyth out at þe erys & noseþrylles. And ȝif þe 32
more *partye* of þese toknys, oþere ellys alle come*n*, þe syke man
moste nedys deyȝen, namlye & þo Accidentes contynewen, and
specialy ȝif þat þe syke ma*n* haue y-be tofore manye daies in gode
disposicio*un*, & after þilke disposicio*un* þese yuele accidentes fallen ; 36

[9] *bleynesse*, leady colour. See *N. E. Dict.* s. v. bley ; mistake for *bleynes*, blains.

good disposiciou*n* þilke yuel accidentis fallen ; but' sumtyme in þe It is a good sign when evil symptoms grow better.
bigyn*n*ynge þese yuel accidentis fallen wickid, & aftirward bi good
gouernaile & good help of' þe leche þilke yuel accidentis ben
4 departid & good comeþ, and þan*n*e it' is a [good]* signe, for it' bi-
tokeneþ strenkþe of' kynde, hauynge no drede of' þe sijknes, & May the Holy Ghost enlighten the readers.
ku*n*nynge of' þe leche / O holi goost', al þing' fulfillynge, alle þingis
sanctifiynge, & alle þingis liȝtnynge, & alle þingis gouernynge, opene
8 þe yȝen of' hem þat' loken & reden on þis book, þat' þei mou*n* vndir-
stonde þat' þing' þat' is weel seid, & þat þei mou*n* demene[1] þoruȝ þi
cleernes þat', þat is yuel seid, & specialy in þis caas[2] where þat
oonly not I þat' am vnwijs & vnku*n*nynge, but' also greete maistris
12 & more ku*n*nynge han writen sotilliche, & han sett' in þis caas
dyue*r*s vndirstondynge.   Ne þei ne I ne foond no wey in þis werk
þat' myȝte us make sikir, specialiche i*n* scryu*n*gis of' þe brayn
panne, i*n* þe whiche cure[3] dyvers men haue[3] I-wrouȝt' dyue*r*sliche. [* lf. 64]
Nota
16   [4]I wole bigyn*n*e at' a symple wou*n*de of' þe fleisch of' þe heed, in Treatment of a symple wounde.
þe which þat' þer is noon hurtynge of' þe brayn ne brayn panne. //
Biholde wheþir þilke wou*n*de be m*aa*d wiþ a swerd or ony þing'
sembla[b]le to it', & þan*n*e sowe þilke wou*n*de, & caste aboue þe

[1] *demene*, O.Fr. "demener," for *demen*.
[2] *in þis caas.* Lat. : in isto passu. See below *pas*.
[3] *cure, haue*, above line.

Add. MS. 12,056.
20 ryȝtfullyche, for boþe herynge & oþere comyn wyttes ben y-trublyde;
but su*m*tyme in þe bygyn*n*inge euyle accidentes comytħ, afterwarde,
by good gouernayle & by gode helpe of the leche, þese euyle
accidentes ben depa*r*tyde & good comytħ, & þen*n*e yt is a good*
24 signe, for it betoknytħ strengþe off' kynde, hauynge no*n* drede of þe
syknesse & konyngnesse of þe leche.   O holy gost, al thynge ful-
fyllynge, al þinge sanctifyi*n*ge, lytnynge & gouernynge, opyne þe
eyȝen of hem þ*at* redyn i*n* thys booke, þat þey mowe*n* vndirstonde
28 þat þynge þat is wel seyde, & þat þey mowe demen þorwe þy
clernesse þat þat[5] ys euyle seyde, specyaliche in pas where þat only
nouȝte y þat am vnwys & vnku*n*nynge, but also grettere maistryes
& more ku*n*nynge han y-writen dotousliche. & haþ y-sett in þis cas
32 [6]dyue*r*se vnde*r*stondynges.   Ne þey ne y ne fonde no*n* wey in þis [6 fol. 74 *a*][7]
werke þat myȝte maken vs sykere, specialiche in grefynges of þe
breyne pa*n*ne, in whose cure dyue*r*se men han wrought dyue*r*slye ;
y wyħ begyn*n*e at a symple wou*n*de of þe flesch & of þe hed, in þe
36 whiche þat þere ys no*n* hurtynge of þe brayn ne of þe brayn pa*n*ne.
Byholde whar þilke wou*n*de be mad witħ a swerde oþere enye þynge
semblable to hit, & þa*n* sowe*n* þylke wou*n*de, & caste abofe*n* þe

[5] MS. *at*.
[7] Heading of the page : *Cure of symple Wounde off þe hed.*

wounde þe poudre of⸱ lym tofore seid, & do al þing⸱ bi ordre, as it⸱ is conteyned aboue in þe chapitle of⸱ woundis of⸱ fleisch /

Treatment of a contused wound.   & if⸱ þat⸱ a wounde be maad in þe heed wiþ brusynge, as wiþ a mace,[1] or wiþ a staf⸱, or ony þing⸱ þat⸱ brusiþ, þanne it⸱ is nessessarie to 4

Apply a maturatif,   leie aboue þe brusynge a maturatif⸱ maad of⸱ .iiij. parties of⸱ watir, & oon partie of⸱ comoun oile & flour of⸱ wheete, þat suffisiþ to make it⸱ þikke,[2] til þat⸱ þe mater þat⸱ is brusid be maturid ; þe which maturatif⸱ schal be do abrood vpon a lynnen clooþ & leid to þe 8 wounde, & þou schalt⸱ fulfille þe wounde wiþ oile of⸱ rosis & ȝelke of⸱ an ey, & lynt⸱ of⸱ an oold lynnen clooþ medlid togidere, til þat⸱ þe wounde ȝeue quytture & þe akþe be aswagid. & aftirward leye in þe wounde drie lynt⸱ of⸱ old clooþ, & fille þe wounde of⸱ þe same 12

[3 lf. 64, bk.] a mundificatif,   lynet⸱, & leie aboue þe mundificatif⸱ of⸱ mel roset⸱ & barly mele, [3]til

and a defensif.   þat⸱ it⸱ be perfiȝtly clensid ; & leie aboute þe wounde, from þe bigynnynge til þat⸱ þe wounde be parfiȝtly clensid, a defensif⸱ of⸱ bole armonyak, þe which I haue told ofte tyme ; aftirward incarne 16 it⸱, þat⸱ is to seie brynge ouer fleisch, & aftirward consowde.

Cure of a wound which touches the membrane.   & if⸱ þat⸱ þis wounde towche þe pannicle þat⸱ byndiþ boonys togidere, þouȝ þat⸱ þe boon be not⸱ to-broken, charge it⸱ not⸱ litil, but⸱

---

[1] *mace*, Lat. macia.
[2] MS. *þilke.*

Add. MS. 12,056. poudre of lym tofore seyd, and do alle þynge be ordre as yt is 20 conteynede aboue in þe chapiteH off⸱ wounde of þe flesch ; and ȝif þat a wounde be mad in þe hed wíth a brusynge, as wíth a mace oþere a staf⸱, oþer wíth enye þynge þat brusyth, þanne it is necessarie

Maturatif for brosure   to leggen abofe þe brusynge a maturatyf⸱, y-mad of foure partyes of 24 water, & on partye of comyn oyle & floure of whete, þat suffiseþ to maken yt þikke, tyl þat þe matere þat is brusyde be matured ; þe whiche maturatyff⸱ schal be do abrode on a clooþ & y-leyde to þe wonde, & þou schalt fulfille þe wounde wíth oyle of roses & þe ȝolke 28 of an neyȝe,[4] & lenet of an olde lynne clout y-medlyde to gedre, tyl þat þe wounde ȝif quyter & þe akþe be aswagede. ⁊ aftterwarde leye in þe wounde dreye lynet of lynne cloth, & fille þe wounde fuH of þe same lynet, & leye aboue þe mundificatyff⸱ of mel rosat & 32 barlye mele, tyl þat he be perfitlye clansyde, & leye aboute þe wounde fro þe begynnynge, tyl þat þe wonde be perfitlie clansyde, a defensyf of bol armonyak, þe whiche y haue tolde of ofte tymes ; afterward incarne hit—þat is to sigge, brynge ouere flesch, & after- 36 warde consoude yt ; and ȝif þat þis wounde touchith þe pannycle þat bynde þe bonys togedre, þowȝ þat þe bon be nouȝt to-broken,

---

[4] *neyȝe* at the beginning of a line.

take þerofᵗ good hede, & do þerynne in þo wounde hootᵗ oile ofᵗ Apply
olium ro.
rosis doun to þe pannicle þatᵗ byndiþ boonys togidere, til þatᵗ þer be hoot.
noon akynge in þe wounde. & kepe þilke wounde as þou woldistᵗ
4 kepe oþere woundis ofᵗ þe brayn panne ; & kepe þe brayn fro cold
& fro heete, for cold is moostᵗ greuous to boonys & to panniclis þatᵗ   Nota
ben woundid. þer ben summe maner men þatᵗ leien wiþoutᵗ forþ Some phy-
sicians use
on alle maner woundis ofᵗ þe heed, wheþer itᵗ be wiþ wounde ofᵗ þe a general
treatment for
8 brayn panne or wiþoute þe wounde ofᵗ þe brayn panne, in whatᵗ wounds on
the head.
maner þatᵗ þe heed be hurtᵗ, a lynnen clooþ wetᵗ in þe oynementᵗ þatᵗ Entreet.[1]
is maad on þis maner / Take white rosis libram ß, oile ofᵗ rosis ʒ v, They apply
Compresses
whiʒtᵗ wex ʒ iij, þei melten alle togidere in an yren panne, & þei with an
ointment,
12 maken [2]þerofᵗ .j. bodi, & boile itᵗ aftirward in good wyn bi þe space [² lf. 65]
ofᵗ an hour ; & þei leten itᵗ aftirward nyʒ colden, & þei weten þer-
inne a pece ofᵗ a lynnen cloutᵗ, & þei schapen þilke pece wiþ a schere
aftir þatᵗ þe wounde is, & panne þei baþe þilke pece in good wiyn, &
16 þanne leie þilke pece [on þe wounde]*, & anoon aftir þei leien vpon
þilke pece on eiþir side ofᵗ þe wounde a plumaciol I-wetᵗ in good
hootᵗ wiyn ; & þei leien on a drie pelowe ofᵗ herdis vpon þo two
wete pelowis, þe which drie pelewe ofᵗ herdis schal comprehende þe
20 tweie wete, & bynde hem faste ; & þei ʒeuen to summen to drynke

---

[1] *Entreet.*   See entreten ne. entreat, Mätzner, *Dict.*

---

charge yt noʒt litel but take þere of gode hede, & do in þe wounde Add. MS.
hot oyle of roses don to þe pannycle, tyl þat þere be non akþe in þe 12,056.
wounde. & kepe þilke wounde, as þou woldiste kepen oþer wondys
24 of þe brayn panne & of þe brayn, fro colde & from hete ; ffor colde
ys most greuestᵗ to bonys & to pannycles þat beþ woundyde. [3]þere [³ fol. 74 b]
ben some manere of men þat leggen wiþouten forth on alle manere
wondys of þe hed, wheþere it be wiþ wounde of þe brayn panne
28 oþere wiþout wounde of þe brayn panne, in what manere þat þe
hed ben y-hurt, a lynnen cloth y-wett in þe oignement y-made in þis
manere : R whit resine ℔ ß., oyle of roses ʒ v., whyt wex ʒ iij., Cura
Ancellina
þey melten all togedres in an erthyne panne, & þey maken þere of
32 on body, & þey boyllen yt afterward in gode wyn by þe space of an
Oure ; & þey leten afterwarde nyʒh colden, & þey weten þere ynne a
pece of lynnen cloth, & þey schapen þilke pece with a schere aftere
þe wounde ys, & þey baþen þylke pece in gode wyn, & þey leggen
36 þilke pece on þe wounde,* and anon afterwarde þey leggen on þilke
pece on eiþere syde of þe wounde a plumacyole, y-wet in good hote
wyn, & þey leggen on a drye pylwe of herdes vpon þo tweye wete
pylwes, þe whiche dreye pylwe schall comprehende þe tweye wete
40 & bynden hem faste ; and þey ʒeuen some men to drynken gode

and diet with
wine and
fowls.

riʒt good wyn, & to ete good fleisch of hennes & of capouns; &[1]
þei comaunden to drynke a drope of water; & þei gouernen on þis
maner alle men þat ben woundid in þe heed differentliche, & þei
seyn þat mo men ben heelid bi þis maner cure þan dien. But bi as 4

I never dared
to try this
treatment.

myche as alle auctouris ben aʒens þis cure, namely in dietynge, I ne
was neuere hardi to preue þis maner cure; for in mannys bodi a

[2 lf. 65, bk.]

medicyn schal not be preued which þat is not acordynge to resoun /

Nota bene.

For alle autouris acorden þat þer is no þing [2]þat so soone greueþ þe 8

Wine is
especially
dangerous.

brayn & þe senewis as wiyn doiþ, & vsynge of fleisch is cause of
bryngynge yn an hoot enpostyme. Neuere-þe-latter if a man þat
vsiþ of custum sich a maner dietynge haue a strong heed, in his
hele him drediþ no wiyn, & þe vertu of him þat is sijk be strong— 12
in sum manere of folk wiþ þis maner gouernaile, vertu is more
strenkþid, & þe sunner þei ben heelid. But I ne procede not wiþ
sich a maner dietynge bi cause of drede lest an hoot enpostyme
schulde come to þe sore, but I procede in dietynge & worche aboute 16
þe wounde as I haue seid tofore.

Treatment if
the skull is
broken:

Oþere men loke [in brekynges of þe brayn panne, wheþer þat]*
þe brekynge of þe brayn panne be with a greet wounde, or smal

---

[1] Lat.: & præcipiunt quod unam guttam aquæ *non* bibat.

Add. MS.
12,056.

wyn, & to eten gode fllesscħ of capouns & of hennys; & þey 20
comaunden to drynken a drope watere; and þey gouernen on þis
manere alle men þat ben woundyde in þe hed differentlyche, & þey
sigge þat mo[3] men ben y-helyde by þis manere cure þen dyʒen.
But by as myche as alle auttorys beþ aʒeyns þis cure, namlyche in 24
dyetynge, y ne was neuere hardye to preuen þis manere of cure;
ffor in mannys bodye a medycine schal nouʒt ben preuyde, whiche
þat is noʒt acordynge to resoun; ffor alle auctores acorden, þat þere
ys noþynge þat so sone greuyþ þe brayn & þe synwes as wyn doþ, 28
and vsynge of flesch ys cause of bryngynge in an hot Emposteme.
Neuere þe latere ʒif a man þat vsith of custome swyche a manere
dyetynge haffe a stronge hed, & in hys hele he dredyþ non wyn,

[4 fol. 75 a]

& þe vertue of hym þat ys seek [4]be stronge, in some manere of folk 32
with þis manere of gouernaylle vertue ys more y-streynþed, & sunnere
þey ben y-helyde. But y ne procede nouʒt wiþ swyche a manere
dyetynge, by cause of drede leste an hote empostome scholde come
to þe sore; but y procede in dyetynge & worche aboute þe wounde, 36
as y haue seyde toforn. Oþere men loken* in brekynges of þe
brayn panne, wheþer þat þe brekynge of þe breyne panne be with a
gret wounde oþere a smal wounde, oþere without wounde; and ʒif

[3] MS. *no.*

wounde, or *with*oute wound*e*. & if*t* þat*t* þer be a greet*t* wound*e*, þei
loken wheþ*er* þei mou*n* se if*t* ony pece of*t* þe brayn panne be to- Broken pieces
are removed,
broke*n*, & þei don it*t* awey. & aftirward þei putten bitwene þe
4 brayn pa*n*ne & dura*m* matrem a þinne clout*t* wet*t* i*n* þe white of*t* an
ey, & su*m*what*t* þe white comp*r*essid ont*t*, & þei fulfillen al þe wound*e* wet com-
presses
of*t* þe brayn panne w*ith* sich a man*er* clooþ. & þei leyn i*n* þe oue*r* applied to
stanch the
wound*e* which þat*t* is i*n* þe fleisch, lynet*t* wet*t* i*n* þe white of*t* an ey, blood;
8 til þat*t* þe blood be stau*n*chid ; [1]& þei leien aboue a plumaciol wet*t* [[1] lf. 66]
in an ey. & wha*n*ne þe blood is stau*n*chid, þei leien a dreie clooþ then dry
compresses,
vndir þe brayn panne in þe wou*n*de, & þei leien aboue þe wound*e* a a poultice,
potage, þe which engendriþ quytture ; & wha*n*ne þat*t* þe quytture is
12 engendrid, þei leien i*n* þe wound*e* carp,[2] eiþir lynet*t* of*t* a cloute ; & and an
ointment.
þei anoy*n*te aboute þe wound*e* wiþ vnguento fusco ; & at*t* þe laste
eende þei leien aboue apostolico*n*.[3]

& þei asaie in þis maner if*t* þat*t* þe brekynge of*t* þe brayn panne Treatment of
a fissure of
16 be wiþ a rimel,[4] þat*t* is to seie a chene, eiþir a creueis ; & if*t* þat*t* the skull ;
ilke creueis peerse to wiþi*n*ne, makynge þe sike man to streyne his

---

[2] *carp*, Lat. carpia, 'charpie.' *oile* struck through after *carp*.

[3] *Apostolorum Unguentum*, a cleansing Ointment, so call'd, because it is
made of twelve Drugs, according to the number of the Apostles.—Kersey.
1706.

[4] *rimel*, Lat.: si fractura esset rimalis. O.Fr. rimule, Lat. rimula, a
small chink.

þat þere ben a gret wound*e* þey loken wheþ*er*e þey mowe seen ʒif Add. MS.
12,056.
enye pece of þe brayn pa*n*ne ben to-broken, & þey don yt awey.
20 And afterward*e* þey putten bytwene þe bray*n* pa*n*ne & dura*m*
matrem a þe*n*ne clout y-wett in þe whyte of an eyʒe, & su*m*what þe
whyte c*om*pressyde out, & þey fulfyllen alle þe wound*e* of þe brayn
pa*n*ne w*ith* swiche a maner*e* cloth. & þey legge*n* in þe ofer*e*
24 wound*e* whiche þat ys in þe flesch, lenyt y-wett in þe whyte of an
eyʒe, tyl þat þe blode be stau*n*chyde ; & þey legge*n* aboue a
plumacyole y-wet in an eyʒe. And wha*n*ne þat þe blọde ys y-
staunchyde, þey leggen a dreye cloth vndire þe brayn pa*n*ne in þe
28 wound*e*, and þey legge*n* aboue þe wound*e* a potage, the whiche
engendryth quyter*e* ; & whe*n*ne þat þe quyt*er* ys engendryde, þey
leggen in þe wound*e* carp oþ*er*e lyneth of a clout ; and þey anoy*n*t[5]
aboute þe wound*e* w*ith* oygnement fusco ; and at þe laste ende þey
32 legge*n* aboue Apostolicon. And þey assayen in þis manere : ʒif þat
þe brekynge of þe brayn pa*n*ne be w*ith* a rimele, þat ys to seye a
chyne, oþ*er*e a creueys ; & ʒif þat þilke creveys p*er*se to wiþy*n*ne,
makynge þe syke man to streyne*n* hys mouþ & hys nese, & þey

[5] At the end of the line.

mouþ & his nose, & þei maken hi*m* þanne to blowen, & þei loken[1] if⸍
ony þing⸍ exale out⸍ bi þilke rimele,[2]— as blod or ony other mater,

Some physicians open the fissure from end to end,
þei drede not⸍ to perse þilke rimelle. & þanne su*m*me seien þat⸍
þilke rimele schulde be to-broke eiþir peersid from þe toon eende to 4
þe toþir wiþ ri*n*spindelis,[3] perischinge þe brayn scolle / A rinspindil
is an instrument⸍ þat⸍ coteleris poudren[4] wit*h* her haftis, þe which
figure schal be schapen i*n* þis same chapitle folowynge. & þe

which is entirely wrong.
worste þing⸍ þat⸍ a man may do is to peerse þe rimele on boþe sidis / 8

[5 lf. 66, bk.]
But⸍ oþere [5]men don bettere which þat⸍ peerse þe rimele on þe oon

Better open only one end of the fissure, make several holes in the skull,
eende which is moost⸍ hangynge ; & þei make*n* as manye hoolis, oon
biside anoþer, as it⸍ is nessessarie to make an hole i*n* þe brayn
panne, bi þe which hole if⸍ ony þing⸍ be fallen vpon, dura*m* matre*m* 12
my3te be clensid ; & þese, in as myche as touchinge trepanacacciou*n*[6]
worchiþ best⸍ / & wha*n*ne þat⸍ þei han maad manye hoolis, þei
kutten from oon hole to anoþer hole wiþ an instrument⸍, þat⸍ þei

and remove a piece of the bone.
mou*n* drawe out⸍ þe boon þat⸍ is bitwene þe ordure of⸍ holis þat⸍ was 16
ma*a*d & þe rimele, & þei casten hi*m* awey, & aftirward þei proceden

---

[1] *þanne* struck through after *loken*.

[2] *as blod or ony oþer mater . þei drede not to perse þilke rimelle,* this is as a note at the bottom of the page.

[3] *rinspindil,* see mod. Germ. Rennspindel, f., upright drill, pump drill. Trépan.—Rumpf, *Technolog. Dict.*

[4] *poudren* for *boren,* under the influence of 'pore.' Lat. porus.

[6] Lat.: quantum est ad trypanacionem.

Add. MS. 12,056.
maken hy*m* þenne to blowen, & þey loken 3if enye þynge exale out
by þilke rymele. *& 3if þat enye þynge exale out by þylke rymele,
as blod ore enye oþere matere, þey drede no3t to perce þilke rymele ; 20
and þenne some sigge þat þilke rymele scholde be to-broke oþere
y-perced. from þat one ende to þat oþere wit*h* Rynspyndles, persynge

[7 fol. 75 b]
þe braynscolle. [7]A rynspyndell ys an Instrument þat Cutlers
poudre*n* wiþ here hefftes, whose ffigure schal be schappyde[8] in þe 24
same chapitle ffolwynge. And þe worste þynge þat a man may do,
ys to perce þe rymele on boþe sydes. But oþere men don bettyre
whiche þat perce*n* þe rymele at þat one ende, whyche is moste
hongynge ; and þey maken as many holys on bysyde an oþere, as 28
beþ necessarie to maken an hole i*n* þe bray*n* panne, be þe whiche
hole 3if enye þynge beþ[9] fallen vpon þe dura*m* matre*m* my3te ben
y-clansyde ; & þese in as myche as towchynge trepanaciou*n* worchiþ
best. And whe*n*ne þat þey haue made manye holys, þey kutten 32
from on hole to an oþere wiþ an spatymyne,[10] þat ys an Instrume*n*t,
þat þey mowe drawyne out þe bon, þat ys betwene þe ordre of holys
þat was y-made & þe rymele, & þey casten hy*m* aweye, afterwarde

[8] MS. *scharpyde.* *rp* for *pp,* like *lk* for *kk.* See p. 120.

[9] þ above line.   [10] Lat.: cum spatumine.

forþ in oþere maner þingis as itᵗ is seid tofore / For whanne þou
desirist way of[1] trepaninge [þis manere trepanynge]* sufficiþ to
þee in þe rimelis ofᵗ þe brayn panne. þis schal be þe foorme ofᵗ a A description of the instru-
4 trepane [with þe whiche þe brayn scolle schal be trepaned wiþ]* ments used: the trepan,
. & þis is þe foorme ofᵗ a spatinam, wiþ þe which a man the spatina (spattle).
schal kutte from oon hole to anoþer hole . & þou schaltᵗ
smyte wiþ a mal[2] eiþer an hamer on þe greetᵗ eende ; & whanne þou
8 hastᵗ remeued ofᵗ þe boon þatᵗ schal be remoued, euene þe brynkis
with schauynge, þatᵗ þou mowe notᵗ leue no maner scharpnes in þe
brynkis. þis is þe maner ofᵗ þe schap , [3]& þis schaue schal [³ lf. 67]
kutte on þe side þatᵗ foldiþ ynward, & itᵗ schal be bluntᵗ on þe oon
12 side þatᵗ is outward. & þei fulfillen þe wounde þatᵗ is wiþinne þe The further treatment
fleisch wiþoutforþ, as I haue seid, with þe clooþ expressid ofᵗ þe is the usual one for
white ofᵗ an ey & lynetᵗ, til þatᵗ þe wounde be ful, & also til þatᵗ wounde.
þe kynde haue regendrid a repeirementᵗ, þe which schal fulfille
16 þe place þere as þe boon was don awey. Aftirward þei curen
þe wounde aftir comoun cure ofᵗ woundis / Alle oþere maner ofᵗ
trepanacioun is comprehendid vndir o summe, þouȝ þatᵗ summen
ordeyne particuler aftir her dyuyse, diuers maners.
20 Butᵗ bi as myche as I haue not seen in þis caas no way þatᵗ

<hr>

¹ þe struck through after *of*. ² *mal*, Lat. malleus.

<hr>

þey proceden forth in oþere manere thynges, as yt is seyde tofore. Add. MS.
And whenne þat þou desiriste þe wey of trepanynge, *þis manere 12,056.
trepanynge suffiseþ to þe in þe rimeles of þe brayn panne. þis schal
24 ben þe forme of a trepane, *with þe whiche þe brayn scolle schal be
trepaned wiþ . And þis is þe forme offᵗ a spatimene, with
þe whiche a man schal kutte with from on hole to an oþere hole
. And þou schalt smyten with a Mal oþere an hamere
28 vpon þe gret ende ; and whenne þou haste remefed of þe bon þat
schal be remeffyde, euene þe brynkes wiþ schauynge, þat þere mowe
noȝt lefe non manere scharpnesse in þe brynkes. þis ys þe manere
of þy schafe , and þis schafe schal kutten on þe syde þat
32 feldyth inwarde, & schal be blunt on þe syde þat ys outwarde.
And þenne fulfyllen þe wounde þat is in þe flesch, wiþoutforþ as y
haue seyde tofore, with cloþ expressyde of þe whyte of an eyȝe, &
lynet to þat þe wounde be ful, and also tyl þat þe kynde haue
36 regeneryd a repeyrement, þe whiche schal fulfylle þe place where
þat þe bon was don awey. [4]Afterwarde þey cure þe wounde aftere [⁴ fol. 76 a]
comyn cure of wondys. Alle oþere manere of trepanacioun ys
comprehendyde vndire on Somme, þowȝ þat sum men ordeynen
40 partyklerliche aftere here devyse, dyuerse maners. But be as
myche as y haue noȝt seyne in þis place no wey þat myȝte remefe

Trepanning
is dangerous. my3te remeue me from doute, bi as myche as I haue saied bi longe

tyme, boþe bi summe auctouris experimentis, & also bi myn experi-

Galien ment¹, & þat¹ wei is not¹ certeyn / þerfore here þei Galien, þat¹ seiþ:

and if¹ we mowe remeue quytture wiþoute doynge awei of¹ boonys þat¹ 4

Auicen schulde be do awey, it¹ is good / And auicen & serapie[1] acorden to

used medi-
cines instead
of operating. þe same sentence of¹ cure of¹ heed akþe þat¹ comeþ of¹ smytynge or

ellis of¹ fallynge, where þat¹ he towchiþ[2] þe worchinge of¹ hurtis of¹

[³ lf. 67, bk.] þe brayn [3]panne, not¹ bi trepanacioun, but¹ bi emplastris & medicyns / 8

& also I took good hede þat¹ manye mo men ben heelid bi maner

Nota. of¹ medicyns & emplastris, þan ben heelid bi trapanes, þat¹ ben

I operate if
the broken
piece
.1.
gets under
the healthy
bone,
.2.
or hurts the
dura mater, peersynge or þrillynge / For I ne vse not¹ instrumentis to remeue

the boon but¹ in two causis / Þe oon cause is if¹ þat¹ þe brayn panne 12

be so myche I-slend[4] þat¹ þe part¹ þat¹ is broke, entre vndir þe partie

þat¹ is hool / Þe secunde caas is, if¹ ony pece be departid from þe

brayn panne, þe which þat¹ prickiþ duram matrem / In þe firste

caas dura mater is compressid. In þe secunde caas dura mater is 16

causing a
tumour, prickid, which is cause of¹ akþe, & akynge is cause of¹ drawynge

humouris, þere engendriþ an empostyme vpon þe same pannicle, þe

then cramp, which is cause of¹ a crampe, & of¹ oþere accidentis tofore seid; &

[1] *Serapie*, probably Ser. the Elder, an Arab physician, cc. 900.

[2] *towchiþ* for *techiþ*.

[4] *islend*, Add. MS.*ysclend*. See *slent*, to tear, to rend (Dorset).——Halliwell.

Add. MS.
12,056. me fro doute, by as myche as y haue assayede longe tyme boþe by 20

sum auctores experyment¹, & also by myn experyment, & þat wey

is no3t certeyn, þerfore here þey Galien, whiche þat seith : 3if we

mowe remywe quyter without doynge awey bonys þat scholde be

do awey, hyt is good. And Auisene & Serapio acorden to þe same 24

sentense of cure of hed-akþe, þat comyth off¹ smytinge oþere ellys of

fallynge, where þat he techith þe worchynge of hurtynges of þe

brayn panne & of þe brayn, no3t by trepanacioun, but by emplastres

& by medycines. And also y toke gode hede þat manye mo men 28

ben y-helyde by manere medycines & emplastres, þenne ben y-helyde

by trepanes þat beþ persynge oþere þryllynge. Ffor y ne vse no3t

Instrumentes to remywe þe bon, but in tweye cases—þat on cas ys

3if þat þe breyn panne be so myche y-scleud, þat þe part þat ys 32

y-broke entre vndire þe partye þat ys hol, þe secunde cas ys 3if þat

enye pece be departyde from þe brayn panne, whyche þat pryketh

duram matrem. In þe firste cas dura mater ys compressede. In þe

secunde cas dura mater ys y-prikyde, þe whiche ys cause of¹ akþe, 36

& akynge ys cause of drawynge of humoures, the whiche engendrith

a posteme vpon þe same pannycle, the whiche is cause of a[5] crampe,

& of oþere accidentes tofore seyde, & at þe laste þey bryngen deþ

[5] *a*, above line.

at þe laste þei bryngen deeþ to þe pacient / In þese .ij. causis ᴵⁿᵃˡˡʸ death.
I leeue hem[1] constreyned to remeue a boon wiþ handely[2] instru-
mentis. In alle oþere maners of brechis eiþer in creueis, in what ᴵⁿ ᵃˡˡ ᵒᵗʰᵉʳ
ᶜᵃˢᵉˢ ᴵ ᵘˢᵉ
4 maner þat þei happen, þouȝ þat I be not siker of þe pacientis lijf, medicine,
neþeles I procede in þis maner with more trist, bisekynge alwey
help of god, þe which þat [3]haþ heelid mo men bi myn hondis, þat [³ lf. 68]
ᵃⁿᵈ ᵇʸ God's
am his instrument, þan haue ben deed, nouȝt aȝenstondynge alle ʰᵉˡᵖ ᴵ ʰᵃᵛᵉ
ᵍᵉⁿᵉʳᵃˡˡʸ
8 my cautels & helpinge. For soþe þat I haue biholde soþliche resonis ᵇᵉᵉⁿ ˢᵘᶜ-
ᶜᵉˢˢᶠᵘˡ.
& þe proces of oþere auctouris, I holde þis wey lasse dredeful þan
ony oþere / for I folowe þe sentence of Galien, which þat seiþ: Galien
if þat a man haue but o wei to his hele,[4] it is good þat he holde
12 þilke wey, þouȝ þat it be yuel.

& whanne þat I come to a man þat is woundid in þe heed, & I Treatment of
fractures of
knowe þat þe brayn panne be broke, bi tokenes tofore seid, first I the skull,
without
considere þe vertu of him þat is pacient, & also his age & alle trepanning:
16 oþere particuler þing, & nameli vertu, & gladliche I leue þe cure,
if þat I se ony deedly tokenes, but if it so be þat I be preied wiþ
þe grettere instaunce of þe freendis of þe sike man. & not aȝen-
stondynge her preier I telle hise freendis þat bi wey of resoun þe

<hr>

[1] *hem* for *am*; *leeue* is erroneously added in margin.
[2] *handely* ne. handy.   [4] MS. *ixele*.

<hr>

20 to þe pacient. In þese tweye causes y am constreynde to remefe a Add. MS.
bon with handly Instrumentes. In alle oþere manere of breches 12,056.
oþere of crefeys, in what manere þat þey happen, þowȝ þat y be
noȝt sykere of þe paciente, naþeles y procede in þis manere with
24 more trest, by sechynge alweye help of god, þe whyche þat haþ
y-helyde mo m[5]en be myn handys, þat am hys Instrument, þenne
han be ded, nouȝt aȝeynestondynȝe al my cauteles & [6]helpynȝe. [⁶ fol. 76 b]
Ffor sytthe þat y haf beholde sotelyche þe resouns & þe processes
28 of oþere auctorys, y holde þis wey lesse dredful þenne enye oþere.
Ffor y folwe þe sentence of galien, which þat seiþ: ȝif þat a man
hath but o wey to hys hele, hyt ys gode þat he holde þilke weye,
þowȝ þat þilke wey be eueⱡ. And whenne þat y come to a Man
32 þat is woundyde in the hed, & knowe þat hys breyn panne ys
to-broke, by þe tokenys tofore seyde, ffirste y considere þe vertu of
hym þat ys pacient, & also hys age & alle oþer[7] partyclere thynge,
& namly vertue. And gladliche y leue þe cure. ȝif þat y se enye
36 dedlye signes; but ȝif þat so be þat y be preyde wiþ the grettere
Instaunce of þe frendes of þe seke man. And noȝt aȝeynestondynge
here preyere, y telle hys frendys þat by resoun þe pacient scholde

[5] MS. *m, en* cut away.   [7] *oþer*, above line.
SURGERY.   K

Jf there are
no mortal
symptoms
and if the
wound is
large,
[¹ lf. 68, bk.]
I shave the
head and
apply
**Olium
Rosarum,**

pacient᾽ schulde die, & þanne I worche aboute him as in a man in
whom yuele accidentis appere.   & if᾽ þat᾽ þe signys ben not᾽
deedliche, & þe breche of᾽ þe brayn panne be with a greet᾽ wounde
of᾽ þe heed, & þat᾽ a greet partie of᾽ þe brayn panne be do awey al 4
togidere, so þat᾽ I mowe ¹haue a good wey to leie medicyns vpon
duram matrem /   First I do schaue his heed, afterward I leie on an
eeld lynnen clout᾽ & a þenne,² wett᾽ in .ij. parties of᾽ oile of᾽ rosis
swete smellynge, & oon partie of᾽ mel roset᾽ colat᾽, bitwene þe duram 8
matrem & þe brayn panne sliȝly & softli, þat᾽ dura mater be not᾽
compressid wiþ þe clooþ þat᾽ is wet᾽ tofore seid ; & I fulfille þe
wounde of᾽ þe fleisch wiþ lint᾽ of᾽ oold lynnen clooþ wett᾽ in þe ȝelke
of᾽ an ey, & oile of᾽ rosis, boþe liche myche ; & anoynte aboute þe 12

a defensif
ointment,

wounde wiþ a defensif᾽ of᾽ bole armoniak ofte tymes I-seid, & leie
aboue þe wounde a plumaciol, þe which þat᾽ schal keuere al þe

compresses,

wounde ; & þanne aboue al-togidere I leie a greet᾽ plumaciol, wett᾽

and band-
ages.

in good hoot᾽ wiyn.   & aftirward I bynde þe wounde wiþ a boond, 16
byndynge ofte tymes aboute þe heed wiþ þe lynet᾽ & þe clooþ, þe
which þat᾽ is in þe wounde & aboute þe wounde myȝte not᾽ slide to
no partie, & bynde þe wounde in þat᾽ maner þat᾽ dura mater bi no

---

² MS. *þanne,* error for *a þenne.*   Lat. : pannum lineum vetustum et
subtile.   See below.

Add. MS.
12,056.

deyȝe, & þenne y wirche aboute hym, as y worche in a Man in 20
whom yuel accidentes apere.   And ȝif þat þe signes be nought
dedlyche, & þe breche of þe breyn panne be with a gret wounde of
þe hed, & þat a grete partye of þe breyn panne be don aweye alle
togedre, so þat y mowe han a gode wey to legge medycynes vpon 24
duram matrem.   ffirste y do schaffe hys hed, afterwarde y legge an
olde lynnen clout & a þenne, y-wett in two partyes of oyle of rosys
swote smellynge, & on partye of mel rosat colat bytwene þe duram
matrem and þe brayn panne, slyȝlye & softlye, þat dura mater be 28
noȝt compressyde with þe cloth þat ys y-wett tofore seyde, & y
fulfille þe wounde of þe fflesch with lynt of olde lynnen cloþ wet in
þe ȝolke of an eyȝe & oyle of roses, of boþe y-lyche myche ; & y
anoynte aboute þe wounde with deffensyfe of bol armonyak ofte 32
tymes seyde, & y legge abouen þe wounde a plumacyole whiche þat

[³ fol. 77 a]

schal keuere alle þe wounde, and þenne ³abouen alle togedre y
legge a grete plumacyole in-wet in gode hot wyn.   And afterewarde
y bynde þe wounde with a bande, in byndynge ofte tymes aboute þe 36
hed, þat þe lynet & þe cloþ whyche þat is in þe wounde & aboute
þe wounde myȝte noȝt slyde to non partye, and y bynde þe wounde
in þat manere þat dura mater be no weye be compressyde.   þe

wey be compressid. þe heeris of þe heed schulen be remeued awey How to shave the head.
on þis maner: clippe hem first' wiþ scheris, afterward take .ij.
parties of' water cold, & oon partie of' oile [1]of' rosis in somer, &   [[1] lf. 69]
4 make hoot' þe same water & oile in wyntir, & waische þe heed
softliche, takynge hede þat' no water ne oile entre into þe wounde,
& þanne schaue it' wiþ a rasour / & whanne þat' I haue serued þe
pacient' on þis maner, I lete him reste til on þe morowe, & aftirward
8 I serue þe wounde on þe same maner til þat' þe wounde be hool /
Neþeles I considere if' þat' þe pacient' be ful of' blood, & his vertu If the patient is strong,
be strong, & if' he be ȝong', & litil blood bled at' his wounde, &
whanne alle þese þingis acorden, I make him to be leten blood on þe I bleed
12 coral[2] veyne of' þe arme / & but' if' he mowe go to priuy, I helpe and purge.
him oonys aday, or wiþ suppositories or wiþ clisterie; & I procede
in dietynge, as I haue seid in þe chapitle of' dietynge / & whanne If pus is discharged
þat' þe wounde makiþ sufficiently quytture, I leie in þe wounde of'
16 þe brayn panne, & vpon þe brayn panne, as I haue don tofore; &
aboue þe wounde I leie a mundificatif' of' mel roset', colat', & barly I use a mundificatif
mele, til þat' þe wounde be clensid, & þat' þe dura mater be sowdid
with þe brayn panne / & þanne I caste in þe wounde of' þe heed and puluis capitalis.
20 a poudre maad on þis maner / Take frank encense & ciperi, þat is þe

     [2] *coral veyne*, vena cephalica.

---

herys of þe hed schul be remywede awey on þis manere: clippe Add. MS.
hem firste with scherys, afterwarde take two partyes of colde water 12,056.
& on partye of oyle of roses in somere, & make hot þe same watyr
24 & þe oyle in wyntere & wassche þe hed softliche, takynge hede þat
non watere ne oyle entre into þe wounde, & þenne schaffe yt with a
rasoure. & whenne þat y haue seruyde þe pacient on þis manere, y
lete hym resten tyl on þe morwe; and afterwarde y serfe þe wounde
28 on þe same manere tyl þat þe wounde be hol. Naþeles y consydere
ȝif þat þe pacient be replet of blod, & hys vertue be stronge; & ȝif
þat he be ȝonge, & lytel blod haue nouȝt go out of hys wounde, &
whanne alle þese þynges acorde, y make hym to by leten blod on þe
32 coral veyne of þe arme; & but ȝif he mowe schiten, y helpe hym
onys a day, oþere wiþ suppositorye oþere wiþ clisterye; and y
procede in dyetynge as y haue seyde in þe chapyteŀ of dyetynge.
And whenne makyth sufesentlyche quyter, y legge in þe wounde
36 of þe brayn panne & vpon þe brayn panne as y haue don toforn, &
aboue þe wounde y legge a mundyficatyff of mel rosat colat & barlye
mele, tyl þat þe wounde ben y-clansyde, & þat þe dura mater be
y-soudyde wiþ þe breyn panne; & þenne y caste in þe wounde of
40 þe hed, poudre y-mad on þis manere: R ffrank Ensence, ciperi, þe

[¹ lf. 69, bk.]² note of⸲ a ci*pres*, ¹seed of⸲ mirtill*es*, mirre, an*a*. orobi, ℥ j ; make
poudre, & leie þis poudre i*n* þe wou*n*de, & aboue þe poudre leie

þredis of⸲ ly*n*nen clooþ, or ellis lynet⸲ ; & aboue al-togidere leie an

entreet⸲ ma*a*d of⸲ .ij. *parties* of⸲ whi3t⸲ rosyn,³ & oon *partie* of⸲ wex 4
moltu*n* togidere vpon strong⸲ vynegre, & colid þoru3 a þi*n*ne
streynour vpo*n* cold wat*er* / & wha*n*ne þin hondis be*n* anoyntid
wiþ oile of⸲ rosis, malaxe⁴ it⸲ longe tyme togidere. I*n* som*er* take
euene porciou*n* of⸲ whi3t⸲ rosyn & of⸲ wex ; in wyntir / take .iiij. 8
partis of⸲ rosyn,* & þe .v part⸲ of⸲ wex, & drawe abrood þat⸲ treet⸲⁵
on a clooþ, & leie it⸲ on þe wou*n*de til þat⸲ he be *per*fi3tliche

cicatrisid. & if⸲ þat⸲ þer were ony *partie* of⸲ þe boon þat⸲ prickide
dura*m* matre*m*, þa*n*ne I aforce me to remeue þilke *partie* þat⸲ 12
prickiþ wiþ pynsou*n*s,⁶ if⸲ þat⸲ I may ; & if⸲ þilke *partie* þat⸲ prickiþ
be ioyned so faste to þe hool boon þat⸲ he wolde not⸲ be remeued
awey, þa*n*ne I remeue hi*m* awey wiþ rugement⸲⁷ from þe *partie* þat⸲
halt⸲,⁸ in makynge oon hole or two, or mo, aftir þe quantite of⸲ þe 16

² At the foot of lf. 69 is this note : R *radicis erios, aristologe, thuris,
mer, aloes, sanguis draconis, orob*us an*a, ffac pulu*is.
³ *whight rosyn*, hardened Terpentine.
⁴ *malaxe*, Lat. malaxo, mollify.
⁵ *treet* = *entreet*. See p. 123, note 1.
⁶ *wiþ pynsouns*, cum piccario. See Pynsone, Tenella. *Prompt. Parv.*,
p. 400.
⁷ *wiþ rugement*. Lat. : cum rugine ruginando, Fr. rugine, ruginer.
⁸ Both MSS. omit to translate the Lat. *si non possum.*

---

note of cypresse, sede of mirtylles, mirre ana. ʒ. i., oreby. ʒ. j., mak
poudre & leye þis poudr*e* in þe wou*n*de, & aboue þe poudre leye þe
þredys of ly*n*ne cloþ oþere ellys lynet ; and aboffe al togedire y-

legge an entrete ⁹y-made of two partyes of whyte resyn & on party 20
of wex y-molten togedre, & vpon stronge Vynegre, & y-colyd þorwe
a þe*n*ne streynoure vpon¹⁰ colde water ; & whe*n*ne þat þyne hondys
ben anoyntede w*ith* oyle of roses, & malaxe yt longe tyme togedyre.
In som*er*e take euene porciou*n* of whyt resy*n* & of wex ; in wy*n*ter*e* 24
take foure *partyes* of ——* & þe ffifte partye of wex, & y-drawe
abrode þilke tret on a cloþ & legge yt on þe wou*n*de, tyl þat he be
perffitliche cycatrysede. And 3if þat þ*er*e were anye ——* of a bo*n*.
whiche þat prekyde dura*m* matre*m*, þe*n*ne y aforce me to remeffe 28
þilke *partye* þat prykeþ wiþ pynsones 3if y may. And 3if þilke
partye þat prikeþ ys y-ioynede so faste to þe hol bon þat he nyl
nou3t be remeffyd awey, þe*n*ne y remeffe hy*m* aweye wiþ rugenynge.
from þe partye þat halt, in makynge an hole, oþ*er*e two, oþ*er*e mo, 32
after þe qua*n*tyte of þe bon þat scholde be don awey,* þat halt w*ith*
þe hole bon ; & aft*er*warde y kutte. w*ith* a spatymene from on hole

¹⁰ MS. *o pound.*

boon þat' schulde be don awey [þat halt with þe hole bon & after-
warde y kutte with a spatymene from on hole to anoþere tyl al
þe bon be remeffyde aweye.]* / & whanne þat' þe boon is remeued
4 awei, I procede in þe cure as it is ¹seid in þis chapitle / But' ⟨¹ lf. 70⟩
whanne I remeue a boon wiþ instrumentis of' þe brayn panne,
þanne I stoppe þe sijk mannes eeris, þat' he mowe not' heere þe I stop the
patient's ears
soun of' þe yren þat' trepaniþ. & I remeue þe same maner þe partie during the
operation.
8 þat' is broke, þe which þat' goiþ vndir þe partie þat' is hool, & com-
pressiþ þe dura mater. & if' þat' a gobet' eiþir a pece of' a boon
holde sumwhat' in þe wounde, & myȝte not' liȝtliche be remeued
away, & he prickiþ not' dura mater ne compressiþ not' dura mater,
12 þanne at' þe bigynnynge I do on þe boon hoot' oile of' rosis, & I
fulfille þe wounde wiþ oile of' rosis & þe ȝelke of' an ey medlid   Nota
togidere, til þat' þe boon be neischid & may liȝtliche be remoued I soften the
bone before
awey; þanne I remeue þe boon softliche, & I procede in þe removing it.
16 worchinge bitwene þe boon & duram matrem, as it is seid tofore /
& if' þat' þe breche of' þe brayn panne were as a creueis or ellis
I-slend, & neiþer part' of' þe boon were lowere þan oþer, þanne I
considere if' þat' ilke slendynge² perce al þe brayn panne; & þat'
20 þou schalt' knowe bi þe tokenes tofore seid, or ellis þou schalt'
knowe bi þis signe, þat' neuere failiþ / Make ³a plastre of' poudre of' ⟨³ lf. 70, bk.⟩

² *slendinge*, see p. 128, note 4.

---

to anoþere tyl al þe bon be remeffyde aweye.* And whenne þe bon Add. MS.
12,056.
ys remefyde awey, y procede in þe cure, as yt is seyde in þis same
24 chapyteÍl. But whanne þat y remeffe a bon with Instrumentes of
þe brayn panne, þenne y stoppe þe syke mannys eres, þat he mowe
noȝt here þe sonn of þe eyren þat trepanyth. And y remeffe þe
same manere, þe partye þat is broke, whiche þat goþ vndire þe
28 partye þat ys hol, & compressyth þe dura mater; and ȝif þat a
gobbet oþere a pece of a bon helde sumwhat in þe wounde, &
myȝte noȝt lyȝtlye be remeffyde awey, and he prikyde nouȝt ne
compressyde nouȝt duram matrem, þenne at þe bygynninge y do on
32 þe bon hot oyle of rosys, and y fulfylle þe wounde with oyle of roses
& þe ȝolke of an eyȝe y-medled togedire, tyl þat þe bon be y-
nesschyde, and mowe lyȝtlyche be remywede aweye; þenne y
remeffe þe bon, & y procede in worchynge bytwene þe bon &
36 duram matrem, as it is seyde tofore. & ȝif þat þe breche of þe
breyn panne ⁴were as a cerſes, oþere ellys y-sclend, & neiþere party ⟨⁴ fol. 78 a⟩
of þe bon were lowere þenne oþere, þen y consydere ȝif þilke
sclendynge parten alle þe breyn panne, & þat þou schalt y-knowe by
40 þe toknys tofore seyde, oþere ellys þou schalt y-knowe by þis signe
þat neuere faileþ : make a plastre of þe poudre of mastyk & þe

How to dis-
cern by
means of a
Plaster,
whether the
fissure pierces
the skull or
not.

mastik & þe white of⁴ an ey, medlid togidere as þikke[1] as hony, &
distende[2] it⁴ vpon a cloþ, & leie it⁴ on þe place þat⁴ is hurt⁴ fro
morowe til euen, or ellis from þe euene til þe morowe / & whanne
þat⁴ þe plastre is remoued awey, if⁴ þat⁴ þe creueis peerse þoruȝ þe 4
brayn panne, þou schalt⁴ se þe plastre more drie aȝens þe creueis þan
in ony oþer place, for þe greet⁴ heete þat⁴ comeþ fro þe brayn [& ȝif þe
breyn panne]* be nouȝt⁴ I-slend þoruȝ, þe plastre schal be nomore
drie aboue þe creueis þan on anoþer place / & if⁴ þe creueis perse 8
not⁴ þe brayn scolle, þe cure is as it⁴ is seid in þe bigynnynge of⁴ þis

When the
skull is
pierced,

chapitle, þere as I tolde of⁴ cure of⁴ wounde of⁴ þe heed, where þat⁴ þe
brayn panne eiþer þe brain is not⁴ hurt⁴. For if⁴ þat⁴ ilke remile peerse

some phy-
sicians use
trepanning.

þe brayn panne, þer is a greet⁴ doute in þe caas, for summen seien þat⁴ 12
it⁴ is impossible sich a wounde to heele ; but⁴ if⁴ þe remele be tre-
paned, & a quantite of⁴ þe boon be doon awey, þat⁴ þe superfluyte þat⁴
is cast⁴ vpon *duram matrem* may be doon awey, or ellis þe dura *mater*
schulde putrifien & be corrupt⁴, & bi þat⁴ skil[3] þe pacient⁴ schulde 16

[⁴ lf. 71]
Nota.

die, þe which þat⁴ myȝte [4]be heelid bi þe remeuynge of⁴ þe boon /
Neþeles I þat⁴ haue seen in trepaninge greet⁴ perel, namely whanne

---

[1] MS. *þilke.*   [2] *distende,* Lat. distendo.
[3] *bi þat skil,* Lat. quare.   Skil = causa, synon. with 'resoun' occurs
frequently in *Polychron.* See Gloss. The same construction in : ' & by þe
same skile' ea ratione, *ibid.,* iii. 465.

Add. MS.
12,056.

whyte of an eyȝe, y-medlyde togedyre as þykke as hony, & distende
it on a cloþ, & leye it on þe place þat ys hurt from morwe tyl euene, 20
oþere ellys from euene tyl þe morwe.   And whenne þat þe plastre
ys remefyd awey, ȝif þat þe crefeys persiþ þorwe þe breyn panne,
þou schalt se þe plastre more drye anonde[5] þe crefeys þen in enye
oþer place, for þe gret hete þat comyþ from þe brayn ;* & ȝif þe 24
breyn panne* be noȝt y-sclend þorwe, þe plastre schal be namore
rye abouen þe crefeys þenne on an oþere place.   And ȝif þe crefeysd
perse nouȝt þe brayn scolle, þe cure is as yt is seyde in þe by-
gynnynge of þis chapyteH, þere as y tolde of þe cure of wounde of 28
hed, where þat þe breyn panne oþere þe brayn ys noȝt y-hurt.   Ffor
ȝif þat þilke ryemele persyþ þe breyn panne, þere ys a gret doute
in þe cas, ffor some seyne þat yt ys vnpossible swyche a wounde to
ben y-helyde, but ȝif þe rymele be y-trepanyd & þat a quantyte 32
of þe bon be y-don awey, þat þe superfluyte þat ys y-caste vpon
duram matrem mowe be done awey, ellys þe dura mater scholde
putrefien & be corupt, & by þat skylle þe pacient scholde deye,
whiche þat myȝte be helyde by remywynge of þe bon.   Naþeles y 36
þat haue y-seye in trepanynge grete peryle, namlyche whanne þat

[5] Over an erasure,

þat' þe creueis is bisidis þe semys, where þat' þe trepaninge is
deedlich / & I haue seen manye þat' wiþoute trepanyng' almyȝty
god haþ delyuerid bi myn hondis, wiþoute touchinge of' ony brayn
4 scollo wiþ ony trepan or wiþ iren; but' I helde in to þe creueis hoot'   de vertute
oile of' rosis colat', & mel roset' colat', medlid togidere aftir þe   Olium Rosarum.
doctrine tofore seid, fulfillynge al þe wounde with sich maner   I use oil of roses,
clopis; & aftirward leie aboue þe ȝelke of' an ey & oile of' rosis
8 medlid togidere, & aboute a defensif' of' bole armoniak tofore seid,   a defensif
til þat' þe quytture be engendrid. & aftirward I contynue mel
roset' & oile of' rosis in þe wounde, & aboue a mundificatif' of' mel   and a mundificatif
roset' & barly mele til þat' þe ligament' be fully engendrid on þe   medicine,
12 brayn panne, & þat' þou schalt' knowe whanne þat' þou seest' þe
boonys ben[1] ioyned togidere, as it' were two bordis weren ioyned
togidere with cole[2] or with glu; & þanne I fulfille þe wounde wiþ
drie þredis of' clene lynnen cloþ, & aboue [3]a mundificatif', til þat'   [3 lf. 71, bk.]
16 þe boon be keuerid. þanne I strowe on aboue þe capitale poudre
tofore seid, & I leie on þe schauynge or ellis þe rasure[4] of' lynnen
cloþ, & aboue al þis I leie on a treet' of' whiȝt' rosyn; & I do alle   and a plaster of terpentine.
þese þingis þat' I haue seid tofore til þat' þe wounde be consowdid /

[1] *ben*, above line.
[2] *cole*, Lat.: sicut si essent duo ligna cum glutino in simul *incolata*.
[4] *rasure*, Lat. rasura.

---

20 þe crefeys ys bysyde þe semys, where þat trepanynge ys dedlyche,   Add. MS.
and y haue seye manye þat wiþouten trepanynge almyȝtie god haþ   12,056.
delyuerede be myn handys, without touchynge enye brayn scolle
with trepane opere with eyren; but y helde into þe crefeys hote
24 oyle of roses, and y legge aboue cloþes y-wett in mel rosat colat, &
oyle rosat colat y-medlyde togedyre aftere þe doctryne tofore seyd,
ffulfyllinge aH þe [5]wounde wiþ swyche manere clothys, & after-   [5 fol. 78 b]
warde y legge aboue þe ȝolke of an eyȝe & oyle of roses y-medlyde
28 togedres, and aboue þe wounde a defensiff' of bol armonyac tofore
seyd, tyl þat þe quyter be engendryd. & afterwarde y contynwe
mel roses & oyle rosarum in þe wounde, & aboffe a mundificatyf' of
mel rosarum & barly mele, tyl þat þe ligament be fulliche engendrede
32 on þe breyn panne, & þat þou schalt y-knowe whenne þat þou seste
þe bonys Ioynyde togedre, as yt were tweye bordys Ioynede to
gedre wiþ colle opere wiþ glewȝ; & þenne y fulfylle þe wounde with
drye þredys of lynnen cloþ, and abouen a mundificatyf' tyl þat þe
36 bon be keffride aboue. & þenne y strawe on aboue þe capytale
poudre tofore seyde, & y legge on þe schaffynge opere ellys þe
rasure of lynnen cloþ, and abouen al þis y legge on a Tret of resyne;
& y do alle þynges þat y haue seyde tofore tyl þe wounde be con-

Nota. & if⟨t⟩ ȝe make an obieccioun how þat⟨t⟩ it⟨t⟩ myȝte, wiþoute arerynge of⟨t⟩
þe boon, þe blood & þe quytture be dried, þe which þat⟨t⟩ fil doun bi
þilke slendynge vpon dura*m* matre*m* / I answere : riȝt as þe mater

This remedy
dissolves the
blood and
pus, of⟨t⟩ þe frenesie & þe mater of þe litarge[1] þat⟨t⟩ is more doutes, bi 4
emplastris wiþoutforþ I-leie is dissolued, & þer is no slendynge of⟨t⟩
þe brayn panne, ne no wou*n*de in þe skyn, myche more liȝtloker &
more bettere þe blood, þat⟨t⟩ is liȝt⟨t⟩ & able to be resolued, þe whi*c*h

which exhales
through the
fissure. þat⟨t⟩ wente dou*n* bi þe forseid slending⟨t⟩, may bi þe forseid slendynge 8
þe better*e* be exaled. Ne þilke blood is not⟨t⟩ viscat[2] in þe substau*n*ce
of⟨t⟩ dure matris, as þe mat*er* is i*n* empostymes, wherfore he is more
obeisschaunt⟨t⟩* —— to þe attraccio*u*n of⟨t⟩ medicyns /

[³ lf. 72]
Treatment of
a wound of
the skull
when the skin
is not broken. & if⟨t⟩ þe brayn panne be hurt⟨t⟩ wiþoute wou*n*de [3]of⟨t⟩ þe skyn, þe 12
which þou shalt⟨t⟩ knowe bi þe tokenes tofore seid / þa*n*ne su*m*men
kutte aboue þe hurtynge in þe maner of a crose, & þei areren þe
.iiij. quarters, & þei kutten & fleen þe pannicle þat⟨t⟩ keueriþ þe

Some phy-
sicians use
trepanning. boonis. & aftirward þei vsen trapanes & her oþ*er*e comou*n* curis, as 16
it⟨t⟩ is schewid tofore / But I kutte not⟨t⟩ þe skyn in þe maner of⟨t⟩ a
crose, but⟨t⟩ in þe maner of⟨t⟩ a scheeld or ellis of⟨t⟩ a þing⟨t⟩ þat⟨t⟩ is triangle
in þis man*er* ◁, & I make but⟨t⟩ oon quarter, & I vnwrie þe boon

I apply oil of
roses. þat⟨t⟩ þe oile of⟨t⟩ þe rosis may peerse yn, & þat⟨t⟩ þe v*er*tu of⟨t⟩ þe medicyn, 20

[1] *litarge*, Lat. lethargus. Lethargy, stupor.
[2] *viscat*, Lat. inviscatus, inclosed. See below, *inviscat.*

Add. MS.
12,056. souded. And ȝif me maken an obiectiou*n* how þat yt myȝte *with*-
oute*n* arerynge of þe bon, þe blod & þe quyt*er* be dreyede whiche
þat fel dou*n* by þilke sclendynge vpon þe dura*m* matre*m*, I answere :
ryȝte as þe mater*e* of þe frenesie & þe mater*e* of þe litargie þat is 24
more doutes, by emplastres *with*oute*n* forth leyd is desolfed, and
þere nys none sclyndynge of þe breyn pa*n*ne ne no wou*n*de in þe
skyn, myche more lyȝtlokere & more bettere þe blod þat is lyȝt &
able to be*n* reselfyde, whiche þat wende done be þe forseyde 28
sclendynge, may be þe forseyde sclendynge bet*er* be*n* exaled. Ne
þilke blod ys noȝt inviscat in þe substau*n*ce of dure matris as þe
mater*e* ys in apostemys, wherfore he ys more obeyssau*n*t to* þe
expulcio*u*n of kynde, & also ys more obeyssau*n*t to the attractiou*n* 32
of medycine. And ȝif þe brayn pa*n*ne be hurte wiþout wou*n*de of
þe skyn, þe whiche þou schalt y-knowe*n* by þe toknys tofore seyde,
þe*n*ne sum me*n* kutten aboue þe hurtyng in þe manere of a cros, &
þey areryn þe foure quarters, & þey kytten & fle*n* þe pa*n*nycle þat 36
keferith þe bonys, & afterwardes þey vsen trepanys & here oþ*er*e

[⁴ fol. 79 a] comyn cures, as [4]yt ys schewyde tofore. But y kytte noȝt þe skyn
in maner*e* of a cros, but in þe maner*e* of a Schelde oþ*er*e ellys of
a thynge þat ys tryangle in þis manere ◁, & y make but on 40
quarter*e* & y vnwreye þe bon, þat þe oyle of roses may perse*n* yn,

þat⁺ is maad of⁺ hony of⁺ rosis & oile of⁺ rosis, may drawe fro byneþe
þe brayn-panne / & I do in þis caas al þing⁺ as it⁺ is declarid next⁺
aboue. & if⁺ ȝe make obieccioun aȝens me bi costantyne[1] or ellis bi Constantyn objects,
4 oþere, þat⁺ seien þat⁺ bi al oure myȝt we eschewen þat⁺ neiþer oile
ne noon oyntuose þing⁺ falliþ not⁺ wiþinne þe brayn-panne / I but
answere wiþ auicen, þat⁺ seiþ : þat⁺ he worchiþ riȝtfulliche þat⁺ vsiþ Auicen,
teped[2] oilis, & þe same tellen galion & serapion ; & also I seie þat⁺ Galion, Serapion,
8 oile of⁺ rosis, þe which þat⁺ schal [3]be maad of⁺ grapis of⁺ olyue trees and I use
þat⁺ ben not⁺ ripe, is not⁺ oyntuose, but⁺ it⁺ is drie, & is clepid oile [³ lf. 72, bk.]
Oleum
enfancinum ;[4] & namely whanne þat⁺ rosis ben medlid wiþ þilke enfancinum
oile, þilke oile haþ gete to him a swete smellynge & a drie þing⁺ of⁺ as a strength-ening
12 comfortynge[5] animal spiritis ; & also þat⁺ oile haþ a vertu expressif⁺, remedy.
as galion telliþ in þe book of⁺ symple medicyns, bi þe whiche þe Galion.
brayn is comfortid & akþis ben swagid / & if⁺ þer be maad ony greet⁺
blood, it⁺ is maad sutil with þat⁺ oile ; & whanne alle þese þingis
16 ben congaderid & leid aboue duram matrem, it⁺ is clensid /

¶ Sumtyme þe brayn is meued of⁺ sum greet⁺ hurt⁺ eiþer of⁺ sum Concussion of the brain not
fallynge or of⁺ sum smytynge wiþoute ony wounde or wiþoute ony complicated

---

[1] Constantinus Africanus, c.c. 1070.   [2] *teped*, Lat. tepidus.
[4] *enfancinum*, for *omfacinum* ὀμφάκινον ἔλαιον, oil made from unripe
olives (*Diosc.* I. 29). Vigo *Interpr.*: "Omphax in Greke is an vnripe
grape. Vigo calleth oyle of omphacyne, that oyle that is made of vnrype
Olyves." Compare *Tomm. Dict.* s. v. onfacino.   [5] See below.

---

and þat þe vertue of þe medycine, þat ys y-mad of honye of Add. MS.
20 roses & oyle of roses, may drawe fro byneþe þe brayn-panne ; and 12,056.
y do in þis cas al þynge, as yt declariþ nexte aboffe. And ȝif
men make obiectioun aȝeyns me by constantine opere ellys by hym,
þat seyth þat by alle oure myght⁺ we enchewyn þat neþere oyle ne
24 non vncomys[6] þynge falle noȝt withynne þe brayn-panne, I answere
with Avecene, þat seyth : þat he wircheþ ryȝtfulliche þat vsith
certeyne oyles, & þe same telliþ galien & serapion, and also y seye
þat oyle of roses, whiche þat be mad of grapes of Olyue tres þat beþ
28 noȝt ripe, is noȝt vnctuose, but is dreyȝe ; & it is clepyde oyle
Omfacinum, & namlye whanne þat roses ben y-medlyde with þat
oyle, þilke oyle hath y-gete to hym a swete smellynge & a dreyȝinge,
cumffortynge animal spirites ; and also þilke oyle hath a vertue
32 expressif⁺, as galien tellyth in the bok⁺ of symple medycines, by þe
whyche þe brayn ys conffortyde & akþes ben aswagede, & ȝif þere
be mad enye gret blod, yt is y-made Sotyll ; & whenne alle þese
þynges ben y-gadryde togedyre & leyde abouen, dura mater ys
36 clansed. Sumtyme þe brayn ys meffyde of sum gret hurt opere of
sum fallynge, opere of sum smytynge withouten eny wounde ore enye

[6] Corrupt, probably for *vnctouys.*

by a wound
or fracture.

Nota

A certain
Canon fell
from his
horse,
and was left
senseless.

[¹ lf. 73]

I thought
him dying,

Nota

but entreated
by his friends

I anointed his
head

and laid on
compresses,

breche of⁴ ony boon, þanne do þou as I dide to a chanoun of⁴ þe
ordre of⁴ seynt⁴ austyn.   Whanne þat⁴ he wolde haue lept vpon an
hiȝ hors & haue seten in þe satel, þe hors areride vpon hise two
hyndere feet⁴, & þilke chanoun fel doun bacward vpon þe erþe vpon 4
his heed ; & al his bodi was brusid & namely aboute þe heed, þat⁴
anoon he loste þe meuynge and þe felynge of al his body / þanne a
lewid leche ¹þat⁴ was frend to þilke chanoun was clepid, & he cowde
not⁴ helpen him, for he hadde neuere seen þe same caas, ne he 8
cowde not⁴ no lettrure² / & at⁴ þe laste I was clepid, & I foond him
neiþer heerynge, ne spekynge, ne no þing⁴ meuynge, & I deemede
him for deed / & neþeless³ I seide, & he were my broþer, I nolde not⁴
for an .C. mark, but⁴ I asaiede in him goodnes of⁴ þe helpinge of⁴ 12
medicyns / for ofte tyme kynde wiþ good werkis helpiþ priuyliche
þat⁴ semeþ vnpossible to a leche. & þei þanne preieden me with greet⁴
instaunce / & I made þe heeris of⁴ his heed to be schauen & þanne
I anoyntide al þe heed wiþ. iij. parties of⁴ oile of⁴ rosis, & oon partie 16
of⁴ vynegre hoot⁴ medlid togidere, & I castide aboue poudre of⁴
mirtillis, & leide aboue a sotil lynnen cloþ þinne, wett⁴ in þe same

² Lat.: nec sciebat aliquid de scripturis. O. Fr. lettreure. See *Piers the
Plowman*, ed. Skeat. Gloss.
³ Lat.: meo tamen addens judicio quod pro centum marchis argenti non
dimitterem, quin adhuc probarem in eo, si meus esset frater, juvamenta
medicinæ inducens.

Add. MS.
12,056.

[³ fol. 79 b]

breche of eny bon, þan do þou as dyde y to a Chanoun of þe ordre
of seint Austyn.   Whanne þat he wolde haue lopyn vpon an hye 20
hors and haue seten in þe sadyll, þe hors areryde vpon hys two
³hyndere fete, & þilke chanoun fel doun bakwarde vpon þe erthe
on hys hed ; & alle hys bodye was y-brusyde, and namlye aboute þe
hed þat anon he lost þe ffelynge & þe meffynge of alle his bodye. 24
þanne a lewyde leche þat was frende to þilke Chanoun was y-
clepyde, & he couþe helpe hym noȝt, for he had neuere seyne þe
same cas, ne he ne couþe noȝt on lettre.   And at þe laste y was
clepte, & y fonde hym noȝt herynge ne spekynge ne nothynge 28
mevynge, I demyde hym for ded, and naþeles sauyde, ȝif þat he
were my broþere y nolde nouȝt for an hundrede mark⁴, but y sayede
in hym þe godnesse & þe helpynge of medycines ; ffor ofte tymes
kynde with gode werkys helpith preueliche þat semyth vnpossible 32
to a leche.   And þenne þey preyede me with gret Instaunce, and y
made the herys of hys hed to be schaffen and þenne y anoynt all þe
hed with þre partye of oyle of roses, & on partye of vyneger hot
y-medlyde togedyre, & y caste abouen þe poudre of mirtylles, and y 36
leyde abouen a sotyll þenne cloth y-wet in þe same oyle & vynegre,

oile & vynegre, & aboue þatᵗ towȝ smal tosid, & I boond al þe heed   a bandage,
wiþ a boond, & aboue I leide a lambis skyn. & so I chaungide itᵗ and a lamb's
þries ech day in anoyntynge þe nolle & þe necke into þe myddil¹   skin.

4 ofᵗ þe rigge-boon bihynde wiþ hootᵗ oile ofᵗ camomille / In þe
ij. day he openede a litil hise yȝen, & he bigan to loke aboute On the 2nd
²him as itᵗ hadde be a deefᵗ man þatᵗ were in a wondringᵗ / & þanne day he opened
summe wolden haue asaied ifᵗ þatᵗ he myȝte haue ete / & I wolde [² lf. 73, bk.]
8 not suffre him to ete / & I seide þouȝ þatᵗ he wolde ete þatᵗ he
schulde notᵗ / In þe iij. day I spak to him / he answeride me babe- On the 3rd he
lynge as a child þatᵗ bigynneþ to speke, butᵗ he myȝte forþ wiþ no babbled.
word³ / In þe iiij. dai he spak boistousliche⁴ / & þanne I ȝaf him to On the 4th he
12 drynke hootᵗ ypocras⁵ þatᵗ is maad ofᵗ sugre & ofᵗ watir / In þe v. boisterously.
day he took þikke tiȝanne⁶ / In þe vj. dai I ȝafᵗ him broþ ofᵗ a From the 6th
chiken ; and þanne he bigan to strenkþe litil & litil, & litil & litil him strength-
to meuen / & neuer-þe-lattere he myȝte notᵗ walke notᵗ manye daies ening food,
16 aftir. & whanne þatᵗ he myȝte take sufficiently mete, I comaundide

¹ *of þe myddil*, inserted.
³ See below, note 8.
⁴ *boistisliche*. Lat.: balbutiendo, stammering, seems to connect the
sense of O.Fr. boistous, lame, with boisterous.
⁵ *ypocras*, errour for *ydrosacre*. See below. " *Hydrosaccharum*, a Syrup
made of Water and Sugar." Phillips. *Hippocras*, a kind of "Artificial
Wine, made of Claret or White Wine, and several sorts of Spice." *Ibid.*
⁶ Lat. ptisanam spissam. Matth. Sylv. : "Tisanna i. aqua ordei uel
fariola."

& aboue þat towȝ smale y-tosyde, & y bonde alle þe hed with a band, Add. MS.
& abouen y leyde a lambys skyn, & so y chaungede yt twyes euerye 12,056.
day ; in anoyntynge þe nolle & þe nekke into þe myddeƚƚ of þe
20 rygge-bon byhynde wiþ hote oyle of Camamylle. In þe secunde
day he opnyde a lyte his eyȝen, & he bygan to loken aboute hym
as it hadde be a deffᵗ man, oþere ellys a man þat were in a
wondrynge ; and þenne some wolden haue assayede ȝif þat he wolde
24 eten, & y wolde nouȝt ⁷Suffren hym to eten, & y seyde þowȝ þat he [⁷ fol. 80 a]
wolde eten he scholde noȝtᵗ. In þe þridde day y spakᵗ to hym, &
he answerde me bablynge as a childe þat begynneþ to speke, but he
myȝte formen non worde.⁸ In þe fourþe day he spakᵗ bostynglyche,
28 and þenne y gaf hym to drynke hot ydrosacre, þat ys y-mad of Sugre
& of watyre. In þe ffyfte day he toke þikke⁹ tysan. In þe sixe day
y gaf hym þe broth offᵗ a chykne, & þenne he gan to strengþe litel
& lytel & lytel, & lytel to meffen, & neuere þe latere he myȝte noȝt
32 walkyn by manye dayes. And whanne þat he myȝte take Suffi-
sauntlye mete, y comaundyde hym to take Pylulas Cochias, for to

⁸ Lat.: verbum non potuit formare.   ⁹ MS. þilke.

him to take pilulas chochias[1] for to resolue bi euaciacioun þe matere
þat I-gaderide togidere in þe heed bi þilke fallinge / & I comaundide
him to ete ofte þe braynes of briddis heedis, & of hennys & of
smale briddis & kedis / & in þis maner he was hool; neþeles he was 4
neuere so sotil of witt as he was tofore /

In þis ben yuel signes as þe face to be to[2] crokid, & þe yȝen to
loke asquynt [3]eiþer crokidliche, apoplexie, crampe, to schite wiþoute
felynge, & vnmouablete of alle þe membris outcept þe lacertis of 8
þe brest þat moun be saaf[4] / He þat rediþ þis book may chese aftir
his owne wil oon of iij. weies þe whiche þat ben now vsid / þe toon
is þe wey þe whiche þat is seid in þe bigynnynge of þis chapitle, þe
which wey manye vsen, & a leche of Ianewe[5] þat is clepid anselme 12
vsiþ þis wey, & þerbi he gate myche money / neþeles I wiste weel
þat manye men dieden in hise handis bi þis wey / þe secunde maner
is in almaner hurtynge of þe heed to vsen terabracioun[6] eiþer remeu-
ynge of þe boon wiþ handliche instrumentis / þe iij. is my wey þe 16

---

[1] *Cochia.* An ancient name for several officinal purgative pills. Dunglison,
Medic. Lex. κόκκος, a pill. Alex. Trall. Compare Fr. cochée.

[2] *be to,* added in margin.

[4] Lat. : præterquam lacertorum pectoris qui sallire videntur. The trans-
lator evidently read *salvere* instead of *sallire.*

[5] Anselmus de Ianua. A. de Porte, quoted by Guy de Chauliac as
Anserinus de Ianua, XIII. cent. Ianua is Genoa, see Eloys Dictionn.
historique.

[6] "*Terebration,* a boring or piercing; a Term more especially used in
Surgery." Phillips. "*Terebra,* an Awger or Wimble, a Piercer; also an
Instrument to engrave on Stones; also a Surgeon's Trepan or Trepandiron."
Ibid.

---

resolfe by evacuacioun þe matere þat was y-gadrede togidire in þe
hed by þilke fallynge. And y comaundyde hym to eten ofte þe
braynes of briddys hedys, as of hennys & of smale bryddes, & also
of kyddes; and in þis manere he was hol; naþeles he was neuyre 20
so sotyl of wyt as he was tofore. In þis cas buþ yuele signes:
as þe face to be crokyde, & þat on eyȝe to loken asquynt oþer
crokydlyche, apoplexie, crampe, to schyte wiþout felynge, & vn-
mevablete of alle þe membris outsepte þe lacertes of þe brest þat 24
mowe be saff. He þat rediþ þis bok may chesen after hys owne
wyl, one of þre weyes whiche þat beþ now y-vsyde, þat on ys þe
wey whiche þat ys seyde in þe bygynninge of þis chapiteH, þe
whiche weye many vsen, and a leche o Ianewe þat is y-clepyde 28
Anselme vsiþ þis weye, & þereby he gat myche moneye, naþeles y
wyste wel þat manye men dyȝeden in his handys by þis wey. þe
[7]secunde weye is in alle manere hurtynges of hed to vsen tere-
bracioun, oþere ellys remeffynge of þe bon with handlyche Instru- 32
mentes; þe þridde ys my weye whiche þat y haue tolde opynlye in

which þat' I haue told openliche i*n* almaner caas / & I bileue, if' ^{where fewer people die.} þat' he take hede to alle þese weyes & þat' he wole wisely discusse*n* alle þe opynyons of auctouris, þat' he schal seen fewere die bi my
4 .iij. wey þan bi ony of' þe oþere .ij. weyes // Almy3ti god lede þe redere of' þis werk i*n* þe best' wey, þoru3 whos my3tis, wordis takis sentencis & also vndirsto*n*dinge.

þou3 þat' we han bihoten to tretyn of' ano¹tamie of membris ^[¹ lf. 74, bk.]
8 þat' be*n* compou*n*d, in þe bigy*n*nynge of' eueri chapitle of' þis secu*n*de tretis, neþeles we leeuen² it' for þe bettere for to trete*n* of' anotamie of' þe visage, to þe þridde tretise, where we schulden trete*n* ^{The anatomy of the face is given in the 3rd treatise.} of' sijknes þat' come*n* to þese me*m*bris, þe whiche syknessis ben non³
12 woundis //　　　//　　　//

T̲he secunde chapitle of wou*n*dis of þe face &　¶ Cap. ij.
anotamie of þe same.

Wou*n*dis þat' ben maad i*n* þe face, or þei be maad wiþ a swerd
16 or wiþ sum dinge⁴ ellis þat' woundiþ, or þei ben maad wiþ pricknyge of' a knyf, arowe, eiþer spere. It' is necessarie þat' a surgian haue ^{Wounds of the face must be treated carefully.} more diligence in þe wou*n*dis of' þe face, for it' is a place þat' is myche seen, & it' is wel to do make⁵ a sotil⁶ cicatrice / A wounde

----

² Lat. relinquimus tamen propter melius.
³ MS. *now*.　　　⁴ *dinge*, in margin.
⁵ Compare : *þis instrument may 3e do make wiþoute grete cost.* Quinte Essence, p. 62.　　　⁶ *a sotil*, in margin.

----

20 alle manere of cas ; and y beleue 3if þat he wyl take hede to alle ^{Add. MS. 12,056.} þese weyes, & þat he wyl wyslye dyscussen þe opyniou*n*s of Auctores, þat he schal se fewere dy3e be my þridde weye þenne by enye oþere. Almy3tie god lede þe redere of þis werk' in þe beste
24 wey, þorwe whose my3te, wordes takyth sentence & echyn vnder- stondynge. þow3 þat we han behoten to treten of Anotamye of membres þat ben compone*n*d, in þe bygy*n*ninge of eue*r*y chapyteǁ of this secu*n*de tretys, naþeles we leue*n* yt for þe bettire for to trete*n*
28 of þe Anotamye of þe vysage, to þe þridde tretys, where we schulle tretyn of seknesse þat comyth to þis me*m*bres, whyche seknesse beþ no*n* wou*n*des.

¶ Cap. off woundes of þe face & Anotamye of þe same.

32　　Wou*n*des þat ben made in þe face, oþere þey beþ mad with a swerde, ore wiþ su*m* thynge ellys þat woundeþ, oþe*r*e þey be*n* mad wiþ prikynge of a knyf', arwe, oþere spere. Yt is necessarye, þat a surgyne haue more diligence in þe wou*n*des of þe face, for it is a
36 place þat is myche y-seyne, & yt ys wel y-do to make a sotyǁ cica- tryce. A wou*n*de þat ys mad with a swerde oþere with su*m* þynge

þat' is maad wiþ a swerd or wiþ sumþing' semblable þat' is alwei in
lenkþe, a man muste sotilliche sowen & gaderen þe parties of þe

wounde togidere / & for þat' manye men liзen of' þe wounde of' þe
nose, þei seien þat' oon bar his nose kutt of' in his hond, þe which 4
nose was afterward sett aзen in his owne kynde ; þe which is an open

lesynge / For þe spirit' of' lijf' of' felynge & ¹ meuynge passiþ, whanne

a membre is depertid from þe bodi / I wole bigynne at a wounde of' þe
nose þat' is kutt' in lenkþe, þe which cure is liзt' to hele / Brynge þe 8
parties togidere of' þe wounde & sowe hem, & worche aboute þe wounde

as I haue seid tofore in þe chapitle of' woundis / & if' þat' þe nose
were kutt' ouerþwert' doun to þe ouer lippe, & neþeles þat' þe ouer lippe
& þe nose were kutt' al awey, but þat' it' held faste at' boþe þe eendis 12

of' þe eendis of' þe wounde, þanne sette aзen þe nose in his propre place,
þe noseþrillis ech aзen oþir as þei weren toforn, & make two smale
tentis of wex & putte on eiþir noseþrille aboue þe wounde, if' þat' þou

maist', & þanne make a' poynt' bi þe space of a litil fyngre from þe oon 16
eende of' þe wounde, & anoþer poynt' at' þe oþere cende of' þe wounde,
& anoþir poynt' in þe myddil of' þe nose aзen þe forheed ; and aftir-
ward a poynt' on eiþer side of' þe nose, aftirward make [a poynt]*
bitwene eueri poynt', so þat' þou haue in noumbre of' alle þe poyntis 20

---

semblable þat is alweye in lengthe, a man moste sotylliche sowyn &
gedre þe parties of þe wounde. And for þat many men lyзen ³ of
þe wounde of þe nese, þey seyзen þat on bare hys nose y-kytte of' in
hys hande, þe whiche nose was afterwarde y-sette aзeyne in hys 24
owne kynde ; þe whiche ys an opyn lesynge, for þe spiryt of lyf of
felynge & of meffynge passith aweye, whanne a membre is departyde
from þe body. I wylle begynne at þe wounde at þe nese þat is
y-kutte in lengthe, wose cure ys lyзt to hele ; brynge þe parties to- 28
gedre of þe wounde & sowe hem, & wirche aboute the wounde as y
haue seyde tofore in þe chapitle of wondes. And зif þat þe nese
were y-kutte twarte offere doun to þe ouere lippe, & naþeles þat þe
ouyre lippe & þe nose were noзt kutte al awey, but þat it helde 32
faste at boþe þe endys of þe wounde, þanne sette aзeyne þe nose in
his propre place, þe noseþrellys yche aзeyns oþere as þey were to-
fore, & make two smale tentys of wex, & putte in boþe þe nose-
þrellys aboue þe wounde, зif þat þou maist', & þenne make a poynt 36
by þe space of a litel fyngere from þat on ende of þe wounde,
& an oþere poynt at þe oþere ende of þe wounde, and an oþere
poynt in þe myddel of þe nose anentys þe forhede ; & after-
warde a poynt on eiþere syde of' þe nose, afterwarde make a poynt* 40
betwene evyry poynt, so þat þou haue in noumbre of alle þe poyntes,

whanne þei ben ful maad, .ix. Caste þe poudre þat' is tofore seid throw a powder on
vpon þe wounde, þat' is maad of' ¹liine, frank encense, & sandragoun the wound,
/ & take þe white of' an ey & oile of' rosis, & bete hem togidere, [¹ lf. 75, bk.]
4 & wete þerinne a lynnen clooþ & leie aboue þe wounde / Aftirward
bynde* þerto þre plumaciols, oon vndirneþe, anoþer on þe oon side, apply three pledgets,
anoþir on þe toþir side / & þanne bynde þe nose wiþ two bandis / and two bandages,
þe toon schal holde vp þe nose þat' he may not discende dounward /
8 þe toþir schal be leid aboue þat' he mowe kepe þe plumaciols, poudre,
& þe sowynge / & þilke boond þat' is vnder þe nose þat' halt' þe nose one holds the nose in
vpward, schal be knytt'² aboue vpon þe heed, & aftirward he schal be position,
turned ouertwert' ouer þe forheed, þat' he mowe holde þe boond, þat'
12 þe nose decline to neiþir³ side. & þe boond þat' is leid aboue þe nose, the other the pledgets.
schal be bounden bihynde in þe nolle / & aftirward he schal turne aȝen
aboue þe nose, holdynge þe plumaciols þat' þei moun not' wagge to
neiþir side aboute þe sowynge ; & aboute þe forheed, þou schalt' leie
16 þe defensif' of' bole, & aftirward þou schalt' worche on þe wounde of'
þe nose, as I haue seid in a wounde of' fleisch in þe fourþe⁴ tretis / [³ lf. 76]
þe woundis þat' ben maad in opere parties of þe face ⁵as wiþ Wounds on other places must be carefully stitched,
a swerd or ony þing' semblable, brynge hem togidere & sowe hem &
20 cure hem, as it' is conteyned in general chapitlis of' woundis, takynge

² MS. *kntt.*　　³ MS. *þe neþir.*　　⁴ *fourþe* for *firste.*

---

whenne þey ben ful mad, .IX. Caste þe poudre þat is tofore seyde Add. MS.
vpon þe wounde, þat is y-mad of lym, ffrank ensence, sancdragoun, 12,056.
& take whyte of an ey & oyle of roses and bete hem togedire, &
24 leye þereynne a lynne cloþ & leye abouen þe wounde, aftirwarde
[bynde]* þereto þre plumaciolus, one ⁶vndireneþe, & on on þat o syde, [⁶ fol. 81 b]
an opere on þe opere syde ; & þanne bynde þe nose wiþ tweye bandys,
þat on schall holden vp þe nose þat he may nouȝt discendyn dun-
28 ward, þat opere schal be leyde aboffe þat he mowe kepyn þe plum-
acyolus, poudere, & þe sowynge. And þilke bande þat ys vnder þe
nose þat halt þe nose vpwarde, schal be knett abouen on þe hed,
and aftirwarde he schal be turnyde twarte offere þe forehed, þat he
32 mowe holde þe bande, & þe nose declyne to neiþere syde. And þe
bande þat ys leyde aboffe þe nose, schal be bounden behynden in þe
nolle ; and afterwarde he schal turnen aȝeyne aboffe þe nose, hold-
ynge þe plumacyoles þat þey mowe noȝt wagge on neythere syde
36 aboute þe sewynge ; & aboute þe forhed þou schalt legge þe deffensif'
of bol, and aftirwarde þou schalt worche on þe wounde of þe nose
as y haue seyde in a wounde of flesch in þe firste tretys. þe
woundes þat beþ y-mad in opere partye of þe face as with a swerd
40 ore opire þynge semblable, brynge hem togedire, sowe hem, & cure
hem, as yt ys conteyned in generall chapitle of woundys, takynge

Nota bene

hede herto þatᵗ þe sowynge þatᵗ is maad in þe face schal be more
sotil & fairer þan in ony oþere partie ofᵗ þe body / & þou maistᵗ
make a sowynge in þe face, ifᵗ þatᵗ þe wounde be notᵗ to myche, on
þis maner / Take mastᵢk, sandragoun & poudre hem & tempre hem 4
togidere wiþ þe white ofᵗ an ey to þe þickenesse ofᵗ hony, & wete

or brought
together by
an adhesive
plaster.

þerinne two pecis ofᵗ lynnen clooþ as longe as þe wounde / & leie þe
toon on þe oon side ofᵗ þe wounde, & þe oþer on þe toþir side & lete
hem drien / & aftirward make þe wounde sumwhatᵗ to blede, & 8
þanne brynge þe parties ofᵗ þe wounde togidere; & sowe þilke .ij.
pecis togidere, & caste aboue ⌐oudre ofᵗ lyme, frankencense, san-
dragoun tofore seid, & wete a cloþ in þe white ofᵗ an ey & oile of·
rosis, & leie aboue al togidere, & kepe þe partiee wiþ ligature & 12
prosede forþ in alle þingis as I haue tofore seid /

A wound
made with
a dart or an
arrow.
[¹ lf. 76, bk.]

& ifᵗ þatᵗ þe wounde be maad wiþ a dartᵗ or wiþ an arewe & þe
arowe be drawe outᵗ & þe wounde be myche sene, þanne þe cure is
¹þe same þatᵗ was seid in þe same chapitle or elles in þe firste tretis, 16

If the arrow
head is
hidden,

wheþer þatᵗ þer be a senewe prickid eiþir noon. Butᵗ ifᵗ þe arowe
heed were entriged in ony priuy place ofᵗ þe face, so þatᵗ itᵗ my3te
notᵗ be seen, þanne euery man bisie him to knowe bi his wittᵗ how

try to find it,

þatᵗ þe sike man stood, whanne þatᵗ he was smyte, & whens þatᵗ þe 20
arowe cam, & to whatᵗ partie þe wounde strecchiþ, þatᵗ he mowe loke

Add. MS.
12,056.

hede hereto, þat þe sowynge þat ys y-mad in þe face, schal be more
sotyl & fairere, þanne in enye oþere party of þe body. And þou
maiste maken a sowyng in þe face, 3if þat þe wounde be nou3t to 24
myche, on þis manere. Ꞃ mastykᵗ & sangdragoun & poudre hem &
tempre hem togedire wiþ þe whyte of an ey3e to þe þyknesse of
hony, & wete þereynne tweye pecys of lynnen cloþ as longe as þe

[² fol. 82 a]

wounde, & leye one on þat o syde of þe ²wounde, & þe oþere on þat 28
oþere & lete hem drey3en, and afterwarde make þe wounde sum
what to blede, & þenne brynge þe partyes of þe wounde togedires;
& sowe þilke two pecys togedres, & caste aboue þe poudre of lym,
ffranc ensence, sancdragoun tofore seyd, & wete a cloþ in þe whyte 32
of an ey3e & oyle of roses, & leye abofe al togedyre, and kepe þe
partyes with ligature, & procede forþ in alle þynges as y haue tofore
seyd. And 3if þat þe wounde be y-mad with a dart oþere with an
arwe, & þe arwe ben y-drawe out and þe wounde be myche y-sene, 36
þenne þe cure ys þe same þat was seyde in þe same chapyteⱦ oþere
ellys in þe firste tretys, wheþere þat þere be a synwe prikyde oþere
none. But 3if þat þe arwe-hed were entrygede in enye privy place of
þe face, so þat yt my3te nou3t ben sey3en, þenne euerye man bysie 40
hym be his wyt, to knowe how þe seke man stod, whanne he was y-
smete, & whennys þat þe arwe come, & to what party þe wounde
strecchiþ, þat he mowe loke 3if þat he mowe fynden enye manere

if᷈ þat he mowe fynde ony maner wey how he may drawe out þilke
arowe-heed ; & þanne drawe him out᷈ þe best᷈ maner wey þat᷈ he and draw
it out;
may / & if᷈ he may not᷈, heelde he in þe wounde oile of᷈ rosis & þe If you fail,
apply
4 ʒelke of᷈ an ey togidere medlid ; & wiþ þis medicyn worche in þe Olium
Rosarum
wounde, til þat᷈ kynde schewe sum maner wey / Manye men han till nature
works.
born an arowe-heed in þe parties of᷈ her face bi longe tyme ; &
after longe tyme kynde haþ cast᷈ out᷈ þe arowe heed, or ellis he haþ
8 schewid sum wey bi þe which wey þilke arowe-heed myʒte be taken
out᷈.	& þou must᷈ take hede bi al þi miʒt᷈ þat᷈, whanne þat᷈ þou Beware of
disfiguring
sowist᷈ þe woundis of᷈ þe face, þat᷈ þe mouþ be not᷈ crokid, but make the mouth in
making the
so sliʒly þi sowynge þat᷈ þilke accident᷈ may ¹not᷈ fallen ; & þat᷈ þou suture.
[¹ lf. 77]
12 maist᷈ do weel, if᷈ þou cowdist᷈ ordeyne weel þi sowynge / & if᷈
þat᷈ þou canst, kepe weel þi sowynge wiþ plumaciols and wiþ
byndyngis //	//	//

16 The þridde chapitle of þe secunde tretis is of ¶ Cap᷈ᵐ 3ᵐ
woundis of þe necke & anotamie of the same.

Bi þe necke is conteyned al þe place þat᷈ is bitwene þe heed & Anatomy of
the neck.
þe schuldris, þe which anotamie I wole telle as I haue bihiʒt᷈ /
Summen maken difference bitwene þe necke & þe wesaunt᷈² & þe

² *wesaunt* gula ; *wesande*, ysophagus.   Wright W., page 676, XV. cent.
See *Vicary*, page 47, note 4.

---

20 wey, how he may drawen out þilke arwe-hed ; and þenne drawe Add. MS.
hym out þe beste manere þat he may.   And ʒif he may nouʒt, helde 12,056.
into þe wounde oyle of roses, & medle he oyle of roses & þe ʒolke
of an eyʒe togedre, & helde into þe wounde, & wiþ þis medycine
24 worche in þe wounde, tyl þat kynde schewe sum manere wey.
Manye men han born an arwe-hed in þat partyes of here face by
longe tyme ; and aftere kynde haþ cast out þilke arwe-hed, oþere
ellys haþ schewyde sum weye by whom þilke arwe-hed myʒte be
28 taken out.   And þou moste taken hede be al þy myght þat whanne
þat þou sowyste þe woundes of þe face þat þe mouþ be noʒt crokyde,
but make so slylye þy sowynge þat þylke accident may noʒt ³ffallen ; [³ fol. 82 b]
& þat þou maiste do wel, ʒif þat þou couþest ordeyn wel þy sowynge
32 & ʒif þou couþest kepen wel þy sowynge wiþ plumacyolus & wiþ
byndynges.

¶ Cap. iij. tretis ij is off woundes of þe nekke &
Anotomye of þe same.

36 ¶ By the nekke is contynwede alle þe place þat is bytwene þe
hed & þe schuldres, whose Anotamye y wyH tellen as y haue
behyght᷈.   ¶ Some men makyth dyfference bytwene þe nekke & þe

In the neck are **vij spondilis,** or Vertebræ, the 1st is articulated with the occipital bone.

þrote-bolle, & alle þese ben comprehendid vndir þe name of[1] þe necke. In þe necke þer ben .vij. spondelis þat[1] is to seie whirl-boonys / whirlboonys of[1] þe rigge. þe firste of[1] þe boonys is bounde wiþ a boon of[1] þe heed þat[1] is clepid passillare[1] wiþ manye smale 4 feble ligamentis ; & þei were feble bi-cause þat[1] þilke ioynt[1] next to þe heed myȝte meue many weies. & þe cause whi þat[1] þer were smale ligamentis multiplied in þat[1] ioynt, þat[1] manye smale myȝten susteyne a greet[1] burþun as weel as a fewe greete ; & if[1] þat[1] þer were 8

[² lf. 77, bk.]
.1.
.2.3.
.4.5.6.
7

a fewe greete, þei weren not[1] so able to be meued / þe firste spon-dile [2]is bounde to þe secunde / þe secunde to þe þridde, þe þridde to þe fourþe / þe fourþe to þe fifþe, þe fifþe to þe sixte / þe sixte to þe seuenþe / þe seuenþe is bounde loseliche to þe firste spondile of[1] þe 12 rigge, þat[1] þe necke myȝte more liȝtliche meuen, which þat[1] is clepid

From the cervical vertebræ spring 7 pairs of sinews,

þe .viij. spondile / whanne þat[1] þou rekenest[1] [from þe hed dun-warde]* Seuene peire of[1] senewis proceden out[1] [by þese .vii. spon-delis. þe firste peire of synwe procedeþ out]* bitwene þe firste 16 spondilis and[3] þe boon of[1] þe heed þat[1] is clepid passillare / þe secunde peire of[1] senewis is bore bitwene þe firste spondile & þe secunde, & so euery peire passen out[1] bitwene ech spondile / þese senewis ben

[1] See *Vicary,* page 44, note 2.
[3] MS. *of.* Add. MS. 10,440, fol. 2 : "*& he is vnterberynge in þe hynder partie al þe bones of þe heued, & þerfore he is clepid þe berere vp or paxillus.*"

Add. MS. 12,056.

wesant & þe þrote-bolle, and alle þese be conprehendyde vndire þe 20 name of þe nekke. In þe nekke þere ben vij spondiles—þat is to say, whirle bonys of þe rigge. þe furste of þe bonys ys y-bounde wiþ a bon of þe hed þat ys y-clepyde passilare wiþ manye smale feble ligamentys ; & þey weren feble bycause þat þilke Iuncte 24 nexte þe hed myȝte meffe manye weyes. And þe cause why þat þere were manye smale lygamentes multeplyede in þat Iuncte, þat manye smale myȝte susteyne a grete burthyne as wel as a fewe grete ; & ȝif þat þere were a fewe grete, þey were nouȝt so able to 28 be meffyde. The firste spondyle ys y-bounden to þe secunde, þe secunde to þe þridde, þe þridde to þe fourþe, þe iiij. to þe v., þe v. to þe vi., þe sixte to þe sevenþe, þe vij. ys y-bounden loselyche to þe fyrste spondile[4] of þe rugge, þat þe nekke myȝte more lyȝtlyche 32 meffen, whiche ys clepyde þe viij. spondile, whenne þat þou reknyste from þe hed dunwarde.* vij. peire off[1] synwes growiþ out by þese .vij. spondelis. þe firste peire of synwe procedeþ out* bytwene

[⁵ fol. 83 a]

þe fyrste spondile [5]& þe bon of þe hed þat ys y-clepyde passilare ; 36 þe secunde peire of synwes ys y-bore bytwene þe firste spondile & þe secunde, & so euery peire passith out bytwene euery spondile.

* MS. *Whenne þat þou reknyst from þe hed,* struck through, after *spondile.*

dyuydid i*n* many weies bi þe heed, þe necke and þe face, & þe brest, schuldris & þe armes; þe braunchis of þe senewis of þe heed in *communi-cating with the sinews of the head.*
sum place ben conteynued & ioyned wit*h* þese senewis / & þese
4 senewis ben clepid meuynge, ri3t' as þe senewis þat' come*n* of þe
fore pa*r*tie of þe brayn ben clepid felynge, & þese han also felynge.
Of þese senewis þat comen of þe spondilis of þe necke þere ben
maad brau*n*nys, þe whiche ben i*n*strumentis of meuynge of þo
8 pa*r*ties. I*n* [1]þe necke bihynde, þere ben ordeyned open[2] veynes *[1 lf. 78]*
comynge fro þe lyuere þe whiche þat' ascenden into þe heed / & *The neck contains veins*
vndir þe veynes *per* ben arteries pri*u*yliche[3] comynge fro þe herte & *and arteries,*
goynge to þe heed for notable profitis. & wha*n*ne þat' þei han[4] *ascending from the heart,*
12 doon al her office in þe heed þei discenden dou*n* bi þe place þat' is
bihynde þe eeris & þei bringe pa*r*tie mater*ie* spermatife : þat is to *and bringing spermatic*
seie mater of' sperme, dou*n* to þe ballokis / & þerfore it' is seid if *matter to the ballockes,*
þat' þo veynes weren kutt, a man schulde neu*er*e engendre[5] / On þe
16 ri3tside & also on þe liftside of þe necke ben ordeined. ij. nollis[6] *It contains also liga-*
whiche[7] ben of ligamentis matire, þe whiche procede*n* out of þe *ments,*

---

[2] *open*, Lat. manifestæ, superficial.   [3] Lat. arterie occulte.   [4] MS. *ben*.
[5] Avicenna quotes Hippocrates as authority for this curious belief: " Et
Hip. quidem dixit in inte*n*tioni*bus* q*uod* plurimu*m* materiei spermatis
est ex cerebro & q*uod* desce*n*dit ex duab*us* venis que sunt post ambas aures.
Et p*ro*pter hoc abscindit phlebotomia ambar*um* generationem & facit incur-
rere sterilitatem."   *Canon Lib.* III, *Fen* XX, Tract. 1, Cap. 3, ed. Ven. 1523,
fol. 5.
[6] *nolles*, Latin cervices, seem to be the transverse processes.
[7] *whiche*, struck through after *nollis*.

þese Synwys buþ devyeded manye weyes by þe hed, & þe nekke, & *Add. MS.*
þe face, & þe breste, schuldres, & þe armes ; þe bra*n*nches of þe *12,056.*
20 synwes of the hed in some place beþ contynwede & Ioynde wi*th*
þese synwes. And þese synwes buþ y-clepyde meffynge ry3te as
þe synwes þat comyth of þe fore partye of þe brayn beþ y-clepyde
felynge & þese habbiþ also felynge. Of þese Synwes þat comyth
24 of þe spondlis of þe nekke þere beþ mad brawnys, þe whiche beþ
instru*n*mentes of mevynge of þe pa*r*tyes. In þe nekke behynde,
þere ben y-ordeynde opyn veynes comynge fro*m* þe lyffere whiche
þat ascendyn to þe hed, and vndire þo Veynes þere ben Arteryes y-
28 hud pri*u*elyche, comynge ffro*m* þe herte & goynge to þe hed for
notable p*ro*fetes. And wha*n*ne þat þey han do al here office in þe
hed, þey descenden dou*n* by þe place þat beþ behynde þe erys &
þey bryngen **materie spe*r*matice**, þat is to say mater of sperme, don
32 to þe ballokes, & þerefore it ys y-seyde : 3if þat þo Veynes weren y-
kutt, a man scholde neu*er*e engendre. On þe ry3t syde & eke on
þe lefte syde of þe nekke þere ben y-ordeynde tweye nolles, þo
whyche beþ of lygamente mater, þe whiche procedeþ out of þe bonys

boonys of^t þe heed & of^t þe spondilis, & þei strecchen dou*n* to þe

to support the sinews. eeris[1] *in* lenkþe biside þe spin boon, & þei ben a couche & a rest-

ynge place to þe senewis þat^t comen out^t of^t þe nucha. In þe fore

partie of þe necke þere is gula, þe which þat^t strecchiþ from þe chyn 4

Gula, dou*n* to þe forke of^t þe brest^t ;[2] & bitwene þe necke & gula wiþi*n*ne-

[3 lf. 78, bk.] forþ þere is ordeyned mary,[3] þat^t is to seie þe wesant ; þe which þat^t

gullet run-
ning from discendiþ of^{t4} a smal skyn enuerou*n*nynge [5]al þe mouþ wiþinneforþ

the mouth to
the stomach. & so goynge dou*n* to þe stomak, & he is hool & conteyned wiþ þe 8

stomak, & is of^t substaunce of þe same stomak, & he discendiþ dou*n*

bi þe hyndere *partie* of^t þe necke cleuynge to þe spondilis til þat^t he

come to þe fifþe spondile of^t þe rigge ; & þere he is departid from

þe spondilis, & he declineþ i*n*to þe y*n*nere *partie* til þat^t he peerse 12

The gullet has 2 coats. þoru3 þe mydrif^t,[6] & is compou*n*ned of^t .ij. panniclis, & i*n* þe y*n*nere

cloaþ þere ben braunnys i*n* lenkþe bi þe whiche drau3tis is maad of^t

mete & of^t drynk, & þe vttere clooþ þere ben brawnys i*n* brede bi

þe whiche is castynge out^t of^t superfluytees ; & he haþ noon tran- 16

suersarie, þat^t is to seie goynge ouerþwert^t, for wiþholdynge is not^t

The windpipe is made of . gristle, nedeful to hi*m*. & in þe fore *partie* of þe brest^t þere is sett^t þe

canne[7] of^t þe lungis, þe which is compou*n*ned of^t gristil ryngis bou*n*de

---

[1] *eeris* for *ers.*   [2] *the forke of the brest,* the clavicle.

[3] *mary,* Lat. meri siue oesophagus. Arab. marī'.

[4] MS. *of,* twice.

[6] *mydrif,* diaphragma. Wright W., *Gloss.,* page 578, l. 23, XV. cent.

[7] MS. *same.* Lat. canna pulmonis. See *Vicary,* page 47, note 7.

Add. MS. of þe hed & of þe spondiles, & þey strecchen doun to þe ers in 20

12,056. lengþe besydes þe spyne bon, & þey ben a couche & a restynge

place to þe synwes þat comyth out of þe nucha. In þe fore partye

of þe nekke þere ys gula whiche þat strecchiþ from þe chyn dou*n* to

þe furcle of þe brest ; and bytwene þe nekke & þe gulam wiþy*n*ne- 24

[a fol. 83 b] forþ þere ys [8]y-ordeyned mery—þat ys to seye þe wesand ; þe whiche

þat discendiþ of a smal schyn environynge alle þe mouth w*i*thynne-

forþ, & so goynge dou*n* to þe Stomak^t, & he ys hol & conteynde wiþ

þe Stomak^t, & ys of *Sub*stau*n*ce of þe same stomak^t, & he dissendiþ 28

dou*n* by þe hyndere partye of þe nek^t clevynge to þe spondelis ; tyl

þat he come to þe .v. spondile of þe rugge, & þere he ys departyde

from þe spondelis and declyneþ into þe Innere partye tyl þat he

perce þorwe þe mydryff^t, & he ys *com*poned of twey pa*n*nycles, and 32

in þe Inn*er*e cloþ þere ben brawnys in lengthe, by þe whiche drau3te

ys made of mete & drynke, and in þe vtter cloþ þere bene brawnys

in brede by whom ys made castynge out of superfluyte ; and he haþ

no*n* transversarye, þat ys to seye goy*n*ge twartoffere, ffor wythhold- 36

ynge ys nou3t nedfful to hym. And in þe fore partye of þe brest^t

þere is y-set þe canne of longes, þe whiche ys *com*poned off grustlye

togidere wiþ pannicleris ligamentis, hauynge *in* þe ynnere partie a
ful smeþe pannicle ioynynge togid*ere* þilke gristili ryngis. & þilke
ryngis wha*n*ne þei ben ioyned wiþ merie, þei ben defautif' aȝens þe
4 merie / & þe foorme of' þe canne of' þe lu*n*gis is* as it' were þe
foorme of' a cane, ¹þat' is to scie a rehed,² of' þe which rehed þe
fourþe partie were kutt' awey *in* lenkþe, & aftirward þilke caane is
wrie w*ith* a sotil cloaþ þat' wha*n*ne þat' a greet' mussel of' mete passe
8 dou*n* bi þe merye, he schulde not' haue letti*n*ge, but' þilke pannicle
of' merye ȝeueþ stede³ to þe greet' mete passy*n*ge dou*n* to þe stomak.
þe þrote-bolle⁴ is maad of' iij gristlis, & is sett' aboue þese two
weies. & boþe on þe riȝtside & on þe lift' side of' þe caane of' þe
12 lungis *per* ben ij. greete veynes þat' ben clepid organice or ellis
guydes⁵; & vndir þe veynes þer ben greete arteries, & of' þe kutt-
ynge of' þilke veynes & arteries þer comeþ ofte tyme greete p*er*els,
& sumtyme deeþ; for þe grete affenite þat' þei han wiþ þe herte,
16 and þe greet' noyousnes⁶ þat' þei han to þe lyuere, bi he*m* sonner⁷
blood is euacued, wherfore s*piritus* exaliþ, þe whiche þat' ben

[¹ lf. 79]

and gives
way to great
morsels.

The 2 Venæ
organicæ
(Jugular
Veins) and 2
great Arteries
go along the
windpipe.

An incision
into them is
dangerous,
for they are
near the
heart and
the liver.

² Read *reed.*
³ ȝeueþ stede, Lat. cedere. See *Catholicon Angl.*, page 155, *to giffe stede,*
cedere, locum dare.   ⁴ þrote-bolle. See *Vicary*, page 48, note 1.
⁵ *guydes,* Lat. guidegi, *Ibid.* p. 48, note 3. Compare Arab. widādsch, vena
jugularis. Matth. Sylv.: "Guedegi sunt vene guides. Alguidegi in collo
flobotomantur."
⁶ *noyousnesse.* See *noyous, Cathol. Angl.*, page 256. The Latin has:
propinquitatem, and the translator seems to have been influenced by the
preceding *affenite.*   ⁷ *sonner,* in margin.

---

rynges y-bou*n*de togedire wiþ panycleris ligamentes, habbynge in
þe Innore partye a ful smeþe pa*n*nicle Ioynynge togedire þilke
20 grustly rynges. And þilke rynges, whe*n*ne þat þey ben ioynede w*ith*
mery, þey ben defautyf anonde þe mery. And þe forme of þe canne
of þe longes [is]* as yt were þe forme of a cane—þat is to say a reed,
of þe whiche reed þe fourþ part were kutt away i*n* lengthe, & aftere-
24 ward þe canne ys y-wreye wiþ a sotyl cloth, þat wha*n*ne þat a grete
mosseł of mete passe dou*n* be þe mery, he scholde han no*n* lettynge,
but þilke pa*n*nicle of mery ȝeuyth stede to þe grete mete passynge
dou*n* to þe stomak'. þe protbolle þat is mad of þre grustlys, ys y-sette
28 aboue þese ⁹two weyȝes. And boþe on þe ryȝte syde & eke on þe
lefte syde of þe cane of þese longes, þere beþ tweye grete veynes þat
beþ y-clepyde **organice** oþere ellys **guydes.** & vndire þe veynes
þere ben grete arteryes, and of þe kyttinge of þilke Veynes &
32 Arteryes þere comyth ofte tymes gret peryle & su*m*tyme sodeyne
deþ; for þe grete afynite¹⁰ þat þey han in þe herte & þe grete noye-
nesse þat þey han to þe lyffer, sennore by hem blod ys euacued,
wherefore spirites exaleþ whyche þat buþ frendys, boþe to þe body &

Add. MS.
12,056.

[⁹ fol. 84 a]

¹⁰ *a,* above line.

freendis boþe to þe body and also to[1] þe soule[2] / þe ligament' of' þe

The muscles, nerves, and vessels of the neck

[⁴ lf. 79, bk.]

pass in its longitudinal direction.

þrote is clepid emanence eiþir þe heiȝþe of' þe epiglote, & in þe sidis of' þe þrote þere is sett gula. &[3] þe goynge of' brawnys, senewis and cordis, veynes & arteries & her braunchis bi ⁴parties of' þe heed 4 proceden aftir þe ordour of' eeris,[5] & þei ben ordeyned in þe necke & in gula aftir her lenkþe. & herbi þou maist' se þat' it' is necessarie a surgian to make hise kuttyngis & hise breṅnyngis bi lenkþe of' þe necke & of' þe þrote, & þat' þe woundis þat' ben maad ouerþwert' 8 ben more perlous, þan þo þat' ben in lenkþe /

Wounds on the neck are either longitudinal or transverse.

Now we wolen tretyn of' woundis þat' ben maad in þis place, wiþ a swerd or wiþ sum þing semblable to hiṁ, or wiþ an arowe or sum þing semblable to hiṁ. & if' it' be wiþ a swerd, eiþir it' is ouer- 12 þwert' eiþir in lenkþe / & if' it' be ouerþwert' & þere be kutt' greete

In the latter case staunch the blood,

veynes eiþer arteries, it' is to dreden. Neþeles þou schalt' helpe to staunche þe blood & consowde þe veyne, aftir þe techinge tofore asigned in þe chapitle of' flux of' blood. & if' þer be a senewe kutt', 16

sew the vein, and the nerve,

þaṅne brynge boþe parties of' þe senewe togidere & sowe þe pelliclis of' þe senewe wiþ þe sowynge of' þe woundis, as I haue tauȝt' tofore

and apply a preparation

in þe place of' sowynge of' senewis, & leie aboue lumbricus of' þe

---

[1] *to*, above line.
[2] Lat.: qui est inter corpus et animam amicabile ligamentum.
[3] *in*, inserted.   [5] *eeris* for *heeris*.

Add. MS. 12,056.

eke to þe soule. þe ligamente of þe þrote ys y-clepyd þe[6] eminence 20 oþere þe hekþe of þe **epiglote**, & in þe sydes of þe þrote þere is y-set gula. & þe goynge of brawnys, cordys, synwes, veynes, arteryes & here braunchys by parties of þe hed proceden aftyre þe ordre of heres. & þey ben ordeynde in þe nekke & in þe gula aftire here 24 lengþe. And hereby þou maiste ysene, how þat yt is necessarye a surgyn to maken hys kuttynges, & hys breṅnynges by lengþe of þe nekke & of þe þrote, and þat þe woundys þat ben y-mad twarte offere beþ more perylose, þen þo þat bene in lengthe. 28

Wonde of þe nekke. ¶ Now we wyl tretyn of woundes þat beþ mad in þis place wiþ a swerd oþere *with* sum þynge semblable to hyṁ, oþere wiþ an arwe, oþere *with* sum þynge semblable to hyṁ. And ȝif it be wyth a swerde, oþere yt ys twarte offere ore in lengthe ; 32 and ȝif it be twart offere, and þere ben y-kutt grete Veynes oþere arteryes, hit ys gretly to dreden. Naþeles þou schalt helpe to staunche þe blod & to consoude þe veyne, aftere þe techynge tofore asygned in þe chapytle off' fflux of blod. And ȝif þere be a synwe 36 kutte, brynge þe parties of þe synwe togedyre, & sowȝ þe pellykles of þe synwe *with* þe sowynge of þe wounde, as y haue tauȝt tofore

[7 fol. 84 b] in þe ⁷place of sowynge of synwes, and leye aboffe lumbricus of þe

[6] *þe*, above line.

erþe, þat' beth erþe-wormes staumpid & boilid wiþ oile of' rosis, & of earth-worms.
kepe þe sowynge ¹wiþ byndynge, & so procede forþ in al þing' of' [¹ lf. 80]
þe cure, as it' is told in þe chapitle tofore schewid / & if' þat' þe If the wound is longitudin-al it needs sewing and puluis
4 wounde were in leukþe, it' is not' necessarie but' for to sowe þe
wounde & caste aboue þe poudre of' lyme, frankencense, & sandra-
goun, & kepe þe poudre & þe sowynge wiþ byndynge, til þe wounde
be ful consowdid / & if' þe wounde were maad in þe parties wiþ an
8 arowe or wiþ a knyf', or wiþ a spere or sum þing' semblable to hem,
& if' þer be an arowe, drawe him out' ; & if' an arowe be drawe out', An arrow must be drawn out, and if Emorogie (hemorrhage) ensues, staunch the blood, if there are pains, tent the wound.
loke if' þer folowe emorosogie,² þat is to seie, a greet' flux of' blood,
& þanne staunche it' aftir þe doctryne þat is told tofore / & if' þer
12 be no flux of blood, loke if' þer be akþe / & if' þer be acþe, putte in
þe wounde a litil tent' þat' may holde þe wounde open al a day, þat'
þou maist' seen þat' þe woundid man schal haue noon acþe / & if'
he haue noon acþe, lete þe wounde be consowdid ; for sumtyme it'
16 happiþ, þat' an arowe or sum þing' semblable passiþ poru3 þe necke
& þe þrote, & he touche not' þe senewe, arterie, ne veyne, & þanne it' [³ lf. 80, bk.]
nediþ not' but' þat' þe wounde be ³consowdid. & if' þer were akþe If there are pains and swelling, tent the wound and apply oil of roses.
eiþer bigynnynge of' swellynge, þanne it' were necessarie to fulfille
20 þe wounde wiþ hoote oile of' rosis & to putte in a tente not' to

² Lat. emorosagia. Matth. Sylv.: "Emorogia. Emorosagia .i. sanguis
fluxus vel discursus."

---

erthe þat beþ erthe wormes y-stampyde & boylled wyth oylle of Add. MS. 12,056.
roses, & kepe þe sowynge wiþ byndynge, and so procede forþ in alle
þynge in þe cure, as yt is tolde in the chapitle tofore schewyde.
24 And 3if þat þe wonde were in lengþe, yt ys no3t necessarie but
forto sowe þe wounde & to casten aboue, þe poudre of lym, ffrank
ensence & sank' dragoun, & to kepe þe sewynge & þe poudre wiþ
byndynge, tyl þat þe wounde be ful consouded. And 3if þat þe
28 wounde were y-mad in þo parties wiþ an arwe oþere a knyff', oþere
a spere, oþere sum þynge semblable to hem, and 3if þere be an arwe,
drawe hym out, and 3if þe arwe be drawen out, loke 3if' þere folwe
emorosogie, þat ys to seye, a gret flux of blod, & þenne staunche hym
32 aftere þe doctryne y-told tofore. & 3if þere be non flux of blod,
loke 3if þere be akþe ; & 3if þere be akþe, put into þe wounde a
lytel tente þat may holde þe wounde opyn al day, þat þou may se
þat þe wounded man schal han non akþe. And 3if he haue non akþe,
36 lete þe wounde be consoudyde ; ffor sum tyme it happiþ, þat an
arwe, oþer sum thynge semblable passith þorwe þe nekke & þe þrote,
& 3it he touchiþ no3t veyne, arterye, ne synwe, & þenne it nediþ
no3t but þat þe wonde be consouded. And 3if þere were akþe oþere
40 ellys a bygynnynge of swellynge, þan yt were neeessarie to fulfylle
þe wounde wiþ hot oyle of roses & to put in a tente no3t to grete,

greet', wet in þe ȝelke of' an ey & oile of' rosis hoot', & so holde þe
wounde open, til þat' he ȝeue quytture, & aftir clense him & aftir

Nota

consowde him / Vndirstonde þe perilis þat' comen for [wondys]* þat

The wound is mortal if the Spinal Cord is cut,

ben maad in þis place / þe firste perel is : if þat' þe necke be kutt' 4
ouerþwert' wiþ a swerd, so þat' þe necke-boon & þe marie of' þe
necke-boon be al atwo, it' is deedliche. & if' þat' nucha, þat' is
mary of' þe necke boon, is not' kutt' al atwo but' is hurt', it' is perile
of' lesynge, felynge & meuynge,[1] & at' þe laste be deed, but' if' þat' 8

and generally mortal

medicyns þat' I schal telle moun helpe / & if þat ony veyne or ony
greet senewe be kutt' ouerþwert', I suppose þat' he be heelid, þe
necke schal neuere haue[2] his free meuynge ; & if' þat' ony of' þe

if a great blood-vessel is cut,

veynes organik, þe whiche þat' ben clepid guydes, or ellis ony of' þe 12
arteries þat' ben vndir hem be kutt', it' is drede of' sodeyn deeþ, for

[3 lf. 81]

sodeyn exalacioun of' þe spiritis & also for affinite of' þe herte ; &

or the wind-pipe.

also if' þat' þe cane of' þe lungis be kutt' ouer[3]þwert' al atwo, for þe
more partie it' is deedliche / Also it' is seid, þat' if' þe veynes þat' 16

Nota.

ben bihynde þe eeris bee kutt' al atwo, he ne schal neuere engendre.

Hoarseness follows the cutting of the "reversif nerve" (auricularis posterior).

And also sumtyme it' is kutt' eiþir prickid þe senewe þat' is clepid
reuersif', þat' is vndir boþe sidis of' þe eere, of' þe whiche kuttynge
or prickynge euermore is maad hosnesse[4] / And if' þat' þe places 20

---

[1] Lat. : est periculum amissionis sensus et motus.   [2] *haue*, in margin.
[4] *hosnesse. Prompt. Parv.*, p. 248. " *hoorsnesse*, Rancor."

Add. MS. 12,056.

y-wett in þe ȝolke of an eyȝe & oyle of roses hot, & so holde þe
wounde open to þat he ȝyfe quyter, & afterwarde clanse hym &
afterwarde consoude hym. Nota : vndirstande þe peryles þat comeþ

[5 fol. 85 a]

from wondys* þat ben mad in þis place. þe firste [5]Perel ys : ȝif 24
þat þe nekke be kutte twarte offere with a swerd, so þat þe nekke-
bon & þe marye of þe nekke-bon be y-kut al atwo, yt is dedlyche ;
and ȝif þat nucha, þat ys þe marye of þe nekke-bon, is noȝt y-kut al
atwo but ys y-hurt, yt is peryle of leosynge, ffelynge & meffynge, & 28
at þe laste to be ded, but ȝif þe medycines þat y schal tellen after-
warde mowe helpen. And ȝif þat enye Veynes oþere enye gret
synwe be y-kut twart offere, y suppose þat he be helyde, þe nekke
schal neuere haue hys fre meffynge ; and ȝif enye of the veynes 32
organyk' whiche þat beþ clepyde guydes, oþere ellys enye of þe
arteries þat beþ vndire hem beþ y-kut, yt ys drede of sodeyne deþ,
ffor sodeyne exalacioun of þe spirites & also for Afynyte of þe
herte ; & also ȝif þat þe canne off' þe longes be y-kut twarte offere al 36
atwo, for þe more partye it is dedlyche ; & so it ys seyde ȝif þat þe
veynes þat beþ behynde þe eres be y-kut al atwo, he schal nevire
engendre. Also sum tyme ys y-kut oþere y-prekyde þe synwe þat is
clepyde reuersiff, þat ys vndire boþe þe sydes of þe ere, of whose 40
kuttynge oþere prekynge euere more ys mad horsnesse. And ȝif

beu peersid wit*h* an arowe, & þou3 þat¹ trache arterie be peersid or
ellis ysophage, so þat¹ nucha be nou3t¹ prickid bi þe mydle, þanne
3itt¹ he may be heelid wiþ gode medicyns & acordynge.

4   þou schalt¹ helpe nucha þat¹ is hurt¹ in þis maner : þou schalt¹ Treatment if
helde into þe wou*n*de, in þe bigy*n*nynge, oile of¹ rosis, & aftirward the spinal marrow is hurt.
do yn oile of¹ rosis & 3elke of an ey medlid togidere, and þou schalt¹ Apply
be bisy iu al maner to aswage akþe ; & whanne þat quytture is Olium Rosarum.

8 maad, þa*n*ne leie a mu*n*dificatif¹ wiþ medicyns comfortatiuis & in-   **R**
carnatiuis ma*a*d in þis maner / Take oile of¹ rosis colate 3 .iiij., wex, Modus confortandi
rosyn of ech two dragmis, terbentine .iij. 3, frankencense, mastik & mundifi- candi vul-
of¹ ech .i. 3, mirre, sarcocol,¹ mu*m*mie² of ech 3 .ſſ., barly mele 3 ſſ., nera Nuche.

12 streyne it¹ on a clooþ & ³leie it¹ on þe nucha þat¹ is hurt. & þei þat¹ [³ lf. 81, bk.]
hereof⁴ pronosticaciou*n* schulde go tofore, þe which schulde schewe Tho' the prognosis is
to yuel, neþeles bi þis medicyn þer comeþ a rectificaciou*n* to þe unfavourable, yet medicine,
nucha, & melioraciou*n* of¹ meuynge of¹ lymes, þat¹ ben byneþe þe

16 place of¹ þe nucha þat¹ is hurt¹, more helpinge, þat¹ semeþ possible to
þe leche. For þer is no þing¹ vnpossible to stalworþe⁵ nature ; namely,   **Nota**
wha*n*ne þat¹ it¹ is holpen wiþ a good leche & wiþ þingis, þat¹ ben nature and the physician may help.

¹ *Sarcocolla*, Gr. Σαρκοκόλλα, " is the Gu*m*me or liquore of a tre growyng
in Persia." Halle, *Table*, p. 109.
² *mummie*, mumia. See Halle, *Table*, p. 72, and Notes.
⁴ MS. *of here.*
⁵ *stalworthe.* See Skeat, *Et. Dict.*, s. v. Stalwart.

þat place ben y-perced wit*h* an arwe, & þow3 þat trachea arteria be Add. MS.
20 y-percyde oþere ellys ysophage, so þat Nucha be no3t þrillede be þe 12,056.
mydle, þey mowe ben y-helyde wit*h* gode medycines & acordynge.
þou schalt helpe Nucha þat ys y-hurt in þis mane*r*e : þou schalt
helden into þe wou*n*de in þe bygy*n*ninge oyle of roses & af*t*erwarde
24 leye aboffe oyle of roses & þe 3elke of an ey3e, and þou schalt be
busy in alle mane*r*e to aswage akþe ; & whenne þat quyt*er* ys y-mad,
þe*n*ne leye a mu*n*dificatyff¹ wiþ medicynes *c*onfortatyff¹ and ⁶Incar- [⁶ fol. 85 *b*]
natyfes y-mad in thys mane*r*e : R. oyle of ros*is* colat .3. iiij, w*i*th⁷
28 resyne ana. 3. ij, terbentyne 3. iij, frank ensence, mastyk¹ ana. 3. i,
mirre, sarcocolle,⁸ mumie ana .3. ſſ, barly mele .3. ſſ ; streyne it on a
cloþ & leye yt on þe nucha þat is hurt. And þaw3 þat hereof eue*r*e
more pronosticaciou*n* scholde go tofore whiche scholde sownen to
32 yuele, naþeles by þis medicine þere comyth rectificaciou*n* to þe nuca,
& amelioraciou*n* off¹ mevynge of lymes þat beþ beneþe þe place of þe
nuca þat ys y-hurt, more helpynge, þenne semyth possible to þe leche.
For þere ys noþynge vnpossible to Stalworth nature ; namlyche
36 whanne þat yt is holpen wiþ a gode leche & wiþ þynges, þat beþ

⁷ *wiþ* for *wex.*   ⁸ MS. *sarcticolle.*

helpinge & acordynge to a good intencioun / Here vndirstonde þat⁏

al maner wounde þat⁏ peersiþ to þe substaunce of⁏ þe brayn or ellis to þe nucha, so þat⁏ bi þer hurtynge of⁏ þe nucha þe meuynge & þe felynge of⁏ summe lymes ben lost⁏, nameliche from þe whirle-boonys 4 of⁏ þe rigge, of⁏ þe reynes vpward, & al maner wounde þat⁏ is maad

in þe extremitees of¹ þe lacertis² as .iij. fyngir mele³ brede vndir þe schuldris, eiþer .iii. fyngir mele brede aboue þe elbowe eiþer byneþe, eiþir .iij. fyngir mele aboue þe kne or byneþe / & ech wounde þat⁏ is 8

in a senewe place with strengest⁏ akþe & hardnes, ⁴schal be deemed deedlich, for þe nobilte of⁏ þilke brayn, & for þe affinite of⁏ þe nucha wiþ þe brayn, of⁏ þe which nucha passiþ as a reuere⁵ from a welle, & for þe affinite of⁏ þilke senewe wiþ þe brayn bi mene of⁏ nucha, of⁏ 12 þe whiche þei passen out⁏ as a flood / Wherfore þou schalt⁏ euermore

in sich maner woundis pronosteken deth, & euermore fle as miche as þou myȝt⁏ from vnresonable curis, but⁏ if⁏ þou be with þe more instaunce .y-preied / Neþeles sumtyme nature wiþ good helpinge 16 worchiþ þat⁏ semeþ to þe leche vnpossible, neuer-þe-lattere loue noon sich [cures]* but⁏ if⁏ þou be greetliche preied & þanne entermete of⁏ þe cure of⁏ þe sike man //

¹ MS. *as.*   Lat. in extremitatibus lacertorum.
² *lacertis,* the sinewy part of the arm. See *Vicary,* p. 57, note 1.
³ *iij fyngir mele brede.*   Lat. tribus digitis.
⁵ MS. *rêuere.*

---

helpynge & acordynge to a gode entencioun. Here vndirstande þat 20 alle manere wounde þat persith to þe substaunce of þe brayn oþere

ellys to þe nuca, so þat by þe hurtynge of þe nuca þe meffynge & þe ffelynge of some lymes ben y-lost, namlyche from þe whirle-bonys of þe rugge, of þe reynes vpwarde, & alle manere wounde þat 24 ys mad in þe extremites of þe lacertes as þre fyngremele brede in þe schuldres, oþere þre fyngre mele brede aboue þe elbowe oþere by-neþen, oþere þre fyngre mele aboue þe kne oþere byneþene, & euery wounde þat ys in a synwye place with strengest akþe & hardnesse, 28 schal be demyde dedlyche : ffor þe noblete of þilke brayn, & for þe Affynite of nuca wyth þe brayn, of þe whiche nuca passith as þe Ryuere from a welle, & for þe Afynite of þilke Synwes wiþ þe brayn, by mene of þe Nuca, of whom þey passen out as of a flod, where- 32

fore ⁶þou schalt euyre more in swiche manere woundes pronostiken deþ, and euere more fle as myche as þou mayst⁏ from vnresonable cures, but ȝif þou be wiþ þe more Instaunce y-preyȝede. Naþeles sumtyme nature with gode helpynges wcrchith þat semeþ to the 36 leche vnpossible. Neuere þe latere loue non swiche cures* but ȝif þou be gretliche y-preyede, and þenne entyremete of þe cure of þe syke man.

THe .iiij. chapitle of þe .ij. tretis is of woundis
of þe spaude,[1] schuldre, arm, handis, fyngris,
brawnys, veynes, & her anotamie /

4   þe spawde is oon of' þe iiij. boonys, þe which þat' makþ þe
foorme of' þe schuldre / & þe spawde-boon is þinne & brood two-   *1 The Shoulder-blade.*
ward þe schuldris & in hise endis gristly. On þe vpper side of'
him he haþ an egge sumwhat' greet' & twoward þe arm [2]in þe place   [² lf. 82, bk.]
8 of' þe schuldre he is greet' & round ; & þilke eende is holowe as a
box, & þis boon is lich to a pele [3] wiþ þe whiche men setten breed
into þe ouene, & on þe hyndere partie of' the schuldre he haþ an
eminence.   & in þe box of' þis boon — —[4] þe which is clepd adiu-   *2 The Adjutor*
12 torium ; þe which is oon boon sumwhat' crokid, greet' & holowe /   *(Humerus)*
þis boon is greet' for necessite of' strenkþe, & of' schap holowe, þat'   *is strong and hollow.*
he were liȝt', þat' he schulde not' þoruȝ his heuynes lette þe worch-
inge of' lacertis, & þe round extremite of' þis boon entriþ into þe
16 holownes of' þe spawde.   & þei ben bounden togidere wiþ a bowable
ligament'. þe canel-boon [5] of' þe brest is in þis maner maad, hauynge   *The Cannel bone (Clavicle)*

---

1 *spaude*, spatula = scapula, shoulder-blade. See *Cathol. Angl.*, p. 352.
"*spawde* Armus." O.Fr. espalde.
3 *pele*, Lat. palla. See *Cathol. Angl.*, p. 273, note 4.
4 Some words are wanting in both MSS. (*entriþ þe extremite of a boon*).
Lat. : In hac pyside sive concavitate huius ossis, intrat extremitas ossis
adiutorii.
5 See *N. E. Dict.* This is the earliest reference for *canelbone* = clavicula.

¶ Capit. iiij. *tretis* .ij. is of woundes of þe spaude,   *Add. MS.*
    schuldre, arme, handis, ffingres, brawnes, veynes,   *12,056.*
20   and here Anotamye.

    þe spawde ys one of þe iiij bonys whiche þat makiþ þe forme
of þe schuldre, & þe spawde-bon is þenne & brode towarde þe
schuldres & in hys endys grustly. On þe vppere syde of hym he
24 haþ an egge sumwhat gret & towarde þe arme in þe place of þe
schuldre he ys grete & rounde. And þilke ende ys holwe as a box,
and þis bon ys lyche to a pele, þe whiche men settyth brede into
þe ovyne, and on þe hyndere partye of þe schuldre he haþ an
28 emynense. & in þe box of þis bon — —* whiche ys y-clepyde ad-
iutorium þe whiche ys a bon sumwhat crokyde, gret & holowȝ. þis
bon ys gret for necessite of strengthe, & of schappe holwe, þat he
were lyȝte, þat he scholde nouȝt prowen his hevynesse lette þe
32 wirchynge of lacertes, and þe rounde extremite of þis bon entreþ in-
to þe holwenesse of the spaude. & þey beþ y-bounde togedre with
a bowable ligament. þe canel-bon of þe brest ys in this manere

an additament⁴ sumwhat⁴ rou*n*d in þe neþer partie, þe which entriþ
a maner box, þe which is i*u* þe ouer p*ar*tie of⁴ þe ou*er* boon of⁴ þe
.vij. boonys of⁴ þe brest⁴. Euery extremite of⁴ þilke vij. boonys be*n*
ioyned w*ith* þe spawde, þat⁴ þe schuldre my3te be þe more strengere, 4

Joins with the Os Rostrale (Coracoid), & forto make þis place more strengere, þer ben sett⁴ .ij. smale boonys,
[² lf. 83] þe whiche be*n* clepid rostralia¹ to þe lijknes of⁴ þe bele ²of⁴ a crowe,
& for to fastne þe schuldre, þis boon rostral is putt⁴ i*n* maner of⁴ a
wegge / But⁴ þe boon of⁴ þe adiutori haþ i*n* þe neþer p*ar*tie twowa*r*d 8

and has 2 eminences. þe elbowe .ij. eminentis, & þe oon of⁴ þe eminence is more hi3ere þa*n*
þat⁴ oþer ; & boþe þese eminence ben as þei it⁴ were holf⁴ a boket³
wiþ þe which me*n* drawe*n* watir / & þilke .ij. additamentis be*n* ioyned

The Forearm has two bones (Ulna and Radius), wiþ þe boonys of⁴ þe arm / þe arm from þe elbowe dou*n*ward haþ .ij. 12
bonys ; & þe ou*er* boon, þe which þat⁴ arecchiþ fro þe þombe to þe
boon þat⁴ is clepid adiutoriu*m*, is þe smallere boon ; & þe neþir boon
þat⁴ strecchiþ from þe litil fyngir to þe elbowe is þe grettere boon. &

and an "Additament" (Olecranon). he haþ in þe ou*er* ende twoward þe elbowe an additament⁴ lijk twoward 16
a bille or a pike ; & þilke pike makiþ þe elbowe scharp wha*n*ne þe
arm is folden, & it⁴ lettiþ þat⁴ þe arm may not⁴ be bowid [bakwarde]*.

¹ *rostralia.* Coracoids. "*Rostriformis Processus*, a Process of the
Shoulder-blade, and of the lower Jawbone."—Phillips.
³ Compare *Vicary*, p. 49, l. 18, where the word *polly* is substituted for
bucket.

Add. MS. 12,056. y-made, habbynge an additamente su*m*what ⁴rounde in þe neþere
[⁴ fol. 86 b] partye, þe whiche entryth a man*er*e box, þe whiche ys i*n* þe offere 20
partye of þe ovyre bon of þe vij. bonys of þe brest⁴. And eu*er*ye
extremyte of þilke vij. bonys beþ y-Ioyned wiþ þe spawde, þat þe
schuldre myghte be þe more strenger ; and forto make þis place þe
more strengere, þere beþ sette two smale bonys whiche beþ y-clepyde 24
rostralis to þe lyknesse of þe byle of a crowe, & forto fastne þe
schuldres, þis bon rostrale ys y-put in þe man*er*e of a wegge. But
þe bon of þe adiutorie haþ in þe neþere p*ar*tye towarde þe elbowe
tweye emynences, and þe on of þe emynence ys more herre þenne 28
þe othire ; and boþe þese emynence beþ as yt were half⁴ a bokett⁴
wiþ þe whiche me*n* drawiþ water ; and þilke tweye Additamentis
beþ y-Ioyned w*ith* þe bonys of þe arme. þe Arme from þe Elbowe
dunwarde, haþ two bonys, and þe offere bon whiche þat strecchiþ 32
from þe þowmbe þat ys clepyde adiutoriu*m* is smallere bon, and þe
neþere bon þat strecchith fro*m* þe lytel fyngere to þe elbowe is þe
grettere bon. & he haþ in þe offere ende towarde the elbowe an
additament like to a byle oþere a pyk⁴, and þilke pyk⁴ makyth þe 36
elbowe scharpe, whe*n*ne þat þe arme ys y-folden, and it letteþ þat
þe arme may no3t ben y-bowyde bakwarde.* þese tweye bonys beþ

þese .ij. boonys ben so ioyned togidere, þat⁺ it⁺ semeþ as þouꝫ it⁺ were but⁺ oo. boon.   & þe neþir ende of⁺ þese boonys ben ioyned with þe boonys of⁺ þe hand, þe whiche ben clepid rasceta,¹ þat⁺ ben

To the arm-bones are joined the 8 hand-bones, the Rasceta.

4 .viij. boonys, .iiij. of ²hem ben ordeyned & ioyned with summe additamentis to þe .ij. boonys of⁺ þe arm / & þe oþere .iiij. ben con-teyned³ with þe boonys of⁺ þe hand þat⁺ ben clepid pecten⁴ / þe firste boon of⁺ pecten is ioyned with þe first⁺ boon of⁺ rasceta,⁵ & þe

[² lf. 83, bk.] The wrist articulates with the 4 metacarpal bones.

8 oþere .iij. in þe same maner outaken þe þombe.   ——⁶ þat⁺ haþ .iij. boonys as þe oþere fyngris han, conteyneþ³ his firste boon wiþ þe extremite of⁺ þe ouer fosile,⁷ & þe þombe euenliche aꝫenstondiþ þe strenkþe of⁺ þe oþere fyngris in clicchinge.⁸   & alle þese boonys þat⁺

The thumb has 3 phalanges.

12 mencioun is maad of⁺, þat⁺ ben in ioynturis, as þe schuldris, elbowis, raschet⁺, & þe knottis of⁺ alle þe fyngris, ben ioyned togidere bi mene of⁺ ligamentis, as it⁺ is seid tofore / & þese boonys ben clopid wiþ symple fleisch & brawnys after þat⁺ þe dyuersite of⁺ foorme of⁺ lymes

16 askiþ /

& alle þe greete senewis proceden out⁺ of⁺ nucha, þe whiche senewis ben conpouned wiþ ligamentis & wiþ symple fleisch, makynge brawnys meuynge þo parties ; of þe whiche brawnys

The Sinews, Ligaments, and simple flesh form the Muscles.

20 summe ben open to a mannys siꝫt, & summe ben hid ; for þei ben departid in two ⁹þe leeste parties¹⁰ / þere ben .iiij. brawnys open in þe fleischy partie of⁺ þe arm, bitwene þe schuldre & þe elbowe : oon on þe ynnere half⁺, anoþir on þe vttere half⁺, anoþir on þe lowere

[⁹ lf. 84] The Upper Arm has 4 Muscles.

24 half⁺, anoþir on þe hiꝫere half⁺.   Whanne þe ynnere brawn is drawe togidere þanne is þe arme foldid ynward, & þe contrarie brawn on

When the inner Muscle contracts,

¹ *Rasceta*, Arab = carpus. Castelli, *Lexicon medic.*, p. 139. See Littré : "rachette," and Devic Suppl. to *Littré. Dict.*

³ *conteyned, conteyneþ* for *contynued, contynueþ.*

⁴ *pecten*, Latin, pecten manus. See Halle, *Treatise of the Anatomye*, p. 62 (A.D. 1562). "And after these bones Rasseta, are constitute the bones of the palmes of the hands, called Ostea metacarpia. i. Postbrachialia, Palma, vel manus pectus." The corrupt form *Patinis* occurs in *Vicary*, p. 50, l. 9.

⁵ MS. *pasceta.*

⁶ Two words (þe þombe) are wanting. Latin : Nam pollex tria habens ossa. . . . He counts the metacarpal bone of the thumb as a phalanx.

⁷ *fosile*, Latin : focile. See *Vicary*, p. 49, note 3.

⁸ *in clicchinge*, Latin : (pollex) ut sit solus ex opposito comprehendens cum aliis firmius, et firmius retinens apprehensum.

¹⁰ Lat. in tres partes minimas diuiduntur.

---

so y-Ioynede togedire, þat it semyth as on bon. And þe neþere ende of þese bonys beþ y-Ioyned wiþ þe bonys of þe hande, whiche beþ

28 y-clepyde rasceta þat **beth viij bonys.**

Here the Add. MS. ends.

158   *The Muscles and the Veins of the Arm.*   [II. iv.

tends.

þe vttere half' is maad long'; & whanne þat' þe vttere brawn of' þe[1]
arm is maad schort', þanne is þe arm drawe outward & þe ynnere is
maad long'; & in þe same maner by[2] oþere .ij. brawnys, þe arm is
houe vp & lete falle dou*n* / & whanne þat' alle þe brawnys traueilen 4
liche myche, þe arm stant' euene riȝtliche & declyneþ to no *partie* /

The muscles
end in Cords
near the
joints of the
arm.

& þese brawnys,[3] .iiij. fyngir mele from þe ioynture of' þe schuldre,
ben nakid cordis, & þei ben þe same *from* þe ioynture of' þe elbowe
& in þe myddil of' þe adiutorie, þat' is þe place þat' is from þe 8
schuldre to þe elbowe ; þe cordis ben multiplied dyuersliche wiþ
fleisch to þe composicio*un* of' þe same brawnys, .iij. fyngir mele

[*lf. 84, bk.]

aboue þe elbowe. & .iij. fyngir mele by[4]neþe þe elbowe ben nakid
cordis ; & þere þei maken anoþir[5] brawn ; & in þis mane*r* ben 12

N

maad nakid cordis & generacio*un* of' brawnys, til euery lyme haue
his meuynge, aft*er* þat' it' nediþ him.

In boþe þe armes ben .iiij. open veynes þat' comen from þe

From the
Vena Cava
one branch
runs to each
armpit,

lyuere, & ben scharpeled[6] þoruȝ þe arm. For þere is a braunchid 16
veyne þe which wexiþ on þe vttere *partie* of' þe lyuere, & is dyuydid
in two *parties* : oon arisynge, anoþir discendynge ; þe veyne arisynge
comeþ to þe mydrif' ; & su*m* *partie* of' hir is sparpoiled[7] þoruȝ þe

where it di-
vides into 2.

mydrif' & þe lymes of' þe brest' / þat' oþere *partie* of' þe veyne passiþ 20
to þe arm-hoolis, & þere he is forkid. & þat' veyne passiþ byneþe

1. at the el-
bow called
Basilica,

the arm to þe elbowe, & þere sche may be seen ; & he is clepid
basilica[8] or ellis epatica, & aftirward he strecchiþ bi þe neþir *partie*

in the right
hand Salva-
tella,
in the left
hand Splen-
atica ;

of' þe arm to þe hond, bitwene þe litil fyngir & þe leche[9] fiyngir, & 24
sche is clepid saluatella[10] or ellis epatica in þe riȝthond, & i*n* þe lift-
hand splenatica. þe toþir *partie* of' þis veyne þat' is dyuydid fro
þis assellari strecchiþ to þe vttere *partie* of' þe schuldre : & þere is

---

[1] *brawn,* struck through after *of þe.*   [2] MS. *ben.*
[3] *ben,* inserted.
[5] *corde,* cancelled, after *anoþir.*
[6] *ben schorpeled,* Latin : disperguntur—O.Fr. escharpiller, mettre en
pièces.   See Godefroy.
[7] *is sparpoilid,* Latin : dispergitur—O.Fr. esparpeiller. See *Cathol. Angl.,*
p. 351, note 6.
[8] *Basilica.* See *Vicary,* p. 52, note 5.   There is one reference for φλὲψ
βασιλική given in *Stephanus Thes.,* from Synesius, De febribus, which is a
translation of an Arab. treatise by Constant. Africanus.
[9] *leche fyngir.* See *Prompt. Parv.,* p. 291, note 4. O.E. *lǽcefinger,*
Leechd., vol. i. p. 394.   See Notes.
[10] *Salvatella.* See *Vicary,* p. 53, note 1.   Dufresne gives one reference
for Salvatella with a different meaning : " Pellicula involvens cerebrum." It
occurs frequently in the Latin translations of Arab. authors, and translates
Arab. scellem or osailemon.

¹dyuydid. & þe oon partie goiþ to þe heed & þe oþir partie to þe
arm. & þilke is eftsoones dyuydid, & þe oon partie is spred bi þe
arm manye weies wiþoute forþ, þat is clepid funis² ; & þe oþere
4 partie strecchiþ euene to þe elbowe, & þere sche is schewid bi þe
ouer partie of þe arm ; & so sche strecchiþ to þe hand, & þere sche
apperiþ bitwene þe fyngir and þe þombe, & is clepid cephalica. ij.
braunchis þat ben diuided þat comen fro þe schuldre, þe toon is
8 cephalica. þe oþere from assillari,³ þat is basilica, maken oon veyne
þat is clepid mediana eiþer purpurea. & þere ben .iiij. veynys, as it
is seid bifore, *scilicet*, finis⁴ brachij þat strecchiþ bi þe vttere partie
of þe arm, & sephelica þe which þat strecchiþ bi þe ouer partie, &
12 basilica þat strecchiþ bi þe lower partie **& communis seu mediana
seu purpurea seu fusca q***uod* **idem e***st* is comun veyne eiþir myddil
veyne, þe which þat is compounned of basilica & cephalica tofore
seid, & sche apperiþ openliche in þe foldynge of þe myddil of þe
16 arm. // ¶ þe veynes þat comen from þe lyuere han manie departingis
⁵& dyuers placis, & for to telle alle þe departyngis, it is not profit-
able for a sirurgian / Saue it suffisiþ for a sirurgian, for to knowe in
what place þe grete veynes sitten & þe arterijs, so þat he mowe
20 saue him-silf from perel & helpe hem, whanne þei ben kutt / þis
þou schalt wite, þat from þe lyuere þer comeþ a veyne to euery
lyme bicause of nurischinge. & for to make þe lymes ful of lijf,
Arterijs comen þerto also. & þerfore in euery place þere þat ben
24 grete veynes, in þe same place ben arterijs.

¶ Bi þes þingis þat ben aforseid, þou maist wite wel þat þere
comeþ greet perel of woundis, þat ben aboute þe schuldris & vndir
þe arme-pittis,⁶ & in þe boon of adiutorie, & in þe arm, & in þe
28 hondis / for whi : if woundis be maad in adiutorijs & in þe arme
ouerþwert, it is greet perel lest þe braun be kutt awey, wherby þe
arme schulde haue his meuynge ; & it is perel of kuttynge of
veynes and arterijs, lest þe blood myȝte not be staunchid. ¶ And
32 if it be maad a wounde with a þing þat prickide, & falle vpon a

Marginal notes:

[¹ lf. 85]
2. the other runs *a,* into the head ;
b, one branch, *funis,* outside the arm ; another branch, *Cephalica,* along the arm, between the thumb and the 1st finger. The Basilica with the *Cephalica* form the *Mediana.*

Besides these 4 chief Veins,

there are many smaller ones,

[² lf. 85, bk.] which a Surgeon needn't know.

With every vein there is an Artery.

Off perelles off wondes an quuttes,

if an important muscle is out

or a blood-vessel,

If a Cord or Tendon is wounded,

---

² *funis*, Castelli, *Lexic. Medicum*, p. 351. "Arabes venam Medianam
vocasse Funem brachii, testatur Ioh. Zecchius, lect. ii. in sect. 1. *Sph. Hipp.*
p. m. 109." On this place *funis* evidently means not the vena mediana, but
one of the recurrent veins.

³ *Vena ascellaris.* Matth. Sylv. : "Vena communis nigra purpurea media
— — dicitur communis quoniam componitur ex assellari et humerali."

⁴ *finis* for *funis.*

⁶ *þe arme-pittis.* See *Wr. W.*, 627. 3. xv. cent.

[¹ lf. 86]
where cramp may arise,

corde þat' is in þe ¹ende of' þe brau*n*, & is clepid thenantos,² þanne it' is greet' drede of' þe spasme & aftirward of' deeþ, for þe akynge entriþ in þe corde þat is prickid, & so þe akynge arisiþ vp to þe brayn, & þanne comeþ spasme. ¶ Also it' falliþ many tyme þat' a 4 ma*n* is hurt' þe brede of' iij. fyngris wiþi*n*ne aboue þe elbowe, þer is þe eende of' þe brau*n* & þere ben cordis ; & þanne þer wole come greet' akynge, & þanne þe spasme aftir, & þese wou*n*dis ben mortal.

especially if it is the tendon of the elbow.

¶ If' þat wounde be maad endlongis i*n* þe arme & i*n* adiutorio, 8 þanne it' is not' so greet' drede þerof', þerfore it' is necessarie for a sirurgian to knowe þe perel of' wou*n*dis þat' falliþ i*n* þis place, & wheþer þe wou*n*de be ouerþwert' or endelongis. & if' þe wou*n*de be endelongis, þa*n*ne he schal ioyne þe wou*n*de togidere & sewe hem, 12 & sprynge þeron þe poudre of' lyme & oþere þingis, as it' is aforeseid, for to kepe þe sewyngis & þe ligaturis togidere & alle þingis as it' is aforeseid i*n* þe wou*n*de of' fleisch. ¶ If' þer be ony nerues, or arterijs, ou*per* veynes kutt' ³ouerþwert' : þanne þou schalt' worche 16 wit*h* þingis þat' streyneþ blood, & þou schalt' sewe þe hedis of' þe nerues togidere or of' þe cordis. & þe pacient' schal be kept' from akynge wiþ good kepi*n*ge & wit*h* reste, & he schal ligge i*n* an euene bed. & þou schalt' leie aboute þe wou*n*de a defensif' of' bole & of' 20 oile of' rosis þat' is aforeseid / And þou3 þis defensijf be for3ete in oþere wou*n*dis, i*n* þis wou*n*de it' may not' in no maner. ¶ þou schalt' kepe þe sewyngis & þe ligaturis wit*h* poudre & lynet', as it is aforeseid / Also þis þou must' knowe if' þou sewist' sich a maner 24 wou*n*de of' nerues & cordis, & if' þe akynge go not' awey, þou muste rippe þe sewynge a3en, & þou3 þis be co*n*trarie to þe soudynge of' þe nerues, 3itt' it' is bettere to do⁴ þus, þou3 he lese þe meuynge of' sum lyme, þat' þe nerue seruede þerfore, þan falle i*n* þe spasme ; 28 for þanne it' were drede of' deeþ / þerfore it' is necessarie for to opene þe wou*n*de & fille it' ful of' oile of' rosis & of' 3elke of' an ey. & vpon ⁵þe wou*n*de leie of' þe same medicyn til þe wou*n*de quytture, & þanne make þe wou*n*de clene wit*h* mundificatiues, & þanne 32 regendre fleisch as it' is aforeseid // If' it' be so þat' þere come ony hoot' apostymes vpon wou*n*dis in þis place : þanne þou schalt' worche as it' is aforeseid in a pr*o*pre chapitre // If' it' so be, þat' þou leie vpon þe wou*n*de oile of' ros*is*, & 3elke of' an ey for to do awei þe 36

Treatment : A wound along the arm is not dangerous,

and must be sewn.

If nerves or blood-vessels are cut,
[³ lf. 86, bk.]
staunch the blood, join the nerves or cords

and apply a defensive medicine.

If the pains do not cease, open the suture,

and fill the wound with oil of roses
[⁵ lf. 87]
until pus is discharged.

---

² *thenantos*, sinew. Matth. Sylv. : "Tena*n*tos gre. est chorda que in capitibus musculorum aggregatur." It is a corrupt form of Gr. τένοντες (Suidas Gloss.).   ⁴ *do* above line.

akynge, & if' þere falle a flux of' blood, & þanne if' þou leidist' þerto If oll causes hemorrhage, aud styptics pain,
ony constreyni*ng* þingis, þe akynge wolde be þe more, & if' þou
leidist' þerto þe ȝelke of' an ey & oile, þat' wole make þe flux of'
4 blood þe more—In þis caas what' is for to done? þou schalt' bre*n*ne then use the Cauterium actuale (red-hot iron).
þe hedis of' þe veynes & of' þe cordis wi*th* an hoot' yrn, but' þou
schalt' not' touche þe lippis of' þe wou*n*de wiþ iren i*n* no maner ; &
þanne þou schalt' leie in the wounde þe ȝelke of' an ey & oile of'
8 rosis, til al þe rynde of' þe brennyng' falle awei. & þanne þou schalt'
leie þerto mu*n*dificatiues, & þanne þou schalt' regendre fleisch, and
þanne þou schalt soude þe wounde /

[1] Of woundis of thoracis & of þe brest & of þe [1 lf. 87, bk.]
12   membris þat be*n* co*n*teyned in it, & anoth*a*mia.

THorax is m*aa*d of' .vij. boonys & eu*er*y boon at' þe ee*n*de is ¶ v. c°.
cartilaginosu*m* / þese .vij. boonys be*n* ioyned togidere in þis The Brest has 7 bones with gristly euds,
maner þat' eu*er*y leeneþ vpon oþir, & wiþ þese .vij. boonys be*n* m*aa*d
16 fast' .vij. ribbis þat' ben grete ribbis, & þo .vij. ribbis be*n* m*aa*d fast' 7 true,
i*n* þe rigge boon bihynde, & þese ribbis ben crokid / Wiþinne[2] þese
.vij. ribbis be*n* v. ribbis þat' ben lasse, & be*n* clepid litil ribbis, & 5 false Ribs,
ben m*aa*d fast' bihynde wi*th* .v. boonys of' þe rigge, & in þe forside
20 of' a man þei haue no fastnynge to no boon, saue þei be*n* m*aa*d fast' and the Diafragma, which divides the Spiritual Members from the guts.
wi*th* lacertis.[3] & bitwixe þe .viij. boon & þe .ix. boon, diafragma is
m*aa*d fast', for to bigy*n*ne tellyngis of' boonys aboueforþ. & þis
diafragma depa*r*tiþ þe sp*ir*ituals from þe guttis. & i*n* þe holowneß
24 þat' is aboue liggiþ þe herte & þe lu*n*gis /

þe herte [4] is m*aa*d of' hard fleisch & strong' & of' lacertes þat' þei [4 lf. 88]
miȝte be hard, þat' it' ne schulde take a greua*u*nce liȝtli.[5] & þerfore The heart is made from muscular fibres,
su*m*men seide*n* þat it' is al brau*n*; but' it' is not' so, for þe brau*n* of'
28 a man meueþ wha*n*ne he wole, & restiþ, & þe herte is alwei meuynge
& not' reste. & þe herte is schape aftir a pyne, & hangiþ in þe is like a pine,
myddil of' þe hiȝere holownes, & hangiþ sum-what' to þe liftside-
ward ; & þe hiȝere þerof' is brood, & þat' place is medlid wiþ car- is surrounded by Pannicles (Pericardium),
32 tilaginosis ligaturis, & is m*aa*d fast' in þe lungis[6] ; & þe lungis
touchiþ not' þe herte, saue i*n* þe aboue, þere it' is m*aa*d fast' togidere,

---

[2] *wiþinne.* The Latin has *infra,* which the translator took for *intra.*
[3] *lacertis.* See *Vicary,* page 57, note 1.
[5] Avicenna, Lib. III., Fen XI., Tract. I., Cap. 1, ed. Venet, 1527, f. 204 :
" Cor quidem creatum est ex carne forti ut sit longinquum a nocumento."
[6] *lungis,* a mistranslation of *panniculi.* The pericardium is also called
panniculus cordis.

and has
ij. ventriclis.
& þe lunge defendiþ þe herte from greuaunce. & þe herte haþ two
ventriclis .i. two holowe placis wiþinne, & þat' oon ventricle sittiþ *in*
þe riȝtside of' þe herte, & þat' oþer *in* þe liftside[1]; & þese ventriclis
holdiþ & resseyueþ eir & norischiþ þe herte / In þe riȝt' ventricle 4

Into the right
one comes a
Vein from the
liver,
[4 lf. 88, bk.]
comeþ a greet' veyne þat' is clepid ramosa[2] þat' comeþ from gibbo[3]
epatis, & comfortiþ diafragma, & peersiþ þoruȝ diafragma. & þis
veyne is ful of' greet' [4]norischinge blood & hoot', & it' norischiþ
lymes of' greet' substaunce. & þis veyne goiþ bi þe riȝtside of' þe 8

and fills the
Heart with
nourishing
blood,
which is
refined
into a clear
spirit between
body and
soul.
herte, & filliþ þe herte ful of' norisching' blood. & þanne þe blood
in þe herte sutilliþ[5] & filliþ ful þe two ventriclis of' þe herte, & of'
þis clene blood þe spirit is engendrid; which spirit' is more cleer &
more schynyng' & more sutil, þan ony bodi þat' is maad of' þe iiij. 12
elementis. & þerfore it' is turnid[6] *into* heuenly bodies, & it' is

From the left
Ventricle
springs
arteria
venalis
bitwixe a mannys bodi & his soule a louely byndynge. ¶ And of'
þe lift' ventricle þere wexiþ out' ij. [arteries][7] and þat' oon þerof' haþ
a maner coote, & þerfore of' summen it' is clepid arteria venalis.[8]　& 16

and the Aorta
from which
all other
Arteries pro-
ceed.
þis arterie beriþ sutil blood to þe lungis & norischiþ þe lungis / And
þat' oþere arterie haþ .ij. cootis. & of' þe ilke[9] comeþ alle þe arteries
in a mannys bodi, & ben departid *in* euery lyme of' a mannys bodi.
& þese arterijs makiþ alle a mannis lymes to haue lijf' & spiritis ; 20
& alle þes arterijs & alle þese spiritis þat' ben aforeseid; and þese

[10 lf. 89]
arterijs goiþ to þe brayn [10]& þei goiþ to þe lyuere & ȝeueþ him
vertu ful myche & makiþ defiynge / And þese arterijs goiþ to a
mannys ballokis & ȝeueþ him vertu for to engendre ; & in þis place 24
þe vertu of' alle þe spiritis of' a mannys bodi ben ioyned togidere.[11]

[1] The translator has omitted the following passage : "In medio illorum
duorum ventriculorum est quedam fouca : & vocatur a quibusdam ventri-
culus tertius, super ventriculo dextro et sinistro. Item duo additamenta
cartilaginosa fortia et flexibilia quandam habentia concauitatem, et constrin-
guntur & dilatantur, & recipientes & retinentes nutrimentum et aerem ad
nutriendum et temperandum cor."

[2] The translation is not correct. Lat. : "ad dextrum nanque ventriculum
venit una vena *ex ramosa vena*." This vein is the vena cava inferior, which
gets the blood from the liver by the venæ cavæ hepaticæ. "The seconde
veyne is called Vena choele, or Vena concaua, and of some Vena Ramosa."
Halle, *Anatomie*, page 78.—1565.

[3] *gibbus.* See *Vicary*, page 69, note 1.　　[5] *sutilliþ.* Latin : subtiliatur
[6] MS. *turid.* Latin : vergit in naturam supracelestium corporum.
[7] *arteries*, wanting.　　[8] *Arteria venalis.* See *Vicary*, page 58, note 1.
[9] MS. inserts, *ij cootis*

[11] The translation is corrupt. Lat. : Iste namque spiritus cordialis, qui
per viam quæ dicta est a corde sumit originem, sicut omnes virtutes, quarum
est instrumentum, cum ad ventriculos peruenit cerebri, aliam ibi recipit di-
gestionem, quæ meretur formam suscipere spiritus animalis, & ita ut ad epar
dirigitur, in ipso formam recipit nutritiui, et in testiculis generatiui, donec

¶ þe lungis ben maad of' .iij. substauncis: of' fleisch þat' is recchinge,[1] & braunche of' arterijs, & of' veynis,[2] & of' cartilaginis þat' ben holow, & þese goþ out' of' canna pulmonis as it' is aforeseid. ¶ þe profit' þat' þe lungis doiþ a man is þis: þe lungis drawiþ eir into þe herte, for to do awei þe fume & þe vntemprid heete of' þe herte, & makiþ þe herte in tempre hete / And in tyme whanne þe herte is constreyned, þanne it' is necessarie for to drawe coold eir to þe herte; & if' þe lungis myȝte not' drawe eir to þe herte, þe spirit' of' lijf' schulde be stoppid, & so a man schulde be deed / & þerfore it' is necessarie þat' a man haue clene eir, for þe eir passiþ þoruȝ þe lungis þat' ben tendre & goiþ to þe herte; & þerfore vnclene eir doiþ harm to þe lungis & also to þe herte. & þerfore þe lungis ben [3]departid into .ij. placis, & if' þer falle ony harm to þe oon partie of' þe lungis, þanne þat' oþere partie beriþ al his charge //

þe lungs are made of 3 tissues, flesh, vessels, and ligaments.

They bring cool air to the heart.

The air ought to be clean.

[3 lf. 89, bk.]

¶ Woundis þat' ben maad in þe brest'. If' þe wounde go into þe holownes, þanne it' is miche to drede þerof', for þanne it' miȝte falle þat' sum substaunce of' þe herte miȝte be harmed, & þanne þe wounde were mortal // ¶ Ouþer if' þe wounde ȝede into þe lungis, þere were greet' perel: for þe wounde mai not' be helid but if' it' be soudid anoon // ¶ And if' þe wounde go þoruȝ diafragma, it' is mortal / And if' it' be so þat' þe herte be hurt', þere lijþ no[4] cure þeron, saue he schal die anoon; for þe herte takiþ no lijf' of' no lyme of' al þe bodi, saue þe herte ȝeueþ lyues to euery lyme of' þe bodi; & þe herte ordeyneþ alle lymes to vertues, & þe herte is þe welle of' lijf'; & þerfor þe herte mai suffre noon harm, saue ioie ouþer sorowe / þerfore if' þe herte be kutt' wiþ a swerd ouþer ony greet' arterie þat' is nyȝ þe herte, þe wounde is mortal; for þe arterijs goiþ to þe herte [5]& þanne al þe blood of' þe herte & þe spirit' passiþ out' bi þe arterijs, as þou myȝt' se bi ensaumple of' a candel. For if' a candel þat' brenneþ, ouþer a weke, be putt' al in oile ouþer in grese, þe fier þerof' wole out'; in þis same maner is þe spirit' of lijf' queynt', whanne þe herte is hurt', for þe greet' flux of' blood, þat' falliþ to þe herte & stoppiþ þe spirit' of' lijf' / Ouþer if' þer be greet' flux of' blood comynge fro þe herte, þanne þe spirit' passiþ out' þerwiþ; as þou miȝt' se bi ensaumple of' a candel: whanne þe talow of' a candel is doon, or wex, or oile, þanne þe liȝt' wole passe, & in þe same maner it'

Wondis mad in the breat

Wounds of the lungs are dangerous,

wounds of the midriff, or the heart are mortal.

When the heart, the well of life, is hurt,

[5 lf. 89 *]

either the blood rushing to the heart quenches the flame of life,

or the blood and the spirit of life flow out from the wound.

omnis spiritus, omnisque particularis virtutis perfectio cum virtutum operationibus coniungatur.

[1] *recchinge.* Latin: rara.

[2] *braunche of arteriis & of veynes.* Latin: ramis arteriæ venalis.

[4] MS. *do.* Lat.: Cor autem vulneratum curam non recipit.

When the
lungs are
hurt
the wound
must be
stitched
before it
suppurates.

fariþ bi a mannis lijf, as it is aforseid. ¶ þe lungis wolen take no
souding whanne þei ben hurt, but if þe leche be þe more kunnyng
& soude þe wounde or it quytture. For if it qutture, þe lungis
moun not be maad clene but wiþ cowȝyng, & þe more þat þe 4
pacient cowȝeþ, þe more þe wounde wexiþ //   ¶ Also þe lungis ben
euermore meuynge ; & [if] woundis[1] schulen be soudid in lymes, þe

[2 lf. 89*, bk.]

lyme [2]mote reste ; & þerfore for þe contynuel meuynge of þe lungis,
þe woundis þerof ben seid incurable //   ¶ Also þouȝ a man wolde 8
soude þe woundis of þe lungis wiþ ony medicyne þat is consolidatif,
it ne mai not come þerto but bi a long wey as bi þe stomak, ouþer

Medicines
reach the
lungs by a
long way,

bi þe lyuere, ouþir bi veynes, & so þe vertu of þe medicyne ne may

and therefore
the patients
get phthisis.

not come to þe lungs, but bi þe forseid weies ; & þerfore men þat 12
ben hurt in þe lungis falliþ in þe tisik[3] /   ¶ If a man be hurt in
diafragma, þer is no remedie þerof ; for diafragma is alwei meuynge,

The midriff is
to the heart
what bellows
are to a fire.

for þat is an instrument of wijnd to the herte, riȝt as a belowe is
an instrument for a fier / For riȝt as a below, whanne he is opened, 16
he takiþ in wijnd, & whanne he is closid, he puttiþ out wijnd &
blowiþ þe fier /

Symptoms if
þe herte
be wonded,

¶ If þe herte be woundid, in þis maner þou schalt knowe : þe
pacient schal swowne, & þe blood þat comeþ out is blak, & he schal 20
siȝe sore, & þanne he is but deed //

[4 lf. 90]

and if
þe lungs
be wonded.

¶ If þe lungis ben hurt, þou schalt [4]knowe in þis maner bi
cowȝynge, & þe blood þat goiþ out of þe wounde wole be spumous
& cleer / If þe wounde hereof be streit wiþoutforþ, make it largere, 24

Throw a
powder into
the wound,

& þanne in þe wounde of þe lungis caste poudre of mastix. &
olibani,[5] draganti, gumme arabici, fenigreci ana ; & he schal ete no
mete saue þat, þat he mai soupe, & penidis[6] medlid þeron, & loke

and close the
wound when
the lungs are
healed.

þat he haue scielence & good reste, & þat he traueile not ; & þou 28
schalt not close þe wounde wiþoute, til þe wounde of þe lungis be
sowdid, & þanne soude þe wounde wiþoutforþ //

De vulnere
dia
diafragma.

¶ If þat a wounde be in diafragma, þes ben þe signys þerof :
streit secchinge of breeþ, & greet agreuaunce for to drawe his 32

Symptoms of
a wounded
midriff.

breeþ, & greet akynge in his side, & greuous cowȝyngs ; alle þese
ben signys of deeþ, & principali if þese signys be greet & greuous /

---

[1] þat inserted. Lat. : et vulnerata membra indigent ut quiescant.
[3] "*Tisica*, Italis et Hispanis Phthisis."—Dufresne. "*Tissick*, an Ulcera-
tion of the Lungs, accompany'd with an Hectick Feaver, and causing a
Consumption of the whole Body."—Phillips, 1706. tysyk, Hampole, 701.
"þat man þat hath þe tisik & þe etik," Quintess, p. 17, 7.
[5] *Olibanum.* Thus masculinum. Arab. al-louban (Devic. Dict.). N.E.
oliban.   [6] *Penidium*, barley sugar.

If⁺ þese signys ben but⁺ litil & not⁺ strong⁺ greuous, þanne ȝeue him
metis & drynkis þat⁺ mowe swage¹ þe cowȝe, & þanne take a tent⁺
þat⁺ be not⁺ to greet⁺, & wete it⁺ *in* þe ȝelke of⁺ ²an ey & oile of⁺ ro*sis*,
4 & þanne cure þis wou*n*de as þou doist⁺ oþere woundis /

> Allay the coughing and apply a tent.

> [² lf. 90, bk.]

If⁺ it⁺ so be þat⁺ a wounde be in a caua³ & noon of⁺ þe forseid
lymes ben not⁺ hurt⁺, þanne wete a tent⁺ *in* oile of⁺ rosis hoot⁺ & putte
in þe wou*n*de; & wha*n*ne þou remeuest⁺ þi medicyne ouþer leist⁺
8 þerto ony medicyne, be war þat⁺ þer passe out⁺ noon eir þoruȝ þe
wounde, ne entre *in* noon eir into þe wounde, & þerfore or þou
chau*n*ge þi tent⁺, loke þat⁺ þou haue þingis þat⁺ ben necessarie þerfore
redi, þat⁺ þe wounde mowe be stoppid anoon, þat⁺ þere go no breeþ
12 into þe wounde, ne out⁺ of⁺ þe wounde / For if⁺ þer go ony breþ out⁺,
it⁺ wole afeble þe pa*tient*, & if⁺ þer go ony breeþ þere, it⁺ wole do
harme to þe spaulis. Leie vpon þe wounde oile of⁺ ro*sis* & þe ȝelke
of⁺ an ey, & herwiþ wete þi tent⁺ til þe wounde quytture. & þanne
16 euery dai make hi*m* to turne vpon his side, & make hi*m* cowȝe &
spitte out⁺ þe quytture, & avoide þe quytture bi þe wou*n*de also. &
if⁺ þere be myche quytture, & may not⁺ be avoidid bi þe wounde,
þanne þou schalt⁺ make sich a maner waischinge & putte it⁺ yn wiþ
20 ⁴an instrument⁺ ma*a*d lijk a clisterie / R .mel ro. ȝ iiij., mirre,
fenigreci, farine lupi*n*or*um* ana ȝ ß, boile hem to þe consumpcioun
of⁺ þe .iij. part⁺ in li j. of⁺ swete wijn, & li j. of⁺ wa*t*er, & þanne col*e*
hem & putte *in* þe colatu*r*e as it⁺ is aforseid. Vpon þe wou*n*de
24 wiþoutforþ, from þe tyme þat⁺ it⁺ quytturiþ, leie þis mundificatif⁺
planed vpon a clooþ.⁵ R mel ro. li j., farina ordei substillissimi. ȝ
iiij., mirre, fenig*reci* ana. ȝ j., be þei encorperat⁺⁶ & boilid at⁺ esi
fier / & whanne þei ben weel boilid, & weel medlid togidere so þat⁺
28 it⁺ be þicke, do he*m* dou*n* of⁺ þe fier, & do þerto ȝ .iij. of⁺ terbentyne
waische*n* & medle hem weel togidere. þis emplastre þou schalt⁺
vse, & þe waischingis þat⁺ is aforseid, & þou schalt⁺ holde open þe
wounde wi*th* a tent⁺ wet⁺ *in* oile, til þe quytture þat⁺ is wi*th*ynne be
32 perfitli dried / þis þou schalt⁺ knowe bi þe ve*rtu* of⁺ þe pa*tient* & bi
þe sauour of⁺ his breeþ, & wha*n*ne his cowȝynge goiþ awei, & wha*n*ne

> If a wound enters into the hollows of the chest.

> beware that no air passes through the wound.

> Make the patient cough out the pus.

> [⁴ lf. 91]

> R
> a loscion for wondis with-in the brest

> R
> A cleansing (mundificatif) plaster.

> One knows by the odour of the patient's breath

---

¹ *swage.* See *Cathol. Angl.*, p. 372.
³ MS. *canna.* Lat.: Cum autem vulnus est in cassum penetrans. *Cassus*,
Pecten. Semibarbaris ex Arabico. Castellus, Lex. Med. *Casse*, Arab. Kas,
cup, calice.—Devic. I would rather trace it from Lat. cassus adj. void,
hollow, and cassum, i = cassa, orum sb. the hollows. The latter form cassa
gave origin to Ital. cassa f. See cassa del cranio, etc.
⁵ &. Lat.: super pannum distensum. O.Fr. planer, Lat. planare.
⁶ *encorpe*rat. Lat. incorporatus, O.Fr. encorperer.

if the wound
is clean.
[¹ lf. 91, bk.]

When sup-
puration con-
tinues, a weak
patient dies.

If the patient
is strong,
make a new
incision.

Do the same,
if blood and
pus gather on
the midriff.

[² lf. 92]

his vnkyndely heete goiþ awei / If' þou doist' alle þese þingis to him þat' ben aforseid, & þe quytture ¹be not' wiþdrawe þerwith, & his cowȝynge & his akynge be not' aswagid, & his vertu be feble, & his spirit' be nouȝt', þanne do þou nomore þerto, saue he schal al turne 4 him to goddis merci // ¶ Saue if' it' so be þat' he haue þe cowȝe & greet' quytture in þe wounde, & he be strong', & principali if' þer wexe ony swellyng' in his side bihinde bitwixe þe .iiij. & þe .v. rib, þan þere þou schalt' make a newe kuttyng' & lete out' þe quytture, 8 & bi þis place drawe out' þe quytture, & holde þe wounde open, & lete þe olde wounde close togidere. & if' it' be nede, caste yn þe forseid waischinge bi þis wounde & leie a mundificatif' wiþoute til þe quytture be al aweie, & þis cure þou schalt' folowe / It falliþ 12 ofte tyme þat' a man is hurt' an hiȝ aboue in þis place, & þanne þe blood & þe quytture falliþ vpon diafragma & gaderiþ togidere, þanne þou schalt' kerue him bitwixe þe .iiij. & þe .v. rib as it' is aforseid, for þe blood & þe quytture mai haue no cours to þe wounde 16 aboue ; & if' he is kutt' so byneþe, þanne þe blood & þe quytture mai be drawe awey ; ²& if' þou doist' not' þus þe pacient' schal die, & if' þou doist' þus þe pacient' schal be delyuerid wel // Whanne woundis ben in thorase ouþer in þe brest', & þe woundis ne goon 20 not' þoruȝ, þanne þou schalt' cure him as it' is aforseid in opere woundis //

Of woundis of þornis³ ouþer spondilium, & of þo þat ben conteyned in him & anothamie /⁴ 24

¶ vjᵒ cᵒ /

The spinal
column is
composed of
20 Spondles
or Vertebræ.

BOnys of' þe necke, as we haue aforsed, ben .vij, & rigge boonys of' þe brest' ben .xij, & of' þe reynes ben .v. riggeboones, & vndir þe reynes ben .iij. riggeboones, & vpon þe place þat is clepid⁵ —þe boon of' þe tail is maad of' .iij. rigge boones, & þere ben .xxx. 28 ¶ Eueri boon of' þe rigge is an hole þoruȝ, & þoruȝ þe ilke hoolis nucha⁶ goiþ endelong' þe rigge ; & euery boon of' þe rigge haþ .iiij. addiciouns to him, & summe han mo ; þis is not' necessarie to telle to a sirurgian, saue it' is necessarie to a sirurgian for to knowe þis : 32

---

³ MS. *þorais.* Lat.: De vulneribus spinæ seu spondylium & eorum anatomia. The scribe changed *þornis*, the translation of 'spinæ,' into *þorais*, for *thoracis*, as in the heading to Cap. V. The words : *& of þo þat ben conteyned* in *him* are taken from the same Chapter-heading.
⁴ See *Vicary's Anatomy*, page 74.
⁵ One word is here wanting. Lat.: super locum qui dicitur aboratur alahume. *aboratur* is perhaps a corruption for *ab arabis, alahume* is the Os sacrum. ⁶ *nucha*, Arab. nukha', spinal marrow.

þat' euery rig'-boon haþ a greet' hole, & nucha goiþ þer þoruȝ. & Through the Vertebræ
þer beu oþere smale hoolis in þe boones bi þe sidis aboutforþ, & þere passes the Spinal cord.
þoruȝ goon nerues for to holde þe lymes faste ¹togidere. & so þese [¹ lf. 92, bk.]
4 .xxx. boones ben bounden togidere wiþ stronge ligaturis, & þei ben
so strongeli bounden togidere þat' þei semeþ al oon boon. þese The Spondles form the
boones bineþe þe necke is clepid þe rigge ouþer spina, & þis is þe Back-bone.
foundement' of' al þe bodi //

8 ¶ Woundis þat' ben maad in þis place. If' nucha be kutt' The Prognosis is un-
þoruȝ ouerþwert', þe wounde is mortal for þe nobilte of' nucha þat' favourable, if the Spinal
comeþ fro þe brayn riȝt' as a ryuer comeþ of' wellis.² ¶ And þouȝ Cord is cut,
nucha be not' kutt' al þoruȝ saue hurt', it' is greet' perel þerof', for
12 þe lymes bineþe schulen lese her meuynge, for þe nerues þat' ben
aboute þe boones of' nucha ben kutt'. & also þe rigge-boones ben or the Spondles, or the
kutt' & herof' cometh greet' perel / And if' þe braun þat' sittiþ ende- Muscles along the Spine
longis þe rigge in boþe sidis of' þe rigge-boon & duriþ³ from þe heed are severally injured.
16 adoun anoon to þe tail eende, & if' ony of' alle þese be kutt' ouþer_
prickid, it' is greet' perel for þe spasme, for þe causis þat' ben aforseid /

þe curis herof' ben lijk to þe curis þat' ben aforseid of' oþere The Treatment is the
woundis, saue it' is necessarie for a cirurgian to knowe pronosticatiuis same as in other wounds.
20 of' þis ⁴place, & also if' a man be hurt' in þat' place, he mote haue [⁴ lf. 93]
for þe causis aforseid //

Of woundis of þe stomac / & intestinum & wombe, & anothamia /

24 I Haue seid heretofore in what' maner mery⁵ goiþ doun þoruȝ ¶ vijᵒ. cᵒ.
þe necke wiþinneforþ, and goiþ þoruȝ diafragma, & is maad
fast' with diafragma, & diafragma goiþ aboute þe mouþ of'
þe stomak. & þe stomak is schape in þis maner,⁶ & in oon
28 side he is gibbous, & in þe toþer side he is more playn.
& þe stomac is maad of' .ij. cloþis. & þat' oon clooþ sitt' The stomach is made of 2
wiþoute & þat' oþer wiþinne, & þe clooþ þat' sittiþ wiþinne Membranes
is villosus & neruous, & þe clooþ þat' is wiþoutforþ is
32 fleischi / ¶ In þe ynner clooþ ben longe villis wherof' with longi-tudinal and
comeþ drawynge, & þere ben villis ouerþwert', wherof' transverse fibres.

---

² Rases, Liber ad Almansorem, Tract. I, Cap. 1, ed. Ven. 1506, fol. 2.
"Cerebrum quasi fons sensuum est et motus voluntarii, Nucha vero sicut
fluuius magnus ab eo manaus."

³ *duriþ.* Lat. distenditur. As to the local sense, compare O.Fr. durer.

⁵ *mery,* oesophagus. Arab. *marijun,* windpipe.

⁶ In the margin is a diagram of the shape of the stomach.

comeþ wiþholdyng⁴ /   In þe clooþ þat⁴ is wiþoutforþ, þere ben longe
villis, & þat⁴ makiþ expulcioun.   þe ynner clooþ is neruous, þat⁴ it⁴
mowe fele whanne it⁴ is ful; wiþoutforþ it⁴ is fleischi for to make
him hoot⁴ & moist⁴, þat⁴ he miȝte helpe for to make digestioun. 4
þat⁴ skyn þat⁴ is wiþinne þe stomak is norischid *with* moisture of⁴

[¹ lf. 93, bk.] mete ¹þat⁴ is resseyued *into* þe stomac /   The skyn þat⁴ is wiþoute
þe stomac is norischid of⁴ blood, þat⁴ comeþ fro þe lyuere *in* smale
veynes & goiþ al aboute þe stomac.   ¶ Also þere comeþ arterijs 8

Arteries
bring life to
the Stomach. from þe herte to þe stomak & makiþ him to haue lijf⁴, & of⁴ þese
.ij. þingis, þat⁴ is to seie vena & arteria, gibbus² is m*a*ad þat⁴
gouerneþ þe stomac & þe guttis wiþ his fatnes, & makiþ hem hoot⁴.
¶ In þe botme of⁴ þe stomak þere is a mouþ, and þat⁴ mouþ is more 12
streit⁴ þan þat⁴ aboue.   & þe firste gutt⁴ is m*a*ad fast⁴ to þe lower

The Entrails
or Guts:
duodenum. mouþ, & þis gutt⁴ is clepid duodenu*m*.³   þis is þe skille whi he is
clepid so, for he is of⁴ þe lengþe of⁴ xij. ynchis; & þanne þere ben
.vj. guttis bineþe him; & þanne þis firste gutt⁴ is m*a*ad of⁴ .ij. cootis, 16
as alle þe opere guttis ben, but⁴ þe .ij. gutt⁴ is smal & folde togidere.

Ieiunum. þe .iij. gutt⁴ is clepid ieiunum,⁴ *id est*, fastynge, for he is eu*er*more
voide,⁵ & þat⁴ is for he is nyȝ þe galle & resseyueþ myche colre⁶ for
to avoide him, & þere goiþ to him manye veynes, wherbi he is 20

Orobum,
[⁸ lf. 94] voidid / Aftir him þere comeþ a gutt⁴ þat⁴ is clepid orobum⁷ ⁸ouþer
a sak, & it⁴ haþ but⁴ oon mouþ, & he resseyueþ alle þe fecis; & þere

where the first
digestion is
made
Colon. is fulfillid þe firste digestiou*n* of⁴ þe guttis / Aftir þis gutt⁴ þer is a
gutt⁴ þat⁴ is clepid colon, & lijþ ouerþwert⁴ þe wombe & resseyueþ 24
feces / And aftir þis gutt⁴ comeþ langaon,⁹ & is þe eende of⁴ alle;

langaon.
retains and
finally evacu-
ates the
faeces. & he haþ .iiij. brawnys, & þerof⁴ he haþ vertu for to wiþholde þe
fecis yn. & for to putte hem out⁴ whanne a man wole / Euery
meuynge of⁴ þe guttis is kindely & eueri gutt⁴ of⁴ þese þat⁴ ben 28

The entrails
are nervous
.1.
that the food
may be
retained aforseid haþ diuers kynde // ¶ þer ben manye maner causis whi
þat⁴ guttis ben folde *with* nerues : þe firste enchesou*n* is þis, þat⁴ a
man schulde not⁴ as soone as he hadde ete, anoon riȝt⁴ go to sege as

² *gibbus*, mistake for ȝ*irbus*. See *Vicary*, page 64, note 2; and page
86, note.

³ *duodenum*. See *Ibid.* page 65, note 1.

⁴ *jejunum*. See *Vicary*, page 65, note 2.

⁵ Avicenna, Lib. III., Fen. XVI., Tract. I., Cap. 1, ed. Ven. 1527, f. 248.
" et nominatur hoc intestinum ieiunum, quum ipsum inuenitur secundum
plurimum inanitum et vacuum."

⁶ *colre*. Lat. cholera. Choler, "Bilis."—Huloet.

⁷ *orobum*. Lat. orbum. The *Ileum* is here meant.

⁹ *langaon*. See *Vicary*, page 66, note 5. Lat. longanon, longao = the
straight gut.

doiþ a beest'. þe .ij. cause is þat' þe mete miȝte abide in þe stomak *.2. and digested in the stomach*
for to make digestion, & þat' þat' is not' fulfillid in þe stomak is
fulfillid in þe guttis. þe .iij. cause is þis, þat' it' first' abide in oon *.3. and the guts.*
4 gutt' / & þanne it' is sent' to anoþer & so forþ. & þanne for to holde
alle þese þingis / þe stomak & þe guttis is ordeyned a skyn, þat' is [² lf. 94, bk.]
clepid þe siphac¹; & is a syngle skyn & is not' ²villous, & is engen- *Siphac (Great Omentum):*
drid bineþe as is diafragma is aboue, as it' is aforeseid, & is maad
8 fast' at' þe rigge bihinde, for to holde vp þe stomak & þe guttis / In
þis partie bineþe þis þer ben engendrid of' siphac ij. þingis þat' ben *it is continuous in its*
clepid dindimi³ & goiþ adoun al aboute þe ballokis, & is clepid þat' *lower part with the*
ynner skyn of' þe ballokis; & þoruȝ þis dindimi goiþ arterijs & *dindimi (Tunica*
12 veynes to þe ballokis, & makiþ hem haue lijf' & norischinge & *vaginalis).*
kynde of' sperme // ¶ Alle þese þingis þanne ben comprehendid in *ciffac is þe inar aken,*
a skyn þat' is fleischi & of' lacertis maad, & is clepid mirac, & is *mirac the vtter.*
clepid þe vttere wombe in whiche ben lacertis, for to helpe putte out' *(Peritoneum)*
16 þe fecis & wijnd & vrine /

þerfore woundis þat' ben maad in þe stomac ben perilous, & in *Wounds of the stomach*
þe guttis, for manie causis / þe firste cause is þis, for her worchinge *and the bowels are*
is necessarie to þe bodi, for þei ben þe firste instrument' of' digestioun, *dangerous, as their func-*
20 & her worchinge is so necessarie to þe bodi, þat' it' mai in no maner *tional activity is necessary.*
be susteyned, ne abide wiþoute hem / þerfore if' þere be ony woundis
in þis place her wor⁴chinge is lost', but' if'. þe wounde be soudid [⁴ lf. 95]
anoon; & þat' is ful hard & sumtyme inpossible for þei ben neruous,
24 & þere is no fleisch on hem, & also for þei ben alwey meuynge, &
principali whanne woundis ben maad in þe hindere partie of' þe
stomac ouþir in þe smale guttis / For if' þe woundis falle in þe *The patient may recover*
neþir partie of' þe stomac þat' is fleischi, ouþer in þe greete guttis *if the fleshy part of the*
28 bineþe, if' þe leche be kunnynge, þe pacient' mai lyue / *stomach or guts is wounded. Nota.*

¶ If' it' bifalle þat' a man be hurt' in ony of' þese placis þat' ben
aforseid in þe stomak ouþer in þe guttis, þe leche muste knowe *A wound which per-*
wheþer þe substaunce of' þe guttis or of' þe stomak be prickid þoruȝ *forates the entrails is*
32 or no; þat' þou miȝt' knowe bi þe goyng' out' of' þe fecis at' þe *mortal.*
wounde, & þanne þe wounde is iugid mortal. ¶ If' a man be
woundid in his stomak & þe wounde of' þe wombe wiþoutforþ ne
be not' brood, þanne kutte it' more & þanne sewe the wounde of' þe *Sew the wound in the*
36 stomak wiþ a nedele þat' is iiij. squar & wiþ a sutil þreed, & þis þou *stomach,*
schalt' speciali, whanne þe wounde is in ⁵a fleischi place of' þe stomak, [⁵ lf. 95, bk.]

---

¹ *siphac.* See *Vicary,* page 62, note 4.
³ *dindimi,* used elsewhere to signify the Testicles.

for if⸴ þe wou*n*de be aboue i*n* a place of⸴ þe stomak þat⸴ is neruous,
ne traueile þou not⸴ þere aboute þa*n*ne, for it⸴ is an idil / Wha*n*ne
þou hast⸴ sewid þe wou*n*de bineþe as it⸴ is aforseid, þa*n*ne springe

þer⸴on poudre consolidatif⸴ & soude þe wou*n*de of⸴ þe stomak, & holde 4
open þe wou*n*de of⸴ þe skyn wiþoute, til þe wou*n*de of⸴ þe stomak be
hool //   ¶ If⸴ it⸴ bifalle þat⸴ a man be hurt⸴ i*n* þe greete guttis bineþe,
so þat⸴ þe wou*n*de be not⸴ to greet⸴, þa*n*ne þou schalt⸴ sewe þe gutt⸴, &
þe eendis of⸴ þe þredis schulen hange out⸴, & þe vtt*er* wou*n*de schal 8
be holde open, til þe wou*n*de of⸴ þe gutt⸴ be soudid ¶ If⸴ it⸴ so be þat⸴

þe wou*n*de of⸴ his wombe wiþoutforþ be so brood þat⸴ þe guttis falle
out⸴, putte he*m* yn anoon while þei be*n* hote / If⸴ it⸴ be so þat⸴ þe
guttis be colde, or þat⸴ þou come þerto, & þe wou*n*de of⸴ þe wombe 12
be to swolle, & þe guttis be chau*n*gid wiþ þe eir, wherfore þe guttis
wole*n* not⸴ i*n* aʒe*n*, þa*n*ne þou must⸴ sutilli make þe wou*n*de of⸴ þe

wombe a litil more, þat⸴ þe guttis ¹mowe liʒtly falle yn aʒe*n* wiþoute

greua*u*nce. Wha*n*ne þe guttis be*n* y*n*ne, sewe mirac & siphac i*n* 16
þis man*er* togid*er*e, so þat⸴ þei mou*n* boþe be soudid togid*er*e; for if⸴
mirac were soudid & not⸴ siphac, þa*n*ne aftir þe tyme þat⸴ þe wou*n*de
were soudid, þere wolde leue a crepature.² þerfore þou must⸴ sewe
i*n* þis maner /   Take þat⸴ oon side of⸴ mirac & siphac togid*er*e so 20
þat⸴ þei be euene, & loke þat⸴ þi nedel be .iij. squar, & þa*n*ne make
oon poynt⸴ þoruʒ hem ij. togid*er*e, i*n* þe same maner i*n* þe toþ*er*, &
þus þou schalt⸴ make þer*on* as manie pointis as þou þenkist⸴ neces-
sarie /   And wha*n*ne þou hast⸴ sewid mirac & siphac togid*er*e i*n* a 24
good man*er*, þa*n*ne knytte þe þredis togid*er*e þat⸴ þei vnknytte not⸴,
as þou seest⸴ þat⸴ is to doing⸴; & lete þe eendis of⸴ þe þredis ha*n*ge
out⸴, & þa*n*ne springe vpon þe sewynge þe poudre consolidatif⸴ þat⸴

is aforseid, and holde open þe wou*n*de wiþoutforþ til mirac & siphac 28
be p*er*fitli soudid, for i*n* þis man*er* mirac & siphac mou*n* be soudid

bi þis cause: Siphac is neruous & haþ ³no fleisch, & mirac is fleisch,
& bi þe v*er*tu of⸴ him siphac is soudid; & þa*n*ne do þe cure herof⸴

aftir as it⸴ is tofore //   ¶ Su*m*men seien þat⸴ þe smale guttis mou*n* 32
be sowdid i*n* þis maner: make a pipe of⸴ eldre, & putt⸴ wiþi*n*ne þe
gutt⸴, & þa*n*ne soude þe gutt⸴ þer vpon. & I seie þat⸴ it⸴ is not⸴ sooþ,
for þis þing⸴, þe smale guttis wole*n* not⸴ soude, & to þe greete guttis
þis queyntise is nouʒt⸴; þerfore triste to þe maner þat⸴ is aforseid, 36
& take kepe of⸴ þe p*er*els þat⸴ be*n* forseid.

         ² *crepature,* hernia.

Of wou*n*dis of þe lyuere & splen & reynes & þe bladdre, and anothamia[1] /

The firste schapinge of' þe lyuere is maad of' þe .ij. spermes as
4 ben þe oþere principal lymes, saue þe greetnes of' þe lyuere is
principali ma*a*d of' blood & is i*n* þe hardne*s* of' fleisch. & þe sub-
stau*n*ce þerof' is fleischi, & it' is i*n* þe maner as it' were blood ru*n*ne,
& chilus comuneþ fro þe stomac to þe lyuere for to ʒeu*e* him
8 norischynge, & þe lyuere is gibbous wiþoute, & wiþi*n*ne holow þat'
it' miʒte be þe more closynge to þe stomac. & þe heete of' þe [2]lyue*re*
makiþ þe stomac to seþe as fier makiþ a furneis to seþe.[3] ¶ The
lyuere haþ addiciou*n*, & ben diuers ; for i*n* summe ben .iiij. & i*n*
12 summe be*n* .v. & i*n* summe be*n* .iij. Of' sperme þe mater of' þe
lyue*re* wiþi*n*ne is gaderid. & þerof' comeþ a greet' veyne & is en-
ge*n*drid in sima[4] epatis, & is clepid þe ʒate of' þe lyuere. & of' þis
veyne summ*en* seien þat' þere ben engendrid .viij. veynes, & sum-
16 men seie*n* þat' þere ben mo ; & þus veynes be*n* ʒatis riʒt' as rootis
of' a tree.[5] & þese veynes be*n* clepid miseraice / & summe of' þese
veynes ben maad fast' wiþ þe botme of' þe stomac, & wiþ a gutt' þat'
is clepid duodeno, & summe wiþ þe smale guttis, & su*m*me wiþ þe
20 gutt' þat' is clepid ieiunum, & summe wiþ orobo ouþir wiþ þe sak //

¶ þe lyuere is maad fast' to þe riʒtside of' þe stomac, & i*n* þe
liftside of' þe stomac sitt' þe splene, & is schape along', & is m*a*ad
fast' *with* o p*a*rtie of' þe stomac. & oon p*a*rtie þerof' is m*a*ad fast'
24 twoward þe rigge in þe liftside, & haþ .ij. poris, & þoruʒ þat' oon
pore he drawiþ malancolious blood of' [6]þe lyuere, & clensiþ þe
lyuere of' malancolio*us* superfluite, & þerof' þe splene is norischid.
& þere is anoþer pore þat' goiþ to þe mouþ of' þe stomac, & makiþ
28 þe mouþ of' þe stomac to haue appetite[7] //

Margin notes:

¶ viij. C°

The Liver is made of blood.

[2 lf. 97]

The Liver is to the Stomach, what fire is to a furnace.

lyuer.

From the spermatic part of the Liver comes the Vena Porta.

The Mesenteric veins are branches of the Vena Porta.

The Spleen draws the Melancholic Blood from the Liver, [6 lf. 97, bk.] and incites Appetite in the Stomach.

---

[1] See *Vicary's Anatomy*, page 68.

[3] "for his heate is to the stomacke as the heate of the fyre is to the Potte
or Cauldron that hangeth ouer it."—*Vicary*, p. 69.

[4] *sima*, concavitas hepatis. Matth. Sylv., see Dufr. σιμός, ή, όν, hollow,
concave : τὰ σιμὰ τοῦ ἥπατος, the bottom of the liver. Poll. 2. 213, Galen.
It is used opposite to κυρτὸς, convex, curved, in Galen ad Glauc. 2.—See
Stephanus Thesaurus.

Sloane 2463, fol. 40 : "*Syma of þe lyuer is as it were þe palme oþer
þe holwenesse of þe hond. The vtilite, whi þat it is of suche forme oþer
schappe is because þat it schulde ben aplied oþer leyen to þe stomak as þe
hond lieth to an appull, whan þe appull is in þe hond.*"

[5] Lat. : venæ quæ sunt ipsi portæ sicut radices arbori.

[7] *De propr. rer.* Trevisa, Lib. V., Cap. 41, Add. 27,944, fol. 57 b : "*&
Constanty*n *seiþ þat þe melte is i-set in þe lift side, & þe schap þerof is*

The Reynes þe reynes ben setᵗ, þatᵗ oon i*n* þe riȝtside & sittiþ hiȝere, & þatᵗ oon i*n* þe liftside & sitᵗ lowere, & ben ma*a*d ofᵗ hard fleisch, & be*n* settᵗ i*n* two sidis ofᵗ þe rigge boon. Boþe þe reynes haue*n* .ij. veynes ouþir .ij. neckis, & þatᵗ oon is aboue, & þatᵗ oþere is bineþe.   þoruȝ 4

draw watery blood from the vena ramosa, and transmit urine to the þe necke aboue ofᵗ þe reynes is drawe watri blood & comeþ from vena ramosa¹ ; & þis wat*ri* blood is vryne, & from þe reynes itᵗ goiþ to þe necke ofᵗ þe bladdre þoruȝ a veyne þatᵗ is clepid kylym,² & in þis maner þe vryne comeþ i*n*to þe bladdre /   8

bladdre via the ureters. þe bladdre is ma*a*d ofᵗ .ij. þinne skynnes, & boþe skyn*n*es ben neruous, & þe necke ofᵗ þe bladdre is fleischi. In me*n* þe necke is

The Bladder has a neck, longer in men than in women. longᵗ, for itᵗ passiþ þoruȝoutᵗ þe ȝerde, & i*n* wym*m*en þe necke ofᵗ þe bladdre is schortᵗ, & is ma*a*d fastᵗ to the cunte.³ / þe necke ofᵗ þe 12

[⁴ lf. 98] bladdre h*ath* oon brau*n*, & is i*n* þe mouþ ofᵗ þe bladdre ⁴& þatᵗ makiþ a man holde his vryne wha*n*ne he wole, & putte cutᵗ his vryne wha*n*ne he wole, wiþ help ofᵗ þe wombe þatᵗ pressiþ, & ofᵗ

galle. lacertis //   ¶ Ofᵗ þe galle we makiþ noon anothamie, for al oure 16 science makiþ noon mencioun ofᵗ a wou*n*de i*n* þe galle /

¶ Woundis þatᵗ ben maad i*n* þe lymes aforeseid ben euermore *p*erilous / For alle þese lymes, ouþir þei ben principal lymes as is þe lyuere, ouþir þei serueþ principal lymes, wiþoute whiche lymes þe 20

Only small and recent wounds of the Liver can be healed. bodi ne mai notᵗ be susteyned / Ifᵗ þe lyuere be hurtᵗ i*n* þe depe subs* taunce, þa*n*ne þe lyuere schal lese al hir worchinge, & al þe blood þerofᵗ wole be disturblid þatᵗ is matere ofᵗ þe spiritᵗ, & i*n* þis maner þe spiritᵗ ofᵗ lijfᵗ is disturblid & þe foundement ofᵗ alle hise *v*ertues ; 24 saue ifᵗ þe wounde ofᵗ þe lyu*er*e be butᵗ litil itᵗ may be soudid, so þatᵗ þe wounde be freisch & notᵗ oold hurtᵗ, forwhi a *p*ri*n*cipal lyme

Even severe wounds of the splene can be cured. mai notᵗ suffre longe sijknes //   ¶ þouȝ a ma*n* were hurtᵗ i*n* þe splene, ȝittᵗ he miȝte be wel curid, & þouȝ þere were a gobetᵗ þerofᵗ kuttᵗ 28

[⁵ lf. 98, bk.] awey, so þatᵗ itᵗ ne were notᵗ to myche and ouer⁵þwertᵗ, for þerofᵗ ofte tyme falliþ þe dropesie ; ouþir ifᵗ þe poris were kuttᵗ, itᵗ wolde afeble þe stomac.   ¶ Wou*n*dis þatᵗ ben i*n* þe reynes ben notᵗ curid,

*euelong, and is som*w*hat holouȝ toward þe stomak & bunchinge toward þe ribbis. In þese tweye places he is i-bounde with certeyn smale cloþinge, & me seiþ þat þe melte haþ tweye veynes, by þe on þerof he drawiþ blak colera of þe blod to þe lyuour, & by þe oþir he sendiþ what sufficeþ to þe stomak to comforte þe appetite þerof.*"

¹ *vena ramosa*, Vena Cava.

² Lat. : per venam chylim quæ a quibusdam pori uritides dicitur = Meatus Urinarii = Ureter. *Kylym*, from χυλός, juice. See also *Vicary*, p. 72, note 3.

³ 'Hèc vulva, *cunte.*" Wright, *Voc.*, p. 677. 32, xvth cent. O.Fr. cunne, Lat. cunnus, *cunte* is a diminutive form like *cunetta* of *cuna*.

for þei ben norischid wiþ watri blood, for þat' is *contra*rious to Wounds of the kidney
soudinge / & for þe reynes ben alwey i*n* meuynge, & also vryne þat'
alwei is bitynge goiþ þoru3 þe reynes.   ¶ þe bladdre ne mai not' be and bladder are incurable,
4 soudid if' it' be kutt', for it' is a lyme þat' is neruous & haþ no fleisch,
& is alwei meuynge, & for he is alwei resceuynge vryne & also þe as ypocras says.
vryne fretiþ & þat' lettiþ þe souding' / For ypoc*ra*s seiþ / If' þe
bladdre be kutt', or þe bray*n*, or þe herte, þe wounde is mortal.   ¶ If'
8 a leche be sent' aftir, for to come to a ma*n* þat' is woundid i*n* ony of'
þese forseid / if' þe leche be a man of' good loos & a kunnyng' man, The physician shall warn the patient's friends,
he schal, whan*n*e he comeþ to þe pacient', & seeþ þe perel þerof', he
schal telle þe perel of' þe wou*n*de to þe pacie*n*tis frendis, & he schal but cheer the patient,
12 seie to þe man þat' is hurt' þat' he schal ascape & fare weel ; and [³ lf. 99]
first' he schal make hi*m* haue hise ri3tis¹ ²of' holy chirche, & lete and advise him to
hi*m* make his testament', or þat' his v*er*tu faile / þa*n*ne he schal arrange his spiritual and temporal affairs.
bigynne wiþ his good worchi*n*ge, ri3t' as he took no drede þerof' /
16 for ofte tyme kinde worchiþ, þat' þat' semeþ vnpossible to þe leche, no*ta*.
& *pri*ncipali if' he worche wel.   Neþeles þou3 þe leche se goode The physician must never despair, and always remember his first prognosis.
signys bi þe pacient', he schal alwei haue his owne pronosticacio*un*
as it' is aforseid, til þe man be al hool, if' he schal ascape / for ofte
20 tyme whan*n*e þe pacient drawiþ toward þe deeþ, his passio*un* wole
aswage ; & also þe contrarie þerof' is seen, þou3 þe pacient' haue
greet' peyne & þe signes of' deeþ, 3itt' he mai ascape / & þerfore for
þese perels þat' ben aforseid, he mot' be war of' vndirtakynge & of' He must be cautious in
24 biheest' //   ¶ If a leche be in strau*n*ge cu*n*tre, he ne schal bi no maner a foreign country.
wei take sich a cure.   & also he schal forsake alle maner of' curis
þat' be*n* harde to do, & also he schal forsake curis þat' ben longe for
to make ony p*er*feccio*un* þerof', & he mote be war þat' faire biheste,
28 ne vey*n* glorie, ne coueitise ne bigile hi*m* not' /

³Of woundis of þe 3erde & of ballokis, & of þe regio*un* [³ lf. 99, bk.]
of þe bladdre and anothamia.⁴

G Od almy3ti þat' alle þi*n*gis knewe tofore þe makyng' of' þe ¶ ix. cᵒ
32 world ouþir of' man, he knewe þat' a man schulde be maad
of' moist' substau*n*ce, as of' sperme, in which natural hete schal
worche.⁵   & for to resscyue þe mater of' sperme, it' is necessarie þat' Man's gener- ative organs.

---

¹ Lat.: primo tamen ipsum faciat confiteri.
⁴ Comp. *Vicary's Anatomy*, p. 81.
⁵ Compare *Auicenna*, Lib. III., Fen. XX., 1. 1., ed. Venet. 1527, fol. 279:
" Sublimis deus creauit duos testiculos," etc.

a man haue ballokis / He made ballokis as it' was necessarie, & ʒaf'

It is natural to desire copulation.
hem schap & complexiou*n* for to engendre / & he ʒaf' a man greet'
delite for to lie bi a wo*m*man, so þat' a man schulde not' haue abho-
minaciou*n* þerof', saue a man schal do it' w*ith* greet' will & wiþ 4
greet' loue, so þat' generaciou*n* miʒte be multiplied wiþ greet' delite[1] /

The Yard has
¶ Also god almiʒti schop *in* a man a ʒerde. & i*n* þe bigy*n*nynge
þerof' ben cartilaginis & be*n* m*aa*d fast' to þe laste boon of' þe rig-
boon, & is m*aa*d of' nerues, veynes & arterys, & is su*m*what' holow, 8

a Glans
and Prepuce.
þat' he miʒte be fulfillid wiþ spirit'. & i*n* þe heed þerof is fleisch
þat' is felynge, & a skyn þat' goiþ ouer & is clepid prepucium. &

[² lf. 100]
þe meuy*n*ge of' þat' skyn [2] & of' þe fleisch tofore helpiþ for to putte

Erection is caused by man's passion.
out' þe sperme / þe risynge of' a ma*n*nes ʒerde comeþ of' a ma*n*nes 12
herte, & witt' of' þe brayn, wilnynge, & greet' desier ; & watri

The yard has two passages, *a.* for urine, *b.* for sperm ;
humour comeþ of' þe lyuer. & haþ .ij. open holis ; & þoruʒ þat'
oon hole goiþ out' vryne & comeþ fro þe bladdre, & þoruʒ þat' oþir
hole comeþ sperme and comeþ fro þe ballokis. & þese .ij. holis ben 16

Auicen mentions a 3rd one.
good for to knowe / And auicen seiþ : þat' þere is þe .iij. hole, &
þoruʒ þat' hole passiþ a maner of' superfluite þat' a ma*n* feliþ not',
as wha*n*ne he halsiþ a wo*m*man wiþ hise hondis ; saue þis þridde
hole is not' knowen of' a cirurgian[3] // 20

The structure of the Testicles.
þe .ij. ballokis ben m*aa*d of' hard fleisch i*n* þe maner as be*n*
wo*m*mans brestis, & þat' oon ballok of' a man is grettere þa*n* þe
toþer & stronger, & to þe ballokis comeþ veynes & arterijs, & makiþ

They make sperm of the purest blood.
hem haue lijf' & norischinge. & superfluite of' good blood & clene 24
comeþ þerto of' alle þe lymes, & gaderiþ togidere i*n* a ma*n*nes ballokis,
& þere it' bicomeþ whiʒt' & tur*n*eþ into sperme, riʒt as blood bicomeþ

[⁴ lf. 100, bk.]
[4] mylk i*n* a wo*m*mans brestis / And þer be*n* m*aa*d fast' wiþ þe

The Seed passes along the excretory ducts (Vas deferens).
ballokis .ij. vessels, & ben brode vpon þe ballokis, & narowe toward 28
þe ʒerde, & ben clepid þe vessels of' sperme, & ben clepid of' auicenne

---

[1] *De propr. rer.*, Lib. V., Cap. 48. Add. 27,944, fol. 60 *b*: " *For as Constante seiþ, to couenable getynges & gendringe of bestis god haþ ordeyned & i-made couenable me*mbres, in þe whiche he haþ i-sette þe cause & mater of generacioun, þe whiche may not come forþ in dede wiþoute affeccioun of loue.* ¶ *In þe membres genytal god haþ send such an appetite inseperable, þat eueriche beest schulde be comfortid to multeplie beestis of his owne kynde, and þat is i-doo by scheringe of god, lest ʒif þe doynge of generacioun were abhominable, generacioun of best were i-lost.*" This passage is taken from *Constantinus Afric. De morb. cog. et. cur.*, Lib. VI., Cap. 1, ed. Basil, 1536, p. 122.

[3] *Avicenna l. c.*, " Et in virga sunt meatus tres, meatus vrinæ et meatus spermatis et meatus alguadi." *Matth. Syle.:* "Alguedi est humor ille qui egreditur, cum aliquis tangit mulierem."

barbachi,[1] & of‘ þese vessels comeþ sperme into þe ȝerde, & þoruȝ þe   Auicen calls them Barbachi.
ȝerde is born into þe matris of‘ wymmen / In þese .ij. vessels sperme
is fulfillid, saue þe hete þerof‘ comeþ of‘ þe ballokis ; & to þe ballokis
4 as it‘ is aforseid cometh veynes & arterijs, & goiþ þoruȝ dindimous,
þat‘ ben maad fast‘ to þe siþhac as it‘ is aforseid //

¶ Þe maris in a womman is maad neruous & is schape as it‘   Female generative organs.
were a ȝerde þat‘ were turned aȝenheer.[2] & þe necke of‘ þe maris is
8 fleischi, & brawny, & felynge, & gendring‘, & in þe necke of‘ þe maris
ben veynes þat‘ ben to-broke whanne a womman lesiþ hir mayden-
hode. & þe botme of‘ þe maris is schape as it‘ were þe case of‘ a
mannes ballokis / And þe maris haþ .ij. brode ballokis in þe necke,   The Matrix has two ballokes (Ovaries), and two spermatic ducts (Fallopian Tubes). [3 lf. 101]
12 & wiþ þe ilke .ij. ballokis ben maad fast‘ .ij. vessels of‘ sperme, & ben
more schort‘ þan a mannes vessels of‘ sperme / And of‘ þese [3]ves-
sels, a wommans sperme goiþ to þe botme of‘ þe maris / And in þe
tyme of‘ conseyuynge þe wommans sperme [is] medlid wiþ a mannes /
16 And þe maris of‘ a womman haþ wiþinne .ij. grete concauitees / And
þe maris haþ manie veynes, & þoruȝ þe ilke veynes, whanne a   The Embryo is nourished by blood from the liver.
womman haþ conseyued, comeþ blood to[4] þe lyuer for to norische þe
child.   And whanne a womman is not‘ wiþ childe, þoruȝ þe same
20 veynes cometh blood of‘ þe veynes menstrue & is putt‘ out‘, & in þis   Menstruation removes superfluous blood.
maner a womman is purgid of‘ superfluite of‘ blood ; & it‘ is maad
fast‘ bitwixe þe grete gutt‘ & þe bladdre, & is hiȝere þan þe bladdre,
& is maad fast‘ to þe rigge wiþ ligaturis, & in tyme of‘ child berynge
24 þe ligaturis recchiþ, & aftir þat‘ tyme[5] *——— /

If‘ þere be woundis in ony of‘ alle þese placis, þei ben stronge   Wounds of generative organs are dangerous.
perilous for her sutil complexioun, & for her nobilte of‘ worchinge.

¶ If‘ it‘ so be þat‘ a man be hurt‘ in his ȝerde or ouerþwert‘ in a   Treatment of a wounded yard.
28 litil quantite, þou schalt‘ sewe þe wounde, & sprynge þeron poudre,
& leie þerto defensiuis, & lete him blood, & diete him with þinne
[6]mete, & cure him wiþ good diligence // ¶ If‘ it‘ so be þat‘ a mannes   [6 lf. 101, bk.]
ȝerde be kutt‘ al off‘ ouerþwert‘, þanne it‘ is greet‘ drede þerof‘ / for   If the yard is cut away, death from hæmorrhage may ensue.
32 þe veynes þat‘ comeþ þerto & þe arterijs & manie nerues, for sum-
tyme þe pacient‘ mai be deed, or þe blood mowe be staunchid / Saue

---

    [1] *barbachi*, Arab. *bárbak*, 'conduit of water, canal of the urine.'
    [2] Galen (ed. Kuehn, vol. IV., p. 635) has originated this curious comparison, which has been copied by the Arab. authors. *Avic.*, Lib. III., Fen. XXI., Tract. I., Cap. 1, Ven. 1527, fol. 285 *b*: "Matrix est quasi conversum instrumentum virorum."
    [4] *to*, mistake for *from.* Lat.: per quas sanguis ei venit ab hepate.
    [5] Some words are wanting. Lat.: partusque completo tempore constringatur.

in þis cas þou schalt¹ take hede for to do awei þe akynge wiþ oile of¹
ro*sis*, anoynte hi*m* aboute þe ers & þe regiou*n* of¹ þe ȝerde, & brenne
þe ȝerde wiþ an hoot¹ irn for to constreyne þe flux of¹ blood ; for a

Wounds of
the Testicles
cauterie streyneþ blood tofore alle þi*n*gis.　¶ Wou*n*dis þat¹ ben in 4
þe ballokis, þei roten he*m* anoon, & þouȝ a *m*an be not¹ in perel of¹

cause Impo-
tence.
deeþ þoruȝ þe hurtyng¹ of¹ he*m*, ȝitt¹ his generaciou*n* is lore / A
wou*n*de in þis place schal be curid in þe same maner as wou*n*dis in
o*p*ere place of¹ þe bodi, & þe cure schal not¹ be chau*n*gid þerof¹ //　¶ If¹ 8

Wounds of
the Matrix
are mortal.
it¹ so be þat¹ a wo*m*man be hurt¹ in her marijs wiþ a swerd, ouþir wiþ
a knyf¹, ouþer wiþ a dart¹, þe wounde is mortal //　¶ If¹ it¹ bifalle þat¹
colon¹ be hurt¹ wiþ su*m* scharp þi*n*g¹ ouþir wiþ hardnes of¹ humouris,

Treatment
of wounded
Colon.
he may wel be curid þe while þe wou*n*de is freisch, w*i*th putting¹ 12

[² lf. 102]
²of¹ vng*uentu*m albu*m* rasis of¹ ceruse distemprid wiþ ius of¹ arnog-
lossa.³　& if¹ it¹ so be þat¹ þe wounde of¹ þis place be olde, þa*n*ne it¹
is for to make a mu*n*dificatif¹ þerto, wiþ castynge yn of¹ gotis whay
ouþir watir of¹ barly //　　　　　　　　　　　　　　　　　　　16

Of woundis in þe haunche and of þe coxe of þe knee, and of boonis of þe feet and of anothomia.

¶ x°, c°/
The Haunch-
bones
BOnys of¹ haunchis ben m*a*ad fast¹ wiþ þe lattere boon of¹ þe
rigboo*n* / & riȝt¹ as þe rigboon susteyneþ alle þe boones aboue, 20
so alle þe boones bineþe ben maad fast¹ to hi*m* / þese boones be*n*
cartilaginou*s* & sutil toward þe fore p*a*rtie, & bineþe þei be*n* more

have each a
box (aceta-
bulum) which
contains the
head of the
thigh-bone.
greet¹ ; & eueri of¹ he*m* haþ a box þat¹ is clepid pixis haunche &
vertebru*m* sit¹ þeron.⁴　& þat¹ is þe eende of¹ þe hipe boon.　& wiþ 24
this boon is maad fast¹ þat¹ boon þat¹ goiþ ouerþwert¹ vndir þe ars
aboue þe ȝerde, & is clepid os ,pectinis.　& as su*m*me*n* seien þere be*n*
iiij. p*a*rtis, saue in cirurgie it¹ is seid al oon.　& þe place of¹ þe con-
iunciou*n* of¹ þese boones is clepid þe scie.⁵　& sumtyme þese boones 28

[⁶ lf. 102, bk.]
goon out¹ of¹ þe ioynt, as þou schalt¹ haue a p*er*fit¹ teching¹ ⁶herof¹ in

The thigh-
bone
þe .iiij. tretis in þe chapiter¹ of¹ dislocaciou*n* / þis hipe boon, as it¹ is

---

¹ Lat. Se si *collo* vulnus fieri accideret.　Phillips.　"Collum Uteri, the
Neck of the Womb."

³ *arnoglossum*.　Wr. Wü., p. 559. 27 (XIII. cent.)　"*Arnoglosa*, i. plaun-
tein," O.E. *wegbrade*, waybread.

⁴ Sloane 2463, fol. 42 *b* : "*þei ben cleped ylia other ossa yliorum, and in
þe vtter partie of þe mydward of hem ben concauytes other holewnesse, þe
whiche ben clepid boystes, in þe whiche þe endes of þe bones of the þiȝes ben
receyued inne.*"

⁵ *scie*, Med. Lat. scia, from ἰσχίον, it means the hip-joint.　Wr. Wü ,
610. 11 (XV. cent.), "*Scia* an^cᵉ the whyrlebon."

aforseid, is maad fast⟨t⟩ aboue wiþ ligaturis & pannyclis & nerues, &
it⟨t⟩ is a greet⟨t⟩ boon & miche holow wiþinne, & is ful of⟨t⟩ marow ; & it⟨t⟩ **is hollow and**
is greet⟨t⟩, for it⟨t⟩ schulde be strong⟨t⟩ ; & it⟨t⟩ is holow, for it⟨t⟩ schulde be

4 liȝt⟨t⟩. & þis boon is maad fast⟨t⟩ in þe knee, & þere þe boon of⟨t⟩ þe hipe **is joined with the leg-bone**
& þe boon of⟨t⟩ þe leg⟨t⟩ ben ioyned togidere in a box as it⟨t⟩ is aforseid. **in the knee.**
& þese boones ben bounden togidere wiþ ligaturis & senewis, & vpon
þe ioynt⟨t⟩ of⟨t⟩ þese boones & for to kepe þis ioynture from harm, is

8 ioyned þeron a round boon & is clepid rotula, & of⟨t⟩ summen it⟨t⟩ is **Rotula.**
clepid þe yȝe of⟨t⟩ þe knee, & alle þese boones ben bounden togidere wiþ
strong⟨t⟩ ligaturis // ¶ Vndir þe round boon of⟨t⟩ þe knee ben ordeyned
.ij. boones in þe leg⟨t⟩, & þat⟨t⟩ oon þerof⟨t⟩ is grettere & sittiþ tofore in **The two bones of the**

12 þe leg⟨t⟩, & þe toþer is smaller & sittiþ bihynde in þe leg⟨t⟩. & in þe **leg**
neþer partie þei ben maad fast⟨t⟩ wiþ þe boon of⟨t⟩ calcanei þat⟨t⟩ sus- **articulate with the**
teyneþ alle þe boones, & with alkarad,[1] & þat⟨t⟩ is a boon þat⟨t⟩ fulfilliþ **Calcaneus and Astra-**
þe ioynture & is [2]ioyned wiþ þe boon þat⟨t⟩ is clepid nauicula / **galus.**

[2 If. 103]

16 ¶ Racheta[3] of⟨t⟩ þe foot⟨t⟩ is maad of⟨t⟩ iiij. boonis, & ben bounden **Nauicula.**
togidere wiþ ligaturis. & wiþ þese boonys ben maad fast⟨t⟩ þe bonys **The Racheta has four**
of⟨t⟩ þe toos þat⟨t⟩ ben .xiiij., for eueri boon haþ .iij. boones, saue þe **bones articu-lating with**
boon of⟨t⟩ þe grete too, & þat⟨t⟩ haþ but⟨t⟩ .ij. boones / to alle þese boones **the fourteen Phalanges.**

20 comeþ nerues fro þe riggeboones—& wiþ þese nerues, & with þese **The nerves confer move-**
ligaturis, & wiþ symple fleisch þese boones ben maad fast⟨t⟩ togidere **ment and sensation to**
—& ȝeueþ to þese lymes meuynge & felynge. & þer ben greete **the leg.**
brawnes in a mannes leggis & in hise hipis, & ben ful of⟨t⟩ grete

24 veynes & arterijs & senewis, & ben departid into alle þe leggis & to
þe feet⟨t⟩ / & summe of⟨t⟩ þese veynes comeþ fro a veyne of⟨t⟩ þe lyuer, **The veins of the lower**
þat⟨t⟩ is clepid vena ramosa as it⟨t⟩ is aforseid in armys. & þerfore þese **limbs start from the**
placis ben swiþe perilous, whanne þei ben woundid, for þe perels þat⟨t⟩ **Vena Ramosa (Vena Cava),**

28 ben aforseid. & þese veynes ben departid in þe foot⟨t⟩, & .ij. þerof⟨t⟩ **which divides into the**
ben in þe holow of⟨t⟩ þe foot⟨t⟩ wiþoutforþ, & þat⟨t⟩ oon veyne þerof⟨t⟩ is
clepid sciatica, & þat oþere is clepid renalis, [4]& þis is þus miche to **Sciatica and the Renalis.**
seie : þat⟨t⟩ oon veyne serueþ for þe scie, & þat⟨t⟩ oþer for þe reynes / **[4 lf. 103, bk.]**

32 þanne þer ben ij. oþer veynes in þe holow of⟨t⟩ þe foot⟨t⟩ withinne, & þat⟨t⟩
oon is clepid sophena, & þat⟨t⟩ oþer is clepid vena ventris, id est a **Saphena, Vena ventris.**
veyne of⟨t⟩ þe wombe. ¶ þe veyne þat⟨t⟩ is clepid renalis scheweth it-
silf⟨t⟩ bitwixe þe lift⟨t⟩ too & þat⟨t⟩ oþer too next, & þe blood-letyng⟨t⟩

36 of⟨t⟩ þis veyne is good for þus manye þingis : for cancrena þat⟨t⟩ ben in

---

[1] *alkarad*, Lat. alchaab, from Arab. *al kab*, a die.
[3] *Racheta*, Lat. Rasceta, from Arab. *rusgh*, which means the carpus or
the tarsus. The Rasceta pedis is not exactly our tarsus, as it comprises only
the three Cuneiform bones and the Cuboid bone.

þe hipis & for a mormal[1], & for varices & for vlcera þat' ben in þe hipis ouþer in þe leggis.

Bi alle þese skillis þou my3t wel se, þat' woundis þat' be maad in þese placis ouerþwert' ben swiþe perilous for þe kutting' of' nerues 4 & of' cordis & braun, & of' veynes & of' arterijs, for alle þese þingis goiþ endelong' þe leggis & þe hipis, & þerfore woundis þat' ben maad ouerþwert' in þis place ben swiþe perilous as it' is aforseid //

¶ Woundis þat ben maad in þes placis þat' ben curable, schulen be 8 curid in þe same maner as it' is aforseid in curis of' armys & of' hondis / Saue of' o þing' þou schalt' take kepe, þat' woundis þat' ben
maad iij. fyngris brede wiþinne þe knee, for þe ²nobilte of' þe place & for þe causis þat' ben forseid, þe wounde is iugid mortal / þerfor 12 woundis þat' ben in þese placis þat' ben forseid & ben curable þou must do good diligence þerto, & be wel war of' woundis þat' ben mortal as it' is aforseid //

¶ The techinge of' þe .ij. tretis is fulfillid þoru3 þe help of' god, 16
& now schal bigynne þe techinge of' þe .iij. tretis & schal conteyne .xvij. chapitris /[3]

Here bigynneþ þe þridde book.

Of þe engendryng of heeris //[5]

20

HEeris ben engendrid of' greet' fume & of' viscous mater, & þe more hoot' þat' a man is, þe more heer he schal haue[6] / & þer falliþ manie amendementis of' heeris.[7] ¶ First' we wolen speke for to make heer fair, & aftirward of' oþere sijknessis þat' falliþ in placis 24 of' heeris.

---

[1] *for a mormal*, ad malum mortuum, a severe form of leprosy. See *Prompt. Parv.*, p. 343.

[3] Inserted by the translator; the number of the chapters is incorrect. Lat. Add. 26,106, f. 44 *b*: "Incipit tractatus tertius, et erit de curis morborum, qui non sunt vulnera, qui possunt accidere diuersis membris a capite usque ad pedes, que veniunt ad curam cyrurgici, qui continet tres doctrinas et est capitulum primum doctrine prime, tractatus tertii de ornatu capillorum."

[4] The marginal note ought to be: *þe firste doctrine of the þerd book conteynes VIII. C.*

[5] A list of passages on the same subject from works of Lat. and Arab. authors is given by Adams, *Paulus Aegineta*, vol. I., p. 339 (for "Rhases ad Mansor, VI. 1.", *ibid.*, read "Rhases ad Mansor, V. 1.").

[6] De propr. rer. Add. 27,944, fol. 66 b.: "*And here is i-bred and comeþ out of fumosite hoot & drie.*" Compare *Vicary*, p. 24.

[7] Lat.: quibus multa acciduut corrigenda.

¶ If þou wolt make longe heeris, ouþer if þou wolt make heeris ⟨A wash to make the hair grow long.⟩
wexe long, dissolue a litil mustard *in* water of decoccioun of ble-
tarum[1] & waische þerwi*th* ofte, & þa*n*ne anoynte wi*th* comou*n* oile.

4 ¶ If þou wolt make heeris ȝelow, þou schalt do i*n* þis man*er*. ⟨An ointment to dye the hair yellow.⟩
R. mirre ȝ iiij., lupin*orum* amar*orum* ȝ vj., [2]flos salicis, fecis vini
combusti an*a* ȝ .iiij., gri*n*de he*m* wel togidere & distemp*ere* he*m* ℞
wiþ lie maad of askis of vinis, & herwi*th* anoynte þe heeris aftir þe ⟨[2 lf. 104, bk.]⟩
8 tyme þat þei be*n* wel waissche wiþ þe forseid lye //

¶ If þou wolt make hem blac[3] ℞ stercus iru*n*dinum, & enula*m* ℞
siccam, & orobu*m*,[4] semen raphani & sulphurus, & florem capillari*s*[5] ⟨An ointment to dye the hair white.⟩
succ*us*, grinde alle þese wiþ a galle of a bole ouþer of a*n* oxe &
12 tempere he*m* wiþ vinegre, & herwi*th* anoy*n*te hise heeris, & first
þou schalt fumie[6] he*m* wiþ sulphur, & þus þou schalt do ofte. &
þou schalt anoynte him wi*th* oile of sambuci, þat is maad of whit
flouris of ellern, & leid in oile riȝt as me makiþ oile of ro*sis*.

16 ¶ If þou wolt kepe þe eendis of þe heeris fro fretynge, kutte ⟨A treatment to keep the ends of the hair from splitting.⟩
he*m* alle euene & ȝeue þe pacie*n*t good mete, & anoynte ofte his
heed wi*th* oile & watir medlid togidere, & anoynte herwi*th* ofte / &
anoynte it wi*th* muscillage se*minis* lini & psillij[7] //

20 ¶ If þou wolt make heeris crisp ℞ farinam fenig*reci*, & mirre, ℞
& semen raphani galla*rum*, gumm*i* arabici, calcis abluti, & wynde ⟨An ointment to make the hair crisp.⟩
alle þese þingis & frote þe heeris, and þei [8]wolen bicome crisp. ⟨[8 lf. 105]⟩

¶ If þou wolt kepe heeris þat þei schule*n* not falle awei. ℞ ⟨An ointment to keep the hair from falling off.⟩
24 ladani[9] .ȝ j, & resolue it i*n* ȝ iiij of oile of mirt*illes* & herwiþ
anoynte þe rootis of þe heeris / ¶ If þou wolt saue heeris fro ℞
hoornes so þat þei bicome not whit, þanne it is necessarie for to ⟨Feed well in order to prevent the hair from getting gray.⟩
kepe him fro al man*er* þingis þat engendriþ fleume, & fro greet
28 studijnge,[10] & fro fisch þat is rotid, & fro roten wijn, & he mote ofte

---

[1] *bleta*, Alphita, p. 22, "*Beta major*, uel *bleta* uel *bletis*, atriplex agrestis
uel domestica."   [3] *blac*, O.E. blác, albus.

[4] Lat.: orobum, qui appellatur in gallico uicia.

[5] Lat. florum cappa.; *capillaris* is a mistake for *capparis*, the caper
plant. See *N. E. Dict.* s. v. Caper 1.

[6] *fumie*, Lat. suffumigare. Compare *Macer. Engl. Translat.*, xvth cent.,
Sl. 2527, f. 251: "*make therof a suffumygacyon.*"

[7] *psillie*, Wr. Wü., p. 559. 6 (XIII. cent.), "*psilliun*, i. lusesed." Cooper,
"psyllion, the herb called fleawort."

[9] *Ladanum*, Laudanum, Labdanum. "A gumme that runneth from the
hearbe Lada, and is much used in Pomanders."—Cooper.

[10] *fro greet studijnge*, Lat. a fastidio. The correct explanation is given
in De propr. rer. lib. VII. Cap. 44. Add. 27.944. fol. 91b: "*And fastidium
is vnskilful abhominacioun & wlatsomnes of mete & drinke and most greueþ
þe vertu of fedinge and of norischinge, for as Isidir seiþ, fastidium is i-seide
as it were makinge noye & disese, for a man þat haþ abhominaciou*n* haþ
noye and disese in þing þat anothir haþ solas in & lykinge.*"

purge fleume w*ith* turbit⟨⟩, and vse strong⟨⟩ wijn & a litil, & vse sutil

R   sauce, & vse of⟨⟩ þese þingis : R. mirabo*lanorum*,[1] kebu*lorum* indo*rum*,
emblic*orum*, & bellic*orum*[2] ana.,[3] & grinde he*m* alle w*ith* oile of
almondis longe, & þa*n*ne te*m*pe*re* he*m* vp w*ith* wijn & hony, & eueri 4
morowe he schal take þe*rof*⟨⟩ þe quantite of⟨⟩ a note / And þow schalt⟨⟩
die hise heeris if⟨⟩ þei be*n* white, wiþ tincture þat⟨⟩ ben forseid //

A hair-dye.   ¶ If⟨⟩ a man desiriþ for to haue blac heeris as doiþ greuis[4] &

R   spaynardis, þa*n*ne make þis tincture. R foliorum mirti, folio*rum* 8
papaue*r*is rubij, capilli, ci*p*eri, spice, se*m*inis bletar*um*, apii, ana ℥ j.,
seþe he*m* in iiij lī of⟨⟩ watir, til þei come to o pound, & þa*n*ne cole[5]

[° lf. 105, bk.] hem & do þerto lī. j. of⟨⟩ oile of⟨⟩ violet⟨⟩[6] & boile he*m* i*n* a double
vessel til al þe watir be waistid awey ; þa*n*ne caste i*n*to þe oile ℥ ſſ 12
of⟨⟩ acacie, & make aischis of⟨⟩ pyne applis, wha*n*ne þe ki*r*nels be*n*
take*n* out þe*rof*⟨⟩, & medle he*m* alle togidere, & kepe þis oyneme*nt*⟨⟩.
& herwiþ anoynte heeris þat⟨⟩ þou wolt⟨⟩ make blake.

Of allopucia þat is namys of fisik þat signifieþ 16
diuers passiouns /

¶ ij°c   Namys of⟨⟩ phisice þat⟨⟩ signifieþ diue*r*s passiou*n*s vndir oon name

The falling off of the hair called Alopecia is a sort of Leprosy.   ofte tyme bigiliþ a leche, & bri*n*giþ him i*n*to greet⟨⟩ errour /
For comou*n*li al ma*n*er lesing⟨⟩ of⟨⟩ heer is clepid allopucia[7] ; saue for 20
to seie þe soþe, allopucia is a ma*n*er spice[8] of⟨⟩ lepre þat⟨⟩ comeþ of⟨⟩
rotid fleume / Saue i*n* þis chapitre I wole speke of⟨⟩ allopucia þat⟨⟩
falliþ oonli i*n* þe heed. Allopix in grew, is seid a fox i*n* latin, for
a fox i*n* su*m* tyme of⟨⟩ þe ʒeer his heer piliþ awei, & þerfore fallyng⟨⟩ 24

The disease is called   awei of⟨⟩ heer is clepid allopucia / ¶ Tinea[9] is as miche to seie as a

---

[1] *Mirobolans*, a kind of Plums.—Phillips.

[2] *Chebuli*, *Emblici*, and *Bellirici* are different kinds of Mirabolans. See Tommaseo Diz.   [3] Lat. ana partes equales.

[4] Greeks.   [5] *cole*, Lat. colo, strain through a sieve.

[7] De propr. rer. Add. 27,944, fol. 66 b. : "*And if suche fumosite faileþ nouʒt, but is infect or i-lette by som oþir humore, þan failinge and lak of heer is nouʒt propirliche ballidenes, but a special yuel þat phisicians clepen allopiciam.* ¶ *By þat yuel þe nurtur of heer is corrupt & faileþ, & þe heer falleþ & þe ferþe partye of þe heed is bare, and þe furþer skyn of þe heed is þe foulere.* ¶ *Soche men faren as foxes, for þe heer of hem falliþ happiliche for inmoderat and passinge hete.* ¶ *Allopes in grew, vulpes in latyn, a fox in englische.*"

[8] *spice*, Lat. species. *Cathol. Angl.*, p. 355, "a Spyce ; species." As to the pleonastic use of *spice*, compare : *a maner kynde of sponges* (leaf 109).

[9] De propr. rer., ibid., fol. 80 : "*Also þe heed is ofte disesid wiþ an famuler passioun, þat children hauen ofte, and by constantin þat yuel hatte squama, skalle, & we clepiþ þat yuel tynea, moþþe, for it fretiþ & gnaweþ þe ouer partie of þe skyn of þe heed as a moþþe fretiþ cloþ & cleueþ þerto wiþoute departinge & holdinge þe skyn wel faste.*"

reremous, for þe heeris of⸲ a reremo*us* be*n* alwey aboute þe heed, & Tinea when attended by corruption of the skin.
þerfore cirurgians makiþ differe*n*ce bitwixe allopuciam & tineam, for
þei ¹clepid tineam þere þat⸲ þere is corrupciou*n* i*n* þe skyn wiþ harde [¹ lf. 106]
4 crustis & quytture / Saue allopucia is wha*n*ne þe heeris falliþ awei
wiþoute ony wise of⸲ þe skyn.²

¶ Allopucia þat⸲ is wiþoute comeþ of⸲ þe skyn,³ & sumtyme it⸲ Alopecia arises from want of nourishment.
comeþ i*n* þe cende of⸲ a siknes for defaute of⸲ norischinge of⸲ þe bodi
8 þat⸲ schulde helpe to norische þe heeris, ouþir it⸲ comeþ, for þe poris
openeþ to myche / In þis cas it⸲ is necessarie for to augmente Treatment of this disease.
norischinge of⸲ þe bodi wiþ good metis þat⸲ engendriþ good blood, &
frote wel þe heeris of⸲ his heed wiþ þin hond & anoynte it⸲ wiþ oile
12 of⸲ mirtillor*um* / If⸲ þis suffise not⸲, frote wel þe heeris of⸲ his heed
wi*th* þin hond til þe skyn of⸲ his heed bicome reed; & þan frote it⸲
wiþ ryndis of⸲ an oynou*n* til it⸲ bicome drie, & þa*n*ne þere wole arise
þere vpon, as it⸲ were, bladdris, & þa*n*ne anoynte þe place wiþ grece
16 of⸲ a maulard. & wha*n*ne þe heeris wexen a3en, lete schaue hem
ofte, for miche schauynge is good þerfore /

If⸲ it⸲ so be þat⸲ allopucia comeþ of⸲ vijs⁴ of⸲ humouris, þat⸲ þou The skin is ulcerated,
mi3t⸲ knowe bi þe teching⸲ ⁵þat⸲ is aforseid i*n* allopucia þat⸲ comeþ [⁵ lf. 106, bk.]
20 of⸲ long⸲ sijknes; for if⸲ it⸲ come of⸲ vijs of⸲ humouris, þa*n*ne vlcera if the disease is caused by bad humours.
wole be i*n* þe skyn. þan þou must⸲ loke of⸲ what⸲ humour it⸲ co*m*e,
þat⸲ þou mi3t knowe bi disposiciou*n* of⸲ al þe bodi & bi þe colour of⸲
þe place, as if⸲ þe pacient⸲ be fleischi & wel colourid, & if⸲ þe fleume Signs for telling
24 of⸲ his mouþ be swete, & þe pustulis þat⸲ be*n* in his heed be reed, &
if⸲ his vryne be þicke & reed, & if⸲ he be 3ong⸲, & if⸲ he etiþ metis
þat⸲ engendriþ miche blood, & if⸲ vlcera be i*n* þe skyn, & if⸲ al þe
skyn be reed & ful of⸲ quytture, alle þes ben signys of⸲ aboundau*n*ce whether it is caused by superabund-
28 of⸲ blood. If⸲ it⸲ so be þat⸲ his bodi be leene, & þe colour of⸲ þe place ance of blood,
be rufus ouþer 3elow, & vlcer be drie, it⸲ is signe þat⸲ colre is þe by choler,
cause / If⸲ his bodi be sumwhat⸲ whij3⸲, & if⸲ he haþ smale veynis, &
if⸲ he haue miche moisture i*n* his mouþ, & if⸲ his vryne be whij3⸲ &
32 þicke, & if⸲ he þirstiþ not⸲, & if⸲ þe place be whij3⸲ & neische and
miche moisture þeron wiþoute*n* ony bre*n*nynge, it⸲ is a signe of⸲ by phlegm,
fleume / If⸲ þe colour of⸲ his bodi be derk ouþer blac, & if⸲ he be
leene, & if⸲ his vryne be pale & þinne, ⁶& if he haþ greet⸲ appetit⸲, [⁶ lf. 107]
36 & if⸲ his blood be blac, & if⸲ he vsiþ miche for to ete beef⸲ & caul, &

---

² *wiþoute ony wise of þe skyn,* Lat. absque cutis vitio apparente; *of viis
of humouris,* Lat. propter humorum malitiem.
³ Mistranslated from the Lat. alopecia quæ sine cutis est vulnere.
⁴ See note 2.

oþere þingis þat⁴ engendriþ malancolie, & if⁴ þe place of⁴ þe siknes be

or by melancholy. ledy & hard, þat⁴ is a signe of⁴ malancoli, saue þis passioun comeþ ful seelde of⁴ malancoli, but⁴ if⁴ it⁴ be of⁴ greet⁴ corrupcioun, & þanne it⁴ is worse þan ony oþer aforseid /   4

First remove the cause of the disease.   Whanne þou knowist⁴ of⁴ what⁴ humour it⁴ comeþ, first⁴ þou must auoide¹ þat⁴ humour, for þis is a general rule of .G., for as .G.

Galion. a generalle rulle off galyen. seiþ / First⁴, þou must⁴ do awei þe cause, & I woole teche þee to auoide þe matere with fewe medicyns þat⁴ ben approued & ben 8 laxatiuis, profitable, & ben necessarie for a cirurgian for to knowe alle þe mauer of⁴ purgaciouns, for ellis he schal neuere wel worche

If the patient is full of humours, bleed and purge. in sich maner causis / If⁴ it⁴ so be þat⁴ a man be ful of humouris, þou must⁴ first⁴ bigynne for to lete him blood, if⁴ he be strong⁴ & in age, 12 þat⁴ is, & not⁴ to ȝong⁴ ne to oold. & þan lete him blood, ouþer garse

[² lf. 107, bk.] him, & þan afterward purge him, saue it⁴ is bettere to purge him first⁴, & þanne wiþinne a few daies lete him ²blood / If⁴ it⁴ so be þat blood be oonli þe cause, þanne it⁴ suffisiþ ynow for to lete him 16 blood / ¶ If⁴ it⁴ so be þat þou dissoluest⁴ þe water wiþ a laxatif⁴, & if⁴ þou letist⁴ not⁴ him blood tofore ne aftirward, þanne þou art⁴ not⁴ sure ; for ofte tyme þe medicyne laxatif⁴ wole engendre a feuer, & principali if⁴ it⁴ be hoot /   20

To purge coler   ¶ Colre schal be purgid in þis maner / ℞ violarum ℨ j., pruno-

℞ rum ℨ j & ß, sebesten .xv. in noumbre, iuiubas .xx., seþe hem in iij lī of⁴ water, til þei come to lī j, & cole hem, & resolue þeron cassia fistula³ ℨ j., thamarindorum, manne ana ℨ ß., & boile hem a 24 litil togidere, & þan cole hem, & aneuen do þeron poudre of⁴ mira-bolani citrini ℨ. j., & of⁴ rubarbe, & amorowe cole hem, saue chaufe it⁴ a litil first⁴, & distempere it⁴ with ℨ ß of⁴ sugre rosarum, & lete

℞ him drynke it⁴⁴ / ouþer wiþ þese pelottis⁵ / ℞ aloes cicotrini⁶ .ℨ j., 28 mirabolani citrini, rosarum rubearum ana .ℨ ß., scamonie quintam

---

¹ *avoide*, Lat. evacuare. See *N. E. Dict.*, avoid, 1.
³ *cassia fistula*, see *Alphita*, p. 35, and *Adams l. c.*, vol. III., p. 429. It is *Cassia fistula* L., the pudding-pipe tree.
⁴ The following prescription is omitted in the text, but written in a different hand at the bottom of lf. 107 bk.: *pro colera* ℞ *cantaridarum, mane, medulle cassia fistule ana ℨ ßs, myrbol, eytri[ni] ℨ ij, boylle in lī ßs watir, to the halfe put therto ℨ j suger &* ßs *ℨ, & drenk yt.*
⁵ *pelottis*, Lat. pillis, Fr. pelote, a little ball. Phillips. "Pellota (in the *Forest Law*) the ball or round fleshy part of a Dog's Foot." Charta de Foresta, 1225 : in *Annales de Burton. Annales Monast. Luard*, vol. I., p. 233 : "Talis autem sit expeditatio [canum] per assisam comitatuum, quod tres ortilli abscidantur siue *pelota* de pede anteriori."
⁶ *aloes cicotrini*, Lat. sucotrini, for socotrini, so called from the island Socotra.

partem .3. j., þat' is to seie þe .v. *part'* of' 3., & make þerof' pelottis
w*ith* sirupo violac*eo*. & þis is good to ȝeue to a strong' ma*n* / Also
þese ben good pelottis for to *purge* clene colre / ℞ mirab*olani*
4 citr*i*ni .3 j., scamonie cocte .Ꝺ ꞵ, masticis [1]*grana* iij., grinde he*m* &
tempe*re* he*m* vp wiþ ius of' iouis barba,[2] & make þerof' pelottis &
þis ius, but' coll*ige* on ȝest'.[3]　¶ þis þou must' wite þat' whanne þou
wolt' *purge* colre, first' þou muste make a *preparatijf'* tofore w*ith*
8 oxisacra[4] & wiþ metis þat' ben colde & moist' & wiþ reste.

¶ If' þou wolt' *purge* fleume þou schalt' to þis medicyne þat'
Maiste*r* William of' Salerne vside / ℞ turbit' albi gummosi .3 j &
Ꝺ j, diaȝinȝiberos .3 ij., & medle he*m* togide*re* & make herof' a gobet',
12 & medle þerwiþ a litil of' sirupe of' ros*is*.　¶ It' is good forto medle
ȝinȝiberos wiþ turbit' for þat' wole comforte þe stomac & defie
fleumatik humouris, & also it is good for to ete eue*r*y dai fastyng'
wiþouten ony medlynge of' ony laxatif' / ℞ ȝinȝib*e*ris albi .3 j.,
16 liquericie rase .3 iij., gariof*ili* cardamon*i*, nuc*is* muscat*i*, gran*orum*
paradisi .3 ij., ȝucare alb*i*ssime .lī .ij., & make herof' a letuarie not'
to hard soden; ouþir wiþ þese pelottis: pulu*e*ris pigre,[5] turbit' electi
an*a* .3 x, pulpe coloquintide .3 iij & Ꝺ j, grynde all þese & sarce he*m*,[6]
20 & tempe*re* he*m* vp wiþ oile of' almondis & make þerof' pelottis, &
herof' þou myȝt' [7]ȝeue at' oonys ȝ ij.　¶ þe poudre of' pigre þat' goiþ
to þese pelottis is good þouȝ it' were bi it-silf'.[8]　& it' is swiþe
comou*n*, & R*asis* & A. acorde*n* þeron, & hali abbot' & serapi*on*[9] / ℞
24 rosar*um* rubear*um*, mastic*is*, xilob*alsami*, spice, cassie lignie, aȝari
an*a*,[10] aloes þat' it' be good, double to alle.　¶ If' fleume be medlid wiþ

℞

[1 lf. 108]

To purge
Flem l. h.

A prescrip-
tion of Wil-
liam of Sa-
lerne

℞

℞

[7 lf. 108, bk.]

A powder
used by
Rasis &
Auicen

℞

[2] *iouis barba*, med. L. for Sempervivum tectorum.　Add. 15,236, fol. 4:
"*Iouis barba. semperuiua idem. G. Iubarbe A. siluegrene*."
[3] *zest*, Lat. et sit dosis una.　"Zest, a chip of orange . . . it is also some-
times taken for a short afternoon sleep or Nap: as to go to one's zest."—
Phillips.　Zest (chip of orange), Fr. zeste, Lat. schistus—zest (nap), Esp.
siesta, Lat. sextus.
[4] *oxisacra*—Oxysaccharum, a Composition of Sugar and Vinegar.—
Phillips.
[5] *pigre*, πικρός, η, όν, sharp, bitter.　Matth. Sylv.: "Pigra Gal. in dina-
midiis .i. amara, quæ amaritudine sua morbos & humores expellunt."
[6] *sarce hem*, Lat. cribellentur.　*Cathol. Angl.*, p. 318.　"a Sarce, colum."
Phillips.　"Scarce or Sarce, a fine Hair Sieve."　Lat. serica, Ital. sargia,
Fr. sarge.
[8] *be it-silf*.　The *N. E. Dict.* s. v. by 4, gives examples for the early
occurrence of 'by oneself' = alone.　The first reference for 'by itself' is
quoted by Shaks.
[9] *hali abbot & serapion* are not named in the Latin text.　Hali abbot,
also called Hali þe abbot, is Ali the son of Abbas, a Persian physician
(994), the author of 'al muluki' = the Royal.　See *Sprengel II.*, p. 412.
[10] Lat. ana partes equales.

colre, þanne do [þerto]¹ þe forseid pelottis of᷑ turbit᷑, of᷑ scamonie
.ℨ ij. & ꝓ, sticados arabici² .ℨ .v, & þanne þou schalt᷑ do þerto
turbit᷑ .ℨ .v—& it᷑ was aforseid .ℨ x in þe resceit᷑ tofore—& þese

cochium
Rasis.

pelottis ben clepid cochium rasis, & þis is þe beste þing᷑ þat᷑ mai be 4
for to purge dyuers humouris þat᷑ ben in þe heed / I ne knewe no
medicyn laxatif᷑ þat᷑ is so good, þat᷑ is so profitable for to purge ij.
humouris þat᷑ ben medlid togidere as þis medicyn is / For þere ben
opere medicyns as sure as þis, saue þei ben not᷑ so myȝty. Also 8
þere ben opere medicyns more miȝty, saue þei ben not᷑ so sure.

To purge
melancole
℞

¶ þou schalt᷑ purge malancoli wiþ þis liȝt᷑ medicyn þat᷑ is ofte ȝeue /
℞. epithimi .ℨ j., & boile it᷑ in lī j. of᷑ gotis whey, saue þou schalt᷑
boile it᷑ but᷑ a while, & lete hem stonde so al nyȝt᷑, & a morowe 12

[³ lf. 109]

℞

chaufe ³it a litil & cole it᷑, & ȝeue it᷑ to drynke ; ouþer make it᷑ wiþ
a decoccioun of᷑ Epithimi Rasis ℞ mirabolanorum indorum .ℨ x,
pollipodij ℨ .v, sene ℨ vij, turbit᷑ ℨ iij, sticados .ℨ x, seþe alle þes
in iij lī of᷑ watir, til it᷑ come to j. lī., & þanne do þerto epithimi 16
ℨ .x, & lete it᷑ boile a litil, & þan sette it᷑ adoun fro þe fier ; &
whanne it᷑ is cold cole it᷑ & do þerto sugre ro. ℥ j., & ȝeue it᷑ to

A stronger
medicine :
℞

drynk in diluculo / If᷑ þou wolt᷑ make a medicyn þat᷑ is more
strenger, ȝeue first᷑ bi iij. houris þese pelottis. ℞ aloes ℨ j., salis 20
indi ℨ .ꝓ., agarici .Ɔ ij., ellibori nigri þe .iiij. part of᷑ a ℨ., & make
herof᷑ pelottis wiþ hony, ouþer make herof᷑ a sirup.

After having
purged, pro-
ceed to the
local cure ;

use rubbing
and mild
medicines,

if necessary—
stronger ones

℞

[⁶ lf. 109, bk.]

Whanne þou hast᷑ wel purgid þe mater, þanne þou must go to
þe cure in þis maner / Loke if᷑ frotyngis and liȝt᷑ medicyns þat᷑ ben 24
seid in þe firste bygynyng᷑ of᷑ þis chapiter suffise in allopucia þat᷑
ben not᷑ vlcera, saue oonli fallyng᷑ awei of᷑ heeris. If᷑ þe forseid
medicyns wolen not᷑ serue, þan þou muste make stronger / ℞ spume
maris, þat᷑ is a maner kynde of᷑ sponges,⁴ saue it᷑ is more sutil & 28
more whit᷑, ℨ x. baurac⁵ .i. ⁶nitrum, in þe stide herof᷑ we moun do
þerto sal gemme, sulphuris, euforbij ana ℨ .ij., staphisagrie, can-
taridarum ana .ℨ j, grynde alle þese togidere & make hem wiþ oile,

℞
For rich peo-
ple use an
ointment of
Cantharides.

& anoynte herwiþ his heed. ¶ If᷑ þou wolt᷑ worche more stronglich 32
aboute þe place þat᷑ þe heeris ben pilid awei, & principaly if᷑ he be
a riche man : ℞ olium de ben᷑.⁷ .ℨ j., cantaridarum & kutte awei þe

---

¹ Wanting.
² *stecados* or *stickadone*, Cassidonie or French Lavender.   Minsheu.—
Stoechas d'Arabie.   Pharmacopœa Gallica.
⁴ See page 179, note 1.   ⁵ *baurac*, Arab. = nitrum.
⁷ " *Ben* or *Behn*, the Fruit of a Tree, like the Tamarisk, about the big-
ness of a Filberd, which the Perfumers bruise to get the Oil out of it, not so
sweet smelling of it-self, but proper to receive any sort of Scent."—Philipps.

hedi3 þerof' & þe wyngis ana .Ʒ j., stampe a litil cantarides & leie
hem *in* oile of' violet',[1] & sette þe viol[2] vpon soft' cólis & lete hem
boile, & putte *in* a smal sticke, and alwei meue hem & it' wole
4 bicome al *in*to an oynement', & make it' haue a sote smel wiþ
musco, & herwiþ anoynte his heed ; & þis wole make bladdris arise
þeron, & it' wole make heeris to growe. Saf' þou must' take hede,
þat' *in* medicyns þat' ben cantarides y*n*ne, þei wolen make a greet
8 bre*n*nyng', and þat' bre*n*nyng' wole be yuel to take awei. & su*m*-
tyme it' falliþ þat' þoru3 þat' bre*n*nyng' comeþ a feuer. First, þou
schalt' helpe þis caas[3] *in* þis maner: þou schalt' anoynte þe place
w*it*h vng*ue*nt*u*m ⁴album þat' schal be seid *in* þe antidotarie /

[⁴ lf. 110]

12   ¶ Vlcera þat' ben *in* allopucia ouþer tine*rum*⁵ su*m*me ben curable
& su*m*me be*n* *in*curable; if' it' be so þat' þe substau*n*ce of' þe skyn
be not' to hard, þa*n*ne þou schalt' traueile þereaþoute. Also if' þe
skyn be hard & calose,⁶ þa*n*ne it' is seid *in*curable // ¶ If' þere ben
16 pustulis þat' ben hote & ful of' blood, & þe skyn be ful of' humouris
& neische, þa*n*ne it' is good for to garce þat' skyn, & þa*n*ne waische
al his heed w*it*h þat' blood hoot', & þa*n*ne hile⁷ his heed wiþ caule
leuis. & þa*n*ne aftirward anoynte al his heed wiþ oile of' notis
20 ouþer of' camomil hoot', til al þe scabbis þerof' be wel tobroke. &
þa*n*ne bigynne for to drie w*it*h þese driynge medicyns / ℞, argilla*m*
rubea*m* þat it' be neische & clene wiþouten grauel & wiþouten
stoonys, & distemp*er*e it' w*it*h strong' vinegre, & make it' as it' were
24 an oynement', & þerwiþ anoynte his heed // ¶ Item, argilla*m* p*art*es
ij., sulphur*is* viui, cin*er*es corticis, cucurbite siccos⁸ pulpe collo-
qu*in*tide ana p*art*em j., distemp*er*e hem w*it*h vinegre ⁹& anoynte
herwiþ. þis is good þing' þerfore & drieþ swiþe vlcera þat' ben
28 hoot', & alle pustulas þat' ben *in* þe heed & *in* þe face; þis drieþ &
soudiþ // ¶ If' þe matere be corrupt' & swiþe hoot' & bre*n*nynge,
first' þou schalt aswage þe heete wiþ vng*ue*nt*u*m album rasis þat'
schal be seid *in* þe antidotarie, & anoynte þerwiþ al his heed, &
32 þa*n*ne leie þerevpon a ly*n*nen clooþ wet' in þe iuys of' stooncroppe,¹⁰

& lete þis lye þeron til al þe brennynge be aweie, & þanne aftir þis anoynte his heed wiþ oile of violet. & þanne hele his heed wiþ leuys of bletarum til al þe skyn bicome moist & neische & wiþoute brennyng, & þanne drie it vp & soude it wiþ þingis þat ben afor- 4

Treatment of Tinea in an early stage.

℞

seid // ¶ Item, if tinea be[1] newe, þou schalt do þerto anoþer maner cure / ℞, abrotani agrestis,[2] fumiterre, lappacij acuti,[3] arte- mesie[4] ana . ℥. j. boile alle þese in oile til þei bicome al drie þeron, & wiþ þis oile anoynte his heed manye daies, & þanne sprynge þeron 8 poudre of staphisagre & of elleboro; wiþ anoynting of þis oile þe

[5 lf. 111]

matere schal be [5]taken out of þe skyn, & wiþ frotyng of þis

Treatment, if there is much phlegmatic (liquid) matter in the skin.

poudre it schal be dried // ¶ If þe mater be fleumatik þat is in þe skyn, & if þere be[6] myche corrupcioun þeron & if þe skyn be 12 crusty,[7] þanne waische his heed wiþ a decoccioun of malowis in watir, & þanne anoynte his heed wiþ oile of camomille & oile of notis medlid togidere; & whanne it is anoyntid, hile his heed wiþ caule leuis, & þus þou schalt do manie daies til þe skyn be more 16 scabbid[8] þan it was. & þan frote it wel wiþ an oynoun til þe skyn bicome hoot & reed, & þan þou schalt waische his heed wiþ lye maad wiþ aschis of a vine, & þeron schulen be dissolued wijn- drastis brent.[9] & whanne þou hast waische his heed herwiþ, þan 20

An ointment for removing the hair.

℞

þou schalt anoynte his heed wiþ þe oynement þat wole pile awei þe heeris / ℞, calcis vif .℥ iij., arsenec ℥ j., aloes ℈ .iij., & make herof a poudre & tempere hem togidere wiþ seþing hoot water, & herwiþ take awei hise heeris, & þan waische his heed aȝen wiþ þe lye þat 24

Another for restoring the hair and skin.

[10 lf. 111, bk.] to mak heres grow

℞

is aforseid til þe matere be wel dried / þan for to make þe heeris [10]wexe & for to regendre skyn & soude it, þou schalt anoynte þe place with an oynement þat is maad þus / Take aischis maad of a mannes heer ℥ j, fecis of oile, lynseed ana. ℥ iiij, mirre ℥ j & ß, 28 staphisagre .℈ .ij., euforbij .℈ j., make þerof an oynement // ¶ If

Treatment, if the matter is melancholic (cold and dry).

þe matere come of malancoli, þou must take hede to make þe matere neische and moist wiþ waisching of a decoccioun of violet & fumi- terre in water, & anoynte it wiþ oile of violet til þe matere be 32 resolued & þe skyn bicome neische, & þe pacient schal ete moist

---

[1] *not*, erroneously inserted. Lat. Item fit aliter cura tineæ novæ.
[2] *abrotani agrestis*, Wr. Wü., p. 544. 20, *supernude*. Add. 15,236, f. 14 bk.: "*Abrotanum. gallice aueroyn. anglice* sutherned." See *Alphita*, p. 1.
[3] Add. 15,236, f. 17 bk.: "*Lapacium acutum. anglice reddoke.*"
[4] *Ibid.*, fol. 12: "*Artemisia. A. mugwort.*"
[6] *be*, in margin.   [7] *crusty*, Lat. crustosus.
[8] *scabbid*, Lat. ulceratus. See *Cathol. Angl.*, p. 320.
[9] Lat.: in quo dissoluta sit fex vini combusta.

metis, & þou schalt‘ baþe him in swete watir, & þan þou must‘ drie
it‘ vp wiþ medicyns þat‘ drien þat‘ ben aforseid /

 þis is a medicyn þat‘ is approued of‘ G. & is good for tineam & A general pre-
scription of
Gation
for skin-dis-
4 vlcera þat‘ ben harde in þe heed, & for pustulis þat‘ ben clepid
saphati,[1] & for impetiginem & morpheam,[2] & for fallyng‘ awei of‘ eases.
heeris, & for al maner scabbe. ℞, gallarum .ʒ iij., seminis secute
ʒ .ij., baurac .ʒ j. & þe iiij part‘ of‘ [ʒ i],[3] sulphuris vif‘ ʒ ij. & ℔.,   ℞
8 arsenec rubij, aristologie rotunde ana ꝰ ij, salis armoniaci, ful-
liginis, amigdalarum [4] amarum, colloquntide, eris vsti, venarum [⁴ lf. 112]
citrinarum, & in stide þerof‘ þou miȝt take lumbricos terestres brent‘,
litargirij, capparum foliorum, fice sicce,[5] radices canne siccarum, flos
12 eris, alumnis sicci, rosarum, mirre, aloes, olibani ana ʒ ℔., picis
liquide, foliorum oliue, vellis vaccini, ana .ʒ j., grinde hem sutilly &
tempere hem wiþ eysel, & sette hem in þe sunne in a vessel of‘ glas,
ouþer in a vessel of‘ erþe glasid[6] wiþinne, & meue hem wel in þe
16 sunne, til it‘ bicome al an oynement, & herwiþ anoynte his heed, til
it‘ be perfitly hool, saue þou muste take kepe of‘ þingis þat‘ ben
aforseid þat‘ þe humouris be purgid /

Of þe fallynge of heeris //

20 C̶Aluiciem is a fallyng‘ awey of‘ a mannis heeris tofore, & is as [7] Baldness is
caused by
  miche to seie as ballid. & oon cause herof‘ [is][8] kindely as
whanne a man is oold for to be ballid, & oon þerof‘ is vnkyndly, old age,
as whanne a mannis heeris falliþ awei for sijknes as it‘ is aforseid & by sickness,
24 remedijs þerfore in þe nexte chapiter here tofore. & if‘ þis cause
come for elde þanne it‘ is incurable // ¶ Also ballidnesse [9] comeþ of‘ [⁹ lf. 112, bk.]
humouris rotid þat‘ ben vndir þe skyn as it‘ is in allopucia & tinea, by a cor-
ruption of the
& þe cure herof‘ is bi avoidyng‘ of‘ humouris as it‘ is aforseid.[10] ¶ þe humours.

---

 [1] *Saphati*, Hebr. Sapahath.—Philipps. "Saphatum, a dry Scurf in the
head."
 [2] *morphea*, a skin-disease. See *Cathol. Angl.*, p. 243, s. v. Morfew.
 [3] Add. 26,106, fol. 46 b.: et quartam partem ʒ iᵐ.
 [5] *fice sicce*, Lat. fisti sicce. Halle Table, p. 87: "Fistakia so named
bothe in Greeke and Latine, and vulgarly Fistici, are the frutes of a tree."
Fisti-nut, from fistick-nut.   [6] *glasid*, vitreatus.
 [7] This paragraph is omitted in the printed editions of Lanfranc's Surgery
and in Add. 26,106. It is preserved in Roy. MS. 12. C. XIV, fol. 32, where
it forms part of cap. II, but with a separate heading. The translator took it
for cap. III, but did not alter the following chapter-numbers. [8] *is*, wanting.
 [10] De propr. rer., lib. V., cap. 66, Add. 27,944, fol. 67: "*Ballidnes is
priuacioun and defaute of heer, and comeþ of defaute of moist fumosite in
þe formere partye of þe heed ; so seiþ constantyn. . . . Ofte þe heer of men*

cause whi þat⁴ makiþ a man ballid ben þese / as whanne þe skyn
recchiþ along⁴, & if⁴ his bodi be drie & þinne & his skyn hoot⁴, þan

℞

þou must⁴ do þis cure / Take olium mirtinum & olium de mastice
ouþer olium ladani, & anointe þerwith his heed. & if⁴ þe tyme of⁴ 4
þe ȝeer be coold, þou muste anointe him wiþ olium de spica //

¶ Whanne a mannes heeris falliþ awei so in vnkyndeli tyme, as þe
while he is ȝong⁴, þan make him a baþ & anoynte him wiþ camo-
mille & wiþ bittir¹ almondis & wiþ oile maad þerof⁴ // If a man 8

bicome ballid for cause þat⁴ his skyn is to neische, þese ben þe
signys þerof⁴ as whanne a man haþ fewe heeris & sotil / þanne take
olium mirtinum & olium masticis wiþ oilio laurino, & herwith anointe
his heed, whanne hise heeris ben schauen awei // ¶ Item, take 12
capilli veneris, ladani ana, grinde hem & medle hem with wijn &

with olio mirtino / If⁴ a mannes heed be waischen ²herwiþ, it⁴ wole
make hise heeris longe & make hem sitte faste / Also take water
þat⁴ bletis ben soden yn & a litil mustard, & þerwiþ waische hise 16

heeris & after anointe him wiþ oile // ¶ Also to make heeris þat⁴ þe
falle not⁴ / take leuys of⁴ mirte & sette hem in water til þe watir
þerof⁴ bicome al troubly þan take li .j of⁴ þe water & olium enfantini
or of⁴ oile þat⁴ is vnripe & medle hem togidere. & þan seþe hem til 20
þe water waaste awei, & þanne caste þerto canel & ladanum grounden
& resolued in wijn, & make herof⁴ an oynement⁴ & anointe herwiþ þe
rotis of⁴ þe heeris /

Of litil pustulis þat wexiþ in a mannes face or in   24
children hedis /³

Saphati ben litil pustule þat⁴ wexiþ in a mannes heed & in
children forhedis & her face, & principali in wommens facis, &
also in mennys facis þat⁴ ben moist⁴, & makiþ sumtyme crustis / For 28

to cure þis passioun, here þou schalt⁴ haue a good medicyn of⁴ .G.
þat⁴ is aforseid of⁴ aischis of⁴ cucurbite & argilla // ¶ Children moun
be holpen þerof⁴ if⁴ her norice absteyne hir fro salt⁴ metis & scharpe
& fro strong⁴ wijn⁴, & þe child schal be baþid in a decoccioun of 32

þat ofte serven venus falliþ and brediþ ballidnes litil & litil. . . . And if a
man is withoute hed-her, he is i-holde þe more vnhonest."
   ¹ MS. *butir*. MS. 12. C. XIV, fol. 32 bk.: cum amigdalis amaris.
   ³ Lat., Add. 26,106, fol. 47: "pustule parue que nascuntur in capite
fronte et facie puerorum."
   ⁴ Gul. de Salic., lib. I., cap. 2, Sl. 6, fol. 55 b. : "*This seknesse is not
bred but in children, when þei souken, and it ys clepid a crost, and it ys
mad in hem in þe forhed and in þe hede. . . . The cure of it ys þat every*

camomile [1] & rosis & fenigreci, & þou schalt' anoiɔte þe place wiþ ^{placeholder} [¹ lf. 113, bk.]

oile of' camomille hoot' // ¶ Furfurea ben a maner of' squamis .i. Furfurea (dandriff).
schellis þat' comeþ of' brennyng' þat' is in þe skyn ; if' þei be frotid
4 wel wiþ a manys nailis, þei wolen falle awei, & sumtyme þei ben liȝt'
& wolen falle awei wiþ þe heeris, whanne þei ben schaue & wiþ
waischingis of' hoot' water / If' þis suffise not' þerfore, anoynte his Ointment.
heed with an oynement' maad of' farina ciceris & þe seed of' malowe
8 uisci temperid with vinegre / If' it' be not' remeued herwiþ, anoynte
him wiþ þis oynement' // Take farine ciceris .ʒ iij, farine fenigreci,   ℞
sulphuris viui, nitri croci,[2] sinapis ana .ʒ .iiij., tempere hem wiþ
vinegre and watir /

12   Of clooþ[3] þat is clepid fraclis or goute roset.

Pannus is a superfluite þat' falliþ in a wommans face, & comeþ iiijo. co.
ofte in childberyng', & also whanne hir menstrue is wiþholde, Pannus, a skin-disease
& is as it' were a maner ledi[4] colour or purpur, & sumtyme it' is on the face, which affects
16 medlid myche wiþ blak, & it' comeþ alwei of' malancolious matere. women, when they are with child.
& þou schalt' first' purge þe matere with a decoccioun of' epithimi & Apply a
gotis whey, & þou schalt' make þat' [5]he leue metis þat' engendriþ purging medicine,
malancoly, & þanne take seed of' raphani in a newe lynnen clooþ, [⁵ lf. 114]
20 bittir almoundis, mele of' benis, seed of' melonum & curcurbite,
stampe hem alle togidere & tempere hem wiþ water & dissolue a litil
safron & hony & make þerof' an oynement', & herwiþ þou schalt' an ointment,
anoynte hir face at' euen late, & amorowe þou schalt' waische hir
24 face with a colature of' bran // ¶ If' it' so be þat' þis passioun be
oold, þanne þow schalt' make a stronger oynement' wiþ þe same
oynement', & do þerto eruca þe seed þerof', & argentum viuum
slayn[6] wiþ spotil, & pepir & mirre,[7] & tempere hem wiþ oximel, &
28 sumtyme it' is nede to sette vpon þe place watir lechis. & after and leeches.
þat' anoynte it' wiþ þe poudre of' catapucie[8] & staphisagre temperid

day þe place most be anointed with oyle of camomille hoot. And þe noryse
absteine hyre fro flesses, and fro chese, and fro scharp metis."
    [2] croci, for crossi.
    [3] clooþ, translated from Pannus. Lat.: De pannis, cossis et gutta rosacea
et de lentiginibus et cicatricibus vulnerum.
    [4] ledi, from "lead." Lat. lividus.
    [6] slay, Lat. extinguere, precipitate. Comp. H. G. Niederschlag.
    [7] mirre, mistaken from Lat. nitro.
    [8] catapucie. Add. 15,236, fol. 74 bk. : "Catapucia, semen spurge, cata-
puste, spurge sed." The original meaning "a medicinal preparation " is
shown in Aelfr. Gloss. : "Catapodia, a srylfende drenc." Compare N. E D.
s. v. catapuce.

wi*th* hony // ¶ Also a medicyn of⁴ A. for þis passioun / Take argenti
viui .℥ j. g̅m̅ amigdala*rum* ℥ ij. medle he*m* togidere & stampe he*m*
til þou se noþing⁴ of⁴ þe quik silu*er*, & do þerto seed of⁴ melonis
ma*a*d clene .℥ iij., stampe alle þese togidere & anoynte herwiþ hir 4
face aneue & amorowe ; waische hir face wiþ watir ¹þat⁴ violet⁴ haþ
leye þeron / Lentigines² ben purgid wiþ a strong⁴ p*ur*gacioun & wiþ
a strong⁴ medicyn þat⁴ ben forseid for pa*n*num //

¶ Cossi³ ben litil pustulis & harde þat⁴ ben enge*n*drid i*n* þe face, 8
& p*r*incipali aboute þe [nose],⁴ & þei makiþ þe place reed, & þerfore
þis medicyn is good. ℞, sulphuris viui .℥ j, & make it to sutil
poudre, & leie it i*n* a pou*n*d of⁴ watir of⁴ ro. i*n* a glasen vessel, &
stoppe wel the mouþ þerof⁴, & hange it⁴ i*n* þe su*n*ne in þe monþe of⁴ 12
Iulij & august bi xv. daies, & euery dai þou schalt⁴ meue þe vessel, &
wi*th* þis watir þou schalt⁴ anoynte his face þe*r*e þat þe passiou*n* is //

¶ Gutta rosacea,⁵ þat is a passiou*n* þat⁴ turneþ þe skyn of⁴ a
ma*n*nys face out⁴ of⁴ his p*r*opur colour & makiþ þe face reed. & þis 16
passiou*n* comeþ of⁴ humo*u*ris brent & abidiþ i*n* þe skyn, & herfore
is a good p*ur*gacioun þat⁴ purgiþ salt⁴ humo*u*ris. & þis is þe medicyn /
℞, litargiri, auripigme*n*ti, sulphuris viui, viri*d*is eris an*a*⁶ & poudre of⁴
litil meis⁷ brent, & of⁴ þis poudre half⁴ so miche as of⁴ alle þe oþere. 20
& þis schal be poudrid wiþ .ij. p*ar*tis of⁴ trifolij ⁸& þe .iiij. p*ar*t⁴ of⁴
swynys grese freisch, & make of⁴ alle þese an oynement⁴. & on euen
anoynte herwiþ his face, & amorowe waische his face wiþ a decoc-
ciou*n* of⁴ semina fri*gidorum*⁹ & wiþ a litil campher, & þan make his 24
face clene, & þan anoynte his face wiþ olio tartarino,¹⁰ & al þe

---

² " *Lentigo*, a Pimple, or Freckle ; a small red Spot in the Face, or other
Part, resembling a Lentil."—Phillips.
  ³ Gulielm. de Salic., lib. I., cap. 63, Sl. 277, fol. 12, mentions as skin-
diseases : *þe ampte, þe teter* and *þe ryngworm*. Dunglison identifies the
ringworm with *cossi*, deriving it from Lat. cossis, or cossus, *m.*, a worm that
breeds in wood. The description given by Gul. de Sal. differs entirely from
Lanfranc's description of *cossi*.
  ⁴ *nose*, omitted in MS., but space left free. *Dubium* in margin refers to
it. Lat. circa nasum.
  ⁵ De propr. rer., lib. VII., cap. 65, Add. 27,944, fol. 100 b. : "*And nurphea
is al in þe skynne, & lepra in þe fleische & in þe skynne ; þis infeccioun is
but litil diuers from infeccioun þat hatte gutta rosea, þat infectiþ þe face
wiþ smale pymples, and comeþ of a gleymy & a MS. & bloody & colerik
humours, þat ben bytwene felle and fleische.*" Sl. 563, fol. 17 b. : "*þo rose
goute.*" Gutta rosacea vel rosea, Rosy Drop or Whelk. (Dunglison.)
  ⁶ The dose is omitted, so it is in Add. 16,106, fol. 47 b. Prints : unc. 1.
  ⁷ *meis*, "mice." Lat. pulveris parvorum suricum. *meis* is probably an
error for *miis*.   ⁹ MS. tin.
  ¹⁰ The translator has omitted the prescription of oleum tartarinum, given

remenaunt᷎ herof᷎ þou schalt᷎ do of᷎ þis cure & fulfille wiþ medicyns
as it᷎ is aforseid / ad pannum /

¶ Cicatrices vulnerum ben remeued wiþ litargirum nutricum, & ~~To remove the scars of wounds.~~
4 is good for manie maner þingis, for it᷎ doiþ awei wennys, and it᷎ doiþ
awei scharpnes of᷎ þe browis & gendriþ good fleisch in woundis &
fretiþ awei wickid fleisch, & is maad in þis maner / Take litarge & ~~℞~~
grinde it᷎ sotilli in a morter & caste þerto a litil vinegre & þanne
8 a litil oile of᷎ ro., & þus þou schalt᷎ do til it᷎ come to a perfit᷎
oynement᷎ /[1]

Of icchinge & smertynge[2] and scabbe.

¶ Capo. vo.
pruritus

Icchinge & scabbe comeþ of᷎ salt᷎ humouris, & a mannys kynde ~~Itch and scabs arise from acid humours,~~
12 haþ abhominacioun þerof᷎, & putteþ[3] hem out᷎ of᷎ þe skyn,[4] & ~~[³ lf. 115, bk.]~~
þis falliþ ofte of salt᷎ metis & scharpe metis & of᷎ [5]wiju þat᷎ ~~and are caused by salt meat, strong wine,~~
is strong᷎; & it᷎ falliþ ofte to hem þat᷎ wakiþ & traueiliþ &
vsiþ no baþing᷎ & weriþ no lynnen cloþis, & þis is oon of᷎ þe ~~and filth.~~
16 siknes þat᷎ is contagious, for o man mai take it᷎ of᷎ anoþer / þis maner ~~They are contagious.~~
sijknesse comeþ sumtyme of᷎ blood, sumtyme of᷎ fleume, sumtyme of᷎
colre, sumtyme of᷎ malancolie / Also scabbe, sum is drie & summe
is wet᷎ / If᷎ it᷎ be drie, it᷎ schal propirli be clepid icche / And if᷎ it be ~~Dry scab is called itch.~~
20 moist᷎, it᷎ schal be clepid scabbe / To þe cure herof᷎ þou schalt᷎ avoide ~~Treatment of scabs.~~
salt᷎ fleume, þou schalt᷎ defie þe matere wiþ þis sirup / ℞, abstinthij, ~~℞~~

in the Lat. Original. It is written by a later hand on the margin of lf. 114,
bk.: "*oylle off tarter*. ℞, *tarter off whyt wyn made in pouder temperd w^t
venygre as past, bynde yt in a clothe & put yt under embers, to yt be welle
brent; þan put yt in a ston pot with an holle benethe. & þis ys oylle off
tarter.*"

Two prescriptions, which are not in the Lat. Original, are added on the
same place:

"*aqua pro guta rosacha*: ℞, *lytargiri. argenty vini ana ℥ iiij, acety alby
li. i, boyll yt to conschoun*ᵃ *in an erthen veselle, let stande & clere & keep yt.*"

"℞. *salt ar.* 3 *i, saltpeter* 3 *i, salt comun* 3 *i, clere water* ℥ *iiij, mixte
togeder with ye sexte part off a* 3 *off camffer, let colle, put thes ij waters
togeder.*"

[1] The following prescription, translated from the Lat. Original, is written
by a later hand on the margin of leaf 115: "*Item gos gres & dow & diaculum,
alle sycatryues it rectyfyes.*"

[2] *smertyng*, Lat. *pruritus.*—Prurigo, emertung, Wr. W., 114. 3.—*emertung*,
is probably a mistake for *smertung*, to O.E. *smeortan.*   [3] MS. *putte.*

[4] De propr. rer., lib. VII., cap. 62, Add. 27,944, fol. 99: "*Schabbe is
corrupcioun of þe skynne, & comeþ of corrupt humours þat beþ bytwene felle
and fleissche, & hurtiþ & greueþ & defouliþ þe body. For as Constantine
seiþ, kynde puttiþ out euel humours to þe vttir parties of þe body to clense
and to purge þe inner parties.*"

ᵃ consumption.

abrotani, cuscute, fum*us* terre, ana m .j., & take **xx.** damascenes &
xij. figis, & vj. datis, sene ʒ j, thimi, epithim*i* .ʒ ß., seþe he*m* wel
i*n* lĩ iij of⁴ wat*er* & lĩ j. of vinegre til þei come to lĩ j. & dĩ. cole
he*m* & do þ*er*to iuys of⁴ fumi terre & sug*ur* lĩ .j. & ß, & make þerof⁴ 4
a sirup & herwiþ defie þe mat*ere* / & þan þou schalt purge hi*m* wiþ

R þese pelott*es*, R͞y, aloes optimi, cortices mirab*o*l*ani*, citr*ini*, an*a* .ʒ j
stampe he*m* & temp*ere* he*m* w*ith* iuys ma*a*d of⁴ fumi terre, til þei
be þicke as it⁴ were hony, & lete it⁴ drie til þer mai be ma*a*d gobetis 8

[¹ lf. 116] þerof⁴ & ma*a*d þerof⁴ pelottis, & herof⁴ þou schalt⁴ ʒeue þe ¹weiʒte of⁴
ij. ʒ. at⁴ oonys, & þis medicyne mai be rehersid ofte. ¶ Also blood
leting⁴ is good þerfore, if⁴ op*ere* p*ar*ticlis acordiþ þerfore // ¶ Also gotis
whey is good þerfore, i*n* which be leid mirab*o*l*ani* wiþ sugre, & ofte 12

R take, for þat⁴ clensiþ miche, & is maad i*n* þis man*er* / In lĩ .j of⁴ gotis
whey leie ʒ j. of⁴ mirab*o*l*ani* citr*ini* powdrid an eue, on þe morowe
heete he*m* & cole he*m* & do þ*er*to ʒ .j of⁴ sugre ro. // ¶ If⁴ it⁴ be drie

Treatment of
dry scab.
scabbe, hoot⁴ watir is good for to baþe hi*m* y*n*ne, in which is soden 16
fumi terre & enula, lappacij acuti, & in þe baþ anoynte hi*m* w*ith*
oile of⁴ ro. & iuys of⁴ ache & vinegre, & herw*ith* his bodi schal be

An olntment
made by
Rasis.
R
wel frotid i*n* þe baþ ouþ*er* i*n* a stewe // ¶ Also an oyment⁴ þat⁴ rasis
made for þe scabbe þat⁴ is drie / R͞y salis co*m*m*unis*, salis gemme, 20
elleb*ori*, nigri costi, ʒ .j., picis liquide ʒ vj., olium violar*um* & aceti,
& herof⁴ make an oynement⁴ / & anoynte herwiþ i*n* his stewe & frote
hi*m* wel, & aftir lete hi*m* be þerinne by an hour, & aftir baþe hi*m*
i*n* a decoccioun of⁴ bra*n* & lappacij acuti, enule campane² & arthe- 24

de scabi
hu*m*ida.
R
mi*s*ie // ¶ If⁴ þe scabbe be moist⁴ / þan make an oynement⁴ of⁴ rasis /

[³ lf. 116, bk.]
eleborus
nygr.
R͞y, argenti viui extincti, ³& i*n* þis man*er* þou schalt⁴ sle⁴ it⁴: leie it⁴
in a peut*er* disch & spete þeron, & frote it⁴ wiþ mannes heeris, & do
þ*er*to: whit⁴ litarge, elleb*orum* nigrum, alumen⁵ vetus, oleandr*um* an*a*, 28
grynde alle þese togidere & temp*ere* he*m* w*ith* vinegre,⁶ & herwiþ al
his bodi schal be anoyntid at⁴ euen, & at⁴ morowe he schal be stewid,⁷
and whanne he swetiþ his bodi schal be frotid wiþ vinegre // ¶ Also

---

² MS. *compare.*   ⁴ *sle* = slay. See p. 189, Note 6.
⁵ *alumen,* on margin.
⁶ The following passage omitted by the translator is written on the
bottom of lf. 116, bk., by a later hand: " *& olio* co*m*muni *miscantur de quo
totum corpus unguatur in cero, mane intret stupyam et cum sudaueret
ffricet corpus cum usne et aceto. rsne .i. mosse off the oke.*"
usne, Arab ouchna. See *Littre-Devic.*—"Usnea, a kind of green Moss
which grows upon Humane Sculls that have been lying in the open Air for
some years, and which is used in Physick."—Phillips.
⁷ *he schal be stewid,* Lat. intret stupham. See Skeat, *Etym. Dict.,*
s. v. stew.

aȝen scabbe & icching', first' lete þe pacient' blood, & make him þis
oynement' / Ŗ, sulphuris viui & tm[1] de sale & tartaro, grinde hem   R
wel togidere til it' bicome in þe maner of' an oynement', & wiþ þis
4 oynement' anoynte þe pacient', & þis wole delyuere him fro icching' //
¶ Also if' þe pacient' haue greet' brennyng' & greet' icching', þanne
anoynte al his bodi wiþ oile of' ro. þat' ben good, & lete him reste
so .vij. daies // ¶ Also for þe same cause / Ŗ succus affodillorum &   R
8 distempere it' wiþ whit' hony & anoynte him herwith, whanne he
goiþ out' of' his stewe ; for þis oynement' doiþ awey filþe of' þe skyn
and clensiþ myche /

Of morphue[2] and impetigine[3] //

12 [4]NOw we han medycyns drawen of' .ij. wellis & of' manie   [4 lf. 117]
     maistris, þat' is to wite : of' Salerne, & of' Costantyn, &   ¶ vj°. c°
Platearij, & of' Iohannes de sancto Paulo & of' opere manie auctouris,   The school of
   Salerno
as of' Ipocras, Galien, & Serapion, & Isaac, & Iohanne[s] Mesue,   and the Arab
   physicians
16 Auicen / Hali þe abbot', & Rasis, & of' opere manie auctouris / Alle   differ as to
   the names of
þese auctouris speciali ȝeue it' us, saue þei acorden not' in names /   the diseases.
[5] Forwhi impetigo, serpigo & morphea ben seid in salerne diuers
names, for þat' men of' salerne clepen albam & arabes clepen im-
20 petigo morphea / & men of' salerne clepen morpheam / men in
arabic clepen it' albarec /[5] & þerfore I wole in þis book teche þe

---

[1] MS. *tm̄*, tantum. This prescription is neither in the prints nor in Add.
26,106, but preserved in Roy. MS. 12 C XIV, fol. 33 b.

[2] *morphue*. See p. 187, Note 2. N.E. morphew, Med. L. morphea, Fr.
morphée, Ital. morfea, is probably the Latinized form of an Arab. past part.
marfu, connected with marf, 'thin.' See *Lane Lex.*, p. 1132.

The derivation given by Tommas : μορφή, is unsatisfactory. Phillips :
"Morphew, a kind of white Scurf upon the Body, from the French Word
Mort-feu, i. e. dead Fire ; because it looks like the white Sparks that fall from
a Brand extinguished."

[3] De propr. rer., lib. VII., cap. 63, Add. 27,944, fol. 99 : "*And þis euel
hatte impetigo, for it lettiþ and greueþ þe skyn and þe fleissch, namliche with
tikelinge and icchinge. Also þis euel hatte serpigo, as it were a crepinge euel,
for it crepiþ into þe skynne al aboute as it were a serpent oþir an addre, &
infectiþ þe skynne and defouleþ it wiþ smale skales aftir cracchinge and
clawinge.*"

Lib. VII., cap. 65, fol. 100 : "*Morphea is speckes in þe skynne, and comeþ
of corrupcioun of mete and drinke, and what is lepre in þe fleische is morphea
in þe skynne. Also som morphea is white & comeþ of fleume, & som is blak &
comeþ of malencolia, & som is red & comeþ of colera oþir of blood.*"

[5-5] The passage is corrupt. Lat. : Nam serpigo, impetigo, morphea sumun-
tur aliter apud salernitanos aliter apud arabes. Quod enim salernitani vocant

Serpigo is an
acidity of the
skin.
difference of euery of hem, & after þat þe curis of hem / & I
seie þat serpigo is a scharpnes of a mannes skyn, & it is clepid
Treatment:
serpigo, for it passiþ fro place to place. þou schalt cure it wiþ
gumme of cheritrees distemperid wiþ vinegre, ouþer gumme of 4
[¹ lf. 117, bk.]
plumtre & anoynte wiþ buttir & turbentyne. & þis oynement is
R
good þerfore / Take gres ¹of a doke clene purid, ysopi humide, olium
ro., ȝelow wex, terbentyne, mussilaginis seminis citoniorum² ana,
make of alle þese an oynement, & anoynte him þerwith amorowe, 8
& þanne waische him in watir þat þer haþ leie þeron semen melo-
num & violet. & be he ofte baþid wiþ sich swete water. & good
swete mete is good for hem þat engendriþ good humouris //

Impetigo,
a disease,
where the
skin gets
white.
¶ Impetigo is anoþer maner passioun, as whanne a mannys 12
skyn chaungiþ in oþer colour þan it schulde, & propirli into whit
colour & wiþouten ony harmyng of þe skyn. & þer is no þing
þeron þat harmeþ a man, saue oonly þe colour of þe skyn chaungiþ
oþir þan it schulde be //³   16

Morphea,
a kind of
leprosy con-
fined to the
skin.
¶ Morphea is a passioun þat þe skyn is out of his propir colour
& þe skyn is harmed þerbi. & morphea is a spice of lepre þat sitt
in þe skyn; for riȝt as lepre sittiþ in þe fleisch, in þe same maner
riȝt so morphea sittiþ in þe skyn.⁴   20

Albaras.
¶ Albaras.⁵ Not oonly þe skyn, saue þe fleisch is harmed þerbi /
Nota
þis is þe difference of albaras & morphea / In morphea þe vertu of
[⁷ lf. 118]
expulcion⁶ is strong / & þe mater ⁷þerof is but litil, & þerfore it is
Albaras is a
local disease
of the flesh
and the skin.
al putt into þe skyn / In albaras þe vertu of expulcion is but feble & 24
þe matere is corrupt, & þerfor it is boþe in þe fleisch & in þe skyn,
& þer is but litil difference bitwixe albaras & lepre, saue albaras
abidiþ alwei in oon place, & lepre goiþ into al þe bodi / In boþe
þese causis it is nede for to avoide humouris þat ben in þe cause⁸, 28

serpiginem, arabes vocant alunda. Et impetigo apud arabes est morphea, et
apud salernitanos aliter et aliter apud nos. Quod autem Salernitani vocant
morpheam, arabes vocant albaras.

² *Citonia* = Cydonia, quince.

³ Lat. Add. 16,106, fol. 48 bk. : et non peccat ibi nisi color.

⁴ Not in the Lat. Origin.

⁵ *Albaras*, Arab. al-baras, leprosy. Compare *Avicenna*, lib. 4, fen. 7,
tract. 3, cap. 9, and ff.

⁶ MS. *expulsif*. Lat. : virtus expulsiua.

⁸ *humouris þat ben in þe cause.* Lat. : Conveniunt in hoc quod omnis
humoris indigent euacuatione peccantis. *N. E. Dict.* s. v. cause, q. b. gives
references for *to be in cause*: to be to blame.—*Littré Dict.* (14th cent.) ils en
sont en cause.—Dufr. gives several references for *in causa esse*: to be ill, from
Causa, morbus.

saue þat' oon mote haue stronger medicyns þan þat' oþer.   ¶ Impe-
tigo muste haue abstynence fro þingis þat' engendriþ fleume, & he
muste haue a *purgacioun* for to purge fleume / Anoynte þe place
4 wiþ oile of' whete þat' is m*aa*d *in* þis maner / Take whete & leie
bitwixe two platis of' iren hoot' / & *pr*esse he*m* togidere & þerof
wole bicome oile // ¶ Also *in* ano*þ*er maner / Take .ij. vessels of'
erþe, so þat' þe mouþ of' þe oon vessel go to þe mouþ of' þe toþer
8 vessel, & þat' oon vessel schal sto*n*de *in* þe erþe, & in þe vessel
aboue þou schalt' do þi whete, & þou schalt' stoppe þe mouþ of' þe
vessel þat' is aboue þat' þe whete is y*n*ne w*ith* a plate of' bras ouþer
of' iren þat' is bette*re*, ¹& þe plate schal be ful of' smale holis.   &
12 þan þe mouþ of' þis pott' schal be io*y*ned to þe mouþ of' þ*e* pott' þat'
is in þe erþe w*ith* good lute, þat' þere mowe noon eir out' þerof'.   &
þa*n* make a fier aboute þe pott' þat is aboue þe erþe, & þere wole
distille oile into þe pott' þat' is bineþe in þe erþe, & wiþ þis oile þou
16 schalt' anoynte þe place ofte, & frote harde.   & if' þis suffise not',
þanne þou schalt' sette vpon þe place watir lechis ofte, for to do
awey þe fleumatik blood / If' þis suffise not', leie þervpon a mun-
dificatif' of' cantarides stampid wiþ whete, til þe place schyne², &
20 þan cure it' vp wiþ an oy*n*ment' of' ceruce / Frote him wiþ an oyne-
ment' m*aa*d of' ar*moni*ac & w*ith* þe sournes of' cit*ri*, & nitro is
good þerfore //

    ¶ þe white morphu is curid wiþ *purgacioun* þat' purgiþ roten
24 fleume, & wiþ þis special medicyn / ℞, trifere mino*rum* .ʒ .iiij.,
turbit', pulu*er*is pigre .ʒ .ij., colloqu*i*ntide .ʒ ij., make herof' pelottis
wiþ hony, & he schal take þerof' .iij pelottis euery wike, & eueri
dai bitwixe he schal take .ʒ ij. of' trifere mino*rum*, & he mote
28 absteyne hi*m* fro metis þat' engendriþ ³fleume ; & þe place shal be
frotid *in* þe su*n*ne wiþ an oynement' of tapsia, & þe seed of' raphani,
rubie maioris / elle*boro* nigro & mustard, & distemp*er*e he*m* wiþ
vinegre / Also froting' wiþ squillis is good þerfore //

32   ¶ þe blac morphe is curid wiþ ofte *purging*' of' malancoli, wiþ
gotis whei, & wiþ epith*imo*, & oþ*ere* medicyns þat' purgiþ malan-
colie, þat' be forseid *in* allopucia ; & his dietyng' schal be moist', &
he schal absteyne hi*m* fro metis þat' engendriþ malancolie, & he
36 schal be baþid ofte *in* swete watir, & he schal be anoyntid & frotid
as it' is aforseid //

    ¶ Albaras þat' is whit' is curid wiþ þe same þingis & w*ith*

---

² *til þe place schyne*, donec locus excorietur.

Treatment of
white
Albaras

stronger medicyns þat⁴ ben aforseid i*n* þe cure of⁴ þe white morphu,
& miche castyng⁴ is good for he*m*, & þou schalt⁴ frote wel þe place
wit*h* squillis i*n* a stewe, & afte*r* þat⁴ sprynge þeron poudre ma*a*d of⁴
tapsia, & staphisag*r*e, & þe wombis of⁴ cantarides, & seed of⁴ eruce, 4
& tordis of⁴ a c*u*lu*e*re, & þou schalt⁴ anoynte hi*m* wiþ blood of⁴ a
blac serpent⁴, for þat⁴ is bi prop·rte good þerfore /

Black
Albaras
is incurable,
[¹ lf. 119, bk.]
the attendant
discoloration
of the skin
may be cured.

Albaras þat⁴ is blak is incurable, for it⁴ is a p*ar*ticuler lepre, &
but⁴ ¹if⁴ it⁴ be so þat⁴ it⁴ mowe be take awei wiþ alle rootis, it⁴ schal 8
neuere be curid ; saue þe colour of⁴ his skyn mai be amendid / ℞,
aloxanti, þat⁴ is þe flour of⁴ þe wiþi,² mirra*m*, feces of⁴ wijn brent⁴,
reed cley, & alyme, poudre alle þese, & herwiþ frote þe place til þe
pacient⁴ fele prickyng⁴ & bre*n*nyng⁴. þis wole deye þe skyn for 12
manie daies, & wha*n*ne þis failiþ reherse it⁴ aȝen.

// Of lepre and of þe domys of lepre³ //

¶ vijᵒ. cᵒ
Leprosy
arises from
the corrup-
tion of the
melancholic
humours and
affects the
whole body.

L
Epra⁴ is a foul sijknes þat⁴ comeþ of⁴ malancolie corrupt⁴, ouþir
of⁴ humouris þat⁴ ben brouȝt⁴ to þe forme of⁴ malancolye⁵ 16
corrupt. & it⁴ goiþ into al þe bodi, riȝt⁴ as a cancre is i*n* oon lyme
of⁴ a ma*n*nes bodi / For wha*n*ne malancolie multiplieþ⁶, & a ma*n*nes
guttis ben not⁴ strong⁴ for to putte it⁴ out⁴, & þe weies bitwixe þe
splene be*n* stoppid & þe poris of⁴ þe skyn closid, þa*n* malancoliou*s* 20
blood wole rote wiþ*in*ne, & rotiþ complexiou*n*s of⁴ þe lymes. & þe
bigy*n*nyng⁴ of⁴ þe mat*e*r myȝte be of⁴ blood ouþir of⁴ fleume, colre,

[7 lf. 120]

ouþer of⁴ malancolie, neþeles wha*n*ne þe mat*e*r is fulfild ⁷it⁴ is malan-
colie corrupt⁴. & þis is oon of⁴ the syknessis þat⁴ ben contagious / 24
¶ In þis place I wole sette curis of⁴ lepre þat⁴ ben p*r*ofitable for a
cirurgian to ku*n*ne, & also curis þat⁴ comeþ ofte to a cirurgian
handis /

---

² Lat. aloxantum, quod est flos salis.   The translator read *salis* for *salis*.
άλόσαν3ον, τό, brine.   Matth. Sylv. : "Alosantus i. flos salis et invenitur
super petras nili fluminis."

³ Lat. de lepra et indiciis leprosi   The translator read *iudiciis*.

⁴ Add. 27,944, fol. 99 b. : "*Lepra meselrye is an universal corrupcioun of
membres & of humours.*"   Four different kinds of Leprosy are distinguished,
"1. the *Élaphantia ;* 2. the *Tiria or Serpentyna, and haþ þat name of an
addre þat hatte tyrus, for as an addre lencth liȝtliche his skynne and is skaly, so
he þat hath þis maner lepra is ofte i-strept and i-hulde, & ful of skales ; 3. alo-
picia & vulpina foxissch ; 4. leonina, it fretiþ as a lyon & destroyeþ all þe
membres.*"

⁵ & inserted.

⁶ *multiplieþ*, Lat. multiplicatur.—Multiplye, fructificare, multiplicare.
Cathol. Angl., p. 246.

Men þat' ben leprous,[1] in þe bigynnyng' her heeris of' her heed falliþ awei, & þe heeris of' her browis, & þe heeris of' her berd ; & her forheed bicomeþ reed & as it' were schynyng'. ¶ Also in {margin: Signs of Leprosy: the hair falls off,}

4 summe þe face wexiþ reed & swelliþ & is sumwhat' ledi, & principali aboute [þe nose][2] // ¶ Also her vois is rowȝ ouþer sumtyme it' is wondirly scharp, & þe whit' of' her iȝen bicomeþ al derk, & þe heeris goon awei of' her browis / Her noseþrillis bicomeþ smal, {margin: the face gets red and swollen, the voice gets hoarse, the nostrils are disfigured,}

8 ouþer wondirly greet', & her noseþrillis ben streit' for to drawe yn wijnd, & her nailis bicomeþ ledi / Also her breeþ wole stynke & her sotes / Also her pisce wole be streit'[3] & þei schulen haue greet' snesyng' / Also þei wilneþ myche to comne[4] wiþ wommen / Also {margin: the breath is foetid,}

12 þei schulen be heuy, & if' her skyn be in þe coold eir, it' wole bicome as it were þe skyn of' a gandir [5]þat' þat hise feþeris weren pilid awey / Also þese ben priuy þingis : if' þou prickist' his leg' bihynde, he ne schal not' fele it' / & if' þou waisschist' hise lymes in watir, {margin: [5 lf. 120, bk.]}

16 anoon riȝt' it' wole drie yn // Also þese signes ben comoun : his yȝen wolen bicome rounde, & þer wolen wexe pustulis in his tunge, & her nailis wolen bicome greet', & þer wolen wexe scabbis aboute-forþ. And þe fleisch þat' schulde be bitwixe þe þombe & þe nexte {margin: the legs lose their feeling, pustules grow on the tongue,}

20 fyngir þerto schal be wastid awey, & if' þou prickist' him in þe hele he schal not' fele it', & if' he be lete blood, her blood wole be scharpe & as it' were ful of' grauel. & if' þou waischist' her blood, in þe botme þerof' wole leue as it' were grauel. & þis sijknes aftir {margin: the blood is sharp and leaves a sediment like sand.}

24 þe tyme þat' it' is confermed is incurable, saue in þe firste bigynnyng' it' mai be curid wel //

¶ þe cure of' lepre is not' sett' in þis book, for þis book is of' cirurgie, saf' þer ben in þis solempne medicyns & apreued for to {margin: Treatment of Leprosy.}

28 kepe a man, þat' þei schulen not' wexe, & for to make it' priuy, & cauterijs þerfore / For alle þese þingis falliþ for a cirurgian / þis [6]þou schalt knowe : if' þe siknes be strong', it' is hard for to do ony medicyne þerto ; fforwhi, if' þe sijknes be strong', þanne he muste {margin: [6 lf. 121]}

32 haue stronge medicyns, & þat' were greet' perel, & also þe medicyn muste be ofte rehersid.[7] Saue þou schalt' chese a liȝt' medicyn þat' {margin: Strong medicines are dangerous.}

---

[1] The symptoms of leprosy are similarly described by Avicenna, lib. IV., fen. 3, tract. 2, cap. 2.   [2] *þe nose*, wanting.

[3] *her pisce wole be streit*, Lat. item accidit eis strictura pectoris.

[4] *comne* for *comune.*

[7] Add. 26,106, fol. 49 b. : Scias quod in egritudinibus fortibus si fuerint cronice fortes non competunt medicine, nam licet propter egritudinis fortitudinem medicina sit nocciua tamen dari non debet, quia medicinam oportet sepius iterari.

Light purging medicines.

wole falle for to purge þe humour liȝtli // A medicyn maad ofᵗ gotis whey wiþ epithimo, þis medicyn is riȝtᵗ & good, for itᵗ purgiþ malancolie litil & litil, & also a man schal notᵗ be greued þerebi // Pelottis þatᵗ be maad ofᵗ epithimo þatᵗ ben aforseid in þe tretijs ofᵗ 4 allopucia ben good herfore, for þin ententᵗ schal be oonly for to purge malancolie þatᵗ is corruptᵗ, & amende his complexioun wiþ good dietyngᵗ. Blood letyngᵗ is notᵗ good þerfore, butᵗ ifᵗ þe cauce

[² lf. 121, bk.] come miche ofᵗ blood / Ifᵗ his breeþ be streitᵗ, þanne itᵗ comeþ ofᵗ þe 8 veyne þatᵗ goiþ to þe herte / Sumtyme itᵗ is in þe veyne ofᵗ þe nose[1] / þou schaltᵗ ȝeue to men þatᵗ ben drie lepre & comeþ myche ofᵗ colre,

Give the patient nourishing food.

þou schaltᵗ ȝeue him gotis whey ofte for to drynke, & ²þou schaltᵗ, in as miche as þou miȝtᵗ, make his complexioun moistᵗ & baþe him in 12 tempere baþ & lete him swete þerinne ; & þan þou schaltᵗ anoynte

A preparation made from the flesh of a black snake

him wiþ oile ofᵗ violetᵗ & oile ofᵗ cucurbita, & þou schaltᵗ ȝeue him good metis þatᵗ engendriþ good blood, & hese metis & hise drinkis schulen be in tempere heete, notᵗ to hootᵗ ne to cooldᵗ // ¶ Summen 16 curiþ hem wiþ þe fleisch ofᵗ a blac eddre³ þatᵗ ben in drie lond & amongᵗ stones, & þan þei kutten awey þe heed & þe tail ofᵗ þe eddre

is given, until the patient becomes giddy.

& doiþ awei þe guttis wiþinne / & þan þei doon hem in⁴ a vessel ofᵗ erþe wiþ a litil peper & galyngale & saltᵗ & vinegre & watir & oile, 20

Then let him lie down and give a reviving medicine in case of collapse.

& so þei seþe þe eddre til al þe fleisch þerofᵗ be dissolued. þanne þe broþ herofᵗ is ȝeuen to drynke, & þe fleisch for to ete til þe pacientᵗ haue scotomiam⁵ & al his bodi to-swolle / Whanne his bodi is to-swolle & he haþ had scotomiam, þan leie him in a bed & lete 24 him ligge ; & ifᵗ þere falle ony þingᵗ to him as syncopis, ouþer greetᵗ cooldnes ofᵗ hise lymes wiþoutforþ, or ifᵗ his herte quake, þan ȝeue

---

¹ Incorrect translation. Add. 26,106, fol. 49 b: "Flebotomia namque non convenit nisi quum scis lepram esse valde sanguineam cum hanelitus strictura tunc fit de uena cordis et de duabus guides timendo suffocationem : alia fit de venis nasi propter palliandum faciei colorem."

³ De propr. rer., *ibid.* fol. 100 : " *To hele oþir to hide lepra as plato seiþ, best is a rede adder wiþ a white wombe ; ȝif þe venym is awaye & þe tail & þe heed i-smyte of, þanne þe body i-sode in leke, ȝif it is ofte i-take & i-ete ; in þe same wise wyne in þe whiche it rotieþ, ȝif þe patient drinke ofte þerof, and þis helpiþ in many iueles, as he telleþ of a blind mannes wif þat wolde slee here housbonde, and ȝaf him an addre with garlek in stede of an ele, þat it myȝte slee hym, & he eet it, and aftir þat by moche swete he recouered & had his siȝt goode & clere.*" The flesh of vipers is commended by Galen for the treatment of elephantiasis. Lib. II., Simpl. de carne viperæ.

⁴ *in,* in margin.

⁵ *scotomia,* σκότωμα, ατος, τό, dizziness. Vigo Interpret. : "They shoulde saye Scotoma, and it is a disease, when darckenes ryseth before the eyes, and when al thinges seme to go rounde about."

hi*m* tiriaca maior wiþ a litil musco ouþer hoot¹ wijn // In þis mane*r*

al his ¹fleisch wole pile & alle hise heeris wole*n* falle awei & newe   [¹ lf. 122]

heeris wolen come vp aȝe*n* / & þis medicyne schal be rehersid so

4 ofte, & kepid wiþ dietyng¹ til he be p*er*fitli hool / Forwhi manie A skilful physician often cures, where a negligent one fails.

men mou*n* be delyuerid of¹ manye greet¹ sijknessis, if¹ her leche is

ku*n*nynge & diligent¹ aboute he*m*, & bi necligence & defaute of¹

help manie men be*n* perischid / Cauterijs herfore þou schalt¹ fynde

8 ynowe i*n* þe chapiter of¹ cauterijs, & oynementis þat¹ makiþ clene &

soudiþ, all þese þingis þou schalt¹ fynde in þe antidotarie.

¶ Of waastynge off membris and bicomen smal /

A Mannes lyme bicomeþ smal wiþ greet¹ streynyng¹ of¹ ligaturis ¶ viijº. cº/

12   þat¹ takiþ awei þe norisching¹ of¹ þe lyme, or of¹ long¹ akyng¹ Limbs become swollen after a streight ligature, they become larger by congestion.

of¹ ioynt¹ þat¹ enfebliþ al þe lyme / þese þingis makiþ a ma*n*nes lymes

to bicome smal // ¶ Also a ma*n*nes lymes bicomeþ greet¹ oþer þa*n*

þei schulde be,² whan*n*e veynes ben feble & matere falliþ þerto &

16 þe v*er*tu of¹ souding¹ failiþ, & in þis maner þe lyme swelliþ, & þe

mater is fleumatik, & for defaute of¹ heete it turneþ not¹ i*n*to

quitture ³saue it¹ abidiþ in þe lyme & swelliþ þe lyme /   [³ lf. 122, bk.]

¶ A lyme þat is bicome smal, i*n* þis maner þou schalt¹ make it¹ To restore a wasting limb remove the cause of the disease,

20 greet¹: if¹ þere be ony þing¹ to take awei þerof¹ as akynge ouþer ony

strictture, ouþer ony byndyng¹, þa*n* remeue awey þat first¹ in þe

manere as it¹ schal be seid i*n* þe chapit*er* of¹ ioyntis. Whan*n*e þe

akynge is doon awei, þanne waische þe lyme wiþ a decocciou*n* of¹ apply a wash

24 malowis & violet¹ & rotis of¹ bismalue i*n* watir, saue his lyme schal

be i*n* þe water no lenger þa*n* it¹ bigy*n*neþ for to bicome reed & sum-

what¹ to swelle, & be war þat¹ his lyme be not¹ so longe i*n* þe water

til þat¹ he swete, & þan drie his lyme wiþ a ly*n*nen clooþ & frote it¹

28 a litil wiþ þin hond, & þanne take a litil smal ȝerde & bete þe lyme

þerwiþ til þou drawe blood þerto, & make a plastre þerto in þis and an adhesive plaster.

mane*r*. Ry, picis naualis, picis grece, resine albe ana, & melte alle Ry

þese i*n* a pa*n*ne. & whan*n*e þei ben molte*n* cole he*m* þoruȝ a clooþ

32 into coold water, & þanne anoynte þin hondis w*it*h oile & þan take

it¹ vp of¹ þe watir & tempere it¹ togidere & make þerof¹ gobetis &

kepe he*m* for þin vss⁴, herof¹ þou schalt¹ plane vpon ⁵a leþer, &   [⁵ lf. 123]

leie it¹ to þe lyme þat¹ is forseid, & so lete it¹ ligge adai, & aneue*n*

---

² Lat. ingrossatur etiam membrum aliquod ultra debitum. Compare þe

colour . . . chaungiþ oþir þan it schulde be, p. 194, Note 3.

    ⁴ *vse.*

drawe it¹ awey, & so lete þe lyme be til amorowe, & þanne reherse
þe waischinge þat¹ is forseid & þe froting¹ & þe beting¹. þis wiþouten
ony drede wole bringe [þe lyme] aȝen to his greetnes as it¹ schulde

be, but¹ if¹ þe lyme be out¹ of¹ ioynct¹ & haue be longe tyme, þan it¹ 4
wole be hard, þan it¹ is yuel to make þe lyme greet¹ aȝen as it¹
schulde. & þouȝ it¹ mowe not¹ be maad greet¹ as it¹ schulde be,
neþeles bi þis maner it¹ may be myche amendid //

¶ If¹ a mannes lyme is gretter þan it¹ schulde be, if¹ þe cause 8
þerof¹ be of¹ fleume þat¹ þou miȝt¹ knowe bi neischenes of¹ þe lyme,
for if¹ þou þriste yn þi fyngir, þer wol leue a pitt¹ þerafter, it¹ may be
brouȝt aȝen to greetnes þat¹ it¹ schulde be, if¹ it¹ be purgid ofte wiþ a
medicyn þat¹ is clepid trociscus de turbit¹ þat¹ is aforseid, & þe pacient¹ 12
schal kepe him fro alle metis þat¹ engendriþ fleume, & he schal be
war of¹ greet¹ replecioun of¹ metis & drinkis, & þan þou schalt¹ cure
him wiþ medicyns þat¹ schulen be seid in þe chapiter of¹ apostemes
of¹ fleume / Take lye maad ¹of¹ aischis of¹ wijn or of¹ an ook, & leie 16
þeron a double lynnen clooþ & wete it¹ wel, & þerwiþ folde þe lyme,
& þan streyne þe lyme wiþ a boond, & euery dai þou schalt¹ wete it¹
.ij. siþis in þat¹ lie & bynde so his lyme, & in þis maner his lyme
schal drie. Ouþer in þis maner / Take sal nitre & distempere it¹ 20
wiþ watir, & þanne take a sponge þat¹ it¹ be so myche þat¹ it¹ mowe
lile al þe lyme & þan lete þe sponge drie so þervpon, & þan wete
þe sponge aȝen & leie it¹ on þe lyme aȝen, & lete it¹ drie aȝen &
alwei bynde wel þe lyme ; & þis þou must¹ do manye siþis. Or take 24
þe leues of¹ lilie celestie & grynde hem wel and þanne leye it¹ vpon
þe lyme, & þanne bynde wel þe lyme, & in þis maner þe matere
wole waaste awey & þe lyme wole bicome smal as it¹ schulde / If¹ it¹
so be þat¹ þis greetnes come of¹ malancolious blood or of¹ greet¹ 28
fleume, make him a purgacioun with gotis whey & epithimo, or
anoþir competent medicyn. & first¹ þou schalt¹ make þe lyme neische
wiþ oile of¹ lilie, or wiþ oon of¹ þe oynementis þat¹ ben mollificatiuis
þat¹ ²schulen be seid in þe antidotarie, þanne go to þe cure þat¹ is 32
forseid. Whanne þe swellyng¹ of¹ þe lyme is doon aweie, if¹ it¹ be in
hond or in arme, þat¹ falliþ ofte tyme, or in þe foot¹ & in þe leggis &
in þe knee, þanne þou schalt¹ make bitwixe þe fyngris cauterijs þat¹
ben clepid cauterium cultellare, as þou schalt¹ fynde in þe chapitre of¹ 36
cauterijs // þe greetnes of¹ a mannes foot¹ þou schalt¹ cure as it¹ schal
be seid in elephancia as it¹ is conteyned in his propre chapitre /

þe firste chapiter of engendering of humours & þe kindis of hem, & conteyneþ .xviij. chapiters /

E Veri enpostym is engendrid ofᵗ .iiij. humouris, ouþir ofᵗ water,
4   or ofᵗ wijnd. & itᵗ is impossible for a cirurgian for to kune
a cure, butᵗ ifᵗ he knowe þe cause þerofᵗ, & þerfore me þou3te
þatᵗ itᵗ was necessarie for to make a propre chapitre ofᵗ þe generacioun
ofᵗ humouris¹ & alle þe propurtees þerofᵗ, þatᵗ þe redere ofᵗ þis book
8 mai knowe þe causis ofᵗ apostyms & þe curis þerofᵗ & metis & drinkis
þatᵗ ben necessarie in þis cause for norisching & augmenting ²ofᵗ þe
lymes & for to engendre natural heete / // Whanne þe mete falliþ
into a mannes stomac & þou haddistᵗ anothamie þerof, þan in þe
12 stomak þe mete is soden, & þan fro þe stomak itᵗ goiþ into þe guttis,
& þerofᵗ þou haddistᵗ anothamiam, & þan þe mete goiþ anoon to þe
guttᵗ þatᵗ is clepid orobum or þe sak. Veynes þatᵗ ben clepid
miseraice & þere ben manie maners þerofᵗ as itᵗ is forseid, & þei ben
16 maad fastᵗ wiþ þe botme ofᵗ þe stomac & wiþ þe guttᵗ þatᵗ is clepid
duodeno, & wiþ þe smal guttᵗ, & wiþ þe guttᵗ þatᵗ is clepid ieiunium
as itᵗ is forseid, & wiþ þese veynes bigynneþ þe .ij. digestioun &
beriþ a veyne þatᵗ is clepid kilus³ to þe lyuer, & þatᵗ veyne goiþ to
20 þe stomac fro þe lyuer. & þe .iiij. humouris ofᵗ iiij. substauncis ben
engendrid in þis place ofᵗ digestioun⁴ / For þere is engendrid þere a
maner spumous substaunce whanne þe digestioun failiþ heete; &
þere engendriþ anoþer partie þatᵗ is sutil as itᵗ were wijn; & þe
24 greetᵗ substaunce goiþ adoun & stynkiþ. Ifᵗ þere be engendrid greetᵗ
fleume ⁵& miche, þatᵗ is cause for itᵗ quenchiþ þe hete ofᵗ þe stomac /
Also in þe same placis is engendrid a subtil substaunce, & scharp
hete worchiþ þeron & gaderiþ him hete & scharpnes, & þis is clepid
28 collera rubea; & ifᵗ humouris wexiþ to miche, itᵗ wole achaufe þe
lyuer / & causis ofᵗ engendring ofᵗ colre ben hote metis & drinkis &

Marginal notes:

¶ 1º. cᵉ.

Impostems ingendred ofᵗ þe iiij humours.

A disease can only be cured if the cause is known.

[³ lf. 124, bk.]

The first digestion.

The food is sodden in the stomach, and passes through the guts.

Incipit ij dygᵒ

The mesaraic veins carry the chyle to the liver.

nota.

The four humours are produced in the liver.

1. Phlegm,

[⁵ lf. 125]

2. the Choleric humour,

---

¹ De propr. rer., lib. IV., cap. 6, Add. 27,944, fol. 33: "Þise foure humores beþ i-bred in þis manere: whan mete is i-fonge in þe place of seeþinge, þat is þe stomak, first þe more sotil partie & fletinge þerof, þat phisicians clepiþ pthismaria, þat is i-drawe be certeyn veynes to þe lyuore, & þerby þe worchinge of kinde hete it is i-chaungid into þe foure humoures; þe bredinge of hem bigynneþ in þe lyuer, but it endiþ þere atte fulle."

³ The translator mistook *kilus* for the name of the Vein, perhaps in reference to the *Vena cava*, called *Vena chillis* by the translators of Arab. medical works, from κοιλη.

⁴ Lat.: Ita in hepate ex chylo veniente a stomacho quatuor humorales substantiæ generantur.

3. Blood,　　traueile & fastyng⸱ & stronge saucis // ¶ Also þer is a clene sub-
staunce engendrid þat⸱ kyndeli hete worchiþ þeron, & þat⸱ is blood.
& þe matere herof⸱ is good metis & drynkis þat⸱ ben swete // ¶ Also
4. the Melan-　þer is engendrid anoþer substaunce þat⸱ is sumwhat⸱ stynkyng⸱ & is 4
cholic
humour.　　clepid malancoli & is engendrid in .ij. maners : oon maner is þis of⸱
greet⸱ hete þat⸱ is brennyng⸱ & of⸱ greet⸱ cooldnes þat⸱ wexiþ hard[1] ;
& þe cause herof⸱ ben grete metis,[2] & metis þat⸱ engendriþ malancoli /
These four　And þes iiij. humouris Sanguis, Colera, fleumtica & Malancolia, & 8
humours
have different　euery of⸱ hem haþ diuers qualitees, for blood is hoot⸱ & moist⸱, ffleume
qualities.
coold & moost⸱, Colre hoot⸱ & drie, Malancoli coold & drie // ¶ Also
[3 lf. 125, bk.]　of⸱ þese humouris [3]summe ben kindeli & summe ben vnkyndely, &
þerfore in þis chapitre we wolen make mencioun of⸱ alle, ffor bi 12
gendring⸱ of⸱ þese humouris enpostyms ben engendrid //

Phlegm is
either natural　¶ Of⸱ fleume þere ben ij. kyndis, oon is natural & þe toþer
or unnatural.　innatural / Natural fleume is coold & moist⸱ & whit⸱, & goiþ sum-
The natural
Phlegm　　what⸱ to swetnes,[4] of⸱ which lordschipe[5] þer folowiþ a litil wilnyng⸱ 16
quiets a
man's nerves.　for to comoun wiþ wymmen, & þe palesie, & [he is][6] pesible, &
loueþ wel for to haue reste[7] / Saue þe moost⸱ part⸱ of⸱ fleume is in
a mannes brayn, & in hise lungis, & in his stomac, & in hise guttis,
It is chiefly　& in hise ioynctes. And þe lordschip of⸱ fleume is in þe hynder 20
in the back
of the head　part⸱ of⸱ a mannes heed, & in þe rigbonys. & fleume doiþ þre pro-
and in the
spine.　　fitis, þe .j. is þis : sumtyme a mannes kynde failiþ blood, & þan
kinde worchiþ vpon fleume & makiþ blood, & of⸱ oþere humouris þis
mai not⸱ be do / þe ij. profit⸱ of⸱ fleume is þis : for fleume goiþ wiþ 24
blood for to norische diuers lymes / þe .iij. profit⸱ of⸱ fleume is þis,
þat⸱ it⸱ acoldiþ þe ioynctis & makiþ hem moist⸱, for ellis in greet⸱
meuyng⸱ þei schulden wexe drie / Of⸱ fleume þat⸱ is innatural ben
[3 lf. 126]　.iiij. maners [8]as : fleume dulce, fleuma acetosum, fleuma ponticum, 28
fleuma dulce.　fleuma salsum // ¶ ffleuma dulce is in .ij. maners. þe firste maner

---

[1] *of greet cooldness þat wexiþ hard.* Lat. ex frigiditate ingrossante.

[2] *grete metis,* Lat. cibi grossi.

[4] *swetnes,* a mistake for *whitnes.* Lat. ad paucam tendens albedinem.
De propr. rer., lib. IV., cap. 9, *ibid.* fol. 35 : "*Kyndeliche fleume is coolde &
moist, & white in colour, and fletinge in substaunce, a litwhat swete in sauo*ur,
oþir al weerisch & vnsauoury."

[5] *of which lordshipe,* Lat. de cuius dominio.

[6] *he is,* wanting.

[7] *Ibid.,* fol. 35 bk. : "*a verray fleumatik man is in þe body lustles, heuy &
slow3, dul of wit & of þou3t for3etteful, neissche of fleissche and quauy, bloo*[a] *of
colour, whitliche in face, ferdeful of herte, ful of spittinge snyuel & rokeinge,
ful of slouthe & of slepinge, & of a litil appetite & of litil þurst.*"

[a] bloo, MS. bood.

is þis: as whanne fleume is medlid wiþ blood, or as whanne hete
worchiþ wiþ fleume to turne it into blood // ¶ **ffleuma acetosum**
is seid in .ij. maners / as whanne ebullitiun[1] comeþ to fleume dulce
4 & makiþ him to rote, & it [is] herto as it bifalliþ in opere þingis
þat ben swete, as to swete winis whanne sournes comeþ þeron it
bicomeþ coold, & in þe same manere fleuma acetosum makiþ fleuma
dulce coold // ¶ **ffleuma salsum** is moost drie of alle, & þis is
8 whanne þer is ony part of colre medlid wiþ fleume, þan it is
clepid fleuma salsum, for þe hete of þe colre makiþ it salt / ¶ **ffleuma**
vitreum was liquide fleuma, & wiþ cooldnes it is congilid, or sum
partie of malancolie is medlid & congiliþ it hard // ¶ **Colre** sum
12 is natural & sum is innatural / Natural is liȝt & scharp & reed in
colour &[2] in substaunce, & þe more hoot þat it is þe more reednes
it makiþ / þanne vertues of colre ben þese / A colerik man schal
haue hasti entendement & sotil [3] of witt, & hardi & hasti þouȝt, &
16 hasti answere, & liȝtly meued to wraþþe[4] / Of colre innatural ben .v.
maners, as citrina, [vitellina][5], adusta, prassina & eruginosa / **Colera**
citrina is medlid wiþ subtil fleume / **Colera vitellina**[6] is medlid
wiþ greet fleume / **Colera adusta** is in .ij. maners ; oon is þis, þat
20 it is to miche brent in[7] þe lyuer ; þan wiþ þis brennyng þe subtil
partie departiþ fro þe grete parties, & in þis maner it takiþ a spice
of malancoly // ¶ In anoþer manere, partijs of malancoli þat ben
brent, [ben][8] medlid þerwiþ // ¶ And þer is iij. maner of colre
24 adust, & is whanne his blood is adust *id est* brent as it schal be seid
here after // ¶ þer is anoþer maner of colre þat is clepid **prassina**,[9]
þat is swiþe bittir // ¶ Eruginosa is lijk þe rust of copur, & þis
maner of colre is miche freting & scharp, & G. seiþ þat þis maner
28 colre is engendrid of hoot metis & scharpe as oynouns, garlek,
mustard, & opere mo // ¶ Of malancoli þer ben .ij. maners—as
malancoli natural & malancoli innatural / Malancoly þat is natural

Marginal notes:
fleuma acetosum.
fleuma salsum.
fleuma vitreum.
[³ lf. 126, bk.]
Colera innaturalis.
Colera citrina.
Colera vitellina.
Colera adusta.
Collera prassina.
Colera eruginosa.
Galion.
Malancoli.
The natural Melancholy.

---

[1] *ebullitiun*, Lat. ebullitio.
[2] MS. *colour*, erroneously inserted.
[4] De propr. rer., lib. IV., cap. 10, Add. 27,944, fol. 36 : "*And so colerik men beþ generalliche wraþeful, hardy, vnmeke, liȝt, vnstable, inpetuous ; in body long, sklendre & lene ; in colour broun, in eer blak and crips, hard and stif ; in touche hoot, in puls strong & swift.*"
[5] *vitellina*, wanting.
[6] *colera vitellina*, called ȝellowȝ colera, in De propr. rer. ibid.
[7] MS. & for *in*.   [8] *ben*, wanting.
[9] De propr. rer., *ibid.* fol. 35 b. : "*þe þridde maner of colera hatte prassina, & is grene of colour and bittir scharp as an herbe þat hatte prassium, & marubium, & porrus in latyn.*"

[² lf. 127] haþ þese signis / þe .j. is as itᵗ were fecis ofᵗ blood,¹ ²& her colour is
as itᵗ were ledi & blac, & her bodi schal be leene & drie, & þei
schulen haue good appetitᵗ for to ete, & þei schulen haue good
mynde for to kepe þingis in her þouȝt, & þei schulen be dredeful & 4

The un-
natural
Melancholy.

ful ofᵗ enuye & gile & sorowe & coueitous / Malancolie innatural
comeþ ofᵗ humours brentᵗ & corruptᵗ. Ofᵗ eueri ofᵗ þese humours
ben engendrid diuers maners ofᵗ enpostyms / & eueri maner postyme
haþ diuers cure as itᵗ schal be seid here-after.   8

A general word of empostyms /

¶ ij. cᵒ.

A Postyme haþ manie diuers names ofᵗ diuers men, for lewid
cirurgians³ seien, þatᵗ þer is noon apostym butᵗ þatᵗ, þatᵗ makiþ

Any swelling
in a limb is
called Apos-
tema.

quytture / Saue I seie, & alle auctouris seien þatᵗ eueri swellyngᵗ in 12
a lyme, wheþir itᵗ be greetᵗ or smal, itᵗ schal be clepid apostym / For

Auicen.

.A. seiþ : litil swellyngis schule be clepid litil apostyms, & grete
swellyngis schulen be clepid grete apostyms / þerfore apostym is
seid swellyngᵗ in lymes, ouþir inflatioun⁴ þatᵗ chaungiþ þe lyme oþer 16

It arises from
the humours,

þan itᵗ schulde be ; & þe mater herofᵗ comeþ ofᵗ manie diuers þingis ;

[⁵ lf. 127, bk.]

ouþer itᵗ comeþ ofᵗ humouris, or ofᵗ watir, ⁵or ofᵗ wijnd / Ifᵗ itᵗ comeþ

or from water
or wind in the
body.

ofᵗ humouris, þan itᵗ comeþ ofᵗ blood, ouþer ofᵗ fleume, or ofᵗ colre, or
ofᵗ malancolie // Also enpostyms þatᵗ cometh ofᵗ humours : summe 20
comeþ ofᵗ natural humours, & summe ofᵗ innatural ; & summe ofᵗ
sengle humours, & summe ofᵗ humouris medlid togidere / And
summe enpostyms cometh ofᵗ causis wiþinneforþ, & summe of causis

The exciting
cause is either
external or
internal.

withoutforth / þe causis wiþoutforþ is fallingᵗ ouþer smitingᵗ, or ofᵗ a 24
wounde, or chaungingᵗ ofᵗ eir / Ofᵗ þe causis wiþinneforþ : as ofᵗ
wickidnes ofᵗ humours, or to ful ofᵗ humouris, or to ful ofᵗ water, or
ofᵗ wijnd / or whanne a man is hurtᵗ wiþoutforþ : or wiþ greetᵗ hete
þatᵗ brenneþ, or wiþ greetᵗ cooldnes ofᵗ eir þatᵗ constreyneþ, or ofᵗ 28
greetᵗ drienes þatᵗ constreineþ, for alle þese causis humouris gaderiþ
togidere & makiþ enpostyms // Also ifᵗ a man falle vpon a stoon or
vpon an hard þingᵗ, or ifᵗ a man be smite wiþ a stoon or wiþ a stafᵗ,
or þoruȝ prickyngᵗ ofᵗ a venimous beestᵗ : alle þese þingis moun 32

[⁷ lf. 128]

engendre venimous⁶ enpostyms / In þis maner þou ⁷schaltᵗ knowe

¹ De propr. rer., *ibid.* fol. 36 : " *þe kyndeliche malencolie is coole and dryc,
þat is i-bred in blood as drastes in wyne.*"

³ *lewid cirurgians,* Lat. rurales cyrurgici.

⁴ *inflatioun,* Lat. inflatio, O.Fr. inflacion. *Vigo* l. c. "*Inflatus,* Puffed
vp, swellyng.*"

⁶ *a venimous,* cancelled.

diuers enpostyms of* what* humour*is* þei comeþ / If* superfluite of*
blood drawe to a lyme, as is clepid flegmon,[1] & þes ben þe signes
þerof* : þe place wole be reed for lijknes of* blood, akynge for þe
4 greet* replecioun þerof*, beting[2] for þe greet* depnes of* mater, or for
greet* akynge / He may haue greuaunce of* a feuer[3] / If* þe blood be
þinne in substaunce & hoot* in qualite, þan it* makiþ herisipulam.
& þis is þe signe þerof*, þat* in þe hiȝest* place þerof*, it* wole be
8 moost* reed and hoot*; & if* þou leist* þi fyngir þeron, & whanne
þou remeuyst* þi fyngir, þe skyn wole be whit* þere þi fyngir was, &
anoon it* wole bicome reed aȝen, for þe mater þerof* is subtil, & þe
pacient* haþ greet* brennyng* þerof* & akynge // Blood in his owne
12 substaunce is more gretter & makiþ more hete, & makiþ apostym,
þat* is clepid carbunculus / þis enpostym comeþ to a man whanne
he haþ haboundance of* greet* blood, & þerfor whanne he is replete
of* mete, he schulde baþe him or traueile him-silf*, þat* þe blood
16 miȝte falle out, & for his greetnes & hardnes it* mai not* be [4]resolued
with hete, & þanne it* leueþ in þe skyn & makiþ apostym.[5]   þe
signes herof* ben þes : þe enpostym is hard for þe þiknes of* blood,
& þe colour þerof* is swart* reed for þe greet* hete, & þe greet* heete[6]
20 herof* makiþ a man sumtime to haue a feuer þerwiþ ; & sumtyme it*
makiþ a man to haue sincopin,[7] & þis is speciali whanne þe matere
is brent*, & in þis maner þe matere þerof* is turned into venym /

---

[1] *Halle. Table*, p. 84. "φλεγμονή, id est inflammatio uel collectio, απο του
φλεγμου, hoc est a sanguine dicta, written moste commonly hither vnto (with
muche rudenes) *Flegmon*, is properly a symple tumore (as Galen sayeth) and
an affecte of the fleshie partes, comming of a greater fluxe of bloude then they
nede or can naturally susteyne."

[2] *beting*, Lat. pulsatio. See *N. E. Dict.*, s. v. beat, 13.

[3] De propr. rer., lib. VII., cap. 59, Add. 27,944, fol. 97 b. : "*And somtyme
it comeþ of ventosite & of wind, & hatte bubo ; somtyme of a symple humour, as
of blood, and hatte flegmon ; þe tokenes þerof* beþ[a] : rede rednes comeþ of þe
colour of blood, hardenesse comeþ of multitude of matiere & of hete þat wastiþ
watry matiere, quappinge & lepinge[b] of ventosite & fumosite, schuftynge &
puttinge, sore ache of þe[c] strecchinge of þe place ; hete comeþ of hote matiere, &
swellinge comeþ of multitude of matiere.*"

[5] 26,106, fol. 52 b. : hoc apostema fit cum homo habundat sanguine grosso,
et balneatur post ciborum repletionem aut laborat, ita quod sanguis ad extrema
movetur et propter suam grossitiem et duritiem non potest a calore resolui
remanens in cuti facit apostema.   [6] *heete*, in margin.

[7] *Halle. Table*, p. 122. "Syncope. Συγκοπή, id est animi deliquium,
uel præseps uirium lapsus, that is the defecte of the mynde, or a sodeine
slyding away of the strengthe of the body, and commonly called swoundynge."

[a] MS. *by*.   [b] Lat. pulsus i. saltus.   [c] MS. *ofte*.

Natural colre makiþ herisipulam,[1] & þe signe þerof¹ is hardnes for þe greet¹ drienes of¹ colre. & þe heed of¹ þe enpostym is schape as it¹ were a pyne, for þe grece þat¹ it¹ haþ.[2] & þe colour þerof¹ is reed medlid wiþ ȝelow //   4

An enpostym þat¹ comeþ of¹ fleume, is clepid vdimia[3] or ȝima,[4] & is a neisch enpostym, & þe colour þerof¹ is sumwhat¹ whiȝt. & if¹ þou pressist¹ *in* þi fyngir, þer wole leue þere a pitt¹ for þe gret¹ neischenes; & whanne þi fyngir is aweie, it¹ wole arise vp aȝen. 8 þis enpostym is wiþout¹ akynge, saue it¹ makiþ a greuaunce /

¶ Natural malancoli makiþ an hard enpostym, & is clepid Sclirosis.[5] & þe signe þerof¹ is hardnes, & þe colour þerof¹ is as þe colour ⁶of¹ malancolie ledi or blac /   12

Enpostym þat¹ comeþ of¹ blood & watir medlid togidere. þis is þe signe þerof¹: if¹ þou settist¹ þeron þi .ij. fyngris of¹ þi .ij. hondis, & first¹ pressist¹ þat¹ oon fyngir & þanne þat¹ oþer, þou schalt¹ fele þe watri mater remeue fro þat¹ oon fyngir to þat¹ oþer //   16

¶ þese ben þe differencis of¹ apostyms þat¹ ben symple, þat¹ comeþ of¹ oon mat*ere* at¹ oonis; & þese ensaumplis ben schewid tofor, for þou schalt¹ þe bettir knowe enpostyms þat¹ comeþ of¹ double mat*ere* //   20

¶ þer comeþ an empostym of¹ blood & colre; & if¹ þe more p*a*rtie be of¹ blood, þan þe enposty*m* schal be clepid **flegmonides**; & if¹ þe more p*a*rtie þerof¹ be of¹ colre, þanne he schal be clepid herisipilades. & þe signes herof¹ þou schalt¹ knowe bi þe signes of¹ 24

---

[1] De propr. rer., *ibid.*: "*herisipila*, þat *is holy fure per antifrasim*, þat *is contrarie spekinge.*"

[2] Lat. propter igneitatem ipsius.

[3] *vdimia*, οἴδημα, tumour.—Vigo, Chirurgery. The Interpretation: "Undimia is a barbarouse terme, in greke it is called oedema, in latin tumor. For it is softe swellynge wythout payne."

[4] *Zima.* Sinonoma Barth, "*Zima* est apostema flancorum molle sine dolore." From ζέμα, that which is boiled, decoction. De propr. rer., *ibid.*: "*In* þe *same mane*re *apostem*e *comeþ of* fleume, *and hatte zimia oþur palus; for riȝt as in mures and in mareys is moche superfluyte of slyme & of wose, so in* þis *posteme is moche superfluyte; and if* þou þurstist þy fyngre þer vppon, hit dyueþ inne, for þe rennynge maticre wiþdrawiþ & lettiþ þe vingre entre, & þanne in þe myddel is a putte as hit were þe bore of an holc; & whanne þe fingre is aweye, þe matiere comeþ aȝen & filliþ al þe place.*"

[5] Add. 16,106, fol. 53: apostema quod vocatur scliros ab aliis sephiros vel sclirosis. *Halle. Table*, p. 114. "*Scirrhus* Σκίρρος και σκληρότης, id est durities, writen of old *Sclirosis*, is (as I gat her of Galen in diuers places) a tumore against nature, and an affecte of harde and thicke partes."

þe symple apostyms // ¶ Also blood & fleume natural [ben]¹ medlid are caused by
the blood and
choler.
togidere, & makiþ an enpostym þatᵗ is vdimia.   & ·þe signe herofᵗ
[is]² þatᵗ þe heed ofᵗ þis enpostym is reed, & þatᵗ oþere wole be
4 whitᵗ³ /   ¶ Also blood is medlid wiþ greetᵗ fleume & malancolie, &
engendriþ glandulas & Scrophulas.⁴   ¶ Colre medlid *with* fleume
⁵makiþ fleume re*n*nyngᵗ, & makiþ þatᵗ fleume goiþ wiþ hi*m* into [⁵ lf. 129, bk.]
ioynctis.   & herofᵗ þou schaltᵗ haue a pleyner techingᵗ *in* þe chapitre
8 ofᵗ ioinct*es.*   ¶ Also greetᵗ fleume is medlid *with* malancoli, & þerofᵗ
comeþ glandula & Scrophule / Also malancolie & blood, colre & Glandula &
Scrophule.
fleume ben medlid alle togidere & makiþ an enpostym þatᵗ is clepid
antrax ; & þe malice þerofᵗ is diu*er*s after eu*er*y humo*ur.*   Saue ifᵗ Antrax
is caused by
12 blood & colre be feruentᵗ togidere & malancolie be malicio*us,* þa*n* Melancholy,
Blood Choler
þere falliþ manie harde þingis þerto, as quakingᵗ ofᵗ þe herte, & and Phlegm.
sincopis, & outᵗ ofᵗ hise wittis, & sumtyme deeþ.   & þe signes herofᵗ Symptoms of
Anthrax.
ben greetᵗ hardnes ofᵗ þe enposty*m,* & þe schap þerofᵗ as itᵗ were a
16 pyn, & greetᵗ akynge, & sumtyme he schal notᵗ fele itᵗ.   And þerfore
.G. seiþ : hote apostyms, ifᵗ þei be notᵗ felid, ben incurable.   & Galion.
veynes þatᵗ ben þeron wolen be ofᵗ diu*er*s colouris, & vpon þe
enpostym þere wole be as itᵗ were a litil bladdre,⁶ & þe colo*ur* þerofᵗ
20 wole be as aischis, & itᵗ semeþ þatᵗ itᵗ is drawe ynward wiþ a þreed.⁷
& þis enpostym is seid co*n*tagio*us.* Anthrax is
contagious.
      Ofᵗ humouris þatᵗ ben [in]⁸natural, þese þingis ⁹folowiþ þerofᵗ / [⁹ lf. 130]
Ofᵗ fleume þatᵗ is corruptᵗ come*th* Bocia & testudines / Ofᵗ malancolie Bocia &
testudines
24 comeþ scrophule & glandule, as itᵗ is aforseid.   & ofᵗ alle þese þou caused by cor-
rupt Phlegm.
schaltᵗ haue *propre* chapit*ris* / Ofᵗ colre þatᵗ is brentᵗ & ofᵗ oþere Diseases
humouris þatᵗ be*n* brentᵗ & corruptᵗ þere comeþ manie pustulis, & arising from
corruption of
summe þerofᵗ ben ful malicious after þe malice ofᵗ þe mat*ere* / Herofᵗ the humours:
28 comeþ ignis persicus, miliaris, formica, h*er*pes, herpes estiomenus.

---

¹ *ben,* wanting.   ² *is,* wanting.
    ³ Incorrect translation.   Add. 26,106, fol. 53 : facit apostema quod videtur
vdimia, nisi quia in superficie magis rubet.
    ⁴ *Halle. Table,* p. 115.   "*Scrophula* (so called by Auicenna, Guidone de
Cauliaco, Bruno, Theodorico, Lanfranco, au*d* others a *Scropha,* a pregnante
soowe : because it or the lyke, is a disease common to hogs) is a harde Scirr-
hous tumore, in the glandules of the share or arme holes, but chiefly in the
necke."
    ⁶ Compare *Guilelm. de Salic.,* I. 59.   Sl. 277, fol. 11 : "*In* þe antrax ....
þer been smale bladdres aboute þe copp of it, as þou3 fier hadde touched þe place."
    ⁷ De propr. rer., lib. 7, cap. 59, Add. 27,944, fol. 93 : "*And also it semeþ
þat hit is i-drawe to þe ground þerof wiþ a maner þrede, i-fastned to þe vttir
partye of þe bladder in þe myddel.*"   Not in *Gulielm. de Salic.*
    ⁸ *in,* wanting.   Lat. De humoribus autem non naturalibus.

ignis
persicus.

Ignis *persicus* is a signe[1] þat' þere ben manie pustule þeron &
venymou*s* water. & þe pustule ben reed al aboute & ȝelow, &
occupieþ al þe lyme. & it' is wiþ greet' brennyng'. & þis comeþ of'

Miliaris.

colre brent' and þi*n*ne / Miliaris haþ litil pustulis, & haþ not' so 4
greet' brennyng', ne þe place þerof' is not' so reed. & þis comeþ ofte

fformica.

of' fleume medlid wiþ a litil colre // ¶ fformica is a pustula þat' is
swiþe feruent', & haþ a cruste aboue, & it' comeþ of' colre brent'. &
þis is goynge & fretiþ þe lyme aboue, & it' hath greet' brennyng' // 8

Pruna.

¶ þe firste[2] is a pustula þat' comeþ of' malancolie & is blac or

[³ lf. 130, bk.]

ledi, & it' comeþ of' þe venemous ma*t*er of' mala*n*coli / [3]Herpes

Herpes
esthiomenus.

estiomenus is as miche to seie as fretyng' him-silf', & þis comeþ i*n*
manie mane*r*s / It' comeþ i*n* medlyng' of' colre þat' is brent' & 12
mala*n*colie i*n*natural & brent' & sutil. & wha*n*ne þis falliþ *into* a
lyme, it' fretiþ þe lyme for þe greet' malice þat' it' haþ // ¶ Also þer
is anoþer mane*r* passiou*n* þat' haþ manie diue*r*s names, for su*mm*en

Cancrum &
lupum.

clepen it' cancru*m*, & su*mm*en lupu*m*. & me*n* of' fraunce clepen it' 16
malu*m* no*s*tre domine[4] / And lumbardis clepen it' fier of' seint'
antony, & su*mm*en clepen it' herisipulam. Of' alle þese diue*r*s
names is no charge of', saue þe signes of' þis sijknes be*n* þese :
fretin*g*' & brennyng' & blac colo*u*r & stynkynge, & þat' riȝt' foul 20
stynkyng'. & or þe skyn þerof' be to-broke, it' wole not' stynke,
saue þe place þerof' wole be ledi. & if' þou felist' þe place wiþ þi

Cancer
vlceratus

fyngir, þou schalt' fynde þe fleisch þerof' al corrupt' // ¶ Cancer is
a postym þat' is swiþe corrupt'. & is i*n* .ij. mane*r*s : as cancer 24
vlceratus, & cancer þat' is not' vlceratus. ¶ A cankre þat' is not'

---

[1] *signe*, probably mistaken for *siknesse.* Lat. ignis persicus est egritudo
in qua sunt multe pustule.

[2] Lat. Pruna similiter est pustula. The translator read : prima.—
Phillips. "*Pruna*, a burning or live Coal ; also a Carbuncle, Plague-sore,
or fiery Botch."

[4] *malum nostre domine ;* This name, given to *Erisipelas*, is due to the
miraculous cures of this disease by intercession of the Holy Virgin. They
are first reported by *Hugo Farsitus*, a canon of Saint Jean des Vignes, in
Soissons. In his book, *De Miraculis Maria Suessionensis*, he relates the
miracles, as seen by himself in the year 1128, and mentions several instances
where women suffering from a severe skin-disease have been cured by the
help of the Holy Virgin. Further account of a plague known under the
name "mal des ardents" and of cures by the help of the Holy Virgin, is
given by *Gautier de Coincy.* See G. d. C., ed. *Foquet*, p. 138.

The same disease is also called *fuoco di Sant Antonio.* See Tomm. Dict.,
Maladie S. Antoine (Godefr. Dict.). The Saints Germain, Main, Othoine
and Verain, have likewise given their names to the *erisipelas. Quinte Ess.,*
8. 23 : "fire of St. Antony, a brennynge sijknes clepid þe fier of helle."

vlceratus is *in* .ij. maners : oon comeþ of᷑ malancolie rotid, & bi- Cancer non
vlceratus
gynneþ for to wexe *in* þe mychilnes of᷑ a fecche or of᷑ a pese.   &
þanne it᷑ [1] wole wexe alwei *in* a maner brennynge ; & euere as þe   [1 lf. 131]
4 matere wexiþ, so wole þe brennyng᷑ wexe forþ.   & it᷑ wole haue It has
variously
veynes of᷑ diuers colour.   & sum colour þerof᷑ wole be ledi, & sum coloured
veins,
wole be *pur*pur, summe þerof᷑ wole be grene.   & þan þis is ful of᷑
colerik matere corrupt᷑.   & it᷑ haþ greet᷑ akynge, & if᷑ þou pressist᷑
8 it᷑ wi*th* þi fyngir, þe malice þerof᷑ wole be miche more / þis passio*u*n
comou*n*ly wole wexe *in* placis þat᷑ ben glandule / þis maner en- and chiefly
affects glan-
postym comeþ ofte *in* a ma*n*nes þies & *in* a wo*m*mans brest᷑ & in dulous parts.
oþere placis / Cancer vlceratus.   Alle þe signes þerof᷑ ben tofore
12 seid *in* his propre chapitre /
     Now alle þe signes of enpostyms be*n* seid, go we to þe curis / Treatment of
apostema.
þou must᷑ take kepe, wheþer þe enpostym come of᷑ causis wiþout- *Nota.*
forþ or wiþi*n*ne / If᷑ þe enpostym comeþ of᷑ causis wiþinneforþ, When the
causes are
16 þanne þou must᷑ purge þe matere or þou leie þerto ony repercussijf᷑ internal,
purge before
or ony maturatif᷑ or ony resoluyng᷑ þing᷑ / forwhi a repercussijf᷑ [2] mai using medi-
cines.
not᷑ do awei al þe matere, þouȝ it᷑ sumwhat᷑ aswage þe akynge *in* þe
firste bigy*n*nyng᷑ / neþeles it᷑ makiþ þe matere hard, & aftirward þe
20 *patient* [3] schulde haue þe more penau*n*ce / A resoluyng᷑ *in* an vnclene [3 lf. 131, bk.]
bodi drawiþ more matere þerto þan it᷑ resolueþ.   ¶ A maturatif᷑
makiþ þe enpostym to wexe more, if᷑ his bodi be vnpurgid, & makiþ
þe matere of᷑ þe enpostym feruent / In what᷑ maner þou schalt᷑
24 purge diuers maters, *in* þe chapitre of᷑ allopucia þou schalt᷑ fynde it᷑,
& *in* þe chapitre de *doloribus iunctura*rum, þat᷑ schal be seid here
aftir / þou schalt᷑ worche *in* enpostyms þat᷑ falliþ *in* a ma*n*nes bodi When the
causes are
wiþoutforþ.   If᷑ þou wost᷑ wel þat᷑ his bodi is replet᷑, þis schal alwei external use
a contrarious
28 be þin entencio*u*n, for to drawe þe matere awei *in* þis maner : / If᷑ medicine, i. e.
þe enpostym be *in* a ma*n*nes mouþ, þan þou schalt᷑ make hi*m* no *Nota.*
gargarisme ;[4] & if᷑ it᷑ be in his ers, þan þou schalt᷑ make hi*m* no
laxatif᷑ medicyn / & if᷑ it᷑ be *in* a wo*m*mans maris,[5] þan þou schalt᷑
32 ȝeue hir no medicyn for to make menstrue ; saue þou schalt᷑ alwei a purgative,
when the
go to þe contrarie herof᷑ : as if᷑ enpostyms be *in* partijs aboue, þan apostema is
in higher
þou schalt᷑ ȝeue catarticu*m* / If᷑ þe enpostym be bineþe, þan ȝeue parts,

---

     [2] MS. repercussist.
     [4] *gargarisme,* a gargle.   Vigo, Chirurgery, Interpretation : "A gargarisme
is when we cause water to bubble in our throtes, not sufferynge it to go downe."
     [5] *maris,* Lat. matrix, O.Fr. marris.   Sloane 2463, fol. 194 bk. : "*The
moder is a skyn, þat þe childe is enclosed in his moder-wombe.   And manye
of þe sekenesses that women hauen, comen of greuaunces of this moder, that
we clepen þe marice.*"

an emetic, when it is in lower parts.
[¹ lf. 132]
Repelling medicines must not be used in the following cases:
.1.
.2.
.3. .4.
.5.
.6. .7.
.8.
.9.
.10.

him medicyns for to caste. ¶ Whanne þe matere is purgid, þan bigynne we curis of' hoot' enpostyms / þou must' ¹be war of' repercussiuis in ten maners. ¶ þe .j. cause is þis, if' his Lodi be replet' / as it' is aforseid. ¶ þe .ij. is, greet' fume of' humours & venymous. 4 ¶ þe .iij. is gretnes² of' humours rotid. ¶ þe .iiij. cause is, if' apostym wexe in a noble lyme as in a mannes eere, or in a wommans tetis, or in þe rigge abouteforþ. ¶ þe .v. cause is : if' þe enpostym be in þe þrote, or ny₃ þe brayn, or in ony place ny₃ þe herte, or ny₃ 8 ony lyme þat' norischet*h* / ¶ þe .vj. cause is in a child. ¶ þe .vij. cause is, if' it' be in an oold ma*n*. ¶ þe .viij. cause is if' it' be in a man þat' risiþ vp of' sijknes. ¶ þe .ix. cause is if' it' be apostema creticu*m*.³ ¶ þe .x. cause is, if' an enpostyme be in a noble 12 membre, & be putt' fro þat' place to anoþer. ¶ In noon of' þese .x. causis, þou schalt' make noon repercussif' in hote enpostyms as þou schalt' fynde þe maner in þe antidotarie of' repercussifs / ¶ To

In case of a blood-apostema use a repelling followed by
[⁵ lf. 132, bk.]
a solvent medicine.
In case of suppuration apply a maturing medicine.
Open the abscess when it is ripe.

enpostyms of' blood, þou mi₃t' do medicyns repercussifs & dis- 16 solutiu*is* sotilly, so þat' þe firste bigy*n*nyng'⁴ repercussifs ouercome þe mater of' enpostym myche, & in þe stat'⁵ of' þe enpostym lasse, & in þe ende þerof' þou schalt' ⁶vse clene resoluyng' þingis / If' þou mi₃t' not' wiþ repercussiuis do awei þe enpostym ne resolue hi*m*, 20 saue he bigy*n*neþ to quytture, þan þou schalt' do þerto medicyns maturatiu*is*, til it' be wel quitturid. ¶ Of repercussiuis resolutiuis maturatiu*is* & þe maner*e* of' worching' þerof' þou schalt' fynde in þe antidotarie. ¶ Whanne þe enpostym is quitturid & sufficiently 24 rotid, þis þou mi₃t' knowe whanne þe akynge is al aweie, & whanne þe matere is neische þerof', & þan opene þe enpostym, þat' þou seest' moost' competent' // Saue or þou opene ony enpostyms, þou must'

.1.
Take care not to cut, if the abscess is near a joint,
looke well apon thes Rulles

be war of' þus manie þinges : ¶ þe .j. is, þou schalt' opene noon 28 enpostym or he be perfitli rotid, but' if' þe enpostym rotid ony oþir lyme, or þat' he were ny₃ ony noble lyme, or ny₃ ony ioynet' // In oþere causis þou schalt' abide til he be perfitli rotid. & in þe kuttyng' þou schalt' loke where þe skyn is most' þinne and moost' 32 hangyng', & þere þou schalt' opene þe enpostym.⁷ ¶ þe .ij. enten-

---

² *gretnes*, grossities.   ³ *creticum*, Lat. criticum.
⁴ *þe firste bigynnyng*, determination of time denoted by accusative. Add. 10,440, fol. 20 : "*and be war, þat þe tyme of chaungynge of þis medycyn þou take it not awey with violence.*"
⁵ *in þe stat*, Lat. in statu. Add. 27,944, fol. 98 : "*whan þe posteme is in state.*"
⁷ Lat. : facias apertionem ubi materia magis dependet, et ubi pellis est magis tenuis.

cioun is þis, þat' þou schalt' be war, whanne þou openest' [1]an   [1 lf. 133]
enpostym, þat' þou hurte no senewe, ne no veine ne noon arterie. not to injure a blood vessel.
¶ þe .iij. cause is, þat' þou schalt' not' avoide al þe mater at' oon .3.
4 tyme, & principali whanne þer is myche matere, & þe enpostym is to evacuate the pus slowly.
greet' // ¶ þe .iiij. is þis, þou schalt' alwei opene þe enpostym in .4.
endelong' þe lyme & not' ouerþwert'. Whanne þou hast' opened þe to cut in the direction of the limb.
enpostym, þan þou schalt' cure him vp[2] as it' is aforseid in þe cure of'
8 vlcus virulentum. þan þou schalt' fille þe wounde þerof' with oold
lynnen cloþ þat' is whiȝt', anoon to .iij. daies [wiþ] mundificatiuis of'   R
ȝelkis of' eiren & mele, aftir .iij. daies wiþ vnguentum apostolorum[3]
& oon of' þe mundificatiuis þat' schulen be seid in þe antidotarie, &
12 wiþ regendring' þingis & drijng' þingis. ¶ A colerik enpostym Choleric aposteinas ripen slowly.
comeþ late to rotyng', but' if' it' be rotid wiþ ony mater leid wiþout-
forþ ; þou shalt' cure þis enpostym in þe same maner as þou schalt'
enpostyms of' blood, saue þis mote haue coldere medicyns / Car- Nota.
16 bunculis schulen be curid as antrax, & þe cure herof' schal be seid Carbuncles
herafter. [4]Vdimia schal not' be smiten yn wiþ repercussiuis[5] saue [4 lf. 133, bk.]
it' schal be waastid awei in þe firste bigynnyng' in þis maner. þou Udimia (Oedema)
schalt' purge him with trocis[6] de turbit, or wiþ anoþer medicyn þat' shall be treated with
20 purgiþ fleume. þan stewe[7] þat' lyme wiþ a decoccioun of' absinthij, purging medicines.
abrotane, sticados, & squinanti. & take aischis of' a vyne or of' an
ook, & make þerof' lie & wete þerinne lynnen cloþis & leie hem Apply compresses.
vpon þe place hoot', & binde hem streite þerto þat' it' hile al þe
24 enpostym, & in þis maner þe matere þerof' schal be drawen awei //
If' it' so be þat' þere be ony blood medlid þerwiþ, or if' þer haþ be
leid þerto ony maturatif' so þat' þe mater þerof' be rotid, þan opene
it'. Whanne it' is opened, it' mote haue stronger mundificatiuis þan A softening plaster used
28 ony oþer for þe hardnes of' þe quitture & þe greetnes þerof' / þis is by Rasis
a mollificatif' þat' rasis made & A. R. bdellij, galbani,[8] opoponac .Auicen.

---

[2] *cure him vp.* Compare Sloane 277, fol. 1 b.: "*be it flesched vp wiþ pondres & oynementes incarnatifes.*"
[3] Phillips. "*Apostolorum Unguentum,* a cleansing Ointment, so call'd, because it is made of twelue Drugs, according to the Number of the Apostles."
[5] Lat. vdimia proprie non repercutitur.
[6] *trocisce,* Lat. trociscus. Sloane 277, fol. 1 b. (xvth cent.), "*a trosce of þe trosces maad aȝens scrophules.*" Vigo l. c. "*Trochiscos* in Greke is a lyttle whele. Amonge the apothecaries, it is a confection made of sondrye pouders and spices, by the meane of some lyquoure. In latine they call it Pastillum."
[7] *stewe,* Lat. evapora.
[8] "*Galbanum,* a kind of strong scented Gum issuing out of a Plant call'd Fennel-Giant, which grows in Syria." Phillips.

an*a*, & make hem neische w*ith* oile of᷎ lilie *in* a morter, & grinde
hem wel togidere. & þan do þerto fenigrec*um* & lynseed as myche
as alle þe o⸝ere & medle hem wel togidere, & herof᷎ leie an enplastre

[¹ lf. 134] vpon an hard enpostym wiþ þis oonly, or medle þerwiþ fatte ¹figis 4
& leie þis enplastre þerto til it᷎ be resolued & maad neische / þis
medicyn makiþ a*n* hard enpostym to bicome neische & resolueþ him
wiþout᷎ ony swellyng᷎ / þer ben o⸝ere manye medicyns þat᷎ ben
mollificatif᷎ & resoluyng᷎ þat᷎ þou schalt᷎ finde *in* þe antidotarie // 8

a wat*ri* empostym *ust be treated like oedema.
A wat*ri* apostym schal be curid as vdimia, saue it᷎ schal haue drier
medicyns, & þou schalt᷎ cure him *in* þe same maner as it᷎ is seid *in*
þe chapitre, wha*n*ne a ma*n*nes lyme is to gret᷎, for to make it᷎ smal //

a windi empostym
Ventosu*m* apostema, þat᷎ is apostym þat᷎ is ful of᷎ wijnd. þou 12
schalt cure it᷎ wiþ medicyns þat᷎ *con*sumeþ wijnd wiþi*n*ne & wiþ-

Internal treatment;
oute / wiþi*n*neforþ as of᷎ vsyng᷎ of᷎ comyn & carui, & he mote be war

external treatment.
of᷎ growel² & metis þat᷎ swelliþ; wiþoutforþ wiþ oilis þat᷎ consumeþ
wijnd, or w*ith* þis oile, ℞. rue, cimini, se*min*is fenicli, anisi, carui, 16

℞
ameos³, apij, an*a* .ʒ ℈., cold oile lī. ℈., do alle þes *in* a viol of᷎ glas,
& do þat᷎ glas *in* a vessel wiþ wat*er*, & make þe wat*er* seþe & kepe

[⁴ lf. 134, bk.] wel þe glas þeron þat᷎ it᷎ breke not᷎, & wiþ þis oile anoynte þe place

℞
hoot᷎ / Item .℞. calcem and ⁴distempere it᷎ wiþ swete wijn, & make 20

℞
þerof᷎ as it᷎ were an emplastre & leie þervpon / ℞. olii᷎ anetini⁵ .ʒ ij.,
cere. ʒ ℈., ysope þat᷎ it᷎ be drie & poudrid. ʒ j., & make herof᷎ a
plastre. ¶ Herisipilades⁶ or flegmonides schule*n* be curid *in* þe same
maner þat᷎ ben herisipula*m* & flegmon / Of᷎ glandulis & scrophulis, 24
we wole*n* speke *in* her *pro*pre chapitre //

Treatment of Anthrax.
¶ Antrax schal be curid wiþ avoiding᷎ of᷎ noious mat*ere*, & wiþ

First remove the evil matter by bleeding and purging,
þinges þat᷎ comfortiþ þe herte & þe v*er*tu. Neþeles at᷎ þe firste
bigynnyng᷎ her v*er*tu failiþ, & summe þat᷎ ben late blood or p*ur*gid 28
ben lost᷎ / þerfore manie men be*n* agast᷎ for to lete hem blood or ʒeue

if the patient is strong,
hem ony medicyn laxatif᷎ / Ech mesel⁷ if᷎ þe pacient᷎ be strong᷎, I
wole lete him blood adai, & *in* þe same nyʒt᷎ I wole ʒeue him a
medicyn laxatif᷎ // Saue herof᷎ þou schalt᷎ take kepe if᷎ he be feble, 32
& his herte quake, & his pous falle, þan it᷎ is folie for to lete him

---

² *growel*, Lat. legumina. See *Prompt. Parv.*, "Growelle or grewelle,
Ligumen."

³ *ameos.* See *N. E. Dict.*, s. v. ammeos.

⁵ *oleum anetinum*, oil of Fennel.

⁶ Phillips. "Erysipelatodes, a Swelling like the former [Erysipelas],
the Skin being of a darker Colour, and the Symptoms more gentle: a
Bastard Erysipelas."

⁷ *ech mesel*, Lat. ego vero. Compare *selwylly*, Prompt. Parv.

blood or ȝeue him ony medicyn laxatif, saue take þe cure oonly in and leave the cure of a feeble patient in the hands of God.
goddis hand //   ¶ I wole telle an ensample þat bifel in þe citce of
mediolanensis þat it mowe be ensample to þee & lernyng / þer was
4 a man of xxx. wynter oold, [1]& an antrax come vpon him in þe riȝt- The author relates how
side of his necke, & he was so greet woxe aboute his necke & his [1 lf. 135]
þrote, & he was so swollen, þat þere was but litil difference bitwixe he cured a man, who had a big
þe gretnes of hise schuldris & his necke. & neþeles I fond his vertu anthrax on his neck;
8 strong. & I wiste what sijknes it was bi a bladdre þat satt þer
vpon, & was in þe riȝtside of his necke, & þat was þe firste bigyn-
nyng of his sijknes / & neþeles þer is manye lechis of greet name
þat cowde not knowe þat passioun / Also I lete him blood in boþe first he bled him,
12 his armis, & drowe out blood ynowȝ. & þo I dietide him as a man
þat hadde a feuer agu. & amorowe I ȝaf þe colature of fruit of then he used several
mirabolani citrini,[2] þe which þou schalt fynde in þe chapitre of medicines.
allopucia / Vpon þe enpostym þere þe bladdre was, I leide scabiose
16 grounden wiþ grese. I foond neuere bettere medicyns in þis caas þan Nota
þese ben / For þe man was al dissolued of his sijknes of þe bren-
nyng & of þe akynge, saue þe place þat was to-swoollen, was not
þe lasse, & þe man was not þe more feblid for his laxatif, ne for no
20 medicyn þat he hadde / & on þe morowe I lete him blood in his
oon arm, [3]& ȝaue him a medicyn laxatif in lasse quantite þan I dide [3 lf. 135, bk.]
raþere, & þan þe swellynge aswagide miche, & in þe place þere þe
bl[a]ddre was I fond a maner cruste as it were a þing þat were A scab appeared
24 brent with fier & was of þe brede of iij. ynchis. & wiþinne a fewe on the part,
daies þe cruste was arerid vp, & þe pacient felide no greet greu-
aunce. & in þe same place þere þe bladdre was, þere was a deep and under-neath a
vlcus. & þoruȝ þe greet hole I siȝ þe þrote & þe gret veines, & I deeply-rooted ulcer, which
28 putte yn myn hond / & I ȝaf þe pacient good norisching metis, & he cured with cleansing
I made hool vlcus wiþ mundificatiuis, til he was al hool bi þe help medicines.
of god //

     ¶ Pustule þat comeþ of humours corrupt as ignis persicus[4] & Ignis per-sicus, Miliaris
32 miliaris,[5] &[6] fformica[7] schal be purgid wiþ medicyns þat purgiþ colre and Formica

<hr>

     [2] MS. inserts *hinc*, referring to another chapter.
     [4] *ignis persicus*, Herpes zoster (Dunglison). Phillips : "a Gangrene, it
is also taken for a Carbuncle or a fiery Plague Sore."
     [5] De propr. rer., lib. VII., cap. 61, Add. 27,944 : "*amonge auctoures þis
euel is i-clepid herpes milii oþer graunlesus, an euel ful of graynes. But
swiche bleynes beþ litil and smale as greynes of mylie.*" Phillips : "*Herpes
Miliaris*, or *Pustularis*, a sort of yellow Bladders or Wheals, like Millet-
Seed, that seize the Skin, cause much itching, and turn to eating Ulcers."
     [6] MS. ¶ instead of &.
     [7] MS. *ffornica*. Vigo Interpret. "Formica is a little excrescence, or

are treated
with purging
medicines.
& malancolie. & þat same medicyn schal purge humours þatᵗ be
brentᵗ, as fumus terre, cuscute, lappacium acutum, cene,¹ absinthium
& oþere mo / Also þou schalt voide þe matere wiþ medicyns þatᵗ
comforten þe herte, & kepiþ þatᵗ þe venym ne smite notᵗ to þe 4
herte ; þan þou schaltᵗ cure þe place with þingis þatᵗ makiþ cold vpon
þe place. & whanne vlcus is þeron þan itᵗ is no nede, saue drie itᵗ

[² lf. 136]
vp as itᵗ is aforseid in þe cure ²ofᵗ vlcera. Saue abouteforþ þou
schaltᵗ leie colde þingis til þe cure be perfitli do / & þere come ony 8

Strengthen
the patient's
heart.
bifallingᵗ þerto,³ þan alwei ȝeue him medicyns for to comforte þe
herte, þatᵗ ben forseid in antrace // Sumtyme tofore alle þinges
pruna⁴ ben good / And formicam þou schaltᵗ brenne / fforwhi a
cauterie drawiþ out al þe matere þatᵗ is corruptᵗ & waastiþ itᵗ awei. 12

herpes esti-
omenes cura
¶ Herpes estiomenus⁵ is curid after þe purgacioun ofᵗ þe matere,
þatᵗ þou schaltᵗ algatis take hede for to do / ifᵗ his vertu be strongᵗ.
& þou schaltᵗ algate aboute þe sijknes⁶ leie a defensifᵗ ofᵗ bole &

Auicen
terra sigillata & oile ofᵗ ro. & vinegre / þis defensifᵗ, as seiþ .A., & I 16

Apply a
medicine
which pro-
tects the
limb from
corruption,
haue ofte preued itᵗ, þis defendiþ eueri lyme fro corrupcioun, & þis
wole notᵗ suffre þatᵗ þe matere schal make noon vlceracioun ne no
fretyngᵗ. & vpon þe place þatᵗ is corruptᵗ & deed, þou schaltᵗ leie an

and cauterize
the slough.
hootᵗ iren, & do awei alle þe partis þat ben corrupt. & þis þou myȝtᵗ 20
do with a medicyne corosifᵗ, saue an hootᵗ iren is bettere / Whanne
þe rotid matere is aweie, þanne make clene þe place wiþ a mundi-
ficatif ofᵗ iuys ofᵗ ache, & do þerto a litil mirre. & whanne þe place

[⁷ lf. 136, bk.]
is wel clensid, þan do þerto a medicin ⁷for to regendre fleisch, & 24
þanne drie itᵗ vp /

Of empostyms of þe heed //

¶ iijᵒ cᵒ
THowȝ we han maad a general tale ofᵗ enpostyms, neþeles apostym
in eueri lyme haþ diuers curis / þerfore I wole make to euery 28

---

outgrowynge in the Skynne, somewhat brode aboute the botome, which when
it is scratched causeth as it were the styngynge of an ante, or pismare, and
therfore it is also called in greke myrmecia."
¹ *cene* for *sene.*
³ Lat. si praua superueniunt accidentia. . .
⁴ Lat.: Aliquando super omnia adiuuat prunam et formicam urere. The
translator misunderstood *pruna* (name of the disease) for *pruna* (plums).
Compare page 208, note 2.
⁵ Vigo Interpret. "If the substaunce be grosse, and aygre it vlcereth
the skynne vnto the fleshe, & is called herpes esthiomenos, that is eatynge
or gnawynge herpes."
⁶ Lat.: sed ponendo supra locum sanum iuxta *ægritudinem* defen-
siuum. . .

enpostym a diuers chapiter // ¶ I seie þat² in þe skyn of⁴ a maɴnes
heed beɴ diuers enpostyms / If⁴ þere be¹ enpostym þerof⁴ sutil
fleume, ful of⁴ fleume as it⁴ schal be seid heraftir in þe chapitre of⁴

4 bocium² / þis maner sijknes is engendrid bitwene þe skyn & the
fleisch, & it⁴ is su[m]what holow₃, & beɴ clepid testudines for þe
lijknes of⁴ a beest⁴ þat⁴ is clepid so, & beɴ engendrid of⁴ hard fleume,
& beɴ, as it⁴ were, hard knottis þat⁴ were maad fast⁴ to þe scolle, as it⁴

8 were hornis / For I seie a man came to me, & he hadde in his heed
vij. suche maner þingis in diuers placis, & summe þerof⁴ wereɴ as
longe & as scharp as it⁴ were a gotis horn or þe lenkþe of⁴ a maɴnes
þombe, & þei wereɴ greuous to þe maɴ, & I hadde miche wondre

12 þat þer were noon vlcera in þe skyn / Whaɴne I si₃ wel þat þei
hadden her bigyɴnynge of⁴ þe scolle booɴ, I ⁴wolde not⁴ entermete
þerwith of⁴ þe cure, & I counseilide him þat⁴ he schulde putte him
into no maɴnes cure for to cure him, for it⁴ þou₃te to me impossible.

16   ¶ þe curis of⁴ al þe enpostyms in þe heed, beɴ þese / If⁴ it⁴ be
of⁴ neische matere or of⁴ rotid matere, þan þou schalt⁴ not⁴ take hede
for to drie it⁴ wiþ mollificatiuis, þou₃ I seide so in enpostyms of⁴
fleume in þe general chapitre; for þat⁴ my₃te schende⁵ þe scolle wiþ

20 liquid mater or corrupt⁴ matere. & if⁴ þe matere þerof⁴ is hard, make
it⁴ neische wiþ maturatiuis, saue lete þou not⁴ it⁴ rotie to myche. &
or it⁴ be rotid to miche, opene it⁴ in þe maner of⁴ a triangle þus; for
þis empostym of⁴ þe heed for þe gretnes of⁴ þe skyn, and for it⁴ is ful

24 of⁴ pooris, it⁴ mai not⁴ wel be clensid, but⁴ if⁴ þe woundis were so
miche þat þe mundificatif⁴ my₃te come to þe botme. Whaɴne þe
enpostym is kutt⁴ in þe forseid maner, þaɴne avoide þe mater & fille
þe place al wiþ pecis wet⁴ in oil of⁴ rosis, & sugre molten þeron, &

28 alym & leie þis in þe botme þerof⁴ til ⁶þe place be wel maad clene.
Aftirward wiþ vnguentum apostolorum & opere þingis þat⁴ engend-
riþ fleisch, cure him as it⁴ is forseid in þe cure of⁴ vlcers þat⁴ beɴ
olde // ¶ Nodus is curid wiþ kuttyng⁴ of⁴ þe skyn endelongis vpon

32 þe place & drawe him out⁴ wiþ alle hise rotis. & if⁴ þer leueþ ony
rote of⁴ him, þan leie þeron þe poudre of⁴ affadillorum, or of⁴ sum

Side notes:
The Testudines are between the skin and the flesh, and are like hard knots.

³ rete mirabilis

A man came to Lanfranc, with seven such knots situated on his skull.

[⁴ lf. 137]

Lanfranc thought the cure impossible.

Treatment of Apostemas on the head.

If the swelling is hard, soften it with maturatives,

open it,

◁

and cleanse the wound.

[⁵ lf. 137, bk.]

.Nodus. must be removed by cutting and by the use of a Corrosive.

---

¹ *be*, above line.
² This passage is corrupt. Lat.: Nam fiunt ibi apostemata a subtili
phlegmate vel ab alia phlegmatis specie ut mucilaginosi et palmosi et est
sicut cancerosi bocii erit dictum.
³ Vigo Chirurgery transl. Traheron, fol. 5 : "The sayde Rhete mirabile
is like a nette, and is therfore called Rhete, for thys pannicle is compouned
onely wyth Arteries, and as Guido hath declared."
⁶ *schende*. Lat. : quia sic posset cranium inficere liquida materia.

liȝt corosif or vnguentum viride, þat þe rotis þerof mowe frete

Water in a
child's head
is fatal, when
within the
skull;

awei þerwiþ ; & þan regendre & þan drie it vp // Watir þat is
gaderid in children hedis,[1] ouþer it is wiþinne þe scolle or wiþoute
þe scolle / If it be withynne þe scole, it semeþ to me so perilous, 4

when outside
the skull, it
may be cured,
with oint-
ments, and
caustics.

þat I wole bitake þe cure to god / If þe watir be withoutforþ, it
mai be curid wiþ anointing of oile of camomille & solfre grounden
togidere ; & þanne make him .iij. cauterijs : oon a litil aboue þe for-
heed, & oon bihinde þe nolle in þe welle[2] þerof, & oon aboue þe 8
hindere celle. þese cauterijs wiþ þe forseid anoyntingis drieþ &

This affec-
tion occurs
owing to the
particular
position of
the child in
the mother's
womb.

waastiþ þe matere of þe watir // ¶ þe water þat comeþ in children
hedis, is engendrid in þis manere / whanne [3]þe maris of a womman
is watri, & þe child þat lijþ þerine lijþ foldyng adounward his heed 12
vpon hise knees. & þan þe moisture falliþ adoun & fyndiþ a void
place in þe childis heed & entriþ þerinne / & þis passion makiþ a
child deed ofte, or he haue ony age for to be holpen /

[3 lf. 138]

/ Of enpostyms of þe rootis of a mannes eeris //   16

¶ iiij .cᵒ
An apostema
on the roots
of the ear
occurs some-
times, when
the patient
is feeble.

Apostyme þat comeþ in a mannes eere or in þe rotis of a
mannis eeren. & þis comeþ sumtyme in die cretico, whanne
þat a mannes kynde is not so miȝti for to putte out þe gretnes of
þe mater bi sote ne bi noon oþer avoiding, & þan kynde worchiþ 20
what it mai, & driueþ þe matere an hiȝ to þe heed & abidiþ in þe
rotis of þe eeren, & þere it engendriþ apostym. & in þis place it is
perilous, for it is so nyȝ þe heed & veynes & arterijs & neruys /

It is often
fatal.

þis manere enpostym ofte sleeþ a man whanne þe matere comeþ 24
violently // þe matere of þis enpostym, ouþer it is colre, or blood,
or fleume, or malancoli ; & alle þe signes herof ben aforseid / þe

[4 lf. 138, bk.]

cure of [4]þis enpostym mai not bigynne with repercussiuis, saue it

Begin the
cure with
mitigatives,

mote bigynne wiþ mitigatiuis, & with þingis þat puttiþ out þe 28
matere / Waische þe place wiþ a decoccioun of camomille soden þer-
inne / & þanne aftir þat anoynte þe same place with oile of camo-
mille, & þan wete wolle in þe same oile & leie þervpon, & bi no

apply oil
of bitter
almonds.

maner leue þou not þat þou leie in his eere oile of bittir almaundis, 32
for it is a greet help // ¶ If þe mater be deep & it be hard for to
drawe it out, þan it were good to sette vpon þe place a drie ventose

---

[1] Hydrocephalus and its cure is treated at some length by most of the
ancient physicians. See *Paul. Aegineta*, ed. Adams, vol. II., p. 250. Our
author's description is abridged from *Gulielm. de Salic.*, lib. I., cap. 1.
[2] *welle*, Lat. fontinella.

for to helpe to drawe out' þe matere, & aftir resolue þe matere & leie þerto mitigatiuis for to do awei þe akynge / ¶ If' þe matere wole not' be resolued in þis maner, saue it' bigynneþ to be quitture þeron,

4 þan wiþ tempere maturatiuis þat' ben not to hote, make þe enpostym quitture / Whanne þe place is wel rotid abide þou no brekyng' of' þe enpostym, saue opene þe place sotilly wiþ an instrument' þat is competent' þerto / & þou muste be wel war þat þou touche no veyne, ne

8 noon arterie, ne no senewe, for þerof' miȝt come [1]myche perel, for þere ben nerues in þe same place, if' þei were kutt' or prickid, þe pacient' miȝte lese his vois for euere / & if' þere were ony veyne kutt' þerof', þer miȝt' come greet' perel þerof'. & whanne þe place is

12 opened, þan make þe place clene wiþ mundificatiuis, þat' schulen be seid in þe antidotarie / & whanne þe place is perfitli clene, þanne make þe fleisch wexe & do þe cure perfitli / For bi yuel curyng' in þis place miȝt' engendre a festre, þat' ofte tyme comeþ of' an

16 enpostym /

Apostyms of þe necke and of þe þrote /

A Postyms þat ben in þis place, or it' is wiþoutforþ in þe senewis, or in þe braun, or it' is wiþinneforþ bi þe place þat'

20 a mannes mete goiþ doun, or bi þe þrote, or it' is bitwixe þe .ij. placis in a place þat' is clepid ismon.[2] & comounli þe enpostyms þat' ben in þis place, comeþ of' blood, or of' fleume, & ful seelden it' comeþ of' colre, & more lattere of' malancoli. þe humours þat' ben

24 in þe cause,[3] þou schalt' knowe bi signes aforseid / If' þe matere be in þe braun of' the necke wiþoutforþ, þat þou miȝt knowe [4]bi schewing' of' þe enpostym wiþoutforþ. & bi þese signes þou schalt' knowe whanne þe enpostym is wiþoutforþ, if' þer is no letting' in ysophagus

28 þere þe mete schulde go adoun, & if' wijnd be not' stoppid, þan þou miȝt' wite wel þat þe enpostym is wiþoutforþ, & also bi þe schewing' þat' is outward / And if' þe enpostym is wiþinne, þan þe pacient' schal not' swolowe adoun his mete, ne drawe wel his breeþ /

32 If' þe enpostym þat' is wiþinne swelle greetly, his iȝen wolen swelle þerwiþ, & he schal not' suffre his tunge in his mouþ, & he ne schal

Marginal notes:
- If pus is formed, open the aposteme, taking care not to injure a blood-vessel or a nerve.
- [1 lf. 139]
- Then cleanse the wound.
- ¶ v°. c°.
- Apostemas of the neck or the throat, are either external or internal.
- In the former case, an out-[* lf. 139, bk.] ward swelling will be seen, but the swallowing and breathing will not be affected.
- If the apostema is internal, swallowing and breathing will be difficult.

---

[2] *ismon. Sinonom. Barth.*, p. 26, " *Ysinon* est inter ysofagum et tracheam arteriam." Read *Ysmon.* From ἰσθμός, neck, narrow passage. See ἰσμός in *Stephanus Thesaur.* De propr. rer., lib. V., cap. 24, Add. 27,944, fol. 49 bk. : " *& it happiþ þat þis euel matere is somtyme al i-gedred wiþinne þe skynne þat departiþ þe weye of þe breeþ from þe weye of þe mete & drynke, þat hatte isophagus & bredeþ squynancye, þat sleeþ in on day.*"

[3] See page 194, note 8.

not' speke, & þer wole go out' miche spume of' his mouþ / þanne

Some phy-
sicians
'break' this
apostema
with a piece
of wood,
but that is
dangerous.
summe lechis þat' ben hardi wolen putte a smal tree in his þrote &
breke þe enpostym, & in þat' maner þe pacient' mai be delyuered ;
saue þis maner worching' is not' sure, for in þis maner manie men 4
dieþ, & þe deeþ comeþ not' of' þe sijknes, saue it' is defaute in þe
leche[1] / þis maner sijknes þat' is so hid wiþinneforþ, it' mai be helid

First, bleed
the patient
either from
the Vena
wel in þe bigynnyng' in þis maner[2] / If' þe enpostym be hoot', þou
schalt' lete him blood in þe veine þat' is clepid basilica, & if þe 8

[³ lf. 140]
patient haþ had þe ³sijknes longe or þou come to him, þan þou

Basilica or
Mediana,
schalt' lete him blood in þe middil veyne of' þe arm þat' is clepid
mediana, & he schal blede so longe til he swoune almoost', & prin-

on the next
day from a
vein under
the tongue,
cipali if' he be strong' & ful of' fleisch / In þe .ij. dai þou schalt' 12
lete him blood in þe veines vndir þe tunge / & loke þat' þou do no
þing' aftir her counseil þat' seien þat' in þe firste bigynnyng' þou
schalt' lete him blood in veines vndir þe tunge, & after þat' in þe
heed veine or in sum opere place. For in þis manere leting' blood, 16
if' his bodi were replet', he miȝt' liȝtli be achekid// ¶ Whanne þou

then give
a gargar-
isme,
mixed with
the excre-
ments of a
sparrow, hen,
dog, or a
child.
hast' lete him blood as it' is aforseid, þan make him a gargarisme
wiþ a decoccioun of' ro., sumac,[4] balaustiarum, lentium, & galla-
rum wiþ þe which be distemperid þerwiþ diameron,[5] or tordis of' 20
a sparow, or of' an hen, or þe tord of' an hound þat' etiþ manie
boonys & noon oper mete,[6] or a childis tord dried while it' is souk-
yng'. ¶ Also take an houndis tord þat' etiþ oonly boonis & of'
hennis, satureye[7] ana, & make þerof' poudre & distempere it' wiþ 24

The patient
shall drink
barley-water
water & hony, & make þerof' a gargarisme, & he schal drinke water

[³ lf. 140, bk.]
of' barley, & he schal no þing' ete, saue a þing' maad of' wheete-⁸bran

℞
in þis maner[9] / Take newe bran of' whete & caste þeron hoot' water

and eat a pre-
paration of
wheat-bran.
& hele it' & lete it' stonde so an hour, & þanne grinde it' in a morter 28
wiþ a pestel & cole it', & þanne seþe it' wiþ a litil salt' & ȝeue it' þe

---

[1] *it is defaute in þe leche*, Lat. medico imputatur.

[2] Much of our author's treatment is borrowed from *Avicenna*, Lib. III.,
Fen. 19, Cap. 11, ed. Ven. 1527, fol. 188.

[4] *sumae*, Fr. Sumac ; Arab. Summāq. "*Sumach* or *Sumack*, a kind of
rank-smelling Shrub that bears a black Berry, made use of by Curriers to
dress their Leather." Phillips.

[5] *diameron*, διαμώρων. *Vigo* Interpretation, "*Diamoron*, a confection
made of mulberries."

[6] By this kind of food the *album græcum*, the white dung of a dog is
produced.

[7] *satureye*, savory. Wr. Wül. 609, 30 (xv), sauereye.

[9] Lat. : nihilque comedat nisi candarusium factum de furfure in hunc
modum. *Matth. Sylv. :* "Candaros vel candarusium—est ordeum cui non
est cortex," from χόνδρος, grain, groat.

pacient⁴ / & do þeʳon penidis.¹ & if⁴ he mai not⁴ swolowe it⁴ adouɴ,
þanne sette a litil ventuse in þe welle of⁴ his necke² wi*th* fier & þaɴ
he schal swolowe, & anoynte al his necke tofore & bihinde wiþ oile   Anoint his neck,
4 of⁴ camom*ille*. & vpou þe anoyntyng⁴ leie wolle vnwaischen,³ &
make a sutil plastre of⁴ a nest⁴ of⁴ iruɴdinis, & is good for þe and apply a plaster made
squinacie,⁴ & is m*aa*d in þis man*er* / Take a nest⁴ of iruɴdinis & from a swallow's nest.
boile it⁴ longe in watir, & þanne cole it⁴ þoruȝ a seue þat⁴ þe grete   R
8 gobetis mouɴ be cast⁴ awei / þan take þe rotis of⁴ lilie & seþe hem Irundines
in oþer water & rotis of⁴ bismalue, & þe rote of⁴ brionie & leues of⁴ *id est* swalowes.
malue & bismalue, & violet⁴, & peritorie.⁵ & whaɴne þei ben How to prepare this
boilid, grinde hem wel, & medle he*m* wiþ water of⁴ iruɴdinu*m* þat⁴ plaster.
12 is forseid, & do þerto leueyne & mele of⁴ fenigreci, & þan do þerto
oile or grese, & make herof⁴ an enplastre / þis euplastre is good to
resolue enpostym & make it⁴ quitture, wheþer ⁶it⁴ be wiþinne or wiþ- [⁶ lf. 141]
oute, & make it⁴ abrood upon a clooþ & leie it⁴ vpon hoot⁴. &
16 anointing⁴ is good wiþ oile of⁴ camomille medlid wiþ butter þat it⁴
be oold & not⁴ salt⁴, & after þe anoyntyng⁴ leie þervpon wolle
vnwaische // ¶ ⁷If⁴ þe enpostym be wiþinne, it⁴ is good þat⁴ me leie In case of an inward apostema use a gargle.
þerto no repercussiuis, saue vse gargarismis m*aa*d in þis man*er*e / Ŗ,
20 ficus siccas, semen malue, seme*n* lini, seþe þese in water & þan cole R
hem, & make þerof⁴ a gargarisme ; or water of⁴ figis medlid wiþ
butter, þat⁴ makiþ maturatif⁴ eue*r*i man*er* enpostym.

---

¹ *penidis*, Vigo Interpr. " *Penidie* are made of the Apothecaries wyth
suggre wrethen lyke ropes." Fr. penide ; Lat. penidium, from πηνίον : spool
on which the woof is wound.—Compare *diapenidion* in *Piers the Plowman*,
ed. Skeat, 1886, II. p. 77, note.

² MS. *tofore* inserted but deleted.

³ *wolle vnwaischen, vn*, in margin. Lat. lana succida. Lewis, *Latin
Dict.*, gives a reference from *App. Apologia :* recens lana tonsa succida
appellata est.

⁴ *squinacie*, Lat. squinatia, quinsy. See *Cathol. Angl.*, p. 357, note.

⁵ *peritorie*, Lat. parietaria ; wall-pellitory.

⁷ The passage from lf. 141, l. 5 till lf. 141, bk., l. 8 (p. 220, l. 15), is repeated
in lf. 143, with some alterations. The corresponding words from the Latin
are quoted to show the independent character of the two versions. l. 18, 19.
If þe — — manere] It is good if þe enpostym be wiþinne or þe more partie
be wi*th*ynne, & if it mai not be resolued ne do awei wiþ repe*r*cussiuis, þan it
is good to vse garg*arisms*, þat ben maturatifs, m*aa*d in þis maner. (*Bonum
est etiam si apostema fuerit interius, aut maior eius pars, cum tempus pro-
longatur quod non repercutitur nec resoluitur : vti maturatiuis gargarisma-
tibus ut hoc.*) 20, 21. seþe — — cole hem] putte hem in water & seþe hem in
water (*coque in aqua*). 21. or] & medle þerwiþ. 21, 22. medled wiþ butter]
& butter & wijn. þat makiþ — — enpostym] þis wole make enpostym þat
is wi*th*ynne in þe þrote maturatif (*maturat omne intrinsecum apostema siue
in gutture siue in stomacho siue in intestinis fuerit generatum*).

Whanne þe enpostym is rotid ; þat¹ þou schalt¹ knowe bi ' þe

If this apos-
tema shows
itself out-
wardly, it
must be care-
fully opened
and cleansed.

aswaging¹ of¹ þe akynge, & if¹ þe enpostym schewe wiþoutforþ, þanne
opene it¹ wiþ an instrument¹, & be war þat þou hurte no senewe, ne
no veine, ne noon arterie. & whanne it¹ is opened, make it¹ clene 4
wiþ mundificatiuis þat¹ schulen be seid *in* þe antidotarie / And if¹
þe enpostym be wiþinneforþ, þan þou schalt not¹ breke it¹ wiþ þis
gargarisme þat¹ is aforseid, saue þou schalt¹ make a gar*garism* þat¹

haly vside / Take galle, acacie, psidiar*um*, balaust*ie*, alum*inis* 8

iamini¹ & seþe hem *in* water & cole it¹ & make ²þerof¹ a gar*garism*,
for þis gar*garism* wole breke enpostym / Whanne þe enpostym is
broke, þan þou schalt¹ bringe out¹ þe mater wiþ hoot¹ water, & dis-
solue þerinne butter & oile of¹ viol*ets*, & make þerof¹ a gar*garism*, & 12
lete him vse þis gar*garism* til al þe mat*ere* be drawe out¹, & þan
after þat¹ make him a gar*garism* of¹ liquiricie,³ yreos & tamarisci /
If¹ þe matere be coold, þan þou muste vse hott*ere* gar*garism*, & þan
þou muste vse mundificat*iuis* þat¹ *per* be þerinne mirre, sarcocolle,⁴ 16
þat¹ schulen be seid *in* þe antidotarie *in* þe chap*iter* of¹ mundifi-

Ranula vndr
the toung
an apostema
that affects
the breathing
and swallow-
ing.

cat*iuis*.   ¶ It¹ falliþ sumtyme þat¹ for reume þat¹ falliþ adoun¹ of¹ a
mannis heed, þer wexiþ *in* þe rote of¹ þe tu*n*ge a mane*r* round þing¹
in þe gretnes of¹ an almaunde, & lettiþ a man þat¹ he mai not¹ wel 20
drawe his breeþ ne ete his mete / & *in* þis mane*r* þou schalt¹ cure
him as it¹ is forseid wiþ þingis þat¹ voidiþ þe matere & wiþ resoluynge

þingis.   ¶ I wole sette *in* þis place a cure þat¹ bifel *in* þe citee of¹
mediolane*ns*is of¹ a ladi þat¹ was .L. wynte*r* oold, & hadde a squi- 24
nacie of¹ fleume þat¹ occupiede al hir necke tofore wiþinne & wiþoute,

---

1, 2. þe aswaging] cesing. and if] if.   2. schewe] be seen.   3, 4. be —
— arterie] be wel war of veynes & arterijs.   4. whanne it is opened] þan.
5. and] *om.*   6, 8. wiþinneforþ — — galle] al wiþinne & wole not breke wiþ
þe gar*garism* þat is aforseid of butt*er* & figis & wat*er* & wijn, þan þou schalt
breke him wiþ a medicyn þat haly þe abbot vside as wiþ a gar*garism* of
gallar*um*. (*Si fuerit intra, nec rumpatur : cum gargarismate prædicto
de butyro, ficuum aqua et vino rumpatur cum ingenio subtili Haly: ab.
scilicet cum gargarismate stypticorum sicut decoctionis gallarum.*)   9. &
seþe — — þerof a gargarism] *om.*   10. wole breke] brekiþ þe.   11. þan þou
schalt bringe out þe mater] drawe out þe quitture.   11, 12. & — butter] & a
litil butt*er* þerinne.   12. & make þerof] & herof he schal make.   12, 13. &
lete him vse þis gargarism] *om.*   mat*ere* be drawe out & þan] quitture be
drawen awei aft*er* þat.   14. of liquorice — tamarisci] wiþ liquoris & thama-
risci soden in watir.

¹ *Sinonom. Barth.*, p. 1, " *Alumen iamem, A. scissum, Alimen de pluma,*
idem,"—*Matth. Sylv.* " Iamen est prouincia Iameni uel Aliamen."

³ *liquiricie*, lycoryce, *Pr. Parv.*, p. 303. See *lyquoris* in 2nd version.

⁴ *Sarcocolla* " Is the Gumme or liquore of a tree growyng in Persia."
Halle. Table, p. 109.

[1]saue wiþoutforþ þe swelling' was moost', & þe womman miȝte not'
speke, ne swolowe in no mete. & þis womman was vndir þe cure of'
a ȝong' man þat' was my scoler, and he cowde not' wel fare þerwiþ,
4 & þo he was in dispeir of' hir lijf', I was sent' after & foond hir in
wickide staat',[2] for sche eet' no mete in manye daies tofore, & sche
durste not' slepe for drede, lest sche schulde be achekid.   þan I
tastide hir pous, & it' was wondir feble, & I tastide þe place of' þe
8 enpostym, & I knewe wel þat' sche schulde be raþere achekid þan
þe enpostym wolde breke wiþoute or wiþynne, for þe matere was
so greet' / & þan I took a rasour, & lokide where þe matere was
moost' gaderid for to engendre quitture, & it' was moost' able vndir
12 þe chyn, & I felide þe place wiþ myn hond & tastide it' aboute þat'
I miȝte be war of' nerues & arterijs, & þere I made a wounde, &
þere I drowe out' matere þat' was corrupt', & it' was foul stynkynge
matere, & al miȝte I not' avoide anoon. & þo þe pacient' hadde
16 bettere hir breeþ, & hir pous was confortid, [3]for þe lungis miȝte take
yn eir, & þerwiþ þe herte was comfortid, & þan I ȝaf' hir broþ, &
þat' ȝede out' þoruȝ þe wounde þe moost' part'.   þo I studiede how
I miȝte best' do, & I lete make a pipe of' siluir, and putte it' in at'
20 hir mouþ & passide forþere þan þe wounde was, þat' it' miȝte fulfille
þe place of' þe þrote. & þan I leide al aboute hir necke mundifi-
catiuis & maturatiuis for to quitture þe toþer deel of' þe matere, &
so I kepte it' til þer come out' of' þe wounde a greet' gobet' of'
24 viscous matere & stynkyng', & was schape as it' were a greet' gutt'.
& þerinne þe firste matere was engendrid, & whanne þis was oute,
þe stynking' wente awei þerwiþ, & þe womman bigan to be stronger,
& whanne þe wounde was maad clene I driede it' vp & soudide it';
28 & in þis maner þe pacient' was maad hool. ¶ Whanne þou fyndist
coold matere rotid in þe forseid placis, þou schalt' not' abide til þe
enpostym breke him-silf', saue þou schalt' opene it' as it' is aforseid /
& if' it' be not' rotid, þan make it' more maturatif', & opene it' as it'
32 is aforseid / And þis þou muste wite þat' þou miȝte [4]not' abide to
longe wiþ þe openyng': for þe herte & þe spiritual lymes ne mowe
not' longe endure wiþouten eir.

---

[2] *in wickide staat,* in statu pessimo.

/ Of enpostym of subcilio /[1]

¶ vjᵒ. cᵒ.
If there is a hot apostema in the arm-pit, bleed from the Vena nigra or basilica.
If the apostema is cold, use mild medicines,

THis maner of⸴ enpostym haþ no nede of⸴ repercussiuis for causis þat⸴ ben aforseid, saue it⸴ is[2] greet⸴ nede þat⸴ he be avoidid wel wiþ *purgaciouns* / And if⸴ þe enpostym be hoot⸴, þou schalt⸴ lete him 4 blood in a veyne þat⸴ is clepid vena nigra,[3] or in þe veyne þat⸴ is clepid basilica in þe arm. & if⸴ þe matere be coold, þan avoide þe matere wiþ medicyns maad of⸴ turbit⸴ or sum oþer medicyn þat⸴ falliþ þerfore. & as myche as þou miȝt⸴ þou schalt⸴ take þerto wiþ 8 medicyns þat⸴ haue not⸴ to greet⸴ drawyng⸴ / For if⸴ þou leiest⸴ þerto þingis þat⸴ ben to strong⸴ drawing⸴, þan þe enpostym wole wexe þe more / þerfore þou schalt⸴ anoynte him wiþ oile of⸴ camomille, & leie þervpon wolle vnwaischen. & his dieting⸴ schal be sotil. & if⸴ 12

and open it, when it is ripe.
[⁴ lf. 144]

þis suffise not⸴, þan leie vpon a maturatif⸴ / & whanne it⸴ is rotid þou schalt⸴ opene [4]it⸴, & principali if⸴ it⸴ be of⸴ coold matere. Saue if[5] þere be glandule þeron, as it⸴ falliþ ofte, & it⸴ be not⸴ ouir al rotid, as in oon place hard anoþir place neische, þan þou schalt⸴ haue þis 16

bubo.
is difficult to heal.

in certein, þat⸴ þis passioun schal be clepid bubo, & þe cure þerof⸴ is hard.[6] For if⸴ þou drawist⸴ out⸴ þe matere þat⸴ is neische,[7] þe matere þat⸴ is hard is yuel to defie. & ofte þer comeþ þerof⸴ sclirosis oꝛ a festre, & it⸴ wole make a man yuel disposid & feuerous, as G. seiþ.[8] 20

Galion.

& þerfore aswage þe akynge & þan make rotyng⸴ wiþ maturatiuis; for þe matere þat⸴ is rotid wole helpe to rotie þe matere þat⸴ is hard. & whanne it⸴ is al neische þanne opene it⸴ / If⸴ it⸴ so be þat⸴ it⸴ breke bi it⸴silf⸴ or it⸴ be ful rotid, þan do þerto mundificatiuis, & vpon þe 24 place þat⸴ is hard leie maturatiuis, & kepe wel þe place þat⸴ is open fro festrynge. Mundificatiuis & maturatiuis þou schalt⸴ fynde in þe antidotarie pleynlier.

[1] Lat.: De apostemate sub titillico, id est sub ascellis. The translator made *subcilio* out of *sub ascellis; titillicum*, arm-pit, from *titillo*, tickle.

[2] *is*, above line.

[3] Matth. Sylv.: "Nigra uena, purpurea, media *communis*." V. media = V. mediana.

[5] *save if*, Lat. hoc saluo, si esset . . .

[6] Lat.: tunc nullam habes viam tutam, quum tunc est bubo, cuius cura est difficilis. [7] MS. inserts &.

[8] Lat.: "totum corpus in mala tenet dispositione febris et doloris; tamquam qui ad suam salutem, si nisi unam habuerit viam, ut dicit Galienus velit nolit, per eam, etsi mala fuerit, pertransibit." A more accurate translation of this passage is given in Sl. 2463 (xv. cent.) in a treatise on Surgery compiled from various authors, in which several chapters of Lanfranc's work are embodied. Ib. fol. 110 b.: "*And as Galyene seith, he that hath but oone weye to his hele allthouȝe þat weye be nat good, he muste holde hit wille he nylle he.*"

An enpostyme of þe helpers /[1]

THis enpostym if⁣ it⁣ be hoot⁣, þan lete him blood in þe arm
aforȝens, & not⁣ in þe same side in þe veyne þat⁣ is clepid
4 basilica, & þan þou muste surely leie þerto repercussiuis, [2] & if⁣ reper-
cussiuis suffisen not⁣, þan resolue it⁣ & leie maturatiuis þerto, & þan
abide til it⁣ be perfitli[3] quitturid, but⁣ if⁣ þe matere be so violent⁣
þat⁣ it⁣ were in poynt[4] to schende þe lyme, þan opene it⁣ & be wel
8 war of⁣ the braun þat⁣ is in þat⁣ place / Manie men þat⁣ ben vnkun-
nyng⁣ & supposen þat⁣ place to be fer fro ony noble lyme,[5] makiþ
þeron a deep kuttyng⁣, & supposiþ to haue gret⁣ worschip þerof⁣; &
manie idiotis wolen preise hem[6] wel þerfore. & þan þe lacertis þerof⁣
12 ben hurt⁣; & whanne þe lacertis ben soudid aȝen, þan þe lyme þat⁣ it⁣
seruede fore schal be contract⁣, wherfore þe mannes arm mai be lost⁣
in sum partie or in al / þerfore whanne þou wolt⁣ kutte þis en-
postym, þou schalt⁣ but⁣ kutte abouteforþ in þe skyn, & not⁣ to depe
16 bi no maner wei for drede of⁣ þe braun, & of⁣ senewis, & of⁣ veynes
& arterijs, & whanne þe place is opened, þan leie þerto mundifi-
catiuis. If⁣ þe openyng⁣ be nyȝ þe elbowe, & þouȝ þe enpostym be
moost⁣ quitturid, þere be wel war þat⁣ þou opene not⁣ þe enpostym
20 aboue þe elbowe .iij. fyngris brede, neiþer [7] wiþinne ne wiþoute. &
also nyȝ þe poynt⁣ of⁣ þe elbowe it⁣ is perilous, for it⁣ is gret⁣ hap if⁣
it⁣ be euere soudid. & þouȝ it⁣ be soudid, þe mouynge of⁣ his arme
schal be lost⁣. If⁣ þer falle ony enpostym in þis place, & it⁣ come of⁣
24 greet⁣ matere so þat⁣ his bodi be replet⁣, þan he mote haue greet⁣
avoidyng⁣ wiþ laxatiuis, & þan resolue þe matere, and worche as it⁣
is aforseid in þe general chapiter. In þe same maner þou schalt⁣
cure þe enpostym of⁣ his armis & of⁣ hise hondis.

28   ¶ Panaricium[8] is an enpostym þat⁣ is in þe heed of⁣ a mannes
fyngir aboute þe nail / & is swiþe hoot⁣, & greuous, & reed, & ful of⁣
fier, & sumtyme it⁣ makiþ a man to haue þe feuere, & sumtyme it⁣
fretiþ awei al þe poynt⁣ of⁣ a mannes fyngir / þe firste cure of⁣ þis
32 enpostym is, þat⁣ first⁣ þou schalt⁣ lete him blood, so þat⁣ alle þingis

[marginal notes:] ¶ vijº. cᵒ/ In case of an apostema on the arm, bleed the Basilic Vein, [² lf. 144, bk.] and open the apostema when it is ripe. Unskilful physicians, in cutting too deep, hurt the muscles, and so the patient may lose his arm. [7 lf. 145] panaricium, an apostema of the fingers, near the nails. Treatment: First bleed the patient,

¹ Lat. De apostematibus adiutorii.   ³ *curid*, erased.
⁴ *in poynt*, Lat.: nisi materia esset adeo violenta quod esset ad corrup-
tionem membri parata. "*And in such poynt the body bileueth.*" Wright,
Popular Treatise, p. 140.—"*Engelond & normandie . in god point he broȝte.*"
Rob. of Glouc., 8868. Compare Fr. embonpoint.   ⁵ MS. inserts &.
⁶ *silf*, erased. Lat.: & inde laudantur ab aliquibus idiotis.
⁸ Vigo Interpret.: "Panaritium is an aposteme about the rootes of the
nayles, and it is called in Greke Paronichia ; in latyn reduuia." See Dufr.
s. v. redubiæ.

if his con-
dition allows,
then apply a
plaster, com-
presses or an
ointment.

[² lf. 145, bk.]

falle þerfore as elde & strenkþe & custuɱ. & þan þou schalt' make
hiɱ an enplastre of' vinegre & opiuɱ, & vpon þe plastre þou schalt'
leie a lynnen clooþ wet in a decoccioun of' psillij, or anoynte it' wiþ
an oynement' þat' is coold. & in¹ al maner þou schalt' ²take hede to 4
do awei þe greet' hete & saue his fyngir fro corrupcioun / If' þe
akinge & þe brennynge go not' awei in þis maner, & it' be in wei for
to quitture,³ þan leie þervpon scabiose grounden wiþ grese & do þe
cure þerto, as þou schalt' fynde in þe cure of' antrax & carbunculis. 8
& enpostyms þat' comeþ in ioynctis þou schalt' fynde in her propre
place of' akynge of' ioynctes /

Apostym wiþoutforþ aboute þe spaudis and þe gibbositees⁴ //

12

¶ viijᵒ. cᵒ.

If there is an
apostema
on the
shoulders,
purge the
patient,

and open it
when it is
ripe.

A Postym þat' comeþ aboute the spaudlis wiþoutforþ, leie þou
noon repercussif' þerto, saue it' is better to drawe þe matere
outward. First' þou schalt' purge him, for it' is greet' nede in þis
place, & þan þou schalt' leie þerto resoluinge þingis & maturatiuis; 16
& whanne þe enpostym is rotid þou schalt' not' abide, to it' breke
it'-silf',⁵ & principali in a coold cause, saue þou schalt' opene þe
enpostym & drawe out þe quitture, & þan þou schalt' leie þerto
mundificatiuis, & fulfille þe cure as it' is aforseid / In þis place þou 20

[⁶ lf. 146]

If a ripe
apostema
breaks by
itself, a fistula
will arise.

schalt' take ⁶hede þat' ofte tyme whanne þe enpostym is quitturid &
is not' opened wiþoutforþ, þan it' brekiþ inward bitwene þe .ij. ribbis,
& whanne it' is to-broke, þe pacient' feliþ but' litil greuaunce þerof',
& þan þe quitture leueþ wiþinne, & in long' tyme herof' comeþ a 24
festre. þerfore þou schalt' not' abide til it' breke it'-silf' outward,
saue þou schalt' opene it' whanne it' is quitturid, & þan leie þerto
mundificatiuis & cure it' vp, as it' is aforseid in opere enpostyms /

Treat this
fistula with
mundifica-
tives by
means of a
syringe,
after having
widened the
hole of the
fistula by a
tent.

¶ If' it' so be þat' þere engendre a festre þeron, or it' be maad clene 28
& entre inward, þan he mote vse waischingis þat' ben mundificatif',
& caste it' in wiþ an instrument' maad in þe maner of' a clisterie.
& if' þe hole þerof' be streit' wiþoutforþ, þan þou schalt' putt' yn a
tente of' þe piþ of' eldre, or of' a sponge, or of' maluɱ terre,⁷ or 32

---

¹ *in*, above line.

³ *in wei for to quitture*, Lat. in via maturationis.

⁴ *Gibbositas*, tumour. *Dufr. Gloss.*—" Gibbosity, a bunching or stand-
ing out of any part, especially of the Back."—Phillips.

⁵ Lat.: non expecta crepationem per se.

⁷ " *Maluɱ terre*, ciclamen, panis porcinus id. gᵉ dilnote and erthenote."
Alphita, p. 107. mal. t. = galluc. Wr. Wü., 133. 20.

brionie, or gencian, & putte into þe hole of᷎ þe festre. & þis wole
make þe hole of᷎ þe festre to wexe more wide þan it᷎ was, þat᷎ þe
ende of᷎ þe instrument᷎ mowe be putt᷎ þat᷎ schal be schape in þe
4 maner of᷎ ¹a clisterie. & þanne þou schalt᷎ seþe hony & mirre in [¹ lf. 146, bk.]
watir, so þat᷎ þer be .x. partis of᷎ water, & of᷎ hony .ij. partis, & of᷎
mirre .ij. partis, & if᷎ þou doist᷎ þerto ysope & sauge, it᷎ wole be þe
bettir / Sumtyme it᷎ is good for to do wijn in þe stide of᷎ watir, &
8 principali if᷎ þe place be wiþouten ony hete. & þis decoccioun þou
schalt᷎ caste into þe festre wiþ an instrument᷎ as it᷎ is aforseid, &
make þat᷎ þe pacient᷎ turne hidir & þidir, vpward & dounward, þat᷎
it᷎ mowe waische wel þe place þere þe quitture is. & þan make þe
12 pacient turne & ligge vpon þe hole of᷎ þe festre, & make him cowȝe
þat᷎ al þe quitture mai goon out᷎ wiþ þe decoccioun. & whanne it᷎ is
al oute, þan þou schalt᷎ make him a tent᷎ & anoynte it᷎ in oile þat᷎ þe *Keep the wound*
wounde close not᷎ togidere. & þus þou schalt᷎ worche, til þou se þe *dilated until it is perfectly*
16 waisching᷎ come out᷎ of᷎ þe festre withoute ony quitture. & whanne *cleansed.*
þe festre is al clene, þan þou schalt᷎ fulfille þe cure with oynementis
þat᷎ wolen regendre fleisch & fulfille þe cure as it᷎ is aforseid / If᷎ it᷎ *When the passage of*
so be þat᷎ þe wei of᷎ þe festre þat᷎ goiþ in & out᷎ ²be bicome hard & *[² lf. 147]*
20 callous so þat᷎ it᷎ be a verri festre, þan þou muste hete an hoot᷎ yren *the fistula is callous, use*
þat᷎ it᷎ be as greet᷎ as þe hole of᷎ þe festre & brenne al þe hardnes *the hot iron.*
þerof᷎, & aftirward make þe cruste falle awei with buttir & oþere
þingis, & þanne make it᷎ clene, & þan drie it᷎ & soude it᷎.

24   ¶ Also it᷎ bifalliþ þat᷎ children han grete bocchis in her brest᷎, & *Mitigatio³ Tussis*
þat᷎ comeþ of᷎ cowȝinge þat᷎ puttiþ out᷎ þe matere, & also it᷎ comeþ *Children*
of᷎ greet᷎ wynd þat᷎ puttiþ out᷎ þe matere / þe cure herof᷎ in þe firste *have aposte- mas in their*
bigynnyng᷎ is in þis maner for to aswage cowȝing᷎, as almaundis *chest in con- sequence of*
28 grounden wiþ penidis & temperid with a decoccioun of᷎ fenel, & þis *coughing and of wind in*
he schal vse / Also take swete almaundis .ij. partis, dragaganti,⁴ *their body.*
semen citoniorum⁵ ana, oon parti, Iulip quod sufficit᷎. & make *Allay the cough.*
herof᷎ a souping᷎ medicyn,⁶ þat᷎ it᷎ be as þicke as hony. & whanne
32 þe cowȝinge is aswagid, þan make him a baþ wiþ rotis of altea, & *and apply a lotion.*

---

³ MS. *Metegacho.*

⁴ Vigo Interpr.: "*Dragagantum.* Tragacantha is a brode. & a woddy
rote appearyng about the earth, wher-oute manye lowe braunches sprynge,
spreading themselues al about. There cleaueth to thys rote, a gummy liquour
of a bright colour, & somwhat swete in tast, which they cal commenly
dragagantum."

⁵ *citonium* = Cotonea malus, Cydonea, "Quince." Wr. Wü., 13, 19.
" *Citonium,* goodaepel."

⁶ *a souping medicyn,* Lat. medicina sorbilis.

leues of‘ maluc, & fenigrec, & lyne seed soden in watir, & þis schal
be cast‘ vpon þe enpostym wiþ a vessel holden an hiȝe þere from /
[³ lf. 147, bk.] þanne aftirward þou schalt‘ ¹dissolue þe matere & make it‘ neische
with medycyns þat‘ ben forseid in hard enpostyms, & þan cure it‘ vp 4
as it‘ is aforseid in þe enpostyms of‘ wijnd. ¶ A greet‘ boch þat‘
comeþ of‘ þe passioun of‘ þe riggeboon, whanne þei ben of‘ þe ioynct‘,
is incurable whanne it‘ is confermed /

Of an enpostym apperinge in þe mouþ of þe stomac / 8

¶ ixo co
If there is an Apostema at the stomach, the liver, or the spleen, strengthen the affected part,
Whanne þere schewiþ an enpostym in þe mouþ of‘ þe stomac
& aboute þe regioun of‘ þe lyuer & of‘ þe splene : þouȝ
summen wollen take hede to þe contrarie, bi my general rule² it‘ is
good & profitable to comforte þe place wiþ oile of‘ mastic, & oile of‘ 12
spica, & oile of‘ lilie, & wiþ cold enplastris of‘ rosis, & of‘ absinthio,
squinanto, cipero, citonijs wiþ mele of‘ barli & oþere þingis. & þou
apply resolving medicines, but beware of repellents.
schalt‘ be wel war of‘ repercussiuis, whanne þe enpostym is nyȝ ony
principal lyme, saue þou schalt‘ leie þerto resoluyng‘ & maturatif‘ 16
þingis. & loke þat‘ þei be not‘ medlid wiþ no þingis þat‘ ben reper-
[³ lf. 148] cussif‘ ; for if‘ þou leidist‘ repercussiuis vpon þe stomak, or ³þe
lyuere, or þe splene, þei wolde be enfeblid þerwiþ, & to al þe accioun
of‘ þe bodi wolde be enpeirid ; for þese lymes serueþ principaly for 20
to norische al þe bodi / þerfore þou schalt‘ not‘ vse in þis caas pure
maturatiuis, ne pure repercussiuis, ne colde þingis / What‘ schalt‘
þou do in þis caas? þou schalt‘ avoide þe matere, & þou schalt‘ com-
forte þe place with stiptikis, & tempere attractiuis, & do awei þe 24
This apostema easily gets indurated, and causes dropsy.
matere. & if‘ þou miȝt‘ not‘, þan resolue þe matere, for it‘ is greet‘
perel⁴ of‘ þis enpostym, for it‘ wole liȝtli turne in to sclirosym, &
þan it‘ wole be hard to resolue, & aftirward it‘ wole be cause of‘ þe
dropesie / þerfore if‘ þou seest‘⁵ þat‘ þe enpostym bicome hard, þan 28
þou muste leie þerto mollificatiuis & wiþ comfortatiuis. & þou muste
be in þis caas ful wijs. & whanne þe enpostym is maturid, þan
opene it‘ as it‘ is aforseid, & leie þerto mundificatiuis & cure vp þe
enpostym as it‘ is aforseid. 32

// Of an enpostym þat comeþ in iguine .id est þe gryndis

¶ x. co/
[⁶ lf. 148, bk.]
A Postym comeþ often time in iguine for vlcera of‘ þe ȝerde & of‘
þe feet‘, for.⁶ þe place is discending‘ adoun of‘ humours to þat‘ 36

² *rule*, above line.   ⁴ *perel*, above line.   ⁵ *seest*, in margin.

place,[1] & þan it is not so greet drede[2] þerof.[3]　Saf if his bodi be　Apostemes in the groins are caused by ulcers of the yard or the feet.
ful of wickid humours, þan it is greet drede þerof / þis matere þou
muste resolue in þis maner.　Take oile of camomille & anointe þer-
4 wiþ þe enpostym, & leie þervpon wolle vnwaische, & if it resolue　℞
not in þis maner, þan leie þerto maturatiuis, as it is aforseide.　¶ If　Apply resolving medicines;
þe matere be hoot, þan lete him blood in þe veyne þat is clepid　if the matter is hot, bleed from the Vena
sophena.　& þou schalt sotille[4] his dieting, & leie þerto resoluyng　Saphina.
8 þingis þat ben not to strong, & þat þei drawe not to harde.　&
whanne þe cours of humours ceessiþ, þan leie þerto stronge resolu-
yng þingis.　& in þis caas þis is good þerfore : lie of askis & of　℞
vryne, & wete þerinne stupis & leie vpon þe enpostym, for þis
12 makiþ maturatif & waastiþ it sotilly & drieþ it / If þou myȝt not
resolue it, þan leie þerto maturatiuis & opene it, & þan leie þerto
mundificatiuis & hele it vp as it is aforseid /

Of an enpostym of þe haunche & of þe cox.

16 IN þis place ofte tyme engendriþ an enpostym, & þou schalt　¶ xj. c°.
fynde [5]þere þe curis þerof in þe chapitre of dolour of ioynctis ;　[3 lf. 149]
saue if þe enpostym be without þe haunche in þe hipe, or in þe leg,　Apostems on the legs are treated like those on the
or in þe foot, þan þou schalt do þerto þe same cure þat is aforseid　arms.
20 in þe enpostyms of þe arm.　Saf herof þou schalt take kepe, þat　
oftetymes an enpostym gaderiþ in a mannes hipe al wiþinne in þe　A deep apostema in
depnes of it, þat a leche schal not knowe it, but if he be þe more　the hip must be opened.
wijs / þerfor ypo[cras] seiþ : in placis þere enpostym is, and þe quit-　ypocras.
24 ture schewe not out, it is perilous / þerfor þou muste taste it wiþ
þi fyngris, & loke where it is moost maturid, & opene it, and
drawe out þe quitture, þan leie þerto mundificatiuis, & þan fulfille
þe cure as it is aforseid /

[1] Lat.: Sæpe prouenit apostema in inguine propter vlcera virgæ et pedum : propterea quod locus est descensus humorum ad illa loca.　The translator mistook "descensus" sb. for descensus part.

[2] *drede*, above line.

[3] Compare Guiliel. de Salic. I. 42.　Sl. 277, fol. 5 b.: "*This seeknesse is cleped bubo or draguncell,* or aposteme of þe grynde, & it is maad as oftest of cold matere whiche is cast out of þe lyuere to þoo places, & oþerwhile it is hoot.　It is maad also, when a man is seek in his ȝerde for filþehede of wommen or of oþer cause.*"

[4] *sotille*, Lat. attenuare.　O.Fr. soutilier.　Compare *sotilen* with the abstract meaning, "argue subtly."—*Piers the Plowman*, ed. Skeat, Gloss.

[5] Dufr. *Gloss.*: "Dracunculus, ulceris vel cancri species."

Apostym of þe ȝerde & ballokis /

xij. c°.

R Iȝt' as enpostyms comeþ in oþere lymes, riȝt' so þei comen in a mannes ȝerde & in hise ballokis, of' humours hoot' or cold,

A windy apostema of the yard occurs frequently with children.
as bi þese signes þou miȝt knowe. Suntyme a mannes ȝerde swelliþ 4 with wynd, þat þou miȝt' knowe bi enpostyms of' wynd þat' ben aforseid. & it' falliþ ofte to ȝonge children,[1] & also þis enpostym

[² If. 149, bk.]
þou miȝt' knowe [2]in þis maner, if' þe place be hard & heuy & þer is no difference bitwixe þe colour herof & of' þat' oþer partie of' his 8 bodi.

A hot apostema of the yard and the testes is treated with blood-letting,
¶ In an hoot' enpostym of' þe ȝerde or of þe ballokis, þou schalt lete him blood in a veyne þat' is clepid basilica in þe same side, & in þe .ij. dai lete him blood in þe sophene / Also þou schalt' forbede 12

a suitable diet,
him wijn & fleisch & al maner swete metis þat' engendriþ blood or colre. þan þou schalt' leie þerto medecyns to putt' awei þe mater,

℞ a hot plaster,
þat' ben maad in þis maner. ℞, cortices granatorum, rosas siccas, & lentes & seþe hem in water til þei dissolue, & þan grinde hem in 16 a morter wiþ oile of' roses & a litil vinegre, & make herof' an en-

℞ and dressings.
plastre & leie it' þeron hoot' / Also take succi portulace siluestris, & olium rosarum & a litil vinegre, & wete heryn a lynnen clooþ & leie it' aboute þe ȝerde & hise ballokis / Whanne þe cours of' þe mater 20 ceessiþ, þan do þerto mele of barly & of' benis, or distempere þese wiþ þe ȝelke of' an ey & wiþ iuys of' morel & oile of' roses, & leie þeron. & whanne þe enpostym goiþ awey, þan leie þeron enplastre

[³ lf. 150]
of' mele of' benis [3]& of' fenigrec & camomille distemperid with gotis 24 talow / If' þis enpostym gadere quitture & vlcera, þan cure it' as þou schalt' fynde in þe chapitre of' vlcers of' þe ȝerde.

A cold apostema of the testes is treated with an ointment and suppositories.
¶ A coold empostym þat' is in þe ballokis schal be curid wiþ anoyntyng' of' þe matere wiþ medicyns or wiþ scharpe suppositorijs ; 28 for þis drawiþ þe mater fro þe ballokis / If' it' be so þat' þe en-

℞ A plaster for an indurated apostema.
postym be woxen hard in þe ballokis, þan leie þerto þis enplastre þat' I haue ofte preued / Take bran of' whete & grinde it' wel in a morter til it' bicome al poudre, & þan distempere it' wiþ oximel 32 maad of' .ij. partis of' vinegre & oon partie of' hony, & dissolue þerinne gum armoniac & make herof' an enplastre & leie it' on hoot', & þis schal be remeued ofte. þis is auicens medicyns.

¶ If' a mannes ȝerde be swollen wiþ wijnd & þe cause be hoot', 36 þan lete him blood ; if' it' be coold, þan leie þerto enplastris, & in

℞
þis caas among' alle oþere þingis þis is good / Take oile of' roses iiij.

---

[1] Add. 26,106, fol. 59 b.: accidit quibusdam iuuenibus calidis.

partis, of wex o part, melte hem togidere & þan waische hem in A plaster for a cold windy apostema.

coold water til it bicome as it were a whit oynement, & herwiþ

[1] anoynte þe place / If it be hoot, þan þou schalt make him caste, [1 lf. 150, bk.]

4 & þou schalt ȝeue him agnus castus,[2] & seed of rue & comyn & anise & oþere þingis þat waastiþ wijnd, & make an enplaster of þese þingis þat distrieþ wijnd / ¶ An enplaster þat gilbert made for swellyng of a mannes ȝerde & it is mitigatif .℞, crummis of

8 whit breed & grinde hem in a morter & tempere hem wiþ watir, & þan boile hem til þei bicome þicke, & do þerto a litil oile & a litil hony, & þan boile hem togidere & leie it vpon hoot // If a mannes ȝerde be swollen wiþ hete of liggyng bi a womman, þus þou schalt

12 helpe him / Take leues of wiþi & seþe hem in water & baþe his ȝerde herynne & binde þerto þe leues // Also seþe lynseed & leues of malue & grynde hem togidere & make herof a plastre /

Marginal notes for lines 1–11:
A plaster for a cold windy apostema.
A plaster for a hot windy apostema.
.℞.
A lenitive plaster of Gilbert.
℞

The cure of scrophularum & glandulum /[3]

16 CUre of glandularum & scrophularum is almoost oon, saue herof is a difference / Scrophule comeþ þe moost part of malancoli & ben worse to dissolue. & glandule comeþ þe most part of fleume, & ben liȝter to resolue / In boþe causis it is [4]neces-

20 sarie to purge þe matere. & þe medicyn laxatijf maad of turbit is good þerfore þat is aforseid in þe chapitre of allopucia, or in þis maner as .A. makiþ it / ℞ turbit zinzi,[5] zucare .ȝ .ij, & ȝeue þis ofte, or trociscus de turbit maad wiþ diarubarbe, & þou must sotile

24 his dietyng, & he schal not ete to miche, & he schal drinke no water, & he schal holde his heed an hiȝ, & he schal kepe him fro wepinge, & he schal not, whanne he is ful, slepe anoon þervpon, & þou schalt anoynte þe place with oile of camomille, & wiþ oile of

Marginal notes for lines 16–27:
¶ xiij.
Scrophula is caused by Melancholy; Glandula by Phlegm.
[4 lf. 151]
These apostemas are treated with purging.
℞
The patient shall neither drink water, nor weep, nor sleep on a full stomach.

---

[2] Besides the names given in *N. E. Dict.*, s. v. Agnus castus, there are: "*Agnus castus*, frutex est, i. bischopeswort." *Sinon. Barth.*, p. 1. "A. c., toutsayne." Wr. Wü. p. 562, 24 (xvth cent.). "Chastlambe" in *Maplet*. A greene Forest, fol. 39. De Propr. Rer. (Add. MS. 27944, fol. 216 a): "*Agnus Castus is an herbe hoot and dryue and haþ vertu to kepe men & wommen chaste a plinius seiþ. ¶ Þerfore wommen of Rome usede to bere wiþ hem þe fruyt of þis herbe in dyrige and service for dede men, whanne þey moste nedes lyue chaste for comyn honestee. ¶ Þis herbe is alway grene as dyascorides seiþ, and platearius also, and þe flour þerof is nameliche y-cleped agnus castus.*"

[3] Sl. 2463, f. 97 (see p. 222, note 8): "*Because þat þe cure of scrophules & glaundules, as who seith, is bothe oone, but þer is a difference be as moche as scrophules ben for þe more partie of malancolye . . .*"

[5] MS. ZZ.

.℞.　　　lilie, & wiþ þis oile þat' is apreued / ℞, radices electerij,[1] radic*es*
malue vis*ci*,[2] & kutte he*m* smal & leie he*m* i*n* oold oile of oli*u*arum
& do he*m* i*n* a vessel of' glas, & sette þis glas i*n* a vessel of' water,
& make þe wat*er* to seþe, & be war þat' þou saue þe glas fro breking'. 4

Use one of the following plasters. One prepared with goat's-dung.
　　　　& wiþ þis oile anointe hi*m*, & þan leie þeron wolle vnwaische / And
if' þis suffise not', make him a plastre of' gotis tordis & oximel, or
quik lyme & swynys grese þat' it' be freisch / & oold,[3] or þis
medicyne / ℞ staphisacre, se*min*is-lini,[4] farini orobi, resine [5]albe & 8

.℞.
[5 lf. 151, bk.]
℞
Another prepared with dove's-dung.
make herwiþ an enplastre wiþ ole & vinegre / Also anoþ*er* þat' is
swiþe good.　Take radices lilij, & se*m*inis lini, an*a*,[6] boile he*m* i*n*
wijn til þei dissolue, & þan do þerto of' culuer tordis & make it' a
þicke plastre, & þou schalt' putte þerto culuer toordis more or lesse 12
as þou seest' þat' þe mater resolueþ more or lesse, as þou seest' þat'
it' nediþ.　¶ Also diaculon[7] ras*is*, & diaculon Ioha*n*nes Mesue þat'
schulen be seid i*n* þe antidotarie, ben good for to resolue scrophulas /
Wha*n*ne þou resoluest' þe mater & su*m* þerof' goiþ awei, & su*m* 16
þerof' leueþ hard, þan þou schalt' do þerto su*m*tyme mollificatiuis &
su*m*tyme resoluyng' þingis //

Glandula and Scrophula must be opened when they are quite ripe.
　　　　¶ Glandule & scrophule be*n* parti of' douce fleume or of' blood ;
it' is ful hard to make he*m* clene, for su*m* partie þerof' wole leue 20
hard & wole not' bicome maturatif'.　þou schalt' [not*]*[8] haste to
opene he*m* saue þou schalt' leue if' þou mi3t', til it' be al rotid, &
þan open it' & leie þerto mundificatiuis / & in þ*is* place it' is good
to leie þerto vn*g*uentu*m* ap*o*stolorum & poudre of' affodille & oþ*er*e 24
li3t' corosiuis. & þou schalt' i*n* no maner leie þerto realgar,[9] ne noon

[10 lf. 152]
violent' [10]þingis, & leie þeron a mundificatif' i*n* which be medlid
rotis of' lilie wel sod*en*, for þis mundificatif' makiþ clene & also
quitturiþ þe remenau*n*t' of' þe mater*e* / þou must' take greet' dili- 28
gence for to make clene glandulas & scrophulas, for þei be*n* ful hard

---

[1] Lat. elaterium, ἐλατήριον.　*Alphita*, p. 53, "*Elacterium* succus cucur-
bite agrestis idem.　sed *electerides* sunt cucumeres agrestes tam fructus
eorum quam ipsa herba."　Vigo *Interpr.*: "Elateriu*m* is the iuice of a
wild coco*m*ber."

[2] *malua viscum* = Althæn officinalis, marsh-mallow.

[3] Some words omitted.　Lat. : cum axungia porcina, sine sale antiquo.

[4] MS. *staphisacre seminis. nitri.*

[6] *partes æquales* om.

[7] "*Diachylon,* a Plaister made of the Mucilages or pappy Juice of cer-
tain Fruits, Seeds, and Roots, whose Office is to ripen and soften."　Phillips.

[8] *not* om.　Lat. : Non ergo festines in earu*m* apertu*r*a.

[9] *realgar*, Arab.　See Skeat, *Et. Dict.　Alphita*, p. 156, *Realgar* vel
risalgar est uena terre."　Vigo *Interpret.*, "Realgar is made of brymstone,
vnslaked lyme, and orpigmente.　It kylleth rattes."

to make clene, & ofte þer engendriþ þerof festris / ¶ If þou desirist *In extirpating*
to cure glandulas & scrophulas wiþ kuttyng, loke wher glandula or *the apostema take care not*
scrophula be neische, & be war of veynes & senewis, & loke þat *to injure a blood-vessel.*
4 þer be no veine þere nyȝ. þan take him vp wiþ þi lift hond &
drawe him vp as hiȝe as þou miȝt & kutte þe skyn endelongis þe
necke, & be war þou touche not þe clooþ þat he is folde þerinne, &
þane score¹ him & drawe him out al hool with þe clooþ, & if þer
8 leue ony þing þerof, caste þeron poudre of affodille or sum oþer liȝt
corosif, & þanne regendre fleisch & soude it vp / If it so be þat
glandula or scrophula be closid with veynes or wiþ arterijs, þan
kutte him not in no maner, for þer miȝt come greet perel þerof.²

12   // Þe cure of þe cancre not vlcerid & his cure /

CAusis & difference þou hast herd of a cankre ³& in what ¶ xiiij .cᵒ.
maner þou schalt cure cancrum þat is not vlceratus / Rasis [³ lf. 152, bk.]
seiþ, & it is sooþ, & I haue seen ofte tyme, þat whanne ony man *Rasis*
Unless a non-
16 touchiþ a cancre wiþ iren or wiþ ony medicyn corrosif, but if þei *ulcerating cancer is*
kutte him awey clene wiþ alle his rotis, ellis þei makiþ þat þe *removed thoroughly, it*
cancer is vlceratus / & for to make a cancre vlceratum, it ne falliþ *becomes an ulcerating*
for no goodnes, saue it makiþ þe patient haste þe fastere to his *one.*
20 deeþ, & schortiþ his lijf & bringiþ him in turment // ¶ þerfore if
a cancre be in a place þat he mai be kutt awei wiþ alle hise rotis,
whanne he is kutt awei, þan þou schalt brenne þe place wiþ an *Use the hot*
hoot iren or wiþ gold, & þan þou schalt fulfille þe cure as it is *iron after cutting.*
24 aforseid in þe chapitre of a cancre þat is vlceratus.⁴ ¶ If it so be *A large and*
þat þe cancre be perfit & greet, þan þou schalt touche him wiþ *fully deve-loped cancer*
noon iren ne wiþ no medicyn corrosif, saue þou schalt kepe þe *shall neither be cut nor*
patient wiþ good dietyng, & he schal ofte tymes haue medicyns for *cauterized.*
28 to purge malancolie wiþ gootis whey & with epithimo, & sumtyme
lete him blood, & þou schalt anoynte þe place wiþ vnguentum rasis

---

¹ *score.* Lat. discarnare.
² Sl. 2463, fol. 98 : " *But if þe glandule or þe scrofule be intrikes* ᵃ *with reynes, arteries oþer synewes, so þat þei cleue oþer be faste knytte to hem, for nothing þou schall nyȝe hem nother with Iren noþer with noone other corosyue medecyne.*"
⁴ A different opinion is expressed in Sl. 2463, fol. 115 : " *The cure of þe canker is done in two maners. The tone cure is for to kutte away all þe membre þat þe canker is inne, with all þe syknesse; and þis is an yuell cure and may be done, but it is not plesaunt.*" Ibid., fol. 115 b. : " *And yf þer be noon oþer remedie but for to cutte hit away with alle þe rotes, me thenkith hit is more honest to leue hit þanne to do hit.*"

ᵃ Lat. intricata.

[¹ lf. 153]

Many pa-
tients would
live a long
time if they
were not
treated by
unskilful
physicians.

de thutia, þatᵗ is ¹ ²aforseid *in* cura cancri vlcera*ti*. & þou schaltᵗ leie
þeron colde leues, & alwei þis schal be þin entencioun, for to kepe
þatᵗ þe cancre wexe notᵗ ne rotie notᵗ / I haue seen ful manye lechis
þatᵗ hadde*n* greetᵗ name *in* cirurgie þatᵗ foun*den* cancris *in* me*n*, and
wexe not, & þe ca*n*cris were notᵗ vlcerati & miȝte ful longᵗ tyme
haue lyuedᵗ ifᵗ he hadde be keptᵗ aftir my techingᵗ *in* þis book ; saue
vnku*n*nyngᵗ cirurgians weneþ þatᵗ *in* kuttingᵗ ofᵗ a cancre þei schulde
finde quitture & be*n* disseyued, & so disseyue*n* he*m*-silfᵗ & also þe
pa*tient*, & þan whanne þei han kuttᵗ þei fynde nouȝt saue fleisch
corruptᵗ wiþoutᵗ quitture *in* þe maner ofᵗ a sponge, wherfore þe lippis
ofᵗ þe wounde wole come aȝen worse þan þei were tofore & more
stynkingᵗ. & wiþ þe greetᵗ styn*n*kinge þe spiritᵗ is schentᵗ, & makiþ þe
pa*tient* þe raþere drawe toward þe deeþ / & ifᵗ þe cancre were notᵗ
vlcera*tus* þe pa*tient* miȝte lyue lo*n*ge þer*with*.

Bocium þat comeþ of humours corrupt.

¶ xvᵒ cᵒ.
"Bocium" is
caused by cor-
rupt phlegm,
[³ lf. 153, bk.]
or arises from
hot apos-
temas.

BOciu*m* is a postym þatᵗ comeþ ofᵗ humours, & *principali* itᵗ is
enge*n*drid ofᵗ fleume corruptᵗ / Sumtyme itᵗ comeþ ofᵗ ³hote
enpostyms, as wha*n*ne þei be*n* rotid & notᵗ opened. & þouȝ þe
subtil mater be drawe*n* outᵗ, þat oþere partᵗ bicomeþ hard & leueþ
þere longe tyme / & sumtyme a rume⁴ falliþ adou*n* ofᵗ his heed *in*to
his necke & makiþ þe mate*re* wexe more / þis maner enpostym haþ
manie diuers signes / Su*m* maner þerofᵗ is lijk as itᵗ were cley, &
su*m*me is lijk schellis. Summe is as itᵗ were chese, & su*m*me is as
itᵗ were drastis ofᵗ oile, & so þis enposty*m in* his corrupcioun takiþ
manie diuers colo*u*ris /

This apos-
tema is
treated with
drawing and
caustic medi-
cines.

þis enpostym schal be helid wiþ drawynge þingis & wastynge
þatᵗ schulen be take*n* bi þe mouþ & leid to wiþoutforþ / þou schaltᵗ
ȝeue him bi þe mouþ a medicyn for to purge fleume, & þan þou
schaltᵗ ȝeue hi*m* a medicyn for to waaste þe mate*re* & is maad *in* þis

.℞.
A caustic
medicine.

maner / ℞ p*aruam* plantam nucis a terra cu*m* suis radic*ibus* extirpa-
tam i*d est* take a litil plauntein ofᵗ a note & take itᵗ vp ofᵗ þe ground
wiþ alle hise rotis, & grynde itᵗ wiþ greynes ofᵗ pep*er*, so þatᵗ ifᵗ þer be
ofᵗ þe notis .ȝ iiij., þan do þerto ofᵗ peper ȝ j, & þis þou schaltᵗ boile

16

20

24

28

32

---

² In later hand at the bottom of the page : *contra ffetorem cancri.* ℞
pulueris corticis quercus ffarine sileginis ana succi appii mell ana succus &
mell inspissentur decoque super ynguem cum puluere ffarina. Item decoque
puluerem corticis quersini in aqua et inde tepide laua canserem a ffetore
paliando.

⁴ *rume,* rheum, O.Fr. reume.

in a quart' of' wyn ¹of' paris til it' come to þe half', & þanne cole it',   [¹ lf. 154]
& herof' þe pa*tient* schal take euery dai ʒ ij. // ¶ Enplastris þat' A caustic
wastiþ ben enplast*ri*s þat' enpostyms of' fleume be wastid þerwit*h* / plaster.
4 If' þou desirist' for to cure it' wiþ kuttyng', þan þou must loke, wher
þe mat*ere* þat' is wiþ*in*ne be neische or hard.   & wher it' be among'
veynes & arterijs, þou schalt' touche it' wiþ noon iren i*n* no man*er* /
If' it' so be þat' þe mater be neische & if' þou miʒte kutte it' for In extirpating
8 perels þat' ben forseid, þan kutte it' & drawe out þe mater, & leie this aposteme
þerto mundificatiuis, & alle þingis as it' is aforseid i*n* þe general ment wherein
chapitre / If' þe mat*er* be hard & þe enpostym be hangynge & be the tumour
fro veynes & arterijs, þan kutte þe sky*n* endelongis aboue, & be war is situated.
12 þat' þou touche not' þe bagge þat' bocium sittiþ þeron & scarre² it'
al abouteforþ & drawe hi*m* out' *with* al his skyn.   & if' þer leue
þeron ony þing' of' his skyn, þan caste þeron poudre of' affodille, &
make it' clene wiþ poudre of' sum liʒt' corrosif' þerwiþ—vngu*e*ntum
16 viride,³ & þan regendre fleisch, & þan drie it' vp as it' is aforseid /

⁴Of þe akynge of ioynctis.   [⁴ lf. 154, bk.]

NOw it' is seid pleynlier of' alle enpostyms, now speke we of' ¶ xvjº cº.
passiouns þat' comeþ i*n* ioynctis.   & þis passioun is myche Diseases of
  the joints are
20 lijk to enpostyms i*n* causis & signes & curis, & also it' diuersiþ similar to
miche fro o*þere* enpostyms /   For þouʒ þe place be greet' to-swollen, apostemas,
it' comeþ but' late or neuere to quitture.   Swellynge & akynge of' but they
ioinctis, þis passioun is vnknowen to manie ku*n*nyng' lechis þat' han nate in sup-
24 greet' name.   Bi þe cause þat' cirurgians ben clepid algate to þis puration.
mane*re* passiou*n*, þerfore I haue studied to make a general chapitre
of' passiou*n*s of' ioinctis.   & I haue take miche þerof' þe bokis of'
Rasis & of' myn owne worching' þat' I haue proued.   ¶ þe causis Pains in the
  joints are
28 þat' makiþ akinge i*n* ioynctis : or it' comeþ of' yuel *complexion* of' caused by an
lymes, or it' comeþ of' hoot' *complexion* þat' hetiþ, or it' comeþ of' tion of the
coold *complexion* þat' cooldiþ / Drie ligaturis of' ioynctis con- body,
streineþ & makiþ akynge,⁵ & moist'nes makiþ neu*ere* akynge wiþ-
32 outen o*þer* ⁶mater / Mater þat' makiþ aki*n*ge of' ioyncts is ofte tyme [⁶ lf. 155]
habou*n*dau*n*ce of' blood, & ofte tyme it' is raw fleume, & moost'
*p*rincipali colre or blood medlid *with* fleume / & it' comeþ ful seelde
of' fleume, but' if' it' be medlid wiþ ony o*þer* þing' as colre / In what'

---

² *scarre.* Lat. scarnare.
³ *vnguentum viride.* See Notes.
⁵ Lat. sicca (complexio) ligamento junctarum astringendo dolorem ali-
quando generat.

maner þou schalt᷑ knowe which humour be in þe cause of᷑ akynge
of᷑ ioinctis, þou schalt᷑ finde in þe chapitre of᷑ allopucia & in þe
general chapitre of᷑ enpostyms, if᷑ þou takist᷑ good kepe of᷑ þe signes
of᷑ þe forseid chapitris, what᷑ humour is in cause of᷑ akynge of᷑ 4

and fre-
quently by
phlegmatic
humour.

ioinctis / Saue þis þou muste take hede, þat᷑ ofte tyme raw fleumatik
humouris makiþ akynge of᷑ ioinctis as it᷑ is forseid, & þan þe colour

The physician
can easily be
in error,
and apply
wrong medi-
cines.

of᷑ þe lyme schal be but᷑ litil[1] chaungid þerfore / & þan a leche but᷑
if᷑ he be þe more expert᷑ þeron mai be bigilid. & sumtyme a litil 8
quantite of᷑ colre wole schewe vpon þe lyme, & þan þe leche wole
leie þerto coolde þingis, & þan þe mater of᷑ fleume wole bicome hard,
& so þe greuaunce wole be worse þan it᷑ was / þerfore it᷑ is greet᷑

[² lf. 155, bk.]

nede þat᷑ þe leche be kunnyng᷑ & knowe wel þe [2]mater of᷑ passiouns 12
of᷑ ioyntis.

Treatment,
when the
illness arises
from a bad
condition of
the body.

¶ þe cure of᷑ akynge of᷑ ioinctis þat᷑ comeþ of᷑ yuel complexioun
oonly, þou schalt᷑ remeue with þingis þat᷑ ben contrarie to þat᷑ com-
plexoun :[3] as if᷑ þe mater be hoot᷑, þan þou schalt᷑ remeue it᷑ with 16
colde þingis, & if᷑ þe mater be coold, þan þou schalt᷑ remeue it᷑ wiþ
hoot᷑ þingis, & if᷑ þe mater be of᷑ drienes, þan þou schalt᷑ remeue it᷑
wiþ moist᷑ þingis, & wiþ metis & drinkis þat᷑ makiþ fatt᷑, & wiþ rest᷑[4]
& wiþ gladnes ; for as faste as his bodi bicomeþ fatt᷑, he schal be 20

If it is caused
by the hu-
mours, soothe
the pain.

hool of᷑ þat᷑ passioun / þis passioun þat᷑ comeþ of᷑ humours, is curid
with mitigacion of᷑ þe akynge, & I fynde diuers opiniouns þeron /

Auicen

& þerfore I wole schewe hem in þis chapiter / Auicen seiþ : þat᷑
whanne þou wolt᷑ worche in þis mater, þi principal entencioun schal 24

and
 Rasis
differ in their
treatment.

be for to do awei þe akynge / And Rasis forbediþ þat᷑ þou schalt᷑
leie þerto no repercussiuis, ne noon resolutiuis but᷑ if᷑ þe mater be
avoidid tofore / For to do awey þe akynge : saue avoide þe mater,
or leie þerto a repercussif᷑ or a resolutif᷑. & þan Rasis seiþ þat᷑ 28

[³ lf. 156]

þou schalt᷑ avoide him, & auicen for[5]bediþ þat᷑ / In what᷑ maner
schulen we worche þanne, whanne þou fyndist᷑ a man þat᷑ haþ greet᷑

Apply first
a lenitive
plaster or
ointment,
or give a
medicine,

akynge ? / First᷑ þou schalt᷑ leie a plastre to þe lyme þat᷑ it᷑ be
mitigatif᷑ or an oynement᷑ þat᷑ be mitigatif᷑, & þe difference herof᷑ 32
schal be aftir þat᷑ þe mater is // Also þou miȝt᷑ ȝeue him sumwhat᷑
bi þe mouþ for to aswage þe akynge. & þou schalt᷑ fynde greet᷑
plente in þis chapitre of᷑ defensiuis & mitagatiuis to defende þe

then let blood

mater / And whanne þe akynge is perfiȝtli swagid lete him blood 36

---

[1] A second *litil* deleted.

[3] Lat.: Cura doloris iuncturarum quæ ex mala complexione sola est, non
est nisi cum contrariis complexionis malitiam removere.

[4] MS. *rost*.

if þe cause be of blood. & if it be of anoþer cause avoide it. & from the sound limb,
if þou letist him blood, þou schalt do it in a lyme aforȝens. & if
þou wolt avoide þere matere, loke þat þou knowe þe cause / for þis or evacuate any evil
4 is ful necessarie for a leche to kunne / Whanne þe mater is avoidid matter:
& þe akynge ceessid, þan þou schalt bigynne wiþ resoluynge medi-
cyns þat ben forseid.   ¶ Also in curis of akynge in ioyntis be wel and attend to the patient's
war þat þou feble not his appetit, for þis sijknes comeþ moost of appetite and digestion.
8 humours þat ben vndefied. & þerfore þou schalt in as miche as
þou miȝt make him haue good ap¹petite & good digestioun / If þou [¹ lf. 156, bk.]
fyndist oonly þe mater coold, þat makiþ ful seelde ony gret akynge,
saue it makiþ þe lyme heuy. þis þou schalt wite þat in a coold
12 cause þat makiþ akinge in ioinctis, pouȝ it be hard to do awei,
neþeles þou schalt ȝeue him no strong medicyn ne he schal not be Therefore do not give a
purgid hastili as manie men weneþ, saue it schal be do wiþ a propre strong pur- gative,
medicyn þat is sure. & it schal ofte be ȝeuen, so þat þou mai but a mild one in several
16 algate kepe his appetit, for þer is noon so strong medicyn þat mai doses.
avoide þe mater al at oonys / And if þou ȝeuest him a strong
medicyn it wole afeble hise vertues. & þerfor þou must chese a
liȝt medicyn þat mowe comforte þe stomac & þat it mowe be ȝeue
20 ofte //

¶ Of akynge of ioyntis þou hast had general rulis; now we
mote speke of curis here after. ¶ If þou be sent after to a man
þat haþ arteticam,² þat is as myche to seie as a goute, first þou Arteticam.
24 muste loke wher þe mater be hoot or coold, or wheþer he haue When gout is attended with
strong akynge or liȝt akynge / & if his akynge be strong, þan ³leie [³ lf. 157]
þerto mitigatiuis / In oon maner þou schalt ȝeue him medicyns bi pain, give lenitive medi-
þe mouþ þat ben mitigatif for to take awey þe akynge, & enplastris cines,
28 þat ben mitigatif, & leie vpon þe place. ¶ A good medicyn þat and apply plasters.
schal be ȝeue bi þe mouþ : Ŗ, glandes & leie hem in vinegre adai & .R.
anyȝt, & after þat drie hem to þe sunne or in an ouene, & þan kepe
it / & whanne þou wolt ȝeue it, grynde it & ȝeue þerof ʒ .j. ; þis
32 medicyn makiþ blood greet & remeueþ þer from / Also take lentes

---

² *artetica*, arthritica, gout, *Trevisa De propr. rer.*, Lib. VII, Cap. 56
(Add. MS. 27,944, fol. 96 *b*.) "*Arthetica is ache and evel in fingres and
tone wiþ swelling & sore ache / and whanne hit is in þe fyngres, hit hatte
cyragra, and in þe toone hit hatte podagra, if hit is in þe whirlebones and
ioyntes it hatte sciatica passio, and comeþ of colerik blood & of fleumatik
humours, & comeþ most ofte of reumatik cause.*" The author of the Treatise
on Surgery, preserved in Sl. 1736, mentions this disease as a hereditary one.
Ibid. fol. 122 *b.* : "*also yt ys often tymes sene þat þis arthetica passio gose
by erytaunce as fro þe [fadyr] to the childur, and so forth to odyr.*"

A medicine only to be given in great need. excorticatas, semen coriandri, succum glandulum, hermodactulis[1]
wiþ sugre & coold watir, saue herof⟨ þou must⟨ take kepe þat⟨ þese
medicyns schulen not⟨ be ʒeue but⟨ in greet⟨ nede, & whanne þe
akynge is so greet⟨ þat⟨ it⟨ mai not⟨ be take awei. & þei mai be 4
moost⟨ sotilly ʒeue whanne þe mater is subtil & scharp / & if⟨ þe
mater be greet⟨ & miche, þan þis medicyn schal not⟨ be ʒeue. ¶ If⟨

℞ þe mater be coold & of⟨ greet⟨ akyng⟨, þan take hermodactulis, thuris
ana xx. partis, cucumeri partes .x, & ʒeue þerof⟨ ℈ .iiij. vpon þe 8
[² lf. 157, bk.]
℞ place / If⟨ þe matere be litil & scharp ²& subtil / ℞, amigdalas,
camphore ana, grinde hem & tempere hem wiþ watir of⟨ roses /

℞ Also anoþir in þe same kinde / ℞, mirre, panis albissimi & subtilis-
simi ʒ j, opij ʒ ß, grinde hem wel & tempere hem wiþ milk of⟨ a 12
℞ cow, & leie it⟨ þeron whanne it⟨ is greet⟨ nede / Item ℞, opij, cortices
mandragorae ana .℈ .v, grinde hem & tempere hem wiþ þe iuys of⟨
portulacae & oile of⟨ roses & a litil vynegre / Also an oynement⟨ for
An oine-
ment⟨ þat⟨
sesses
ache
℞ to ceesse þe akynge / ℞, olium rosarum ʒ iiij, cere ʒ j., melte þe oile 16
& þe wex togidere & waische it⟨ with oile of⟨ roses, & þan do þerto
citrini ʒ j., opij ʒ ß / If⟨ þe mater be myche & be neiþer more in
quantite þan in qualite, & þou wolt⟨ defende more þe cours of⟨ þe
mater, þan do awei þe akynge.³ ℞, cortices granatoris, sandali⁴ 20
albi, & rue,⁵ & roses, boli armenici, ferrugine,⁶ opij, confice cum
succo mirtillorum vel foliorum salicis, or with a decocciun of⟨ hem in
watir wiþ a litil oile of⟨ roses & vinegre & make herof⟨ an oynement⟨.
& whanne þe akynge is aswagid, þan dissolue þe mater of⟨ blood wiþ 24
letyng⟨ blood. & þat⟨ suffisiþ as it⟨ is aforseid. ¶ Colre þou schalt⟨
℞ dissolue in þis maner / ℞, mirabolanorum citrinorum .ʒ vj., ⁷grinde
[⁷ lf. 158]
hem & leie hem al anyʒt⟨ in li ß of sirup of⟨ viole, & ʒ .iiij. of⟨ wijn
of⟨ pomegarnates þat⟨ ben swete, amorowe boile hem alitil & do þerto 28
ʒuccare .ʒ ß, hermodactylorum .ʒ ß., & ʒeue it⟨ him in þe mornyng⟨.
& if⟨ þou wolt⟨ make it⟨ more coold, do þerto .ʒ .ij. of⟨ musilaginis

---

1 "*Hermodactyla*, crawanleac." Wr. Wü. 137, 3.—"Hermodactylus, a
round-headed Root, brought from Syria, which is of an insipid Taste; and
gently purges Phlegm." Phillips.

3 Add. 26,106, fol. 63: Si uero materia fuerit multa et times plus de
quantitate quam de qualitate, et uis plus prohibere materiæ cursum quam
extinguere . . .

4 *sandali albi*, σάνταλον. The d in sandal is explained by influence of
Arab. sandal (Devic). Matth. Sylvat. mentions three sorts of Sandal:
album, ruffum et citrinum. See *Alphita*, p. 161. *whit saunders* and *reed
saunders* are distinguished in Sloane MS. 2463, fol. 155 *b* (c. c. 1450).

5 *rue* for *rubidi*.

6 Lat. foenugreci.

psillij or ʒ .j. ¶ þis is a good electu*arie* þerfore .Ŗ, citoni*orum* lī ß., & make he*m* to gobettis, & leie he*m* i*n* vinegre adai & aniȝt' / & þa*n* wrynge he*m* & grinde he*m* smal, & do þerto scamonie þat' it' be

4 good .ʒ .j, cardamomi, cubube .ʒ .iij, spice nar*di* .ʒ .j, ros*is* .ʒ .v, ȝuccare lī ß, make herof' a letuarie þat' purgiþ wel colre & comfortiþ þe stomac. þou schalt' ȝeue herof' .ʒ .ij. & þou miȝt' scharpe it' more if' þou wolt' w*ith* a litil hermodact*ylis*. ¶ þese ben good

8 pelottis for þe same cause / Ŗ, aloes .ʒ .ij, hermod*actylos* .ʒ .j, scamonie .ʒ ß, ros*is* .ʒ .j, make herof' pelottis w*ith* sir*u*po viol*arum*, & þou schalt' ȝeue herof' .ʒ .j. Wha*n*ne þe passiou*n* bigy*n*neþ to go awei w*ith* þese medicyns, þa*n* þou schalt' leie þerto plastris þat' ben

12 resoluynge : as of' malue & bismalue, camomille, mellilotu*m*, absin-thiu*m*, p*er*atorie, seme*n* cauliu*m*, aneti, fenugreci, [1]seme*n* lini, furfuris, & swynys grese, & gandris grese, & he*n*nis grese, & oile of' camf*re*, & oliu*m* aneti. & wha*n*ne þe cours of' humours ce*e*ssiþ,

16 þa*n* þou schalt' vse oonly resoluy*n*ge þingis & make þerof' enplastris / Also to do awaye residue of' þe aki*n*ge, þis is a good medicy*n* / Ŗ, oliu*m* camomi*lle* ʒ .iiij, cere .ʒ .j., sem*in*is aneti & cauliu*m*, floru*m* camomi*lle* an*a* .ʒ .iij. & make herof' an oyneme*n*t' / Also i*n* anoþer

20 maner / Ŗ, fenig*reci*, seme*n* lini, aneti, & tempero he*m* w*ith* iuys of' cauli*um*. & herof' þou must' take kepe, þat' as ofte as þou wolt' vse clene resolutiuis, þou schalt' algate waische þe lyme þat' is to-swolle*n* wiþ a decocciou*n* of' malue & bismalue, & floru*m* of' camomi*lle* &

24 melliloti, absin*thii* & oþere mo, & þe lyme schal be waische þerwiþ til it' bicome reed, & þa*n* þou schalt' anoynte hi*m* / And þis þou schalt' wite þat' as meuy*n*g' & baþi*n*g' greueþ þe passiou*n* i*n* þe firste bigy*n*ny*n*g', riȝt' so þei be*n* i*n* þe ende riȝt' greet' helpi*n*g' / For

28 to stuwe & baþe doiþ awei þe laste par*t* of' þe mater & makiþ a ma*n*nys lymes haue her meuy*n*g' as þei schulde haue. & also it' is good wha*n*ne þe pa*ti*ent goiþ out' of' [2]his stue, if' hise ioi*n*ctis akiþ, þa*n* frote he*m* wel wiþ salt' grou*n*de / If' þe mater be coold þou

32 schalt' diȝte hi*m* wiþ diaȝinȝib*er*is þat' is aforseid i*n* allopucia. & þa*n* þou schalt' dissolue wiþ trocisco de turbit' wiþ hermodact*ylis* maad i*n* þis man*er* / Ŗ, diaȝinȝiberis predicti ʒ j. & ß, turbit' electi .ʒ .j, hermodactulor*um* albor*um* solidor*um* ʒ ß, & viij greines of'

36 anise, & make þerof' a gobet' wiþ a litil hony. & þis schal be ȝeue in þe morny*n*g'. & þ*er*after he schal drinke a litil wijn hoot' & a litil wat*er*; or wiþ þese pelottis / Ŗ, hermodact*ylorum*, saturionis[3]

Marginal notes:
.Ŗ. A good electuary, to purge choler and to strengthen the stomach.

.Ŗ. Pills for the same purpose.

Resolving plasters :
.Ŗ. [1 K. 158, bk.]

.Ŗ.

.Ŗ.

A lotion for the limb.

Moving and bathing is obnoxious at the beginning of the illness, but useful at the end of the cure.
[2 K. 159]

Ŗ

Ŗ

---

[3] *Saturion*, iarus. See *Alphita*, p. 158.

sene an*a* .ʒ .v, ierapigre[1] þat' entriþ i*n* pululas cochias .ʒ .x, pulpe
coloquintide, centaurie. an*a* .ʒ .v, euforbij .ʒ. ij, turbit' .ʒ .ß., cassie,[2]
sinapis, piperis, castorij an*a* .ʒ .j. & make herof' pelottis w*ith* hony.
& þou schalt' ʒeue herof' .ʒ j. at' oonys, & þis medicy*n* schal be 4
ʒeue manie tymes. & in daies bitwixe he schal take diaʒinʒiber*um*
of' *ou*re maki*n*ge þat' is forseid. & if' it' be i*n* winter, þou schalt'
ʒeue hi*m* diatri*on* piperion[3] or anoþer hoot' eletuarie // ¶ Anoþer
electuarie þat' dissoluiþ akynge i*n* ioyntis þat' comeþ of' raw mat*er*. 8

.R. Ŗ, camedrios,[4] centaurie minor*um* an*a*. ʒ .viij, aristol*ogia* longa.
[⁵ lf. 159, bk.] ⁵gencian. an*a*. ʒ .vj, agarici .ʒ .ij, vtriusq*ue* spice an*a* .ʒ .j, make
A lectuare
þat dysolues
Ache in
Iunnotes he*m* wiþ hony. þou schalt' ʒeue herof' þe quantite of' a note eerli
& late. Me*n* þat' ben lene schule*n* not' take þis medicy*n* // Whanne 12
þe pa*tient* is purgid sufficie*n*tly, þa*n* þou schalt' vse enplastr*is* for to

R leie to þe place / Ŗ, oold swynis grese þat' it' be freisch li j., &
medle þerwiþ quyk-lyme & make þerof' a plastr*e* & leie vpon þe
R place / Also take sterc*us* caprin*um* & distemp*er*e it' wiþ vinegre & 16
R hony an*a*, & leie it' þeron / Also Ŗ, aristol*ogia*, radices yrios,
elleb*orus*, & pip*er*, boile he*m* i*n* oile & do þerto ʒclow wex & make
þerof' an oyneme*n*t. ¶ Also diaquilon m*aa*d of' litarge & oile &
iuys of' mustard seed. & if' þou wolt' haue mo remedies, go to þe 20
Rasis. book of' Rasis, & þere þou schalt' fynde i*n* þe chapiter of' ioyntis,
medicy*n*s ynowe þerfore. ¶ Also if' þou desirist' to *com*forte þe
lyme & do awei þe coold mat*er* wiþ rep*er*cussiuis, i*n* þe laste chap*iter*
of' þis book þou schalt' fy*n*de rep*er*cussiuis & mollificat*iuis* ynowe // 24

/ Of sciatica passio[6] /[7]

¶ xvijᵒ. cᵒ
[⁸ lf. 160]
Pain in the
haunches
A kynge of' haunchis schal be curid wiþ avoidi*n*ge of' þe mater i*d*
est laxat*iuis*, for rep*er*cussiuis be*n* not' þerfore, for þe matere ⁸is
i*n* þe depnes of' þe lyme, &⁹ ne mowe not' come þerto. Resolutiuis 28

---

[1] " *Hiera Picra*, a purging Electuary invented by Galen, and made of
Aloes, Spikenard, Saffron, Mastick, Honey, &c." Phillips. [2] MS. cassif.
[3] *diatrion piperion*, a medicine composed of three sorts of pepper.
[4] "Chamœdrys, the Herb Germander, or English Treacle." Phillips.
Camedreos ance Teterwose. Wr. Wü. 569, 47 (xvth cent.).
[6] MS. *passis.*
[7] *De Propr. rerum*, Lib. VII, Cap. 57 (Add. 27,944, fol. 96 *b.*) : " *Gutta
sciatica is an yuel þat comeþ of humours þat falliþ dou*n *into þe grete senewe
þat is bytwene þe grete brawnes of þe hanche as constantyn seiþ. ¶ And
comeþ ofte of gleymy humours i-gadred togedres i*n *þe holouʒnes of þe ioyntes
& of þe haunche / somtyme of blody humours i-medlid wiþ colera & alle þese
beþ ofte cause of ache þe whiche ache strecchiþ into þe legges & anon to þe
hele & also anon to þe litil [too]." * [9] The subject is : *repercussivis.*

ben not' þerfore, for þei mai not come to þe depnes of' þe mater. &
for þe mater is so greet', it' schulde more drawe to þe place humo*uris*
þan dissolue.   Saue þou must' aswage þe aki*n*ge, & þou schalt' do
4 awei þe akynge w*ith* oile & hony & fatnes þat' doiþ awei[1] aki*n*ge.

¶ If' þe ma*t*er come of' blood, þa*n* lete hi*m* blood i*n* a veyne þat' is
clepid basilica i*n* þe same side, & i*n* þe secu*n*de dai lete hi*m* blood
in a veyne þat' is clepid sciatica, & pri*n*cipaly if' þe ma*t*er descende
8 adou*n* wiþoutforþ toward þe foot', for þa*n* it' mai pri*n*cipaly be
holpe*n* / If' þe mater come of' fleu*m*a, þa*n* p*ur*ge hi*m* wiþ pelottis
of' hermodacti*lorum* / Saue herof' þou schalt' take kepe þat' bifore
his p*ur*gacioun bineþe forþ[2] he schal haue a vomet. For if' þou make
12 hi*m* a medicy*n* laxatif' bineþeforþ & no vomet' tofore, þa*n* it' wole
drawe more þe ma*t*er toward þe place þa*n* aweyward / þerfor first'
þou schalt' make hi*m* a vomet', & aftirward a medicy*n* laxatif' / And
þerfore medicy*n*s laxatiuis su*m*me be*n* p*ro*pre for akynge of' þe
16 hau*n*chis, as coloqui*n*tida, yrios, sarc*o*colla, [3]centaurea, agaric*us*, &
infusiou*n* of' aloes. For infusiou*n* of' aloes wole make blood passe
fro hi*m* at' his sege, & þa*n* þe aki*n*ge wole go awei & he schal be
hool / & wha*n*ne he is perfitli maad clene wiþ medicy*n*s laxatiuis,
20 þan þou miʒt' leie þerto enplastris m*aa*d i*n* þis maner / ℞, nast*ur*cij,[4]
peretri,[5] capparis, gri*n*de he*m* & tempere he*m* wiþ lie m*aa*d of' askis
of' a fige tree, & make þerof' a þicke enplaster as it' were hony, &
anoi*n*te þe place til it' be ful of' bladdris & þe bladdris ful of' water,
24 riʒt' as þe place were bre*n*t' wiþ fier. & þa*n* anoy*n*te þe place wiþ
butter, & leie þeron caule leeues þat' þe bladdris soude not' togideris
anoon ; for þe lenger þat' þei leueþ þeron, þe bettir it' wole be.
Eiþer anoy*n*te þe place oo*n*li w*ith* mel anacardi,[6] & þat' makiþ
28 bladdris. & what' maner þou schalt' make mel anacardi, þou schalt'
fynde i*n* þe antidotarie þat' techiþ to make medicy*n*s & cauterijs /
Saue herof' þou must' take kepe þat' þou schalt' not vse þese medicy*n*s
þat' makiþ cauterijs, but' if' his bodi be wel avoidid wiþ medicy*n*s
32 laxatiuis tofore ; for if' his bodi be [7]not' p*ur*gid, it' wole drawe more

---

    [1] *awei*, above line.
    [2] *bineþe forþ*, Lat. per inferius. See *N.E. Dict.*, s. v. beneath-forth.
    [4] *nasturtium*, a kind of cress.
    [5] *peretrum*, Lat. piretrum. Anthemis pyrethrum (Dunglison), " Piretrum . . pelestre."—*Alphita*, p. 145. " *Pyrethrum*, Bartram, wild or bastard Pellitory, an Herb the Root of which is very biting and hot."—Phillips.
    [6] " *Anacardus*. Or after Ruellius *anacardium :* is the frute of a tre, growing in Sicilia, and Apulia, called vulgarly, Pediculus Elephantis. The iuyce wherof is called *Mel Anacardi*, which is a ruptory medicine."—Halle, *Table*, p. 10.

mater to þe place þan aweyward. ¶ Also aȝens þe sciatica passio

here þou schalt' haue an experiment' preued of Avicenna. Take
gotis tordis & drie hem, & make hem to pouder, & distempere hem
wiþ strong' vinegre & made hoot', & make herof' a plastre, & leie it' 4
vpon as hoot' as þou maist' suffre, & anoynte þerwiþ his haunche.
¶ Also a medicyn þat' is forseid of' camedrios & centaurea[1] is good
þerfore, for it' wole drawe awei bi vryne / ¶ Item : cauterijs maad
in þe nexte welle vnder þe place of' þe akinge ben gode þerfor after 8
þe tyme þat' his bodi is maad clene with purgaciouns, & tofore þou
schalt' make him no cauterijs.

Of þe maner of dieting of hem þat han passions in ioinctes /   12

IN what' maner þou schalt' diete men þat han passiouns in
iointis. þou schalt' wite þat' þer is no þing' so greuous to þis
passioun as is wyn, & it' is principali forbede in an hoot'
cause, & so it' schal be in a coold cause ; for whanne it' is 16
take, it' persiþ liȝtli to þe iointis, & makiþ wei to þe mater for
to falle þerto / Saue if' þe passion be coold, & þe patient mai

not' wel [2]defie his mete, þan þou schalt' graunte him a litil
wijn, & not to miche for þe causis þat' ben forseid. ¶ In an 20
hoot' cause make him drinke þat' is forseid in þe chapiter of' dieting'
of' woundis, or he schal vse vinum granatorum wiþ coold water. &
þe pacient' schal absteine him fro fleisch & fisch & vse lactucis, por-
tulacis / & if' he be gretli feble, þan þou schalt' ȝeue him litil 24
chikenys. & lete þou not' him drinke wijn bi no maner if' his

passioun be hoot' / & whoso haþ þe coold passioun herof', he schal
holde him wel apaied[3] for to ete oonys adai & not' to miche. &
lete him drinke ydromel wel soden / for if' he mai suffre hungur & 28
þirst' he mai soone be hool. & he schal in no maner ete, but' if' he
haue wil þerto.

¶ The firste teching of egritudines of yȝen, ouþer passioun & anothami /   32

NOw wolen we make a tretice of' passioun of' lymes þat' falliþ
for no woundis, & curis þerof' comeþ ofte to cirurgians

---

[1] *centaurea,* written above *cauterie.*
[2] *he schal holde him wel apaied,* Lat. sit contentus. See *N.E. Dict.,* s. v.
apaid. O.Fr. apaier. Compare : je m'en tieng bien paiez. (Littré.)

handis[1] / I wole bigynne of̍ sijknes of̍ yȝen & to speke of anatho- <small>The anatomy of the eyes.</small>
miam þerwiþ þat̍ was not̍ forseid in þe .ij. book / þou schalt̍ fynde
in summe bokis of̍ auctoritees þat̍ a mannes iȝen ben maad of̍ .iij. <small>The eye has three</small>
4 humouris & of̍ .vij. cootis. & in sum bokis [2]þou schalt̍ fynde þat̍ <small>[² lf. 162]</small>
þe iȝen ben maad of̍ .iij. cotis or of̍ .iiij. or of̍ .vij. or of̍ .x., & alle <small>humours and seven coats.</small>
þei seien sooþ. Saue þe .j. coote þat̍ maketh þe schap of̍ þe iȝe,
ben but̍ .iij. þat̍ scheweth out̍ in þe hole of̍ þe iȝe, & þerfore me
8 mai seie .vj. & also þre[3] / And fro þe brain tofore comeþ .ij. bind- <small>Two processes reach</small>
ingis þat̍ ben not̍ of̍ nerues, saue þei ben of̍ þe substaunce of̍ brain, <small>from the brain to the</small>
& þat̍ oon comeþ out̍ in þe riȝtside, & þat̍ oþer in þe liftside, & ben <small>eyes.</small>
schape as it̍ were þe hedis of̍ .ij. tetis, wherbi þe witt̍ is take.[4] &
12 after þese .ij. comeþ out̍ ij. nerues, & ben fast̍ to þe iȝen, & ben <small>Two nerves, crossing</small>
schape in þis maner : ><·8 þan þat̍ nerue þat̍ wexiþ in þe <small>each other,</small>
riȝtside of̍ þe brayn, whanne he goiþ out̍ of̍ þe scolle boon & entriþ <small>enter the Orbitam,</small>
into orbitam, þat̍ is þe holow place þat̍ þe yȝe sitt̍ on, & goiþ to þe
16 iȝe in þe liftside. & bi þes nerues comeþ þe spiritis of̍ lijf̍ & of̍ siȝt̍ <small>and confer the spirit of</small>
to þe yȝen / Of̍ þe substaunce of̍ dura matris is engendrid rethina, <small>life.</small>
þat̍ is þe þinne skyn þat̍ goiþ without̍ þe iȝe, þat̍ is clepid þe vilm <small>The eye is enveloped in</small>
of̍ þe iȝe. And þis serueþ of̍ greet̍ seruice, & þis vilm was maad <small>the Retina (film).</small>
20 swiþe þinne þat̍ it̍ ne hurte not̍ humouris, & þat̍ it̍ lette not̍ þe
meuynge of̍ þe iȝe, and it̍ [5]byndiþ in al þe iȝe, & it̍ defendiþ þe iȝe <small>[⁵ lf. 162, bk.]</small>
fro harmynge of̍ þe boon // [6]

 ¶ þere comeþ manye sijknessis in þe iȝen, & summe comeþ of̍ <small>The diseases of the eyes</small>
24 causis wiþoutforþ, & summe of̍ causis wiþinneforþ / Wiþinneforþ : <small>have partly external,</small>
as of̍ yuel complexiouns, or of̍ yuel humours ; wiþoutforþ : as of̍ <small>partly internal causes.</small>
greet̍ hete of̍ þe eir, or of̍ greet̍ cooldnes of̍ þe eir, or of̍ poudre, or
of̍ fume, or of̍ wynd / And þere ben opere maner sijknes of̍ þe iȝe,
28 & þat̍ ben seid contagious : as obtolmia & blere iȝed, & alle þese
sijknessis comen to cirurgians handis. & **obtolmia** is clepid a whit̍ <small>Obtolmia.</small>
welke or a reed poynt̍,[7] & icchinge & scabbe, sebel, vngula, cataracta, <small>Icchinge.
Scabbe.
Sebel.
Vngula.
Cataracta.</small>

---

 [1] Lat.: Volentes tractare de passionibus membrorum particularium, que
non sunt vulnera, quæ sæpe veniunt ad manus chirurgi . . . incipiemus ab
ægritudinibus oculorum.
 [3] The passage is corrupt, and the corresponding Latin phrase differs :
Tunicæ tres quæ in oculi formatione tres præcedunt humores, in ordine
causant ex ipsis tres alias, quare dici possunt sex et tres.
 [4] Lat.: quibus sensus comprehenditur odoratus.
 [6] Lat.: Facta fuit ergo retina valde subtilis, ne læderet humores : et ne
motum ipsorum in dilatatione comprimeret. Et facta fuit sclirotica : ut
oculum totum cum cornea ligaret : et defenderet ab ossis oculi nocumento.
The translator omits the description of the Anatomy of the eye. See Notes.
 [7] Lat.: ophthalmia, vlcus, albula, macula simplex, punctus, rubedo. The

Dilatacio
Pulpe.
15 Inuersacio
Palpebra-
rum.
Ordelius.
Grando.
Nodus.
Pilus.
fīstala la-
crimalis

[³ lf. 163]
iij man*er*
obtalmia

1. Mild
ophthalmia.
The eyes get
red, and feel
burning, but
there is no
swelling.

Treatment.

℞
Apply an
eye-wash,

N*ot*a.

a fomenta-
tion, and if
necessary
bleed the
patient.

[⁹ lf. 163, bk.]

2. Severe
Obtolmiæ.

dilata*cion* pulpe,[1] inuersa*cion*, palpebra*rum*, ordelus, grando, nodus, & pilus, fistula lacrimalis. ¶ Also þer ben oþere man*ere* sijknessis of þe iȝen : as bli*nd* & hurtinge þat mowe not be curid /

It is forseid what þi*ng* is enpostym i*n* þe general *capitulo* of 4 enpostyms. & it is forseid þat euery þi*ng* þat gaderiþ humo*ur* to-gide*re* & makiþ swellynge,[2] [3]schal be clepid enpostym[4] / In þe same man*er* obtalmia[5] is clepid enpostym of þe iȝe. & þere ben .iij. man*ers* of obtalmia : as liȝt, & strenger, & alþer strong. Liȝt, as wha*nne* 8 a ma*nnes* iȝe bicomeþ reed & haþ brennynge þeri*nne* & prickinge, & þer is no swelly*n*ge þeron. & þis mai come of a cause wi*th*outforþ : as of hoot eir or of coold, or of smoke, or of poudre, or of waki*n*ge, or of traueile. & þe cure herof is but liȝt ; for þis sijknes mai be 12 curid i*n* þis man*er*. Take þe white of an ey & scume[6] it, & loke þat þere falle no filþe þeron, & leie it i*n*to his iȝe ; for þis is þe best medicyn[7] among alle medicyns þat ben clepid colliries, for it wole make coold his iȝe & do awey þe akynge. & it abidiþ þe lenger i*n* 16 his iȝen, for it is viscous // ¶ If þe cause be cold,[8] þa*n* þis cure suffisiþ : þanne lete hi*m* dry*n*ke a litil sutil wijn, & make hi*m* a fomentaciou*n* of ro*sis* & flouris of camom*ille*, & fenigrec sode*n* i*n* water. & if þis suffise not, þa*n* [9]þou muste lete hi*m* blood, & avoide 20 awei þe humo*uris*. & þou muste caste i*n*to his iȝe a whit collir*ium*, & it is seid i*n* oþere spicis of obtolmia.

¶ Obtolmia þat is strong. þese ben þe signes þerof : greet reednes, & þe veynes of þe iȝen be ful replete, & þe corner of þe 24 iȝe schal watri, & he schal haue greet aki*n*ge & pricking, & sum-tyme þere comeþ i*n* þe first bigy*n*nyng vlcera þeron, as it were

---

translator mistook this list of names of eye diseases for a definition of "ophthalmia." On the other hand he took the words "Dilatacio, Pulpe, Inuersatio, Palpebrarum" as names for four separate diseases.

　　[1] *pulpe*, for *pupillae.*
　　[2] On the bottom of the page : "*contra obtalmia Recipe, the inner rynde off the ceritre, sethe yt in venyger, & hold a sponffull*e in *thy movthe lucke warme, so do oft in* þᵉ *day.*"
　　[4] Sl. 2463, fol. 84 b. : "*As it is sayd of auctores in* þe *generall Chapiter of enpostumes,* þat *euery flowyng of humore* þat *swellith a member ouer his kyndely beyng is an enpostume, riȝt so obtalmia is cleped an enpostume of* þe *eye.*"
　　[5] *obtalmia*, med. Lat. form of οφθαλμία, inflammation of the eye.
　　[6] *scume*, despumare. *Prompt. Parv.*, p. 450. "*scummyn lycurys*, des-pumo."
　　[7] Lat. : quod non dicitur vilipendi. quia est nobilior medicina. Sl. 2463, fol. 85 : "*and sette not liȝtly* þerby, *for it is* þe *nobelest medicyne.*"
　　[8] MS. *hoot.* Lat. si causa sit frigida. Sl. ibid. : "*and yf* þe *cause be of colde.*"

white prickis or reed, & sumtyme þer ben noon sich poïntis þeron   The symptoms are great pains and swelling.
þat' a man mai se, saue al his iȝe is reed & to-swollen. & he schal
haue greet' akinge & prickïng'. & þouȝ þer be noon vlcera þeron, þe
4 cure mai be do al in oon maner.   ¶ If' þe akynge be swiþe greet',   Treatment. Soothe the pain by blood-letting
þan acecsse þe akynge, & þan lete him blood in þe heed-veyne[1] þat'
sitt' in þe arme & in þat' same side þat' akiþ. & if' he haue passioun
in boþe his iȝen, þan þou schalt' lete him blood in boþe his armys.
8 & þou schalt' lete him blood þe quantite after his elde & after his   or by cupping. [3 lf. 164]
strenkþe ; or sette a ventuse vpon his schuldris, & þat' is more better,
for þe mater comeþ more [2]of' blood þan of' colre. & þat' þou miȝt'
knowe bi þe signes of' blood þat' ben forseid //   ¶ And if' þe mater   If choleric matter is the cause, use blood-letting and purging.
12 come of' colre, þat' þou miȝt' knowe bi greet' akinge & scharp, &
litil swellinge. & þe mater wole be ȝelow aboute hise iȝen. & he
schal haue but' litil reednes. & þan þou schalt' lete him blood in
lasse[3] quantite þan[4] if' þe mater come of' blood. & blood leting' is
16 good in þis caas, for þe scharpnes of' colre mai be take awei wiþ þe
blood leting'. & þan þou schalt' purge him wiþ a decoccioun of'
fruitis with mirabolanis þat' ben forseid in þe chapitre of' allopucia.
& if' colre be medlid wiþ ony partie of' gret' mater, þat' falliþ ofte   Purging Pills.
20 tyme, þan þer is no medicyn so good as cochie Rasie. & first' he   Cochie Rasis
schal do þingis þerto for to aceesse þe matere / ℞, a ȝelke of' an eij,   ℞ Mitigatum optimum contra dolorem in oculis
& as miche of' oile of rosis, & as miche of' iuys of' verueine, & ϑ j.
of' saffron, & ϑ j. opij ; medle þese togidere, & make þerof' an en-
24 plastre, & leie it' vpon a sotil lynnen clooþ, & leie it' on þe iȝe. & in
his iȝe leie collirium album with wommans milk[5] þat' noryschiþ a   Colirium album Galion. Rasis.
maide child ; for .G. made þis medicyn[6] / Rasis made collirium
album in þis maner, [7]& it' is good þing', for I haue preued it' ofte   [7 lf. 164, bk.]

---

[1] vena cephalica.   [3] Lat. maiori.   [4] MS. þat.
    [5] The use of woman's milk for an eye-salve is mentioned by Galenus *De Compositione Medicamentorum*, Lib. IV. Cap. 3.
    [6] The translator has omitted the following prescription preserved in Sl. 2463, fol. 85 b.: *and he cleped hit helpyng, for he, þat he made hit fore, was holpen by one leyng therto. ¶ Take iiij. ʒ. of ceruse sarsed, and distemper hit wit water on a marbull stone tenne dayes, and kepe hit euermore couered þat þer falle no pouder þerinne ; thanne take .ij. ʒ. and an halfe of gomme arabik and putte hit in þe water, to þat hit be molten in þat water, and þanne cole hit and medele yt as well as þou may wit þi forsayd ceruse ; and whane þis medecyne is made liche paste, adde therto these thynges sotilly poudered and sarsed tryes or thryes thoruȝ a sotyll lynnen clothe. Take amidum .iiij. ʒ. sarcocolle, safran, opium ana þe iiij. partie of a .ʒ. grynde hem all wel togeder longe tyme, and make smale pillules and reserue hem, to þat þou haue nede, and whanne yt ys nede dystempere one of hem with* (fol. 86) *womannes mylk and administer yt.*

R
A Collyrium
used by
Rhasis.

tyme. Take ceruse waische .x. partis, sarcocolle greet⸱ .iij. partis,
amidi .ij. partis, draganti[1] .j. parti, opij .j ℔ / Grinde alle þese
togidere & tempere hem wiþ rein water, & make þerof⸱ pelottis as
gret as it⸱ were a pese & kepe hem / & whanne þou wolt⸱ worche 4
þerwiþ, tempere oon þerof⸱ wiþ wommans milk þat⸱ it⸱ be as þicke as
it⸱ were must⸱,[2] & leie þerof⸱ in hise iȝen þre siþis in þe dai. þis
collirie accessiþ þe akinge. & in sumtyme it⸱ curiþ obtolmiam in oon
dai as I haue preued itt⸱ manie tymes. & whanne he haþ slepe, if 8
hise iȝen cleue togidere, þan he schal waische hise iȝen wiþ water of⸱
rosis hoot⸱, & þan leie in þe corner of⸱ his iȝe puluus citrinus, þat⸱ is

ʼpuluis
citrinus

maad in þis maner / ℞, sarcocolle x. partis, aloes, croci, licij ana
partes .ij., mirre partem vnam, & make herof⸱ sotil poudre, & leie 12
herof⸱ a litil in þe corner of⸱ his iȝe /

The patient's
diet:
He shall take
neither meat
nor wine;

[³ lf. 165]

& whanne þe reednes & swellyng⸱ of⸱ his iȝe is aweie, he mote
be war of⸱ his dieting⸱, for he mai ete no fleisch ne drinke no wijn,
saue he mote ete colature of⸱ bran wiþ almaunde milk. & whanne 16
he lieþ in his bed his heed mote lie hiȝe, & he schal ligge ³vpon þe
hool side & not⸱ vpon þe soor side / & if⸱ boþe his iȝen ben soor, þan
he mote diȝte him as sutilli as he may.[4] & he mote ofte tyme haue

he shall lie in
a dark room,

þe sauour of⸱ water coold, & þe sauour of⸱ wiþi & campher, & he 20
mote lie in a derk hous þat⸱ he mowe se no liȝt⸱. & whanne þe

and take a
bath, when
the matter
has gone.

mater goiþ awei faste & his bodi [is][5] þan clene, þan sette him in a
baþ of⸱ swete water, & lete him be þerin but⸱ a litil while[6] / If⸱ it⸱ be
so þat⸱ þe akynge aswage not⸱ wiþ blood leting⸱ & colliries & laxatiuis, 24
þan it⸱ is a signe þat⸱ þere is pustula woxe þerinne, & it⸱ is nede for

Bathing is
noxious,
when there
is a pustule.
Maturative
medicines:

to make it⸱ maturatif⸱; for þe akinge wole not⸱ goon awei, til it⸱ be
maad maturatif⸱. & in þis caas baþinge is ful noious / For if⸱ akinge
be go sumwhat⸱ awei, it⸱ wole come aȝen wiþ baþing⸱; þerfore thou 28

Colirium
thuris

schalt⸱ attende for to make maturatif⸱.[7] & putte in his iȝe a collirie

---

[1] *draganti*, Lat. dragaganthi.

[2] *must*, Lat. mustum.

[4] Sl. 2463, fol. 86 : "*and yef bothe eyen be sore he schal lye vpward, his
hodes muste be wyde.*" Lat. : caputia vestium non sint stricta.

[5] *is*, omitted.

[6] Sl. ibid.: "*And yef it be plesaunt to hym lete hym abyde therinne,
and lete hym foment his eyen and his heuede. And yf he were riȝt hoot in
þe bathth, lete hym dwelle therin not passyng an houre, but þenne þe pacient
schal be purged ayen. ¶ And in þe laste ende of þe obtalmia yt ys good to
take hoot salt water, þat rosen haue be enfusyd inne, and lete hit droppe
downe fro an hyȝe vpon þe hornes of his heued, þat yt mowe passe downe so
by the eyen.*"

[7] *thou schalt attende for to make m..* Lat. : ergo in tendas ad maturan-
dum. Compare O.Fr. s'atendre à faire qu. ch.

of¹ thus wiþ al¹ togidere til þe quitture schauwie, for þan þe akinge
wole accesse / For whanne pustula is to-broke, & quitture is gaderid,
þan þou schalt¹ putt¹ þeron a collirie of¹ leed.   & þan þou schalt¹
4 fulfille alle þingis þat¹ schulen be seid wiþ vlceribus /   A collirie of¹
thus þat¹ is maturatif¹ for ²pustulis is maad in þis maner / Ƀ, thuris
albi gummosi grossi, *partes* .x, antimonij, sarcocolle ana. *partes* .v,
croci *partes* ij, & tempere hem wiþ muscilage of¹ fenigrec ; & make
8 þerof¹ pelottis, & kepe hem for þin vss.   & whan þou hast¹ nede
herof¹, þan tempere a pelot¹ *with* þe forseid licour, & make it¹ moist¹
& binde it¹ vpon his iȝe, & lete þis ligge til þe akynge go awei ; &
putte in his iȝe colirium de plumbo, þat¹ is maad in þis maner / Ƀ,
12 plumbi vsti, antimonij, ȝucare, eris vsti, *gummi* arabic, *draganti*
ana *partes* .viij, opij *partem* ꝑ., & make herof¹ a sutil poudre, &
þan tempere it¹ wiþ reyn-watir & wiþ water of¹ rosis, & make þerof¹
pelottis.   & whanne þou wolt¹ vse hem, distempere oon þerof¹ or
16 tweyne wiþ water of¹ rosis, & binde it¹ vpon his iȝe ; for þis collirie
soudiþ & gendriþ fleisch /   Aftir þe tyme þat¹ it¹ is soudid, if¹ þere
leue a litil ampulle,³ þan þou schalt¹ cure it¹ as þou schalt¹ fynde
in his propre place.   ¶ ffleumatik mater makiþ ful seelden ony
20 enpostym in þe iȝe, & malancolie myche latter ; neþeles we wolen
telle curis of¹ hem.   ¶ Signes of¹ ⁴fleum ben þese : greet¹ swellynge
& manie teeris, & litil reednes ouþer noon ; & þe cure herof¹ is to
purge him wiþ cochijs or wiþ trocisco de turbit¹, saue cochie ben
24 more better.   & þou schalt¹ putte in his eere muscilaginem⁵ fenigrec,
& putte in his iȝe ȝelowe poudre þat¹ is forseid.   & vpon his iȝe þou
schalt¹ leie enplastre maad of¹ aloe, mirra, acacia, & croco ana, &
distempere hem wiþ mussilagine fenigreci.   & in þis caas good wijn
28 wole do him good, drunken in mesure /   If¹ it¹ come of¹ malancolie,
þou schalt¹ knowe bi blaknes of¹ al þe bodi⁶ & leene, & bi drienes of¹
hise iȝen, & ful litil reednes or noon in hise iȝen.   & þe cure herof¹
is for to purge wel malancolie, & baþing¹ & fomentacion wiþ rosis &
32 violet¹, & flouris of¹ borage & buglossa.   & þis þou schalt¹ wite þat¹
in euery maner of¹ obtalmia, in þe ende þerof¹ baþing¹ ben good.

Colirium
plumbe.

[² lf. 165, bk.]

Ƀ

.Ƀ.

Apostemas
in the eyes
seldom arise
from phlegm.

[⁴ lf. 166]

In this case
purge and
apply a
plaster.

Ƀ

Treatment of
an apostema
if Melancholy
is the cause.

Nota.

¹ Lat.: cum coto, donec super cotum sanies apparebit.   The translator
read "toto."   Sl. 2463, f. 86 : "*with cotoun, to þat þe quytture schewe vpon
þe cottone.*"
³ *ampulle*, a tumour in the skin of the hands or the feet.   See Tomm.
Dict., s. v. ampolla.   The Lat. has *albula*.   Matth. Sylv. : "*Albule* id est
macule oculi albe."
⁵ MS. *&* inserted.
⁶ Sl. 2463, fol. 87 : "*All þe body of þe pacient ys blakkyssh.*"

¶ If' þat' reednes of' þe iȝe come of' smytyng' & akynge, & swellynge come þerwiþ, þan it' is necessarie for to haue a ȝong' culuer quyk, & lete hir blood *in* a veyne vndir hir wynge wiþ a nedle, & putte it' in his iȝe as hoot' as it' comeþ fro þe culu*er*.[1] þis 4

doiþ awei ²þe akynge, & þe reednes & þe brennyng'.

¶ Vlcera be*n* engendrid *in* a ma*n*nes iȝe. & þan þer comeþ

greet' akinge þerwiþ & abydynge, & þis mai not' be doon awei wiþ collirium album, ne wiþ noon mitigatif' / And þere be*n* vij. maner 8

vlcera, & of' alle we wole*n* telle her curis schortli & profitabli, of'

curis þat' I am expert' of'³ longe tyme. ¶ The signes of' vlcera þat' pustula comeþ þerof' be*n* þese : grete akingis þat' mai not' be swagid wiþ collirium album, & þer wole *in* his iȝe appere a reed poynt' or a 12 corn. & if' al his iȝe be reed, þa*n* þe poynt' or corn wole be more reed, & þat' point' wole make greet' agreua*u*nce, & greet' swellinge,

& greet' betyng', & manie teeris / It' is greet' nede *in* þis passiou*n*

for to sotille his dietyng', & do þerto þingis for to make mitigatif', as 16 colirium album, & lete hi*m* blood, & do al þe cure as it' is aforseid / If' þou miȝt' not' defende þe mater wiþ alle þese remedies ne aswage

þe akynge, or þer wexe a corn þeron or vlcus, & collirium de plumbo ne wole suffise for to soude vlcus, þa*n* þou schalt' leie þerto mitiga- 20

tiuis for to do awei þe akynge. & do *in* his iȝe collirium ⁴eliser,⁵

for þat' wole defende þat' þe enpostym schal not' wexe, þat' is ma*a*d

in þis maner / ℞, antimonij, emathitis,⁶ a*n*a partes .x., acacie partes .iij., aloes partem .j., grinde he*m* sotilly & tempere he*m* wiþ iuys of' 24

---

¹ The use of blood taken from a vein under the wings of a dove is mentioned by Galen: De Simplicium Medicamentorum medicamentis, Lib. X., Cap. II. 3. Trevisa translation of *Bart. de Propr.*, Lib. VII., Cap. 16, (Add. 27,944, fol. 84), "*Also philosophres telleþ as Constant, seiþ þat þe blood i-drawe out of þe poynt of þe riȝt wynge of a culcer, oþer of a swalowe. oþer of a lepwink, & i-doo in þe bygynnynge vppon þat mole, clensiþ hit miȝtyly / for þe blood of þese foules heteþ and dissolceþ strongliche.*"

³ *of curis þat I am expert of,* Lat. curam quam sum expertus.

⁵ MS. *elifer,* Lat. elesir, the form of Arab. eliksir as preserved in Ital. elisire. It means in its pharmacological sense an alcoholic liquor, in which aromatic substances are dissolved. Devic (*Dict. Ét.*) states, that the Arabic word is merely a transcription of Greek ξηρόν, dry. Lanfranc gives a curious explanation of the word in the present passage, which has been omitted by the translator: collyrium elesir : quod est dicere penetrativu*m*, quod egressum uveae prohibet. Sl. 2463, f. 87 b.: "*coliriu*m* eleser þat is þe seyne persyng, þe whiche defendith þe egression of vuea.*"

⁶ *emathites,* hæmatites, bloodstone. Mentioned as a stiptic and an eye-medicine in *Galen* (ed. Kühn, vol. X., 330); in *Bart. De Propr.*, Lib. XVI., Cap. 39 (Add. 27,944, fol. 199 *b*), "*Emathites is a reed stoon . . . . & is good aȝeins þe flux of þe bladdre and to sore yhen.*"

corigiole,[1] & make þerof' polottis; & dissolue herof' wiþ watir of'
rosis, & binde it' faste to his iȝe. þis collirium fastèneþ his iȝe, &
makiþ þat' þe enpostym may wexe no ferþere / ¶ Macula[2] is a wem Macula is a white spot on
4 in a mannys iȝe, & summe be white þerof' & sittiþ vpon þe siȝt' of' or near the pupil of the
þe iȝe,[3] & summe bisidis þe siȝt'. & þis comeþ of' an oold obtalmiam. eye.
& herto principali is good collirium album of' .G. þat' is forseid. & *Galien*
þis collirie is good þerfore / ℞, aloes, croci. ana partes viij, eris vsti Colirium album
8 waischen, gummi arabici, opij, ana partes vj., mirre xij. partis,
climie[4] partes iiij., thurus partes .iij, grinde alle þese sotilly & tem-
pere hem wiþ swete wijn, & make þerof' pelottis, & kepe hem : &
wiþ þis collirie I temperid collirium album. Galien & I haue curid *Galien*
12 wiþ þese .ij. colliries, & wiþ cauterijs, & kuttingis of' veynes, manye
men / & I curide þerwiþ a man þat' was clepid sir Reynold Manesyn. A nobleman who had lost
& he hadde obtolmiam id est postym in his iȝe longe tyme to[5]fore, his eye-sight [⁵ lf. 167, bk.]
& þerof' came manye wemmys in his iȝe ; summe þerof' weren white was treated
16 & summe þerof' weren reed, & maden þat' he miȝte not' se, & by Lanfranc,
anoþer man ledde him. & þouȝ þer were leid mete tofore him vpon
þe boord, he miȝte not' se þerof' / & þo I lokide to him ; & wiþinne and after a month he
a monþe he miȝt' se to pleie at' þe tabler.[6] & I dide awei alle þe could play backgam-
20 wemmys of' his iȝen, so þat' he miȝte se as wel as euere he dide mon.
tofore / & þere tofore he hadde manie oþere lechis, & leiden in his
iȝen stronge collirijs, & algate his sijknes was more & more : & so
his siȝt' was binome him þre ȝeer. ¶ Collirium .G. is good for Colirium Galien.
24 obtolmiam, as I haue apreued manie siþis ; & it' is good for vlcera
þat' ben newe & not' olde, & for wemmis.

& sumtyme sich a maner pricke comeþ of' smytynge, or of' greet' If a 'point' in the eye
crijnge, or of' blood as þoruȝ brekynge of' a veyne, & makiþ a poynt' is caused by an injury,
28 in a mannes iȝe, & þerfore blood letynge is good. & do in his iȝe use blood-letting,

---

[1] "*Corrigiola.* So called of the Apothecaries, and of the Frenche men
Corrigiole, is oure common knottgrasse, called in Greke polygonon, in Latine
Seminalis and Polygonum mas." Halle, *Table*, p. 29.

[2] *macula* as a name for an eye-disease is not used by the Latin authors.
It occurs in *Bart. de Propr. rer.*, and is translated by *webbe, mole*. See p.
248, note 3.

[3] *þe siȝt of þe iȝe*, Lat. cornea. "The sight of the eye, that is, the hole
of the skinne called Ragoides, out of which the vertue visible worketh his
operation." Cooper. Compare O.E. *séo*, f., O.H.G. *seha*, f., the black of
the eye.

[4] *climie.* Matth. Sylv. "Klimia. Cadimia. alkimia Auicenna'. est fumus
seu fuligo adherens superioribus fornacis in purificatione cuiusque metalli.
sioria vero est fex descendens ad inferiora."

[6] *tabler.* Lat.: vide ipsum ludentem in vesperis ad tabulas cum taxillis.
"*Tabler*, or table of pley or game." *Prompt. Parv.*, p. 485.

and apply the
blood of a
dove and a
woman's
milk.
blood of¹ a cul*uer*, & waische his iȝen wiþ wommans milk warm, as
it¹ comeþ out¹ of¹ þe tete.¹

[² lf. 168]
Redness of
the eyes
causes itch-
ing and vice
versa.
Both occasion
scab and
vngula.

¶ Rubedo i*d est* reednes, pruritus i*d est* icchinge, sebel, sca²bies,
& vngula, goiþ al i*n* oon cours.³   & oon herof¹ is cause of¹ ano*þer* / 4
For of¹ long¹ reednes tofore comeþ icchinge, & sumtyme icchinge is
cause of¹ reednes, & of¹ þese .ij. comeþ scabbe i*n* þe iȝe liddis ; & if¹
it¹ gad*ere* togidere i*n* þe corner of¹ þe iȝe, þa*n* it¹ is clepid vngula /
þerfore þou must¹ first¹ cure hastily þe reednes & þe icchinge of¹ his 8
iȝe*n*, lest¹ þer come ony oþer sijknes þerof¹ /   Reednes may be curid

Galien
wiþ þe white of¹ an ey & wi*th* collirium album /   Galien seiþ : icch-
inge may be curid wiþ whit¹ wijn, i*n* which be grou*n*den aloes, &

Scabies.
The eye-lids
are full of
pimples.
leid i*n* his iȝe wiþ soft¹ ly*n*nen clooþ, & bou*n*den þerto. ¶ Scabies 12
is wha*n*ne þe iȝe liddis be*n* reed & to-swolle, & ful of¹ reed pinplis.
& þis passiou*n* makiþ greet¹ icchinge & bre*n*nynge, & manie teeris /
þe cure herof¹ is þis : waische hise iȝen wiþ wijn i*n* which be
resolued grene cop*ero*se, þat¹ is clepid vitriolum romanu*m*.⁴ & if¹ 16

Colirium
rube*um*
℞
þis suffise not¹, þa*n* þou schalt¹ make colliriu*m* rubeu*m* i*n* þis ma*n*er /
℞, emathitis, vitrioli adusti an*a* *partes* tres, eris vsti *partes* duas,
mirre, croci, an*a* *partes* x., piperis longi *partem* ℔; tempere alle þes

[⁵ lf. 168, bk.]
wiþ old ⁵wijn, & make þerof¹ pelottis, & kepe hem ; and wha*n*ne 20
þou wolt¹ vse hem, distemp*ere* hem wiþ oold wijn, & do it¹ i*n* his

Colirium
viri(de]
℞
iȝe / If¹ þe mater be greet¹ & strong¹, þa*n* þou muste vse colliriu*m*
viride, þat¹ is maad i*n* þis ma*n*er / ℞, floris eris *partes* tres, vitrioli
vsti *partes* .vj., arsenici rubei, baurac, spume maris, an*a* *partes* .ij, 24
armoniacum dissolued i*n* iuys of¹ rue ; & grinde alle þe oþere sotilli,
& medle hem þerwiþ also & make þerof¹ pelottis, & dissolue oon

---

¹ *Trevisa l. c.*, Lib. VII., Cap. 17 (Add. 27,944, fol. 84 *a*), "*Also it happiþ
þat blood wooseþ out of veynes & of pipes & comeþ to þe yȝen, & veynes brekeþ
or be i-hurt in þe kertil þat hatte coniunctiuæ, & þan suche vnhiȝtnes of þe
yȝe comeþ of blood þat comeþ so to þe yȝe. ¶ Culuir blood or turtil blood
dissolueþ & departeþ þis blood þat is so i-ronne as constantinus seiþ, & so doþ
womman melk wiþ ensens, & so doþ freisch chese i-medlid with hony wiþ-
outen salt, if it be laide þerto.*"

³ *Trevisa l. c.*, Lib. VII., Cap. 16, "De lippitudine albugine de panno
siue de macula. *Another evel of þe yȝen þat we clepiþ a webbe, & Constan-
tinus clepiþ it albugo, & brediþ in þis manere. ¶ fferst a rewme renneþ to
þe yȝen, & þerof comeþ an yvel þat hatte obtalmia, a schrewed blereynes
& ache & aposteme ; & if it is evel i-kept þerof leveþ a litil mole & infec-
tioun, & longtyme turneþ & growiþ into a webbe & þicke, & occupieþ more
place þan al þe blacke of þe iȝe. ¶ This webbe turneþ into clooþ by more
þicnes & occupieþ more place, for it ocupieþ al þe blake of þe yȝe, & at þe
last it turneþ into þe kynde of a naile of þe honde.*"

⁴ *Vitriolum Romanum.* "The one growyng of it-selfe in the earth by
concretion, and is vulgarly called Coppa rosa." Halle, *Table*, p. 139.

þerof¹ in watir of¹ rue distillid & leid in his iȝe // ¶ **Sebel**¹ is seid, Sebel, an inflammation of the veins of the eye.
whanne þe veynes þat¹ ben ioyned togidere in þe iȝe,² ben ful of¹
blood & wexiþ greet¹, & sumtyme a cloop þat¹ is in a mannes iȝe. For

4 to cure þis passioun collirium rubeum is good þerfore, or collirium
viride þat¹ ben forseid // ¶ **Vngula** sittiþ in þe corner of¹ þe iȝe þat¹ Ungula, a web in the eye, sometimes covering the whole eye-ball.
is next¹ þe nose, & gooþ forþ vpon þe iȝe til it¹ hile al þe iȝe; &
sumtyme it¹ comeþ of¹ a superfluite of¹ fleisch þat¹ wexiþ in þe corner

8 of¹ a mannes iȝe, & wexiþ forþ abrood as it¹ were a cloop. & þer ben
manie maners þerof¹, & oon is sotil & þinne, & goiþ ouer þe iȝe. &
of¹ sum men þat¹ is clepid a cloop, & þat¹ oþer maner is more fleischi
& þicke, & is clepid vngula / þe cure ³herof¹ ben collirium viride & [³ lf. 169]

12 rubeum, þat¹ ben forseid : & if¹ þis suffisiþ not¹, þan it¹ mote be kutt¹ If Collyrium prove insufficient, cut away the growth.
awey wiþ instrumentis as miche as me mai kutte awei þerof¹, &
aftirward cure him with collirijs / In þe kuttinge of¹ vngulam be
war þat¹ þou kutte not¹ þe fleisch in þe corner of¹ þe iȝe to depe; for

16 if¹ it¹ were kutt¹ to depe, his iȝe schulde watre, & be ful of¹ teeris al
þe while he lyueþ. ¶ Also in scabbe, sebel, & vngula, purgacioun
is good, & blood leting¹; & þe patient schal absteyne him fro alle
swete þingis & scharp, for al þese forseid passiouns comeþ of¹ blood

20 corrupt¹. ¶ **Cateracta**⁴ is water þat¹ falliþ doun bitwixe þe .ij. Cateracta. Cataract is a water between two skins of the eye.
skynnes of¹ þe iȝe & abidiþ tofore þe place þat¹ is clepid pupilla, þat¹
is þe poynt¹ of¹ þe iȝe. & þan it¹ defendiþ þat¹ a man mai not¹ se;
& it¹ is clepid cataracta, bi þe liknes of¹ an instrument¹ þat¹ is a

24 mille / & sumtyme þis passioun bigynneþ, & sumtyme it¹ is con-
fermed / Signes of¹ þe bigynnynge ben þese / It¹ semeþ to þe patient At the beginning of the disease the patient sees double.
þat¹ he seeþ briȝt¹ þingis tofore him, & him þinkiþ þat¹ oon þing¹ is
.ij. þingis or þre / & sumtyme it¹ semeþ to him þat¹ þing¹ þat¹ he seeþ

28 to be ful of¹ holis / & sumtyme þese þingis ⁵mowe come of¹ yuel [⁵ lf. 169, bk.]

¹ "*Sebel* idem quod Serasif i. vene rubee que sunt in albo oculorum."
Sinonima Serapionis, ed. Venet. 1497. Arab. Pers. zabēl, Dung, a dried
gourd, basket. (Johnson.) Fr. sébile, basket.

² Lat.: Sebel dicitur quando venæ conjunctivæ et corneæ, quæ sunt in
earum superficie — — replentur sanguine. The translator mistook 'con-
junctivæ' for 'conjunctæ.'

⁴ *Cataracta.* The Latin authors used this word for 1. waterfall, 2. flood-
gate, sluice of a river (Scheller *Dict.*). In its pathological meaning, it is
first found in *Platearius*, xiith cent. (*Practica*, Lib. II., Cap. VII., fol. 209 b,
Lugd. 1525, quoted by Hirsch, *Klin. Monatsbl. f. Augenheilkunde*, 1869, p.
284). The explanations vary according to the above-mentioned Latin signi-
fications. Lanfranc adopts the meaning 'gate.' Lat.: "et dicitur cataracta
per similitudinem illius instrumenti, quod est apud molendina: quod quando
eleuatur, currit aqua per canalem: quando deponitur nihil currit." Molen-
dinum, "*a mylle*." Wr. Wü., *Voc.*, 596, 27.

This irregu-
larity may
arise from a
disordered
stomach,
and then it is
easily cured.

When the
Cataract is
developed,
a spot on the
pupil of the
eye is dis-
covered.

disposicioun of þe stomac, & þan it is not so greet drede þerof; for
whanne þe stomac is curid, þese signes wolen go awei / In þis
maner þou schalt wite wher it come of þe stomac or of þe iȝe / If
þese signes comen whanne þe stomac is ful, & whanne he is fastynge 4
& þei come not, it is a signe þat it comeþ of þe stomac / And if
it is in hise iȝen contynuelli, þan it comeþ not of þe stomac, but it
is sijknes of þe iȝen / ¶ Also purge him oones wiþ pululas cochias,
& if it is neuer þe bettir, þan þou miȝt wite for certeyn þat þe 8
passioun comeþ of þe stomac. And if þis passioun haþ longe durid
in a man, & if þou miȝt no þing se in his iȝe, þan þou schalt wite
for certeyn þat it is a bigynnyng of cataracta / Whanne cataracta
is confermed, it schal not be hid to a mannes witt þat is vsid in þe 12
craft. & in þis manere þou schalt knowe it: þou schalt se a
maner colour vpon þe poynt of þe siȝt of þe iȝe, þat wole sumtyme
be whit, & sumtyme in þe colour of askis, & sumtyme a litil grene :
& þis stoppiþ al a mannes siȝt //   16

[1 lf. 170]

The Cataract
can be cured
by medicines
at its early
state.

Regulate the
patient's diet,
purge and
apply a Colly-
rium pre-
pared with
the gall of
several ani-
mals.

R̥

þis maner siknes [1]schal be helid wiþ phisic or it be confermed.
& whanne it is confermed, it mote be curid wiþ a mannes hand.
þe patient mote absteine him fro sopers[2] & fro al maner fatte
potagis, & from al maner moiste fruitis, & fro al maner fruitis þat 20
engendriþ moistnes / saue he schal vse hote þingis, & he schal ofte
be purgid wiþ pillis cochie rasis, þat is þe beste þing laxatif þat
mai be for iȝen, & þan make a collirie of gallis of beestis þat is
maad in þis maner. R̥, fellis grue, fellis stelionis, fellis hirci, fellis 24
anticipitris,[3] fellis aquile & perdicis, & alle þese gallis ben drie, &
take herof .x. partijs, euforbie, colloquintide, ana. partem .j, grinde
alle þese & tempere hem wiþ þe iuys of fenigreci & make þerof
pelottis. & whanne þou wolt worche þerwiþ, resolue oon þerof wiþ 28
water of fenel distillid, & leie it in his iȝe twies on þe day ./

R̥

A Collyrium
prepared with
lye.

¶ Anoþer liȝt medicyn þat is preued / Take askis of vynes &
sarce hem & make þerof lie with good whit wijn, & lete it stonde
in a glasen vessel, & lete it clarifie þerinne. & þis is a good collirie 32
þerfore, for þe more cold þat cataracta is, þe bettir þis medicyn is

[4 lf. 170, bk.]

Cure of Catar-
act by oper-
ation :
Dilate the
pupil of the

þerfore / And if cataracta be [4]so confermed þat it stoppe al þe
liȝt, þan it is incurable wiþ medicyns, & also þer ben manie oþere
incurable. ¶ And if it so be þat he se not, þan make him close 36
his iȝen togidere, & frote al softe vpon þe iȝe lid þat is soor ; & if
it be in boþe his iȝen, þan serue so boþe, & þan lete him opene his

[2] *soper,* cœna. See Skeat, *Et. Dict.,* s. v. supper.
[3] *anticipiter,* med. Lat. for *accipiter.* Dufr. Glass.

iȝen sodeinli anoon, & loke if' þe poynt' of' þe iȝe bicome whit',[1] & if' *eye by rubbing the eyelid.*
it' bicome not' whit', þan it' is of' .ij. þingis; ouþer it' is opilacioun *It will not dilate, if there is an obstruction in the nerve.*
of' þe nerue, þat' comeþ fro þe brain & is holow & defendiþ þe siȝt',

4 or it is cataracta þat' is greet' & stoppiþ þe nerue, & stoppiþ þe weie
of' þe spirit' þat' it' mai not' come to þe poynt' of' þe siȝt þat' is
clepid pupilla / If' þou frotist' his iȝe as it' is forseid, þan lete him *In the dilated pupil a white spot like a pearl is seen.*
do vp his iȝe hastili, & þou schalt' se þan vpon his iȝe a whit' þing'

8 as it' were a peerle, þan þou miȝt' sureli worche wiþ instrumentis of'
cirurgie[2] / First' þou schalt' make þe pacient' sitte vpon a stool tofore
þee, & þou schalt' sitte a litil biȝer þan he, & his iȝe þat' is hool þou *Then bandage the sound eye.*
schalt' bynde faste þat' he ne mowe no þing' se þerwiþ, & þan þou

12 schalt' haue in þi mouþ a fewe braunchis [3]of' fenel, & þou schalt' *[3 fi. 171]*
breke hem a litil with þi teeþ, & þan þou schalt' blowe in his iȝe .ij.
siþis or iij. þat' þe fume of' þe fenel mowe entre into his iȝe / þan
þou schalt' haue an instrument' of' siluir, schape in þe maner of' a *and pass a silver needle*

16 nedle, and it' schal sitte in a greet' hafte þat' þou mai þe bettir hold *through the eye-ball until*
it' wiþ þin hand, & þan þou schalt' bigynne aforȝens þe lasse corner *it reaches the white corn*
of' þe iȝe, & þou schalt' putte in þin instrument' anoon to þe corn *and the cataractic*
þat' is in þe iȝe, & whanne þou seest' þe point' of' þe instrument' *water.*

20 vndir þe corn,[4] þan lete þe point' of' þin instrument' goon anoon to
þe water þat' is gaderid tofore þe iȝe / And whanne þou hast' *When you have pressed out this water,*
broken þe place þat' þe water was ynne, þan presse it' adounward, &
drawe out' al þe watir þerof' clene,[5] & if' þer come more watir þerto,

24 þan þou must' reherse þis werk aȝen. & if' þer come no more watir
þerto, þan þou schalt' leie vpon his iȝe a plastre maad of' þe ȝelke *apply a plaster to the eye,*
of' an eij wiþ þe white, & bole leid vpon lynnen clooþ & binde vpon *and let the patient be in a dark room,*
his iȝe, & lete þe patient be in a derk place, & he schal heere no

---

[1] *whit* for *wid*, Lat.: vide si pupilla dilatatur.

[2] Lat.: quod cum videris manum ullatenus non apponas. This method of testing, whether a cataract is fit for operation or not, has already been proposed by Galen, as mentions *Paulus de Aegina*, Lib. VI., Cap. 21. We find the same in *Hali Abbas*, Lib. IX., Cap. 28, fol. 279, ed., Lugd. 1523. See Magnus H., *Geschichte des grauen Staars.* Leipzig, 1876.

[4] *corn*, a mistake ; the translator did not know the meaning of " cornea." Lat.: et impellas instrumentum usque ad corneam : quia tunc videbis illum. Cum autem instrumentum videbis sub cornea illum impellas vsque ad aquam quæ est coram pupilla.

[5] *& drawe out al þe watir þerof clene,* an insertion of the translator. The operation which he describes is the dislocation of cataract by depression. A fuller and more accurate account of it is given by John Vigo, who begins his description with the following words: "And yf the cataractes cannot be healed, when they are confirmed, then we must turne to handy operation. And though we counseyled to leave it to yᵉ tothdrawers, yet we wyl declare yᵉ maner therof." Traheron, *Vigo*, fol. 136ᵇ.

and in per-
fect rest,
for 8 days.
[¹ lf. 171, bk.]
An obstruc-
tion of the
pupil from
internal
causes is diffi-
cult to cure.
pigra Rasis

greet' noise, & he schal not' traueile wiþinne .viij. daies, & he mote
be kept' so þat' he cowȝe not' ¹& fro wraþþe / Sumtyme þe poynt'
of' þe iȝe siȝt' is stoppid wiþinneforþ, & þan he schal neuere be curid
þerof'; ouþer it' wole be greet' maistrie for to cure it'. & if' it' mai 4
be curid, þis is þe cure þerof': þou muste purge him with pigra
rasis, & wiþ pululis cochijs þat' rasis made, & þei muste be ofte
ȝeue, & þou muste do in his iȝen drijnge collirijs & oþere driyng'

If the obstruc-
tion arises
from external
causes,
let blood

and apply a
plaster.
℞

medicyns / Ouþer it' mai come of' causis withoutforþ as of' smitynge 8
& þat' mai liȝtli be curid / First' þe patient schal be lete blood, if' age
mai suffre it' & oþere particlis þat' be forseid, for blood letynge
wole helpe for to avoide awei þe enpostym, & þan þou schalt' make
him an enplastre wiþ oon of' þese medicyns, & it' schal be bounden 12
þerto softli / ℞, mele of' beenis þat' be sotil & grinde it' wiþ wiþi
leeues smal / Also take mele of' beenys & flouris of' camomille & þe
rote of' altea .ȝ. ij., & also biteine .Ꝺ .j., absinthium .ȝ j. & seþe
hem in water & make þerof' an enplastre & lete þe patient reste, 16
probatum est.

Hordeolum is
a swelling in
the eye-lids,
[² lf. 172]
and affects
new-born
children.

¶ Ordecilus is a litil swellinge, & is long' & smal & comeþ to a
child whanne it' is bore, & þis passioun wole sitte in ²his iȝe liddis /
þe cure herof' is for to lete hem blood & purge him of' humours cor- 20
rupt', & do þerto þis medicyn : medle aloes with licio³ & make þerof'
a poudre / Also þou schalt' anoynte him wiþ storax liquida & anointe
him þerwiþ / ¶ Also resolue a litil opoponac in water, and make
an enplastre þerof' & leie vpon the place, & þe same þing' doiþ 24
diaquilon, & or þou leie ony plastre þervpon, þou schalt' make a
fomentacioun wiþ hoot' water.

Grando.
A knot in the
eye-lids.

¶ Grando & nodus. Grando is as miche to seie as an hail stoon,
& nodus is a knotte, & þus comeþ in þe iȝe liddis, & sumtyme it' 28
wole schewe wiþinneforþ, & sumtyme wiþoute. & whanne it' schewiþ
wiþoutforþ, opene it' & leie þeron diaquilon & oþere þingis for to

If medicines
fail to effect
absorption,
extirpate the
growth.

consume þe mater. & if' þis suffise not', þou schalt' take it' wiþ þi
.ij. fyngris & drawe it' harde, & þan kutte þe skyn þeron & drawe 32
him out', & þan þou schalt' soude it' wiþ þe white of' an eij & oþere
þingis þat' ben soudinge //

fistula lacri-
malis

¶ ffistula lacrimalis,⁴ þat' is as miche to seie as a feestre wiþ

---

³ "Lycium. Is the Juice of a thorny tree, growing chiefly in Capadocia
and Lycia, of three cubites heyght." Halle, *Table,* p. 63.
⁴ Sl. 2463, f. 90 : "*A ffystule in þe wyke of þe eye, hit comyth of concours
of rennyng of humores to þe corner of þe eye besyde þe nose, & because of her
multitude & gretnesse þey may nat passen out but abyden there & maken an
emynence, as hit were a lupyne ; & therfore of sume hit is cleped lupinus.*"

teeris / þis comeþ in þe corner of' þe iȝe next' þe [1]nose, & engendriþ [1 lf. 172, bk.]
þere & makiþ a þing' as greet' as it' were a pese. & if' þese humours At the inner angle of the
leeue þere longe þei wolen rotie & þei wolen make vlcus þere, & þer eye a growth begins, which ulcerates,
4 wole come manie teeris þerto, and þei mai not' be maad drie, & þis
mai leeue þere so longe þat' þer wole engendre a feestre þerof'. & gives rise to a fistula and
but' if' þat' feestre be curid while it' is freisch, it' wole rote þe boon, finally affects the bone.
& þe lenger þat' it' wexiþ oold, þe worse it' wole be for to cure.
8 ¶ þe firste bigynnynge of' þis cure is for to avoide þe heed wiþ Apply a powder,
cochijs & wiþ pigra, þan do þeron þis collirium / ℞, aloes, thuris, ℞
sarcocolle, sanguinis draconis, balaustie, antimonij, aluminis, ana, puluis contra fistula
floris eris a litil, as miche as wole be þe fourþe part' of' oon of' þe lacremali.
12 forseid.   & make of' alle þes sotil poudre & distempere hem wiþ
reyn water or wiþ water of' roses, & caste it' in þe corner of' his iȝe,
but' þe place schal be maad drie first.   & þan þou schalt' do þerto a cleansing ointment.
oon of' þe mundificatiuis þat' schulen be seid in þe antidotarie, or
16 þis medicyn þat' is aproued / Take clene mirre .ʒ .ij. & make þerof' ℞
poudre & make it' þicke wiþ þe galle of' a boole, þat' it' be as þicke
as it' were an oynement', [2]& leie it' vpon lynnen clooþ & leie þis þer- [2 lf. 173]
vpon, for þis wole soude þe place & make it' clene / ¶ If' it so be
20 þat' it' be not' curid with þis medicyn, þanne it' is a signe þat' þe If the disease has affected
boon is rotid, & þan þou muste opene þe skyn & vnhile þe boon, the bone, use the hot
& touche þe boon wiþ an hoot' iren as fer as it' is rotid / & þanne iron repeat-edly until the
leie þervpon buttir or grese þat' þe scar þer mowe falle awei, & þan diseased part of the bone is
24 þou muste reherse þe cauterie aȝen.   & þanne leie þervpon buttir, removed.
& þus þou muste do til þe boon be clene, & þan leie þervpon oile of'
rosis hoot' medlid wiþ ȝelke of' an ey til al þe brennynge falle awey.
& þan drie þe place with drijnge medicyns, & þan regendre fleisch &
28 soude it', & þou schalt' wite þat' þer is noon so good maner medicyn
as þis is / For if' þou wolt' leie þerto ony corosif' water, þat wole
brenne forþere þan it' schulde / & also it' were greet' perel for þe iȝe
& þerfore it' is good for to worche as it' is aforseid /[3]

---

[3] The end of this chapter, omitted by the translator, is given in Sl. 2463,
fol. 90 b.: "¶ *Also he*[a] *seyth þat yf þe bone be schauen with Instrumentis
þat all þe corupcion is seldome taken awaye, wherefore þe corupcion comyth
ayen bycause of þe partie whiche lenyth behynde corupt. ¶ He seyth also
þat alþouȝ the corupcion be taken away neuer so well, yet nature departith
a litell follikell þerfro aforne þat þe flessch mowe be faste knyt other soudid
to þe bone and what tyme þe bone is touchyd with an hoot Iryn, þanne all
þat is corrupt disseuerith fro þat ys hoole, and þe complexion of þe place is
tempered.*   [a] Lanfrank.*

Of þe passioun of eeris.

AS it is aforseid þatꞇ nerues comen fro þe brain to þe iȝen / in þe same maner nerues comen from þe brain & goiþ into þe eris & makiþ heerynge & ben instrumentis ofꞇ wittꞇ. ¹þe hoolis in a 4 mannes eeris ben maad in a deep holowe boon, & itꞇ was bi þis skille þatꞇ itꞇ schulde vndirstonde sownynge, & þatꞇ þe sowne schulde notꞇ come into þe brayn anoon, butꞇ alitil & alitil bi degree, & also for þis skille þatꞇ þe coold eire ne þe hootꞇ eire schulde notꞇ sodeinly 8 entre yn ; & þe wei þatꞇ goiþ into a mannes eere, ne goiþ notꞇ riȝtꞇ forþ, butꞇ hidir & þidir, for ifꞇ þe weie were riȝtforþ, itꞇ wolde þe raþere be hurtꞇ ofꞇ al maner þingꞇ / þe eere was maad ofꞇ cartilaginis þat is hardere þan fleisch & neischer þan boon, þat itꞇ miȝte be 12 pliauntꞇ. & ifꞇ þei schulde be maad oonly ofꞇ fleisch, þei schulde haue noon sustentacioun for to bere hem vp. & ifꞇ þei hadden be maad oonly ofꞇ hard boon, þei miȝten notꞇ haue be meued, & þerfore ittꞇ was moostꞇ nede þatꞇ þei weren cartilaginousꞇ : þatꞇ is as miche to 16 seie as maad ofꞇ gristle þatꞇ is neischer þan boon & hardere þan fleisch. To þis lyme þer comeþ manie sijknessis, & summe þerofꞇ falliþ for cirurgie as apostimes & vlcera, & summe falliþ to phisik as greetꞇ sownynge in þe eeris & sibillus, & ²defaute ofꞇ heeringe & 20 deefnes.³ Akynge ofꞇ þe eeris sumtyme is an yuel, & sumtyme harme fallynge þerto / & þerfore itꞇ is mi purpos for to speke boþe ofꞇ sirurge and ofꞇ phisik in þis chapitre. ¶ Alle þe sijknessis ofꞇ þe eeris moun be take in þis maner, as akynge ofꞇ eeris. Ouþer itꞇ 24 is apostym & withoutꞇ vlcera, or itꞇ is wiþ enpostym & vlcera ; þan itꞇ is ofꞇ yuel complexioun & hootꞇ ;⁴ þatꞇ þou miȝtꞇ knowe bi scharp akynge & reednes ofꞇ þe place. & þan þou schaltꞇ cure itꞇ wiþ castynge into þe eere oile ofꞇ rosis, boylid hootꞇ as he mai suffre, wiþ þe 28 .iiij. partꞇ ofꞇ vinegre / & ifꞇ þe akynge go notꞇ awei in þis maner, þan þou schaltꞇ do þeron a litil ofꞇ opium / And ifꞇ itꞇ come ofꞇ yuel complexioun þatꞇ itꞇ be coold, as coold wynd or ofꞇ coold eire entrid þeron, þis þou miȝtꞇ knowe bi greetꞇ cooldnes in þe place, & þan þou 32 schaltꞇ cure him wiþ þingis þatꞇ schal be castꞇ into þe eere, watir ofꞇ maiorana, or oile ofꞇ lilie, þatꞇ þou schaltꞇ fynde þe composicioun in þe antidotarie. & in þis maner hootꞇ oile schal be puttꞇ in his eere &

---

³ MS. *deesires.*

⁴ The translation is corrupt. Lat. : aut est sine apostemate vel ulcere aut cum apostemate et ulcere. Si sine apostemate et ulcere : tunc aut est propter malam complexionem calidam — — aut propter malam complexionem frigidam.

no coold þing᷑, & þou schalt᷑ stuwe þe pacient᷑[1] / Sumtyme it᷑ comeþ

of᷑ sum þing᷑ þat᷑ falliþ in his eere as a worme or a corn or a stoon,

or watir ; þis þou schalt᷑ knowe bi þe tellinge of᷑ þe pacient᷑ ; for if᷑

4 þer be ony þing᷑ wiþinne, me mai se it᷑. If᷑ it᷑ so be þat᷑ þer be

falle yn ony stoon, þan caste into his eere oile of᷑ *rosis*, or oile of᷑

almaundis, & if᷑ þer be falle yn ony corn, þan þou schalt᷑ do noon

oile in his eere ; for it᷑ wole make þe corn wexe greet᷑. Make a

8 litil instrument᷑ of᷑ tree or of᷑ sum oþer þing᷑ & wete it᷑ in terbentyn

& putte it᷑ into his eere, & touche þerwiþ þe stoon, ouþir þe greyn, &

þan it᷑ wole cleue þerto, & þan drawe it᷑ out᷑ / ¶ Also smite his eere

wiþ þe pawme of᷑ þin hand, & bi hap it᷑ wole falle out᷑ þerwiþ / Also

12 sette a ventuse wiþ fier vpon þe hoole of᷑ his eere, for þis sumtyme

wole drawe out᷑ a corn ouþer a stoon.[2] ¶ If᷑ þer entriþ ony worme

into a mannes eere, þan fille his eere ful of᷑ flact watir,[3] & þan drie

it᷑ / And if᷑ þis suffisiþ not᷑, fille his eere ful of᷑ oile of᷑ almaundis

16 þat᷑ ben bittir ; & if᷑ þis suffisiþ not᷑, þan do in his eere iuys of᷑

calamynte.

¶ If᷑ þe akynge come of᷑ humouris gaderid to apostym, þat᷑ þou

[4]miȝt᷑ knowe bi greet᷑ akynge, & akynge of᷑ his pous,[5] & bi þe

20 swellynge of᷑ þe place, þan þou muste bigynne for to aswage þe

akynge wiþ oile of᷑ rosis, & lete him blood in þe heed veyne in þe

same side. If᷑ it᷑ so be þat᷑ he mai not᷑ be lete blood, for sum cause

þat᷑ lettiþ, þan garse him vpon his schuldris, & putte in his eere oile

24 of᷑ rosis wiþ a litil vinegre. If᷑ þee þinkiþ þat᷑ þe mater comeþ of᷑

colre, þat᷑ þou schalt᷑ knowe bi signes þat᷑ ben forseid, þan purge

him wiþ a decoccioun of᷑ mirabolanorum / If᷑ þe mater be not᷑

aswagid, ne þe akinge do awei, þan bigynne for to leie mussillaginis

28 of᷑ fenigrec & of᷑ lynseed, & rotis of᷑ altea, wiþ wommans milk, &

do it᷑ flat᷑[6] into his eere / & vpon þe eere leie an enplastre þat᷑ it᷑

hile al þe eere, maad of᷑ lynseed, & barli, & rotis of᷑ altea, & of᷑

lilie, & medle hem with gandris grese & grese of᷑ an hen. & þis cure

32 þou schalt᷑ contynueli do, til þe quitture come out᷑ of᷑ his eere, & þe

---

[2] The translator has omitted the case when water is in the ear. Sl. 2463,
fol. 83 b.: "*And yef þe water enterid into þe ere, doo Galyenys experyment.
¶ Take a rodde of wilowe othyr a twigge of þe vyne and putte þe tone ende
in þe patientis ere, & lappe wex aboute þe tother ende and sette hit on fyre,
ffor by þe vertu of þe fyre þe water schal be clene dried vppe.*"

[3] *flact watir.* Lat. flaccidus. O.Fr. flaccide. N.E. flat water. Com-
pare *flaccid.* Skeat, *Et. Dict.,* and *flaisch,* p. 265, note 1, *flasch,* p. 266,
note 3. O.Fr. flasque, Lat. flaccidus, another form of flaccidus.

[5] Lat.: per fortem dolorem et pulsationem.

[6] *flat,* Lat. tepidus. See above, note 3.

(marginal notes:)

[1 lf. 174, bk.]

Aching caused by a foreign body in the ear:

If it is a stone, cast hot oil into the ear;

if it is a grain use an instrument,

or try the cupping-glass.

If it is a worm, apply warm water.

If the pains are caused by an apostema,

[4 lf. 175]

bleed the patient from the Vena Cephalica, or scarify his shoulders;

If this fails to soothe the pain, apply a poultice and a plaster, until suppuration begins.

akynge aceesse.[1] & þan þou schalt' cure it' riȝt' as vlcera of' þe eeris

ben curid, þat' schal be seid here aftir / Also if' þe mater þat' makiþ

þe enpostym come [2]of' cooldnes, & þat' falliþ ful seelde, but' if' it'

come in an old man, & þat' þou miȝt knowe bi þe akynge & bi þe 4

cooldnes of' þe place, þan þou schalt' bigynne to avoide him wiþ

pillulas cochie & wiþ a clisterie. & caste into his eere oile of' lilies,

& resolue in þe same oile ʒ .ß. euforbij ouþir .ʒ. j. de turbit', &

anoynte al aboute his eeris wiþ þe forseid oile of' lilies, & leie þer- 8

vpon wolle vnwaischen, & make him a fumigacioun to his eere wiþ

hoot' water in which schal be soden maiorana & calamynte. & if' þis

suffisiþ not', leie þer-vpon an enplaster or an oynement', & of' garleke,

& rotis of' lilie soden to-gidere & grounden wiþ butter, & do þerto 12

leuayn, & do þerto oile of' lilie or of' camomille, & a litil vinegre, &

make an enplastre and leie vpon his eere, for þis enplastre rotiþ

coold mater & drawiþ it' out', & if' þou miȝt' se ony place in þe eere

þat' quitture is gaderid on, þan it' is good to opene þat' place & 16

drawe out' þe quitture as it' schal be seid heraftir. & þan þou schalt'

cure it' riȝt' as þou schalt' cure vlcera þat' schal be seid herafter.

    Sumtyme akynge of' eeris comeþ of' gret' [3]wynd & sound in þe

eere, & noise & wynd þat' comeþ of' þe heed & falliþ into þe eeris.[4] 20

þis þou miȝt' knowe liȝtly, for wiþ þe akynge he schal haue a maner

noise in his eeris & pipinge / & þe cure herof' schal be avoiding' of'

greet' humours, & þou schalt' caste into his eere oile of' rue, & in

þe same oile schal be dissolued a litil castor, & he mote kepe him 24

fro al þing' þat' engendriþ wynd.

    ¶ Also akynge of' þe eeris comeþ of' vlcera þat' ben wiþinne in

þe hoole of' þe eere, & sumtyme þei comen of' an enpostym goinge

tofore. & þe signes herof' ben akynge & cours of' quitture þat' 28

stynkiþ. & þe more stinking' þat' þe quitture is & þe more departid

fro whit' colour, þe worse it' wole be to cure / ffirst' þou schalt' make

clene his heed with cochijs & wiþ pigra, & þan þou muste do mundi-

ficatiuis to his eere & drijng' þingis. & be war þat' þou worche not' 32

as .G. seiþ þat' summe worchiþ: þei leide þerto an oynement' þat'

was good for woundis, & alwey þe patient hadde þe more penaunce,[5]

& þe sijkenes woxe more & more / & þerfore .G. axiþ what' is good

[6]þerfore / And .G. seiþ: who þat' seiþ þat' it' schal be curid wiþ 36

---

[1] *accesse*, O.Fr. acesser.

[4] Lat.: Fit etiam dolor auris propter grossam ventositatem ad aures de capite descendentem.

[5] *penaunce*, Lat. dolor ; *penaunce* usually means "penitence."

drijnge þingis, he seiþ fals ; for drijnge þingis constreineþ, & apostym

One must not apply drying remedies.

is constreynyngᵗ / And summen han now newe rulis : þatᵗ wiþ con-
trarijs contrarie þingis schulen be curid / In þis maner þou schaltᵗ
4 worche.   Make poudre ofᵗ mirre, & ofᵗ aloe, & olibani, & san*guis*

Ry ffor vlceris in þe eere

draco an*a*, & take oon tentᵗ & wete itᵗ *in* hony, & folde þe tentᵗ *in*
þe poudre, & putte þe tentᵗ *in* his eere anoon to þe botme / & ifᵗ þe

A powder that is applied to the ear by a tent.

tentᵗ mai notᵗ come to þe botme þerofᵗ, þa*n* dissolue þe forseid poudre
8 wiþ watir & hony, & caste itᵗ yn / Ifᵗ itᵗ so be þatᵗ vlcus be swiþe
cold, þa*n* þou schaltᵗ cure hi*m* in þis maner / Take þe rustᵗ ofᵗ iren,

Ry A preparation of rust heals the ulcer, dries the moisture and allays the pain.

& grinde itᵗ smal, & leie itᵗ *in* an erþen vessel *with* vinegre, & boile
hem togidere, til þe rustᵗ bicome drie. & þus þou muste do ofte tyme.
12 & þa*n* þou muste poudre itᵗ aჳen, & seþe itᵗ *in* vinegr*e* aჳen til itᵗ
bicome þicke as hony, & þa*n* do þis *in* his eere, for þis wole hele
vlcera, & þis wole drie þe moistnes þerofᵗ, & þis wole do awey þe
akynge / And take hony .ჳ. .x., vinegre ჳ. viij., & boile he*m* liჳtly

Ry An application for old ulcers. [² lf. 177]

16 atᵗ þe fier til itᵗ be wel skymed,¹ & þa*n* do þerto ჳ .ij. ofᵗ vertᵗ de
grece, and ²medle he*m* wel togider*e*, & wete herynne a tentᵗ, &
putte itᵗ in his eere, & þis is good for vlcera þatᵗ ben oold.

¶ Ifᵗ a man be deefᵗ, þa*n* itᵗ comeþ ofᵗ su*m*me ofᵗ þe forseid causis,
20 & principali ofᵗ longe akynge ; also itᵗ comeþ ofᵗ child beri*n*gᵗ, &

Deafness resulting from child-bearing is incurable.

þanne itᵗ is incurable / Also ifᵗ itᵗ comeþ ofᵗ humours þatᵗ stoppiþ
nerues, & þe cure herofᵗ is for to purge hi*m* wiþ cochijs & pigra, &

If it is caused by the humours, purge and instil opening medicines into the ear.

caste in his eere oile ofᵗ bittir almau*n*dis & oþer*e* medicyns þatᵗ ben
24 openynge. & oon þerofᵗ is þis / Take pulpe colloquintide .ჳ .j.,
castor, aristologia ro*tunda*, succi absinthij an*a* ჳ. ß, euforbij .ჳ. j,

Ry

costi gra*na* .xv, & make her*of*ᵗ smale pelottis, & dissolue oon herofᵗ
wiþ oile ofᵗ almaundis þatᵗ ben bittir, & do itᵗ *in* his eere ; saue þou
28 schaltᵗ make hi*m* a fumigaciou*n* tofore wiþ a decocciou*n* ofᵗ sanbuci,

a ffumyga-cio.

absinthij, sticados / Also take whitᵗ oile .ჳ .j., & grynde hony &

Ry

oile togidere / Ifᵗ þe passiou*n* comeþ ofᵗ defaute ofᵗ spiritis, þanne

If deafness arises from a weakness of the spirit, strengthen the patient, [² lf. 177, bk.]

putte herofᵗ *in* his eere, & þanne he schal be baþid & haue reste, &
32 vse metis þatᵗ engendriþ good blood, & he schal heere sotil voicis for
to make hi*m* haue heerynge / & su*m*me seien þatᵗ þe fatnes ofᵗ grene

and apply the fat of green frogs.

³froggis, þatᵗ lyuen among² trees ;⁴ take he*m* & seþe hem, & gadere
þe fatnes ofᵗ he*m* & caste *in* his eere, for þis haþ vertu for to make
36 me*n* heere. ¶ Also take a litil garlek & make itᵗ clene, & do þerto
þe .iij. part² ofᵗ tartre, & grinde he*m* smal togidere, & boile he*m* *in*
vinegre, & wha*n*ne itᵗ is coold þa*n* coole itᵗ, & ofᵗ þis vinegre leie
hootᵗ to his eere /   ¹ *skymed.* Compare *scume*, p. 242, note 6.
                      ⁴ Some words like *is good* are wanting.

Of þe passioun of þe nose & anothamia.

AS we haue bifore seid þatꞌ þer ben .ij. hoolis in þe nose þatꞌ þe brayn is purgid þerbi ofꞌ superfluite. & þe nose is notꞌ neruous, & þe nose is a propre instrumentꞌ for to smelle. & þese .ij. hoolis in 4 þe nose ben maad fastꞌ in þe scolle. & in þatꞌ place is ordeyned a þingꞌ þatꞌ is clepid colatorium,[1] & eir is gaderid þerinne þatꞌ makiþ vertu ofꞌ smellynge. & þoruȝ þatꞌ place þe superfluitees ofꞌ þe brayn ben pourgid, & þer is oon hoole þerofꞌ þatꞌ goiþ toward þe mouþ. & 8 þe nose is maad ofꞌ .ij. boones in þe maner ofꞌ a triangle in þis maner. Δ Δ. þe scharpe eendis þatꞌ ben aboue ben ioynynge wiþ þe boones ofꞌ þe iȝen. & þe boonys ofꞌ þe nose þatꞌ ben bineþe ben cartilaginous for þe causis þatꞌ ben forseid.[2]   12

Latin Original.

[In parte vero inferiori vnum quodque illorum duorum ossium habet quandam cartilaginem propter iuuamenta que sciuisti. In medio vero habet aliam cartillaginem, quæ nasum in duas partes diuidit, 16 quæ durior et fortior est duabus aliis, quæ sunt in nasi fine. Iuuamentum vero illius medie cartilaginis est, ut si vni parti nasi nocumentum acciderit, pars alia totius suppleat iuuamentum. Duo autem ossa nasi coniunguntur ad inuicem : & fit nasi forma, quæ cum his quæ 20 dicta sunt, plures habet vtilitates. Prima, vt sit tutamen & coopertorium superfluitatibus : quæ de cerebro diriuantur. Secunda, vt aerem recipiat, qui est ad receptionem odoratus necessarius mediator. Tertia, quod quamuis maior pars aeris que attrahitur vadat ad pul- 24 monem : tamen aliqua eius pars per nasum tendit ad cerebrum. Foraminis autem quod est inter nasum & os, iuuamenta sunt tria. Primo vt cum os clauditur, possit aeris fieri attractio ad pulmonem.

[1] *os colatorium.* I could not find this name in the ancient authors, but it occurs frequently in the Latin translations of the Arab authors. The idea that it is the function of the nose to purge the brain is an old one. Compare A. C. Celsus de Medicina Lib. IV. Cap. V., ed. Daremberg : "Destillat autem humor de capite interdum in nares, quod leve est, interdum in fauces, quod pejus est ; interdum etiam in pulmonem, quod pessimum est." Avicenna mentions the "os colatorium" in connection with this theory in his Canon Lib. I. Fen. I. Doctr. V. Cap. 1., ed. Venetiis, 1527, fol. 9. "Ossa autem porosa facta fuerunt . . propter additionem necessitatis causa, rei aliȝuius, que necesse est ut in ea penetret sicut odor, qui cum aere attrahitur in osse, collatorio simili, et cerebri superfluitates, que per ipsum expelluntur." We find the same theory in the French name for a cold : "rhume de cerveau," and for the same reason "Hellebore" is called "brain-purging." *N. E. Dict.*, s. v. brain.

[2] Three leaves or four are wanting, and I insert the Latin text from the *Editio Argellata Ven.*, 1546, f. 239, bk., and Add. 26,106, f. 71.

Secundo, vt per illud cerebri anterior ventriculus expurgetur. Tertio, 2. to purge
the brain;
ad intercisionem adiuuet literarum, & voces melius explicandas: 3. it helps in
the articula-
quoniam cum in loquendo sit necessarium vocem temperare: literas tion of words.
4 incidere: syllabas solidare: ad hoc saepe labia clauderentur & dentes:
si non esset alia via, per quam posset aer superfluus exalare apud
literarum incisionem totus conculcaretur aer, qui literarum incisionem
& syllabarum prolationem sua multitudine impediret: & vocem etiam
8 generatam non claram emitteret: facit ergo in verborum & vocis
prolatione foramen hoc quod facit foramen fistulæ superius,[1] quod in
vocum et tonorum modulationem remanet absolutum: quare voces
& toni inde magis exeunt absoluti.[2]

12 In naso vel naribus plures concurrunt egritudines. Nam ibi
fiunt pustulæ, vlcera, caro superflua, polypus, cancer, fluxus san-
guinis, fetor, & olfactus priuatio.

Pustulæ fiunt vt plurimum ab adustis humoribus, et sunt cum Pustulas and
Ulcers are
16 punctura & ardore. Et cura est phlebotomia & corporis euacuatio, treated with
bloodletting
et iniectio albuminis oui cum oleo ros. in simul agitatis. Pustulis and an oint-
ment.
fractis, fiat vnctio cum vnguento albo Rasis.

Vlcera quoque si calida fuerint, curantur eodem modo. Si
20 frigida, cum lauatione vini et mellis, & cum vnguento apostolorum,
et cum vnguento viridi dicendorum.

Caro superflua remouetur cum instrumentis chirurgicis; si non Proud flesh
is removed
potest tota cum instrumentis remoueri: remouetur residuum cum with an
instrument.
24 puluere asfodillorum & cum vnguento viridi, & apostolorum, &
cunctis mundificantibus: & remotis superfluis cum unguentis soli-
dantibus compleatur.

Polypus dicitur a polypo pisce: cuius malitiosa est astutia: quia The polype is
a disease, so
28 quando vult piscibus saturari, ascendit saxum quod est in litore called for its
similarity
maris: & ipsi multum assimilatur, pisces fatigati videntes saxum, with the
animal.
non aduertunt de polypo propter similitudinem: sed volentes quies-
cere, salliunt de mari: polypus illos absorbet: & in eius conuertit
32 nutrimentum. Sic iste morbus cum naso magnam habet affinitatem:
quoniam eius materia est catarrhosa frigida grossa descendens a capite:
& in via propter eius grossitiem & tenacitatem hæret naso seu sub-
stantiæ nasi inuiscata: et humores capitis agitatione moti naturæ
36 volentes descendere, & exire, materiam ibi recipiunt congregatam:

[1] Add. 26,106, fol. 71 b., on margin: gallice flaute.
[2] The whole preceding passage about the utilities of the nose, and espe-
cially the utility of the " nares posteriores," *i. e.* the communication between
the nasal cavity and the pharynx, is taken from *Avicenna*, l. c. Cap. 4.

quæ humores illos in suam conuertit malam naturam : et ex ipsa
quotidie augmentatur. Differentia vero est inter polypum & carnem
superfluam : quoniam caro superflua, non habet profundam tenacita-
tem cum nasi substantia : nec cum ipso naso nimis assimilatur : 4
immo potest de facili segregari : polypus vero firmiter adheret cum
naso : & non sine violentia separatur. Quorum scilicet polyporum
aliquis est curabilis : aliquis incurabilis. Curabilis est substantiæ
mollis & tractabilis : nec nasum reddit durum : nec in colore nigrum 8
seu fuscum : nec est multum supra circa cerebri confinia inuiscatus.
Incurabilis vero nasum reddit durum, liuidum seu nigrum : &
magnam profunditatem tenet, quam quanto magis videris maiori
nigredine maiorique participari duritie, maioremque profunditatem 12
occupare, tanto plus ab eo existima fugiendum : quoniam naturam
tunc tenet cancri : quanto plus eum curare niteris tanto plus videbis
eius malitiam augmentari.

Curabilis vero cura est secundum quod diximus in cura super- 16
fluæ carnis quæ ibi consurgit cum ablatione sive cum instrumentis
& cum vnguentis mundificativis : & aliis quæ nouisti : præcedente
semper corporis et capitis purgatione : sicut multoties est ostensum.
Cauteria quoque secundum quod audies, multum valent ad polypi 20
materiam consumendam. Eius vero quem incurabilem diximus,
non assumas curam. Si tamen rogaris nimis, palliatiuam curam
adhibe : sicut in cura cancri recolimus ostendisse.

De anatomia oris, & contentorum in ore, & passionibus doctrinæ 24 tertiæ tractatus tertii   Cap. iiii.

Totam vero oris concauitatem interius circundat panniculus qui
continuus est cum meri, & cum stomacho : quare accidit quod
multæ res tangentes palatum prouocant vomitum. Ad oris concaui- 28
tatem duæ perueniunt viæ : quarum anatomiam superius habuisti ;
in earum summitate est epiglottis : quæ est creata ad perficiendum
vocem : et ut seruet aliquid de aere attracto ad anelitum. Hæc
epiglottis ex tribus est composita cartilaginibus : vna est eminens 32
ante & dicitur clypealis & a laicis dicitur guttur vel nodus gulæ : alia
est posterius cum osse laudæ continua et uocatur nomen non habens.[1]
Tertia vocatur cymbalaris siue cooperturalis :[2] & continuatur cum
nomen non habente : & cooperit clypealem : et ista cymbalaris 36
mouetur per eius musculos : quare cum homo comedit, viam claudit

[1] Cartilago cricoidea.   [2] Cartilagines arytænoideæ.

canne pulmonis: & viam aperit oesophagi. Cum autem homo
loquitur, aperit viam canne pulmonis: & claudit viam oesophagi.
Quare multoties accidit, quod si homo comedens dicere vellet
4 aliquid ignoranter: quod aliquid viam intraret canne pulmonis:
quare natura moueretur ad tussiendum: nec cessaret, donec quod
cannam intrauerat, esset ad extra expulsum.] ¹til þat' mete be out' [¹ lf. 178]
of' his þrote, saue algate he schal couȝe til it' be oute. & þan aboue The mouth contains the
8 þis instrument' is vuula þat' is þe palet'² of' þe mouþ & helpiþ for to epiglottis, the uvula,
make soun / For þe wynd þat' comeþ of' þe lungis reboundiþ³ aȝens which helps to make
þe palet' & makiþ þe more soun. In þe holownes of' þe mouþ is sound,
maad fast' þe tunge, þat' is maad of' whit' fleisch, & neische, & of' the tongue, made of
12 nerues, & veynes, & of' arterijs, as it' is necessarie þerfore / And in white flesh, nerves and
þe þrote of' þe tunge ben .ij. wellis þat' spotil is gaderid þeron, & blood-vessels,
holdiþ alwei þe tunge moist' / Also in a mannes mouþ ben .**xxxij.** **32. teeþ.**
teeþ. & þerof' sittiþ .xvj. in þe cheke boon,⁴ & summen han but'
16 .xxviij. / And for to hile a mannes teeþ ben ordeined lippis, & and the lips, by whose
ben as it' were þe dore of' an hous, & helpiþ forto speke & to pro- help words are pro-
nounce wordis / Now to alle þese lymes þat' ben forseid: as þe palet' nounced.
of þe mouþ & a mannes tunge & þe teeþ & þe gomis & þe lippis, alle Diseases in
20 þei han diuers passiouns. these parts.

    ¶ **Vuula** sumtyme wiþ cours of' humouris sumtime gaderiþ an , Vuula.
enpostym, & sumtyme vuula wexiþ to long',⁵ & sumtyme apostym of'
þe ⁶palet' comeþ of' hoot' cause, þat' þou schalt' knowe bi þe reednes [⁶ lf. 178, bk.]
24 of' þe place & bi brennyng'; & þanne in þe cure herof' þou schalt' In case of a hot apostema
bigynne for to lete him blood in þe heed veyne, & purge colre wiþ a on the palate (uvula) bleed,
decoccioun of' fretis.⁷ & herof' þou schalt' make him a gargarisme, purge and use a gargle,
& þerwiþ he schal ofte waische his mouþ: ℞, lentes, balaustias, **Gargaris-mus.**
28 psidias, gallas, rosas, sumac, & boile þese wiþ .ij. partis of' water, & ℞
oon part' of' vinegre, & herof' make a gargarisme / Also þou schalt'
leie to his palet' poudre of' rosis, & sandalis,⁸ & balaustiarum & a
litil of' camphre / þis is a good help þerfore whanne þe palet' is
32 woxe long' wiþ hoot' humouris. ¶ If' þer come an enpostym of' If cold humour cause
coold humouris, ouþer þat' þe palet' wexe long' wiþ coold humouris, the apostema,
& þat' þou miȝt' knowe whanne þe place is not' reed, & if' þer be

---

    ² *palet*, palate. See Skeat, *Et. Dict.* The erroneous identification of
uvula and palatum is not in the original.
        ³ *rebound*, O.Fr. rebondir. See later references in Skeat, *Et. Dict.*
        ⁴ Lat.: XVI in utraque mandibula.
        ⁵ Lat.: Vuula namque propter humorum decursum aliquando apostema-
tur aliquando solum elongatur.
        ⁷ *fretis*, fruit.   ⁸ MS. inserts *& rosis*.

purge and use a gargle. miche spotil i*n* his mouþ, first' þou schalt' *purge* him wiþ cochijs &

R

pigra, & þa*n* make hi*m* a *gargarisme* wiþ þis decoccioun: R̝, aceti *partes* duas, mellis *partem* vna*m*, boile he*m* togidere & do þerto

[³ lf. 179]
A powder applied by a Funnel.
poudre of' mirtillor*um*¹ & þe seed of' rosis & peletre² & ʒinʒibere, & 4 þa*n* make hi*m* poudre of' pepir ³& sal armoniac, & make herwi*th* a fumigacio*u*n wiþ enbotum.⁴ & if' it' be greet' to-swolle, & þa*n* þou muste make consu*m*ynge þi*n*gis as diameron & sappa michum⁵ / If'

If the uvula gets too long, remove a portion.
þe palet' be recchid along', & if' it' be so long' þat' it' lie vpon þe 8 tunge, þa*n* þou muste kutte awei as miche þerof' as þee þinkiþ good,

Be ware not to cut too deep.
so þat' it' be nomore þan it' schulde be; & be war þat' þou kutte not' to myche þerof', for þer miʒte come greet' perel þerof': as his vois miʒte be apeirid þe while he lyuede, & contynuely couʒinge, & his 12 lungis miʒte be þe worse þerfore & also his piys.⁶ & þerfore it' is greet' *perel* for to kutte a ma*n*nes palet'.⁷

the tong' suffers from many diseases.
¶ The tunge suffriþ manie sijknessis as pustulas and swellynge & kuttynge, & ofte tyme a ma*n*nes tunge bicomeþ schorter þan it' 16

Ranulam.
schulde be. And þer is anoþer passiou*n* þat' is clepid fili **ranulam**⁸ & spasmu*m*, & su*m*tyme a ma*n*nes tu*n*ge wexiþ to long'.⁹ ¶ The

In case of an apostema in the tongue,
[⁵ lf. 179, bk.]
bleed from the head-vein and use a wash.
curis of' pustulis & vlcera schulen be seid heraftir / If' þer come an enpostym or ony swellynge to a ma*n*nes tu*n*ge, & it' come of' hoot' 20 humours, þa*n*ne þou schalt' bigy*n*ne þe cure þerof' in þis ¹⁰ma*n*er / ffirst' lete hi*m* blood i*n* þe heed veine, & þa*n*ne make hi*m* a decoccio*u*n & a waisching' as it' is aforseid i*n* apostym of' þe palet': & he schal holde i*n* his mouþ þe iuys of' letuse. & i*n* þe same ma*n*er þou 24 schalt' cure swellynge of' a ma*n*nes tu*n*ge / If' þer come apostym or

---

¹ MS. over *mirtillorum* is written *mirtelberys*.

² *pelletre*, Lat. pyrethrum. "*Pyrethrum*, Bartram, wild or bastard Pellitory, an Herb the Root of which is very biting and hot." Phillips. See *Pelleter* Cath. Angl. and Note ibid.

⁴ *enbotum*, Lat. embotum. See *Dufr.* = infundibulum. Fr. embut, a surgical instrument, a funnel.

⁵ *sappa michum*, Lat. saramitum.

⁶ *piys*, Lat. pectus. O.Fr. pis.

⁷ Gulielmus de Saliceto, Laufranc's teacher, uses a cautery instead of cutting. I give the quotation from an English translation, MS. Sloane 277, fol. 1 (beginning of 15th cent.): "*Be þe grape cutt wiþ a brennynge yren keruynge, & be it putt in by a pipe to þe grape, þe mouþ holden open. Be þe grape receyued in þe hole of þe pipe. Whiche receyued, be putt in þere þe brennynge yren in þe pipe, & be þe grape cauteried.*"

⁸ *Ranula*, a tumor, which forms under the tongue. (Dunglison.) See Vegetius, De re veterin. 4, 5, 1. Gr. βάτραχος. Fr. grenouillette.

⁹ The passage is corrupt. Lat.: Lingua quoque multas patitur ægritudines, pustulas, inflationem, scissuram, breviationem fili, ranulam, spasmum et relaxationem.

ony swellynge of' coold humouris, þan purge him with pill*u*lis þat' If the apos-
tema is
be forseid of' .G[aliens]. makinge. ¶ Ther was a man þat' his tunge caused by
cold humours
was so swolle þat' it' m.ȝte not' be conteyned i*n* his mouþ. & first' use the purg-
ing pills of
Galien.
4 I made hi*m* purgaciou*n*s & waischingis; & þa*n* I made him con-
sumynge þi*n*gis; & i*n* þis maner he was curid. ¶ **Scissure** is a "Scissure"
is a fissure in
the tongue.
passiou*n* i*n* a ma*n*nes tu*n*ge þat' is as it' were kutti*n*g'. & þat' schal Use a wash,
and let the
patient feed
be curid wiþ þe iuys of' mal*u*e soden wiþ psilli*u*m & medlid wiþ
8 sugre & sode, & herwiþ he schal waische his mouþ. & he schal on barley-
water and
hog's-feet.
dri*n*ke water of' barli, & his mete schal be hoggis feet' wel soden, &
wiþ þe nerues of' þe feet' he schal frote wel his tu*n*ge. ¶ Also þer When the
"frænum
is a þreed[1] v*n*dir su*m* ma*n*nes tu*n*ge þat' he mai not' put' out' his linguæ" ex-
tends too far,
12 tu*n*ge as he schulde, & also it' lettiþ him to speke. þe cure herof' cut it with
a golden
instrument.
is for to kutte þat' þreed, [2]& þan brenne him. & it' is better for to [3 lf. 180]
make an instrument' of' goold & brenne it' þerwiþ, & kutte also wiþ
þe same instrument' / ¶ Also þer comeþ an enpostym vpon a ma*n*nes When the
apostema is
16 tunge of' fleume[3] & also of' malanc*olie*, saue of' malancolie an en- caused by
melancholy,
postym comeþ but' selden / þese ben þe signes if' it' come of'
malanc*olie*: þe place wole be ledi ouþir blak. & þan do þou no try no cure;
cure þerto / If' it' come of' fleu*m*a, þanne frote wel his tunge wiþ if it is caused
by phlegm,
20 salt', til þe blood come out' þerof'. & if' þis suffise not', þa*n* frote it' rub the
tongue with
wel wiþ vitriol / If' þe spasme come i*n* a ma*n*nes tu*n*ge þat' wole salt or vitriol.
constryne þe tunge inward, þe cure herof' is for to holde oile of' Against
cramp in the
tongue use
anete i*n* his mouþ & of' camomille hoot' as he mai suffre, & make an anet-oil and
a plaster.
24 enplastre herof' medlid wiþ hoot' water, & leie it' vpon his heed &
vpon his nolle hoot' / If' his tu*n*ge bicome neische, þan þou muste If the tongue
becomes soft,
purge him wiþ pill*u*lis fetidis,[4] or wi*th* trocisco de turbit'. & þan use purging
pills and an
do þerto þis medicy*n*: ℞, gra*n*a vij. nu*m*ero, recentis & lucidi electuary.
28 euforbij,[5] & take vij. figis & pare awei þe ryndis þerof' & grynde ℞
hem wel togide*re*, & do þerto as miche raw hony [6]& medle he*m* to- [6 lf. 180, bk.]
gidere, & make herof' þe mane*r* of' a letuarie ; & herof' he schal take
as miche as a bene, & leie it' v*n*dir his tu*n*ge, wha*n*ne he were

---

[1] *þreed*, Lat. **filum**. Usually **filetum**. Fr. **filet de la langue**.
[3] Lat.: **Ranula quoque fit sub lingua.** Sl. 2463, fol. 93 : " *Ranula is an
emynence vnder þe tunge towa*rd* þe forther teth in mane*r* of an enpostume,
& whane þe tunge is lift vp þer schewith as it were a nother tunge vnder þe
tunge.*"
[4] *pillulæ fetidæ*, pills composed from fetid things.
[5] Halle, *Table*, p. 35. ' *Euphorbium*, Ευφόρβιον : is the gum or teares
of a tree called Euphorbia growinge in Lybia, found out (by the testimonye
of Dioscorides) in y° time of Iuba : and was called by that name (as saith
Ruellius) of his Phisicien."

fastynge / Wiþ þis medicyn þe abbot⸲ of⸲ seint⸲ victor was maad
hool ; for he miȝte not⸲ speke, & herwiþ his speche come aȝen.[1]

¶ Akinge of⸲ teeþ: sumtyme it⸲ comeþ of⸲ vijs of⸲ þe teeþ,[2] &
sumtyme of⸲ þe gomis, & sumtyme it⸲ comeþ of⸲ vijs of⸲ þe stomac, & 4
sumtyme it⸲ comeþ of⸲ hoot⸲ mete, & sumtyme of⸲ coold mete. & if⸲

it⸲ come of⸲ hoot⸲ mete, make him holde coold watir in his mouþ, &
þat⸲ wole cure him anoon. & if⸲ it⸲ come of⸲ coold mete, þan he
schal holde in his mouþ hoot⸲ oile. & if⸲ a mannes teeþ akiþ for sour 8
þingis, þan he schal ete chese & portulacas, or he schal gnawe wiþ
his teeþ hoot⸲ wex[3] / If⸲ it⸲ come of⸲ vicis of⸲ þe heed or of⸲ þe gomis,

and þe cause come of⸲ hete, þat⸲ þou miȝt knowe bi reednes of⸲ þe
place & bi þe hete þerof⸲, & þan þou schalt⸲ lete him blood in þe heed 12
veine, & þan þou schalt⸲ lete him blood in þe veine þat⸲ is vndir his
tunge ; & þan he schal holde in his mouþ oile of⸲ rosis, medlid wiþ

watir, [4]ouþer coold watir & vinegre / If⸲ þe akynge be so greuous

þat⸲ it⸲ mai not⸲ be take awei, þan aswage his akynge wiþ þis 16

medicyn : ℞, seminis iusquiami albi[5] opij ana Ɔ .j, seminis apij Ɔ

.j, grinde hem togidere & tempere hem wiþ vinegre, & make þerof⸲
pelottis in þe greetnes of⸲ a pece, & leie oon herof⸲ vpon þe tooþ, &
þis wole do awei þe akinge þerof⸲. & after þe fourþe dai lete him 20
holde in his mouþ oile of⸲ rosis, in which is dissolued masticis.

¶ If⸲ þe akynge come of⸲ coold humouris, þat⸲ þou miȝt⸲ knowe if⸲ þe

place be not⸲ reed ne to-swollen, þan purge him wiþ cochijs or wiþ
pigra. & aftir þis he schal holde in his mouþ tiriacam diatesseron.[6] 24
¶ Also do þis medicyn in his eere in þe same parti þat⸲ akiþ /

℞, olium oliuarum .ℨ ij., aceti .ℨ j., coloquintidae, piperis ana .Ʒ .j.,

---

[1] Lat.: cum hac medicina fuit restituta loquela dominæ abbatissæ sancti
victoris ad ultimum, quæ propter linguæ mollificationem non poterat uerbum
intelligibile bene loqui ; dedi ei hanc medicinam, et cito locuta est expedite.

[2] *of viis of þe teeþ*, dentium vitio. *viis* is used synonymously with
defaute. Sometimes both expressions are used. Sloane 277, f. 12 *b.* : "*These
seknesses be maad of vice or defaute of þe norischinge strengþe.*"

[3] This is evidently a way of filling the hole of a tooth.

[5] Halle, *Table*, 52. "*Hyosciamus.* Henbane is called in Greeke 'Yoσ-
κυαμος ; in Latin : Hiosciamus, Apollinaris, Faba suilla et Altercum ; of
Apuleius: Symphoniaca ; of others also Fabidum and Fabilonia, and of
some Cassilago or Caniculata ; of the Apothecaries Iusquiamus. Of Hen-
bane there are three kyndes: the blacke, the yelowe and the whyte."

[6] *diatessaron*, an electuary into the composition of which entered four
medicines. "Among Farriers *Diatessaron* is taken for Horse-treacle ; ——.
Also an Electuary made of Gentian, Bay berries and Birth-wort, of each two
Ounces, all beaten to a very fine Powder, and work'd in like manner with
two Pounds of Honey in a Stone-mortar."—Phillips.

& boile hem in a double vessel, & distille it�margin in his eere flaisch[1] /
Sumtyme a mannes teeþ ben frete & ben holow, & þis comeþ of�margin ^{If the teeth are hollow}
humours corrupt�margin þat�margin falliþ to þe teeþ. & in þis maner þou schalt�margin ℞

4 cure it�margin / ℞, olium .ʒ j., sansuci[2] sicci,[3] seminis sicute ana ʒ ꝑ. ^{cauterize the hole with the hot iron.}
boile hem togidere, & þan þou schalt�margin haue [4]a cauterie wiþ .ij. ^[4 lf. 181, bk.]
pointis, & þou schalt�margin haue þe schap herof� heraftir, & þou schalt�margin
make þe same instrument�margin hoot�margin in þe fier, & þan putte it�margin in þe for-
8 seid oile, & þan putte it�margin in þe hole of� his tooþ, & be war þat�margin þou
touche not�margin his gomys wiþ þe iren ne his lippis : & þis medicyn þou
muste reherse ofte tymes / þis medicyn wole bringe water out�margin of�margin
þe teeþ, & it�margin wole do awei þe akynge. ¶ If� þou desirist�margin to drawe ^{To draw teeth without using the iron.}
12 out�margin ony mannes tooþ wiþouten iren : ℞, cortices radicum mori &
piretrum ana, distempere hem wiþ vinegre & grinde hem wel ℞
togidere, & drie hem in þe sunne, & departe liȝtli þe tooþ & þe
fleisch of�margin þe gomis & leie of�margin þe medicyn bitwixe þe tooþ & þe
16 fleisch / Also lac titimalli[5] distemperid wiþ flour of�margin amidum / Also
make poudre of�margin peletre & lete it�margin lie in vinegre in þe somer tyme, &
kepe it�margin ; þis makith neische, þat�margin þe tooþ mowe be drawe out�margin wiþ-
outen ony iren / If� a mannes teeþ ben blac, in þis maner þou schalt�margin ^{A powder to make black teeth white.}
20 make hem whit�margin / ℞, farinam ordei, sal ana, & leie hem in hony, & ℞
make þerof�margin past�margin & folde it�margin in paper [6]or in lynnen clooþ, & brenne ^[6 lf. 182]
it�margin in a furneis. & þan brenne schellis of�margin eiren, & ciperi, aluminis
ana partes duas, corticum citri siccorum, camfer ana partem vnam,
24 make herof�margin poudre, and frote þerwiþ his teeþ & hise gomis, & þis
wole do awei þe blaknes of�margin a mannes teeþ /

Of þe passioun in wommen brestis /

28 **G**Od almiȝti made in a womman tetis for þe norischinge of�margin a ^{¶ v. cᵒ.}
child. & a wommans tetis ben maad of�margin fleisch þat�margin is glandu- ^{A woman's breasts are made of glandular flesh, blood-vessels and nerves, and the blood is turned to milk in them.}
lous, & of�margin veines, & of�margin arterijs, & of�margin nerues, & ben but�margin veines þat�margin
comen fro a wommans lyuere to hir tetis & þe maris, as it�margin is seid
here tofore, & in what�margin maner blood turneþ into milk it̠margin is forseid.[7]

---

[1] *flaisch*, tepidus. See p. 255, note 3.
[2] " *Samsucus*, maiorana," et cet. *Alphita*, p. 161.
[3] MS. *succi*.
[5] *lac titimalli*. τιϑύμαλος, euforbia.
[7] Lat.: et ad ubera veniunt venæ concavæ a matrice, per quas, ut scivisti, pars sanguinis attrahitur menstrualis, et sicut chylus camellinus veniens a stomacho, cum a hepate recipitur, colorem recipit rubeum : sic sanguis a matrice veniens rubeus albescit. Compare *Avicenna*, Lib. IV., Fen. XII., Cap. 1, f. 209. "Nam epar rubificat chilum album et facit·ipsum sanguinem. Et mamilla albificat sanguinem rubeum et facit ipsum lac."

¶ In a wommans tetis comeþ manie passiouns / ffor, as Egidius seiþ, þat⁺ sumtyme þer comeþ þerto apostym of⁺ milk, & sumtyme vlcera / And comounly enpostyms comeþ of⁺ blood þat⁺ is drawe to þe tetis & mai not⁺ turne into milk, or if⁺ a womman haue to miche 4 blood, & it⁺ comeþ of⁺ febilnes of⁺ vertu as it⁺ is aforseid in þe general chapitre of⁺ enpostyms. ¶ þe cure of⁺ an hoot⁺ enpostym in þe tetis / ffirst⁺ þou ¹schalt⁺ lete hir blood in Basilica, or sette a ventuse vpon hir schuldris. & if⁺ þe cause come of⁺ retencioun of⁺ menstrue, 8 þan þou schalt⁺ ʒeue hir medicyns for to bringe out⁺ þe menstrue, or þou schalt⁺ lete hir blood in þe sophene, & anointe þe place wiþ oile of⁺ rosis, & þe fourþe part⁺ of⁺ vinegre. & if⁺ þis suffise not⁺, þan wete a lynnen cloop in þe iuys of⁺ solatri,² & whanne þou hast⁺ 12 anoyntid þe place wiþ oile & vinegre, þan leie þis cloop þervpon. & loke þat⁺ alle þingis þat⁺ þou leist⁺ þerto be flasch hoot⁺;³ for þer schal no coold þing⁺ be leid þerto for þe place is neruous, for coold þing⁺ wolde greue it⁺. If⁺ alle þese medicyns suffisen not⁺, saue þe 16 mater bigynneþ to drawe to quitture, þanne leie þerto maturatiuis. & if⁺ þou miʒt⁺ not⁺ do it⁺ awei wiþ repercussiuis ne wiþ resoluynge þingis, & þou ne miʒt⁺ not⁺ make it⁺ maturatif⁺, þan it⁺ is drede lest⁺ þe womman bicome in a passioun þat⁺ is clepid Mania.⁴ þan hir heed 20 mote be schaue, & ʒeue hir confortif⁺ þingis for hir heed, & ʒeue hir sotil dietynge, & sche schal drinke no wijn ne ete ⁵no fleisch. & þou muste worche ful sotilli, ffor I say a womman þat⁺ hadde an enpostym in hir brest⁺ & come of⁺ blood, & so I tauʒte'hir for to do⁶ 24 as it⁺ is aforseid, & þo þer come a lewid cirurgian & repreuede me, & he leide þervpon maturatiuis : & þe more þat⁺ he leide þervpon maturatiuis, þe more þe mater wexide greet⁺ & þe more brennynge. & þe same cirurgian wolde not⁺ heere my counseil / & þe wommans 28 freendis took more hede to þe lewid cirurgian þan to me, & wiþinne .iij. daies Mania come to hir and was oute of⁺ hir witt⁺, & so þe frenesie fil on hir / & þis pronosticacioun I seide in þe bigynnynge, but⁺ þei wolde not⁺ leue mi wordis⁷ / If⁺ it⁺ so be þat⁺ it⁺ make quitture, 32 þan opene it⁺ & do out⁺ þe quitture, & þan leie þerto a mundificatif⁺,

---

² Halle, *Table*, p. 119. "Solanum hortense, which doubtlesse Lanfranke meaneth by Solatrum, doth Galen also call Esculentum."

³ *flasch hoot*, tepidus. See p. 255, note 3.

⁴ De propr. rer. lib. V. cap. 34. Add. 27,944, fol. 53 b.: "*ypocras seiþ þat in wommen in þe whiche superfluyte of blood turned to þe pappis, it bodeþ madnes.*"

⁶ *do*, above line.

⁷ Lat.: mea tamen prognosticatio multum exaltata extitit.

& be wel war þat' þou putte þeriᵤne no greet' tent' ne long', as manie *[Be ware not to use a great tent,]*
foolis doon ; for a wommans tetis ben ful of' nerues, & if' þe nerues *[as many fools do.]*
were pressid wiþ ony tent', it' wolde make gret' akynge, & wolde
4 lette þe cure þerof'. ¶ Also þer ben manie foli lechis, whanne þei *[Many foolish physicians]*
fynden ¹in a wommans tetis fleisch þat' is glandelous, þan þei wene *[[¹ lf. 183, bk.]]*
þat' it' be wickid fleisch, & ben þeraboute for to drawe it' out', & *[remove the glandular flesh, mis-]*
þan þei schendiþ al þe substaunce of' þe brest'. þou schalt' worche *[taking it for]*
8 wiseli & þou schalt' remeue noon herof', for as it' is aforseid, al þe *[corrupt flesh.]*
fleisch of' þe tetis is glandelous. & whanne þat' is cleusid wiþ
mundificatiuis þan þou schalt' regendre fleisch, & þan þou schalt' drie
it' / If' it' be so, þat' coold mater gadere to enpostym in a wommans *[If cold matter gathers into]*
12 brest', & þat' comeþ ful selde, loke if' þis mater come of' fleume, & *[an apostema,]*
þan anoynte þe place wiþ oile of' camomille, & oile of' lilie, & oile *[apply an ointment]*
of' anete, & a litil vinegre medlid þerwiþ. & if' it' be ony nede first'
make hir a purgacioun, & if' it' resolue not', þan leie þerto matura- *[and matura-]*
16 tiuis, & þan do as it' is aforseid / & if' it' so be þat' þe mater turne *[tives. If the matter becomes]*
to hardnes & blak or ledi, þan þou muste be war þat' þou leie þerto *[hard, it may]*
no medicyns þat' ben to hoot', for þer mai engendre a cancre þerof' *[easily become a cancer.]*
ful liȝtli. & if' it' be so, þan be þou not' þeraboute for to make it' *[In case of cancer,]*
20 maturatif', & do þou no cure þerto. & summen seien þat' a womman *[[² lf. 184]]*
mai be curid for ²to kutte off al þe brest', & þat' is al fals. Saue *[operation does not help;]*
þou schalt' kepe þe place wiþ vnguentum de tutia, & sche mote ofte *[but apply an ointment]*
be purgid, þat' sche mowe lyue þe lenger. ¶ I-leue þe wordis þat' I *[and purge to prolong]*
24 seie ; þouȝ I haue curid manie men of' diuers empostyms, I miȝte *[the patient's life.]*
neuere cure a verri cancre, but' it' were in a fleischi place þere I *[I have only cured a true]*
miȝte kut' al awei wiþouten ony hurtyng' of' senewis & of' veines³ / *[cancer in a fleshy part.]*
& a wommans brest' is ful of' senewis & veynes & arterijs. ¶ Vlcera *[Ulcers in a woman's]*
28 þat' ben in a wommans tetis schulen be curid as it' is aforseid in þe *[breast are treated with]*
general chapitre, saue herof' þou muste be war þat' þis lyme may not' *[mundificative and drying]*
suffre so harde corosiuis for þe greet' tendirnes þerof', saue þou *[medicines.]*
schalt' do þerto medicyns þat' ben mundificatif' & driynge / It' falliþ *[If the nipples are hid in the]*
32 to summe wommen þat' þe point' of' hir tete ne goiþ not' out', but' *[breast draw them out with]*
ben al hid in þe tete so þat' a child mai not' take it' in his mouþ for *[an acorn-cup.]*
to souke / In þis maner þou schalt' helpe it' / Take þe cuppe of' an *[℞]*
acurne, & þat' is lyk to þe point' of' a wommans tete, & do þeron
36 terbentyn or pich, & make it' hoot' & leie it' vpon þe point' of' hir
tete & binde ⁴it' þerto faste, & þis wole drawe out' þe point' of' hir *[[⁴ M. 184, bk.]]*

---

³ There is no condition mentioned in the Latin original, under which the operation might be performed. Roy. 12. C. XIV. fol. 54 b.: de uero cancro nunquam curare potui, licet pluries cum meis uiribus laborauerim.

ŧ

In case of
enlargement
of the breast
apply

℞

the powder of
a whet-stone
and vinegar,

or a plaster
of cumin with
honey and
vinegar.

If the milk
becomes
hard, anoint
the breast
with oil
and apply a
solvent.

[² lf. 185]

℞

tete. ¶ Also itᵗ bifalliþ to maidenes þatᵗ her tetis bicomeþ more þan
þei schulde be bi resouₙ, & þou schaltᵗ helpe hem iₙ þis maner /
Take stonys þatᵗ me whettiþ knyues on, & frote þese .ij. stones
togidere iₙ vinegre longe, til þe vinegre bicome þicke þerofᵗ, & make 4
itᵗ hootᵗ & anoynte þer wiþ hir tetis, & þan binde hem / þis medicyn
defendiþ þatᵗ þei schulen notᵗ wexe, & make hem bicome litil til þei
come to her owne propre schap. ¶ Also take comyn & make
poudre þerofᵗ, & medle itᵗ wiþ hony & vinegre; and itᵗ worchiþ þe 8
more strongli ifᵗ þou medle þerwiþ bole armoniac & terra sigillata;
grinde heₘ & tempere hem wiþ vinegre, & make a plastre þerofᵗ &
lete itᵗ lie þeron .iij. daies, & þan þou schaltᵗ waische itᵗ wiþ coold
water / And a womman be war herofᵗ þatᵗ sche haue no sich 12
medicyn, ifᵗ hir brestᵗ schal wexe ony more.¹ ¶ Ifᵗ þatᵗ milk be
gaderid hard iₙ a wommans brestᵗ for hete, þanne þou schaltᵗ anointe
hir brestᵗ wiþ oile ofᵗ rosis & vinegre, & þou schaltᵗ make an en-
plastre as ²ofᵗ solatri, portulace, for þese herbis haₙ propirte for to 16
dissolue. ¶ þis is a plastre þatᵗ wole dissolue mylk þatᵗ is congelid
hard, and itᵗ wole make þe mater ofᵗ an enpostym maturatifᵗ /
℞, mice panis, farina ordei, fenigreci & seminis lini anₐ. ℥ j, radicis
malue visci & herbe veruce.³ anₐ. ℥ .j. ; seþe wel þese .ij. laste, & 20
þan stampe hem wel alle togidere & tempere hem wiþ oile, & make
þerofᵗ a plastre & leie itᵗ vpoₙ flasch hootᵗ /

ffor brekyng of þe siphac & of his laxyₙg.

¶ vjᵒ cᵒ/

Anothamia ofᵗ þe siphac is aforseid / & sumtyme siphac is kuttᵗ, 24
& sumtyme itᵗ recchiþ alongᵗ, & sumtyme itᵗ to-brekiþ wiþ lep-
inge, & sumtyme for greetᵗ wepiₙge, & sumtyme for greetᵗ crijnge, &

If the
"siphac"
protrudes at
the navel or
the groins,

sumtyme for greetᵗ traueile. ¶ Ifᵗ siphac be recchid aboute þe nauele
ouþer aboute þe heeris, þatᵗ þou myȝtᵗ knowe iₙ þis maner : þe place 28
wole be to-swolle an hiȝ as itᵗ were an enpostym. & whaₙne þou
touchistᵗ itᵗ wiþ þi fyngir, itᵗ wole goon yn aȝen. & sumtyme itᵗ wole

use a ligature
and a plaster.

[⁴ lf. 185, bk.]

If the siphac
is broken a
gurgling
sound is
heard, on the
application
of pressure.

come aȝen, & itᵗ wole make noon gurgulaciouₙ / þe cure herofᵗ is butᵗ
liȝtᵗ, & is wiþ a ligature & wiþ enplastre þatᵗ schal be seid iₙ þe brek- 32
inge ⁴ofᵗ þe siphac. & ifᵗ siphac be to-broke, þou miȝte knowe bi þe
greetᵗ noise, whaₙne þou lestᵗ þin hond þervpon for to putte heₘ yn

¹ The translator has omitted the following passage : Caueat etiam illa
quæ non vult suas ingrossare mamillas : ne illas tangat vel tangi permittat.
³ *herbe veruce*, Lat. *herbæ erucæ.* Brassica eruca L., white mustard.
The translator mistook it for Verrucaria.

aȝen.[1] ¶ þe cure herof' is hard in an oold man. þan make him a brac-
cal[2] *id est* a boond þat' it' be þe brede of' .iiij. fyngris. & it' mote be
maad of' lynnen clooþ maniefoold,[3] & þou muste make a plate of' iren,
4 as brood as þe brekyng' is, & þat' mote be fooldid manie foold *in* þe
forseid ligature, & it' schal not' be round, but' plain. & þou muste
ordeyne þerfore fastnyngis tofore & bihinde & *in* hise flankis, þat' it'
mowe be holde algate *in* oon place, and þou schalt' make an enplastre
8 for to leie vpon þe same place vndir þe bindinge in þis maner / ℞,
glutin*um* picci*um* vel carte .ȝ. iiij, picis grece .ȝ. .iiij, picis naualis
armoniaci an*a*. ȝ ij, kutte þese alle to smale gobetis, & do he*m* in
ȝ. ij. of' vinegre, & ȝ .iiij. of' oile of' mast*icis* & lete he*m* lie þeron
12 adai & anyȝt', & þan melte he*m* *in* a panne & cole he*m*. & heron
medle poud*re* mastic & thus, & boli armoniaci, mu*m*mie, san*uinis*,
dr*a*conis, dragaganti, farine fenigreci an*a* ȝ ſſ. medle he*m* longe
togid*ere* / Ouþir take ⁴scropholarie⁵ þe rynde þerof' & grinde it'
16 wiþ grese, & make þerof' an enplastre, & of' þe same rotis make
poudre, & ȝeue him þerof' eueri dai .ȝ .j. & ſſ. wiþ wijn / Also ȝeue
him eue*ry* dai .ȝ .j & ſſ of' poudre ma*a*d of' þe rotis of' valarian
temp*er*id wiþ wijn. ¶ And if' hise guttis falle adoun into his
20 ballok leþir,[6] þe cure þerof' schal be seid in þe nexte chapitre //

Of hernia⁷ of þe ballokis //

THis siknes mai be seid *in* manie maners / In oon maner whanne
a ma*n*nes bowels falliþ into his ballokis leþeris, & þan it' is
24 clepid hernia intestinalis / Or þer falliþ watir into þe same place as

---

¹ The distinction made between a simple protrusion and a rupture of the
siphac is, in fact, one between a less or more developed hernia. The "gurg-
ling sound" has already been noticed by *Avicenna Canon*, Lib. III., Fen. 22,
Tract. 1, Cap. 3.

² *braccal*, Lat. brachale = cingulum coriaceum Dufr., from med. Lat.
bracæ. See *breeches*, *N. E. Dict.* The use of the "brachale vel lumbare"
is mentioned by Gulielm. de Salie, *Chirurgia*, Lib. I., Cap. 43. De crepatura
in inguinibus. Engl. transl., Sl. 277, fol. 6 *b.* "*Wiþoute cuttynge moost
children & oþere in whiche þe guttes comen not down to þe ballock codd, &
whiche þat hadde but litel schewynge wiþ a lumbare or a bandrike, & oure
plastre & powdre manye in my tyme I curede þe lumbare or bandrike
oweþ to be maad of lynnen cloþ þrefold.*" Sl. 2463, fol. 123 b. says : "*The
cure without inscicion . . . is don with a gyrdell made for þe rupture, þe
whiche a man may fynde to sylle.*"

³ *maniefoold*, Lat. : multis duplicationibus facta.

⁵ *scropholarie*, scrophularia, water betony, *medewort* written above.
See Wr. Wül. *médwurt.*

⁶ *ballok leþir*, testiculorum bursa.—*Cath. Angl.*, p. 211. Ledyr ; birsa.
Sl. 2463, f. 123 *b.* : þe purs of þe ballokes.   ⁷ MS. *hernio.*

it' were a dropesie, & þan it' is clepid hernia aquosa / Ouiþir þer
comeþ wijnd into þe same place, & þan it' is clepid hernia ventosa.
And sumtyme þer wexiþ fleisch aboute & is greet', & þan it' is clepid
hernia carnosa / And sumtyme þer ben veynes þereaboute ful of' 4
malancolious blood & wele be gret' as it' were notis, & þan it' is
clepid hernia varicosa / The firste cause comeþ in þis maner: Din-
dimus, þat' anathomia þerof' is ¹forseid, wexiþ wide for sum moistnes
þat' falliþ þerto, so þat' ȝirbus, ouþer þe bowels falliþ adoun in þe 8
same place; and þis maner is ofte seen. Ouþer siphac is to-broke
in þe flank wiþ oon of' þe forseid causis in þe chapitre tofore / &
þoruȝ þe same breking' þe bowels falliþ adoun ouþir ȝirbus, & bitwixe
dindimus & mirac þei fallen adoun into þe ballok leþeris. & þis 12
maner falliþ ful selden. þis laste maner is incurable wiþ ony
medicyns, but' wiþ kuttynge it' mai be curid & sewid. & who þat'
vsiþ sich maner boondis aforseid, but' if' it' be in children & in newe
causis, it' is al traueile in idil, & þe patient haþ greet' penaunce þerwiþ 16
wiþouten ony profit'. ¶ The firste may be curid / & þe .ij. maner
is ful hard for to cure, & þerfore it' is ful necessarie for a cirurgian
for to knowe alle þe maners herof' & anathamiam as it' is forseid

lest' he falle in errour. ¶ þer ben manie men þat' ben hardi for to 20
entermete of' þese curis þat' knowen not' þe maner of' þe sijknes ne
þe diffence þerof', & þerfore þei falliþ aldai in errour. & þe lasse

good þat' ²þat' þei kunne, þe raþere þei wole entermete of' sich an
hard cause. & þis cause is ful perilous / I haue seen manie wise 24

men þat' coude do þis cure ful wel, & ȝitt' þei wolde not' entermete
þerof' / þerfore þou muste take consideracioun sotilli, where þe
bowels falliþ adoun þoruȝ þe brekynge of' siphac ouþir þoruȝ dindi-
mum, & þat' þou schalt' knowe in þis maner: ¶ In þe firste caas þe 28
bowels or ȝirbus falliþ doun sodeinli wiþ agreuaunce, & þan þou
miȝt' fele his bowels or ȝirbum in þe botme of' þe ballok leþir, & þan
þer is but' oon skyn to-broke, & þat' is mirac. & whanne þou wolt'
putte yn þe bowels aȝen, þou miȝt' fele in what' place þei goon in. 32
& whanne hise bowels ben ynne, þan lete þe patient stonde vp, &
hise bowels wolen falle out' sodeinli aȝen, & þan þou miȝt' fele in

what' place þei comeþ out' / In þe .ij. caas ȝirbus or þe bowels, or
boþe comen adoun alitil & alitil, & makiþ miche gurgulacioun, & þe 36
wei þat' þei comeþ out' is algate sumwhat' greet' in dindimo, & þat'
wole not' be put' yn whanne þe bowels ben putt' yn, saue ³wiþ greet'
penaunce & in longe tyme. & whanne þe bowels falliþ þoruȝ dindi-
mum, he makiþ þe ballok leþir neuere þe lengere, & þis is a good 40

knowinge : whanne þou hast¹ take kepe of¹ alle þese priuitees, þan
þou miȝt¹ wite wherof¹ þe cause is. ¶ Whanne þe bowels falliþ
adoun þoruȝ a fissure, id *est* þoruȝ a brekynge, þan þou schalt¹ not¹
4 traueile forto worche wiþ plastris & wiþ boondis þat¹ ben forseid,
but¹ if¹ it¹ be in children & in causis þat¹ ben newe. & if¹ þe brek-
ynge be but¹ litil, þan þou miȝt¹ make .v. cauterijs vpon þe skyn
wiþoutforþ, so þat¹ þe cauterie *perse* mirac, for þat¹ wole make an
8 hard drowing¹ vpon þe brekinge / & it¹ wole not¹ suffre þat¹ þe bowels
schulen not¹ falle adoun þoruȝ þat place, so þat¹ þe brekinge be but¹
litil.   If¹ it¹ so be þat¹ þe bowels falle adoun þoruȝ dindimum, þan
men haueþ diuers curis. Summen leien a corosif¹ vpon þe ers wiþ
12 dindimum, a medicyn corosif¹, til þe skyn wiþout¹ be frete, til þou
mai se dindimum, & þan aftirward he fretiþ dindimum ; & summen
drawiþ awei a mannes ballokis, and ¹summen drawiþ not¹ awei, but
bi þe wei of¹ þe corosif¹ þe ballokis wolen rotie afterward / ¶ Also
16 summen maken punctual cauterijs in þe maner of¹ a cros vpon din-
dimum, & þan aftirward heliþ it¹ vp / Summen kutten þe hiȝer skyn
wiþ a cauterie,² & þei streyneþ dindimum, & þei bindiþ it¹ wiþ
spago³ / Sum worchith in anoþir maner : first¹, þei kuttiþ þe skyn
20 aboue, & þan þei makiþ cauterium aboue vpon dindimum in summe
partie, & in sum parti þei leeueþ hool. & þis maner is lasse worse
þan þe toþer þat¹ ben forseid / Summen ficchiþ .ij. nedlis in dindi-
mum wiþ double þreed & crossiþ þe nedlis togidere, & þan þei takiþ
24 þe þredis & leiþ þervpon martencium,⁴ til al þe skyn þat¹ was take
wiþ þe nedelis be rerid an hiȝ. & oþer men han diuers werkis þat¹ I
hadde not¹ certeyn, for alle maners þat¹ I heere þerof¹ ben disseyu-
able / For sumtyme whanne a man haþ miche traueilid þoruȝ, þing¹
28 þat¹ he haþ do brekiþ aȝen, & þan it¹ wole be worse þan it¹ was raþer.
& among¹ alle þe maners þat¹ ben, þat¹ is worst¹ þat¹ is doon wiþ
medicyn caustica, for medicyns caustica for þe grete venym & malice
⁵þat¹ it¹ haþ, makiþ greet¹ akynge, & is cause to make an enpostym in
32 dindimo, and þoruȝ þe agreuaunce þat¹ dindimo haþ, siphac mai be
agreued & diafragma. & fro diafragma it¹ mai go⁶ to þe brayn, þat¹
is þe welle of¹ alle nerues, & so þe man mai falle in a spasme, & þan
he is but deed. ¶ O þou wrecchid leche, þat¹ for a litil money

[marginal notes]
When the bowels fall through a rupture apply bandages only in case of children.

If the rupture is small, cauterise the skin above the Mirac.

If the bowels fall through the "Didymum," different ways of treatment are proposed. Some physicians use a Corrosive, [¹ lf. 188]

some remove the testicles, some use cauteries, some tie a string round the Didymus.

All these cures are uncertain, *Nota.* a relapse may occur.

Caustics are dangerous, [⁵ lf. 188, bk.]

they may affect the Diaphragm and the brain.

A bad leech, for a little sum

---

² *wiþ a cauterie*, error for *wiþout cauterie*. Lat.: Alii sine cauterio
superficialem cutem incidunt.
³ *wiþ spago*, cum spago ; med. Lat. spacus, thread. See Diez. s. v. spago.
⁴ *martencium*, Lat. martentinum. Name of a cautery?
⁶ *go*, above line.

endangers a man's life, which is worth more than any gold or silver.

The author's advice is, not to cut, but apply the above mentioned bandage and plaster.

He treated in this way a patient who was sixty years of age.

[² lf. 189]

He wore the bandage during two years in perfect health.

Another patient who was forty years old, was cured by similar treatment.

The patient shall always

[⁴ lf. 189, bk.]

wear his bandage,

shall abstain from vegetables and new wine,

shall not leap, cry, or run,

puttist⁴ a mannes lijf⁴ in perel of⁴ deeþ / for þe lawe seiþ, it⁴ is better
þan ony gold or siluer, for þou for a litil money makist⁴ him in perel
of⁴ deeþ / For a man mai lyue vn-to þe tyme of⁴ his ende for þis
passioun. & þerfore I wole counseile to kutte no man / Saue bi my 4
counseil þei schulen make a ligature as it⁴ is aforseid in þe brede of⁴
.iiij. fyngris of⁴ lynnen clooþ or of⁴ sendel,¹ as I haue tauȝt⁴ hertofore.
& make þat⁴ enplastre þat⁴ is forseid, & teche him good regimen &
good dietynge / & þouȝ he be not⁴ curid wiþ þis medicyn he schal 8
lyue neuere adai þe lenger, ne þe lasse while þerfore / ¶ I say .ij.
men þat⁴ hadden þe passioun, & þat⁴ oon was .lx. winter oold, & his
bowels fel out⁴ as it⁴ is for seid, & it⁴ was ful hard² to bringe hem in
³aȝen, & I made him sich a boond as it⁴ is aforseid & a plastre, & 12
tauȝte in what⁴ maner he schulde diete him-silf⁴. & I seide to him if⁴
he louede his owne lijf⁴ he schulde go to no man to kutte him. &
he was glad of⁴ my counseil, & he bar þe forseid bond & þe enplastre
.ij. ȝeer contynueli, dai & nyȝt⁴, & wiþinne þat⁴ tyme he was hool, & 16
ȝitt⁴ I wiste not⁴ wher he schulde be hool or no / & þat⁴ oþir man
was .xl. wintre oold, & þer fel so greet⁴ plente out⁴ at⁴ his bowels,
þat⁴ þei miȝte not⁴ be putt⁴ in aȝen, til þe pacient⁴ were sett⁴ in a baþ.
& þo I putte hem in aȝen / & I toolde of⁴ þe perel of⁴ kuttynge, & 20
he bad me make sich a boond, & I made him oon & þe enplastre þat⁴
is forseid. & I tauȝte him how he schulde kepe him-silf⁴, and how
he schulde diete him-silf⁴. & wiþinne a litil tyme he come to me, &
seide þat⁴ he was almost⁴ hool, & þat⁴ he wolde were his boond no 24
lenger. & þo I repreuede him, & seide þat⁴ he schulde not⁴ be hool,
but⁴ if⁴ he weride it⁴ lenger / In þis maner þou schalt⁴ teche him for
to kepe him-silf⁴ : he schal algate were his boond & his plastre, saue
if⁴ he haue greet⁴ penaunce ⁴þerwiþ whanne he goiþ to his bed an- 28
euen he mai vndo it⁴ / And he schal in⁵ no maner ete no growel ne
raw fruit, ne no mete þat⁴ makiþ inflacioun / And he schal drinke
no newe wijn, & he schal ete no greet⁴ saule,⁶ and whanne he haþ
ete þan he schal reste him-silf⁴. & he schal not⁴ arise, but⁴ if⁴ his 32
ligature be faste bounden, & he schal not⁴ lepe, & he schal not⁴ crie
ne renne, & he lepe vpon an hors softli. & whanne he sittiþ at⁴

---

¹ *sendel*, Lat. sindon, σινδών, a fine Indian cloth, muslin ; *sendel*, O. Fr.
cendal is derived from *sindon*. See Diez, s. v. zendale. See *sendalle, sen-*
dylle, in *Cath. Angl.*, p. 329, and note *ibid.*

² *hard*, in margin.

⁵ *in*, above line.

⁶ Lat. : ne comedant ad plenam saturitatem. *saule*, O.Fr. saoulée, from
saoul, Lat. satullus.

priuy he schal not streyne him-silf to harde, & he schal ete no and avoid
constipation.
mete þat wole make him costif. & if he wole ony þing traueile, he
schal do it þe while he is fastynge. & if he wole holde alle þes Nota
4 preceptis he mai be hool / & þis medicyne is certeyn, for he schal
herfore lyue neuere þe lasse while.

¶ If **hernia** be watri, þis is þe signe þerof, þat his ballok wole Watery
hernia.
be heuy & schynynge, & if þou pressist it wiþ þi fyngir þou schalt The scrotum
8 fele watrynes þeron / ffirst þou must loke wher it be litil or myche[1] is heavy and
shining,
—— & þan medicyns þat ben consumynge & driynge suffisiþ / the water
is felt on
þerfore þat þou schalt fynde here aftir in þe chapitre of þe dropesie. pressure.
Use drying
¶ If the [2]mater be greet, þan avoide awei þe mater wiþ kuttynge & medicines,
12 wiþ cauterijs. But if þou make cauterijs, þe watir wole come aȝen [2 lf. 190]
or evacuate
þerto, & þe cauterijs wolen lette þat þer schal no more mater come the matter
þerto. ¶ If þe mater be of wynd : þat þou myȝt knowe bi infla- with cutting
and cauteries.
cioun þat is not ledi colour[3] & bi felynge wiþ þi fyngris, if þou felist Hernia
ventosa
16 no watrines þeron, ne heuynes ; þe cure herof is with electuari maad is treated
with an
of greynes of lauri & opere þingis þat schulen be said in þe chapitre electuary.
of þe dropesi in tympanido.[4] ¶ If it be superfluite of fleisch, þat þou Hernia
Carnosa.
miȝte wite wiþ þi fyngris, it wole be hard,[5] þe cure herof mai not be
20 do, but if þou kutte þe skyn þat is wiþoute & drawe out þe mater, Cut the skin
and remove
& þan soude it, & if it be in þe oon part hard & callous, & in þat the matter.
oþer part neische, þan it is better þat þou sette noon hand þeron,
& principali if it be blac & ledi. ¶ **Varicosa** schal be curid wiþ Varicosa.
24 gotis whey, & with epithimo, & wiþ purgaciouns of malancolious
blood, & þan leie þerto þingis þat ben wastynge /

¶ Of a stoon in þe bladdre & reynis /[6]

A stoon in a man is engendrid of plente of [7]grete humouris ¶ vijº. cᵒ.
28 　wiþinne a man, as we moun se an ensample wiþoutforþ of [7 lf, 190, bk.]
A stone in
opere þingis, in þe maner þat men brennen tilis in a furneis. þei the bladder
or the reins
maken first þe tilis of strong cley þat is viscous, & whanne þei arises from a
superfluity of
han schape it as þei wolen, þan þei leie it in þe sunne to drie / & the humours
and great
32 þan þei doon hem in a furneis wiþ fier. & þe stronger fier þat þe heat, as tiles
get hard in
the fire.

---

[1] Some words are wanting. Lat.: *quæ si sit parua,* sufficit tibi medi-
camen consumens.
[3] Lat.: Ventosa cognoscitur per tumorem non lucentem.
[4] Lat.: in hydropisi tympanite. See p. 282.
[5] Lat.: Signum hernie carnose est ... quod sentis, cum tangis, testiculos
dura carne circumvolutos.
[6] Compare *Celsus Medicina,* lib. VII., cap. 26. The later authors fol-
lowed more or less closely.

tilis han, þe stronger þei wolen be, & riȝt so in a mannes bodi,
whanne a man haþ miche viscous matere in his bodi & mai not be
putt out for febilnes of expulcioun, & þan scharp hete specialy in
þe reines falliþ to þat mater & makith it hard, & in þis maner 4
engendriþ þe stoon in þe reynes.   ¶ Also in children a stoon engen-
driþ in her bladdre ; for þe reynes of a child ben not so hote as a
mannes / In þis maner þou schalt knowe wher þe stoon be in a

Nota
The position
of the stone is
detected by
the colour of
the urinary
sediments.

mannes bladdre or in his reynes[1] / If þe grauel of his vrine be 8
whit : þan þe stoon is in þe bladdre / And if þe grauel be reed, þan
it is in his reynes[2] / ¶ Summen þat ben hardi wolen asaie for to
cure a man wiþ kuttynge þat haþ þe stoon in his reynes ; for þei

[3 lf. 191]

knowiþ [3]not þe perel of woundis þat falliþ in þe reynes þat I haue 12
aforseid, & þan þei doiþ no more saue bringe þe pacient to his
deeþ.   ¶ Now I wole teche in what maner a man schal kepe him

Rules of
dietyng
for a man,
who is dis-
posed to get
a stone.

þat is disposid to haue þe stoon, he schal ete no metis þat ben
viscous ne to scharpe, & tofore alle þingis hard chese gaderiþ viscous 16
mater & hard.   & he schal ete no beef, ne no fleisch of a goos, ne

He shall ab-
stain from
sweet things,
milk, cold
water, apples,
pears,

no grete briddis þat swymmeþ in þe water, & he schal ete no fleisch
of an hert, & he schal ete no swete breed,[4] & al maner mete þat is
maad of swete past, & he schal ete no whete soden, & he schal ete 20
no maner þing þat is maad of milk saue þe whey, & he schal
drinke no coold watir, & he schal ete no fruitis þat ben of greet

new wine,
salted things.

substaunce, as applis, peris, & he schal drinke no newe wijn, ne no
wijn of greet substaunce, & he schal ete no þingis þat is to myche 24
salt, & he schal absteyne him fro alle þingis þat engendriþ scharpe
humouris & grete, & he schal not ete to greet sauly[5] / In þis maner

He shall take
well-ferment-
ed bread,

he schal diete him-silf, he schal ete breed þat is wel leueyned / &

---

[1] Barth. *De propr. Trevisa*, lib. VII., cap. 54, indicates another symptom.
Add. MS. 27, 944. fol. 96.   "*And if þe ston is in þe reynes hit is i-knowe
by slepinge of þe fote and in þe ioyntes of þe lift side, and if it is in þe
bladder þe ache is in þe schare and þe twist bitwene þe genetras and þe
hole at þe rigge bones ende.*"

[2] The translator omits the passage about the causes of stone in general,
about the stone in the reins and its treatment.   The following sentence, *þat
I haue aforseid*, refers to this omitted part.   The author says that he will
speak about the causes and treatment of the stone in the reins, although it
does not properly belong to surgery.   Lat. : Ego vero, licet liber iste meus
de cirurgia dicatur, et ad instrumentum cyrurgicum de lapide renum tractare
non pertineat, tamen quoniam multum assimilatur in causis et curis, quamvis
dissimiletur in signis et curis. Et quum ad curas lapidum renum multotiens
sum vocatus, propter gratiam scholarium modum quo usus sum in utriusque
lapidis curatione, causas, signa, et differentias ponere non postponam.

[4] Lat. : a pane azymo.   ἄζυμος, unleavened.

[5] Compare p. 272, note 6.

his breed wole be þe[1] bettir for him if it be medlid wiþ poudre [¹ lf. 191, bk.]
maad of fenel-seed & persil, & he schal drinke sutil wijn & cleer,   *mild wine,*
medlid wiþ fair cleer water / And if his reynes & his bowels weren
4 hote, þan he mai drinke coold water þat be fair & clene, & he mai
ete fleisch of capouns & hennes & chikenes, & partrichis, & of   *meat of capons,*
alle oþere maner of briddis þat mouen in feeldis, & of hem þat   *chickens,*
woneþ in watir he schal not ete.   & he mai ete pork & motoun &   *pork, mutton, gelded*
8 principali of beestis þat ben gildid, & he mai ete fleisch of .iij.   *beasts and veal.*
daies poudringe,[2] & he mai ete feel,[3] & he mai ete eiren þat ben
neische soden ; fisch þat haþ no schellis & þe substaunce of him be
greet & hard, he schal not ete þerof / Alle maner fisch þat haþ   *Fishes with scales are*
12 manie schellis, is better þan he þat haþ no schellis / And of erbis :   *better than those with-*
he schal ete fenel, ache, persil, sperge, attriplicem,[4] spinochia &   *out.*
boraginem, erucam, melones, cucumeris, & he schal be war þat he   *The herbs and the kind of fruit he*
ete no substaunce of caul, & he schal ete no mustard / And he mai   *may take.*
16 ete þese maner fruits : almaundis, auellanes, figis, notis, vuas bene
maturas.   & he schal not[5] traueile to miche[6] aftir mete, & he schal   [⁶ lf. 192]
bere noon heuy birþuns, ne he schal not be girt to streite, & he
schal not slepe vpon his reynes.   & if his reynes ben to hote, þan
20 he schal anoynte hem wiþ oile of rosis, medlid wiþ vinegre, & he   *Nota*
schal anointe his reynes wiþ a lynnen clooþ wet in iuys of colde   *He shall anoint his*
erbis, & he schal absteyne him fro wommen, & he schal touche no   *loins and ab-stain from*
womman to make him haue appetit þerto / for greet medlynge wiþ   *women.*
24 wymmen wiþ greet traueile achaufit a mannes reynes & consumeþ
her natural moistnes / Who so euere vsiþ þis regimen, he schal haue
no drede of engendringe of þe stoon / Who so vsiþ þis regimen[7] &   *If a stone be-*
is disposid for to haue þe stoon, with medicyns he schal do it awei   *gins to form, use a diuretic*
28 or it be confermed.   He schal vse sirupis duretikis[8] : as oximel   *syrup.*
diureticum & squilliticum,[9] or he schal vse a sirup þat auicen
made / R, aquæ lĩ. x, aceti lĩ. ß, medle hem togidere & boile hem   ℞
wiþ ʒ. iij of rotis of ache, & rotis of fenel ʒ. iij, and fenel-seed &

---

[2] *fleisch of iii daies poudringe.* Lat. : porcos trium dierum salitos.
Compare *Liber Cure Coc.*, p. 6.   *To powder befe within a nyʒt.*
[3] *feel*, vitulus. O.Fr. veel.
[4] *Attriplex*, Chenopodium vulvaria. *Alphita*, p. 16. "Attriplex agrestis,
crissolocanna idem ang. mielde." O.E. *melde*, Leechd. III. Gloss. Compare
Germ. *Molten, Milten*. Dessen.   [5] *not*, above line.
[7] Lat. Qui vero tali *non* utitur regimine.
[8] Traheron translation of Vigon's *Chirurgery*. Interpret.: "*Diuretike.*
Diuretyke prouokynge vrine, or that hath vertue to prouoke vrine."
[9] Traheron, *ibid*. "*Squyllicticke* vinaygre is made with the rootes of the
greate oynion, called sqylla, or Scylla dryed, and with vynaygre."

ache ana ʒ. j, seþe hem alle togidere til þe .iij. part¹ be consumed
awei, & þan cole hem & do þerto li. x of¹ sugre, & þan clarifie it¹ &

[¹ lf. 192, bk.] seþe it¹ ¹& kepe it¹ for þin vss // The vss of¹ þis sirip wole suffise for
to do it¹ awei ; but if¹ þe mater be þe more greet¹, & þan þou miȝt¹ do 4
þerto if¹ þou wolt¹ oximel squilliticum, or þou miȝt¹ ordeine þe sirip

The best way
to purge the
kidneys is
vomiting. wiþ modicis² erbis diureticis. ¶ þer is no þing¹ so good for to
purge mater of¹ þe reines as is castynge / for whi castinge curiþ
vlcera of¹ þe reynes / In þe somer þou schalt¹ make him oonys in þe 8

℞ moneþe sich a maner of¹ vomet¹ / Take þe seed of¹ raphani & make
it¹ clene & kutte it¹ ouerþwert¹ in rollis, & lete þis lie in þe forseid

Let the pa-
tient take
salted meats, sirup .ʒ iiij. adai & anyȝt¹ / & þan lete þe pacient¹ ete diuers metis,
as chese, oynouns, salt¹ fisch & þingis þat¹ mai make him drinke 12

wine, wel ; & lete him drinke diuers wynes, saue the while he is fastinge,

and first a
preparation
of radish with
syrup, leʔe him ete 3 notis of¹ þe forseid rollis of¹ raphani þat¹ lay in þe
forseid sirup, & whanne he hath ete his saule & drunke, þan binde

then put
compresses
on his eyes vpon his iȝen neische lynet¹ or flex, & streyne þou not¹ it¹ to harde 16
but¹ meneli. & þan take watir in which has been soden anetum
til it¹ bicome reed, & take þerof¹ li .j., & medle it¹ wiþ þe sirup þat¹

[³ lf. 193] radix raphani lay þerinne, & make him ³drinke vp al togidere, &

and give an
emetic. þan he schal caste vp al his mete & al his drink, & manye wickede 20
humours þerwiþ. & þan make him gadere out¹ þe foul mater of¹ his
nose, & waische his mouþ & his teeþ ; þis medicyn wole do awei þe
mater of¹ þe stoon & purge wel his reynes, þis is þe best¹ medicyn
þat¹ mai be, for to kepe a man fro þe stoon. 24

If the stone
is fully deve-
loped, one
may either
soothe the
pains or break
and remove
the stone. ¶ If¹ þe man be not¹ hool in þis maner, saue þe stoon is con-
fermed fast¹, þan þe cure þerof¹ mai be in .ij. maners : þat¹ oon is for
to aswage þe akynge, & þat¹ oþer is for to breke þe stoon & putte
him out¹ // Whanne a man haþ greet¹ akynge in his reynes & in his 28
bladdre, & þou wotist¹ wel it¹ ben signes of¹ þe stoon, first¹ þou schalt¹

To soothe the
pain apply a
clyster of a make him a clisterie wiþ a decoccioun of¹ herbis þat¹ ben mollificatif¹

℞ & duretik : as malua, violae, bismalue, fenigreci, paritaria, apij,

decoction of
herbs, fenicli, petrosilij scolopendrie, spergi, brusci,⁴ sauine, ebuli, sambuci. 32
& if¹ it¹ be in winter do þerto calamentum, pulegium, origanum, se-
men fenicli, apij, petrosilij, carui, aneti, leuistici,⁵ dauci, milij solis,⁶

[⁷ lf. 193, bk.] eruce, quatuor semina frigidorum, & impone mel, ⁷sal, oleum camo-

---

² MS. *modiu's.*

⁴ *brusci*, Ruscus aculeatus, wild myrtle.

⁵ Alphita, p. 98: "Leuisticus, keisim idem angl. loueache."

⁶ MS. *solus. Alphita*, p. 117, "*Milium solis*, granum solis, cauda pecorina idem. gº. et aº. gromel." Phillips : "Milium solis, the Herb Gromwell."

mille, & scharpe it' wiþ benedicta,[1] and make þerof' a clisterie, & þe
pacient' schal holde it' wiþinne him longe tyme, & after þis clisterie
do him in to a particular baþ, & lete him sitte þeron anoon to þe   put the pa-tient into a
4 nauele, & in his baþ schulen be soden leeues of' malue, peritorie,   bath
viole, senacion, scutella panici pistati & cortice mundati ; þis maner
baþ as I haue ofte preued, it' aswaged akinge / & whanne he goiþ
out' of' his baþ, make an enplastre of' mele, oile & watir, as þou   and apply a plaster.
8 schalt' fynde in þe antidotarie in þe c°. of' maturatiuis, & leie vpon
þe place þere þe passioun is / If' þou knowist' wel þat' þe stoon   Draw the stone from
falliþ adoun of' þe reynes toward þe bladdre bi þe weie of' þe vrine,   the kidneys to the bladdre
sette þan vndir þe place þere it' akiþ,[2] sichiam[3] wiþ fier wiþout' ony   by applica-tion of heat.
12 kuttynge, for þis wole drawe adoun þo stoon. & as þe stoon
discendiþ adoun to sichiam to sette it' lower til he come anoon to þe
bladdre, & þan al þe akynge wole go awei. ¶ Tofore alle þingis   The best me-dicine is the
fildonium[4] is good, þat' þou schalt' fynde in þe antidotarie of' auicen,   Philonium.
16 for þat' is a sure medicyn in þis caas. ¶ Anoþer medicyn þat'   Another medicine of
auicen made, & I haue preued it', and it' [5]doiþ awei akynge þat' is   Avicenna.
in vlceribus renum. R̷, seminis iusquiami albi .ʒ. ſi, opij, grana   [5 lf. 194]
.iiij, seminum citruli, lactuce, portulace, ana .ʒ. j., medle al togidere   R̷
20 & ʒeue herof' .ʒ. ij. wiþ sugre. ¶ And þis þou muste wite þat' þou   One must not give diuretic
schalt' ʒeue þe pacient' no þing' for to make him pisse whan his   medicines to the patient.
akinge is strong', & whanne his vrine is stoppid ; for þat' wole make
þe more akinge / It' is perel of' þis passioun, for þe akynge is so
24 greet' sumtyme þat' þe pacient' haþ þe spasme þerwiþ & is deed þer-
wiþ, saue þou schalt' do awei his akynge wiþ baþinge & enplastris
& anoyntyngis, & þane aftirward þou schalt' make him medicyns   A medicine to break the
for to breke þe stoon & putte him out' wiþ þe vryne / R̷, cretani   stone.
28 marini,[6] scolopendrie, capillis veneris, spice celtice, ana .ʒ. ij., radix   R̷
fenicli, apij, petrosilij, spergi, brusci, cicore, graminis, filipendule,
genciane, saxifrage, squille, asse, ana .ʒ j., iiij°ʳ semina frigidorum,
seminum fenicli, apij, coriandri, scariole,[7] granorum iuniperi, nucleum

<hr>

¹ *benedicta*. Lat. cum benedicta Nicolai.
² MS. *makiþ*. Lat. sub loco doloris.
³ *sichiam*. Lat. syciam G. σίκυος, the common cucumber. "A figuræ
vel formæ similitudine Cucurbitæ vel cucurbitulæ medicis dicuntur vascula
illa, quæ cuti cum flamma affigi solent, cum vel sine scarificatione." Cas-
telli, Lex. medicum.
⁴ *fildonium*. Lat. philonium romanum. Matth. Sylv. : "Filonium i.
nouus amicus & est confectio quedam sic uocata." Galen, ed. Kuehn, vol.
xvii. B. 331, φάρμακον φιλώνειον. An electuary with Opium, so called from
Philo of Tharsus. ⁶ Crithmum maritimum, L.
⁷ Sin. Barth.: "Scariola, lactucella, lactuca agrestis idem, an. sowe-
thistel."

cerasorum, milij solis, ana .ʒ ℈. fiat sirupus *cum* duab*us* p*ar*tib*us*
ʒucari, & *ter*cia mell*is* squillitici, & it' schal be take wiþ a decoccio*un*

[¹ lf. 194, bk.]
℞
A medicine
made of
Avicenna.
of' tribulor*um* & cicer*um* rubeor*um,* þis eletuarie is ¹of' auicen
makynge / ℞, cin*er*is vitris, caulis, cin*er*is leporis combusti, cin*er*is 4
scorpionis, cin*er*is testi oui,² lapidis spongie, lapidis iudaici, sa*n*gu*in*is
hirci sicci, *gummi* nucis acori, ana .ʒ. j. *semin*is petro*silij,* dauci,
pulegij, *gummi* arabici, s*emin*is albi piperis ana .ʒ. j., auri .ʒ. iiij.,
balsami .ʒ. ℈., muscati .ʒ. j., make alle þese wiþ good hony þat' it' 8
be whit' & clene, & þou schalt' ʒeue .ʒ. iiij. þerof', & .iij. tymes i*n*
þe woke. ¶ Also a good medicyn for þe stoon þat' is comen to a

℞
The ashes of
a hare burnt
alive.
ma*n*nes reynes & in his bladdre / Take a litil hare þat' bledde
neu*er*e blood, & do hi*m* in an erþen vessel³ wel glasid wiþi*n*ne wiþ a 12
couercle of' þe same mater, & stoppe it' faste, þat' þer mowe come out'
þerof' no fume, wiþ good lute or wiþ past', & sette þis vessel in a
furneis til þe hare be bicome al aischis, & þan grinde it' & kepe it',
& ʒeue hi*m* þerof' .ʒ. j. whanne he goiþ out' of' his baþinge þat' is 16
forseid, wiþ a decoccio*un* of' tribulor*um,* & hony. I haue preued
þat' þis medicyn is good, & also þou miʒt' medle wiþ þis poudre,

The medicine
shall not be
too strong,
triacle / And þis schal be þin entencio*un* for to ʒeue hi*m* medicyns

[⁴ lf. 195]
as it might
hurt the
kidneys.
þat' ben not' strong' for to breke þe stoon, as saxifrage & cantarides 20
⁴& oþ*er*e strong' medicyns þat' piliþ þe reynes. & if' þe pacient'
haue drie reynes & he be leene of' bodi, þan i*n* þis caas .ʒ. j. of'

A medicine
of Rasis.
℞
Rasis makynge is good / ℞, s*emin*a melonum mundator*um* .ʒ. xxx,
s*emin*is citruli, s*emin*is portulace, s*emin*is cucurbite, s*emin*is papau- 24
*er*is al*bi* ana .ʒ. iij, s*emin*is iusqu*iam*i albe .ʒ. ij., ʒucari pondus
omni*um,*⁵ saue I do þ*er*to þe double weiʒte of' sugre /

The patient
suffers from
strangury,
if the stone
is in the
neck of the
bladder.
If' þe stoon be i*n* his bladdre, þan þou schalt' worche i*n* þis
maner / First' þou schalt' take kepe wher he haue stranguria. þat' 28
þou miʒt' wite if' he makiþ watir droppynli & a litil at' oonys, &
haþ greet' penau*n*ce i*n* his bladdre. þan þe stoon is in þe necke of'
þe bladdre ; þan þou schalt' make hi*m* a clist*er*ie mollificatif' þat' þou
mowe avoide his bowels, & þan þou schalt' frote his noseþrillis w*ith* 32

Remove the
stone with
the finger as
with a
syringe.
watir,⁶ & þou schalt' presse liʒtly þe place of' his ars þereaboute þat'
þou supposist' þat' þe stoon sittiþ. & if' he remeue not' in þis maner,
þan þou schalt' putte i*n* sirynga*m* liʒtli in þe condijt' of' his ʒerde til
he come to þe stoon. & if' þou myʒt' not' putte it' awei in þis maner, 36

---

² *testi oui.* Lat. testæ oui.
³ Lat.: pone ipsum vinum in olla terrea.
⁵ Lat. ad pondus omnium.
⁶ Lat.: faciendo egrum leuare nates. The translator read: lauare nares.

þan putte þi fyngir in ¹his ers, & þere þou schalt⸳ fele þe stoon, & [¹ lf. 195, bk.]
helpe wiþ þi fyngir for to putte it⸳ awey. Whanne þe stoon is
remeued, þan þe pacient⸳ mai make watir, þan his akinge wole ceesse, When the
stone is
4 & þan þou schalt⸳ go to þe cure. First⸳ þou schalt⸳ make him a removed into
the bladder,
clisterie of⸳ duritikis / in which schulen be medicyns þat⸳ haue pro- try to break
the stone
priete for to breke þe stoon, & þan sette þe pacient in a baþ þat⸳ is with an
internal
forseid. & a litil tofore or he go out⸳ of⸳ his baþ, ȝeue him of⸳ þe treatment,
a bath,
8 poudre of⸳ þe hare þat⸳ is forseid. & whanne he comeþ out⸳ of⸳ þe
baþ, leie þis enplastre vpon þe place þat⸳ is clepid pectinis.² R̷, foli-
orum nasturcij aquatici,³ & foliorum apij .ana. ꝏ j, & grinde hem and a plaster.
wel wiþ grese. & whanne þei ben medlid togidere in þe morter, þan R̷
12 hete hem a litil ouer þe fier & leie it⸳ vpon, & eueri dai in þre daies
contynuely þou schalt⸳ sette him in þe forseid baþ, & leie vpon þe
forseid plastre, & ȝeue him of⸳ þe forseid poudre. þis cure is good
& I haue preued it⸳ //

16   If⸳ alle þese medicyns availiþ not⸳, þan þou muste drawe out⸳ þe If these
medicines
stoon wiþ kuttynge or þe patient falle into etikis.⁴ & if⸳ þou wolt⸳ do not avail,
operate.
drawe ⁵out a stoon of⸳ þe bladdre wiþ kuttynge, þan þou muste ap- [⁵ lf. 196]
paraile⁶ alle þingis þat⸳ ben necessarie for þee : as sirupis & ligaturis, Prepare the
things neces-
20 & þan þou schalt⸳ binde his hipis & his leggis faste, þat⸳ he mowe sary for the
operation,
not⸳ meue, for to lette þee whanne þou wolt⸳ kutte him. & þanne and bind the
patient fast.
þou schalt⸳ anoynte þi longist⸳ fyngir of⸳ þi lift⸳ hond & þi þombe wiþ
oile, & þou schalt⸳ putte hem in þe pacientis ers, saue first⸳ þou schalt⸳ First use a
Clisterie,
24 avoide him wiþ a clisterie mollificatif⸳, & þou schalt⸳ sette⁷ þi riȝt
hond vpon his ers, and grope softli, where þe stoon be, & putte him feel for the
stone,
to þe hedis of⸳ þi fyngris. & whanne þou myȝt⸳ take þe stoon wiþ þi hold it be-
tween the
.ij. fyngris, þan þou schalt⸳ putte him to þe necke of⸳ þe bladdre fingers,
28 toward þe ballokis as myche as þou myȝt⸳. & þan þou schalt⸳ fele þe
hardnes of⸳ þe stoon bitwixe his ers, & þe ballokis þat⸳ is in þe necke
of⸳ þe bladdre. þan þou schalt⸳ wiþ þi riȝt⸳ hond take a rasour, & then cut out
the stone
kutte faste by þe þreed þat⸳ goiþ bitwixe þe ers & þe ballokis ende- with a razor.
32 longis, saue þou schalt⸳ take þe stoon wiþ þi .ij. fyngris þat⸳ þe stoon [⁸ lf. 196, bk.]
mowe come out⸳. & þanne ioyne wel þe lippis of⸳ ⁸þe wounde to- and sew the
wound.
gidere, þan þou schalt⸳ sewe [not]⁹ oonly þe skyn aboue, but⸳ þou

² Lat.: supra locum pectinis. Os pectinis, the share-bone.
³ Nasturtium aquaticum, watercress.
⁴ *etikis*, Lat.: antequam æger incurrat hecticam. O.Fr. étique. Med.
Lat. Ethica uel Ethica febris. Dufr.
⁶ *apparaile*. See *N. E. Dict.*, s. v. apparel, v. 1., to make ready, prepare.
⁷ *sette*, above line.
⁹ *not*, wanting. Lat.: et labia vulneris optime conjungas *non* solum in
superficie.

schalt' sewe al þe depnes of' þe wounde togidere, & þan þou schalt'
springe þeron poudre þat' is aforseid to woundis. & þan þou schalt'
binde it' *with* boondis & lynt' til þe wounde be *per*fitli hool / In þis
caas þou muste take kepe of' manye þingis / First' þou muste take 4

Nota
Children who
are fourteen
years old, are
most fit for
this treat-
ment.
kepe of' þe age of' þe pacient', for children þat' be*n* xiiij. wintir oold
ben moost' able for þis cure,[1] for her lymes ben tendir ynow3, & i*n*
þat' elde þei ben strong' ynow3 for to be m*a*ad hool, & her com-
plexiou*n* is hoot' & moist'. 3onge children & olde me*n* ben not' able 8

Younger
children and
old men are
not fit,
to be kutt', for in þe kuttynge of' he*m* enpostyms wole*n* engendre
hastili, & þat' wole lette þe vrine & make more akynge, & so þei
mi3ten falle i*n*-to þe spasme, & so wiþ þe spasme þei mi3t' be deed /

although
some people
say the con-
trary.
Summen seien þat' olde men ben able to be kutt', for her blood is 12
miche laskid[2] & her hete, & þerfore þei ben not' able to take an
enpostym ; þerfore þei ben moost' able to be kutt' of' þe stoon /
Summen seien þat' her lymes ben to drie & her vertues be*n* to feble /

[² lf. 197]
[3]& þerfore þei ben not' able to be kutt', & herwiþ I acorde / þese .ij. 16
þingis : engendrynge of' an enpostym, & if' þe place þat' is kutt'
wole not' soude, þese .ij. bringiþ *per*el of' deeþ / Also þou muste

If the stone
cannot be
brought to
the neck of
the bladder,
take kepe of' þe schap of' þe stoon, & what' quantite þat' he be, for
if' þe stoon be .ij. forkid[4] or cornerid, or so greet' þat' he may not' 20
be brou3t' i*n*to þe necke of' þe bladdre, þan þou schalt' i*n* no maner

you must
first break
it before
cutting.
kutte hi*m*, but' if' þou mi3t' first' wiþ þin hond breke þe stoon. &
þan if' þou mi3t' not' bringe it' out' at' oonys, þan i*n* diu*er*s tymes
þou schalt' gadere hi*m* out'.[5] ¶ And if' þe stoon be so greet' þat' he 24

Beware.
mai not' be brou3t' i*n*to þe necke of' þe bladdre, þan þou schalt' i*n* no
maner kutte hi*m*, forwhi he mai not' be brou3t' out', but' if' þou
woldist' kutte þe substau*n*ce of' þe bladdre & þat' were mortal ; but'
þou schalt' put' hi*m* to þe botme of' þe bladdre wiþ i*n*strume*n*tis, & 28
teche þe pa*tient* for to kepe hi*m* in þat' maner þat' þe stoon falle not'

Do not cut,
if the stone
is small.
i*n*to þe necke of' þe bladdre / Also if' he be so sutil þat' he mai not'
be felid wiþ þin hond, þan þou schalt' not' kutte hi*m* neiþer. & if' þe

[d lf. 197, bk.]
pa*tient* mai be hool in ony [6]maner, [n]or kutt' wiþouten passiou*n*, it' 32

---

[1] De propr. rer. Add. 27,944, fol. 96 : "*& somtyme þey schal be take to
surgerye and namelich children and þan 3ongelinge. For in elde keruynge
is perilous, for aftir fourty 3ere þis euel is incurable as it is i-said in
amphor.:* [a] *aftir fourti 3ere he þat haþ þe ston is nou3t i-saued.*"

[2] *Celsus* Lib. VII. Cap. 26, ed. Daremberg, p. 307 : "As neque omni tem-
pore, neque in omni ætate, neque in omni vitio id experiendum est : sed solo
vere ; in eo corpore, quod jam novem annos, nondum quatuordecim excessit."

[4] *ij forkid,* diffurcatus.

[5] Lat.: "pluribus vicibus educatur."

[a] Rhazes, Aphorismi.

is better þat[1] he be nouȝt kutt þan he be kutt.[2] for men þat ben so People who are operated upon, never get children.
kutt schulen neuere gete children, but if it be þe more hap[3] ; &
also it is perilous for to kutte / & þerfore I rede þee take þat wyn-
4 nynge[4] to oþere cirurgians. ¶ Ful ofte tyme men leie me to scorn, I was often scorned because I would not undertake these cures.
for I wolde not entermete me of sich curis, & seide þat I lefte siche
maner curis, for I coude not do it, & þe same þei seide of men þat
weren filme broke,[5] & of men þat weren in þe dropesie. & I lefte
8 þe curis þerof for perels þat miȝte folowe / ffor if a kunnynge man A good physician may get a bad reputation by some mishap.
entermetid him of sich a cure, & if þer fil ony yuele happis to þe
patient, þan wolen vnkunnynge lechis seie þat þei han do þat cure
ful ofte, & so he mai be brouȝt into an yuel looss þerbi ; for blame
12 & for perels I wolde not vse kuttyngis / þese ben yuele happis þat Fatal symptoms after operation are: great pain, coldness of the limbs and fever.
falliþ to a man þat is kutt : as greet akynge vndir þe nauele, & hise
lymes bicomith coold, & atach of þe feuere,[6] & greet akinge in þe
place þat was kutt, alle þese signes ben signes of deeþ / Good signes
16 herof ben þese : strenkþe of vrine, & þat he mowe go to priuy wel Good symptoms are a [7 ll. 198] strong urine, a good appetite.
[7]& þat he haue good appetit to mete. ¶ Sumtyme it falliþ bi
strenkþe, þe stoon is putt into þe ȝerde. & þat I say [in] a man, Sometimes the stone is removed through the Urethra.
þat his vryne was stoppid .v. daies in þe same maner, & I drowe
20 him out wiþ instrumentis wiþouten ony kuttynge. & if þe stoon
sitte in þe canel of þe ȝerde, & þou maist not bringe him out wiþ
þi fyngris, þan þou schalt binde his ȝerde bihinde þe stoon, þat þe
stoon mowe not go into þe bladdre aȝen. & þan grope þe stoon softli
24 wiþ þi .ij. fyngris, & kutte endelongis, as it is aforseid, a litil hole,
as miche as þou miȝt drawe out þe stoon, & þane cure þe wounde
as it is aforseid /[8]

ffor to drawe out watir of men þat han þe dropesie /[9]

28 THouȝ þis book be maad oonli of cirurgie, ȝitt it is myn enten- ¶ x°. c°.
cioun to speke of þe dropesie, & principaly þat ben wrouȝt

---

[1] MS. þan. [2] *& if þe patient . . . þan he be kutt*, an insertion.
[3] Lat.: "Considera quoque quod sæpe per loci nominati incisionem gene-
ratio prohibetur."
[4] *þat wynnynge*, Lat.: sed aliis cupidis chirurgis dimitte illa lucrari.
Cath. Angl., p. 420, "*Wynninge.* Emolimentum, lucrum."
[5] *of men þat weren filme broke*, Lat. de ruptorum incisura.
[6] *atach of þe feuere*, attack of fever. See later references in *N. E. Dict.*,
s. v. attach, sb.
[8] The translator has omitted one chapter : De clauso hermaphrodito &
additione panniculi mulieris doctrinæ tertiæ, tractatus tertii, Cap. IX.
[9] The four kinds of dropsy are mentioned in De propr. rerum. Lib. VII.,
Cap. 52, Add. 27,944, fol. 94 b. : "*Þe firste dropesye hatte leucofleuma, and*

The dropsy is a compound disease, caused by superfluity of matter.
[¹ lf. 198, bk.]
The men of Salerne distinguish four kinds of dropsy.
The Arabs only three:
yposarca, Aschites,
Tympanites.
There is cold matter in all these kinds of dropsy, the exciting cause may be heat or coldness.
When the liver is diseased, cold phlegmatic matter is produced.
[⁵ lf. 199]
The Salernitans say that dropsy is caused by a debility of the liver, the stomach, or other organs.
Some physicians say that the urine will be red if there is a hot cause,

wiþ mannes hond. ¶ I seie þat' þe dropesie is a sijknes compound
in which superflue mater þat' is coold swelliþ þe body / Men of'
salerne seiden þat' þere weren .iiij. maner spicis of' dropesie, & iiij.
maner dropesies. But' auctours of' arabie acorden alle at' ¹oonys,² 4
& seien sooþ þat' þer ben but' .iij. maner dropesies,³ & þat' oon
comeþ of' rawe blood, of' raw fleume medlid wiþ blood, & is bore in-
to al þe bodi, & swelliþ al þe bodi, & is clepid yposarca. þat' oþer is
of' mater of' ȝelowȝ water & falliþ into þe holownes of' þe wombe, 8
& is clepid aschites / þe .iij. is engendrid of' greet' wynd resolued
of' coold mater, & falliþ into þe holownes of' þe wombe, & is clepid
tympanites / Of' þis ydropesie summen iugiþ liȝtli, & seien þat'
yposarca comeþ of' coold alwei, & tympanites comeþ sumtyme of' 12
wynd & of' hete, but' moost' comounli of' cooldnes / Aschites comith
moost' of' hete, & ful selden of' cooldnes / but' for to seie þe soþe,
alle þe spicis ben medlid with coold mater, & þerfore he seiþ sooþ
þat' clepiþ eueri ydropesie coold mater,⁴ for euery spice of' þe dropesie 16
mai come of' hete or of' cooldnes goynge tofore. ¶ þer is no þing'
þat' defendiþ, þat' whanne þe lyuere is hoot' out' of' hir propir hete, or
if' al þe bodi is distemp[er]id in hete, as in feueris, þe patient mai so
miche be feblid þerwiþ, þat' it' may engendre coold mater & fleu- 20
matik / Ful ofte I haue had þis caas / ⁵þerfore auctouris seien þat'
þe dropesie comith of' þe febilnes of' þe lyuere / þerfore men of'
salerne seien þat' it' comeþ of' defaute of' diȝestioun of' þe lyuere.
& it' comeþ of' takinge of' yuele metis & drinkis, & of' febilnes of' 24
opere lymes, as of' þe stomak, & of' þe reynes, & of' þe maris, & of'
þe lungis, & of' diafragma. & whanne þese lymes ben enfeblid, þan
þe lyuere enfebliþ // Therfore it' is necessarie for a leche to wite⁶
wher it' comeþ of' causis goinge tofore hoot' or coold / And summe 28
lechis halden hem paid for to haue a siȝt' of' þe vrine, & iugiþ þe
dropesie hoot' & coold bi þe siȝt' of' þe vryne / for if' þe vrine be
reed, þei wolen iuge þat' þe cause is hoot', & in þis maner þei ben

comeþ of distemperaunce of coldenesse and drinesse, & haþ þat name of
white fleume for leucos is white. ¶ Þe secounde hatte yposarca oþir anasarca,
and comeþ of distemperaunce of coolde and of drynes. The þridde hatte
aschites and comeþ of distemperaunce of hete & moisture. Þe þerþe hatte
tympanytes & comeþ of distemperaunce of hete & drinesse."
   ² acorden alle at oonys, Lat. in una conveniunt. Comp. *Reliqu. Antiqu.*
I. 233, *accorde in one.* (*N. E. Dict.*, s. v. accord v. 5.)
   ³ Lanfranc follows *Avicenna*, Lib. III, Fen. 14, Tract. 4, Cap. 4, ed. Ven.
1527, fol. 238 b.
   ⁴ Lat.: omnem egritudinem ydropicam appellant materialem frigidam.
   ⁶ *to wite*, above line.

disseyued / ¶ Forwhi, *in* what' maner so þe lyuere be enfeblid of'
coold cause or of' hoot', it' wole make his vrine reed / For sumtyme
a ma*n* mai not' ʒeue a discrecioun[1] of' blood fro vrine, for a litil   but a little blood colours much urine.
blood colourid miche vrine, riʒt' as a litil saffron colouriþ miche
water / þerfor of' what' cause so it' be þat' his lyuere be enfeblid,
his vrine mai schewe reed. ¶ Also þe signes of' yposarcha & aschites
& tympanite be*n* open ynowʒ. [2]In þis man*er* þou schalt' knowe he*m* /   [² lf. 199, bk.]

8 In yposarcha al þe bodi swelliþ, as his face, & his armis, & his rigge-   **Signys of yposarca** are a general swelling of the body.
boon, & his necke, & alle his lymes, so þat' in what' *partie* of' his
bodi þat' þou pressist' þi fyngir þere wole be a pitt'. & whanne þe
fyngir is aweie it' wole arise aʒen / & it' is a greet' maist*rie* for to
12 knowe wheþ*er* yposarcha come of' coold cause tofore goynge or of'   If the cause is cold, the eyes will be pale;
hoot' cause / If' it' comeþ of' coold goinge tofore, þan his iʒen wole*n*
be discolourid as it' were þe colour of' askis, or pale[3] / If' it' come of'   they are yellow or red, if there is a hot cause.
hete goinge tofore, þan his iʒen wolen be ʒelowʒ or su*m*what' reed /
16 & þou muste wite, wheþ*er* he had a feuere tofore or haue þe feu*ere*
fortis þerwiþ / or if' he hadde þere tofore an hoot' enposty*m* þerwiþ,
ouþ*er* he haue enpostym þerwiþ / þese be*n* þe propre signes of'   The signs of ascites are a wasting of the limbs and
aschites, þat' his face, & his necke, & his brest', & his armis
20 bicom*ith* smal, & his vois schal bicome smal, & his wo*m*be schal   a swelling of the belly.
oonli swelle. & su*m*tyme *in* þe firste bigy*nn*yng' his feet' & his
leggis wolen swelle *in* þe firste bigy*nn*ynge, for þe greet' strenkþe of'
þe mater þat' makiþ it' falle adou*n*. & if' þou [4]smite his[5] wo*m*be, he   [⁴ lf. 200]
24 wole sowne as it' were a touʒt' leþ*er* ful of' wynd[6] / þese be*n* þe   **Signes of tympanites.**
propre signes of' tympanites : his wombe & þe regiou*n* of' his stomac   They are the same as in ascites, but
schulen oonly be to-swolle, & alle his oþ*ere* lymes, boþe his feet', &   there is less pain and more swelling.
his leggis, & his necke, & his armis wole*n* bicome smal, & if' þou
28 smitist' hi*m* vpo*n* his wombe, it' wole soune as it' were a tympan /
& *in* þis passiou*n* þ*er* is lasse agreuaunce þan in aschite & more
swellynge. & if' þou pressist' his wombe, þou schalt' fynde it' streite
as it' were a corde. & þou schal fele no meuy*ng* of' water, whanne
32 þe pacient' turneþ hi*m* from o side to anoþ*er* / Curis herof' þou schalt'
fynde ynowe *in* bokis of' phisik / For I nyle telle but' fewe medicyns
þ*er*fore, I haue lo*n*ge tyme vsid.

   ¶ Whanne þou wolt' ordeine regime*n* on yposarcha, ʒeue him

---

[1] *ʒeue a discrecioun,* discernere.
[3] Lat.: coniunctiva oculi est valde discolorata, cinericia vel pallida.
[5] MS. *his,* twice.
[6] Lat.: auditur quasi sonus vtris de corio vino pleni.

Make the patient who suffers from Hyposarcha sweat, in summer in hot sand or on a sunny hill, [[3] lf. 200, bk.] in winter in a hot-house.

trociscus de lactea[1] cum apoȝimate[2] de radicib*us* fro þe firste dai to þe .iiij., & ȝeue hi*m* pelottis de agarico. & wh*an*ne þe swellinge bigynneþ to go awey, if it be i*n* somer, þan þou schalt hele al his bodi i*n* hoot *grau*el þ*er*e þe su*n*ne mai ȝeue greet hete, or lete hi*m* sitte vpon an hiȝ hil þere þe [3]su*n*ne schineþ hoot, þ*at* he mai swete wel, & þ*at* his bodi mai wexe hoot wiþoute & wiþi*n*ne. & if it be i*n* wint*er*, putte hi*m* in a drie stewe, so þ*at* þe watir come not niȝ hi*m*. þus þou schalt make apoȝima of rotis / ℞, corticis fenicli, apij, [ana drac.][4] .x., se*m*inu*m* [apii] squinantu*m*, ameos, an*a*. ℨ .v., rosar*um* rubiar*um*, spicenarde an*a* .ℨ .iij, seþe he*m* i*n* lī .ij. of watir til þei come to lī .j., cole he*m* & kepe þe colature. & if þou doist þ*er*i*n*ne a litil hony it wole be þe better / Trocisci de lacte be*n* maad i*n* þis maner / ℞, rubarbe, lacte, an*a* [drac iii.], se*min*is apij, spice, ameos, amigdalu*m* amaru*m*, masticis, sq*u*inante, se*min*is iunip[er]i, costi amari,[5] rubee succi, eupatorij,[6] aristol*ogiæ* ro*tundæ*, gencian an*a* .ℨ. ß, make herof gobetis, þe weiȝte of ℨ .j., & he schal take oon þ*er*of wiþ .℥ iiij. of þe forseid pelottis de agarico / ℞, agarici .ℨ .x., succi eupatorij, rubarbar*um*, aristol*ogia* ro*tundæ* an*a* ℨ .ij, ȝucare albe .ℨ .v, & make herof pelott*is*. & þou schalt ȝeue herof .ℨ .ij.

℞ Prescription, how to make the decoction.

℞ How to make the troches.

℞ The Agaric-pills.

Treatment of Ascites.

The disease is almost fatal, if the cause is hot.

If þou seest þ*at* þe cause þ*at* ȝede tofore þis passiou*n* was hoot, & he make litil vrine & reed, & if his v*er*tu be feble of þe hete, & þou hast dispeir of hi*m*,[7] & if he haue þe feuere þ*er*wiþ, it is so [8]myche þe worse // If his vrine schewe þ*at* þe cause is coold, & if þe pa*tient* be strong ynowȝ, loke if his wombe be hard. & þan make hi*m* vse sirup acetose m*aa*d wiþ seedis & sugre, & ȝeue hi*m* þe pelottis of rubarbe þ*at* ben maad i*n* þis maner / ℞, rubarberi, succi eupatorij, seminis endiuie an*a*. ℨ. iij, agarici ℨ. v., make þ*er*of

[[8] lf. 201]

If there is a cold cause, and if the patient is strong, give him rhubarb-pills;

[1] *lactea*, Lat. lacta. "Lacca, a red transparent Substance made as some say, by winged Arts; as Hony by Bees, and gather'd from a Tree of that Name, in Bengala, Malabar &.c. Also a kind of red Gum issuing from certain Trees in Arabia, of which the best Sealing hard Wax is made; often us'd in Painting and Varnishing." Phillips.

[2] *Apozima.* "Apozeme, a Physical Decoction, a Diet-Drink made of several Roots, Woods, Barks, Herbs, Drugs, Flowers, Seeds, &.c., boil'd together." Phillips.

[4] MS. ℥.

[5] Two kinds of *costus* are mentioned in *Alphita*, p. 46: c. indicus, and c. arabicus.

[6] *eupatorium.* Add. 15,236, fol. 3 b. (cc. 1300), "*Eupatorium. saluia agrestis idem. G. eupatorie. A. wyldesage. i. hyndehale.*"

[7] *þou hast dispeir of him*, Lat. de tali ægri salute desperes. Comp. *þou schalt neuere þe lattere be in despeir of cauteriis.* Lat. nec propter hoc desperes, p. 311, note 3.

pelett*is* wiþ þe iuys of᾽ endiue. þou schalt᾽ ȝeue him herof᾽ at᾽ oonys .ℨ .ij, & euery wike þou schalt᾽ ȝeue it᾽ oonys / If᾽ it᾽ so be þat᾽ if the patient is feeble, he be feble, & if᾽ he mai not᾽ take so miche, þan in þe place of᾽ þese gobbets,

4 pelott*is* he schal take gobetis þat᾽ ben maad *in* þis maner / ℞, semi*nis*   ℞ endiuie ℨ .x, esule,[1] succi eupatorij, agarici, an*a*. ℨ .ij, & .Ꝺ .j, rosar*um*, sem*inis* citrulor*um*, an*a* ℨ .ij, & make herof᾽ .x. gobettis wiþ a decoccion of᾽ fenel *in* wat*er* : ȝeue him oon þerof᾽ wiþ sirupo

8 acetoso de seminib*us*. Enplastre[2] his wombe wiþ enplastre maad and apply a plaster on his belly. wiþ .ij. p*a*rtis of᾽ oxis dou*n*ge, & oon p*art*᾽ of᾽ gotis dou*n*ge, boli armon*i*aci, sulphuris, & salis, & distempere hem wiþ strong᾽ vinegre /

þis is þe cure of᾽ tympaniti þat᾽ is ful selde curid / & specialy Treatment of Tympanitis.

12 whanne it᾽ is entrid *in*to diafragma & is confermed þere / ffirst᾽ þou [3] schalt᾽ make him electuari de baccis lauri, & þou schalt᾽ make him [3 lf. 201, bk.] suppositorijs for to distrie[4] wynd, & he schal suffre hungir as miche as he mai, & he schal absteyne him fro þingis þat᾽ engendriþ

16 wijnd, & þou schalt᾽ frote his wombe ofte wiþ a scharp cloþ / Give an electuary Electu*a*ri de baccis lauri / ℞, folior*um* rute .ℨ .x., ameos, semi*num*,[5]   ℞ nigille,[6] leuistici,[7] petrocilij macedonici,[8] origani,[9] carui, amigdala-r*um* amar*um*, pip*er*is lo*ng*i, mentastri,[10] dauci, acori, baccar*um* lauri,

20 castore an*a* .ℨ .iij., serapini .ℨ .iiij., appoponac .ℨ .iij., make herof᾽ a lectuarie wiþ .iij. so miche of᾽ hony, þis electuarie wiþ consumeþ.

¶ þus þou schalt᾽ make suppositorijs for to distrie wijnd / ℞, cimi- and supposi-tories. n*um*, folior*um* rute viridis[11] an*a*. ℔ .j, radic*is* brionie, radicis mali   ℞

24 terre, radicis rafani an*a* .ℨ .ij, sal nitri .ℨ .j, & make herof᾽ supposi- Supposito-rijs. torijs wiþ hony. ¶ Wh*a*nne þou knowist᾽ wel þat᾽ þe dropesie is of᾽ hoot᾽ cause, þan þou schalt᾽ not᾽ forgete to helpe þe side þat᾽ is hoot᾽ ; & also if᾽ þe mater be coold, þou schalt᾽ helpe him wiþ hote þingis.

---

[1] *" Esula,* quedam species est titimalli, gallice yesele." *Alphita,* p. 50.

[2] *enplastre,* Lat. venter enplastretur. O.Fr. emplastrer. Sl. 277, fol. 1: *" he þe place emplastred wiþ a plastre maad þus."* Comp. *plasteren,* Prompt. Parv.

[4] *distrie,* Lat. dissoluere, destroy.   [5] Lat.: cimini.

[6] *nigilla.* Add. 15,236, fol. 10, " *Nigella* i. *lollium. G. neel. A. cokel,"* fennel flower.

[7] *Ibid.,* fol. 4 b., " *Leuisticum. G. luuache,"* lovage. See *E. P. N.,* p. 43, *luuestiche, luuesche.*

[8] *Alphita,* p. 108, " *macedonia vel macedonicum, petrocillinum idem,* g⸫ *alisandre, a⸫ stamerche."*

[9] Add. 15,236, fol. 5 b., " *Origanum. G. Origane. i. pulegium. A. puliol reale."* See *Alphita,* p. 150. " *Pulegium. gallice puliol, a⸫ Brotheruurt."*

[10] *Ibid.,* fol. 7 b., " *Sisimbrium. mentastrum. G. mentastre. A. hors. minte."*

[11] *Ibid.,* fol. 7, " *Ruta bissara. puganum vel pucanum. hermola idem. G. Rue. A. smalrede."*

If the cause is hot,

[¹ lf. 202]

give a decoction with chickens, and a syrup.

¶ þis þing⁴ is necessarie for to ȝeue a man þat⁴ haþ þe hote dropesie, a decoccion of⁴ solatrum & endiue ; & in þat⁴ watir he ¹schal seþe chikenys for to ete, & first⁴ he schal drinke sirupum acetosum wiþ seedis / And I wole telle þee a cure, þat⁴ I curide in my tyme .ij. 4 men þat⁴ weren in aschite of⁴ hoot⁴ cause, þat⁴ it⁴ mowe be ensaumple to þee / I made hem a sirupe of⁴ platearie² in þis maner / ℞, succi

℞

Prescription for the syrup.

scariole li .ij., succi apij & petrosilij, ana. li .j., & boile hem wiþ .ȝ iiij. of⁴ esule, masticis, seminis fenicli, apij, ana. ȝ. ß, seþe hem in 8 watir til þei come to .li .ij., & þan cole hem & do þerto .li .j. ȝucare, & boile hem til þei be perfit⁴. & whanne þow doist⁴ adoun fro þe fier, do þerto rubarbe .ȝ ß., & lete it⁴ boile a litil, & þan kepe it⁴ for

To be given twice a week.

þin vss. & þou schalt⁴ ȝeue it⁴ him in þe morowe wiþ a decoccion 12 of⁴ fenel seed, .ij. in þe wike. & þou schalt⁴ enplastre al his wombe, saue þe regioun of⁴ his lyuere, wiþ þe forseid plastris & dounge &

A plaster is put on the region of the liver.

vinegre. & vpon his lyuere leie an enplastre maad of⁴ .ȝ .ij. of⁴ barli mele, & rosis, & sandalis albi & rubei ana. ȝ ß, camphore 16 .ȝ .ij., & distempere hem wiþ water of⁴ rosis & wiþ vinegre. & if⁴ he haue not⁴ þe feuere, þan ȝeue him gotis milk fasting⁴. And whan

Finally use a bath.

[³ lf. 202, bk.]

Take care in using drying medicines that the patient does not get consumption.

þe patient bicomeþ smal in his wombe, þan sette him in a baþ, þat⁴ be soden þerinne sulphur ³& salt⁴, & he schal be þerinne but⁴ a litil 20 while. ¶ Herof⁴ þou muste be war: whanne water is dried in a man wiþ drijnge wiþ medicyns, þan his lymes leeueþ swiþe drie ; wherfore þei falliþ in etik & dien. þerfore þou muste in alle þes þingis be wel war /   24

Operation should not be performed on all sorts of people ;

þe cure þat⁴ is wiþ iren falliþ oonli in aschite, þat⁴ manie men doon hardili, & takiþ no kepe of⁴ þe particuleris þerof⁴, for þei knowen not⁴ þe science, for þei doon al oon maner to ȝonge & to olde, to stronge & to feble ; þei kuttiþ þe skyn vnder þe nauel, & 28 alle men þat⁴ þei kutten ouþer þe mooste weren perischid / Saue þou schalt⁴ take kepe of⁴ kunnynge, & worche bi resoun / for þow schalt⁴

patients who are not strong, and old men, are not fit.

One cannot trust in the strength of an old man.

take kepe wher he be strong⁴ or no ; & if⁴ he be not⁴ strong⁴, þou schalt⁴ do no cure to him. ¶ Also þou schalt⁴ do no cure to olde 32 men þat⁴ ben to-broke, for þou schalt⁴ not⁴ leeue þe strenkþe of⁴ an oold man, for it⁴ is impossible for to fynde an oold man strong⁴, whanne þe dropesie is confermed on him / If⁴ it⁴ so be þat⁴ he be ȝong⁴ & strong⁴, þan þow schalt⁴ haue good trust⁴ for to helpe him. 36

[⁴ lf. 203]

¶ Thanne þou muste enquere sotilly wher ⁴þe principal vijs be of⁴

---

² Matthæus *Platearius* belonged to the school of Salerno about the middle of the 12th century. He wrote: "Liber de simplici medicina," commonly called "Circa instans."

þe lyuere, for þan þou muste kutte him in þe splene side / And if⁺ it⁺ The place of the incision depends on which organ
so be þat⁺ þe splene be þe *principal* of⁺ þe dropesie, þan þe kuttynge —the liver, spleen, sto-
muste be in þe riȝtside.   And if⁺ þe cause come of⁺ lymes aboue, as mach, or uterus—is
4 of⁺ þe stomac or of⁺ diafragma, þan þou muste kutte him vpon affected.
pecten.   & if⁺ it⁺ be in a womman, & come of⁺ þe vijs of⁺ þe maris,
þan þou schalt⁺ kutte hir aboue þe nauele.   Whanne þou knowist⁺ in
what⁺ place þou schalt⁺ kutte þe pacient⁺, þan þou schalt⁺ opene þe
8 place of⁺ þe pacient⁺, & þou schalt⁺ *presse* his wombe adounward as
miche as þou miȝt⁺, & make him ete a litil of⁺ breed tostid[1] vpon
coolis, & wet⁺ in wijn ; & þan lete him sitte tofore þee bitwene a Let the patient be
strong⁺ mannes armys, þat⁺ mai holde him faste, þat⁺ he mowe not⁺ held by a strong man ;
12 meue in þe tyme whanne þou wolt⁺ worche.   And þan þou schalt⁺
take þe skyn þat⁺ is clepid mirac, wiþ þi lifthond in þe place þere þou cut the skin, called Mirac ;
wolt⁺ make þi kuttynge, & þat⁺ skyn þou schalt⁺ *peerse* endelongis
wiþ an instrument⁺ þat⁺ is competent⁺ þerfore / And be wel war þat⁺
16 þou touche not⁺ siphac in no maner ; and [2] whanne þou hast⁺ kutt⁺ þe [2 lf. 203, bk.]
skyn aboue & mirac, þan opene þe place þat⁺ þou mowe se siphac. pierce the siphac,
& þan þou schalt⁺ *peerse* a litil hole in siphac & sette þerto a canel,[3] and draw out the water by
& drawe out⁺ þerof⁺ as miche watir as þou seest⁺ good for to saue his a cannula at repeated sit-
20 vertu / & þan drawe out⁺ þe canel, & lete þe skyn þat⁺ is clepid tings.
mirac goon ouer þe openynge of⁺ siphac, for þat⁺ wole suffre no þing⁺
to go out⁺ / In þe morowe opene þe same skyn aȝen þat⁺ was kutt⁺
first⁺, & putte in þe canel, & kepe his vertu as miche as þou miȝt⁺.
24 & þus þou schalt⁺ do til þou haue drawe out⁺ þe watir ; saue þou
schalt⁺ not⁺ drawe out⁺ al, for þou schalt⁺ consume it⁺ afterward with
propre medicyns / Herof⁺ þou schalt⁺ take kepe in þe tyme, þe whilis Strengthen the patient
þou drawist⁺ out⁺ þe water, as it⁺ is forseid : þe patient schal ete good during this treatment
28 metis, & drinke good drinkis & swete, þat⁺ mowe engendre in him with good food.
good spirits & good blood : as good broþis maad of⁺ hennys & of⁺
capouns.   & diȝt⁺ wiþ swete þingis, for eueri avoidinge laskiþ miche
þe spiritis ; & whanne þe spiritis falliþ, þan a mannes vertues
32 failen /

[4] Of ficus, & cancre, & vlcer in mannes[5] ȝerde /   [4 lf. 204]

Ficus is a maner wexynge þat⁺ arisiþ vpon a mannes ȝerde tofore. ¶ xjᵃ .cᵒ.
& sumtyme it⁺ wole be neische, whanne it⁺ is engendrid of⁺ Ficus is a growth on a
36 fleume / & whanne it⁺ is engendrid of⁺ malancolie, it⁺ wole be hard ; man's yard ; it is either soft or hard,

---

[1] *breed tostid*, Lat. panem tostum. *Prompt. Parv.*
[3] *canel*, Lat. canuula. See *N. E. Dict.*, s. v. canal 1.
[5] MS. *manner.*

and may
become a
cancer.
& if' it' rotie, it' wole turne into a cancre.   ¶ A cancre comeþ in a
ma*n*nes ȝerde, riȝt' as in o*p*ere lymes of' a man, & vlcera comeþ of'
Ulcers arise
either from
hot pustules
hote pustulis þat' comeþ þeron, & aftirward þei brekeþ it'.[1]   Ouþer
þei comeþ of' scharpe humo*u*ris, þat' makiþ vlcera in þe same place ; 4
or from inter-
course with
diseased
women.
ouþir it' mai come of' a wo*m*man þat' a man, þat' hadde þe same
passioun,[2] hadde leie by hir tofore[3] /
The ficus
must be
removed by
a thread or
with cutting,
þis is þe cure of' ficus þat' com*ith* of' fleume : þou schalt' binde
him wiþ a þreed, ouþer kutte him al awei ; & þan þou schalt' soude 8
it' as it' is aforseid in o*p*ere placis / If' it' come of' malancolie, it'
with mollifi-
catives ;
mai be curid or þat' it' rotie, wiþ tempere mollificatiuis, as it' is
forseid in þe cure of' sclirosis in þe ge*n*eral chapitre of' enpostyms :
þat' wha*n*ne he is maad neische, þan þou schalt' take him awei wiþ 12
[4 lf. 204, bk.]
the surest
way is the
hot iron.
alle his rootis / saue it' is more sure take awei it' wiþ [4]an hoot' iren,
& þan leie þer*v*pon butter, & ȝitt' þou muste touche him wiþ an
hoot' iren aȝen ; & þan leie buttir þer*v*pon.   & þus þou schalt' do
oftetyme litil & litil til it' be al wastid awei / If' it' be a cancre, it' 16
A cancer
must be re-
moved with
all its roots.
wole not' be curid but' if' it' be kutt' awei wiþ alle his rotis.   And
þer is no wei so sure to take him awei as fier / Alle þe rotis of' him
muste*n* be brent' awei, & þan leie þer*v*pon a mundificatif' of' apiu*m*,
& aftir þis þou muste leie þerto drijnge þi*n*gis / & in þis place þou 20
schalt' not' forȝete to leie a defensif' vpon þe place þat' is hool, for
þis defensif' schal defende þe place þat' is hool fro swellynge.
Nota.
If there are
ulcers in the
fore-skin,
remove the
growth.

℞
þe gren
water
¶ Vlc*er*a þat' comeþ in a ma*n*nes ȝerde : as wha*n*ne þe skyn þat' is
tofore in a ma*n*nes ȝerde bicom*ith* greet', & þis mai not' be curid 24
but' if' þat' greetnes be doon awei.   & þis medicyn is good þerfore /
Take whit' wijn, & of' verte grece .ȝ .j, auripigment' .ȝ .ij ; grinde
þes .ij. sotilli, & leie he*m* in þe whit' wijn, & meue he*m* ofte, & kepe
he*m* for þi*n* vss.   & þe more cold[5] þat' þis medicyn is, þe bett*er* it' 28
[6 lf. 205]
wole be.   & þan þou schalt' wete a ly*n*nen clooþ in þis medicyn, [6]&
leie vpon þe ȝerde / For þis þing' wole soude woundis & defende þat'

---

[1] Lat.: que postea crepantur.   [2] MS. inserts þat.

[3] Lat. : Ulcera veniunt . . . . ex commixtione cum feda muliere, que cum
egro talem habente morbum de novo coierat. *Hæser*, III, p. 230, gives a
list of references, showing the early knowledge of venereal diseases in the
mediæval ages.   The earliest quotation is from Richardus Anglicus, *Micro-
logus* MS., xiith cent. : "Ulcerantur utraque, virga scilicet et testiculi, tempore
menstruorum, ex coitu ex salsis humoribus et acutis et incensis, quod satis
ex colore cutis et pustularum vel saniei, et ex pruritu et punctura et ardore
perpenditur."   Richardus gives the same preventative, which is mentioned
by Lanfranc : "Ablutio cum aqua frigida et continua abstersio — — et
maxime si post ablutionem cum frigida aqua fiat roratio loci abluti cum
aceto."

[5] MS. *cold.* Lat. : quanto plus *antiquatur* tanto melius.

þer mai wexe no ca*n*cre / If' it' so be þat a ma*n*nes ʒerde be sky*n*ned, In case of a simple excoriation, apply an ointment or compresses.
& be noon oþer passiou*n* þeron saue þat, þan þou schalt' leie þer-
vpon vng*uentu*m album, ouþer leie þer*v*pon a ly*n*nen clooþ wet' i*n*
4 watir of' ro*sis*.   Also poudre maad of' cucurbita & aloes is good
þerfore / If' a man wole saue þis lyme algate fro corrupciou*n*,
wha*n*ne he haþ leien bi a wo*m*man, & he haue ony suspeciou*n* of'
vncle*n*nes, þan he schal waische his ʒerde wiþ coold wate*r* medlid
8 wi*th* vinegre /

Of Emeroidis & fistule in þe ers /

EMoroides ben veines þat' endiþ i*n* a ma*n*nes ers & ben .v.[1] ¶ xij*o*. c*o*.
þese veines sumtyme openeþ & sumtyme þei be*n* enpostymed. There are five hæmorrhoidal veins, they are sometimes open, sometimes they form tumours.
12 Wha*n*ne þe blood þat' is i*n* þe same veines falliþ adou*n* & mai not'
out', þan it' engendriþ apostym.   & if' þe blood is gret' & fleumatik,
þan it' wole engendre fic*us*, & if' þat' blood be greet' & colerik, þa*n*
it' wole engendre moralem.[2]   And if' þe blood be greet' & malan-
16 coli*us*, þan it' wole engen[dre] condilomata / Sumtyme þer comeþ
þerto [3]so manie diuers humo*u*ris, & makiþ diue*r*s enpostyms i*n* þe [3 lf. 205, bk.]
same mane*r* as it' falliþ in ope*r*e lymes, & ofte tyme of' þis enpostym
comeþ a festre, but' if' it' be þe bettir holpe ; þe blood þat' comeþ to The blood in the thickest in the body.
20 a ma*n*nes ers bi veynes þat' ben clepid cmoroides is grett*er*e blood
þan ony blood of' his bodi / & if' it' so be þat' a man haue þe flux Nota
of' blood of' þe emoroidis, þou schalt' not' stoppe it', but' it' blede so Hæmorrhoidal flux shall not be stopped,
myche þat' it' make þe pacient' feble, saue þou schalt' kepe hi*m* wiþ
24 good regime*n*, & he schal vse no metis ne drinkis þat' engendrith
scharp blood & greet' // For bi þe flux of' blood a ma*n*nes bodi mai as it keeps a man from leprosy mania and other diseases.
be kept' from malancolious blood, & it' wole kepe a man fro lepre &
fro mania, & fro al sijknes þat' comeþ of' malancolie / Also if' a
28 man is woned to haue he*m* & þei be stoppid, þan þou muste ʒeue
hi*m* medicyns for to bringe he*m* out' / And if' it' so be þat' a man
haue so greet' flux of' he*m* þat' his lyu*e*re be enfeblid þerwiþ, þan Too great flux causes dropsy.
he myʒte falle i*n* a dropesi þer þoruʒ, for to miche flux of' blood
32 mai be cause of' a dropesie / þerfore if' þou [4]seest' þat' þe flux be to [4 lf. 206]
greet', þan þou schalt' constreine blood wiþ medicyns þat' ben con-
strictif', & þou schalt' fynde medicyns þerfore i*n* þe ende of' þis
chapitre / Wexi*n*gis þat' ben clepid **emeroidis**, su*m*me þei falliþ Emeroides

---

[1] *De propr. rer.*, Lib. VII., cap. 54.   Add. 27,944, fol. 95 b.: " *Emorydis ben fyve veynes þat streccheþ oute at þe ers, of þe whiche veynes comeþ diuers passiouns and euelis, as bolnynge & swellinge, withholdinge and flux.*"
[2] *moralis*, a mulberry form of tumour.

(piles) are
internal or
external.

wiþoute þe hole of¹ a mannes ers, & summe wiþinne / Also summe
wexiþ in þe for side of¹ þe ers, & summe in þe hyndir side. Sum-
tyme it¹ wexiþ in þe forside toward þe rote of¹ þe ballokis, & þan þei
makiþ greet¹ akinge / for sumtyme þei letten þat¹ a man mai not¹ 4

ficus
can be tied
away.

make vrine. If¹ it¹ be **ficus**, þat¹ þou miȝt¹ knowe, for it¹ wole be
wiþoute hete¹ & neische, & þe cure herof¹ is but¹ liȝt¹. þou schalt¹
take a strong¹ þreed & knitte þere aboute, & euery dai þou schalt¹
streine it¹ more & more, til he falle awei, & þan wiþ driyng¹ medi- 8

Moralis
consists of
many small
swellings,
like a mul-
berry.
[³ lf. 206, bk.]
Bleed from
the Basilica
and the
Saphena,

cyns þou schalt¹ drie it¹ vp. ¶ **Moralis** makiþ greet¹ akinge & haþ
manie smalle swellingis as it¹ were mora celsi, & þe colour þerof¹ wole
be reed & sumdel² purpur, & but¹ þis haue help for to acese þe
akinge, it¹ wole engendre an enpostym. þe cure herof¹ is to lete him 12
blood in þe veyne þat¹ is clepid ³basilica & sophena al in oon dai,⁴
& in þe same side þat¹ þe passioun drawiþ mooste þert'o. If¹ he is
wont¹ to haue þe same passioun, þan make him haue þe same flux
of¹ blood. & if¹ he is not¹ wont¹ to haue it¹, þan þou schalt¹ ȝeue 16

relieve the
pains with a
medicine,

him no medicyns for to make him haue þat flux, & þan þou schalt¹
acese þe akynge wiþ þis medicyn, & is good for thenasmon⁵ & for
alle þe passiouns of¹ þe ers / ℞, thuris, mirre, licij, croci, ana partem
.j, opij partes duas, grinde hem & medle hem with ȝelke of¹ an eij 20

apply an
ointment,
or tent.

℞

& wiþ þe iuys of¹ psillij, & ole of¹ roses, & make þerof¹ an oyne-
ment¹ / & if¹ þe akynge be wiþinne in his ers, þanne anointe a tent¹
& putte into his ers, & if¹ it¹ be wiþoutforþ, þan leie vpon lynnen
cloþ & leie it¹ vpon þe place. ¶ Also a medicyn of¹ Haly þe 24

℞
An ointment
to ripen an
apostema.

abbot¹ / ℞, ceruse .ʒ. v., litarge .ʒ. iij., iusquiami albi .ʒ. ij., mas-
ticis, grynde hem & tempere hem wiþ þe ȝelke of¹ an ey & oile of¹
violet¹ & make herof¹ an oynement¹. & þis oynement¹ is good
whanne þe akinge is wiþ an enpostym, for þis wole resolue & make 28

[⁶ lf. 207]
℞

it¹ maturatif¹, & doiþ awey þe ⁶akinge / ℞, foliorum malue, florum
camomille, Melliloti⁷ ana .ℳ. j., fenigreci, seminis lini ana .ʒ. iij.,
lenticularum excorticarum .ʒ. x., seþe alle þes in water til þei
resolue & þe water consume awei, & þan putte hem in a morter & 32
grinde hem wel, & þan do þerto .ij. ȝelkis of¹ eiren & oile of¹ violet¹,

---

¹ Lat.: sine colore. The translator read "calore."

² sumdel, altered in a different coloured ink from sumdei.

⁴ Lat.: cura est flebotomia basilice lateris eiusdem in uno die, in alio de
saphena eiusdem lateris.

⁵ Vigo, Traheron Interpret.: "Tenesmos is whan a man hathe greate pro-
uocation to the seege, but can do nothynge. It commeth of tissein, whych
signifieth to stretche."

⁷ Add. 15236, fol. 5: "*Mellilotum. Corona regia. idem. G. mellilote.
A. hunisoke vel redclaure.*"

& make herof᾽ an oynement᷄.   ¶ If᷄ it᷄ so be þat᷄ in᷄ þis place of᷄ þe   When an
forseid þingis come an enpostym & gad*ere* to quitture, þou schalt᷄   apostema be-
   purate, open
not᷄ abide til it᷄ breke him-silf᷄, for þan it᷄ wole make a greet᷄ hole   it quickly.

4 ynward toward þe guttis.   þerfore þou schalt᷄ opene it᷄ hastili, or it᷄
wexe to miche ynward / If᷄ þe place of᷄ þe emeroide make no greet᷄   **Nota**
akynge ne noon enpostym, & if᷄ þou wolt᷄ drie he*m* & waste hem,   To dry hæ-
  morrhoids,
þan þou mi3t᷄ worche in .ij. maners, do þ*er*to mel anacardi &   use a corro-
  sive oint-
8 vnguentum ruptoriu*m*,[1] or touche he*m* wiþ an hoot᷄ iren þat᷄ is   ment, the hot
  iron,
bett*ere* / If᷄ he be a delicat᷄ man or a feble, drie he*m* w*ith* fumy-   and for a deli-
  cate patient a
gaciou*n*s m*aa*d of᷄ pulpa coloquintida & seed of᷄ mirtillo*rum*, & þe   fumigation.
leeues & þe ry*n*dis of᷄ capparis, mirra, nux cip*re*ssi, & gallis, & make

12 him a decoccou*n* of᷄ þ*e*se þingis in water [2&3] lete him sitte þ*er*on,   [³ lf. 207, bk.]
for alle þese þingis mak*eth* þe emeroidis blak & makiþ he*m* falle
awey / I nolde neu*ere* leie in þat᷄ place corosif᷄ medicyn /

If᷄ þ*er* be greetnes of᷄ veynes ful of᷄ blood wiþout᷄ ony enpostym,
16 & þe pa*tient* haue gret᷄ akynge þ*er*wiþ, & principaly if᷄ he was wont᷄   If the veins
  are replete,
to haue þe flux of᷄ emeroidis wiþ blood, & he hadde it᷄ not᷄ longe   provoke flux
  of blood.
tyme tofore, þan þou schalt᷄ 3eue him medicyns to haue þe flux of᷄
blood, & þat᷄ þou schalt᷄ do in þis man*er* anoon, wiþ þe iuys of᷄ a

20 strong᷄ oynou*n*, or wiþ ius of᷄ lekis, ou*þer* if᷄ þou makist᷄ supposi-
torijs of᷄ he*m* & frotist᷄ þ*er*wiþ þe place, & þis wole opene þe veynys
of᷄ þe emeroidis / Also þe rotis of᷄ maluis wet᷄ in þe gall of᷄ a bole /
Also take hony .ij. p*ar*tis, & vert de grece oon p*ar*t᷄, & medle he*m*

24 togidere, & herwiþ anointe a suppositorie m*aa*d of᷄ ly*n*nen clooþ &
putte it᷄ yn / If᷄ it᷄ so be þat᷄ þe pa*tient* blede to miche & he bicomeþ   If the patient
  loses too
feble þ*er*wiþ, þan helpe him w*ith* trocisc*us* de carabe[4] þat᷄ ben gode   much blood,
  stop the flux.
for to restreine flux of᷄ blood of᷄ emeroides. & it᷄ is good for to

28 restreyne menstrues. R̥, carabe, gum*mi* nucis, balaustie, lacte, succi   R̥
barbe yrcine[5] [6]an*a* .3. v., thuris .3. ij., opij .3. iij., make herof᷄   [⁶ lf. 208]
gobettis wiþ muscillagine psillij, & make eu*ery* dai a gobet᷄ þe
wei3te of᷄ .3. ij., & þou schalt᷄ 3eue oon þerof᷄ wiþ sirupo stiptico,

32 & þou schalt᷄ make fumigaciou*n*s of᷄ driynge þingis : as gallis,   Use a fumi-
  gation.
balaustie, psidio*rum* & op*ere* mo þat᷄ ben forseid / R̥, nuces cip*re*ssi,   R

---

[1] *vnguentum ruptorium.* Vigo Interpret. : "Ruptorie : that, that hath
strengthe to breake."

[3] At the bottom of the page, in later hand : *contra emeroides vell bubo
vell tenassmoun :* R *mer* 3 *ij, olibani. ameos ana* 3 *j, oppij* 3 ß, *gosium
gres et* [?], *.ffiat decoctio cum mell vell cum pestello ellido et nido, fformetur
suppositor*um.

[4] Matth. Sylv. : "Caraba i. Karabe. Electrum." Fr. carabé Arab.
Kahrabà Devic *Dict.* Amber.

[5] *Alphita,* p. 20 : "*Barba yrsina . . . a* buckestonge."

U 2

cupular*um* glandulum, corticas gra*n*ator*um*, kutte hem a litil & seþe
hem in good wijn. & wiþ þis wijn waische þe place an eue*n* &
a morowe / Also a fumigaciou*n* maad of⸱ tapsi barbasti[1] is good
þerfore /

4

It falliþ ofte tyme þat⸱ after þe flux of⸱ þe emeroidis, ouþer if⸱
enpostym be to longe mat*ur*atif⸱ in þat⸱ same place vnopened, þan it⸱
falliþ ofte tyme þat⸱ þe grete bowel[2] is peersid. & sumtyme it⸱
makiþ a greet⸱ hole[3] in þe same place, & þoru3 þat⸱ hole comeþ out⸱

8

wijnd & sumtyme egestiou*n*,[4] & þis hole is cleped a festre of⸱ þe
ers.[5] Of⸱ þis cure ma*n*ye men be*n* hardi & knowen not⸱ þe p*er*els
þerof⸱, & makiþ þe same medicyns in þis place for a festre as þei
doon in oþ*er*e placis / But⸱ þou schalt⸱ take good [6]hede of⸱ þis maner

12

enfestre ; þou schalt⸱ asaie if⸱ þe hole of⸱ þe festre go to hi3e þat⸱ it⸱
touche þe þlace of⸱ þe lacertis of⸱ þe ers, þan þe festre is incurable,
& þan a man schal not⸱ holde his egestiou*n*, þat it⸱ nyle go out⸱
alwei / Also þou muste loke wher þ*er*e go out⸱ miche quitture ouþir

16

litil of⸱ þe hole of⸱ þe festre, or wheþir þe quitture þerof⸱ be whit⸱ or
reed / Also þou muste take kepe wher he haue greet⸱ penaunce þerof⸱
or no / And aftir alle þese diuers þingis, þou muste diuerseli worche.
For as it⸱ is aforseid, first þou muste acese þe akynge & þe swell-

20

ynge, þan þou schalt⸱ asaie wher þe festre go to þe lacertis ; þat⸱ þou
schalt⸱ knowe i*n* þis mane*r* / Putte þi fyngir as fer as it⸱ wole go, i*n*to
his ers, & þan putte a pliaunt⸱ tent⸱ in þe feestre. & loke in what⸱
place þe tent⸱ mette wiþ þi fyngir, & þan say þat⸱ þe pa*tient* streyne

24

his ers, & þa*n* þou mi3t⸱ wite wheþer þe festre go aboue þe brau*n* or
no. If⸱ þe festre go aboue þe brau*n*, þan þe pa*tient* schal lete go
out⸱ wijnd & egestiou*n* at⸱ þe hole of⸱ þe fest*re*. [7]þan þou schalt⸱ i*n*
no man*er* touche þe fest*re* wiþ no medicyn corosif⸱ ne wiþ noon

28

hoot⸱ ire*n* ; but⸱ þou schalt⸱ teche hi*m* for to vse a waisching⸱ wiþ
wat*er* & hony & mirre, & wiþ su*m* mundificatif⸱, and i*n* þis maner
he schal kepe hi*m* þat⸱ þe malice of⸱ þe fest*re* wexe nomore. ¶ O
mi briþ*er*en, manye lewid lechis haue I seen þat⸱ coude on ruptorie,

32

& þei supposide þerbi for to cure ca*n*cris & festris, & al maner crepa-

[1] *Alphita*, p. 182: "Tapsus barbatus—g͏ᵉ. molayne, an. catestey!, uel feldwrt."

[2] *intestinum*, inserted in later hand.

[3] *callid ffestula testium*, inserted in later hand.

[4] "*Egestion*, a casting forth, avoiding : In the Art of Physick, the discharging of Meat digested through the Pylorus, or lower Mouth of the Stomach, into the rest of the Entrails." Phillips.

[5] *ffestula*, inserted in later hand.

turis, & þei supposiþ bi þis maner ruptorie[1] for to surmounte *Galien* knowing only one corrosive apply it in every case. *Galien.*
in worchinge / And men þat' han þis opinioun, in þe mo errouris
þat' þei falliþ, þe more wrooþ þei wolen be, & þe more þei wolliþ vse
4 her ruptorijs / And þerfore þis mai be ensaumple to þee : if' a man They do like a man who has no other drink but vinegar, and gives it to thirsty people;
haue no drinke but' eysel, and haþ indignacioun for to fecche ony
oþer but' halt' him þerto, & ȝeueþ þerof' to men þat' ben aþirst'. &
if' þe drinke agreue hem, & þei speke ony þing' þerof', he wole be
8 wrooþ þerfore, & he nyle noon oþer drinke fecche, but algate ȝeueþ
hem of' þe same til her spirituals bicome drie / Aud if' þe same [2]man [² lf. 209, bk.] If he had wine, he would not give vinegar.
hadde wijn ynowȝ & knew wel þe vertu þerof', he wolde ȝeue no
man eysel for to drinke nomore / þerfore þou schalt' vse medicyns
12 þat' ben appreued, & do awei al medicyns þat' ben false, & holde
þee apaid of' þe medicyns þat' ben aforseid /[3]

Of þe cancre[4] and þe mormole /

CAncrene ben rounde vlceris þat' falliþ in a mannes leggis, & ¶ xiijᵒ. cᵒ /
16 malum mortuum also, & þei falliþ boþe in oon place, þerfore I
wole make differeƞce þerof' / ¶ Cancrene ben round vlcera & ben Gangrene is a mortification of the skin.
foule & comeþ of' dediuge of' þe skyn,[5] for þe natural spiritis comen
not' þerto, & þerfore þe place is corrupt' / & if' þe corrupcioun go If the bone is affected it is called aschachiles
20 anoon to þe boon, þan it' schal not' be clepid cancrenum, but' it'
schal be clepid aschachiles.[6] & if' þe corrupcioun ocupie al þe If the whole limb is affected herpes estiomenus.
lyme, þan it' schal be clepid herpes estiomenus, þat' is as miche
seie as etyng' him-silf'. ¶ þe signes of' cancrenarum ben blac The symptoms of Gangrene are black ulcers
24 vlcera, & þe fleisch þerof' wole be foule & of' ledi colour, & þe lippis
þerof' wolen be gret', & þe fleisch þat' is in þe middil [7]of' vlcera wole [7 lf. 210]
be corrupt'. & it' be miche lijk to a cancre þat' is vlceratus, but' similar to an ulcerated cancer.
þis is þe difference þerof' þat' a cancre comeþ of' corrupcioun of'

---

[1] MS. *rurptorie*.

[3] The translator omits a short passage about " Fissure of the Anus."

[4] *cancre*, a mistake. Lat. De cancrenis. Med. Lat. cancrenum, can-
crena, is derived from Lat. canceroma, cancroma, canchrema, and has very
early been confounded with Lat. gangræna, γάγγραινα. Vigo. Interpret.
" Cancrena. Gangrena is when some parte of the body thorow great in-
flammation dieth, but is not yet perfitly dead; when it is perfectlye dead,
and wythout felyng : it is called sphacelos in greke, whyche they have turned
to ascachillos, sideratio in latine. Some saye, that Gangrena is whan a
membre is apte to putrefye. Ascachillos, when it is putrified, but hath not
all partes of putrefaction. Esthiomenas, when a membre hath al degrees of
putrefaction."

[5] *of dedinge of þe skyn*. Lat. : de cutis mortificatione.

[6] *aschachiles*, the Arab. corruption of σφάκελος. Fr. sphacile.

It is caused
by general
debility.

malancolie, & þis comeþ of‛ lesynge of‛ þe spiritis of‛ lijf‛ / Also
þe lippis of‛ þe cancre ben more reuersid and more grene, & a
cancre fretiþ more / And þerfore þis passioun is clepid of‛ summen
a deed cancre /   4

Treatment of
Gangrene:
Purge the
body from
melancholic
matter,

þe cure of‛ þis passioun is in þis maner / first‛ þou schalt‛ avoide
his bodi of‛ malancolie, & þou3 it‛ be not‛ his principal cause as it‛ is
of‛ a cancre / 3itt‛ þe mater þat‛ falliþ to þe place is greet‛ / þerfore it‛
is good for to clense his blood of‛ malancolie; for it‛ is good þing‛ in 8
vlcera þat‛ ben olde, & principali whanne þei ben in parties bineþe-

bleed from a
vein between
the last two
toes,

forþ / & whanne he is clensid, þan lete him blood in þe veyne þat‛
is bitwixe þe leeste too of‛ his foot‛ & þe too next‛ þerto, in þe same

use daffodil-
powder.
[¹ lf. 210, bk.]
The best
method is,
to cauterize
the place with
the hot iron.

leg‛ þat‛ þe passioun is on. & vpon þe place þou schalt‛ caste pouder 12
of‛ affodillorum, ouþer remeue awei al þe deed fleisch / If‛ þou wolt‛
worche more surely & bettere, make him a cauterie, þat‛ ¹it‛ be
myche & long‛ as þe place is þat [is] corrupt‛, & wiþ an hoot‛ iren
make a cros vpon þe middil of‛ þe passioun as depe as þe deed fleisch 16

Then apply a
plaster,

is. & þan þou schalt‛ leie þeron a plastre maad of‛ whete mele &
iuys of‛ ache, & þan cure it‛ vp as þou doist‛ oþere vlcera, as it‛ is
forseid / And in þis caas þou schalt‛ not‛ for3ete in no maner for to

and a defen-
sive.

leie aboute þe place a defensif‛ of‛ bole & terra sigillata; for þat‛ 20
wole suffre no wickide mater to renne to þe place, & it‛ defendiþ þe

Malum
mortuum
is a kind of
scab,

hool place fro corrupcioun. ¶ Malum mortuum is a maner scabbe,
& comeþ of‛ grete humouris brent‛, & falliþ to þe place. & sum
part‛ þerof‛ leueþ in a mannys flank, & engendriþ glandulas & 24

and is treated
with purging,

swelliþ / þe cure herof‛ is to avoide his bodi of‛ greet‛ humouris, þat‛
ben brent‛; & lete him blood in basilica, in þe same side; & lete

blood-letting,

him blood in þe foot‛, as it‛ is forseid / & þou muste dissolue
glandulus, as it‛ is forseid in þe chapitre of‛ glandulus & scrophulis; 28

and an oint-
ment.
[² lf. 211]

& þan þou muste anointe þe place wiþ drin3e medicyns. þou
²schalt‛ anointe al þe place with psilatro,³ til al þe heeris falle awei

℞
an ointment
of tithymal.

wiþouten ony violence / Take þe grete titimalle & þe smale, & boile
hem in vinegre & in oile, & do þerto a litil sope, & make þerof‛ þe 32
maner of‛ an oynement‛; & wiþ þis oynement‛ þou schalt‛ anointe þe

℞
An ointment
of soap.

place harde a3en þe tier / ℞, olei aceti ana. ℥ .ij., sapponis mollis
& sapponis duri ana. ℥ j.; medle hem togidere, & do þerto iuys
mali terre ouþer brionie .℥ .ij.; boile hem alle togidere, & anointe 36
þe place þerwiþ, & þou schalt‛ fynde oynementis in þe antidotarie
þat‛ ben gode in þis caas //

---

³ *Sinon. Barth.,* p. 35: " Psilotrum, depilatorium idem."

Of varices, þat beŋ veynes, and elephancia.[1]

Uarices ben clepid veynes, þat' beŋ grete, & grene, & purpur, & _{¶ xiiij. c°/}
sittiþ aboute a maŋnes leggis. and þei comen of' greet' _{Varices are enlarged veins in the}
4 malancolio*us*[2] blood, þat' falliþ adou*n*. & also it' comeþ of' grete _{legs.}
metis & of' greet' traueile, or it' may come of' greet' fleume ; & it'
wole make a maŋnes feet' & his leggis al grete, & sumtyme his feet' _{Elephantia attacks the}
also[3] // þe [4]cure of' varici*um* is i*n* þis man*er* : þou schalt' purge hi*m* _{feet.}
8 wiþ gotis whey & wiþ epithi*m*o, for þis purgacio*un* is pro*pr*e i*n* þis _{[4 lf. 211, bk.] The general}
caas, or purge hi*m* wiþ pelottis of' epith*i*m*i*. & lete hi*m* blood i*n* _{treatment consists in}
þe veyne þat' is clepid basilica, of' þe arme i*n* þe same side, & also _{purging, and in bleed-}
i*n* his foot'. & he schal absteyne hi*m* fro metis þat' engendriþ _{ing from the Basilic vein.}
12 malancolie / þis passiou*n* þow my3t' cure in þese maners[5] / þis is þe _{Local treat-}
first' maner : loke in his ha*m*me, vnd*er* his knee. þere þou schalt' _{ments : 1. Apply a}
se a greet' veine ; & alle þe grete veynes, þat' ben bineþe i*n* his leg', _{double liga-ture on the}
comeþ out' þerof'. þan þou schalt' take vp þe same veyne wiþ a _{popliteal vein,}
16 nedele. & loke þat' þou peerse not' þe veyne, & knytte hir wiþ a
þreed. & þe brede of' þi fyngir aboue þat' place, putte yn þi nedele
a3en, vndir þe veyne as þou hast' do heretofore, & knitte i*n* þe same
maner wiþ a þreed ; & þan þou schalt' kutte þe skyn ou*er* þe veyne
20 endelongis ; & þan take vp þe veyne & kutte hir bitwixe þe .ij. _{cut the vein between the}
bindi*n*gis, & þan þe ende of' þe veyne þat' is aboue schal be brent' _{two ligatures,}
wiþ an hoot' iren, & þe neþir side [6]of' þe veyne schalt' be vnknit'. _[6 lf. 212]
& presse out' þe blood bineþeforþ of' þe veyne, as myche as þou _{and press the blood out}
24 my3t'. & þanne þe remenaunt' þou schalt' drawe wiþ medicyns þat' _{from the lower part of}
ben consumynge. & þe fleisch þere þou madist' þi wounde, þou _{the vein : after removal}
schalt' touche wiþ an hoot' iren also ; & þan þou schalt' leie to þe _{of the liga-ture.}
place mundificatiuis, & þan soude as it' is aforseid'.[7]   ¶ Also anoþer _{2. Use blood-letting and}
28 maner cure : lete hi*m* blood oon*li* i*n* þe same veyne, & take out' of' _{purging.}
þe blood as miche as þou mi3t', & purge hi*m* ofte, & make hi*m*

---

[1] Lanfranc follows the description given by *Avicenna*, Lib. III, Fen. 22,
Tract. 1, Cap. 15, ed. Ven. 1527. Avicenna's list of the occupations that are
predisposing to this illness reminds us of the fact that he was a courtier
himself. *Ibid.* : " Et plurimum quidem accidunt cursoribus, & viatoribus,
& onera portantibus & coram regibus astantibus."

[2] MS. *humour*, deleted.

[3] Incorrect translation. Lat. : "Elephantia dicitur quædam carnis aug-
mentatio, in qua crus vltra mensuram debitam augmentatur cum pede toto,
et fit ex grosso fleumate vel ex grossa melancolia non corrupta."

[5] Lat. : Locus autem tribus curatur modis.

[7] This mode of operation is the same as has been described by *Paulus
Ægineta*, Lib. VI, 82, ed. Fr. Adams 1844, 2nd vol., p. 406, and by *Avicenna*
l. c., Cap. 18.

enplastris aboute his leggis wiþ drijnge þingis, & diete him as itᵗ is
aforseid. ¶ þe .iij. maner is þis : þou schaltᵗ go to no perfitᵗ cure
þerofᵗ, butᵗ þou schaltᵗ lete þatᵗ blood falle adoun, & þan a fewe
tymes in þe ȝeer þou schaltᵗ purge him ; & þou schaltᵗ laske his greetᵗ 4
blood wiþ blood-letyngis, þatᵗ ben forseid, & leie enplastris vpon þe
place þatᵗ ben drijnge. & þus þou schaltᵗ do til al þe swellynge be
goon awey / & þis laste medicyn is þe beste for hem þatᵗ haue had
þis passioun longe, & for hem þatᵗ ben olde / For ifᵗ þou kutte a 8
veyne in hem, ¹þan þer wole engendre manie sijknessis aboue, &
make þe pacientᵗ deed þe raþere / For I siȝ men þatᵗ her veynes weren
so kuttᵗ þatᵗ weren algate sijk aftirward, & wiþinne a litil time aftir
þatᵗ þei diede. ¶ Elephancia² is incurable whanne itᵗ is confermed ; 12
butᵗ bifore þatᵗ itᵗ is confermed, itᵗ mai be curid for to purge þe
humouris þatᵗ ben in þe cause wiþ blood-letingᵗ, þatᵗ ben aforseid. &
he schal absteine him fro grete metis, þatᵗ engendriþ greetᵗ humouris ;
& þan he schal notᵗ go ne ride, butᵗ ifᵗ his legᵗ & his footᵗ be bounden 16
wiþ a boond faste, & speciali in þe ioynctᵗ / Butᵗ firstᵗ þou schaltᵗ
anoynte his leggis wiþ epithimo maad ofᵗ acacia, mirra, aloe, ipoqui-
stidos,³ & alym with vinegre. & whanne þe swellynge bigynneþ to
goon awei, þan make him a stuwe, & lete his leggis be þerinne 20
longe ; & be itᵗ maad ofᵗ askis ofᵗ vines & caul-seed, sticados arabici,
lupinorum, mirre, stercus caprini, fenigreci. Also anointe him, &
binde him, as itᵗ is forseid. & in þis maner I haue curid men, þatᵗ
ne weren notᵗ confermed þeron //   24

Marginal notes (left):

3. Do not try a perfect cure, but purge and bleed several times a year.

[¹ lf. 212, bk.]

Elephancia can be cured at the beginning of the disease.

Use purging, blood-letting,

keep the legs bandaged before an exertion, use an oint-ment.

Of wertis in handis and in feet /

⁴POrri⁵ ben engendrid ofᵗ fleume þat is greetᵗ, & ben white ;
veruce⁶ comeþ ofᵗ malancolie, & ben blake, & han mo rotis /
Scissure⁷ comeþ ofᵗ malancolie brentᵗ, & makiþ as itᵗ were kuttyngis ; 28

---

² The disease which Lanfranc describes is the Elephantiasis Arabum,
commonly known as Barbadoes leg, quite different from the Elephantiasis of
the Greeks, a general term for severe leprosy.

³ *Sinon. Barth.*, p. 25 : "Ipoquistidos est succus fungi qui nascitur ad
pedem rosæ caninæ." ὑποκιστίς, ίδος, ή, a parasitic plant which grows on
the roots of the κίστος, Cytinus hypocistis. (= Holly Rose, *Gerard*, p.
1281.)

⁵ "*Porrus*, a Leak, also a kind of Wart." Phillips.

⁶ "*Verruca*, (Lat.) a Wart, a little hard brawny Swelling, which breaks
out of the Skin, and breeds in any part of the Body." *Ibid.*

⁷ "*Scissure*, a Cut or Cleft, a Rent or Chap." *Ibid.*

& if^t þei comeþ of^t cooldnes, þan þei schulen be clepid muge.[1] ¶ þe Treatment of porrorum.
cure of^t porror*um* is for to clense his bodi wiþ trocisco de t*ur*bit^t, & Apply a caustic medicine.
þan frote þe place wiþ medicyns þat^t ben consumptif^t; & frote hem
4 wiþ poudre m*aa*d of^t a gotis toord, & tempere wiþ þe iuys of^t mirti
& wiþ þe ryndis of^t capparis / Veruce schulen be curid wiþ a veruce.
purgacio*un* m*aa*d of^t epith*imi* & gotis whey, & wiþ su*mm*e oþere Use purging and a strong ointment,
medicyn þat^t is *propr*id for malancolie, & þa*n* þou schalt^t vse stronge
8 oynementis / as vn*guentum* ruptori*um*, ouþer mel anacardi or su*m*
oþir corrosif^t, ouþer i*n* þis mane*r* is better / garse it^t al aboutforþ & or tie the growth.
binde it^t wiþ a strong^t þreed, & streine wel þe þred & drawe him
awei wiþ þe þreed, & þa*n*ne touche þe rotis of^t him wiþ a cauterie
12 punctual. ¶ Sci*s*sure. It^t is nede i*n* þis passiou*n* for to purge his Scissure. Use purging. [2 lf. 213, bk.]
bodi of^t humouris þat^t be*n* brent^t, & make [2]him a baþ of^t swete a bath, a wash,
water. & þa*n* þou schalt^t waische his lymes wiþ a decocciou*n* of^t
bismal*ue* i*n* watir, & a litil oile þerwiþ; & lete him vse metis þat^t
16 makiþ moist^t & enge*n*drid good blood, & þan anoynte hi*m* wiþ þis an ointment.
oynement^t / ℞, oli*um* ro*sarum*, cere citrine, adipis anatis colatus, ℞
Isopi humide,[3] muscillagine se*minis* citonior*um*, amil*um*, dra*ganti*,
ana, make herof^t an oynement^t / ¶ **Muge** schulen be curid wiþ oilis Muge.
20 & oynementis / ffirst^t þou schalt^t aswage þe akinge wiþ oile, & þa*n* Relieve the pain;
leie þerto a mundificatif^t þat^t schal be seid i*n* þe antidotarie, & þa*n* apply a mundificative,
soude it^t wiþ mirre / If^t þou seest^t it^t at^t þe first^t bigy*n*nyng^t, þa*n*
make an enplastre of^t armoniaco, for þat^t wole resolue þe enpostym. a plaster,
24 & þou schalt^t make þat^t he vse [not][4] streit^t schoon, & he schal and an ointment.
anoynte his feet^t, & *principali* hise heelis wiþ þis oynement^t / ℞, ℞
oli*um* de lilie ℥ .vj., cere ℥ ß., resine ℥ ij., armoniaci ℥˙j., farine
fenig*reci* ℥ .ß., thuris, mast*icis*, ana 3 .ij., & make herof^t an
28 oynement^t /[5]

---

[1] *Matth. Syluat.:* "Perniones vel rasulæ, sunt excoriationes quæ fiunt in nimio frigore in calcaneis, quæ *Mugæ* vulgariter dicuntur," probably allied to *mucus, mungere,* μύξα.

[3] *isopus humida.* Sloane 2463, fol. 159 bk.: "*The fyfte, whiche is nother propurly oynement nor enplast*re. *but atwixe two, & is cleped ysopus humida. Take wolle that is bytwixe the thyes and the iowes of schepe, as moche as þou wilt, and put as moche water thercpon as may covere hit, and lete hit stonde so aday and anyȝt. and þanne boile hit with a lente fyre, and lete hit wexe cold, and coile hit; and thanne boile hit eftesones in a tymed panne with a liȝt fyre, and thanne lete hit wexe cold, and coile hit: butt loke thou stere hit euermore with a spature of tre till þat it be thikke as oynement.*"

[4] *not,* wanting. Lat.: iube ne calciamenta portet stricta.

[5] Gulielm. de Saliceto, *Chirurgia*, Lib. I, Cap. 57. Sloane 277, fol. 19: "*For cold in wynter þe leche may haue two consideraciouns to þe heelynge*

Of blood-letyng //

¶ xvj

[¹ lf. 213*]
Blood-letting
belongs to
a surgeon's
craft.

Nota.
Learned
physicians
leave it to
unlearned
men and
women.

One ought
to be both a
physician and
a surgeon.

Blood-letting
is used to
keep a man's
health, and
to remove
sickness.

[⁴lf. 213*,bk.]
Bleed those
who eat
and drink
much, and
have little
exercise.

Bleed in order
to prevent a
disease.

Blood-letyng' is a craft' for to laske a mannes blood þat' is in his veynes / ¹And þis þou schalt' wel wite, þat' it' falliþ for oure craft', þouȝ we for pride take it' to barbouris & to wommen ; & blood-letynge falliþ principali for cirurgians / O lord, whi is it' so greet' difference bitwixe a cirurgian & a phisician, but' for philoso-phoris bitoken þe craft' into lewid mennes hondis / or as manie men haue dedignacioun for to worche wiþ her hondis / & ȝitt' mani men weneþ þat' it' is inpossible þat' oon man to kunne boþe þe craftis² / But' þou schalt' knowe wel þis, þat' he is no good phisician þat' can no þing' in cirurgie / And also þe contrarie þerof' : a man mai be no good cyrurgian, but' if' he knowe phisik. ¶ Blood-letynge is vsid bi cause for to kepe a mannes bodi hool, & to remeue awei sijknessis fro a mannes bodi / But' þus manye þingis þou muste take kepe in blood-leting' : tyme, & hour, & eir, & disposicioun of' þe sike man / & þou muste take kepe þat' þou lete no man blood but' if' he mowe endure itt' // ¶ First' a man schal be lete blood for to kepe him-silf',³ & principali hem þat' etiþ good fleisch ⁴& drinkiþ good wijn, & etiþ metis for to engendre myche blood, & traueiliþ but' litil, & princi-pali þe while a man is ȝong', & also in eelde if' he be myche vsid þerto / Also þou schalt' lete hem blood þat' ben wont' to haue akynge in her ioyntis, ouþer a feuere þat' is clepid sinocha⁵ or þe squinacie, ouþer pleureses / Alle þese, tofore þe tyme þat' þei ben woned to haue her passioun, þou schalt' lete hem blood or her passioun come, þat' it' mowe go awey þerwiþ : & þis maner is clepid preuisiuus. ¶ þe iij. maner : whanne a man haþ greet' akynge in

4

8

12

16

20

24

---

of swiche maner seknesses : oon of partie of defense þat it come not, &
another of þe partie of remerynge of þe seknesse i-made. By þe reson of
defence that it come not, leue þe patient wiþ all his witt streit schoynge, &
haue he dowble schoos & large, & anoynte he euery nyȝt þe heele with an
oynement þus maad."

² Lat.: "aut quum operari ut dicunt quidam cum manibus dedignantur, aut, quod magis credo, quum operationis modum quod apud scientiam est necessarium non nouerunt ; et hæc abusio tantum valuit propter antiquam dissuetudinem, quod apud quosdam de vulgo credatur impossibile, quod unus hoc possit scire magisterium utriusque."

³ Lat. pro sanitate conseruanda.

⁵ Lanfranc, *Chirurgia Parva*, Cap. X, Add. MS. 10,440, fol. 25ᵃ (xvth cent.): "*blood perfore, ȝif it ouer haboundeþ vpon al þe body, & it is hett with hete enflammynge or brennynge þe herte, & is corrupt, & neþeles it is not roten, þerof is maad a feuere clepid* **synocha continua**. *And ȝif he is roten, þenne is maad þerof a feuere clepid* **synochus continuus**.

his heed wiþoute*n*[1] a feuere, or a squina*n*tes plureses, *p*eriplumonia, Bleed in those diseases which are caused by abundance of blood.
apostema calida, & eueri sijknes þat' come*þ* of' to miche blood. In
alle þese causis þou schalt' lete him blood ; & þis maner is clepid
4 ·curantes.[2] ¶ Now I wole telle alle maners i*n* what' maner a man
schal be leten blood / ffirst', who schal lete þee blood / þe .ij, wha*nne* .1.
.2.
.3.
it' is necessarie for to be lete blood / þe .iij., i*n* whiche veynes a
man schal be leten blood for diuers passiou*n*s, & i*n* what' maner þe
8 veyne schal be kut'. ¶ A man þat' schal be lete*re* blood schal be ჳo*n*g', 1. The operator must have
[3]& he schal be no child, ne noo*n* oold ma*n*, ne he schal not' quake, [3 lf. 21ᵇ]
& he schal haue a good scharp siჳt' ; & loke þat' he ku*nne* knowe the proper age,
know the
veines, & þat' he ku*nne* knowe hem from art*er*ijs ; & he schal haue blood-vessels, and have
12 manie diu*er*s tool[4] for to lete blood þerwiþ, & þei schulen be clene good instruments.
and cleer, & not' rusti ; & su*mm*e of' his tool schule*n* be longe, &
su*mm*e schorte, for to peerse aftir þat' þe veyne is greet' þerto / Also
children schule*n* not' be lete blood, but' if' it' were greet' nede, & he 2. Children ought not to be bled except in urgent cases;
16 were so replet' of' blood þat' he schulde be achekid þerwiþ ; þat' þou
miჳt' knowe bi þe streitnes of' his breeþ & fulnes of' his veynes, &
bi reednes of' his face. þa*n* it' is necessarie þat' he be leten blood ;
but' it' is ful greet' drede for to lete a child blood, þerfore I wyle it is always dangerous,
20 ჳeue no counseil þerto. & if' it' so be þat' he be i*n* p*er*el of' deeþ,
þa*n* lete hi*m* blood / Now þou art' war of' þis perel, do as þou seest'
þat' it' is to do ; & þou schalt' warne þe childis fadir & his modir of' and the parents must be warned.
þe perels þat' ben aforseid, & saue þee fro blame. ¶ Also olde me*n*
24 schule*n* not' be lete blood, & ჳitt' su*mm*e olde me*n* ben strenger of' Do not bleed old men,
vertu þa*n* su*mm*e ჳonge [5]me*n* ; & þa*n* þou schalt' take hede to þe [3 lf. 214, bk.]
rule iu þis maner : þat' þou schalt' not' lete hem blood wha*nne* þei
arisiþ out' of' her sijknes / ¶ Also wo*m*men wiþ childe schulen not' nor pregnant women,
28 be lete blood, & speciali not' i*n* þe .iij. firste moneþis, ne i*n* þe laste
monþe / Also ჳonge me*n* þat' ben white & pale, & haueþ fewe heeris nor young men who are
i*n* her browis, & haueþ smale veynes & priui, ne ben not' couenable pale and have spare hair
to be lete blood ; ne men þat' han manie humours & litil blood, for and small veins.
32 blood þat' is i*n* hem is tresour. ¶ Ffrensch men doon hem-silf' Much harm is done in
miche harme i*n* þis caas ; wha*nne* þei ben ful of' coold humours & France by too much blood-
corrupt' þei letiþ hem-silf' blood, & þa*n* þei seen her blood corrupt' & letting.

---

[1] The Latin editions of Lanfranc read : "Tertio cum dolor fortis adest
capitis siue febres fortes squinantes pleuresos," ed. Ven. 1498, fol. 201 bk.,
Ven. 1546, fol. 249, but Add. MS. 26,106 (xivth cent.), fol. 88, shows the
correct reading, which corresponds with the translation : "Tercio cum dolor
fortis adest capitis sine febre, cum fortes squinantes, pleureses."

[2] Lat. curatiuus.

[4] *tool*, a survival of the O.E. tôl, N.A. plur.

foul, & þan þei supposen þat' þei han wel doon þat' þei haue lete out'
þat' blood, & þe barbour wole seie þat' he mote hastili be lete blood
aȝen / It' were wel better to him þat' he hadde kept' his blood, &
þat' þe corrupt' humours hadde be voidid awei in oþer maner / 4

Nota
Do not bleed
at the be-
ginning of
cataract.

¶ Blood-letynge is not' good for a man at' þe firste bigynnynge of'
cataracta, ne noon ventuse is not' good for him / but' in causis as it'
is forseid, blood-letyng' is good // And [1]if' a man etiþ miche fleisch

[¹ lf. 215]
Blood-letting
shall be used,
if a man eats
and drinks
too much,
in case of
gout—before
the illness
is quite de-
veloped—

& drinkiþ miche wijn, for þis wole engendre miche blood / And 8
þan but' if' a man lete him blood, þan þere wole engendre diuers
sijknes þerof', & ofte tyme sodeyn deeþ / Also men þat' haue þe
goute of' blood, he schal be lete blood tofore þe tyme þat' he
supposiþ to haue his passioun; for ofte tyme þis wole take awey 12
his akynge. & in alle sijknessis þat' comeþ principali of' blood, it'

in case of
synocha,

is good for hem to be lete blood / Also men þat' haueþ synocham,
blood-letynge is ful necessarie to hem, til þei swowne. & þis wole
do awei þe feuere, or it' waastiþ so miche þe mater; & þan he muste 16
be holpen wiþ oþere medicyns, þat' þou schalt' fynde in bokis of'

else the blood
may boil into
the breast,

phisik[2] / If' he be not' lete blood, þan þe blood þat' is in him wole
boile vpward to þe brest', & gadere togidere in the brest', þat' þe

and a vein
may break.
Nota

pacient' schal be ful nyȝ stoppid.[3] & sumtyme a veine wole breke 20
in þe piyse or in þe lungis, & þan þat' veine mai not' be streyned ne
stoppid, & þan þe patient schal die þeron. ¶ In þis chapitre it' is

[⁴ lf. 215, bk.]

myn entencioun forto speke oonly of' openynge of' veines [4]þat' ben

The veins on
which phle-
botomy is
practised are
1. Cephalica.

in us,[5] & what' vertu þer is þerinne. In boþe armis of' a man þer 24
ben .iij. veines þat' ben in us for to be lete blood þeron / þe .i. is
clepid cephalica, & is þe hiȝeste veine of' þe arme, & sitt' next' þe

which is cut
either near
the elbow,
or between
the thumb
and the first
finger.

elbowe[6]; & þis veine mote be kut' large, & not' to depe / If' þat'
veine be kut' streit', þan ofte tyme it' makiþ an enpostym / & also 28
þou muste be wel war þat' þou touche no synewis / For þe same
cause þou miȝt' lete a man blood vpon þe hond, bitwixe his þombe

2. Basilica.
is cut either
in the fold
of the arm,

& þe nexte fyngir þerto // Basilica sittiþ adoun aforȝens þe elbowe,
vndir þe arme, & þis veine sittiþ ful nyȝ þe gret' arterie: & þerfore 32
a man mote be wel war þat' he touche not' þe arterie veyne. & for

or between
the little
finger and the
ring finger.

þe perel of' þe arterie it' is good for to lete him blood bitwixe þe
litil fyngir & þe fynger next' þerto. & þis blood-letynge is good for

---

[2] *& þan he muste be holpen—bokis of phisik*, inserted. Lat.: "aut
omnino phlebotomia febrem tollit, aut adeo materiam minuit, quod in
putridam de cetero non mutatur."

[3] Lat. quod patiens suffocatur.   [5] Lat. quæ sunt in usu.

[6] Lat. prima cefalica que in duobus minuitur locis prope cubiti plica-
turam aliquantulum supra.

alle þe placis vndir þe brest', & for þe lyuere. ¶ Of' þis veine þat' is clepid Basilica, & of' þe veine þat' is c[l]epid Cephalica, comeþ a veine þat' is clepid Mediana / And whanne a man is lete blood in 4 þis veyne, it' is percl of' ij. grete synewis þat' liggiþ in boþe sidis ¹of' þe veyne. And whanne þou þinkist' to avoide al a mannes bodi, þan þou schalt' lete him blood in þis veine, & principali for þe herte & for þe brest'. ¶ In Basilica, in þe riȝt' hond, þou schalt' lete a 8 man blood for passioun of' þe lyuere, & in þe lift hond for passioun of' þe splene,² & in þe liftside of' þe forheed³ it' is good to lete blood for akynge of' þe heed,⁴ & principali whanne sijknes is con- fermed in a mannes heed. & þis I apreuede misilf' / for sumtyme 12 it' doiþ awei þe frenesi. & I siȝ a womman þat' hadde akynge in hir heed, þat' it' miȝte not' be take awei, & I lete hir blood in hir hond as it' is forseid & purgide hir, & þe veine in hir forheed þat' was gretter þan ony oþer veine in hir bodi ; & I openede þat' veine, 16 & anoon riȝt' sche was hool / But' whanne þou wolt' lete a man blood in þat' place, þou schalt' streyne þe necke & kutte þe veine endelongis ; & þis blood-letynge is good for tynea, þat' is in a mannes heed, & for Saphati.⁵ & for demigrania þou schalt' lete 20 blood in þe templis of' his heed. & þe same blood-letynge is good for passion ⁶of' a mannes iȝen / I hadde a ȝong' man in my kepinge þat' hadde demigrayn⁷ of' hoot' cause, & I purgide him ofte & lete him blood, and I knytte þe arterie þat' was in þe same side of' his 24 heed, & þo he was cured for euermore / Also letynge blood in þe veynes bihinde hise eeris is good for þe dimigrayn & for tineam / Also letynge blood in þe tunge is good for þe squinacie, & for enpostyms, þat' ben as it' were almaundis, & for brancis ;⁸ but' he

Marginal notes:
3. **Mediana** is selected for general bleeding. [¹ lf. 216]

A vein in the forehead is cut against headache and frenzy ;

as the author did in the cure of a woman.

Blood-letting on the temples is good against megrim, [⁶ lf. 216, bk.] and an eye disease.

Cut the veins behind the ear against megrim : bleed the tongue against squincy.

---

² *Regimen sanitatis Salerni*, transl. by T. Paynell (1530), fol. h. iiii. : " *Saluatella* is þat veyne betwene þᵉ myddell fynger and the rynge fynger, more declynynge to the myddell fynger. Hit begynneth of *Basilica*. This veyne is opened in the ryghte hande for opilation of þᵉ lyuer, and in the lefte hande for opilation of the splene. There is no reason why it shuld be so, as Auicen saythe, but experyence : whiche Galen founde by a dreame, as he saythe. He had one in cure, whose lyuer and splene were stopte, and he dreamed that he dyd let him blud of this veine, and so he dyd, and cured the pacient." ³ MS. inserts *for*.

⁴ Lat. in capite flebotomatur vena frontis propter capitis egritudines.

⁵ MS. *sanaci*. The editions of Lanfranc read *saphati*, Add. MS. 26,106, fol. 89 : *saffira*. *Matth. Sylv.* : " Saphiros. Sephiros idest apostema durum cui non associatur sensus." *Vigo Interpr.* : " Sephiros is an arabike word, and it is called in Greke scirros, in latyne durities, that is hardenes."

⁷ *demigrayn*, Lat. emigranea. See Skeat, *Et. Dict.*, s. v. megrim.

⁸ *brancus*, med. Lat. Dufr., a throat-disease. *Isid.*, Lib. 4, Cap. 7 : "branchos est præfocatio faucium a frigido humore." The editions of Lanfr. read : brachiis.

schal be lete blood tofore in þe heed-veyne. & itᵗ is good for þe
iȝen, & itᵗ is good for icchinge & for pustulis in þe nose, & for
scotomia þatᵗ comeþ ofᵗ blood / Sumtyme a man is lete blood in
veynes in þe necke, þatᵗ ben clepid gwide,[1] for drede ofᵗ suffocacioun[2] 4
ofᵗ blood; & sumtyme in leprous men, þatᵗ schulen be lete blood in
her lippis bineþe.[3] & þis is good for hote enpostyms in þe mouþ, &
for hote passiouns ofᵗ þe gommys. ¶ In a mannes footᵗ ben .iij., þatᵗ
ben profitable to be lete blood for manie passiouns / And þer is oon 8
veyne in a mannes hamme vndir his knee, þatᵗ is good to be lete
[4]blood for passiouns ofᵗ þe maris, & for to bringe outᵗ menstrue: &
itᵗ avoidiþ al þe bodi. ¶ Also þer is anoþer veine, þatᵗ sittiþ bitwixe
þe holowe ofᵗ þe footᵗ wiþinneforþ, & is clepid Sophena; & in þis.12
veyne wommen ben leten blood for passiouns ofᵗ þe maris, & men
ben lete blood in þe veine ofᵗ þe same place for enpostyms ofᵗ þe
ballokis. ¶ þe veine þatᵗ serueþ for þe scie, is wiþoute bitwixe þe
heele & þe holowe ofᵗ þe footᵗ wiþoutforþ, & blood-letynge in þis 16
veine is good for scia[ti]cam passionem, as itᵗ is aforseid in þe cure
ofᵗ sciatica. ¶ Herofᵗ þou schaltᵗ take kepe. If þou þinkistᵗ for to
lete a man blood in .ij. diuers times, & notᵗ al atᵗ oonys, þan þou
schaltᵗ do in þis maner; & in þis caas, whanne þou woltᵗ lete a man 20
miche blood, and ne daristᵗ notᵗ do itᵗ al atᵗ oonys; þan whanne þou
letistᵗ him blood, þou schaltᵗ make þe inscicioun ofᵗ þe veine þe more
longᵗ, þatᵗ itᵗ soude notᵗ hastili; & þan þou schaltᵗ binde his arme, &
smite þe place þere þou woltᵗ lete him blood wiþ þi fyngir, & make 24
him blede more, as myche as þou seestᵗ þatᵗ good is / [5]¶ Also
whanne þou woltᵗ wiþ blood-letyngᵗ make þe mater go to þe place
aforȝens; whanne þou hastᵗ lete outᵗ þe .iij. partᵗ offᵗ blood þatᵗ he
schal blede, þan þou schaltᵗ sette þi fingir vpon þe wounde, & make 28
him stonde vp & remeue[6] him-silfᵗ, & lete him sitte adoun, & do
awei þi fyngir & lete him blede more. & þus þou schaltᵗ do .iij.

Bleed from the jugular vein against suffocation, from a vein in the lower lip,

from the 3 veins in the leg,

1. a vein under the knee,

[4 lf. 217]

2. a vein in the hollow of the foot called **Sophena.**

3. the sciatic vein.

If you intend to let blood more than once from the same place,

make a larger incision.

[5 lf. 217, bk.]

If by blood-letting, you wish to draw the matter to the opposite part of the body, bleed repeatedly.

---

[1] Lat. vene guidegi.

[2] Phillips: "*Suffocation*, a suffocating, stifling, etc., a Stoppage."

[3] This statement is due to a wrong interpunctuation in the Latin original.
Add. 26,106: "Aliquando flebotomantur uene guidegi colli cum suffocatio ex
sanguinis timetur multitudine. & aliquando in quibusdam leprosis uene
quæ sunt in labiis inferioribus interioribus minuantur propter acola calidum
in ore —— ." A full stop ought to be between leprosis and uene. Com-
pare *Liber Rasis ad Almans*, Tract. VII, Cap. 21, ed. Ven. 1506, fol. 32 bk. :
"Sed due vene que dicuntur guidegi sunt flebotomande, cum anhelitus in
lepre principio maxime angustatur." "Vene itidem, que in labiis sunt inci-
duntur cum in aliquo multiplicantur alcola et ulcera in ore et gingivis."

[6] *remeue him-silf* has the sense of M.E. remuen, O.F. remuer, to move,
stir.

siþis or .iiij., for in þis maner þe blood drawiþ more to þe partie aforȝens, & þe vertu of⁴ þe pacient⁴ schal þe better be kept⁴. ¶ Also if⁴ a man is wont⁴ to swowne in blood-letynge ouþer falle doun, þan

4 lete him lie & be lete blood / Also or he be lete blood, lete him ete a schiuer of⁴ breed toostid & leid in wijn of⁴ *granatorum*. ¶ Alle maner veynes in blood-letinge schulen be kutt⁴ endelongis / And whanne þou wolt⁴ lete a man blood in þe partijs aboue þe necke, þan

8 þou muste binde þe veine,¹ til þe veyne arise þat⁴ þou wolt⁴ lete him blood on / And whanne þou wolt⁴ lete a man blood in his arme, þan þou muste binde his arme þe brede of⁴ foure fyngris aboue þe place ; & þou muste ²be wel war þat⁴ þou streyne not⁴ to faste, as manie

12 men doon / Manie men binden so faste a mannes arm, þat⁴ he mai not⁴ fele his arm / Veynes of⁴ a mannes feet⁴ & in his houdis, if⁴ þou wolt⁴ lete a man blood þeron, þan þou muste sette hem in hoot⁴ water, & lete hem achaufe þeron an hour ; & þan þou muste binde

16 his foot⁴ ouþir his hond aboue þe ioinet⁴ wiþ a boond, & algate his foot⁴ or his hond mote be in þe watir as longe as he schal blede /

Of kuttyngis and bledyngis //

SIccia is sett⁴ sumtyme for kuttynge & sumtime wiþoute kuttynge,

20 and sumtyme wiþ kuttinge.³ Wiþout⁴ kutting⁴ as vpon a mannes wombe or wommans / ffor akynge þat⁴ comeþ of⁴ wijnd, & it⁴ is good for to waste wijnd / Also it⁴ is sett⁴ vpon þe wei of⁴ þe stoon þat⁴ falliþ adoun of⁴ þe reynes, & þan it⁴ schal be sett⁴ a litil bineþe þe

24 akynge þat⁴ it⁴ mowe drawe þe stoon lower & lower til it⁴ come to þe hole of⁴ þe bladdre / Also it⁴ is sett⁴ vndir a wommans tetis for to restreyne þe blood of⁴ þe nose & of⁴ þe maris / Also it⁴ is sett⁴ vpon þe region ⁴of⁴ þe wombe for fallinge of⁴ þe maris, þat⁴ is clepid dislo-

28 cacioun of⁴ þe maris : as if⁴ the maris falle adoun in þe riȝtside, þan it⁴ schal be sett⁴ in þe liftside / And if⁴ þe maris falle in þe liftside, þan it⁴ schal be sett⁴ in þe riȝtside / Also it⁴ is sett⁴ vndir a mannes eere for to drawe out⁴ a greyne or a stoon of⁴ þe eere þat⁴ is falle yn /

32 Also it⁴ is sett⁴ vndir a mannes ers to drawe out⁴ þe emeroidis þat⁴ sittiþ hid fer yn / And it⁴ schal be sett⁴ in eueri place þere þou wolt⁴ make a greet⁴ attraccioun / Also it⁴ is good for to be sett⁴ vpon þe bitynge of⁴ a wood hound, & vpon þe biting⁴ of⁴ a venymous beest⁴.

Side notes:

Give the patient a slice of bread and wine before the operation.

Before operating cause the vein to swell, by bandaging the limb,

[² lf. 218]

and by a warm foot-bath.

¶ xvijᵉ. cᵒ.

The Sycia is used against flatulence,

to draw the stone from the kidneys towards the bladder,

to restrain flux of blood in case of falling of the womb,

[⁴ lf. 218, bk.]

to draw a stone out of the ear,

to draw out internal piles,

on the bite of a mad dog.

---

¹ Lat. *opus collum stringi donec appereant.*
³ Add. 26106, fol. 89, bk.: "Siccia aliquando ponitur sine incisione aliquando cum incisione." The printed editions omit this passage.

It' schal be sett' þeron wiþ scarificacioun, also in causis þere þou lettist' for to drawe blood for febilnes, or for elde, or in children ; & hem after .iiij. ȝeer oold we moun garcie, whanne blood leting' is forboden hem, & speciali whanne we purposen for to drawe awei mater 4 þat' is vndir þe skyn / Also we moun garse a man bihinde in þe nol of' þe heed ⎯⎯ ⎯⎯¹ & for greuaunce of' þe iȝen, & vpon þe .ij. corneris of' þe heed for tinea & for pustules þat' ben in þe heed vnder ²a mannes chyn, for wennys of' þe face & for vlcera þat' ben in þe 8 mouþ & in þe lippis & for akynge of' þe teeþ / Also if' it' be sett' bytwixe þe .ij. schuldris for swownynge & for quakinge of' þe herte, & for hem þat' han to miche blood in þat' place. þis maner letynge blood avoidid a mannes bodi miche & makiþ him feble³ /   12

Also watir lechis⁴ drawiþ more blood þan þese / In þis maner þou schalt' knowe whiche ben gode watir lechis & whiche ben nouȝt'. þei þat' han blac colour medlid wiþ diuers colouris, & þei þat' haueþ grete hedis & ben in foule stynkynge watris & han miche spume on 16 hem ben nouȝt' / And in þis maner þou schalt' knowe whiche ben

gode : þei þat' han reed wombis & litil reed rewis in þe rigge medlid wiþ grene, & whanne þei haueþ litil hedis & smale tailis, & whanne þei ben in good watir þat' ben manie froggis yn. & or þou sette 20

hem vpon a man, þei schulen be kept' al adai fastynge. & þan þou schalt' ȝeue him a litil scharp blood for to ete, & þan þou schalt'

waische hem wiþ cleer water ; & þan vpon þe ⁵place þat' he schal be

---

¹ Some words are wanting. Lat. : propter grauedinem capitis.

³ The sentence to which this statement refers is omitted. Lat. : " Que vero in poplitis plicatura valent ad egritudines renum, et matricis, testiculorum et omnium membrorum nutritiuorum ex sanguine."

⁴ Rhasis, Continens, Lib. XV. Cap. 6, ed. Brix, 1486, fol. CC. 3. bk., gives an interesting description of different kinds of leeches : " Sanguisugarum vna est venenosa, que est nigra vehementer ad modum antimonii, habens caput magnum & squamas ad modum piscium quorundam & habens medium viride, etiam alia, super quam sunt pili, habet magnum caput et colorem diuersum ad modum iris, in cuius colore sunt linee ad modum lazuli : que quotiens mordet, inde accidet apostema cum sincopi, febre, ebrietate, et laxitudine articulorum ; tamen bona ipsarum est, que assimilatur colori aque in qua erit viriditas, habent super se duas lineas ad modum arsenici ; sed bloude rotonde & ad colores epatis apte, que veloces sunt ad attrahendum sanguinem subtilem & que assimilantur caude muris, habentes odorem horribilem & similes locuste parvule et tenui & habentes ventrem ruffum cum nigrore & dorsum viride, sunt meliores ; sed peiores erunt in aqua mala valde stabili, in qua sunt ranule multe, tamen bone sunt in aqua bona & optima." This account is copied by Avicenna, Lib. I., Fen. 4, Cap. 22, ed. Ven. 1527, fol. 62, bk. He differs in one point : " illas elige, que in aquis colliguntur, in quibus morantur rane. Neque attendas illud quod quidam dicunt, quod si sunt in aquis vbi morantur rane, sunt male."

sett', þe place schal be wel frotid tofore, þat' it' bicome reed, & þan _{Draw the blood to the}
sette þervpon a ventuse for to drawe þerto blood. & þan anoynte _{place with cupping,}
þe same place wiþ blood, & þan sette þervpon þe watir leche. & _{before the leech is set on,}
4 whanne he is ful & þou wolt' do him awei, blowe vpon þe place
baurac, ouþer askis maad of' paper. & whanne he is falle awei, þan
sette þervpon a ventuse aȝen to drawe more blood to þe plase. & _{and use again cupping,}
þan sette þervpon anoþer watir leche, if' þere gaderiþ þerto miche _{when the leech has}
8 mater. & þis maner is good for al maner blood þat' is rotid, for it' _{dropped.}
draweth it' out' /

Of cauterium or brennyng of large & streite.[1]

Auterium is seid in ij. maners, þat' is to seie large & streit'. & _{¶ xviij ee}
12 cauterium is seid propurli a brennynge wiþ gold or wiþ sum _{A Cautery is any substance used}
oþer instrument' þat' is hoot', ouþer wiþ watir or wiþ oile, ouþer wiþ _{for burning.}
medicyn caustica, ouþer wiþ herbis / And þer ben manie medicyns
for to make cauterijs, whiche þou schalt' fynde pleynlier in þe anti-
16 dotarie / A cauterie is clepid streit',[2] whanne it' is maad wiþ an hoot' _{In a narrower sense it is the}
yren, wiþ gold, or wiþ siluir // Cauterijs þat'[3] ben maad wiþ medicyns _{hot iron, gold or silver.}
þat' han vertu for to brenne / þer is seid a cauterie po[tentia]le _[3 lf. 220]
whanne it' is not' hoot' in felinge / & þat' cauterie preuailiþ wiþouten _{A caustic medicine}
20 brennynge as herbis / þer is anoþer maner cauterie : actual, for so _{is called potential}
miche as it' brenneþ in dede / Of' þis cauterie auicen[4] spekiþ & seiþ, _{cautery. The actual}
þat' it' is a medicyn, miche helpinge for to defende, þat mater schal _{cautery is really burn-}
not' departe into al þe lyme ; & it' wole comforte þe lyme, & bringe _{ing.}
24 it' into good complexioun aȝen, & it' wole dissolue mater þat' is cor- _{The effects of cauterization.}
rupt', & it' wole streyne flux of' blood. & auicen seiþ, þat' a cauterie _{Auicen}
is oon of' þe beste pointis of' cirurgie / for þingis þat' mowe not' be _{praises the cautery.}
fulfillid in long' tyme, wiþ cauterie þei ben fulfillid / As it' is seid _{The physici-}
28 phisicians leueþ þis craft' to cirurgians. & þerfore it' is greet' wondir _{ans leave its use in the}
if' þer be ony good cirurgian founde, for þei ben alle lewid men. & _{hands of surgeons,}
if' a lewid man schal worche with cauterijs, þan he knowiþ not' þe _{who are all unlearned,}
difference bitwixe a cauterie þat' is clepid actuel & potencial. & also _{and cannot distinguish the}
32 þei knowe not' in what' place of' a mannes bodi þei schulen make _{Cauterium actuale}
hem. & þis is so repreued þat' it' is almoost' out' [5]of' vss / Also _{[5 lf. 220, bk.] and}
summen maken cauterijs in vnclene bodies þat' ben ful replet' of _{Cauterium potenciale.}

---

[1] The translator misunderstood the meaning of the Latin, "large et
stricte," in the following passage : Cauterium dicitur duobus modis, large &
stricte.   [2] See the preceding note.

[4] Lanfranc mentions Avicenna, who has a short chapter about cauteriza-
tion, Lib. I., Fen. 4, Cap. 29 ; yet he chiefly follows Gulielmus de Salic., Lib.
V., Cap. I., but with many additions and alterations.

Some
cauterize
a patient,
who is full
of bad
humours,
wherof a
cancer may
ensue.

Some use
Cantarides.

Auicen says,
the cautery
is the best
consuming
medicine,
if properly
applied, and
if there is not
too much
matter.

[¹ lf. 221]

As a little fire
has no effect
on a large
quantity of
wet wood,
so the cautery
is inefficient,
if the patient
is too full of
humours.

The patient
shall not bear
the cautery
longer than
three months.

Particulars
about
cauteries,

[⁴ lf. 221, bk.]

and the shape
of the instru-
ments:

1. **Nodulum,**
an iron plate
with a hole,

through
which the
red-hot iron
is applied.

yuele humours, & þan cauterijs wolen do litil profit to passiouns
þat¹ ben forseid, but¹ þer wole falle þerto so manie humouris, & make
þe place of¹ þe cauterie to swelle, & liȝtly engendre a cancre. & þan
men þat¹ ben vnkunnynge ben agast¹ herof¹ & ben not¹ hardi for to 4
make no mo cauterijs. & if¹ þe pa*tient* hadde be purgid of¹ grete
humours tofore, þan it¹ wolde not¹ haue fare so. ¶ And summen
vse*n* cantarides for to make cauterijs þerwiþ, & leggen it¹ vpon me*n*
þat¹ ha*n* hote complexiou*n* & drie ; & þis is co*n*trarious & falliþ 8
greet¹ agreuaunce þerof¹, & þan þei seien þat¹ cauterijs ne ben nouȝt¹
worþ / But¹ auicen seiþ, þat¹ a cauterie is good tofore alle medicyns
for to waaste & consume mater / if þe cauterie be sett¹ i*n* place þere
it¹ schulde be, but¹ if¹ the mater be so miche þat¹ þe cauterie mai not¹ 12
co*n*sume it¹, as þou miȝt¹ se an ensample herof¹ : þat¹ fier ouercomeþ
alle þi*n*gis / but¹ if¹ þou doist¹ a litil fier among¹ miche wet¹ wode, þer
wole come smoke þerof¹. & the fier ¹mai not¹ ouercome to waaste þe
wode, for water þat¹ is i*n* þe wode is more þa*n* þe fier / In þe same 16
maner it¹ fariþ of¹ a cauterie þat¹ is i*n* a ma*n*nes bodi, if¹ he be ful of¹
humouris, þa*n*ne þe cauterie mai not¹ worche. & þerfor þou schalt¹
purge hi*m* wiþ laxatiuis tofore þe cauterie as it¹ is aforseid / Also
þou schalt¹ make no cauterijs i*n* a man þat¹ is ful of¹ gode humours 20
as of¹ blood, for þa*n* oonli blood-letyng¹ suffisiþ / but¹ if¹ þe pa*tient*
be strong¹ & þe mater on hi*m* be coold & moist¹, þa*n* a cauterie is
good for to driue awei þe mater. & a man schal not¹ bere a cauterie,
but¹ .ij. moneþis ouþer .iiij. at¹ þe mooste. ¶ Now I wole telle þee 24
a good rule / If¹ þou fyndist¹ i*n* a ma*n*nes body a lyme i*n* wei of cor-
rupciou*n*² : as herisipula, or herpes estiome*n*us, ouþer formica, or i*n*
yuel disposiciou*n* of¹ a wounde þat¹ bigy*n*neþ to encancre,³ & for al
oþer corrupciou*n*, þa*n* sette a cauterie i*n* þe nexte welle to þe place, 28
for þe cauterie wole defende þe place fro corrupciou*n*. ¶ Now speke
we of¹ particlis of¹ cauterijs þat¹ falliþ i*n* diuers placis of¹ a ma*n*nes
bodi, & wiþ diuers instrume*n*tis þei schule*n* ⁴be ma*a*d, whiche þou
schalt¹ se portraied⁵ tofore þᵉ, & her signis forþwiþ. ¶ þe .i. instru- 32
me*n*t¹ þat¹ is comou*n* & moost¹ i*n* vss, is clepid **nodulu*m*,**⁶ & is an
instrume*n*t¹ ma*a*d i*n* þⁱs maner / Take a brood plate of¹ iren & make
þero*n* an hole, & leie þat¹ plate þere þou wolt¹ make þi cauterie. &
þa*n* þou muste haue an iren ma*a*d long¹ & smal & ma*a*d hoot¹, & 36
putte it¹ i*n* þat¹ hole of¹ þe plate / þis plate wole saue þe place þat¹ þe

---

² Lat.: si membrum invenis in via corruptionis.

³ *encancre*, med. Lat. incancrire ; Dufr., Ital. incancherare.

⁵ The figures are omitted.   ⁶ Lat. anodulum, adnodulum.

cauterie schal be nomore but᾽ as þou wolt᾽ / & þat᾽ iren þat᾽ þou
schalt᾽ make þi cauterie þerwiþ, schal haue a litil rou*n*d knap tofore.
& þat᾽ iren schal be m*aa*d hoot᾽ til it᾽ bicome reed / & þerwiþ þou

4 schalt᾽ make þi cauterie, & wh*ann*e þou doist᾽ awei þin iren, þere *After this operation an ulcer is left, on which cabbage-leaves are applied.*
wole be vlcus. & þan þou schalt᾽ leie þeron butter or oold grese, or
grese stampid wiþ caul-leues, & þat᾽ is þe best᾽ of᾽ alle, & leie it᾽
þerto, til þe cruste falle awei þat᾽ þe hoot᾽ iren made. & þan þou

8 schalt᾽ do þerto a litil pelot᾽ m*aa*d of᾽ ly*n*nen cloþ round & hard. &
þat᾽ pelot᾽ schal be anoy*n*tid wiþ oile, & vp*o*n þe place leie a caul-
leef᾽, or an yue-leef᾽, or a vine-leef᾽, & in þis [1]maner þou schalt᾽ holde *[1 lf. 222]*
it᾽ open as longe as þou wolt᾽.   ¶ The .ij. cauterie is clepid **round**, & *2. The round cautery can be used at both ends.*

12 haþ no knap at᾽ þe ende, but᾽ it᾽ is schape long᾽, & wh*ann*e þou
makist᾽ þi cauterie, þou muste be war þat᾽ þou tuuche no nerues ne
veynes. & þis instrument᾽ schal be m*aa*d in þis maner, þat᾽ it᾽ make
a cauterie i*n* boþe endis, after þat᾽ þou desirist᾽, greet᾽ or smal.   ¶ The

16 .iij cauterie is clepid **pu*n*ctuale**, & is ful necessarie wh*ann*e þou wolt᾽ *3. punctuale.*
make a streit᾽ cauterie. & is maad in þis man*er*.   ¶ The .iiij. is
clepid radiale, & is smal & scharp, & is good for childre*n*, & is m*aa*d *Radiale is used for children.*
in þis maner[2] /   ¶ The .v. cauterie is m*aa*d in þis man*er*, & is swiþe

20 comou*n* & is clepid **calcellare**.[3]   & þis wole make a long᾽ brennyng᾽ *4. Calcellare makes long burns.*
as ouerþwert᾽ þe heed, & wh*ann*e þou wolt᾽ make vlcera long᾽ þat᾽ ben
rou*n*de, þan þou schalt᾽ worche wiþ þis cauterie.   ¶ The .vj. is clepid
subtile, & is good for festris þat᾽ sittiþ i*n* þe corner of᾽ a ma*n*nes iȝe, *5. Subtile, used for a fistula in the corner of the eye.*

24 & it᾽ is good for yuel fleisch þat᾽ growiþ in a ma*n*nes iȝe, & is m*aa*d
in þis man*er* / þis sotille [4]cauterie schal be m*aa*d hoot᾽ & putt in a *[4 lf. 222, bk.]*
canel in þis maner //   The .vj.[5] is clepid dactilare, for it᾽ is schape as *6. Dactilare, used to cauterize the haunch, is an iron instrument of two parts, one a table with five holes, the other with five eminences fitting into the holes.*
it᾽ were þe stoon of᾽ a date. & herwiþ þou schalt᾽ make cauterijs in þe

28 haunche. & þere schal be an instrument᾽ schape as a table, & schal
be leid to þe hau*n*che in þis maner, & haþ .vj. arisyngis þeron as haþ
a stoon of᾽ a date.[6] & oon þerof᾽ is i*n* þe myddil, & .ij. aboue, & .j.
bineþe, & oon i*n* boþe sidis in þis maner / Wh*ann*e þis instrument᾽

32 is hoot᾽, it᾽ schal be putt᾽ vpon a ma*n*nes haunche, & a table bitwixe
m*aa*d of᾽ iren. & þis table schal be coold, & þer schule*n* be .vj. holis.

---

[2] The description of the Cauterium radiale is an insertion of the translator.
Lat.: "tertium cauterium punctuale, seu radiale, & est necessarium ubi valde
strictum uolueris facere cauterium, & est sic factum." Gulielm. de Sal.
Sloane 277, fol. 45, bk.: "*þe fifþe is clepyd cauterium minutum, or radiale
or viduale þat is a comoun instrument to children.*"
[3] Add. 26106, fol. 98, bk.: "cutellare," printed ed. "cultellare."
[5] The translator, forgetting that he counted the "radiale" as a separate
cautery, follows again the numbers of the original.
[6] Lat.: et habet v. eminentias sicut ossa dactilorum factas.

þeron, schape after þe cauterie þatⁱ haþ .vj. arisingis outⁱ as itⁱ is afor-
seid.　And þou schaltⁱ make .v. cauterijs vpon a mannes haunche,
& .ij. þerofⁱ schulen be aboue þe ioynctⁱ, & .ij. bi þe sidis, & oon

vpon þe ioynctⁱ, & .j. tofore þe ioynctⁱ.　¶ þe vij. is clepid triangu- 4
lare, & þerwiþ þer mai be maad .iiij. atⁱoonys.　& þis cauterie is good
for þe haunche also, & is maad in þis maner /　¶ The .viij. cauterie

is clepid actuale,¹ for sumtyme itⁱ is maad wiþ a nedle, & itⁱ is good
²for to make cauterijs þerwiþ in þe browis, & is maad sutil as a 8
nedele.　¶ The .ix. cauterie is clepid linguale, & itⁱ is schape as itⁱ
were a tunge ofⁱ a litil brid in þis maner.　& itⁱ is good for to make
cauterijs vpon a mannes browis /　¶ The .x. cauterie is clepid ceton,³
& is maad triangulis holowid.⁴　& in þe hole þerofⁱ þere may entre a 12
scharp instrumentⁱ þatⁱ haþ a fenestre⁵ as itⁱ were a nedele, & itⁱ
schal be holde with coold tenaclis, also þe place þatⁱ þou woltⁱ

make þi cauterie on.　þou schaltⁱ take vp þe skyn wiþ tenaclis, &
puttⁱ in þin hootⁱ iren þoruȝ þe hole ofⁱ þe tenaclis, & brenne þe skyn. 16
þan þou schaltⁱ make a corde ofⁱ wollen ȝerne & wete itⁱ in blood, &
drawe itⁱ þoruȝ þe holis, & þan þou schaltⁱ knytte þe .ij. endis to-
gidere, & in þis maner þou schaltⁱ holde itⁱ open as longe as þou woltⁱ.
þis is a comoun cauterie, & þis cauterie mai be maad in þe mouþ ofⁱ 20
þe stomac, & vpon þe lynere & þe splene, & vpon þe ballocke-leþeris /
Now þou knowistⁱ alle þin instrumentis, for to make cauterijs with, &
her names /　Now telle we in whatⁱ maner & in whatⁱ place þou schaltⁱ

make hem /　In oold heed-akynge, ⁶whanne purgaciouns & laxatiuis 24
& gargarismis & snesyngis⁷ & clisterijs & oþere maner ofⁱ avoid-
ynge, & wiþ enplastris & wiþ anoyntyngⁱ, whanne þe akynge ofⁱ a
mannes heed wole notⁱ go awei wiþ alle þese, ne þe epilencie,⁸ ne
noon passioun þatⁱ comeþ ofⁱ þe heed, ne passiouns ofⁱ þe iȝen, & 28
passiouns ofⁱ þe eeren, & ofⁱ þe noseþrillis, & oold couȝe, & flux ofⁱ

þe wombe þatⁱ comeþ ofⁱ þe reume.　¶ For alle þese passiouns þou
schaltⁱ make cauterie þatⁱ is clepid cultellare in þe welle ofⁱ þe heed⁹

---

¹ *actuale*, a mistake for *acuale*.

³ *ceton*,, med. Lat. seto, sedo ; Fr. séton ; Ital. settone, "seton." Add.
26,106, and the printed ed. read : dicitur ad sectionem.

⁴ Lat.: fit cum tenaculis perforatis.

⁵ *fenestre*, Lat. fenestra ; "la fenestre de la cannule," Paré ; see *Littré
Dict.*

⁷ *snesyngis*, Lat. sternutationes.

⁸ *epilencie*, O.Fr. epilence. Plinius : epilenticus.　See Dufr. Matth.
Sylv.: Epilensia .i. morbus caducus.

⁹ Lat. in capitis fontinella.　Phillips : "Fontanella, or Fonticulus, a little
Well, or Spring : In Surgery, an Issue, or little Ulcer, made in sound parts
of the Body, to let out bad Humours, and to Cure, or prevent Diseases.　In

bihinde. & first' schaue awei þe heeris, þere þou wolt' make þi
cauterie as it' is aforseid with an hoot' iren, & herof' þou schalt' be
ware þat' þou lete not' þat' iren be þere to longe, but þou schalt' The iron must not be too long on the head.
hastili make it', & hastily do awei þe iren, & þan þou schalt' do
4 awei þe cruste þerof' wiþ butter, or wiþ oold grese, or wiþ leeues of'
caul, as it' is aforseid.   ¶ þis cauterie schal be holde open wiþ litil
pelottis as it' is forseid as longe as þou wolt', til þe patient be hool /
But' or þou make þi cauterie, þou muste be wel ware, as it' is afor-
8 seid, þat' þin iren lie not' to longe, ¹but' hastili take it' awei, for if' [¹ lf. 224]
it' were þere longe his brayn myȝte be harmed þerbi.   ¶ Wiþ þis
cauterie I helide a womman þat' hadde passiouns in hir heed manie
diuers, & I miȝte not' make hir hool with no purgaciouns, ne wiþ
12 noon anoyntingis, & wiþ þis cauterie I made hir al hool.   ¶ Also
þou muste make a round cauterie & touche oonly þe skyn þerwiþ, & The round cautery is good for passiouns of' þe iȝen.
do þerto seto. þis cauterie is good for passiouns of' þe iȝen, & for
epilenciam, & for oþere siȝknessis of' þe heed ; but' þis cauterie is
16 not' so good as þat' oþer tofore.   ¶ Also þou miȝt' make a cauterie
in a mannes necke bytwixe þe boonys & þe skyn aboueforþ² ; þis A cautery applied on the neck is good for spasm.
cauterie is good for þe spasme.   ¶ Also whanne a man is woundid
in þe heed, þis cauterie is good for drede of' þe spasme ; for herwiþ
20 þe mater schal be consumed, þat' nerues ben redi for to take.³
¶ Also in þe welle vnder þe eeris & bihinde þe eeris þou schalt'
make cauterijs for passiouns of' iȝen and for akynge of' þe teeþ.
¶ Superfluite of fleisch þat' is vpon a mannes browis, þou schalt' do The cauterium linguale
24 awei wiþ a cauterie þat' is clepid lingual, ⁴schape as it' were a [⁴ lf. 224, bk.]
tunge of' a brid. & þou schalt' make þerwiþ cauterijs vpon his is used to remove a growth on the eye-brows.
browis, but' þou muste be war þat' þou touche not' þe natural sub-
staunce of' þe browis. & þou schalt' make cauterijs þervpon with
28 cauterium punctuale, & for to do awei superfluite of' fleisch þat' is
in þe corner of' a mannes iȝe.   ¶ Superfluite of' fleisch þat' is in a A growth in the nose is removed with the Cauterium acutum.
mannes nose, it' mai be remeued awei wiþ cauterium acutum ouþer
punctuale, for to touche þerwiþ þe fleisch a litil & a litil til al þe
32 superfluite be take awei. & if' þis superfluite be fast þeron & be fer
yn, þan þou muste vse a sutil cauterie, & putte it' in þe nose-þril

Anatomy, the mould or root of the Nose." It was further a name for the
place where these ulcers were produced, especially for a place between the
sutures of the skull. Compare *Sowd. of Babyl.* 2951 : [*he smote hir*] *ouer
the founte throughoute the brayn.*
    ² Lat.: cutem superficialiter tangendo.
    ³ Lat.: nam materia per hoc consumitur, per quam neruorum inhibitio
expectatur.

þoruȝ þe canel, þat⁹ þe hete ne mowe not⁹ harme þe substaunce of⁹
þe nose, but⁹ oonly brenne þe superfluite of⁹ þe fleisch. ¶ Also þou

schalt⁹ make a round cauterie vndir a mannes chyn. & þis cauterie
is good for wennys þat⁹ ben in þe skyn of⁹ his face, & for þe place,[1] 4
& for þe palet, & for sijknes in a mannes mouþ, & in þe gomys, &
in þe teeþ. ¶ Also þou miȝt make .ij. cauterijs in boþe a mannes

armys, wiþoutforþ þe arme, in þe welle þat⁹ is vpon þe grete braun a
litil ²bineþe þe schuldre. & þis cauterie is good for sijknes þat⁹ ben 8
in þe partie bihinde of⁹ a mannes brayn as for þe litarge,[3] & also it⁹
purgiþ wel þe nerues of⁹ þe necke / Also þou miȝt⁹ make anoþer in þe
welle vndir þe grete braun, and is good for þe brayn wiþinneforþ as
for scotomia & vertigine, & for water þat⁹ falliþ adoun fro a mannes 12
heed to hise iȝen, & it⁹ is good for al passiouns of⁹ a mannes iȝen /

Also þou schalt⁹ make a cauterie cultellaria[4] bitwene a mannes
fyngris / And þese cauterijs ben gode for passiouns ciragra / Also
þou schalt⁹ make cauterijs in þe brest⁹ wiþ a round cauterie, and is 16

good for asma[5] / Also þou miȝt⁹ make a cauterie toward þe forke of⁹
þe brest⁹ aboue for disma[6] / Also þou miȝt⁹ sumtyme make cauterijs
in þe brest⁹, þat⁹ ben clepid cultellaria, bitwixe þe ribbis, & þese

cauterijs been good for empima,[7] *id est* apostyme wiþinne / Also þou 20

miȝt⁹ make cauterijs punctualia in þe rigboon for gret akinge þat⁹ a
man haþ in þat⁹ place / Also þou miȝt⁹ make cauterijs wiþ a round

instrument⁹ vpon þe regioun of⁹ þe stomak, for long⁹ febilnes þat⁹ a

man haþ had in his stomak / Also þou miȝt⁹ ⁸make cauterijs vnder 24

þe nauele & vppon þe lyuere & vpon þe splene, ffor colicam passi-
onem & for þe sijknes of⁹ þe lyuere & vpon þe splene & for dropesie.

And alle þese cauterijs wolen be maad best⁹ wiþ seton / Also þou
miȝt⁹ make .ij. cauterijs in þe haunchis as it⁹ is aforseid / Also þou 28

---

[1] *place* for *plage?* Lat.: saphati et pustulas.

[3] *litarge*, lethargy. Compare *Leechd.* I., p. 200: "*wiþ þa adle ðe man
litargum hateð, þat ys on ure geþeode ofergytulnys cweden.*"

[4] Lat.: "Fiunt cauteria cutellaria superficialia inter digitum et digitum
in cyragra. De propr. rer. Lib. VII., Cap. 29, Trevisa, Add. 27,944, fol. 87 *a*:
"*Difficulte & hardnesse of breþinge hat asma & comeþ of double cause of
drynes þat streyneþ þe lungen.*"

[5] *asma*, med. Lat. asma, ἀσθμα.

[6] *disma*, Add. 26106, fol. 89, bk.: "propter disimiam." Dufr., "dyspnia,
ϛ́υσπνοια." *Simon. Barth.*, p. 18: "Disma est species asmatis, sed disma fit
ex siccitate, asma ex humiditate."

[7] *empima*, Lat. empimia. *Simon. Barth.*, p. 19: "Empima, i. sputum
saniosum ex pulmonis infeccione proveniens." De propr. rer. Lib. VII.,
Cap. 30, Add. 27,944, fol. 87 *a*: "*empima is a passioun, whan me spetiþ
quittir.*"

miȝt' make .ij. cauterijs vndir þe knee, for þe akynge of' þe knees & Cauteries on the knee are used for the genital organs of men and women.
of' þe ballokis & of' þe maris.　Also þou miȝt' make .ij. cauterijs
vndir þe kne, wiþoutforþ for remedie of' al þe bodi, for it' avoideþ
4 wel alle partijs of' a mannes bodi / & I haue seen manie men þat'
han maad cauterijs in þat' place, or his bodi were purgid, &
humouris fel so myche þerto þat' his leggis & his hipis to-swollen al
greet'.　& if' he hadde be purgid tofore, he schulde not' haue fare The patient must be purged before being cauterized.
8 so.　& aboue þe ancle ben maad cauterijs for sijknes of' þe ballokis.
& also it' is good for wommen / Also bitwixe þe toos ben maad
cauterijs for þe potagre[1] / Also if' þou purgist' a man or a womman
wiþ medicyns laxatiuis, & þan makist' a cauterie as it' is aforseid.
12 & if' þe passioun go not' awei at' þis oon doinge, þan þou schalt' If the disease is not cured at once,
neuere þe lattere [not][2] be in dispeir of' cauterijs,[3] but þou schalt' [* lf. 226]
bigynne to purge [4]him aȝen & make him a cauterie aȝen.　& if' it' so repeat the purging and cauterizing.
be þat' he be miche feblid herwiþ, þan þou schalt restore aȝen wiþ
16 gode metis & drinkis þat' engendriþ good humours.　& whanne he
is restorid aȝen, þan þou schalt' bigynne & purge him aȝen, & þan
make hise cauterijs aȝen, & in þis maner þou schalt' worche wiþ þi
cauterijs.　¶ ffor manie men makiþ oon cauterie or .ij, & if' þei seen Many surgeons use the cauteries wrongly.
20 þat' it' profitiþ not', þan þei leeueþ of' & worchiþ nomore.　& manie
men contynuede þeron til þe pacient' be brouȝt' al doun & liȝtli
deed / & in þis maner ne schulde not' a leche worche / ffor G. seiþ : Galien. Allow the medicine time to work.
it' is a feble leche, þat' can not' helpe þat' is able to be holpen.　&
24 defaute herof' is þis : þat' manie lechis ȝeueþ medicyns, & ne makiþ
no space to bringe þe patient into good staat' aȝen[5] / Alle þese rulis
þat' G. seiþ þou schalt' attende in þis maner : if' þe patient be maad Galien.
feble wiþ medicyns laxatiuis & wiþ cauterijs, þan þou cesse of' þi
28 medicyns & ȝeue him comfortatif' metis & drinkis for to releue him
aȝen, & þan þou miȝt' worche wiþ þi medicyns aȝen.　& þus þou miȝt'
do perfitly þe cure / And heron manie men erriþ þat' ben holden ful
kunnyng' / [6]& þerfore I haue sett' it' in þis place þat' it' mowe be [6 lf. 226, bk.]
32 ensaumple to þee / Also þou schalt' make a cauterie vpon rotid Cauterize corrupt flesh with hot oil.
fleisch, til þou haue take awei al þe corrupcioun þerof'.　& in þis caas
we mowen vse hoot' feruent' oile for to springe vpon þe corrupcioun,

---

[1] *potagre*, Lat. podagra.　*Hamp.* 2984 : *"for sleuthe als þe potagre and þe gout."* De propr. rer., Trevisa, Add. 27,944, fol. 96, bk. : *"Arthetica is ache and evel in fingres and tone wiþ swellinge & sore ache, and whanne hit is in þe fyngres hit hatte cyragra, and in þe toone hit hatte podagra."*
[2] *not*, omitted.　Lat. : nec propter hoc desperes.
[3] See p. 284, note 7.
[5] Add. 26,106, fol. 93 : si plus dant, non interponunt spacium nutriendi.

so þat' it' ne touche noon hool[1] place, & þis maner is ful good to
take awei corrupcioun of' fleisch, & it is bettir þan medicina caustica /
Whanne þou wolt' worche with medicyns caustica, þan do as it' schal
be seid in þe antidotarie of' þis book /   4

Of þe cure of brennyng wiþ fier ouþer with hoot watir or with oile.

A Mannes lymes ben brent' wiþ fier, watir, ouþir wiþ oile / In
þis caas þis is þe firste entencioun : or þe place bigynne to 8
bladdre,[2] þou muste haue medicyns þat' ben colde / And if' it' so be
þat' þe place be vlceratus, & þou were not' at' þe firste bigynnyng',
or if' þe brennyng' be so miche þat' þou miȝt' not' defende, þat'
vlcera ne come not' þeron, & þan þou must' haue medicyns þat' ben 12
lasse coold, & medicyns þat' ben clepid stiptica not' fretynge / þese
ben symple medicyns [3]in þe firste caas / Take marbil stoon & grinden
smal, & alle þe sandalis,[4] & solatrum, & watir of' rosis, & watir of'
cucurbita, & water of' virga pastoris, & of' alle þese þingis make 16
a þing' for to leie þeron / Also oile of' rosis, & þe ȝelke of' an ey
ben good þerfore / Also bole armoniac temperid wiþ vinegre is
good þerfore. And it' muste ofte be remeued & ofte leid to aȝen,
for þe cooldnes of' ofte remeuyng' schal defende it' fro bladdring' / 20
Naturel medicyns þat' ben gode in þe secunde caas : / But' vnguen-
tum de calx maad in þis maner / ℞, calcis viue bene cocte þat' ben
maad of' an hard stoon, and waische it' wiþ coold watir til it' lete al
his scharpnes, & þan wiþ oile of' rosis & wex make an oynement' / 24
Also vnguentum album Rasis þat' is maad in þe antidotarie is good
þerfore / I nyle for þis cure sette no mo medycyns. þoruȝ þe grace
of' god almiȝty þe þridde tretis is fulfillid //

Here endiþ þe þridde book, and bigynneþ þe fourþe 28 book // Of brekyng of boonis,[5] & sumtyme of brusyng of boonys, and a general techyng for alle //[6]

---

[1] MS. *hoot*, Lat.: quod loca sana ulterius non attingat.
[2] *bladdre*, vesicari.   [4] Lat. omnes sandali.   [5] MS. *bookis*.
[6] Lat. heading : "Explicit tractatus tertius huis libri. Incipit quartus,
qui est de algebra, et continet duas summas. Summa prima tractatus
quarti septem continet capitula. Capitulum primum summæ primæ tractatus
quarti, de fractura ossium sermo generalis." The translator has kept the
heading of the first chapter, but left out the chapter itself. His first chapter,

1 A Mannes nose is sumtyme to-broken,[2] & sumtyme pressid [1 lf. 227, bk.]
adou*n*. & if* he be hastili holpen his nose mai be restorid ¶ i°. o°/ A broken nose, unless soon re- adjusted, remains de- formed.
a3en, & if* it* be longe or he haue ony help, þanne he
4 schal be maymed for euermore[3] / If* þou comest* at* þe
firste bigy*n*nyng* þou schalt* do i*n* þis maner / putte yn þe fingir of* Restore the nose by mani- pulation.
þe lifthand anoon to þe brekyng*, þi leeste fyngir or what* fyngir
wole best* yn, & wiþ þi ri3thond *presse* vpon þe brekyng*, & arere
8 vpward wiþ þi fyngir wi*th*inneforþ, & *presse* wiþ þin houd wiþout-
forþ & bringe it* as it* schulde be. þan make a strong* tent* & so Plug the nos- trils with a strong tent.
longe þat* he mowe passe aboue þe brekyng*, & þan þis tent* schal
be di3t* wiþ a litil wex hoot* & a litil sotil poudre of* mastik &
12 sand*al*, & schape þerof* i*n* þe maner of* a candel, & þan putte it* i*n*to
his nose, wiþoutforþ leie of* consolidatiuis þat* schule*n* be seid i*n* þe
antidotarie, & abouteforþ þou schalt* leie a defensif*, & þou schalt*
binde his nose wiþ boondis,[4] & leie sutil ly*n*nen clooþ i*n* boþe sidis
16 of* his nose as [5]it* is aforseid i*n* þe chapiter of* woundis in a ma*n*nes [5 lf. 228]
face / If* þou mi3t* not* putte yn þi fyngir i*n* his noseþrel, þan make
a tent* of* tre & hile it* wiþ ly*n*nen clooþ þat* it* be oold & neissche,
& þan anointe þis tent* wiþ oile of* rosis, & putte þis i*n* his noseþrel
20 i*n* stide of* þi fyngir, & þerwiþ arere vp his nose wiþinneforþ,[6] &
wiþ þi*n* hond wiþoutforþ make his nose euene til þe boon be brou3t*
in his propre place þat* is to-broke. ¶ Of* his dietyng*, & blood- Take care of the general treatment.
letyng*, & ventusis, & clisterijs, ouþ*er* suppositorijs, do as þou seest
24 þat* it* is to do, & as it* is aforseid.

  ¶ If* a manes cheke-boon[7] i*n* þe liftside be to-broke, þan putte If the cheek- boue is broken,

---

which has no heading, is Lanfranc's second one : Capitulum secundum summe prime de fractura ossium faciei.

 [2] Compare : *Paul. Ægin.*, Book VI., Sect. xci., ed. Adams, vol. II., p. 443, and *Avicenna*, Lib. IV., Fen. v., Tract 3, Cap. 3, ed. Venet. 1527, fol. 365 *b*.

 [3] Gul. de Sal., Sloane 277, fol. 34 : "*Thow schalt wite þat þe boon of þe nose is oþerwhile depressyd & oþerwhile broken, & 3if sopely it be de- pressyd, þat is to sey born down or broken withoute wounde, anoon in þe firste visitacion, be þe seknesse restoryd, whil it is newe, for 3if it were hard, ouþer þer schal dwelle euermore fnattydnesse or euel schapp.*" *fnattydness*, translates med. Lat. simitas σιμότης, snubbiness. [4] MS. *broondis.*

 [6] Gul. de Sal. Sloane 277, fol. 34 : "*And 3if þou may not do þat wiþ þi fynger, putte in þe hole of þe nose on þe hurt syde a softe rownd sticke maad euene & semely, & anoynted with oyle of rosis . . . and þou maist also lappe þilke sticke in a clene lynen clout & anoynte þe clout wiþ þe same oile, & þanne þe sticke schal be þe more tretable.*"

 [7] *Avic.* Lib. IV., Fen. v. Tr. 3, Cap. 2, ibid. : "*Si frangitur mandibula dextra, tunc intromitte indicem, et medium manus sinistre in os infirmi, et cet.*" Gul. de Sal. Lib. III., Cap. 2. Sl. 277. fol. 34 *b* : "*3if sopely þe boon of þe vppere chawel or of þe neþere were maad* withoute wounde, putte þi ry3t hond in þe mouþ of þe seeke.*" * Sl. 6. fol. 115 *b*, *broken*.

re-adjust it by manipulation, and hold it in position by tying the teeth together,

yn þi strongist fyngris of þi lifthond tweyne & bringe þe boon into his propre place aȝen, & presse wiþ þi riȝthond wiþoutforþ ; & if þe cheke-boon be to-broke in þe riȝtside, þanne putte yn .ij. fyngris of þi riȝthond, and bringe þe boon to his propre place aȝen, as it is aforseid. & whanne þe boon is brouȝt as it schulde be, þat þou miȝt knowe if his teeþ sittiþ euene as þei schulde do, & þan binde hise

[1 lf. 228, bk.] teeþ wiþ a strong þreed wexid ¹& bounden bitwixe his teeþ, & leie

and by applying a bandage. þervpon oon of þe consolidatiuis & binde him in þe same maner, þat þe boond be maad fast bihindeforþ in his necke. & þan it schal be turned aȝen to his forheed, & þou schalt binde him wiþ þi boond manyfoold, þat þe boon þat is to-broke mowe be holde in his propre

The patient shall only take meat fit to be sipped. place / And þe patient schal ete no metis but þingis þat he may soupe / For if he chewide, it wolde make þe boon falle out of his place aȝen, & in .xx. daies þis boon mai be restorid aȝen //

ffor brekyng of þe forke of þe þrote and of þe brest // ²

¶ ijo. co. The upper jaw-bone is immovable, for three reasons.

THe cheke-boon aboue meueþ not, & þat is for .iij. causis : oon is þat þe cheke-boon bineþe is more liȝt & more able þerfore, þe .ij. cause is þis : þe cheke-boon is niȝ noble lymes, & if þe chekeboon aboue meuede, þe noble lymes miȝten be enpeirid þerbi. þe .iij. cause is þis : if þe cheke-boon aboue meuede, þere nolde be noon strong coniunccioun bitwene hem / þerfore þe cheke-boon aboue is fast maad to þe boonys of þe heed, as it is aforseid in anothomiam.

[3 lf. 229]
The lower jaw-bone consists of 2 bones; joins with the upper jawbone by ligaments. Nerves convey the motor phenomena from the brain and spine.

¶ The cheke-boon bineþe is maad of .ij. boonys ioyned ³togidere in þe chyn. & þis boon is maad fast with þe cheke-boon aboue wiþ ligaturis þat ben stronge & recching & wiþ lacertis, & maketh þe cheke-boon meue whanne a man wole, for summe þerof comeþ adoun fro þe boonys of þe heed, & ben ioyned wiþ partijs of nerues of þe heed, & of nuche, & closiþ togidere þe cheke-boon. [Summe comeþ⁴] bineþe aforȝens þe brest, and ben medlid wiþ nerues of nuche & openeþ þe cheke-boon, & summe comeþ fro þe sidis, &

---

² Lanfranc divides the fourth book into two "doctrines," the one dealing with fractures, the other with dislocations. The scribe of the present translation omits this division and the first chapter of each doctrine. He also puts the chapter on dislocation of the jaw-bone, which was originally the 2nd chapter of the 2nd doctrine immediately after the chapter on fracture of the jaw-bone, still retaining the heading of the 3rd chapter of the first doctrine : "*ffor brekyng of þe forke of þe þrote and of þe brest.*" The two tables of contents show the same order as the original.

⁴ *Summe comeþ,* wanting. Lat. Add. 26106, fol. 96 bk. : "alii veniunt ab inferius versus pectus." The prints differ.

meueþ þe cheke-boon round, whanne a man couwid.[1]   & þis cheke-   The disloca-
boon bineþe mai be brouȝt of þe ioynct fro þe cheke-boon aboue in   tion of the
.ij. maners : ouþer it goiþ of þe ioynct bihindeward, & þan þe teeþ   lower jaw is
4 þat ben in þe cheke-boon bineþe goiþ wiþinne þe teeþ of þe cheke-   wards
boon aboue. & þan he may not opene his mouþ, & it goiþ out of þe   or forwards.
ioynct forward, & þan þe teeþ þat ben in þe cheke-boon bineþe goiþ
forþere out þan þe teeþ aboue. & he mai not close his mouþ
8 togidere[2] / These signys ben certeyn whanne þe boon is out of his
ioynct / It is greet nede for to helpe a man hastily in þis caas ; for   Help must
if þe [3]cheke-boon be out of ioincte longe, þere ben manie nerues &   come soon,
lacertis & arterijs & veines aboute þat place, & for þis cause it   [³ lf. 229, bk.]
or the place
gets indur-
12 wexiþ hard anoon. & þis place wole soone take enpostym for   ated,
divers humours þat wolen falle þerto. & if þer falle an enpostym   and an apos-
tema may be
in þis place, þan, for þe brayn is so niȝ, þer comeþ a frenesie þerof   formed.
& ofte tyme dieþ / & þerfore if he be hastili holpen, þe boon wole
16 liȝtly into þe ioinct aȝen. & þerfore þat ioinct haþ liȝt meuynge /
ffor eueri ioinct þat haþ hard meuynge, & he be out of þe ioinct,   If the disloca-
it wole be hard for to bringe yn aȝen / If it so be þat þe cheke-   tion is back-
boon be out of ioinnct hindeward, þan þou schalt take þe boon   wards, draw
the bone
20 first wiþ þi .ij. hondis, & lete a man holde his heed & drawe þe   forwards,
boon forþward.[4] & if it so be þat his mouþ be closid togidere, þan
þou schalt opene his mouþ wiþ þin hond or with sum oþer instru-
ment, & þan take faste þe boon & drawe it to his place aȝen. & in
24 þis maner þou schalt knowe whanne it is in his propre place aȝen,
if his teeþ sitten euene, & if he may opene his mouþ /   ¶ If þou   If necessary
miȝt not bringe þe boon to his propre place in þis maner, þan þou   by means of
muste take a strong boond, & sette it vndir his chyn, þere þou   a strong
bandage.
28 [5]settist þi fyngris, & anoþer man mote drawe þe boond strongly &   [⁵ lf. 230]
euene, & wiþ a wagge þou muste opene his mouþ. In þis maner

---

[1] Lat.: in masticando.
[2] Gul. de Sal. Lib. III., Cap. 18. Sl. 277, fol. 42 *b* : " *The tokenes of þe
dislocation inward ben þat þe mouþ leueþ opene, & þat þe teþ of þe neþere
chawel goon tofore þe teþ of þe vppere chawl.* ¶ *The tokenes of þe disloca-
cioun outward ben þat þe mouth is schut & in no manere may be openyd, &
þe seeke may not chewe & þe teþ drawe vp toward þe palett, & þer schewiþ in
þe vttere party in þe place of þe dislocacion an opene outberynge out of
mesure, & þe speche is bynomen hym.*"
[4] Gul. de Sal. Sl. 277, fol. 42 *b* : " *The dislocacion knowe, wheþer it be to
þe innere party or þe vttere, a wyse leche oweþ to putte his þumbes wiþinne
þe mouþ of þe seeke, & festene hem vpon þe wange-teþ of þe neþere iowe of þe
seeke, & wiþ þe oþere four fyngeres he schal take þe iowe dislocate fro þe
vttere, & þat tyme he schal haue a mynystre, which schal holde fast þe heuyd
of þe seeke.*"

þou openynge his mouþ, & he drawing¹ wiþ þe boond as it¹ is afor-
seid, al at¹ oonys wiþouten drede þe boon wole come into his ioynct¹.¹

¶ If¹ it¹ be out¹ of¹ þe ioinct¹ forward, þan þou schalt¹ sette a strong¹
boond vpon his chin, þat¹ it¹ hile al þe chin, & lete a man stonde 4
bihinde him & halde þe boond in hise hondis, & he schal sette his
knees vpon his schuldris, & he schal drawe þe boon to him wel &

euenly. & þou schalt¹ putte a wegge in his mouþ, & whanne he
drawiþ þe boon þou schalt¹ opene his mouþ wiþ þe wegge al at¹ oon 8
tyme, & in þis maner þe boon schal falle into his ioinct¹. Whanne
þe boon is ynne, þan binde it¹ faste wiþ a ligature & with enplastre,
& lete him haue souping¹ metis, & he schal chewe no mete til þe
place be al fast¹ / ¶ If¹ it¹ so be þat¹ þou were not¹ at¹ þe first¹ bigyn- 12

nyng¹, & þe place is enpostymed, & he haue þe feuere & akynge of¹
his heed, þan schaue his heed & anoynte it¹ wiþ oile of¹ rosis & a

litil vinegre medlid þerwiþ. & þou schalt¹ ²anoynte his heed with
sum mollificatif¹, or wiþ dokis grese or wiþ hennys. & þou schalt¹ 16

worche as miche as þou miȝt¹ for to acesse þe enpostym, & for to
cure þe feuere, & for to comforte his heed, þat¹ þe frenesie ne come

not¹ to him / Whanne þe feuere & þe frenesie & þe enpostym be
remeued awei, þan cure him as it¹ is aforseid //   20

ffor brekyng of þe forke of þe þrote and of þe brest //³

THe forke of¹ þe þrote is clepid of¹ summen patena, & of¹ sum-
men cathena.⁴ Sumtyme it¹ is to-broke & nouþer part¹ of¹ þe
boon ne is not¹ ypressid yn, & þan þe cure þerof¹ is liȝt¹ ynow. 24
But¹ if¹ þat¹ oon ende of¹ þe boon be pressid adoun vndir þat¹ oþer,
þan it¹ is ful hard for to bringe it¹ yn aȝen. Whanne nouþer partie
is pressid adoun, þan it¹ is noon oþer nede for to haue no medicyn
but¹ stupis wet in white of¹ eiren ; & leie it¹ vpon þe brekynge of¹ þe 28

boon, & binde wel þe place wiþ ligaturis ; & his arme of¹ þe same
side mote be hongid to his necke, & in his arme-pitt¹ þou schalt¹ leie
a bal of¹ lynnen clooþ. & þou muste binde his arme þat¹ he mowe not¹

meue his arm ⁵toward þe forke of¹ þe bre t¹, & in þis maner he mote 32

---

¹ Add. 26106, fol. 97 : ita quod tu aperiendo et minister trahendo vna
hora locum suum intrat, quia sic sine dubio restaurabis.
³ *Paul. Ægin.*, Book VI., 93, ed. Adams, vol. ii. p. 447. *Avicenna*, Lib.
IV., Fen. 5, Tract 3, Cap. 4, ed. Ven. 1527, p. 365 b.
⁴ *patena, cathena*, names for the *furcula*, as it seems peculiar to Lan-
franc. The furcula, taken to be one bone, comprises the sternal bone and
the clavicles. "Catena," chain, is synonymous with "clavicula ;" and patena,
med. Lat. = plate, is a proper denomination of the sternal bone.

be kept' til þe boon be al hool.   ¶ If' it' so be þat' oon ende of' þe If one end of the bone is
boon be pressid adoun, þan a man mote drawe his oon arme, & pressed in,
anoþer man his opere arme, & þou schalt' wiþ þin hondis drawe þe replace it,
4 boon to his propre place. þan þou muste haue a medicyne con- and apply a medicine.
solidatif', & wete þerinne a lynnen clooþ, & hile al þe brekyng' of'
þe boon þerwiþ, & leie þervpon faldellas[1] wiþ white of' an ey, &
þan binde him as it' is aforseid, and his arme to his necke, & in þis
8 maner he schal be kept til he be hool.

¶ Of brekyng of rigboonys /[2]

Rigge boonys for her schortnes & for her strongnes ne ben not' ¶ iiij. coj
to-broke, but' if' it' be wiþ greet' smytyng', & sumtyme þei If the rig-bone is
12 ben brusid, & þat' makiþ greet' akynge. Also þer falliþ manie broken, there is dan-
perels of' þe boonys of' þe necke if' þei ben hurt', lest' nucha be ger that the spine be hurt.
hirt' also, & þan it' is perel of' þe brayn as it' is aforseid / If' þou
seest' yuel signes in þat' caas, go awei þerfro. & if' þou seest' noon Flee in case
16 yuele signys, þan anointe þe place wiþ oile of' rosis hoot' & leie þer- of evil symp-toms,
vpon wolle, and þanne [3]terbentine medlid wiþ a litil mastic, & þis else apply an ointment.
medicyne þou schalt' vse til þe place be al hool / [³ lf. 231, bk.]

¶ The noumbre of' a mannes ribbis is aforseid in þe ano-
20 thamie / A mannes ribbis ben to-broke sumtyme wiþ smytyng' or
wiþ fallyng' / Also þei moun be plied inward & not to-broke. ¶ In
þis maner þou schalt' knowe wheþir a mannes rib be to-broke One knows
or no / Sette þi fyngris vpon þe place & grope softli & presse a litil that a rib is broken by the sound
24 vp & doun, & if' his rib be to-broke, þou schalt' heere hym sownie,[4] which is heard on
& he schal haue couȝinge & akinge in his side. ¶ It' is ful hard pressure.
for to restore a rib þat' is to-broke, for sumtyme þat' oon parti plieþ
inward, & þan it' is hard for to bringe him into his propre place
28 aȝen / And summen seien þat' þe pacient' schulde ete metis to swelle Some men propose that
him þat' engendriþ wijnd, & wole make þe rib goon into his propre the patient should take
place aȝen. & summen seien þat' me schulde sette a ventuse, & wiþ food which produces wind,

[1] *faldella*, med. Lat., diminutive of *falda*, thread.
[2] Lat. de fractura spondilium et costarum.
[4] Gul. de Sal. lib. III., Cap. 5. Sl. 277, fol. 36: "*ȝif it happe þe rybbis to be broken in oo place or in two þat þou schalt wite by touchynge, for þei þat of þristynge down of þe hond vpon þe place or places, þou schalt heere a sown & wiþ þat þe seeke schal suffre penaunce or lettynge of breþ,& princi-pally þe tyme of drawynge of wynd.*" The sound, "crepitus," produced by pressure of the hand on the injured place, as a test whether a rib is frac-tured, is already mentioned in *Paul. Ægin.*, Book VI., 96, ed. Adams, vol. ii., p. 452.

others pro-
pose cupping.
Both are
wrong.

[¹ lf. 232]

.1.

.2.

Bleed the
patient from
the Basilic
vein,

readjust the
broken rib,

let the patient
cough.

Apply a
bandage.

[⁴ lf. 232, bk.]

If there is
strong fever,
readjust the
rib by oper-
ation.

þe drawing' þerof' þe rib wole rise vp aȝen into his propre place /
But' I suppose þis wole more make agreuaunce þan helpe þe pa*tient* /
ffor þe .j. wole engendre an hoot' en¹postyme / The .ij. it' wole
drawe to þe place manie humours / If' þou wolt' take þis cure, þou 4
schalt' do in þis maner : / ffirst' þou schalt' lete him blood in þe side
aforȝens in þe veyne þat' is clepid basilica, & þan in þe same, & þan
anoynte þin hond wiþ terbentine. & loke if' þou miȝt' take vp þe rib
þat' is pressid adoun. & þin oþer hond þou schalt' sette vpon þe 8
place þat' is not' pressid adoun. & wiþ þin hond þat' is anoyntid
arere vp his rib. & loke þat' þe .ij. endis of' þe ribbis þat' is to-broke
come euene togidere, & þan make þe pa*tient* to couȝe, for þis þe
beste maner for to bringe him yn² / If' þou dredist' nouȝt greet' 12
replecioun of' his bodi, þou miȝt' opene a ventuse whanne þe rib is
ioyned. & þan þou schalt' binde wiþ a boond, & vndir þe boond þou
schalt' leie lynnet' or sum oþer neische þing'. & þou schalt' binde
him in sich a maner þat' þe rib þat' is to-broke ne mowe not' remoue 16
ne falle adoun aȝen. & þe pa*tient* schal vse liȝt' mete as pultes de
caudarisio,³ de amido, de tritico, wiþ penides, & he schal drinke
swete wijn temperatli, & þou muste defende ⁴him fro wraþþe & fro
crijnge, & fro alle þingis þat' wolen make a man to couȝe. ¶ If' it' 20
so be þat' þe akynge aceese not', & þou ne miȝt' not' bringe his rib
as he schulde be, & if' he haþ greet' cowȝynge & acces of' þe feuere,⁵
whanne þou hast' lete him blood, þan þou muste kutte þe skyn
aforȝens þe rib þat' is to-broke, & vnhile þe same rib of' al his 24
fleisch, & þan wiþ instrumentis & wiþ þin hond þou muste drawe
vp þe rib, & bringe him in his place as he schulde be. & þan þou
schalt' cure þe wounde as it' is aforseid / // His dietynge schal be
as of' pluretici til þe feuere & al þe passiouns ben goon awei //   28

Of brekyng of þe helpers of þe rigboon.

¶ v. c°.
Fracture of
the arm bone
near the joint
is dangerous.

A Diutorium is to-broken ful ofte ouerþwert' wiþ breking' / þe
nere þat' it' be þe ioynct', þe more perilous it' is, & þe worse
for to cure / In þis place I wole telle þee in what' maner þou schalt' 32
knowe a brekyng', & in what' maner þou schalt' restore it' aȝen, þat'

---

² Gul. de Sal. Sl. 277, fol. 36: "*make hym eft couȝe sadly, & vpon þe
place þrist down or broken, þou schalt putte a gret ventuse wiþout cuttynge.*"
³ Sim. de Janua : "Caudarusium, Spelta, genus frumenti, quod quidam
allicam dicunt, quidam Caudarusium."
⁵ *acces of þe feuere*, Lat. si febris accideret.

it⁴ mowe be an ensample to þee in þe breking⁴,[1] if⁴ a mannes arme
& his leggis & his hipe-boon ben broken / In þis maner þou schalt⁴ Symptoms:
knowe : / Lete a man holde his arme ²wiþ .ij. hondis faste bi þe [² lf. 233]
4 schuldre, & he mot⁴ holde him in þat⁴ maner þat⁴ he mowe nott⁴
meue him-silf⁴; & þou schalt⁴ stonde tofore him, & take his arme
faste bi þe elbowe, & meue his arme hidir & þidir liȝtli til þou heere The sound heard on
sownynge of⁴ þe boon, & whanne þou knowist⁴ þe place þat⁴ it⁴ is moving the arm.
8 to-broke.[3]   & þis maner asaiyng⁴ is good whanne þe brekynge is so
priuy þat⁴ no partie of⁴ þe boon goiþ in no side out⁴ / Whanne þou
knowist⁴ where þe breking⁴ is, or þou bigynne ony þing⁴ for to worche First prepare all that you
þeron, make redi alle þi necessarijs þat⁴ ben gode for þe bindyng⁴. require:
12 ¶ First⁴ þou schalt⁴ make stupis þat⁴ ben euene, & wete hem in hoot⁴ the dressing,
water in winter, & in coold water in somer, & þan wrynge out⁴ þi
stupis þerof⁴ & diȝte oile of⁴ rosis & a defensif⁴ of⁴ bole, & ij. longe the oil, the bandages,
boondis þat⁴ þei be .iiij. fyngris brood, & lynnen clooþ þat⁴ mowe go
16 aboute al his arme, & a strong⁴ corde ; & þe corde wole be þe better a strong cord,
if⁴ it⁴ be playn, & not⁴ round.   & þou muste diȝte smale ȝerdis of⁴ and splints.
drie tree, þat⁴ be strong⁴ & sotil.   & whanne þou hast⁴ diȝt⁴ alle þese
þingis redi, þan sette þe boon in his place as liȝtli — — — —⁴ wiþ Reduce the fracture,
20 þin hond wiþouten greuaunce.   & þan take ⁵oold soft⁴ lynnen clooþ, [⁵ lf. 233, bk.]
& wete it⁴ in oile of⁴ rosis, and wijnde it⁴ aboute his arme.   & vpon apply soft linen,
þis leie a clooþ wiþ medicyns consolidatif⁴, þat⁴ schal be seid in þe
antidotarie for brekynge of⁴ boonys; & þerfore þese .ij. lynnen
24 cloþis moten be large for to hile al þe brekyng⁴ / And þou muste
haue cloutis in .ij. sidis of⁴ þe place þat⁴ is to-broke, & þervpon two clouts and wadding,
þou muste leie faldellam in boþe sidis euene, & wet⁴ in gleire of⁴
an ey.   & alle þese þingis þou schalt⁴ binde wiþ þi boond, þat⁴ tie a bandage round the
28 schal be þe brede of⁴ .iiij. fyngris, & long⁴ þat⁴ he mowe goon limb,
aboute manifoold.   & sewe þe foldyng⁴ of⁴ þe boond þat⁴ he mowe
not⁴ vndo / Vpon þis ligature þou schalt⁴ leie faldellam maad of⁴
stupis, & he schal oonly be wet⁴ in water & leid vpon.   & hervpon

---

[1] MS. has a full-stop between *breking* and *if*. Lat.: ut sit tibi exemplum
in ruptura brachii, cruriuin et coxarum.

[3] Lat.: et cum tactu locum fracture cognoueris manifeste. Gul. de Sal.,
Sl. 277, fol. 37 : "*When þe adinturie, or þe boon fro þe elbȝwe to þe schuldre
is broken, it schal be knowe to þe touchynge in þis: The leche schal drawe
þe hurt place wiþ boþe his hondes, & putte þat oon hond vpon þe place hurt,
& þat oþer wiþinne. ¶ And haue he a mynystre, whiche schal bere vp
togidere þe elbowe wiþ þe arm. And þanne þe leche, meuynge softely his
handis, schal heere þe sown of þe broken boon, or he schal feele þe disseuer-
ynge of þe parties of þe broken boon.*"

[4] Some words are wanting.   Lat.: quantumcumque potes leuius operando.

[³ lf. 234]

[³ lf. 234, bk.]

[³ lf. 234, bk.]

and splints secured by a cord, which shall be strained but moderately.

A tight bandage may cause spasm, and prove fatal.

Nota. **Keep the limb so bandaged for 10 days; then look if the bone is adjusted, and bandage it again.**

Sometimes one or both the bones of the fore-arm are broken,

or the bones of the fingers.

vj°. c° / **In case of fracture of the hip-bone or any bone of the leg,**

þou schalt¹ leie þi splentis¹; & wiþ a corde þat¹ be brood, & not¹ round, þei schulen be bounden þervpon. & þou schalt¹ streyne middilly,² & not¹ to faste / Herof¹ þou muste be war, þat¹ streynyng¹ þat¹ is in þis place & in oþere placis ne schulen not¹ be so harde þat¹ 4 þe place bicome blak, ne þat¹ he mowe fele his lyme / Ther ben summen þat¹ streynen so faste a manys lyme, þat¹ þe spirit¹ of¹ me³uynge, ne þe spirit¹ of¹ lijf¹ mai not¹ come þerto. & þan þei seeþ þat¹ þe place is to-swolle, & askiþ of¹ þe pa*tient* wher he haue miche akynge. 8 & þei supposen to do awei þe akynge wiþ þe greet¹ binding¹, & in þis maner þe lyme wole rotie, & in þis maner þe pa*tient* mai falle into a feuer & þe spasme, & manye men dieþ þeron / But¹ þou schalt¹ worche in þis maner / Whanne þou seest¹ þis caas, vnbinde þe lyme, 12 & as miche as þou miȝt¹ do awei þe swellyng¹ & þe akynge. Aboue þe brekyng¹ towardis the schuldre leie a defensif¹ of¹ bole // If¹ þer come noon akynge ne swellynge, þan þou schald¹ lete it¹ sitte so boounde .x. daies in winter, & .vij. daies in somer / & þan vnbinde 16 it¹ softly þat¹ þe lyme ne meue not¹ / & loke þat¹ þe boon sitte wel; & þan binde it¹ al togidere aȝen as þow didist¹ first¹. Whanne þe boon is wel soudid, þan þou schalt¹ take stupis & wete hem in good wijn hoot¹,⁴ & leie þervpon. ¶ Whanne it¹ is soudid, if¹ þer leeue 20 ony þing¹ of¹ hardnes in þe same place, þan do it¹ awei aftir þe teching¹ þat¹ þou schalt¹ fynde in þe antidotarie /

Sumtyme þe boonys of¹ a mannys arme ben to-broke ⁵boþe, & sumtyme þat¹ oþer. & whanne þei ben boþe broken, it¹ is þe more 24 worse / If¹ it¹ so be þat¹ þer be to-broke but¹ oon boon, þan it¹ is no nede for to do but¹ astelles,⁶ for þe boon þat¹ is hool wole saue þe ligature wel ynowȝ / The boonys of¹ a mannes fyngris ben sumtyme to-broke, þan þou schalt¹ sette euene þe boon, & binde him wiþ 28 astelles þat¹ ben wel maad þerfore. & þouȝ þe fyngir ne be but¹ a litil lyme, ȝitt¹ þou muste haue good kunnyng¹ & good witt¹ for to diȝte it¹ wel / Dietyng¹ in alle brekyng¹ of¹ boonys schal be first¹ sotil, & aftirward more greet¹, as it¹ is aforseid //   32

Of breking of þe boon of þe coxe.

WHanne þe boon of¹ þe coxe is to-broke or ony boon of¹ þe foot¹, þan þou schalt¹ worche in al maner þingis as it¹ is aforseid in þe chapitre of¹ adiutorie & of¹ þe fyngris / But¹ þis þou

---

¹ MS. *spletis.*   ² *middilly,* mediocriter.
⁴ Lat.: in bono vino calido.
⁶ Lat.: non est tibi necessarium astellas ponere.

muste adde more þerto, þat¹ whanne þou hast¹ brouȝt¹ yn þe boon of¹ apply a splint formed to the shape of the leg.
þe leg¹, þan þou muste make an instrument¹, þat¹ is clepid albium
ouþer coutelle ; & it¹ schal be schape in þe maner of¹ a cros.¹   &
4 þeron his leg¹ mote be sett¹, so þat¹ his leg¹ mowe ²bowe to no side / [² lf. 235]
Also it¹ is necessarie þat¹ þe patient ligge also stille as he mai
wiþouten remeuyng¹, til þe boon be fast¹ // But¹ þou muste be wel Take care that the leg does not get shortened.
war herof¹ whanne þat¹ a mannes leg¹ is to-broke, ouþer his hipe,
8 þou muste be war in þe soudyng¹, þat¹ oon leg¹ be not¹ schorter þan
þe oþer / But¹ þou schalt¹ mesure hem algate boþe lich long¹, & in þe
same mesure kepe hem /

Of þe cure whanne a man is smiten in þe rigbon
12   or ribbis.

I T bifalliþ sumtyme þat¹ a man is smyten or a man falliþ, & ¶ vij. cᵒ /
þan tendre boonys as þe cheke-boon & ribbis, & [in] children Tender bones, especially those of children, become bent instead of breaking.
boonys of¹ her arme & of¹ her leggis, for þe tendirnes of¹ þes
16 lymes, þei wolen folde & not¹ breke / In þis maner þou schalt¹
bringe hem aȝen / In þis maner anoynte þin hond wiþ
terbentyne, & take þat¹ boon & presse it¹ as it¹ is forseid in þe Straighten them by pressure,
brekyng¹ of¹ a boon.³ & if¹ it¹ be a rib, þan þou schalt¹ presse
20 him vpward, as it¹ is foreseid. & if¹ it¹ be in þe arme ouþer
þe leg¹, þan þou muste make ligaturis þerfore & instrument¹ by bandaging the limb to a wooden splint,
of¹ tree, þat¹ be euene, & þerto his arme ouþer his leg¹ schal be
bounden & pressid, for to make him euene. & or þou do þus, þou
24 schalt¹ make a ⁴vomentacioun of¹ camomille, malue, & bismalue, [⁴ lf. 235, bk.]
fenigreci, seminis lini soden in water ; & þan anoynte him wiþ oile
of¹ lilie, or wiþ gandris grese, or hen-grese, & þan presse his arme
as it¹ is aforseid. Also þou miȝt¹ vse þis medicyn, þat¹ is aproued
28 ofte tyme / leie a plate of¹ yuer⁵ in þat¹ side þat¹ þe boon is aplied, & or lay a plate of ivory on the limb,

¹ Lat.: in albiolo seu coutella que sit ad modum cruris formata. The
translator read "crucis."
    albiola, (alueolus) *um*. "ventre, panier, benne, flancs d'un navire."—
Dufr.
    coutella. κοτύλη, anything hollow, the cup of a joint, especially of the
hip-joint. It.: cotila. Tomm.
    Paul. Ægin., Book VI, Sect. 106, ed. Adams, vol. 2, p. 470, describes the
way of arranging a fractured leg by means of "a canal either of wood or
earthenware." Adams l. c. gives references from Hippocrates, Celsus and
Galen, for the use of these machines.
    ³ Lat.: Si maxilla fuerit, manum seu digitos in os pone, premens ad
extra sicut diximus in fractura, manum aliam termentina uel pice illinitam
suauiter ab extra preme et citius eleua.   ⁵ O.Fr. yvoyre.

þe vertu of⁴ þe yuer wole drawe þe boon as it⁴ schulde be, & bringe þe boon into his propre plite /

Of þe greuousnes of þe rigboon whanne he is out of ioyncte /

by whose attraction it becomes straight,

¶ iijᵒ. cᵒ / viij

The ligaments on the neck are weak,

and the bones are easily dislocated.

Dislocation of the 1st vertebra— decollation—

[² lf. 236] causes death by want of breath.

If the 7th and 8th vertebræ are out of joint, the ways of food and breath are stopped.

The bone must be replaced immediately after the accident.

Nota

Treatment: Press down the shoulders, and draw up the head.

The displacement may be inwards

[³ lf. 236, bk.]

or outwards.

Dislocacioun of⁴ þe rigboonys is a greuous sijknes. It⁴ is aforseid in anathomia how manie boonys ben in þe necke & in þe rig⁴. & it⁴ is aforseid in what⁴ maner / The firste boon in a mannes necke is bounden with manye feble ligaturis, & þe ligaturis þerof⁴ ben 8 recching¹ & feble, þat⁴ þei ne schulde lette þe meuynge of⁴ þe heed / þe boonys þat⁴ ben in a mannes necke beþ more feble þan ony oþer rigboonys, & þerfore þei goiþ liȝtly out⁴ of⁴ þe ioynte, & it⁴ is ful 12 greet⁴ drede þerof⁴ / If⁴ þe hiȝeste boon of⁴ þe necke be oute of⁴ þe ioynct⁴, it⁴ is clepid decollacio, & it⁴ sleeþ a man anoon; for þat⁴ oþer boon þerof⁴ pressiþ yn & stoppiþ a man²nes breeþ anoon, & in þis maner it⁴ sleeþ a man anoon / And if⁴ þe ioynct⁴ þat⁴ is bitwixe þe vij. boon & þe .viij. be out⁴ of⁴ ioyncte, þan it⁴ wole stoppe þe weie 16 of⁴ his mete, and it⁴ wole lette þe weie of⁴ a mannes breeþ also / And if⁴ ony boon of⁴ þe rigboon þat⁴ is bineþe þe .viij. boon be out⁴ of⁴ ioyncte, but⁴ if⁴ he be þe raþere holpen, he schal lese his meuyng⁴ for euermore³ / And þerfore it⁴ is necessarie as faste þat⁴ a mannes 20 rigboon is out⁴ of⁴ þe ioynct⁴, þat⁴ it⁴ be brouȝt⁴ yn aȝen anoon, & principali þe firste boon of⁴ þe necke, for disiunccioun of⁴ þat⁴ boon wole sle a man anoon, as it⁴ is forseid / If⁴ þou be in þe place, take þe patient bi þe heeris, & sette þi feet⁴ vpon his schuldris, & so þou 24 schalt⁴ drawe vpward wiþ þin hondis, & presse adoun wiþ þi feet⁴, & bringe þe boon into his ioynct⁴ aȝen / Whanne þe .vij. rigboon⁴ is out⁴ of⁴ his ioynct⁴ fro þe .viij. rigboon, itt⁴ mai ful litil tyme lenger abide. & if⁴ it⁴ so be þat⁴ þis boon be pressid swiþe ynward, it⁴ wole 28 sle a man hastily, & it⁴ wole ful late be curid / If⁴ it⁴ so be þat⁴ it⁴ mai be curid, þer is noon oþer cure þeron, but⁴ presse adoun his schuldris ⁵& drawe vp þe heed, as it⁴ is aforseid / If⁴ it⁴ so be þat⁴ ony of⁴ þese boonys be out⁴ of⁴ þe ioynct⁴ outward, þat⁴ falliþ ful 32

---

¹ Lat.: hec ligatura fuit magis aliis laxa.
³ Gul. de Sal., cap. 19. Sl. 277, fol. 42 b.: "*And of þe spondiles of þe brest, for lettynge brouȝt in in þe lacertis & muscules kyndely & wilfully meuynge þe brest, þe lunge is lettid in his meuynge, & þer falliþ hasty wynd & litel, & vtterlyche deþ. Of þe dislocacion of þe oþere spondiles, þat ben 4, þer falleþ anoþer greuaunce in þe reynes & þe bladdre, & akþe in þoo membris, & peyne of pyssynge or lettynge of þe weyes of þe vrync, & aposteme in þe place, & feuere, & deþ.*" ⁴ *rig*, in margin.

seelde, þan sette þe boonys euene, & drawe his heed & presse adoun
hise schuldris / If' it' so be þat' ony rigboon bineþe þe .viij. boon of'
þe necke be out' of' ioyncte, if' þe boon go ynward, it' nile take no
4 cure til it' sle him / And if' it' ne be not' al out' of' þe ioyncte, but'
it' pressiþ nucha, alle þe lymes bineþe schulen lese her meuynge / If'
it' so be þat' þe boon be out' of' þe ioyncte & go outward, it' is in-
curable, for he schal be euermore gibbosis, *id est* broken-riggid. þis
8 is þe cure þerof', if' it' mai be curid / Arere vp þe boon & presse it'[1]
als so miche as þou miȝt', wiþ þin hond, ouþer presse it' yn *with* a
playn tree, & studie þou in þi witt' as miche as þou miȝt' for to
presse it' in aȝen; & leie þervpon oon of' þe consolidatiuis, & binde
12 it' faste / If' it' so be þat' þere leeue ony hardnes *after* þe tyme þat'
þe place is soudid, þan make an enplastre of' mollificatiuis þerto, þat'
þou schalt' fynde in þe antidotarie; & anoynte him wiþ oynementis,
þat' þou schalt' fynde ²in þe same place in þe chapiter of' molli-
16 fica*tiuis* /

An inward displacement below the 8th vertebra causes either death or loss of motion.

In case of outward displacement, the patient remains humpbacked.

Try to reduce the bone by manipulation.

If some hardness is left, apply a plaster and an ointment.

[³ lf. 237]

Of þe schuldre out of his place.³

A Mannes schuldre mai go out' of' þe ioynct' in .iij. maners /
Oon maner is þis, whanne þe heed of' þe boon of' adiutorie,
20 þat' is þe poynt' of' þe schuldre, falliþ adoun vndir þe arme-pitt'; &
sumtyme he goiþ of' þe ioynct' forþward, but' þat' falliþ ful selden /
The .iij.: he goiþ out' of' þe ioynct' vpward; & bakward he ne mai
not' out' of' þe ioynct', for þe schuldre boon holdiþ itt' faste in.⁴
24 ¶ The .j. maner þou miȝt' liȝtliche knowe bi touching' & bi siȝt', &
þou schalt' fele þe boon in his arme-pitt', & þan þere wole be a greet'
pitt' aboue.   ¶ If' he be out' of' the ioynct' forþward, þan his arme
wole sitte bacward, & tofore þou schalt' se a greet' pitt' / ¶ If' he be
28 out' of' þe ioynct' vpward, þat' þou schalt' knowe in þis maner: his
elbowe ne mai not' be drawe aloug' fro his body. & if' þou wolt'
drawe him along', þou schalt' fynde an obstacle / The .j. maner if' it'
be a child, þan þou schalt' take his arme wiþ þi lifthond, & sette þi
32 riȝthond vndir his ⁵arme-pitt', & drawe his arme wiþ þi lifthond, &
presse þe boon into his ioynct' wiþ þi riȝthond; & in þis maner þou
schalt' bringe in þe boon of' a child wel ynow.   ¶ If' it' be a miche

¶ iiijᵒ. cᵉ /

The head of the humerus is dislocated, 1. downwards into the arm-pit;
2. forwards;
3. upwards.

The signs are an outward depression,

and an inability to use the arm.

Treatment:
1. Reduction is effected by extension of
[³ lf. 237, bk.]
the arm and pressure on the shoulder.

---

¹ MS. *pressid.*
³ Compare *Paul. Ægin.*, Book VI, Sect. 114, ed. Adams, vol. II, p. 485.
⁴ Gul. de Sal., Sl. 277, fol. 43 b.: "For þe ofteste þe heued of þe adiu-
torie is dislocate in þe schuldre toward þe place þat is called titillicum to þe
for-party, & to þe hynder party anentis þe sparvde-boon, it is dislocate in no
maner."

man, lete him ligge adoun streiȝt, & take a round bal of tree, &
folde him wiþ a clooþ, & leie it vnder his arme-pitt, & binde him
þere faste, & take his hond & drawe it adounward, ouþer lete
anoþer man drawe it adounward, & helpe þou wiþ þin hond for to 4
bring yn þe boon, so þat þou schalt presse, & þe man drawe al in

oon tyme / If it ne mai not be doon in þis maner, þan ordeine a
long perche, & make it fast in .ij. wallis of þe hous, ouþer .ij. postis
of þe hous ; & in þe middil of þe perche make a pitt, & in þe same 8
pitt leie þe forseid bal, & þe hiȝnes of þis perche schal be hiȝer þan
a man is long, & þan sette vndir his feet a stool. & loke þat þe
same bal sitte vndir his arme, & lete a strong man holde doun his
arme and his hond, & take awei þe stool vndir his feet, & in þis 12

maner þe boon wole come into his ioynct / ¶ If it be out of þe
ioynct forþward, þan take a strong towail, & leie him vndir his
arme, & lete þe oon ende go forþ bihinde his rigge, [1] & þat oþer ende
forþ bi his brest, & lete a strong man holde þe .ij. endis of þe 16
towail, & þan binde his arme wiþ anoþer boond aboue þe elbowe ;
& take it anoþer strong man, & lete þese .ij. men holde & drawe al
at oonys ; þan þou schalt with þi .ij. hondis, whanne þei drawiþ,
presse þe boon into his ioynct / Whanne þe boon is in his ioynct, 20

þan þei schulen leeue her drawyng softly. ¶ In þe same maner,
whanne he is oute of ioyncte vpward, he schal be bounden, & oon
man schal drawe him abacward wiþ þe towal, & þat oþer man schal
drawe his arme adounward, & þou schalt helpe for to presse yn þe 24

boon wiþ þin hondis. & whanne þe boon is in his ioynct, þan wete
a pece of lynnen clooþ in oile of rosis, & þan þervpon leie a
medicyne consolidatif, & þan leie þervpon faldellas wet in gleire
of eiren, & binde him faste with boondis þat his arme ne mowe not 28

out of þe ioynct aȝen, & so he schal be bounden .x. daies. And if
þer come ony enpostym or icching, þan þou muste vnbinde him
aȝen, & do awei þe icching ouþer þe enpostym, and binde it aȝen

as it is forseid. ¶ If it so be þat [2] þou ne were not at þe firste 32
bigynnyng, þan þou muste make þe patient a baþ of malue &
bismalue, fenigrec, lynseed. & whanne he is wel baþid in þis baþ,
þan anoynte him wiþ an oynement laxatif. & in þis maner he
muste be baþid manie daies til þe place be wel moistid ; & þan 36
bringe þe boon into his ioynct, as it is forseid. ¶ If it so be þat
þou come at þe firste bigynnyng, whanne a boon is out of þe
ioynct, þan þou schalt not baþe þe lyme in hoot water in no
maner.   40

¶ A mannes arme wole out' of' þe ioynct' liȝtlich at' þe elbowe,[1]　*Nota.*
& liȝtly it' wole be brouȝt' into his ioynct' aȝen / But' he mai be out'　Dislocation of the elbow may be forwards or backwards.
of' þe ioynct' in .ij. maners, as forþward & hindeward, & boþe haueþ
4　diuers cure / In þis maner þou schalt' do whanne he is out' of' þe　Treatment, of a dislocation forwards,
ioynct' forþward : sette stupis in þe folding' of' his arme,[2] & þan
binde a boond þervpon, & lete a man drawe þat' boond bakward
— —,[3] & þan lete a strong' man holde adiutorium, lest' his schuldre　of a dislocation backwards.
8　go out' of' þe ioynct'. & þan anoynte þin hond wiþ oile of' rosis, &
lete þe ij. men drawe al at' oon tyme, & þan presse yn þe boon into
his ioynct' wiþ þi .ij. [4]hondis, & þan hange an heuy peis at his　[[4] lf. 239]
hond. & if' þer leeueþ ony greet' þing', lete it' be til anoþer tyme.
12　& þan anoynte þin hond & presse it' in aȝen, & þan þou schalt'
binde him with boondis & faldellis, & oile of' rosis & consolidatiuis,
as it' is aforseid / But' of' þis caas þou muste be war : but' if' his　If the arm is not soon reduced, an apostema will be formed.
arme be brouȝt' into þe ioinct' hastili, þere wole engendre in þe place
16　an hoot' enpostym, & þan aftirward it' wole be ful hard to bringe it'
into his ioynct' aȝen.

¶ Rasceta, þat' is þe ioynct' of' þe hand / as it' is forseid in　*Raceta* has many bones and ligaments.
anathamia, is conteyned of' manie boonys & of' manie recchinge
20　ligaturis,[5] as it' was necessarie for þe grete meuyng' of' þe hond. þis
place wole liȝtly out' of' þe ioinct', & liȝtli it' wole come yn aȝen.　The wrist-joint is frequently dislocated.
¶ But' if' a mannes hond be out' of' þe ioyncte longe, þe place wole
enpostym, & þan it' wole be hard for to bringe it' in aȝen. ¶ In þe
24　firste bigynnyng' take his arme wiþ þi lifthond, & sette þe boon in-
to þe ioynct' as it' is aforeseid, & binde it' in al maners as it' is afor-
seid in opere ioinctis. ¶ Also if' a mannes fyngir be out' of' ioyncte,　Dislocated fingers are
it' is but' liȝt' for to putte it' [6]in aȝen / In þe same maner þou schalt'　[[6] lf. 239, bk.]
28　binde a mannes fyngir as it' is aforseid in opere placis / Ther ben　easily reduced.

---

[1] The Original says just the contrary : difficile dislocatur, et ita difficile restauratur. The translator further leaves out a passage similar to the following one, quoted from the Engl. translation of Gul. de Salic. : "*The dislocacioun or restorynge of þis place is ryȝt dredeful, for þe makynge of it. For whi, þer ben smale boones & harynge schapp of a rolle or polyne, to drawe with water of wellis, whiche sumtyme, ouþer wiþ difficulte, or in no mane*re ben restorid."

[2] Lat. : in curvatura vbi brachium plicari solebat.

[3] Add. 26,106, fol. 98 : " & fac quod minister trahat stupham seu bindam ad posteriora firmiter et suaviter : et tu manum quam errexeras, plica violenter : vt oppositum tangat pluries humerum : quoniam tunc sine dubio est reducta. Si vero fuerit ad posteriora, fac quod fortis minister teneat adiutorium. et. cet."

[5] Lat. : multis ossibus composita et ligamentis pluribus tamen laxis coniuncta.

manie men þat⁤ whaɳne a maɳnis lyme is out⁤ of⁤ ioynct⁤, þei wolen
sette þe lyme iɳ hoot⁤ water⁤, & seien þat⁤ it⁤ wole þe better come iɳ-

Do not put
the limb in
hot water
at the first
beginning.

to his ioinct⁤ aȝen / But⁤ þou schalt⁤ wite þis, þat⁤ hoot⁤ watir iɳ þe
firste bigyɳnyng⁤ makiþ þe lyme recche, & febliþ it⁤ & drawiþ þerto   4
manye humours / & þerfore þou ne schalt⁤ do iɳ þis maner, but þou
schalt⁤ comforte þe lyme wiþ oile of⁤ ro*sis*, & sette him into his ioinct⁤
anooɳ, & defende as miche as þou miȝt⁤, þat⁤ þere come noon eɳpos-
tym þerto / But⁤ if⁤ it⁤ so be, þat⁤ þou ne come not⁤ at⁤ þe firste   8
bigyɳnyng⁤, & þe place bicome hard, þan make him a fomeɳtaciouɳ
wiþ a decocciouɳ of⁤ þiɳgis þat⁤ makiþ moist⁤ & resolueþ as it⁤ is
aforseid /

Of the haunche out of his place.[1]   _   12

x
¶ vᵒ. cᵒ.

The hip-joint
is subject to
four disloca-
tions,
arising from
internal or
external
causes.

A L þe coniuɳcciouɳ of⁤ þe haunche is tofore seid iɳ þe chapitre
     of⁤ anathamia.   And þis place mai go out⁤ of⁤ þe ioinct⁤ iɳ
.iiij. maners : as ynward & outward, forþward & bacward ; & sum-

[² lf. 240]
1. Internal
causes.

tyme it⁤ comeþ of⁤ causis wiþiɳneforþ, & sumtyme of⁤ causis w*ith*out-   16
forþ / [2]Of⁤ causis wiþiɳneforþ : as humours of⁤ loɳge tyme haue falle
þerto, as it⁤ is aforseid iɳ þe chapitre of⁤ dolour of⁤ ioinctis / Ther is

When too
much fluid
gathers in
the box of
the haunch,
the thigh-
bone is easily
dislocated.

iɳ þis place a greet⁤ box, & conteineþ a greet⁤ place, þat⁤ beriþ al þe
bodi, & it⁤ is a place þat⁤ takith miche moisture & greet superfluite   20
of⁤ humou*ris*, & whaɳne þer falliþ manie superfluitees to þat⁤ place,
& þe pacient⁤ is not⁤ purgid þerof⁤, & traueiliþ, þan humours rotiþ iɳ

The acetabu-
lum is more
or less con-
cave, the
concavity
prevents
dislocation.

þat⁤ place, & þe ligatu*ris* recchiþ aloɳg⁤, & iɳ þis maner vertebru*m*
goiþ out⁤ of⁤ his ioinct⁤ / And þis caas iɳ diuers men haþ diuers   24
causis / ffor su*m*men haueþ a box iɳ her haunche swiþe holowe, &
þat⁤ wole not⁤ fulliȝtliche out⁤ of⁤ þe ioinct⁤ / And su*m*men ne haueþ
not⁤ so holowe boxis, & þan if⁤ þe place be ful of⁤ yuele humours,
þan þe booɳ wole liȝtliche out⁤ of⁤ þe ioincte, & it⁤ wole liȝtli into þe   28

2. External
causes.

ioinct⁤ aȝen, & þan it⁤ wole liȝtly out⁤ aȝen.   ¶ Of⁤ causis wiþoutforþ,
as of⁤ wrastyng⁤ or of⁤ smityng⁤ or of⁤ sum oþer þing⁤ þat⁤ makiþ ver-

Symptoms of
dislocation
inwards,

tebru*m* gooɳ out⁤ of⁤ þe ioyɳct⁤ wiþ violence.   ¶ This is þe signe
whaɳne it⁤ is out⁤ of⁤ ioyɳcte ynward : whaɳne þou myȝt fele þe   32

[³ lf. 240, bk.]

poynt⁤ of⁤ þe booɳ iɳ his flank, & his feet⁤ [3]& his knee turned out-

of dislocation
forwards,

ward, & þe pacient⁤ schal not⁤ opene his leg⁤ ne his hipe // If⁤ it⁤ goiþ
out⁤ of⁤ þe ioyɳct⁤ forþward, þan his leg⁤ wole wexe miche schorter, &
he schal not⁤ bringe his hele to grouɳde, but⁤ oonly his toos.   ¶ If⁤ 36

---

[1] Compare *Paul. Ægin.*, Book VI., Sect. 118, l. c., p. 498. *Avicenna*,
Lib. IV., Fen. 5, Tract 1, Cap. 24.

it be out of þe ioynct bacward, þan his hele wole wexe long, & his *and back-wards.*
toos schorte, & he schal bringe no þing of his foot to grou[n]de,
but his hele //

4   Ther ben manie maners of diuers menys for to bringe boonys
into her ioynct aʒen, but among alle I holde þis maner þe beste for *The best way of reduction.*
þis place : take a long schete þat be not brood, & do bitwixe þe *A towel put under the*
pa*tient* leggis, & lete þat oon ende go bifore his brest, & þat oþer *thigh is fixed to the wall*
8 bihinde his rig, & make þe .ij. endis fast to a post, & þe pa*tient* *to effect counter-ex-*
schal ligge vpon a plain place, & þou schalt binde al his hipe aboue *tension),*
his knee, & þan þe leg softly adounward, & to alle þese boondis *whilst exten-sion of the*
make faste a corde, & lete þe moost fastenyng be in þe hipe aboue *leg is made.*
12 þe knee, & þan lete oon strong man or ij. drawe þe corde euenlich
& harde wi*th*oute ony pluching.[1] & þan þou schalt wiþ þin hondis
putte þe boon into his ioyncte. & wha*n*ne þe [2]boou is y*n*ne, þan *[3 lf. 241]*
bidde he*m* lete go þe corde softli aʒen, & leie hise feet euene togidere.
16 for if hise feet wollen ligge euene togidere, it is a certein signe þat
þe boon is i*n* his ioynct. & if hise feet wolen not sitte euene in þe
ioynct, it is a signe þat þe boon is not i*n* his ioynct / wha*n*ne þe
boon is i*n* his ioinct, binde faste his hipe, & lete þe pa*tient* ligge
20 stille til he be al restorid / In alle curis of dislocacioun þou hast
pleiner teching.[3]

      ¶ Dislocacioun of þis place þat comeþ of causis wiþi*n*neforþ, it *There is no radical cure*
is ful hard for to bringe it i*n* aʒen. & þouʒ þe boon be brouʒt in *for a disloca-tion arising*
24 aʒen, wiþ a litil cause it wole goon out aʒen. & þerfore þer is no *from internal causes.*
cure þerof, but avoide his bodi, & make hi*m* cauterijs as it is afor-
seid in þe chapitre of cauterijs.

      ¶ A mannys knee is sumtyme out of ioyncte, & sumtyme þe *Sometimes occurs a*
28 round boon þat is þervpon goiþ out of his place / Signys wha*n*ne *Dislocation of the knee-*
a ma*n*nes knee is out of ioyncte ben open ynowʒ. & if þe round *joint, and a Dislocation*
boon be out of his place, þou miʒte liʒtlich knowe it. ¶ In þis *of the Patella. Reduction*
maner þou schalt bringe a ma*n*nes knee into his ioynct aʒen / Lete *is accom-plished by*
32 a strong man holde faste his hipe, and [4]anoþer man his leg. & þou *[4 lf. 241, bk.]*
schalt wiþ þin hondis presse faste þe boon i*n*to his propre place. & *pressing the boon into its*
if þe place be enpostymed, first þou muste do awei þe enpostym, & *place.*
þan bringe þe knee into his place aʒen. ¶ If þe round boon be out *In the same way reduce a*
36 of his place, sette þe boon i*n*to his place, & þan binde faste wiþ *dislocated patella.*
boondis, & þan binde his leg faste vp to his hipe bi an ho*u*r, & þa*n*

      [1] Lat.: non ductu violenti nec tractu.
      [3] Add. 26,106, fol. 99 : In omnibus aliis curam consequentibus est in
precedentibus bene doctus.

vnbinde his leg⁺ fro his hipe, & þan binde faste þe round boon þat⁺
it⁺ ne moue not⁺ fro his propre place, & in þat⁺ maner lete it⁺ sitte,
for it⁺ wole bicome fast⁺ anoon.

¶ If⁺ þe ioynet⁺ of⁺ a mannes foot⁺ be out⁺ of⁺ ioyncte or his toos, 4
þou schalt⁺ do þe cure in þe same maner as it⁺ is aforseid in þe hond
& in þe fyngris.¹ ¶ þoruȝ þe help of⁺ god wiþout⁺ which is no þing⁺
fulfillid, þe .iiij. tretis is fulfillid. ¶ Now I wole bigynne þe .v.
tretis þat⁺ schal be clepid þe antidotarie of⁺ this book. //   8

I N þe fifþe tretis clepid þe antidotarie of⁺ þis book, I þinke to
²putte medicyns boþe symple & compound / þat⁺ falliþ for
cirurgie & beþ necessarie þerfore / But⁺ I ne mai not⁺ sette alle, for

þer is no man þat⁺ can telle alle þe noumbre of⁺ medicyns but⁺ oonli 12
god / Neþeles I wole sette medicyns in þis antidotarie þat⁺ I haue
longe vsid, & I lernede hem of⁺ wise doctouris & of⁺ philosophoris,
& alle þei ben aproued /

Here bigynneþ þe tretise of repercussiuis //   16

R Epercussiuis bifalliþ for hoot⁺ apostymes, & principal whanne
it⁺ bigynneþ in a noble lyme : as in þe herte, ouþir in þe
brayn, ouþir in þe heed, ouþir in þe lyuere, þe splen & þe
stomac, reynes, ballokis, & in þe bladdre // It⁺ schal alwei be þin 20
entencioun for to putte awei greuous mater fro a noble lyme into
anoþer place. ¶ Whanne þou wolt⁺ worche wiþ repercussiuis, þou
muste take hede to .x. condiciouns þat⁺ ben sett⁺ in þe iij. tretis in þe

general chapitre of⁺ enpostyms / ¶ Repercussif⁺ is seid in .ij. maners : 24
as large & streit⁺³ / large is seid : as eueri medicyne maad of⁺ coold
herbis for to aquenche hoot⁺ ⁴causis. Streit⁺ is seid, whanne it⁺ putt⁺

awei þe mater & is not⁺ swiþe coold // Of⁺ repercussiuis þere ben
manie degrees of⁺ cooldnes / Ther ben summe so coold, þat⁺ a man 28
mai not⁺ fele his lyme, & þan it⁺ is clepid stupefactiua⁵ / & þis þou
schalt⁺ vse whanne þer is þing⁺ þat⁺ greueþ more þan þe mater.
¶ Whanne þou ne dredist⁺ not⁺ hoot⁺ qualite oonli, but⁺ þou dredist⁺

þe mater, þan þou schalt⁺ vse medicyns þat⁺ ben coold & drie, þat⁺ 32
þei mowe tempere þe complexioun of⁺ þe lyme, & wiþ þe vertu of⁺

stiptica þei wolen comforte þe lyme,⁶ & þese ben propirli clepid
repercussiuis / Whanne þou hast⁺ entencioun oonly for to make

---

¹ MS. repeats this sentence.   ³ *large & streit.* See p. 305, note 1.
⁵ Vigon transl. *Traheron Interpr.* : "*Stupefactyve.* That, that hathe
strengthe to astonie, and take awaye felynge."
⁶ Lat. : et sua stipticitate uirtutem membri confortent.

coold, þan itᵗ is no force þouȝ þi medicyn be notᵗ stiptica / Butᵗ
whanne þou woltᵗ make ony repercussiuis, itᵗ is necessarie þatᵗ þei
be coold & drie. ¶ Medicyns þatᵗ ben coold & repercussiuis, summe Repercussive
medicines are
4 ben simple & summe ben compound / Ofᵗ simple medicyns, summe either simple
or compound.
ben ofᵗ herbis, & summe ben ofᵗ trees, & summe ben leeues, & The simple
medicines.
summe ben rotis, & summe ben seedis, & summe ben flouris, &
summe ben greynes[1] ofᵗ minerals, & summe ben watris, & summe
8 ben oilis.   And summe þerofᵗ I wole sette in þese bokis þatᵗ ben
²greetli in vss toward us / And þere ben medicyns coold & moistᵗ [² lf. 243]
þatᵗ þou miȝtᵗ vse for to atempere þe complexioun ofᵗ lymes þatᵗ ben
distemp[er]id in hete & drienes. ¶ Malua, capillus[3] veneris, psil- Herbs.
12 lium, portulaca, atriplex. Mercurialis,[4] Rapa, cucurbita, Melones,
Citruli,[5] Semen malue, seminis iiijᵒʳ. frigidorum, Semper viua, lactuca
ortulana[6] ¶ Iusquiamus, Mandragora, Papauere, argentum viuum,
f. & h. in iiij.[7] ¶ **Oilis** coold & moistᵗ: Oleum violacium, Oleum Oilis.
16 nenupharinum,[8] Oleum de lilijs albis, Oleum mirtinum. Istis[9]
medicinis potest vti quum intendis infrigidare sine expulcione utᵗ
dictum estᵗ // þese medicyns þou miȝtistᵗ vse whanne þou entendistᵗ
for to make coold wiþouten expulcioun ofᵗ þe mater as itᵗ is forseid.
20 ¶ Medicyns þatᵗ ben symple coold & drie, þatᵗ ben clepid verry Medicines
that are cold
repercussiuis ben þese / **Solatrum**, crassula maior & minor,[10] virga and dry, or
Repercus-
pastoris / vmbilicus veneris, cicorea, Endiua, Gramen, Epatica,[11] sives in a
strict sense.
Ipoquistidos, veruene, Semper viua, Corigiola,[12] Sanguinaria, Edera,
24 Acetosa, Scariola, plantago maior & minor, Nenuphar. **De granis**

---

[1] The translator misunderstood the Lat. genera mineralium.

[3] MS. *capillis.*

[4] Add. 15,236, fol. 4 *b.*: "*Linochites, mercurialis, idem. G. mercuria,
A. smerewourth.*" Compare *Alphita*, p. 116: "*linuzostis gᵉ· mercurie. aᵉ·
scandany.*"

[5] Phillips, "*Citrull*, a sort of Cucumber or Pumpkin of a Citron-Colour."

[6] Halle, *Table*, p. 57: "*Lactuca satiua,* or Hortensis, þat is gardin letuce."

[7] frigidum et humidum in quarto gradu.

[8] *nenupharinum*, Arab. Pers. nītufar, nīnūfar (Littré). Nymphæa alba.
Add. 15,236, fol. 5 *b.*: "*Nenufar .i. flos vagule, caballine aquatice A. water-
lilye.*" Compare *Alphita*, p. 124; *Barth. Sinon.*, p. 31.

[9] MS. *istius.*

[10] Add. 15,236, lf. 11: "*Crassula maior G. crassegeline* vel *orpine.
Crassula minor . G. terce de soris .A. stoncrop.*"

[11] Add. 15,236. Cf. 3 *b.*: *Epatica .G. coper .A. liuerwort.*" Ibid. lf.
11: "*Epatica .G. epatik* vel *coper .A. liuerwort.*"

[12] Add. 15,236, lf. 3 *b.*: *Corigiola. Centinodia. lingua passerina. G.
Coriogiole.*" Halle, *Table*, p. 29: "*Corrigiola.* So called of the Apothe-
caries, and of the Frenche men Corrigiole, is oure common Knottgrasse,
called in Greke polygonon, in Latine Seminalis and Polygonum mas."

[² lf. 243, bk.] **seminibus, fructib***us*. Ordeu*m*, Silligo¹; auena. ²Spica, Lolliu*m*,
ffabe, Mirtilli, Berberis, Sumac, Pira, Poma, Sorbe, mespila, Casta-
nea, Glandes, Galle, Maiorana, Mora mat*ur*a, vua acerba, Capreoli,
vitis.³ ¶ **De floribus folijs & cortici***bus* / Balaustie cortices, 4
Cortices mali granata, Cortices arbor*um* stipticoru*m*⁴; Rosa, Nenu-
far, fflos spine, ffolia piror*um*, pomor*um*, sorbor*um*, rubij, & spine.
¶ **ffolia** / Salicis, Populi, Tremuli, Papiri, Canne.⁵ ¶ **De linis.**
om*nes* sandali. ¶ **De mineralib***us* **& lutis** / Saphir*us*, Bolus arme- 8
nicus, Marmor, Alabaustru*m*,⁶ Cathinia, Litargiru*m*, munda⁷ ferri,
Ematistes, Corallus, antimoniu*m*. ¶ **De lutis.** Terra sigillata,
Argilla, lutu*m*⁸ omne, cimolea,⁹ Camfora, Cerusa. **De gummis.**
Gu*m*ma pr*u*ni,¹⁰ cerase, amigdale, Acacia, opiu*m*. **De olijs.** Oleu*m* 12
rosar*um*, & eueri oile þat¹ is maad of¹ coold þingis & drie, of¹ flouris,
leeues, & ryndis þerof¹ / Also watir of¹ rosis, & wat*er* þat¹ is maad
of¹ alle þingis þat¹ ben coold & drie, and distillid¹¹ / If¹ þou be

A physician is sometimes obliged to prepare himself his medicines.

sent¹ aft*er* i*n*to a cu*n*tre, þere be*n* noon apotecarijs, þan if¹ þou canst¹ 16
make þese medicyns þat¹ ben forseid & medicyns þat¹ schulen be
seid heraftir, þan þou miȝt¹ fulfille þi p*ur*pos¹² & do þi cure. þou

[¹³ lf. 244] miȝt¹ make ¹³of¹ þese þingis : oynementis, epithima, cathaplasmata,
emplastra, e*n*brocaciou*n*s, pultes, encatismata. Of¹ þese names manie 20
men tak*it*h oon for ano*þ*er, & *þ*erfore I wole telle þe diu*er*site of¹
*vng*uentum. alle. ¶ **vnguentu***m* is maad of¹ .iiij. ʒ of¹ oile & ʒ ß. of¹ wex in
winter, & ʒ j. in somer, & ʒ j. of¹ þingis þat¹ þin oynement¹ schal
Epithima. serue þerfore.¹⁴ and oynementis schule*n* be algatis colid. ¶ **Epithima** 24
is þis, wha*n*ne þingis ben sotilli poudrid & temperid wiþ wat*er* of¹
ro*ses*, ouþer wiþ vinegre, ouþer iuys of¹ ony herbe, so þat¹ it¹ be
temperid i*n* þe þiknes of¹ hony & leid vpon þe place, & hilid wiþ
Cataplasma. ly*n*nen clooþ, ouþer wiþ leþer, þis is clepid epithimu*m*. ¶ **Cata-** 28
plasma is, wha*n*ne herbis ben grounde & soden ouþer raw, & al þe
substau*n*ce of¹ þe herbe þerwiþ & medlid wiþ mele & grese, & it¹ ne
schal not¹ be hard ne neische, but¹ i*n* þe meene, & it¹ schal be leid

---

¹ *Silligo*, a kind of very white wheat.
² MS. *Spata, Spleta.* Lat. : Add. 26,106, fol. 109, "*spaca*"; ed. 1498,
fol, 207, "*spica*." The preceding words show that *spica* is the correct reading.
³ *Capreoli vitis*, the tendrils of vine. ⁴ MS. *stipticoris.*
⁵ MS. *panne.* ⁶ med. Lat. alabaustrum.
⁷ Lat.: murga uel merda. ⁸ MS. *litum.*
⁹ *cimolea*, a kind of earth, so called after Cimolus, an island in the Cretan
sea, where it is found. ¹⁰ MS. *Summa pruna.*
¹¹ Lat. : omnis aqua ex rebus siccis et frigidis distillata.
¹² Lat.: de quo tuum poteris propositum adimplere.
¹⁴ et ʒ .i. pulueris rerum puluerizandarum, que ponuntur in unguento.

flasch hoot' vpon þe lyme.   ¶ **Emplastru**m is seide, wh*a*nne manie Emplastrum.
diuers þi*n*gis, as poudris and gummis & fatnessis, wex, talow, &
oile be*n* soden togidere til þei bicome hard, & maad i*n* gobetis &
4 kept'. & þan it' schal be maad abrood vpon leþir, & leid vpon þe
place þat' þou wolt' ¹haue it': as diaculon, apostolicon,² oxirocroce- [¹ lf. 244, bk.]
um,³ & oþ*er*e manie.   ¶ Pultes⁴ & cathaplasma be*n* al oon, but' p*ro*- Pultes.
pirli pultes ben clepid, wh*a*nne þer is mele, watir, & oile wiþouten
8 herbis, & it' schal be clepid cataplasma, wh*a*nne herbis be*n* medlid Cataplasma.
þerwiþ.   ¶ Embroca[tio] is seid, wh*a*nne a ma*n*nes lyme is putt' i*n* Embroca.
hoot' watir, wiþouten ony decocciou*n* of' herbis þer*o*n, & þat' hoot'
watir schal be cast' vpon þe lyme from an hi3, & so it' schal be do
12 longe, & þis is clepid embrocare.⁵   ¶ Encatisma is seid i*n* .ij. Encatisma.
maners: su*m*tyme it' is seid for a clisterie, & su*m*tyme for a par-
ticuler [baþ],⁶ anoon to þe nauele & non aboue þe nauel /

¶ Medicyns þat' ben compound togidere: Wh*a*nne þou entendist' 2. Compound
16 for to make a lyme coold, & not' putte awei þe mater, þou schalt' Medicines.
take iuys of' herbis þat' ben coold þre partis, olei ros*is* oon p*art*',
of' vinegre half' a p*art*', & medle he*m* togidere.   If' þat' þou wolt'
þat' it' worche more strongely, þan do þ*er*to argilla*m* rubea*m* / til it'
20 be as þicke as it' were epithima, & leie it' to þe place. & herof' þou
must' take kepe, þou schalt' vse þi*n*gis þat' ben able for a ma*n*nes Choose the
complexiou*n* / In þis maner if' þou leist' coold þi*n*gis to a place, ⁶& medicines
[⁶ leaf 245]
ne hast' not' þi p*ur*pos þerof', þan þou schalt' leeue þe coold medicyns, according to
the patient's
24 & make medicyns þat' ben competent' to þe same complexiou*n* / for constitution.
sum medicyne is for peter þat' is not' good for poul, for þe diuersite Some medi-
of' complexiou*n*. & al þis teching' þou mi3t' fynde generalich i*n* þe cine is good
for Peter and
tretis of' enpostyms. / ffor if' pet*er* be of' complexiou*n* hoot' & moist', bad for Paul.
Nota.
28 & poulis complexiou*n* be coold & drie, oon repercussiou*n* wole not'
serue he*m* boþe i*n* oon point'. & for þis cause þou muste diuerse þi
medicyns; for þis is al dai p*r*eued bi experiment' as þou mi3t' se
ofte tyme, þat' crassula maior is a good repercussif' for coold mater,

² See p. 125, note 3.
³ *oxirocroceum.* Lat. oxiracroceum. Matth. Sylv.: "oxirocroceum, i.
emplastrum compositum ex aceto et croco."
⁴ *pultes*, Lat. plur. of puls, tis. This plur. form used as sing.: Add. 10,440,
fol. 23: "*be þer soþen a þinne pultes or gruel of barly.*" Compare the plur.
form *pultesses*, Gasc. Steel Glas 997 (Skeat, *Et. Dict.*). For *poultice*, see
Ital. pultaceo.
⁵ *embroche*, Traheron Vigo Interpret.: "Embroche commeth of embrocho,
whyche signifyeth to raine. And it is an embrocatio*n*, whe*n* we drop downe
liquour from a hyer place, vpon some parte of the bodye, and vpon the
head." See p. 339, note 1.
⁶ Lat.: dicitur enim clistere, aliquando dicitur particularis balneatio.

& vmbilicus veneris is coold in þe same degre, & ȝitt̵ it̵ is not̵ so good repercussif̵ for þe same mater /

This is a good medicyn repercussif̵ þere þat̵ þer is miche discracia hoot̵ & litil mater / Ŗ, sandali albi, spodij, acacie, ana .ʒ. ij, 4 camphore .ʒ. j., opij .ʒ. ſs, distempere hem wiþ þe iuys of̵ a coold herbe, & oile of̵ violet̵, & a litil vinegre / Item anoþer. Ŗ, ossa sicca & combusta, cerusam,¹ amidum, ana .ʒ. ij., tempere hem as it̵ is forseid / Item anoþer þat̵ is comoun þat is recordid in manie 8 placis. Ŗ, boli armenici .ʒ j., olei ros. ʒ iij., aceti .ʒ j., þat is þat ²defensif̵ þat̵ is aforeseid in manie placis for to kepe a lyme fro corrupcion. ¶ Also enplastris & epithima, þat̵ ben forseid in doloribus iuncturarum of̵ hoot̵ cause ben good. þerfore ioyne hem wiþ þese. 12

¶ Herof̵ þou muste be war, þat̵ whanne þou leist̵ repercussiuis to a place, þere þat̵ þer is miche mater, & if̵ þe place bicome ledi, þan þou schalt̵ contynue nomore wiþ pure coold þingis; but̵ do þerto iuys of̵ coriandre grene & barli mele, for þis makiþ coold & resolueþ. 16 ¶ If̵ þer be no ledi colour but̵ þe mater is greet̵, & nyle not̵ be doon awei wiþ repercussiuis, whanne þe flux of̵ humours is acesid, þan biginne for to medle þerwiþ resolutiuis; ȝitt̵ þou schalt̵ contynue wiþ repercussiuis þere þat̵ þer is greet̵ akynge / an ensaumple 20

hereof̵ / If̵ þe akinge be in a mannes knee, þan þou schalt̵ first̵ leie medicyns vpon þe knee, & þan aftirward þou schalt̵ not̵ leie it̵ riȝt̵ vpon his knee, but̵ a litil aboue his knee, þat̵ þe ende of̵ þe medicyn mowe touche þe firste parti of̵ þe akynge. 24

¶ Coold mater as it̵ is aforseid, ne schal not be putt̵ awei wiþ repercussiuis, but̵ wiþ medicyns þat̵ ben hoot̵ and ³drie in tempere, þat̵ þei mowe wiþ her heete chaunge þe coold complexioun, & wiþ her dreines comforte þe vertu of̵ þe lyme, & defende þat þer 28 come no more mater to þe lyme, & if̵ þe mater be litil, putte it̵ awei, & if̵ þou ne wolt̵ not̵ putte it̵ awei, defende þe place þat̵ þer falle nomore mater þerto⁴ / And alle þese ben hote wiþ a maner bittirnes : as absinthium, squinantum, abrotanum, polium, sticados, 32 centaurea maior & minor,⁵ aristologia longa & rotunda, mauribium,⁶

---

¹ MS. *ceresaris.* Add. 15,236, lf. 3 : " *Cerusa. flos plumbi* id. *G. blonc plome A. ṁyt lede.*"

⁴ Lat. : " materia ne ad membrum veniat prohibetur et etiam plerumque repellitur si sit pauca, sed etsi non omnino repellitur tamen locum ita deffendit, quod tanta non potest in ipso materia congregari."

⁵ Add. 15,236, lf. 3 : " *Centaurea. fol terre idem .G. centore .A. cristes laddir.*" ? In Britten and Holland's English Plant-names *Centaury* is at p. 96. *E. P. N.*, p. 37 : " eorð-gealle." These names refer to *Centaurea minor*, see *Alphita*, p. 37. Centaurea maior = narca vel gentiana. *Ibid.*

⁶ *mauribium*, Corp. Gl. M. 43 : " *Marubium. biorṙyt vel hune.*" Wr.

mirta, mastix, lupini, ole*um* de masticis, & de absinthio / Herof' þou

shalt' take kepe : manie men seien, & it' wole liʒtly be leeued of' Many men
say,

lewid me*n*, & þat' is yuel þing' for to leie a repercussif' to ony mater oue ought not
to remove bad

4 for to driue it' awei, but' it' is bettir to drawe out' þe mat*er* wiþ matter by a
repercussive,

enplastris, & if' þ*er* comeþ out' þerof' miche quitture, þei seien þat' a as suppura-
tion purges

ma*n*nes bodi is wel purgid þerwiþ, & schal be longe þe holer þer- the body;

fore / And if' þe mater be doon awei wiþ repercussiuis & þe enpostym Nota

8 be defendid, þan if' þe same man be sijk aftirward, þan me*n* wolen

seie þat' it' was defaute i*n* þe leche, for if' þe enpostym hadde be

maad maturatif' [1]& þe quitture drawe out', þan þe ma*n* hadde be [1 lf. 246, bk.]

hool, & alle þese opiniou*n*s be*n* false / And þou schalt' wite þis cer- but they are
wrong,

12 teynli : if' þou takist' kepe of' þe .x. consideraciou*n*s þat' be*n* forseid

i*n* enpostyms, & *pr*incipali wha*n*ne his body is ma*a*d clene wiþ for it is better
to strengthen

laxatiuis þat' be*n* competent' þerfore / It' is bettir to putte awei þe the limb by
removing the

mater wiþ comfortyng' of' þe lyme, þan lete þe mater conferme / for matter, than
to allow the

16 if' þou kepist wel þe condiciou*n*s þat' be*n* aforseid, the mater mai be matter to
gather.

putt' awei, & þe man schal not' be peirid //

Of þe man*er* of resolutiuis.

¶ co ijoʒ
If you cannot

20 WHanne oon strong', or[2] manye feble of' .x. causis lettiþ repercussiuis, ouþir wha*n*ne þou hast' a repercussif', & þou use Reper-
cussives,

ne miʒt' not' putte awei þe mater, þan þou muste leie þerto reso- use resolvent
medicines.

lutiuis. & as it' is aforseid of' repercussiuis, in þe same maner I

seie of' resolutiuis : wha*n*ne a man haþ akynge ouþir greet' swell-

24 ynge, þou schalt' leie þerto no resolutiuis, or þou haue ma*a*d him a First give a
purgacioun.

competent' purgaciou*n*. ¶ fforwhi, as it' is aforseid, enpostym ouþ*er*

greet' akynge comeþ of' causis wiþinneforþ, þan it' mote [4]nedis come [4 lf. 247]

of' replecciou*n* of' þe bodi. & þan if' þou leist' þerto resolutiuis, þat'

28 wolde drawe to þe place more mater / for þer is no resolutif', þat' ne Every resolv-
ent medicine

it' is hoot' / & eueri þing' þat' is hoot', is attractif' / What schal we is hot and
"attractive,"

do i*n* þis caas ? ¶ ffirst' þou schalt' lete him blood, ouþir make him therefore use
first blood-

a medicy*n* laxatif', ouþir boþe two, as þou seest' þat' it' wole spede / letting or
purging.

32 And þan þou schalt' bigynne for to resolue wiþ medicyns resolutiuis

þat' been hoot' & sotil[5] // This is þe difference bitwixe resolutiuis &

maturatiuis : ¶ Resolutiuis haueþ temp*er*e hete wiþ sotilnes & open- Nota bene.

Wü. 136, 12 (XII. cent.), "*harhune.*" Add. 15,236, lf. 5 : *Marubium pras-*
sium idem. G. marole. A. horehune. vel horehound."

[2] MS. *of.*   [3] MS. omits.

[5] Some passages are omitted, in which Lanfranc quotes from his "Chir-
urgia parva."

Difference be-
tween resolv-
ing and
maturing
medicines.

ynge.[1] ¶ Maturatiuis haueþ *tempere* hete wiþ viscosite / þerfore it
falliþ ofte tyme, þat whanne þou leist resolutiuis vpon miche mater
& greet, it makiþ þe mater sotil & hoot, & þan þe kindely hete
wiþinne is comfortid wiþ þe hete wiþoutforþ, & it bifalliþ ofte tyme, 4
þat medicyns resolutiuis in þis caas makiþ þe mater maturatif /
Also if þou leist medicyn maturatif vpon litil mater & sotil it
hetiþ þe mater, & þe natural hete wiþinne is comfortid þerwiþ, & so

[² lf. 247, bk.] þe heete multiplieþ, & in þis maner þe heete ²mai be resolued. 8
¶ The maner of resoluing : Make a decoccioun of herbis of whiche

Use the de-
coction, made
to prepare
the resolvent
medicine,
first as a
wash.

þow wolt make þi medicyn, & kepe þe watir þat þe herbis ben
soden yn, & wiþ þe same watir þou schalt waische þe lyme, til it
bicome reed, & þan leie þervpon þe medicyn resolutif.   ¶ Herof 12
þou muste be war, þat ofte tyme a medycyn resolutif resolueþ þe
sotil mater, & þat þat is greet, bicomeþ hard, & þan þe more þat
þou art aboute to resolue, þe more it wole bicome hard / þerfore
þou muste be bisi in þis caas & leie þerto mollificatiuis, & þan þou 16
schalt go to resolutiuis, & in þis maner þou schalt worche it til it

Simple re-
solvent medi-
cines.

be al resolued.   ¶ Of medicyns resolutiuis, summe ben simple : as,
camomilla, Mellilotum, paritaria, malua siluestris & alia,[3] volibilis,[4]
fumus terre, caulis, anetum, vrtica, enula, borago, sambucus, kebu- 20
lus, valeriana, & alle herbis þat ben hoot in tempere,[5] wiþ sotilnes.
¶ De seminibus / Semina caulium, aneti, vrtice, malue. Semina
diuretica : cantabrum,[6] omne,[7] farina ordei, orobi, & fabe / Pinguede

[8 lf. 248] porci & anseri, anatis, galline, aquile.   ¶ De gummis / [8]Mastix, 24
olibanum, opoponac, asa fetida, mirra, serapinum, armonicum, bdel-
lium, galbanum, & alle maner sotil gummis : lapdanum, ysopus

Compound
resolvent
medicines.

humida, terbentina, cera, swetynge of bestis, & buttir.   ¶ Medicyns
resolutif & *compound* of þe forseid, simple þou schalt fynde in þe 28
nexte chapitre here tofore / þis is an oile resoluinge / & makiþ hoot

A resolving
oil.

& aceessiþ akynge / ℞, florum camomille recencium, fenigreci seminis

℞

ana .ʒ ij., leie hem in xx .ʒ j. of oile of oliue in a glasen vessel,
& lete it stonde to þe sunne .xl. daies in somer, & þan kepe it for 32

---

[1] Lat. cum subtilitate aperitiua.

[3] The Prints read "siue *alba*." Add. 26,106, siue *alba* corrected to *alia*.
The correct reading is either *alta* or *altea*. Add. 15,236, lf. 5 : "*Malua
viscus. bismalua. Altea idem. G. Wymauve A. mersmauve.*" *Alphita*, p. 110:
"Malva silvestris, malva viscus, altea . . . alta malva idem."

[4] MS. volibilis. *Alphita*, p. 192 : "*Volubilis, corrigiola idem, arbores
parvas et herbas ligat. gall. [corrigi]ole, angl. berebinde.*"

[5] Lat. temperate calida.

[6] *cantabrum*, bran. Add. 15,236, lf. 3 : "*Cantabrum .i. grossum furfur
tritici vel frumenti .G. la grose brene.*"   [7] Lat.: omne amilum de ordeo.

þin vss. If⁴ þou haddist⁴ nede herof⁴ & if⁴ it⁴[1] were in winter, þan
take þe flouris of⁴ camomille dried & fenigrec & oile, as it⁴ is aforseid,
& sette þis glasen vessel *in* a caudrou*n* ful of⁴ watir, & make fier
4 vndir, & loke þat⁴ þe wat*er* ne boile not⁴, & so it⁴ schal stonde al a
dai in hoot⁴ wat*er* / & wha*n*ne it⁴ is coold cole it⁴, & kepe þe oile for
þin vss / And i*n* þis mane*r* þou mi3t⁴ make oile of⁴ ro*s*is, if⁴ þou hast⁴
nede, & oile of⁴ absinthiu*m*, & of⁴ rue, & of⁴ oþ*er* mo þat⁴ þou hast⁴
8 nede of⁴ // **Anoþer oile** þat⁴ is resolutif⁴ / R̅7, olei antiqui .l̅ı̅. j.,
se*min*is aneti nouit*er* in v*m*bra siccati .3̅. j., putte hi*m* *in* a viol
fourti daies to þe su*n*ne, ou*þer* sette it⁴ *in* hoot⁴ wat*er* ²as it⁴ is aforseid.
¶ Anoþ*er* oile þat⁴ is resoluyng⁴ and makiþ hoot⁴ & accessiþ akynge,
12 & is good for to achaufe a ma*n*nys reynes & a wo*m*mans maris, & it⁴
is clepid oliu*m* de lilio compositu*m* / R̅7, olij antiqui .3̅. xx., flor*um*
lilior*um* albor*um*, & kutte awei þerof⁴ al þat⁴ is 3elowe, cassilaginis,³
costi, masticis, carpobalsami ana .3̅ i.,⁴ ci*n*amoni ana .3̅ ſ., putte alle
16 þese *in* a glasen vessel, & lete he*m* stonde *in* þe schadowe al a
moneþe, & þan do awey þe lilie flouris of⁴ þe oile, & kepe þe oile
for þin vss. ¶ Anoþ*er* oile þat⁴ is clepid oliu*m* mastice, & is swiþe
resolutif⁴, & is good for febilnes of⁴ þe stomac, & it⁴ is good for
20 akynge of⁴ a mannes stomac / R̅7, oliu*m* oliuar*um* mediocrit*er* matu-
rar*um* .l̅ı̅. ij., masticis .3̅. vj., boile he*m* togidere *in* a double vessel,
til þe mastix & þe oile be dissolued, & kepe it⁴ for þin vss. ¶ This
þou muste knowe, þat⁴ wha*n*ne þou wolt⁴ make þat⁴, þat⁴ schal be
24 repercussif⁴ & coold & comfortyng⁴ for þe lyme, þan þou schalt⁴ chese
oile þat⁴ is not⁴ to ripe, as for to make oliu*m* ro*s*is, oliu*m* mirtinu*m*,
& oþ*er*e mo. If⁴ þou wolt⁴ make oile þat⁴ schal be resoluyng⁴, ou*þer*
persyng⁴, þan þou schalt⁴ chese oile þat⁴ is ripe / And *in* þis mane*r*
28 þou schalt⁴ ⁵knowe, wheþ*er* þe oile be ripe or no. Oile þat⁴ is not
ripe, wole be grene, & þat⁴ is ripe wole be whit, & þat⁴ þat⁴ is *in* þe
meene, wole be meene colour bitwixe þe two. ¶ Oynementis þat⁴
ben resolutif⁴ ben maad *in* þis mane*r*: of⁴ iiij .3̅ of⁴⁶ oile of⁴ camo-
32 mille ou*þer* of⁴ su*m* oþ*er* oile & 3̅ j. of⁴ wex in somer, & 3̅ ſ. in
winter, & 3̅ j. of⁴ poudre of⁴ seedis of⁴ aneti, cauliu*m*, flouris of
camom*ille*. ¶ Ysopus humida is a good oynement⁴ resolutif⁴, & is
maad *in* þis mane*r*: / **Take** of⁴ þe smal wolle þat⁴ is bitwixe þe
36 schepis leggis, & take þerof⁴ a good quantite, & take as miche wat*er*,

Marginal notes:
Another re-solving oil. R̅7
[² lf. 248, bk.]
Oil of lilies.
R̅7
Nota
R̅7
Nota
[² lf. 249]
How to distinguish ripe and unripe olive-oil.
Ysopus hu-meda. R̅7

---

¹ *if it*, above line.
³ Add. 15,236, lf. 3: " *Cassilago, Iusquiamus idem G. geliner A. hene-bel. vel heneban.*" The Lat. has *Cassio lignea*, see *Alphita*, p. 35.
⁴ *carpobalsamum*, "balsames bloed." Wr. Wü., 199, 41 (X cent.).
⁶ MS. *of* twice.

& lete þe wolle ligge in þe watir adai & any3t', & þan boile hem a
litil wiþ lent' fier, & þan cole hem, & whanne þei ben coold, wrynge
hem þoru3 a clooþ, & do þe water þerof' into a leden vessel, & boile
it' wiþ lent' fier, & algate meeue it' wiþ a spature til it' bicome þicke 4

as it' were an oynement'. ¶ Of' enplastris þe beste þat' is diaculon
Rasis þat' resolueþ scrophulas & glandulas, & makiþ carbunculis ma-

turatif' & is swiþe comoun / R7, olij antiqui de oliuis maturis vncias
quinque, litargiri .3 j., & þou schalt' poudre þe litarge in a morter & 8

do þerto ¹þin oile & medle hem togidere, & þan do hem in a vessel &
boile hem togidere, & meeue hem algatis wiþ a spature, & do þerto
de muscillagine seminis lini, fenigreci, ana .3 ij, & muscillaginnem
malue visci .3 j, & þan boile hem til þei bicome þicke, & make þerof 12
gobetis & kepe hem to þin vss, & if' þou wolt' worche þerwiþ, take
þerof' as miche as þou wolt', & plane it' vpon leþer or vpon lynnen

clooþ, & leie vpon þe place. ¶ Diaculon Iohannis Mesue is better
þan þis / & worchiþ more strongli. þat þou schalt' finde in paruo 16

compendio. ¶ Also anoþer plastre þat' is resolutif' / R7, maluarum
siluestrum, paritarie, flouris of' camomille, Melliloti ana ꝏ. j.,
boile hem in watir til þei be wel soden, & þan stampe hem, & take
of' þe same watir .iij. partis, & of' sum oile þat is resolutif' oon 20
parti, seminis caulium, aneti partem ß., furfuris, farine ordei, ana
partem j., boile hem alle togidere & make þerof' as it were pultes,
& þan do þerto of' þe herbis þat' ben soden as miche as of' al þe
remenaunt', & leie it' vpon þe place þat' þou wolt', sumdel hoot' as 24

it' is aforseid, & seke medicins resolutiuis ²þat' ben in paruo com-
pendio, & do it' to, & þan þou mi3t' haue medicyns resolutiuis
ynowe /

Of þe tretis of þe foure maturatiuis.   28

WHanne þou hast' resolued mani daies ouþer leid þerto reper-
cussiuis, & ne is nou3t' worth, saue þe mater wole bicome
maturatif', þan if' his bodi be avoidid as it' is aforseid, þan [begynne]⁴
for to leie þerto maturatiuis / Eueri medicyn þat' is maturatif' is 32
hoot' in tempere wiþ a maner viscosite þat' wole not' suffre þe vapour

to goon out', but' it' holdiþ him wiþinne til it' be maturid ; & ben
þese : Malua viscus, branca vrcina, radix brionie, radix lappacii

---

³ MS. om.
⁴ Lat.: "Quando pluribus resoluisti diebus aut forte repercussisti, nec
valet, sed materia desiderat maturari, tunc premissis evacuationibus neces-
sariis vel possibilibus, *incipe* maturare."

acuti,[1] baucie[2] Radix, farine frumenti, semen lini, fenigreci, ficus sicce, & alle þat' ben forseid *in* þe nexte chapitre tofore, if' þat' þei beþ medlid herwiþ.   ¶ This is a good maturatif' *co*mpound of' 4 manie þingis þat' makiþ hoot' mater maturatif'. R7, folior*um* malue nigre, *id est* comou*n* malue pinguis seu ortolane, brance vrcine, radix brioni, radicis malue visci an*a.* ℳ .j., seþe he*m* alle *in* watir & stampe he*m*, & þan do þerto malua visci, & þan take of' þe same 8 watir a pound [3]& freisch grese .ʒ ij., & sotil mele of' whete .ʒ iij., & sotil mele of' lynseed & of' fenigrec an*a* .ʒ j. & ꝉ., medle he*m* togidere & boile he*m* perfiʒtli, & make þerof' cataplasma, & þan do þerto of' þe foreseid herbis & rootis wel grou*n*de, & medle he*m* 12 togidere, & loke þat' þei be not' to þicke / for it' schal be algate þin entenc*io*u*n*, þat' cataplasma, þat' schal be resolutif' or maturatif' or mundificatif', ne schal not' be hard ; for if' it' be hard, it' wole make akynge to þe lyme, & þan it' wole anoie more þan profite.   ¶ Item, 16 if' þou dredist' woodnes of' mater, þan þou ne schalt' do þerto no fenigrec ; for it' is swiþe hoot', & þerwiþ þe mater wole be as it' were a feuere.[4]   & þerfore I counseile þee þat' þou do no fenigrec þerto / If' þou dredist', þat' þe mater is swiþe hoot' / if' þer be wiþ þat' 20 mater ony gretnes or ony coold mater, þan make of' þe forseid cataplasma .ij. *partis*, fermenti de frumento[5] *partem* j., & medle he*m* togidere.   & Isaac seiþ : þat' þis is good for mater þat' is medlid wiþ hoot' cause & coold cause togidere.   ¶ Also a good maturatif' / Take 24 hony & butter an*a.* & medle he*m* wi*th* mele til þei be as þicke as it' were pultes.   [6]¶ Item embrocac*io*u*n*s *in* resoluc*io*u*n*s & maturac*io*u*n*, & is good for akynge of' wou*n*dis of' concussiou*n* *in* þe heed / concussiou*n* is as miche to seie as smiten wiþ a staf' / R7, olij ʒ ij., 28 cere al*be* ʒ j., cimini, rute, arthemesie an*a.* ʒ ꝉ., absinth*i*, paritarie, brance vrcine, an*a* ʒ ij., grinde wel þe herbis & þe grese togidere *in* a morter, & þa*n* do þerto poudre of' comyn, & oile, & medle he*m* wel togidere.   ¶ Also pultes þat' wole make an enpostym 32 maturatif' : R7, folior*um* malue, bismalue, paritorie, volubilis maioris, ius*qu*i*a*mi an*a* ʒ ij., seþe hem *in* a litil watir, & þan pr*esse* he*m* & staumpe he*m* wel, & þan medle he*m* wiþ ʒ iij of' þe same watir þat' þei weren soden y*n*ne, & medle þerwiþ ʒ j. of' grese, þat' it' be cold, 36 & b*ar*li mele þat' suffisiþ / In þis maner þou schalt' make a coold

Right margin notes:

A compound maturing medicine.

R7

[3 lf. 250, bk.]

Nota. Caution against Fennil, if there is any danger, that the matter may get inflamed.

Isaac.

R7

[6 lf. 251]

R7

R7

---

[1] MS. *lappa acuta.*
[2] *baucia.   Alphita*, p. 21 : " pastinaca, angl. widleskirwit."
[4] Lat. : et cito per illum inflammatur materia.
[5] MS. *fermento.*

℞   mater maturatif⁴ / ℞, cepe unum[1] albu*m*, i*tem* de capitib*us* allij, & sette hem vndir askis, & distempere hem wiþ þe .iij. part⁴ of⁴ buttir, & do þerto mele of⁴ fenigrek, & of⁴ lynseed, & make þerof⁴ an enplast*re*. & do þerto .ij. ȝelkis of⁴ eiren soden hard, & ℥ j. off⁴ 4 malui visci p*re*parati, & ℥ ij. of⁴ fermenti. ¶ Also a maturatif⁴ of⁴

℞   greet⁴ mater & coold & hard. ℞, bdellij, serapini an*a* ℥ j. & ſs, &

[² lf. 251, bk.] dissolue hem i*n* vinegre / ²& stampe he*m* wel, & do þerto .℥ j. of⁴ terbentyne, & dissolue hem to þe fier / But⁴ loke þat⁴ it⁴ ne boile 8 not⁴, & do þerto oile of⁴ lilie .℥ ij., & make it⁴ þicke wiþ sutil mele

℞   of⁴ lupinis, & of⁴ fenigrec / It*em* ℥ ſs. of⁴ olibani, & fenigrec ma*a*d to poudre sotili poudrid, & medle hem wiþ .lī. ſs of⁴ hony ; þis wole be a good maturatif⁴ for coold causis.   ¶ Also vnguentu*m* tetrafarm- 12

Basilicum maius.   acu*m*,³ & it⁴ is clepid of⁴ Auicenne basilicon,⁴ & þus manie men

Auice*n*.   preisiþ þis medicyn.   *Galen*, A*u*ice*n*, Serapion, Ioha*n*nes Mesue, & Haly þe abbot⁴ ; & it⁴ makiþ enpostyms maturatif⁴, & it⁴ is good for

Basilicum minus.   woundis, & for vlcera þat⁴ ben bicome hard / ℞, cere, resine, picis, 16 cepi vaccini,⁵ an*a*, & oli*j* q*uod* suffisiþ / Su*m*men i*n* stide of⁴ cepu*m*, þei putten buttir, & su*m*men in winter þei doon þerto oon p*ar*ti of⁴ bdelliu*m*, & su*m*men take*n* oonli ceram, pice*m*, & rasina*m* an*a*, &

A maturing medicine for anthrax and malignant apostemas.   oliu*m* ; & þis is basilicon minus.   ¶ Also a good maturatif⁴ for 20 antracem / & is good for to make a wickid enpostym maturatif⁴, as I haue aforseid i*n* his place / ℞, ficus siccas be*n*e pingues, nu*m*ero

℞   .vj., vue passe⁶ de corinthio .℥ j., duas spicas allij mundatas, piperis g*ra*na .xij., salis nitri .℥ .ij., stampe alle þese & do þerto oold oile 24

[7 lf. 252]   ℥ ij., aceti ⁷℥ j., fermenti acerimi as miche as is þe half⁴ of⁴ alle togidere.   ¶ Also a maturatif⁴ for antr*a*cem / but⁴ if⁴ he be swiþe hard & malicious, an enplastre ma*a*d of⁴ hony is good þerfore & of⁴ oile of⁴ violet⁴.   ¶ Also for to make antracem & carbunculu*m* 28

℞   maturatif⁴ / ℞, fermenti acris, lactis mulieris, mellis, vitellor*um* ouor*um* an*a*, medle hem togidere. If⁴ þou wolt⁴ worche more strongeli, do þerto galbanu*m* dissolued as myche as þe haluendel of⁴ oon. & if⁴ þou wolt⁴ make it⁴ more strong⁴, for to make it⁴ maturatif⁴, 32 & for to make it⁴ breke, þan do þerto culu*eri*s doung⁴ & of⁴ he*n*nis an*a*, as miche as wole be .iiij. part⁴ of⁴ oon, as it⁴ is aforseid / baurac,

---

[1] MS. *vinum.*   Add. 26,106, fol. 103 *b*.: " cepe unum album."

[3] MS. *cetrafaroȝatu*m.

[4] Phillips : "*Basilicon*, a Royal Ointment or Plaister, otherwise called Tetrapharmacon, because it is made up of four Ingredients, viz., Pitch, Rosin, Wax, and Oil."

[5] Lat.: sepi vaccini.

[6] *vue passe*, dried grapes, *i. e.* raisins.

vj. part⟨ of⟨ oon & ß.; þese .iij. maturatiuis suffisiþ þee / ¶ Also þis
is a rule þat⟨ is ful profitable for þee / whanne þou wolt⟨ leie ony
maturatif⟨ to a place: first⟨ þou schalt⟨ make embrocam[1] to þe lyme
4 wiþ a decoccioun of⟨ herbis maturatiuis, soden in watir, & wiþ þat⟨
hoot⟨ watir þou schalt⟨ baþe þe lyme til þe lyme bicome reed, & þan
leie þeron a plastre of⟨ maturatiuis þat⟨ ben forseid oon þerof⟨, for þou
hast⟨ sufficiently ynowe, & loke þat⟨ þe enplastre be not⟨ to hard, [2]& [² lf. 252, bk.]
8 as hoot⟨ as he mai suffre it⟨ þou schalt⟨ leie it⟨ þerto / ¶ Thou hast⟨
herd sufficientli of⟨ maturatiuis, ynow it⟨ is nede to speke of⟨ mun-
dificatiuis. For whanne an hard matir is maad maturatif⟨, it⟨ is nede
for to leie þerto mundificatiuis as it⟨ is forseid in þe worchinge of⟨
12 enpostyms /

¶ Of þe tretis of mundificatiuis /

MUndificatum is as miche to seie as clensyng⟨, & doiþ awei A mundifica-
hore. & eueri þing⟨ þat⟨ doiþ awei hore in woundis & super- tive medicine,
16 fluite, may be seid a mundificatif⟨ / A mundificatif⟨ may be seid in
.ij. maners / As a medicyn þat⟨ is taken bi þe mouþ, ouþer þat⟨ is may either
putt⟨ in bineþe wiþ a clisterie, ouþer wiþ a pessarie[3] for to make clene be taken
a mannes lymes wiþinne. & of⟨ þis kinde ben sirupis maad of⟨ inwardly or
 applied by a
20 seedis þat⟨ makiþ clene a mannes lymes, & weies of⟨ þe vrine / And clyster or
 pessary.
þer ben summe medicyns þat⟨ makiþ clene a mannes blood as cassia
fistula, manna,[4] tamarindi; & al medicyns laxatiuis mowen be
clepid mundificatiuis, & herof is not⟨ entencioun in þis caas /
24 ¶ Anoþir. I wole speke of⟨ medicyns mundificatif⟨ in cirurgie.[5]
& þat⟨ is propirli seid a medicyn, þat⟨ doiþ awei greet⟨ superfluite
ouþer gret⟨ greuance [6]of⟨ quitture, ouþer remeueþ[7] awei harde crustis [⁶ lf. 253]
in woundis, ouþir in vlceribus, & makiþ clene woundis & vlcera of⟨
28 þat⟨ superfluite / ffor as it⟨ is seid in anoþer place: In eueri wounde
þat⟨ is holow, þat⟨ is as miche to seie as whanne it⟨ haþ lost⟨ sub-
staunce of⟨ fleisch þeron, þan bi skille[8] þer schulde be engendrid
þeron .ij. superfluites, þat⟨ oon schal be greet⟨, & þat⟨ oþer schal be
32 sotil. & þese wollen lette þe souding⟨ of⟨ a wounde, & þei wolen

---

[1] Lat.: prius locum embrocas. Matth. Sylv.: "*Embroca* id est infusio
quam nos dicimus fomentum & embrocatio id est infusio sed quando ab alto
infunditur." See p. 331, note 5.
    [3] Traheron, Vigo. Interpret.: "*Pessarie*. Pessus is woll tossed, and
made rounde after the fassyon of a fynger wherewith medicines are receyued
and conueyed into the matrice."   [4] MS. *manci.*
    [5] Lat.: Alio modo loquimur de medicina mundificatiua in cyrurgia.
    [7] MS. *remeued.*   [8] Lat. necessario.

lette þat¹ þe fleisch mai not¹ wexe. ¶ þan medicyn mundificatif¹
remeueþ greet¹ superfluite.   Of¹ driynge medicyns, we wolen speke
in þe chapitre next¹ / This maner medicyn schal go bifore regene-
raciou*n* & consolidaciou*n*, of¹ whiche we wolliþ speke herafte*r*; 4
þou3 aggregatiua or conglutinatiua come sumtyme for to soude wiþ-
oute*n* þat¹, þat¹ þis medicyns ne goiþ not¹ tofore, as whanne woundis
ben sewid & ben m*a*ad hool wiþoute*n* rege*n*eraciou*n* of¹ quitture.
þis medicyn makiþ clene, & drieþ su*m*what¹, as wate*r* & hony 8
wha*n*ne vlcera virulenta beþ waischen þerwiþ, ouþir woundis *in*
which agendriþ miche quitture ; & su*m*tyme it¹ is more strong¹, as

[¹ lf. 253, bk.]

whanne þer beþ medlid þerwiþ poudris corosiuis þat¹ han litil ¹vert*u*
of¹ corosiuis, & helpiþ for to make clene, & wha*n*ne corosiuis ben 12
seid for to take awey yuel fleisch þat¹ ne mai not¹ be taken awei
w*ith* medicyns /

　　　Therfore I wole sette medicyns bi rule, & first¹ I wole speke of¹
medicyns þat¹ ben simple / ffor as me seiþ .x. siþis rehersid lik*eth* a 16

If a wound is
fresh and not
complicated
with any con-
tusion,
apply only a
consolidative
medicine.
In any other
case apply
first a matur-
ing and then
a "mundi-
ficative"
medicine.

man.² ¶ Thou schalt¹ wite þis þat¹ woundis þat¹ ben freisch, þer it¹
is no nede for to engendre quitture wha*n*ne þer is noon concussiou*n*,
neiþer of¹ nerues, ne of¹ boon, ne p*r*ickynge, ne þer is noon akynge
þerwiþ / þan it¹ is no nede for to leie þerto mundificatiuis, but oonli 20
consolidatiuis / But¹ wha*n*ne a wou[n]de is chaungid wiþ þe eir or
enpostymed, or greet¹ akynge, þan þou muste leie þerto maturatiuis ;
& wha*n*ne þe akynge & þe op*er*e accidentis ben awei, þan þou schalt¹
bigynne for to leie þerto mundificatiuis as it¹ is aforseid *in* his 24
chapitre / This is a coold mundificatif¹ for to make clene wou*n*dis

℞

þat¹ ben freisch *in* which is good quitture. ℞, mellis rosati colati
.3. iij., farine subtillissime ordei .3 j., & do þerto a litil wate*r*, &

[³ lf. 254]

seþe hem softli þat¹ þei ne bre*n*ne not¹, & algate þou schalt¹ ³meue it¹ 28
wiþ a spature, & þa*n* make it¹ abrood vpon a clooþ, & leie it¹ vpo*n*

Nota

þe wou*n*de / This makiþ clene & comfortiþ / If¹ it¹ so be þat¹ a
wounde be *in* nerues placis, þan it¹ is good for to do þerto a litil
terbentyn waischen, wha*n*ne it¹ is doon adou*n* fro þe fier / for ter- 32
bentyn schal not¹ boile, wha*n*ne itt¹ schal be putt¹ *into* enplastris,
for it¹ wole lese his worching¹ i*n* þe boilyng¹. ¶ **Anoþir mundifica-
tif¹ þat¹ makiþ clene dura**m m*a*t**rem whanne a man is hurt¹** i*n* þe

℞

heed, & wha*n***ne dura mater is bicome blac /** ℞, mellis rosati 36
colati 3 j., oli*j* 3 ß., medle he*m* togidere. ¶ Anoþ*er* mundificatif¹

<hr>

² Add. 26,106, fol. 104 : "et quum medicine simplices raro ponuntur ad
mundificandum, ideo ponam medicamina composita per ordinem, denume-
rando medicinas simplices, non curando, quoniam decies repetita placebunt."

þat' makiþ woundis maturatif' þat' ben to-swolle & ben not' to bren-
nyng' hoot', but' su*m*what' toward cooldnes / R̷, mellis rosati colati   R̷
.lī. ſ., farine fenigreci .ʒ ij., farine ordei .ʒ j. ¶ Ano*þer* mundifi-
4 catif' for vlcera þat' beþ newe i*n* enpostyms / Take ʒelkis of' ei*ren*   R̷
rawe, & medle þerwiþ whete mele as miche as wole suffise; þis wole
make clene & do awei þe akynge, & make þe place coold / ¶ **Also**
anoþ**er mundificatif' þat' wole make maturatif' þerwiþ, & is good**
8 **wha**n**ne a man wole** ¹kutte an enpostym tofore his tyme. & it' is [¹ lf. 254, bk.]
a propre medicyn for to make clene antrasem & carbu*n*culo & alle
maner pustulis þat' ben venymous aftir þe tyme þat' þei ben opened,
& it' is good for to make clene, vlcera þat' ben oold / R̷ mellis albi   R̷
12 boni .lī. ſ., farine subtilissime tritici .ʒ iiij, medle he*m* togidere i*n*
a panne. & wha*n*ne þei ben wel medlid, þa*n* do þerto iuys of'
apiu*m* .ʒ vij., & þan medle he*m* wel togidere vpo*n* lent' fier, & boile
he*m* til þei bicome as it' were pultes. & þan do he*m* adou*n* of' þe
16 fier & stire he*m* wel, & kepe he*m* for þi*n* vss / If' it' so be þat' þou
dredist' of' a cancre or of' a festre i*n* vlceri*bus* þat' ben oold, & if'
þou wolt' make a mundificatif' þerfore, þa*n* i*n* þe stide of' apiu*m* do
absi*n*thiu*m*, & it' wole be good. ¶ Ano*þer* mundificatif' i*n* vlceri*bus*
20 þat' ben rotid, & wha*n*ne þer engendriþ þervpon greet' rotyng' / R̷,   R̷
mellis lī .j., farine siliginis .ʒ iiij, farine fenigreci, orobi, lupinor*um*,
mirre, an*a* ʒ j., succi absinthij lī .j., medle he*m* alle togidere, &
poudre þi*n*gis þat' schulen be poudrid, & boile he*m* sotilli til þei be
24 perfiʒtli boilid; & wha*n*ne þou doist' he*m* adou*n* of' þe fier, þan do
þerto of' terbentyn .ʒ iiij., ²& medle he*m* wel togidere / Alle þese [² lf. 255]
m*un*dificatiuis schulen be maad abrood vpo*n* a clooþ of' ly*n*nen, &
leid vpon vlcus for to make it' clene aftir þe tyme þat' þei beþ
28 waische, as it' is aforseid in þe chapitre de vlceri*bus* / ¶ A poudre
þat' is mundificatif' of' crustis & greet' fleisch þat' is engendrid i*n*
oold vlceri*bus*, & wiþoute greet' violence of' fretyng' / R̷, succi affo-   R̷
dillor*um* .ʒ vj., calcis viue .ʒ ij., auripig'menti .ʒ j., medle he*m*
32 togidere, & sette he*m* in þe su*n*ne i*n* þe moneþe of' august', & on
nyʒtis do it' out' of' þe eir, & i*n* þis maner þou schalt' do til it' be
drie, & make herof' gobetis, & þa*n* drie he*m* in þe schadowe. &
þou schalt' kepe he*m* i*n* a vessel of' tree in a place þat' be not' to
36 dri*e*, ne to moist'. & wha*n*ne þou hast' nede þerto, grinde oon þerof',
& leie it' vpon þe place. ¶ Also a good mundificatif' for vlcera is
vng*uentum* viride, þat' is maad of' oon part' of' vert' de grece, & .ij.   **vng**ᵐ
partis of' hony, medlid wel togidere. ¶ Also a good oynement' for   **viride**
40 to make clene, vlcera þat' ben hori, & festri, & polipu*m*, & wickid

vlcera, & is clepid vng*uentu*m veneris, ou*þer* vng*uentum* apostolo-

℞

rum. & it' is good for to remeue awei fleisch i*n* vlce*r*is / ¹℞, cere
albe, rasine albe, armoniaci an*a* .ʒ. xiiij., bdellij, astrologie, olibani
gummosi an*a* .ʒ. vj., galbani, mirre an*a* .ʒ. iiij., litargiri .ʒ. viij., 4
opoponac, floris eris an*a*. ʒ. iij.; þe gu*m*mys schulen be maad neische
i*n* vinegre, & dissolued wiþ fier þat' be lent', & þan do þerto wex
dissolued wiþ lī. ij. of' oile in somer, & iiij. i*n* wi*n*ter. & wha*n*ne
þei ben molten, do þerto þi poudris, & make þerof' an oynement'. 8

¶ Ano*þer* oynement' clensiþ wel nerues & drawiþ out' þe quitture, &

it' is clepid mundificat*iuum* rasina² / ℞, rasine, mellis, terbentyn
an*a* .lī. ꝑ., mirre, sarcocolle, fárine fenigreci, se*m*i*n*is lini an*a* ʒ j.,
dissolue þe rosyn, hony & wex togidere, & þan do þerto þi poudris, 12
& make þerof' pultes. ¶ Also we mote*n* vse medicyns þat' ben
more strong', & ben clepid medicine cauteriʒantes, for to make clene
vlcera þat' be*n* yuel i*n* neru*ous* place. & þe teching' herof' þou
schalt' fynde i*n* þe chapitre de medic*inis* facienti*bus* op*us* caute*r*ij. 16

Of medicyns regeneratiuis & consolidati*u*is.

IT þinkiþ bi þe maner of' speche þat' þe medicyns þat' ben seid
i*n* þis chapitre ben al oon, but' *þer* is miche difference bi-
twixe / ffor ³of' su*m*men alle þei ben clepid consolidati*u*is. 20
But' aggregatiue & consolidatiue be*n* al oo*n* / And regenera-
tiue, & incarnatiue, & facie*n*tes carnem nasci, ben oon to seie ; &
þer is greet' dif'ference bitwixe hem þat' ben forseid & þese / And
sigillatiuis, & cicatriʒatiuis, & consolidatiuis ben al oon ; ne*þ*eles 24
alle þese names be*n* not' p*r*opirli take of' alle auctouris / But' oon
herof' is taken for ano*þer* ofte tyme / But' for to seie þe soþe, a

medicyn þat' is clepid aggregatum or conglutinatum, & A. in diuers
placis take*th* diuersli þese names of' medicyns : & I suppose þat' it' 28
were for defaute of' men þat' translatid þe science / But' for to seie
þe soþe, aggregatiua or consolidatiua is a drie medicyne, & haþ
gu*m*mosite i*n* him ; & wha*n*ne it' is leid to þe lyme, it' wole resolue
wiþ his drienes. It' d*r*ieþ vp superfluite of' moistnes þat' is bitwixe 32
þe lippis of' a wounde, wiþ a litil ligature or sewing' it' soudiþ

togidere.⁴ & A. clepiþ þis i*n*carnatiuam, & su*m*men clepen it' con-
solidatiua*m*, & ben þese / Sang*uis* draconis, calx, thus mascu*linum*

---

² Lat. : mundificatiuum de rasina.
⁴ Add. 26,106, fol. 105 : "superfluam siccat humiditatem que inter duo
vulneris labia, per medicum ligatura sola vel sutura conducta, reperitur."

folia piro*rum*, pomo*rum*, porri, lilij cortices, palme,[1] arnaglossa, Consolidative medicines.
caulis, folia cipressi, folia vit*is* [2]albe, nux recens, folia acetose, [3 lf. 256, bk.]
puluis molendini, ordeu*m* vstu*m*, flos sorbe, lac acetosu*m*, & o*p*ere Simples.

4 manie þat' ben vnknowen for us / Su*m*tyme me*n* made*n* grete Compound Consolidatives.
woundis & leide*n* þervpon manie herbis, & were*n* hool i*n* þe same
dai ; & þei came*n* for to take of' þe same he*r*bis, & ne miȝte*n* noon
fynde þat' wolde do so more / **A good medicyn for þis entenciou***n* :

8 Ŗ, frankencense *p*arte*m* vna*m*, sang*uis* drac*onis* *p*artes du*a*s, calcis Ŗ
viue *p*artes tres, & make herof' poudre ; & leie ynowȝ vpon þe .ij.
lippis of' þe wou*n*de þat' is sewid togidere, as it' is aforseid i*n* þe
chapitre of' woundis.   ¶ Anoþer poudre þat' is good for þis enten-

12 ciou*n* ; but' i*n* placis þat' is myche fleisch aweie, it' is nede for to
leie þerto þingis to regendre fleisch, þat' we wolliþ speke þerof' soone
heraftir.   Ŗ, olibani lucidi, aloes, sang*uis* drac*onis* ana, make þerof' Ŗ
poudre.   ¶ **Anoþer comou***n* **for to streyne blood, & for to soude**

16 **wou***n***dis :** Ŗ, sarcocolle *p*artes duas, sang*uis* drac*onis*, balaustie an*a* Ŗ
*p*arte*m* vnu*m*,[3] olibani lucidi *p*arte*m* f, & make herof' poudre.

¶ Medicyns forto regendre fleisch haueþ propriete forto congile Medicines which promote the regeneration of flesh.
blood, þat' comeþ to þe place wiþ temp*er*e drienes, & makiþ þerof'
20 [4]fleisch, & makiþ clene superfluite þat' wexiþ þeron.   & þis is i*n* [4 lf. 257]
diuers maner / ffor whi, if' a lyme be woundid i*n* þat' maner þat' it'
be nede for to regendre fleisch þeron, & þe place is drie, & þer is
miche quitture i*n* þe wounde, þan it' is nede þat' þou haue swiþe Simple incarnative medicines,
24 drijng' medicyns.   ¶ If' þat' he haue litil quitture & his bodi be medicines,
moist', —— alle þese techi*n*gis þou hast' had tofore.[5]   ¶ Medicyns mild medicines,
þat' ben liȝt' þat' þou schalt' vse þere, þat' þer is litil quitture yn
moist' bodies : Ŗ, thus minutu*m*, mastix, farina ordei, fenigreci. Ŗ
28 And þese beþ su*m*what' more drier : aristologie, yreos, & orobu*m*,
aloes, mirra, pix *g*reca, farina faba*rum* ; & more strong' þat' þou strong medicines.
schalt' vse i*n* bodies : astrologia, yreos, farina lupinoru*m*, draga*n*tum
adustu*m*, vitriolu*m* adustu*m* ; for if' it' be brent' it' wole be þe lasse Nota
32 bityng', & his d*r*ienes ne schal not' be alaskid.   ¶ For .vij. causis Substances are burnt for medical use for several reasons.
diuers þingis ben brent' : Su*m*me ben brent', for sum vertu i*n* hem .1.
schulde wexe / And su*m*me þat' þe malice þerof' schulde goon awei :
as mirabolani, þat' haueþ vertu of' laxatif', & virtute*m* stiptica*m*, for
36 wha*n*ne it' is brent' his vertu laxatif' is maad lasse ; & his vertu þat'
is clepid stiptica, is neuer þe lasse, but' it' is þe more.   In þe same

[1] MS. *pullme.*   [3] *sic.*
[5] Lat. : si vero pauca fuerit sanies, & membrum & corpus fuerint humida,
medicina tunc indiges minus sicca, sicut superius habuisti.

[¹ If. 257, bk.] maner ¹vitriolum lesiþ his scharpnes, & his drienes is notᵗ lostᵗ /

.2. The .ij. is þis, þatᵗ his greetᵗ *substaunce* mowe be maad sutil, as

.3. cancri *id est* crabbis þatᵗ ben brentᵗ / The .iij. cause is þis, þatᵗ itᵗ mowe

gadere scharpnes, as stoonys, oistris, & schellis ofᵗ eiren, þatᵗ ben 4

.4. brentᵗ þatᵗ me mai make lyme ofᵗ he*m* / The .iiij. is, þatᵗ itᵗ mowe be

aparailid for to be grou*n*den, as seta sericum² / & amongᵗ alle

medicyns þatᵗ ben for þe herte þatᵗ mowe be grou*n*de, ben þe beste

as gold & siluir³ / In þis maner þou schaltᵗ diȝte hem for to grinde / 8

Seþe he*m* i*n* sulfur i*n* leed, þatᵗ þei mowe þe bettir be grounde /

.5. The .v. cause is þis, þatᵗ þe wickidnes þerofᵗ mowe be take awei:

as ofᵗ scorpiou*n*s þatᵗ ben brentᵗ, þatᵗ we mowe vse he*m* in medicyns,

.6. þatᵗ ben for þe stoon.   The .vj. cause is þis, þatᵗ his v*er*tu mowe be 12

maad þe more, as squillis wha*n*ne þei ben brentᵗ, her vertu wole be

.7. þe more / The .vij. cause is þis, þatᵗ his v*er*tu mowe be take fro

hi*m* : as psillium, wha*n*ne itᵗ is brentᵗ / his v*er*tu wole be þe lasse //

In whatᵗ maner þou schaltᵗ go fro medicy*n* to medicy*n*, þou hastᵗ itᵗ 16

[⁴ If. 255] pleynerli ynowȝ i*n* þe firstᵗ tretis, ⁴boþe simple medicyns & also

compound / þe whiche þou miȝtᵗ vse as þou seestᵗ bestᵗ to done / Ifᵗ

The best incarnative medicine is thus. þou woltᵗ regendre fleisch in a deep putᵗ þatᵗ vlcus is, take poudre

ofᵗ thuris, wha*n*ne vlcus is⁵ maad clene, & fille ful þe hole þerofᵗ, for 20

itᵗ wole engendre fleisch wel.   ¶ In þes vertues, & itᵗ is moostᵗ

One uses its bark, competentᵗ to consolidatifᵗ medicyns.⁶ & his gu*m*mosite þatᵗ is clepid

its gum; thus masculinu*m* ouþer olibanu*m*, & þatᵗ is bestᵗ for medicyns þatᵗ is

it is further used as a powder, conglutinatifᵗ, þatᵗ be*n* forseid i*n* þe bigy*n*nyngᵗ ofᵗ þis chapitre. & 24

Minutum thuris. þe poudre ofᵗ hi*m*, wha*n*ne itᵗ is maad smal & falliþ adoun ofᵗ a

sarce, is clepid minutu*m* thuris, & þatᵗ is bestᵗ to regendre fleisch.

Three kinds of consolidating medicines. Bi þis maner distincciou*n* þou schaltᵗ gadere þe difference ofᵗ þre

.1. Conglutinatives, medicyns þatᵗ ben i*n* þis chapitre, & ofᵗ su*m*men þei ben clepid alle 28

.2. [consolidatiues].   ¶ The .j. þerofᵗ þatᵗ is seid conglutinatifᵗ, þatᵗ

Incarnatives, makiþ þe lippis ofᵗ a wou*n*de soude togidere / The .ij. itᵗ drieþ &

.3. remedies producing cicatrization. makiþ clene, & helpiþ blood for to turne i*n*to fleisch / The .iij. itᵗ

drieþ wiþ v*er*tu þatᵗ is clepid stiptica, þatᵗ makiþ hard fleisch to 32

arise i*n* þe stide ofᵗ sky*n*.   ¶ This is a good medicyn for to rege*n*dre

[⁷ If. 255, bk.] fleisch, þatᵗ is clepid litargiru*m* nutritu*m*, þatᵗ is norischid ⁷as itᵗ is

---

² Lat.: sicut seta aut sericum.

³ Add. 26,106, fol. 105, bk.: quod inter medicinas cordiales fit, quod assa-
tur ut teri possit, et aurum & argentum, que decoquuntur cum sulphure …

⁵ *is*, above line.

⁶ Lat.; Et nota quod de thure tria sunt, sive cortex, & illud est siccius
omnibus, & convenit plus in consolidatiuis medicinis facientibus pellem &
cicatrizantibus, quas ita habebis.

aforseid i*n* þe chapitre de vlceri*bus*. ¶ Ano**þ**er poudre þat engen- <small>An incarna-
tive powder</small>
dri**þ** fleisch / Take thuris minute, masticis, fenigreci an*a*, fiat* *<small>and ointment.</small>
puluis. þis poudre regendri**þ** fleisch wel & drawi**þ**, & nyle not*
4 suffre þat* vlcus schal stynke, but* it* maki**þ** for to haue a good
sauour. ¶ **Also an oynement þat is good for to regendre fleisch /**
R̃, litargiri nutriti ℥ .ij, puluis thuris, sarcocolle, galbani, colofonie,[1] <small>R̃</small>
an*a* ʒ .j, medle he*m* alle togidere, & make þerof* an oynement*.
8 ¶ Ano**þ**er **poudre,** R̃, radice*m* malui visci, þat* summen clepe*n*[2] <small>R̃</small>
sanaticlam,[3] & sume*n* clepi**þ** it* vngaria; & waische it* & drie it* i*n* a
furneis i*n* sich maner þat* þou ne bre*n*ne it* not*. & þa*n* grinde it* &
make þerof* poudre, & leie þerof* a good quantite i*n* vlceri*bus* þat*
12 ben holow / for off* his owne propriete it* engendri**þ** fleisch, bo**þ**e
bi hi*m*-silf* & also wha*n*ne it* is medlid wiþ opere þingis / **Also** <small>R̃</small>
take of* þe forseid poudre ℥ .j, of* thus þat* be smal ℥ ℈, vernicis,[4]
aloes, sarcocolle, masticis, fenigreci an*a* ʒ .ij, medle hem wiþ þe
16 þingis aforseid, & þou mi3t* make þerof* an oynement* wiþ oile &
wex ; & do ℥ j. of* þe poudre i*n* ℥ .iiij. of* oile, & ℥ ℈. of* wex. <small>R̃</small>
[5]And þis þou schalt* knowe, þat* þere þou puttist* poudris, þou <small>[³ lf. 259]</small>
schalt* putte none oynementis for to regendre fleisch / But* wha*n*ne
20 poudre ne mai not* come þerto to þe botme *þerof*, þa*n* þou muste
leie þeron oynementis, for þe moisture of* þe oile maki**þ** þe poudre
peerse to þe botme. ¶ **Also þis oynement is good, for it drawiþ**
out quitture / R̃, oli*j* lī. ℈, resine ℥ .j, cere ℥ .℈, minute thuris, <small>R̃</small>
24 fenigreci an*a* ℥ .℈, make herof* an oynement* & cole it*. ¶ **Also**
anoþ**er oynement þat is good for þis entenciou***n*. R̃, consolide <small>R̃</small>
maioris & minoris, cinoglosse, pilocelle,[6] plantaginis maioris & mi-
noris, an*a*. ℳ .j, vermes terrestres longos, q*ui* d*icun*t*ur* lumbrici,
28 lī. ℈ ; kutte alle þes smale,[7] & leie he*m* i*n* lī. j & ℈. of* oile of* oliue,
& lete he*m* ligge þere .viij. daies, & þa*n* boile hem a litil & þa*n* cole
hem, & do þerto schepis talow maad clene i*d est* molten & colid,
picis naualis lī. ℈, picis grece ℥ .iiij, armo*ni*aci, galbanu*m*, opoponaci,
32 terbentine, masticis co*mmun*is minuti, an*a* ℥. ℈. In þis mane*r*

---

[1] *colofonie*, see *Alphita*, p. 42.

[2] *clepen*, above line.

[3] *sanaticla.* See Wr. Wül., 554, 8: "Saniculum, i. sanicle, i. wude-
merch." *Minsheu* quotes the following proverb: "Celuy qui sanicle a. de
Mire affaire il n'a. Et qui a du bugle & du sanicle, fait au chirurgien la
nique. He that hath Sanicle, respects not the Poticarie, and he that hath
Sanicle and Cumfrie, makes a iest of the Surgeon."

[4] Halle, *Table*, p. 134: "Out of the Iuniper tree sweateth certeine teares,
in the spring tyme chiefly and therefore called *Vernix*, quasi Vernus ros."

[6] Lat. pilosella. See Wr. Wül., p. 556, 18. [7] MS. *þesmale.*

R⁷　þou schalt⸍ make hem : Take armoniaci, galbanum, opoponaci, &
[¹ lf. 259, bk.] dissolue hem in vinegre, & aftirward dis¹solue hem in caȝiola.² &
whanne þei ben dissolued, do þerto oile, wex & pich, & þan do
þerto alle þe oþere þat⸍ ben maad to poudre, & þan cole hem & kepe 4
hem for þin vss. ¶ If⸍ þou leist⸍ þis oynement⸍ in þe botme of⸍ a
wounde, it⸍ wole drawe out⸍ þe quitture & aswage þe akynge, & it⸍

The physician has to use his own discretion as to the doses. wole make clene & regendre fleisch in vlcera. ¶ This þou muste
knowe, þat⸍ þouȝ I sette proporcioun of⸍ poudris, & oile, & wex, 8
neþeles þou schalt⸍ proporcioun þi þingis more or lasse as þou seest⸍

Remedies which produce cicatrization. þat⸍ þou hast⸍ nede þerto. ¶ If⸍ a wounde haue miche quitture, &
be in a drie place, þan þou schalt⸍ do þerto þe more poudre, & þe
lasse oile & wex / If⸍ it⸍ so be þat⸍ a wounde be in a moist⸍ place, 12
þan þou schalt⸍ do þerto þe lasse of⸍ þe poudre, & more of⸍ þe oile &
of⸍ þe wex, as it⸍ is aforseid. ¶ Medicina consolidatiua, cicatriȝatiua,
& sigillatiua ben al oon ; & þat⸍ ben medicyns þat⸍ drieþ þe moisture
of⸍ a wounde, & makiþ a rynde aboue vpon þe fleisch, & makiþ a 16

Auicen strong⸍ keueryng⸍ for³ to defende þe fleisch fro harm / And A. seiþ,
[⁴ lf. 260] þat⸍ in vlcera þat⸍ is holow, þat⸍ þere ⁴ne schal neuere be no skyn
engendrid þeron, for þe skyn in a man is engendrid of⸍ þe spermis

Skin which has been destroyed cannot be reproduced. of⸍ þe fadir & of⸍ þe modir / And alle þe partijs of⸍ a man þat⸍ ben 20
engendrid oonli of⸍ sperme, & þei be kutt⸍ awei, þei schulen neuere
wexe aȝen / And alle þese þingis in a man ben engendrid oonli of⸍
sperme, as a mannes skyn, & boonys & senewis ; & þerfor & þer be
ony gobet⸍ kutt⸍ awei of⸍ þese, þei ne mowe neuere be regendrid 24

Auicen aȝen, as .A. seiþ, & it⸍ is sooþ / But⸍ in þis caas medicynes mowe

It may be replaced by a hard substance. helpe for to engendre hard fleisch aboue, & schal be in þe place of⸍
skyn, vpon which place nyle neuer wexe here afterward⁵ / ¶ Simple
medicyns þat⸍ ben in þis caas makyng⸍ skyn vpon a soor þat⸍ is 28

Simple medicines. clene / **Cortices** arboris, pini, cortices thuris, centaurea combusta,
ossa combusta, abrotanum combustum, balaustie, galle, cipressi,
psidie, cucurma, rubea maioris combusta, lumbrici terestris adusti,
cathinia argenti & auri, alumen sissum, folia fici, stercus canis 32
comedentis ossa siccatum,⁶ aristologia longa & rotunda combuste, es
[⁸ lf. 260, bk.] vstum lauatum, & ius medicina⁷ / ⁸Sumtyme we medlide medicyns

---

² Matth. Sylv.: "*Cazola* est quoddam vas." See Ital. cazzuola. *Tomm.
Dict.*　　³ MS. *fro.*
⁵ Lat.: "medicina ista namque adiuuat, vt nascatur caro calosa dura,
que est loco cutis, super quam non nascitur pilus."
⁶ MS. *sucatum.*
⁷ Lat.: "et omnis (abbr. *ōīs*) medicina, que fit in duabus actiuis propter
temperamentum."

conglutiuas wiþ a fewe corrosiuis, þat schulen be seid in þe nexte
chapitre here aftir / But for to medle medicyns in þis maner, þer Compound medicines.
mote be miche kunnynge for to proporcioune hem, & summe þerof
4 þou muste haue bi experience, & summe of þe knowing of þe
mannes complexioun, boþe of his bodi & also of his lyme / Of þe
forseid simple medicyns þou miȝt vse hem in powdre, & if þou wolt
þou miȝt make oynementis of hem, as it is aforseid / But þe oile
8 þat þou wolt make þese oynementis wiþ, schal algate be stipticum,
as oleum rosaceum & mirtinum.   ¶ A good composicioun þat þou An ointment to be used in
schalt vse in somer in woundis & in vlceribus þat ben hote, & in hot countries and in sum-
euery place þere þe skyn is aweie in a mannes bodi, of riding, eiþir mer.
12 of pustulis, or of fier, or off hoot watir, & it is clepid vnguentum vngᵐ Rasis
Rasis, þat is maad in þis maner: ℞, olij ro. ℥ iiij, cere ℥ ß, in þese ℞
regiouns þat ben hoot &[1] in somer ℥ .ij, & aftir þe regioun þou
schalt do þerto dyuers quantite of wex, ceruse ℥ .j, camphore ℈ .j,
16 þe whitis of ij. eggis. þou schalt make it in þis maner / ffirst þou Direction how to make
schalt grinde .ij almaun[2]dis blaunchid & stampid in a morter, & it.
þan do out þe almaundis þat ben to-broke of þe morter, & make [² lf. 261]
clene þe morter ; & þan leie þeron camphore, & grinde it smal ; &
20 þan do þerto ceruse, & grinde it smal ; & þan do þerto oile, &
grinde hem wel togidere wiþ þe pestel. & whanne it is almoost
coold, þan do þerto .ij. whitis of eiren, & meue hem wiþ a sclise
longe, for þe more þat þei ben stirid togidere þe bettir it wole be /
24 Summen doon þerto ceruse wiþ þe forseid quantite of oile & wex,
and camphore & whitis of eiren ℥ .v, litargiri ℥ .iij. & þis is a
good consolidatif, but it makiþ coold. & if þou wolt do þerto
litarge, do more or lasse as þou seest þat it is to done // ¶ **This is a** Two powders.
28 **good poudre for þis entencioun** / ℞, aloes, balaustiarum, cathinie ℞
argenti, eris vsti triti,[3] & lauati *partes* equales ; make herof
sutil poudre, & herof leie vpon þe place þere þou wolt haue þe
skyn. ¶ **Anoþer poudre þat is more strong þan þis** / ℞, aloes, ℞
32 cucurmie, vermium terestrium combustorum, balaustiarum, mirre,
gallarum. ¶ **A good oynement** / ℞, fecem argenti ℥ .xxx, ℞
merdam ferri, cymolie ana ℥ .vij [4]& ß, cathinie argenti, ceruse, [⁴ lf. 261, bk.]
litargiri, plumbi vsti ana ℥ .v, argille rubie ℥ .x ; medle hem alle
36 wiþ oile of ro., & make an oynement, & it is clepid vnguentum de Consolidat-ing ointment
palma. ¶ **Also anoþer þat G. made, þat wole soude vlcera þat ben** prescribed by Galien.
oold & yuel for to hele / ℞, adipis porci antiqui sine sale *id est* ℞
freisch swynys grese molten, & colid þoruȝ a clooþ / olij li. j & ß,

---

[1] MS. om. *&.*   [3] MS. *certis.*

litargiri lī. ß, calamenti[1] ℥ .iiij ; make it in þis maner : grinde
℞   litargirum & calamentum in a morter, & do þerto a litil & a litil of
oile & grese, molten togidere / ¶ Also : ℞, spatulam id est quæ fit de
palma viridi, & þe middil þerof aboue kutt smal to gobetis, & do it 4
in þi medicyn, & wiþ þe half of þe opere medicyns medle þis

A regenera-
tive ointment
prescribed
by Johannes
Mesue.
medicyn ; þis is good for to regendre & soude togidere. ¶ **Anoþir
medicyn þat is good for to regendre fleisch & make clene &
soude, & is clepid medicamen Iohannis Mesue, þat is maad in** 8
℞   **þis maner** / ℞, pistatiue & resine,[2] panni albi vetusti ℥ .j, opopo-
nacum ℥ .ij, vini, mellis, olij ro. vel mirtini ℥ .x, litargiri, aloes,
sarcocolle, mirre, ana ℥ .ß, make herof an oynement ; þis wole

[3 lf. 262]
regendre & hele woundis þat ben [3]wickid & yuel for to hele, & þis 12
medicyn is as good as þat, þat is sett in þe chapitre de vlceribus
virulentis ; þis makiþ clene, & drieþ & regendriþ fleisch, þerfore
ioyne þat & þis togidere. ¶ **Also an oynement þat Maister

℞   william someris[4] made** / ℞, rasinam albam & liquefactam in vino 16

Ointment of
resin.
acerimo, & cole þe wijn & þe rosyn togidere into coold watir, &
anoynte þin hondis, & tempere it wel in þin hondis, & kepe it, &
if it be in somer do þerto half so miche of whit wex ; make þis
abrood vpon a lynnen clooþ, & leie it vpon þe wounde, & þis wole 20
℞   drie wel. ¶ **Item** : ℞, olij ro. ℥ .iij, rasine ℥ .ij, cere ℥ j, nucis
cipreissi, cucurmie ana ℥ .j, make herof a gobet & kepe it ; þis

Direction for
the applica-
tion of con-
solidative and
regenerative
medicines.
is more worþ þan apostolicon Nicholai. ¶ The maner of worching
of þese medicyns, þat of summen ben clepid consolidatiuis, schal 24
be do in þis maner / The firste dai þat a wounde is maad, & þou
hast brouȝt þe lippis of þe wounde togidere with sewinge ouþir wiþ
sum oþer maner, þan leie þerto of þe firste medicyn, þat is clepid
conglutinatif, vpon þe place þat is sewid, & leie þerof ynowȝ ; & 28

[3 lf. 262, bk.]
þan þervpon leie a lynnen clooþ [5]wet in whitis of eiren, & þan leie
þerto defensiuis & opere necessarijs til þe lippis of þe wounde be
soudid togidere faste. ¶ The :ij. medicyn, þat is clepid regenera-
tiuum, þat schal be leid in vlceribus & in depe woundis, for to 32
regendre fleisch. ¶ At þe laste þou schalt leie consolidatiuis, or þe
fleisch wexe to hiȝe ; & but if þou do þus, þou muste leie corosiuis
for to frete awei þat fleisch þat is woxe to hiȝe, & þat is double
traueile & also vnkunnyng of þe leche. ¶ Thou muste knowe wel 36

---

[1] *calamentum,* a mistake for *calcantum.* Phillips: " Calcanth a Chymi-
cal word, being the same as Vitriol."
    [2] Lat.: rasure vel pistature.
    [4] I cannot find a physician of this name. Perhaps it is *Gulielmo Corvi,*
author of the *Tractica,* who was a friend of Lanfranc. *Hæser* I., p. 710.

where & whanne þou schalt' vse þese medicyns, & in þis maner þou
schalt' folowe þe riȝt' rule of' medicyns, & þan þi medicyns woliþ
worche as þei schulde /

4   ¶ Of medicyns cauteratiuis & corrosiuis /

COrosiuis & cauteriȝatiuis we vsiþ in cirurgie in manie causis, Simple
caustics.
& of' corosiuis summe ben feble, & summe ben strong', &
summe beþ more stronger / These ben feble, hermodactilis, aris- Mild caustics.
8 tologia, brionia, gencina,[1] vitriolum adustum, & þese haueþ moost'
vertu in moist' bodies.   ¶ More strong' ben þes : vitriolum not' com- Strong
caustics.
bustum, tapsia, pees milui,[2] [3]apium rampnum,[4] cortex viticelle[5] / And [³ lf. 263]
þese ben more strong': flos eris, viride eris, es vstum, arsenicum,
12 sulphur.   ¶ Also þese ben more strong': calx viua maad of' stoonis,
& of' schellis of' eiren & oistris, & strong' lye, & arsenicum sub-
limatum, & watir maad of' þese þingis ; & of' þese medicyns þou miȝt'
make medicyns boþe simple & compound, whiche þou miȝt' vse
16 whanne þou wolt' take awei deed fleisch, more strong' & lasse strong'
as þou seest' þat' it' is nede þerto.   ¶ Of' medicins þat' ben com- Compound
caustics.
pound I wole telle þee a fewe, for of simple medicyns þou miȝt'
compound manie.   ¶ **A poudre þat' wiþouten ony greuaunce &**
20 **liȝtli fretiþ awei deed fleisch** / ℞, viride eris, hermodactulorum, ℞
aristologia rotunda, make þerof poudre & kepe it' in a drie place, &
whanne þou wolt' do awei deed fleisch / Take lynet eiþer lynnen
clooþ, & wete it' with þi spotil & leie it' in þe poudre, & turne it' vp
24 & doun, & leie it' vpon þe place.   ¶ Thou schalt' attende superfluite Innocent ex-
crescences.
of' fleisch[6] in .ij. maners / In oon maner superfluite of fleisch as of'
clene fleisch þat' wexiþ tofore aboue a wounde, & þis is [7]clepid super- [7 lf. 263, bk.]
fluite of' good fleisch / In an oþer maner we clepiþ superfluite of Malignant
excrescences.
28 fleisch þat' is medlid wiþ quitture, & is liquide, & þis comeþ in
defaute of' þe leche, whanne he leiþ regeneratiuis to a wounde ouþir
to ony þing' til it be perfitli clene, so þat' þe newe fleisch & þe
quitture wexiþ forþwiþ / In þe firste cause is noon nede of' oþer Each requires
its own treat-
32 medicyn, but' a simple corosif[8] þat' fretiþ wiþouten violence awei ment.
þe fleisch þat' is woxen to hiȝ aboue þe wounde.   ¶ In þe .ij. cause
it' is necessarie for to haue a medicyn corosif' & clensynge as it' is

---

[1] Lat.: gentiana.   [2] MS. *vulpi.*   Pes milui " crow-foot."
[4] *Alphita*, p. 11: "*Apium ranarum* siue *apium rampnum* crescit in
pratis . . ."   See *rampinus.* uncus.—Dufr.
[5] Wr. Wül., 138, 28 : " Viticella, wiþwinde."   [6] *fleisch* in margin.
[8] MS. *corosiþ.*

A corrosive
powder of
caustic lime
and arsenic.

℞

aforseid in þe chapitre offᵗ mundificatiuis. ¶ Anoþir good poudre
þatᵗ remeueþ awei superfluite ofᵗ fleisch & rotid fleisch & crus-
tons¹ / ℞, calcis viue ʒ. ij, arsenici ʒ. ij., succi affodillor*um* radicis
ʒ. vj., medle hem togidere & make þerofᵗ gobetis & kepe hem & 4
drie hem i*n* schadowe & kepe he*m* in a drie place, for i*n* a moistᵗ
place itᵗ wole rotie anoon. & wha*n*ne þou hastᵗ nede for to vse ony
herof, þan make þerofᵗ poudre & leie itᵗ vpon þe place. ¶ Also an

vngᵐ viride
[² lf. 264]

℞

oynementᵗ þatᵗ is clepid vnguentu*m* viride & is a liȝtᵗ corrosifᵗ, & 8
makiþ ²superfluite ofᵗ rotid fleisch & is m*aa*d i*n* þis maner. ℞,
mellis p*ar*tes .ij., viride eris p*ar*tem vnam, & medle hem togidere.

An ointment
to cleanse
ulcers.

℞

¶ Also anoþ*er* vnguentu*m* viride þatᵗ makiþ clene & regendriþ
good fleisch i*n* vlcerib*us* þatᵗ ben olde, & fretiþ awei wickid 12
fleisch wiþouten violence / ℞, celidoyne radicis, alleluya,³ folia
centru*m*⁴ galli, leuistici agrestis, scabiose, ana ℥. j., grynde wel alle
þese herbis togidere wiþ .lī. j. ofᵗ schepis talowe & .lī. j. ofᵗ oile,
medle hem togidere, & lete hem ligge .x. daies & rotie, & þan do 16
hem to seþingᵗ on þe fier til þe herbis falle to þe botme, & þan cole
hem, & do þerto wex, terbentyne, ana ʒ. ij., colofonie ʒ. j., masticis,
olibani, ana ʒ. ℈., viridis eris ʒ. j. þatᵗ schal be do in i*n* þe ende ofᵗ
þe boilyngᵗ, & medle he*m* wel togidere, & make þerofᵗ an oynementᵗ. 20

An ointment
to be applied

℞

on fistulous
and cancer-
ous sores.

¶ **If þou woltᵗ make a stronger medicyn for to slee a festre &
a cancre** / ℞, vitri albi combusti, sulphuris viui, viridis eris, galle,
attra*m*enti, vitriole viridis, ana ʒ ℈., auripigmenti foliati ꝫ. ij.,
make herofᵗ poudre, & distempe*re* hem wiþ strongᵗ vinegre & lacte 24
anabulle⁵ til itᵗ be as þicke as itᵗ were hony, & sette itᵗ to þe su*n*ne

[⁶ lf. 264, bk.]

⁶in somer, & lete itᵗ drie. & ifᵗ itᵗ be in wintir þou miȝtᵗ drie itᵗ wiþ
lentᵗ fier, and wha*n*ne itᵗ is drie poudre itᵗ aȝen, & tempe*re* wiþ þe
forseid licour, & þan drie itᵗ aȝen, & þus þou schaltᵗ do .iij. siþis ouþir 28

A corrosive
powder.

℞

.iiij. & þan make poudre þerofᵗ & kepe itᵗ i*n* a drie place. ¶ Anoþ*er*
poudre þatᵗ drieþ a cancre & a festre, & remeueþ superfluite ofᵗ
fleisch / ℞, radices brionie ʒ. v., tapcie, laureole, esule, ana ʒ. ij.,
ciclaminis, yreos, aristol*ochie*, longe & ro*tunde*, hermodactulor*um*, 32
affodillor*um* radic*is* .ꝫ. j., & herbar*um* celidonie, leuistice agrestis,
buglosse, su*m*mitates oliuar*um*, & mirte ana ʒ. j., tempe*re* þe herbis
& þe rotis i*n* vinegre bi .iiij. daies, & þan seþe hem & cole hem, &
take þatᵗ licour þatᵗ comeþ þerofᵗ, & seþe itᵗ & caste þeron quik lyme 36

---

¹ *crustons*, O.Fr. *crouston.*
³ *Sin. Bart.*, p. 10: "Alleluia. i. *wdesour.*"
⁴ *Alphita*, p. 38: " *Centrum galli* gallitricum . . . nux muscata." Wild
Sage, Cancerweed.
⁶ *Matth. Sylv.*: "Anabulla est species titimalli." Compare *Alphita*, p. 9.

poudrid sotilli lī. j., & medle hem wel togidere, & at' þe laste do
þerto auripigmenti ʒ. iij., & medle hem wel togidere, & make þerof'
gobetis & kepe hem *in* a drie place, & wha*n*ne þou hast' nede þerto,
4 grynde oon þerof', & leie þe poudre þerof' vpon þe place þat' þou
wolt' haue frete. ¶ **Anoþir poudre of' þe same kynde.** ℞, arsenici ℞
ru*br*i & ci*tr*ini, calcis viue, alu*min*is[1] de pluma, gallar*um* nouar*um*
an*a*, grynde hem *with* vinegre [2] & medle hem & drie he*m*, & kepe hem [² lf. 265]
8 as it is aforseid / ¶ A strong' medicyn þat' is as strong' as oni fier, & Nota bene.
vnquenta ruptoria þat' mortifieþ quyk fleisch & etiþ it', & oon herof is Escharotics, medicines as strong as fire.
riʒtt' strong' & is a poudre maad bi sublimacioun. ℞, limature ferri, ℞
vitrioli viridis, alumen iamini, antymonij an*a* ʒ., ij. salis armoniaci, A corrosive sublimate.
12 arsenici citrini, sulphuris viui[3] extincti *cum* saliua, & tempe*re* hem
wiþ vinegre, ouþir wiþ watir, ouþir wiþ strong' lye, & þe lie wole be
þe bettir if' it' be maad wiþ bene scelis, & þan drie it' & putte it' *in*
alutel[4] & sublime it' / This is þe maner of' sublimacioun / loke þou Nota
16 haue a strong' vessel maad of glas þat' it' mowe dure in þe fier, The process of sublimation.
ouþir a vessel of' erþe wel glasid wiþi*n*ne, & loke þat' þe couercle
þerof' & þe bodi be wel closyng', & do þer*in* þi poudre, & lute it' wiþ
good lute, & sette it' in a furneis & make liʒt' fier half' adai, & þan
20 do out' thi fier, & whanne it' is coold opene it', & þat', þat' leeueþ *in*
þe botme of' þe vessel caste it' out', & þat', þat' cleueþ faste to þe
couercle aboue, take it' & kepe it', & if' þou wolt' worche þerwiþ þou
muste worche ful quentliche, for it' wole [5]brenne as strongli as fier, [³ lf. 265. bk.]
24 & wole make *im*pressiou*n* in depnes þan fier. þis poudre wole cor-
rumpe & brenne þe place þat' it' is leid vpon, & þe same doiþ realgar
sublimed, & if' þow wolt' ouercome þe wickidnes of' it', make poudre
of' it' & distempe*re* it' wiþ þe iuys of' lactuce & plaunteyn til it' be
28 *in* þickenesse of' hony, & þan drie it', & þus þou schalt' do manye
tymes / & in þis maner þou schalt' take awei greet' malice, & it' wole
worche neuer þe worse. ¶ Also an oynement' ruptorie for to breke A burning ointment
fleisch þat' is hool & mak*eth* blak & brenneþ it', & wole make it' made of quick-lime,
32 falle awei, & þan þer wole leeue þere vlcus. Manie men vsiþ þis in
diuers maner, for to opene an enpostym, & for to do awei supe*r*fluite
of' fleisch. ℞, **quik lyme** as miche as þou wolt', & resolue it' in ℞

---

[1] *Halle Table*, p. 9. *Alumen de pluma* = Alumen Liquidum.
[3] a caret is placed here and this added later, but does not follow on:—
      fflos eris an*a* ʒ j ß
      calsis viue G ʒ
      argenti viu. ʒ j. [in margin.]
[4] Castelli: "*Aludel* vel *Alutel* vocatur Vitrum sublimatorium." Arab.
al-outhal (*Devic. Dict.*). A vessel used in sublimation.

strong᷒ lie þat᷒ is aforseid, and make þerof᷒ þe maner of᷒ an oyne-
ment᷒, & whanne it᷒ is maad, al freisch leie it᷒ þerto, for þe more
freisch þat᷒ it᷒ is þe bettir it᷒ is / In þis maner þou schalt᷒ make þe
lie / ffille a vessel ful of᷒ askis of᷒ bene scelis, & þe .iij. part᷒ of᷒ quik 4

[¹ lf. 266]
lyme, & poudre hem alle togidere & leie hem in ¹a vessel & presse
hem þat᷒ þei bicome fast᷒ togidere, & make a put᷒ in þe middil aboue,
in þe same put᷒ caste hoot᷒ watir seþing᷒, & þis vessel schal be
holowe þat᷒ þe lie mowe passe þoruȝ. & vndir þis vessel sette anoþir 8
vessel for to resseyue þe lie. ¶ Also anoþir good ruptorie / ℞,
calcis viue, partem vnam, arsenici, partem ß., poudre hem & medle
hem wiþ sope & hony, & summen doiþ þerto li .ß. of᷒ tartre / Also
mel anacardi is swiþe strong᷒ for to make vlcera. & if᷒ it be do to 12
opere medicyns it᷒ worchiþ þe more strongli / In þis maner þou
schalt᷒ do / whanne þou ne miȝt᷒ fynde mel anacardi, þan grinde
anacardos greet᷒ & leie hem in vinegre adai & anyȝt᷒, & þan boile
hem wel, & þan presse out᷒ þe licour þerof᷒, & þat᷒, þat᷒ goiþ out᷒ 16
þerof᷒ is a medicyn þat᷒ wole make vlcera. / Ouþir take anacardos &
seþe hem in hoot᷒ tenaclis þat᷒ smiþis vsen, & streyne hem, & þer
wole distille þerof᷒ hony. ¶ Also take þe wombis of᷒ cantarides &
grinde hem wiþ leueyne & leie hem in what᷒ place þou wolt᷒ & it᷒ 20
wole make vlcera / But᷒ herof᷒ þou muste be war þat᷒ in what᷒ place

[² lf. 266, bk.]
þou settist᷒ cantarides þer ²wole come greet᷒ brennynge of᷒ vrine, &
sumtyme it᷒ makiþ so greet᷒ brennyng᷒ þat᷒ a mannes vrine is stoppid
þerwiþ. & þe cure þerof᷒ is þis / Seþe malue, paritorie, violet᷒, watir- 24
cressen in watir, & lete þe patient sitte þeron anoon to þe nauele, &
herwiþ þe akyng᷒ schal be taken awei, & also he schal make vrine
liȝtlich / & herof᷒ þou schalt᷒ take hede, þat᷒ in what᷒ place of
a mannes bodi þou makist᷒ a cauterie, anoon þeraftir þou schalt᷒ leie 28
a mitigatif᷒ þat᷒ schal make þe cruste falle awei þat᷒ was brent᷒, & þou
ne schalt᷒ in no maner take awei þe cruste wiþ violence, but᷒ þou
schalt᷒ leie þerto a mitigatif᷒, & lete þe cruste falle awei liȝtli.
¶ Medicyns þat᷒ wolen make þe cruste falle awei, & do awei þe 32
aking᷒, ben þese : ȝelkis of᷒ eiren wiþ oile of᷒ rosis, þat᷒ is þe beste
of᷒ alle medicyns / Also, take þe leeues & grinde wiþ grese, ouþer
wiþ buttir & leie þervpon / Also grese ouþir buttir is good þer-
fore. ¶ Also pultes maad of᷒ mele, oile & watir, ben good þer- 36
fore & aceessiþ wel þe akynge & makiþ þe crustis falle. ¶ Also

[³ lf. 267]
wiþ þe cauterie of᷒ an hoot᷒ iren þou miȝt᷒ ³do awei deed fleisch,
ouþir wiþ oon of᷒ þe medicyns þat᷒ ben forseid. ¶ Also if᷒ þou wolt᷒

³ MS. *do awei*, twice, the second one marked for erasure.

℞

A caustic
ointment
made of
quick-lime
and arsenic.

Cantarides.

The applica-
tion of can-
tharides
excites
strangury.

dubium

Treatment.

vse medicyns for to make cauterijs, þou muste take kepe of' þis
caas / In feble men & *in* a litil cause þou muste vse feble medicyns,
& þou muste be war þat' þou brenne no nerue ne no greet' veyne ne
4 noon arterie wiþ þi cauterie, ne wiþ þi medicyns þat' makiþ cauterijs.
¶ Also in a strong' ma*n* & in a boistous man, þou miȝt' worche at'
oonys þat' þou muste worche at manye tymes in a feble man / ffor
in eue*r*y medicyns þat' a leche doiþ he schal take kepe of' the
8 strenkþe & of' þe vertu of' þe pacient' //

Of mollificatif medicyns or softeny*n*g.

WE vsiþ þese medicyns þat' ben .iiij. in eueri cause.[1] Oon cause
is þis, wha*n*ne þe mater þat' þou wolt' resolue is swiþe hard,
12 for þan oonli wiþ resolutiuis as it' is aforseid þe sotil mater wole
resolue, & þat' oþir part' wole bicome hard, & þan þou muste make
mollificatiuis. ¶ The .ij. cause is þis, wha*n*ne ony lyme is to-broke
ouþir out' of' þe ioyncte, þouȝ it' be broȝt' [2]yn aȝen, þe place wole be
16 hard, & þe pa*tient* mai not' meue þerwiþ, þan þou muste do[3] þerto
mollificatiuis til þe lyme be bettere as it' is aforseid. ¶ The .iij.
cause is þis, wha*n*ne ony lyme þat' haþ ben out' of' ioynct' lo*n*ge
tyme, þan þou muste make þingis forto make þe place moist' aȝen,
20 þat' þe boon mowe come into his ioynt' aȝen. ¶ The .iiij. cause is,
wha*n*ne a lyme is corrupt' & is yuel ioyne*d*, & makiþ al þe lyme foul,
as wha*n*ne a boon is to-broken & is not' ioyned, þa*n* þou muste breke
þe boon aȝen, & bringe it' into his p*r*opre place as it' schulde be /
24 In alle þese causis we mote vse medicyns þa*t*' ben mollificatiuis, as
ben þese : camomille, mellilotu*m*, fenigreci, semen lini, & almaner
fatnes, & marowe, & manie gu*m*mis, & eue*r*y medicy*n* þat' is hoot'
& moist' wole make a lyme mollificatif' / **A good composiciou*n* for**
28 þe **firste cause** / Take oold oile .iiij. p*a*rtis, wex p*a*rtem .j., & make
þerof' an oynement', and anoynte þerwiþ a lyme þat' þou wolt' resolue
þe mater þat' is þe*r*on / ffor it' wole make þe mater mollificatif', &
make þe poris [4]open to resoluciou*n* // **Ano**þ**er** þat' **is more strong'** /
32 ℞, radicis malua visci ℥ .j., & kutte it' to smale gobetis, & putte
hem i*n* a mor*t*er wiþ ℥ .iiij. of' oile of' lilie. & þou schalt' sett þis
vessel of' glas i*n* hoot' boilyng' watir, & þe*r*e it' schal stonde til þe
iuys of' þe herbe be consumed. Wiþ þis oile þou schalt' anoynte þe
36 place, & leie þervpon lanam succidam i*d est* wolle vnwaischen. & þis

---

[1] Lat. : Mollificatiuis vtimur medicinis in quatuor casibus.
[3] *do*, above line.

Directions for fomentation.

þou schalt' wite, þat' whaᵤne þou wolt' make þese oynementis, first'
þou shalt' make a fomentacioun wiþ hoot' watir til þe place bicome
reed. & if' þe place be swithe hard, þan take a stoon þat' is clepid
lapis molaris, & make him hoot' in þe fier, ouþir a greet' gobet' of' 4
iren, & do it' in strong' vinegre. & þe place of' a manes lyme þat'
is hard, holde ouer þe fume þat' comeþ out' of' þe vinegre, & þan
anoynte him aftirward / þis is þe maner for to make a lyme mollifi-

.1.
catif', & þer ben .iij. maners.[1]   þe .j. maner is þis : þou schalt' make 8
a decoccioun of' flouris of' camomille, mellilote, fenigrec, semen lini,

[² lf. 268, bk.]
& rootis of' malua visci, soden in water. & þou schalt' [2]make a
fomentacioun to þe lyme in þis watir longe tyme, & frote þe lyme

R/
softli. & þan anoynte þe lyme wiþ oon of' þese oynementis / R/, 12
auxungie porci antique sine sale ℥ .iij, pinguedinis anseris, anatis &
galline ana ℥ .j., melte hem alle togidere & cole hem, & do þerto
℥. j. of' wex. þis wole make mollificatif', & restore moistnes. & if'

An ointment to be applied on consumptive people.
þou wolt' make it' for to be good for drienes of' a manes brest', & 16
good for men þat' ben etik, do þerto ℥ .j of' clene dragaganti, & þan
it' wole be a good oynement' restoratif'. ¶ Anoþir oynement'.

R/
R/, adipis porci antique sine sale ℥ .iiij., fecis olij de semine lini,
bdellij ana ℥ .ij., storacis, calamite, galbani, oppopanacis, armoniaci, 20
ana ℥ .j. putte þe gummys in wijn for to tempere, & whaᵤne þei
ben temperid, putte hem in a morter, & stampe hem wel, melte þe
remenaunt', & do hem togidere, & medle hem togidere.   ¶ Also an

R/
oynement' mollificatif' & comfortiþ / R/, auxungie porci ℥ .iiij., 24
pinguedinis anseris, anatis, galline, ana ℥ .j. olis communis antiqui
℥ .iiij. farine fenigreci, seminis lini, ana ℥ .j., bdellij, oppoponacis,

[³ lf. 269]
masticis, thuris ℥ .ß., tempere þe gummis [3]in wijn, & þan aftirward
medle hem wiþ grese, wex, & oile, & melte hem alle togidere & cole 28
hem. & of' þese þingis þat' schulen be grounde make poudre þerof',
& medle it' þerwiþ & kepe it' for þin vss. & whanne þou hast' maad
a stuwe as it' is aforseid ouþir a fomentacioun, þan anoynte him bi þe

vng^m Rasis
fier, & þis is clepid vnguentum Rasis. & I it' haue ofte preued euer- 32
more goddis grace goinge tofore wiþout' which grace is no þing' ful-
endid ne no sijknes do awei / But' eueri good ende & eueri good

God has helped me throughout my work, and this book has been finished in 1296.
dede al it' comeþ of' þe miȝt' of' god / And þe help of' god I had in
þe firste bigyᵤnyng' of' þe book / ffor of' goddis grace I am þat' I am, 36
& goddis grace was neuere voide in me / And þe ende of' þis book
was fulfillid þe noumbre of' ȝeeris from goddis beyng' .M.CC. nona-
gesimo sexto. & god of' his swete grace ne wernede me not' to make

[1] Lat. : modus autem mollificandi membra in 2°, 3° & 4° casu est unus.

an ende of' þis book. & ful ofte I haue bede goddis grace þerto /
wherfore god haþ grauntid, & god for his blessid name blesse þis God may
                                                                   bless this
book & alle werkis þat' ben wrouȝt' in his name / [1] And god for his [1 lf. 269, bk.]
4 miche *grace* lete hem wel worche þat' takiþ þis werk on honde, & book and
                                                                    those who
bringe erro*uris* out' of' her herte, & bringe hem & us to a good use it.
ende / To þe worschip of his blessid name & profit' of' his ser-
uauntis, & me to forȝeuenes of' my synnes, god it' graunte et' imperat'
8 per omnia secula seculorum AmeN.

Explicit'.

Here endiþ þe book of lankfrank.[2]

[2] In red ink, but nearly erased.

· Here bigynneþ a table of' þe chapitris of' þe book of'
lankfrank //

¹ = i. e.

¹⁻¹ added in different hand.
² This chapter is omitted; see note 8 on p. 281.

¹ These three chapters are left out.

CPSIA information can be obtained at www.ICGtesting.com
Printed in the USA
BVOW02s2205100416

443738BV00005B/13/P